£ 4/17/6

Die neuesten Fortschritte in der Anwendung der Farbstoffe

DR. LOUIS DISERENS
Ing.-Chem. E. P. Z., Generaldirektor der Manufacture d'Impression
Scheurer, Lauth & Co., Thann im Elsass

Neueste Fortschritte und Verfahren in der chemischen Technologie der Textilfasern

In zwei Teilen

Erster Teil:
Die neuesten Fortschritte in der Anwendung der Farbstoffe
in drei Bänden

Zweiter Teil:
Neue Verfahren in der Technik der chemischen Veredlung der Textilfasern
in zwei Bänden

VERLAG BIRKHÄUSER BASEL

Neueste Fortschritte und Verfahren
in der chemischen Technologie der Textilfasern

ERSTER TEIL:

Die neuesten Fortschritte in der Anwendung der Farbstoffe

Hilfsmittel in der Textilindustrie

Zweiter Band

Von

DR. LOUIS DISERENS
Ing.-Chem. E. P. Z., Generaldirektor der Manufacture d'Impression
Scheurer, Lauth & Co., Thann im Elsass

Neubearbeitete und vermehrte 2. Auflage

VERLAG BIRKHÄUSER BASEL
1949

Druck von E. Birkhäuser & Cie. AG., Basel
Printed in Switzerland

Inhaltsverzeichnis

VORWORT

Im Vorwort des im Juli 1946 erschienenen ersten Bandes der zweiten Auflage des Werkes, *Die neuesten Fortschritte in der Anwendung der Farbstoffe*, ist der Arbeitsplan festgelegt, welcher dem Gesamtwerk zugrunde liegen soll.

Es wurde vorgesehen, dasselbe in zwei Teilen unter dem folgenden Titel erscheinen zu lassen:

NEUESTE FORTSCHRITTE UND VERFAHREN IN DER CHEMISCHEN TECHNOLOGIE DER TEXTILFASERN

Erster Teil: *Die neuesten Fortschritte in der Anwendung der Farbstoffe.*

Zweiter Teil: *Neue Verfahren in der Technik der chemischen Veredlung der Textilfasern.*

Dieses Programm ist nun teilweise verwirklicht. Der erste Band des ersten Teiles erschien im Juli 1946 und der erste Band des zweiten Teiles im März 1948.

Heute liegt nun der zweite Band des ersten Teiles vor. Bei der Ausarbeitung des endgültigen Textes, welcher ursprünglich am 1. Januar 1945 abgeschlossen werden sollte, aber der nun auf den Stand der bis 1. Januar 1948 bekanntgewordenen Errungenschaften gebracht worden ist, hat es sich herausgestellt, dass, infolge der zahlreichen Veröffentlichungen in diesem Zeitraum, der Band auf 1000 bis 1100 Druckseiten anwachsen und somit seine bequeme Handhabung verlieren würde.

Der erste Teil dieses Werkes wird deshalb in drei Bänden, anstatt, wie anfangs vorgesehen, in deren zwei herausgegeben.

Der erste Band (erschienen im Juli 1946) umfasst:

Kapitel I: Fortschritte in der Anwendung der Küpenfarbstoffe.

„ II: Die Anwendung der Schwefelfarbstoffe.

„ III: Indigosole.

„ IV: Fortschritte auf dem Gebiete der unlöslichen Azofarbstoffe.

„ V: Fortschritte auf dem Gebiete der Beizenfarbstoffe.

Der vorliegende zweite Band umfasst:

Kapitel VI: Fortschritte in der Anwendung der substantiven Azofarbstoffe.
„ VII: Die Tanninfarbstoffe.
„ VIII: Anilinschwarz.
„ IX: Das Färben und Drucken der Azetatkunstseide.
„ X: Färben und Bedrucken synthetischer Fasern und von Glasfasern.
„ XI: Fortschritte in der Anwendung der sauren Farbstoffe.

Der dritte Band (dessen Erscheinen 1949 vorgesehen ist) wird folgende Kapitel umfassen:

Kapitel XII: Druckverfahren für Metallpulver und Pigmente.
„ XIII: Ätz- und Reserveverfahren.
„ XIV: Die Lösungsmittel für die Druckerei und Färberei.
„ XV: Hilfsmittel für Druckerei und Färberei.

Wie schon der erste Band, so wird auch der dritte und letzte Band der „Neuesten Fortschritte in der Anwendung der Farbstoffe" einen Anhang mit folgenden Verzeichnissen enthalten:

1. Ein vollständiges Verzeichnis der Literaturangaben.
2. Eine vollständige Liste der Farbstoff- und Textilhilfsmittelfabriken.
3. Ein Verzeichnis der wissenschaftlichen und technischen Zeitschriften.
4. Ein Autorenverzeichnis.
5. Ein Verzeichnis aller in den drei Bänden erwähnten Patente.
6. Ein alphabetisches Sachverzeichnis der im Text und in den Tabellen der drei Bände erwähnten Produkte.

Von zahlreichen Kollegen und Freunden ist in der letzten Zeit immer wieder der Wunsch ausgesprochen worden, am Ende des Werkes eine möglichst vollständige Liste sämtlicher Druckerei- und Färbereibetriebe, unter Angabe der wichtigsten Daten dieser Firmen, (wie Gründungsjahr, Anzahl der Druckmaschinen usw.) sowie der Namen ihrer hauptsächlichsten chemischen Mitarbeiter, anzuschliessen. Hierdurch sei all denjenigen Kollegen und Forschern gedacht, die in massgebender Weise zum Fortschritte der Druckerei- und Färbereiindustrie beigetragen haben und deren Namen öfters in vorliegendem Werke erwähnt werden.

Allen Freunden dieses Werkes, welche durch Zusendung näherer Einzelheiten über die ihnen bekannten Druckerei- und Färbereibetriebe, sowie von Mitteilungen über ihre eigene Laufbahn die Aufstellung dieser Liste erleichtern möchten, sei hier im voraus herzlichst gedankt.

Die Übersetzung der Kapitel VI, IX und XII sowie die Bearbeitung des erweiterteu deutschen Textes wurden von Herrn Dr. W. Hess übernommen. Herr Dr. P. Wengraf, durch die Vorbereitung der englischen Ausgabe dieses Werkes und durch andere vielseitige Verpflichtungen schon sehr in Anspruch genommen, hatte die Güte, seine noch freie Zeit der Übersetzung der Kapitel X, XI und XV zu widmen. Es ist mir ein Bedürfnis, hier diesen Herren meinen verbindlichsten Dank für ihre wertvolle Mitarbeit auszusprechen.

Trotz mehrfacher und sorgfältiger Durchsicht, mögen sich einige Fehler eingeschlichen haben. Ich bin deshalb allen Lesern, welche auf Irrtümer stossen, für deren Bekanntmachung sehr dankbar.

Zum Schlusse sei mir noch gestattet, dem Verlag Birkhäuser in Basel meine größte Anerkennung für die ganz hervorragende Ausstattung des Buches auszusprechen.

Thann im Elsass, November 1948.

L. Diserens.

VI. KAPITEL

Fortschritte in der Anwendung der substantiven Azofarbstoffe.

Die Azofarbstoffe, welche die Baumwollfaser direkt anfärben, werden durch Kuppeln der Diazoverbindungen des Benzidins, Tolidins, Dianisidins, der Diaminostilbendisulfosäure, der J-Säure und der Diamine (p-Phenylendiamin, m-Toluylendiamin oder Naphtylendiamin) mit Phenolen, Naphtolen und ihren Derivaten erhalten; diesen Farbstoffen reihen sich die Thiazolderivate (Primulin, entdeckt von Green, 1887) an.

Die ersten Vertreter dieser Farbstoffklasse, auch substantive oder direkte Farbstoffe genannt, erschienen im Jahre 1883. Sie fanden als die ersten Farbstoffe, welche pflanzliche Fasern ohne Hilfe von Beizen anfärbten, einen grossen Anklang, und sie wurden trotz ihrer geringen Echtheit von allen Koloristen sofort in die Fabrikation aufgenommen.

Die Entdeckung Greens im Jahre 1888 der auf dem Stoffe selbst diazotierbaren Farbstoffe, welche sich infolge der Gegenwart freier Aminogruppen diazotieren und mit Phenolen und Aminen kuppeln lassen, gab ihnen einen neuen Aufschwung, und heute noch wird diese Methode zur Erzeugung dunkler Farbtöne, besonders schöner Marine- und Schwarzfärbungen, in großem Maßstabe verwendet. Das Erscheinen der neuen direkten lichtechten Farbstoffe (Sirius-, Solar-, Chlorantin- und Diazollicht-Marken) erhielt sie, selbst gegenüber der neuaufgenommenen Farbstoffklassen unserer modernsten Fabrikation, konkurrenzfähig.

Die direkten Farbstoffe kommen je nach den Farbenfabriken, die sie herstellen, unter verschiedenen Bezeichnungen auf den Markt:

Benzo-, Sirius-, Columbia-, Diamin-, Kongo-, Naphtamin-, Oxamin-, Dianil-, Chloramin-, Solanin- und Chicago-Farbstoffe, Benzoechtkupferfarbstoffe der I. G. Farbenindustrie.

Diazol- und Diazollichtfarbstoffe von Kuhlmann-Francolor.

Diphenylecht-, Solophenyl-, Polyphenyl-, Diphenylfarbstoffe, Cuprophenylfarbstoffe von Geigy.

Chloramin-, Pyrazol- und Solarfarbstoffe, Cuprofixfarbstoffe von Sandoz.

Chlorantinecht- und Chlorantinlichtfarbstoffe, Coprantin- und Neocupranfarbstoffe von der Ciba.

Colorants directs von St. Denis.
Beraminfarbstoffe der Chaptex Trading Co., New York.
Riganfarbstoffe von der Ciba und Clayton Aniline Co.
Benzanil-, Benzanilecht-, Benzanil Supra Farbstoffe (Y. D. C.).
Chlorazol-, Chlorazolechtfarbstoffe (Imp. Chem. Ind.).
Durazol-, Durazolecht-, Durazol Union-Farbstoffe (Imp. Chem. Ind.).
Diazinefarbstoffe (J. C. Bottomley and Emerson, Huddersfield).
Dirazolfarbstoffe (James Robinson and Co. Ltd., Huddersfield).
Direktakol-, Direktakolechtfarbstoffe (John W. Leitch and Co. Ltd.).
Paramine-, Paraminebrillant-, Paramineechtfarbstoffe (L.B.H.).
Fenaminefarbstoffe der Gen. Dyest. Corp. (USA.).

Druckverfahren[1]).

Die direkten Farbstoffe werden besonders in der Färberei verwendet. Wegen ihrer meistens ungenügenden Löslichkeit und ihrer geringen Waschechtheit eignen sie sich wenig für den direkten Druck. Immerhin lassen sich gewisse gutlösliche Marken zur Erzeugung von hellen oder mittleren Farbtönen auch für direkten Druck anwenden, falls keine besondere Anforderung auf Echtheit gestellt ist.

Dank der verschiedenen Arbeiten der Ciba und von Sandoz einerseits und der I. G. Farbenindustrie andererseits konnten diese wichtigen Farbstoffe in grossem Maßstabe auch für den Zeugdruck aufgenommen werden.

Die Druckfarbe enthält den in Wasser gelösten Farbstoff und Tragant oder Britishgummi als Verdickung. Da Tragant der Ware keinen harten Griff verleiht, kann man auf diese Weise Drucke herstellen, welche ohne zu waschen direkt ausgerüstet werden können.

Zur Fixierung der Drucke dämpft man zuerst im Schnelldämpfer und anschliessend während einer Stunde bei Überdruck im Runddämpfer. Durch kurzes Dämpfen erzielt man nur ungenügend waschechte Drucke.

Zur Verbesserung der Farbstoffausbeute setzt man der Druckfarbe gewöhnlich 40—50 g Natriumphosphat und Lösungsmittel wie Glyzerin (P. Wilhelm, Bull. Mulh. 1905, S. 46; R. G. M. C. 1903, S. 36), Glyecin A (I. G. Farbenindustrie)[2]) oder Polyglykole[3]) (Diäthylenglykol usw.) zu.

---

[1]) Sansone, Direkter Druck mit substantiven Farbstoffen, Schweiz Text. Ztg. 1946, Nr. 39.

[2]) Handelsnamen: Solutène CI (Francolor), Lyoprint G der Ciba, Lyogen TG von Sandoz, Dehapan GB von Durand-Huguenin.

[3]) Fibrit D (I. G.), Débésol B (L. Z. J.), Solutène DG (Francolor).

Da der Zusatz von Harnstoff zu Druckfarben von Küpen-, Chrom- und sauren Farbstoffen von Erfolg war, lag es auf der Hand, die Wirkung dieses Produktes auch für den Druck von direkten Farbstoffen zu versuchen. Die I. G. Farbenindustrie stellte fest (*D. R. P. 600.968*), dass ein Zusatz von 50—100 g Harnstoff pro kg Druckfarbe, dunklere und regelmässigere Farbtöne erzeugt. Man löst z. B. Benzoechtviolett NC in Stärke-Tragantverdickung in der Wärme auf und gibt nach Abkühlung den Harnstoff zu. Selbstverständlich können solche Farben nicht für Azetatzellulose verwendet werden.

In demselben Patent wird erwähnt, dass bis dahin der Druck von substantiven Farbstoffen auf Halbwolle, wegen der mangelhaften Waschechtheit, selten Verwendung fand, während in Gegenwart von Harnstoff viel bessere Resultate erhalten werden. In diesem Falle werden die direkten Farbstoffe stärker dispergiert, wodurch ihre Fixierung auf der Faser erheblich verbessert wird.

Die I. G. Farbenindustrie empfiehlt im *franz. P. 789.304* die Zugabe der Derivate des Betains, welche bereits für das Anteigen von Küpenfarbstoffen sowie ganz allgemein als Druckhilfsmittel in diesem Werke erwähnt wurden (siehe Kap. I, S. 34 und 93), als Netzmittel zu den Färbebädern und als dispergierende Mittel zu den Druckfarben von substantiven Farbstoffen.

Druckverfahren mit Harnstoff.

Dieses Verfahren, das erlaubt, die substantiven Farbstoffe durch längeres Dämpfen zu fixieren und eine ausgedehnte Palette von farbenprächtigen und lebhaften Nüancen zu erhalten, wird seit einigen Jahren in der Gegend von Lyon (Frankreich) laufend und in grossem Maßstabe speziell auf viskosekunstseidenen Geweben ausgeführt. Auch auf baumwollenen Geweben wird dieses eigenartige Verfahren mit Erfolg angewendet.

Eine gewisse Anzahl substantiver Farbstoffe (Sirius-, Solar-, Chlorantinlicht-, Diazollicht- und Diphenylechtfarbstoffe) fixieren sich in Gegenwart von Harnstoff, Glyecin A oder noch besser Lyoprint DA (Ciba) anstandslos auf baumwollene und regenerierte Zellulosefasern.

Die Lichtechtheit ist im allgemeinen sehr gut. Die Waschechtheit kann durch nachträgliche Behandlung mit verschiedenen, von den Basler Farbstoffabriken und von der I. G. Farbenindustrie in den Handel gebrachten speziellen Produkten verbessert werden. Die hierfür in Betracht kommenden Produkte sind einerseits:

das Lyofix SB[1] . . . . . . der Ciba *(amer. P. 2.322.333)*
das Lyofix DE . . . . . . der Ciba
das Sandofix WE . . . . . von Sandoz
das Sandofix C . . . . von Sandoz
das Tinofix A . . . . . . von Geigy

und andererseits

das Solidogen B und BSE . . der I. G. Farbenindustrie

sowie das Fixogène T . . . . von Francolor

Wir führen nachstehend eine Reihe von substantiven Farbstoffen an, die sich besonders gut für dieses Verfahren eignen:

Diazollichtgelb RLI, 2 JS, 4 J (Francolor).
Chlorantinlichtgelb RL konz. D, SL hoch konz. (Ciba).
Flavine Solar R konz. (Sandoz).
Solargelb B konz. (Sandoz).
Diphenylechtgelb 4 GL, GL, RL (Geigy).
Diazollichtorange R, FF (Francolor).
Chlorantinlichtorange G konz. D, 2 GL (Ciba).
Solarorange 2 RN konz. (Sandoz).
Solophenylorange EGL, 2 RL, 3 RL (Geigy).
Diphenylechtbrillantrosa BL (Geigy).
Diphenylechtrosa G (Geigy).
Chloraminbrillantrosa 3 B, B (Sandoz).
Diazolechtscharlach 8 BS, 4 BA (Francolor).
Chlorantinlichtrot 5 BRL (Ciba).
Solarscharlach BL konz. (Sandoz).
Solarrot 2 GL konz., Solarbrillantrot BA (Sandoz).
Diphenylrot BS (Geigy).
Chlorantinlichtbraun BRLL hoch konz., 2 RLL, GBL (Ciba).
Chlorantinlichtgrün 5 BLL konz. D, 5 GLL konz. D (Ciba).
Solargrün BL, CL, 5 GL konz. (Sandoz)
Diazollichtblau 2 RL, 4 J, 2 JN (Francolor).
Chlorantinlichtblau 3 RLL konz. D, GLL, LGL, RL konz. D (Ciba).
Solarblau F, G, 3 G, 3 GLN, 5 GL konz. (Sandoz).
Diphenylechtblau 4 GL (Geigy).
Diazollichtviolett B, 5 R (Francolor).
Chlorantinlichtviolett 5 BLL konz. D (Ciba).
Solarviolett BL konz. (Sandoz).
Chlorantinlichtgrau 4 BLL konz. D (Ciba).
Solargrau 2 BL, B konz. (Sandoz).
Viskoseschwarz R, J (Francolor).

---

[1]) Das Lyofix SB ist ein Vorkondensationsprodukt von Melamin mit Formaldehyd. Es wird in lauwarmer Lösung angewendet. Das Sandofix WE ist ein kationaktives Derivat, das in warmer Lösung verwendet wird. Das Solidogen B ist ein Produkt, das durch Einwirkung von Polyäthylenpolyamin (Vulcacit) auf Trichlorparaffin hergestellt wird. Das Solidogen BSE ist das Dimethylsulfat des Solidogen B.

Die Druckfarben enthalten ausser dem Farbstoff noch ein Lösungsmittel, Wasser, Harnstoff (als hydrotrope Substanz), das Verdickungsmittel und Di- oder Trinatriumphosphat.

Als Lösungsmittel kommen in Betracht:

a) Pyridin (Tetracarnit).

b) Glykol und seine Derivate (Diäthylenglykol, Thiodiäthylenglykol, sowie ihre Äther).

Diesen Produkten entsprechen folgende Handelsmarken:

Glyecin A = Lyoprint G, Lyogen TG, Dehapan GB, Solutène CI, Kromfix Solvent (C.C.C.C.), (Thiodiäthylenglykol); Débésol B (L.Z.J.), Solutène DG (Francolor).

c) Aliphatische Amine, die sich von Mono-, Di- oder Triäthanolamin ableiten, Rapidogenentwickler N (I. G.) und Lyoprint DA (Ciba).

Druckfarbe I.

8— 30 g	substantiver Farbstoff
40— 50 g	Tetracarnit
100 g	Harnstoff
252—220 g	warmes Wasser
550 g	Gummi arabicum-Verdickung
20 g	Dinatriumphosphat
30 g	Nekal BX (Coptal BX, Resolin NF, Invadin BL extra)
1000 g	

Druckfarbe II.

10— 60 g	substantiver Farbstoff
50 g	Glyecin A
305—255 g	kochendes Wasser
100 g	Harnstoff
500 g	Tragantschleim 6%
30 g	Dinatriumphosphat
5 g	Natriumchlorat
1000 g	

Druckfarbe III.

20 g	Chloraminechtscharlach 4BGL (Sandoz)
50 g	Diäthylenglykol
100 g	kochendes Wasser
200 g	Harnstofflösung 1:1
540 g	Gummiverdickung
30 g	Trinatriumphosphat
5 g	Natriumchlorat
55 g	warmes Wasser
1000 g	

Verschnitt.

100 g	Harnstofflösung 1:1
550 g	Gummiverdickung
30 g	Trinatriumphosphat
320 g	warmes Wasser
1000 g	

Druckfarbe IV (nach Ciba).

8— 30 g	Farbstoff werden mit
150 g	Verstärker Ciba vermengt und durch Erwärmen mit
237—215 g	Wasser in Lösung gebracht. Die Lösung wird dann in
600 g	Tragantschleim 6% eingerührt, zum Schluss wird
5 g	Dinatriumphosphat krist. zugegeben.
1000 g	

Verschnitt.

50 g	Verstärker Ciba
600 g	Tragantschleim 6%
5 g	Dinatriumphosphat krist.
345 g	Wasser
1000 g	

Ausfertigung.

Die gedruckte und während einer Stunde gedämpfte Ware wird auf einer Haspelkufe solange in kaltem Wasser gewaschen, bis die Flotte vollständig farblos bleibt.

Dann wird während 15 Minuten in einer kalten Lösung von 1—3 g Lyofix SB konz./Liter (oder 0,5 g/Liter Sapamin KW 200%ig und 1 g/Liter Lyofix SB konz.) behandelt, hierauf in laufendem, kaltem Wasser gespült und anschliessend sofort getrocknet.

An Stelle von Lyofix SB konz. kann Sandofix WE von Sandoz verwendet werden. Hierbei wird die Ware 10—15 Minuten bei 75° C in einer Lösung von 1—2 g/Liter Sandofix WE behandelt und dann gespült[1]).

Durch eine kombinierte Nachbehandlung mit Lyofix SB konz. und Metallsalzen, z. B. Kupfersulfat, lassen sich sowohl die Waschechtheit als auch die Lichtechtheit substantiver Drucke verbessern.

Im *amer. P. 2.342.885* (eing. 3. April 1941, ausg. 29. Februar 1944) von Arnold Hoffmann & Co. wird ein Verfahren zur Fixierung direkter

[1]) In den Zirkularen der Schweizer Firmen werden die Farbstoffe angegeben, deren Waschechtheit durch Behandlung mit Lyofix SB, Sandofix WE oder Tinofix A verbessert wird: Broschüre Sandofix WE und LW, Sandoz, Basel, Broschüre Tinofix A, Geigy, Broschüre Lyofix SB konz., Ciba, Broschüre über Substantive Farbstoffe für den Druck auf Baumwolle und Viskose, Ciba Nr. 2160 K.

Farbstoffe beschrieben, nach welchem der Farbstoff einer Paste einverleibt wird, deren Verdickungsmittel aus in einer Fettseifelösung emulgierten, in Wasser unlöslichen Fettsubstanz (z. B. Bienenwachs, Glyzeriden, oder höhere Fettsäure, Glykolester von Fettsäuren z. B. Diäthylenglykoldistearat usw.) besteht, und die ausserdem noch Isothymol (als Antioxydant), Aldol und Harnstoff enthält.

Beispiel: Eine dicke Paste, welche

12 %	Stearinsäure
12 %	Kaliumstearat
0,5%	Isothymol und
75,5%	Wasser

enthält, wird durch Schmelzen der Stearinsäure mit der Hälfte Wasser hergestellt. Hierzu gibt man eine warme Mischung von geschmolzener Stearinsäure, Alkali und der anderen Hälfte Wasser zu.

Zu 70 Teilen dieser Mischung setzt man

Azoanthrenscharlach O (substantiver Farbstoff von Althouse Chemical Co.)

2 T.	Formaldehyd
2 T.	Aldol
15 T.	Harnstoff
19 T.	Wasser zu.

Die Druckpaste enthält 8,15% Kaliumstearat und 8,15% freie feste Stearinsäure. Das Isothymol fungiert als Antioxydant.

Die Fixierung erfolgt durch 15 minutiges Dämpfen, wobei der Farbstoff mit dem Aldol in Reaktion tritt. Die bedruckten Stellen haben einen geschmeidigen Griff und sind wasch- und reibecht. Die Waschechtheit wird durch Waschen in kaltem Wasser erhöht.

Laut *amer. P. 2.321.501*[1]) von du Pont werden seifenechte Drucke mit Säure- und Direktfarben erhalten, wenn man den Druckfarben hydrotrope Agentien in Mengen von 3—20 Teilen einverleibt.

In Frage kommen die Alkalisalze von aliphatischen Sulfosäuren mit 3—12 Kohlenstoffatomen, z. B. das Natriumbenzylthioglykolat.

Als Beispiel kommt folgende Farbe in Betracht:

30 T.	substantiver Farbstoff
75 T.	Natriumbenzylthioglykolat
700 T.	Verdickung
195 T.	Wasser
1000 T.	

Man druckt, trocknet, dämpft 45 Minuten, seift während 3—5 Minuten bei 35—40° C, spült und trocknet.

[1]) eing. 25. Oktober 1940, ausg. 8. Juni 1943.

Druckverfahren mit Coprantinfarbstoffen.

Die von der Ciba in den Handel gebrachten Coprantinfarbstoffe (siehe Färberei S. 19 und S. 42) sind substantive Farbstoffe, die mit Kupfersalzen licht- und waschechte Komplexverbindungen eingehen. Obwohl diese Farbstoffe anfangs hauptsächlich nur für die Färberei empfohlen wurden, hat es sich nachträglich gezeigt, dass sie ebenfalls mit Erfolg für den Zeugdruck angewendet werden können.

Für den Druck kommen insbesondere folgende Coprantinfarbstoffe in Betracht:

Coprantingelb GG 300%, GRLL 133,4%,
Coprantinrot RLL 460%,
Coprantinbordeaux 2BLL 444%,
Coprantinbraun GLL 222%, 5RLL 400%, 6RLL 100%, 8RLL 100%, RL 333%, GL 330%, BL 270%,
Coprantinblau 3RLL 266%, RLL 275%, GLL 340%, 2GLL 580%,
Coprantingrün G 266,4%, 3GLL 200%, 5GLL 155%,
Coprantingrau 2RLL 540%, GGL 585%.

Die Ciba hat zwei Verfahren für den Druck mit Coprantinfarbstoffen ausgearbeitet.

Nach dem ersten Verfahren, welches aber nicht zu empfehlen ist, wird das Coprantinsalz der Druckpaste einverleibt. Die Haltbarkeit der Farbe ist jedoch nur von beschränkter Dauer und manche Farbstoffe werden nicht zur vollen Ausgiebigkeit entwickelt.

Nach dem zweiten Verfahren wird der Farbstoff ohne das Kupfersalz aufgedruckt, worauf man die bedruckte und gedämpfte Ware in einer Coprantinsalzlösung nachbehandelt. In diesem Falle jedoch können die Coprantinfarbstoffe nicht neben Chrom- oder Alizarinfarbstoffen gedruckt werden, da deren Nüancen infolge der Einwirkung des Kupfersalzes umschlagen würden.

Verfahren I

Zusammensetzung der Druckfarbe.

20 g	Coprantinfarbstoff
150 g	Harnstoff
190 g	Wasser
50 g	Lyoprint G (Glyecin A oder Lyoprint DA, Ciba)
500 g	Tragantschleim 6%
20 g	Pottasche
20 g	Calgon oder Giltex (Progil)
50 g	Coprantinsalz
1000 g	

Nach dem Drucken wird eine Stunde bei 1/4 atm. Überdruck gedämpft, gewaschen, bei 60° C geseift, gespült und getrocknet.

Verfahren II

Zusammensetzung der Druckpaste.

3—16 g	Coprantinfarbstoff
150 g	Harnstoff
217—204 g	Wasser
600 g	Tragantschleim
20 g	Trinatriumphosphat
10 g	Albatex BD (Ludigol)
1000 g	

Nach dem Drucken wird $^3/_4$ Stunden gedämpft und anschliessend in einer Lösung von 8 g/Liter Coprantinsalz II und 5 g Natriumkarbonat behandelt, die man im Laufe von 30 Minuten auf 60° C erwärmt. Dann wird kalt gespült, bei 60° C geseift, gespült und getrocknet.

Nach Ciba lässt sich die Nachbehandlung mittels Coprantinentwickler K (entsprechend dem Neocupransalz D) einfacher durchführen. Man druckt, trocknet, dämpft 8 Minuten im Schnelldämpfer, spült gründlich und behandelt die Ware 20—30 Minuten in einem Bad, bei Raumtemperatur, mit 1—2 g/Liter Coprantinentwickler K+Ammoniak konz. (bezogen auf die halbe Gewichtsmenge Coprantinentwickler K). Als hydrotropes Mittel verwendet man am besten Harnstoff und als Lösungsmittel ein speziell hergestelltes Produkt, das Lyoprint DA[1]).

Druckvorschrift (nach Ciba)

5— 30 g	Coprantinfarbstoff
50 g	Lyoprint DA
170—195 g	Wasser kochend
150 g	Harnstoff
600—550 g	Tragant-Britishgumverdickung
15 g	Dinatriumphosphat
10 g	Albatex BD
1000 g	

Die Ciba beschreibt im *franz. P. 910.982* vom 22. Mai 1945, ausg. 25. Februar 1946, ein Druckverfahren mit substantiven Farbstoffen, die in Derivate mit Kupfergehalt übergeführt werden können.

Die Druckpaste enthält, ausser dem Farbstoff und dem Kupfersalz noch eine stickstoffhaltige hydrotrope Substanz wie Harnstoff oder seine Derivate.

In Frage kommen solche Farbstoffe, die in ihrem Molekül eine Gruppe enthalten, die folgendem Schema entspricht:

[1]) Lyoprint DA ist ein aliphatisches Amin (Äthanolamin), das dem Rapidogenentwickler N ähnlich ist und das zur Entwicklung der Rapidogenen verwendet werden kann.

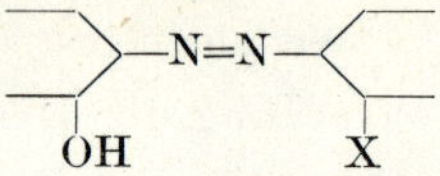

wobei X einer —OH, —NH_2, —COOH Gruppe entspricht oder einem Rest, der sich in einen o-Alkylkarboxylrest überführen lässt. Als kupferabgebende Substanzen können Kupferglykolat oder komplexe Kupfertartrate im Beisein eines hydrotropen Mittels (Harnstoff) angewendet werden.

Das Patent gibt folgende Zusammensetzung der Druckpaste an:

6 g Farbstoff der Formel.

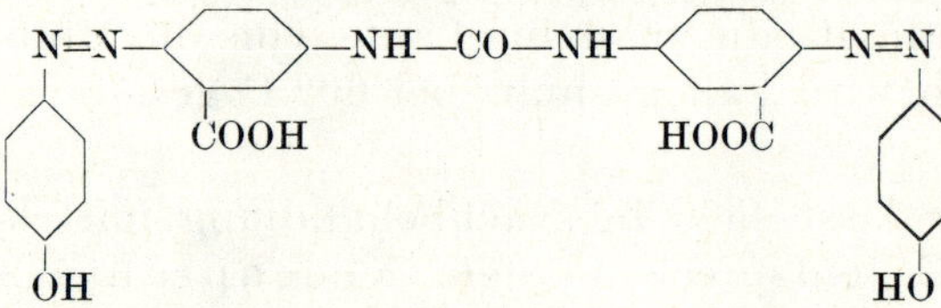

180 g	Harnstoff
243 g	Wasser
500 g	Verdickung
50 g	Kaliumkarbonat
7 g	neutrales Natriumkupfertartrat (Coprantinsalz)
14 g	Wasser
1000 g	

Nach dem Drucken und Trocknen dämpft man 30—40 Minuten, spült und malzt die Ware mit einem geeigneten Mittel, spült abermals und seift bei 70° C. Man erhält hierbei gelbe, echte Drucke.

Druckverfahren mit Neocupran- (Ciba) oder Cuprofixfarbstoffen (Sandox).

Die Neocupranfarbstoffe der Ciba (Cuprofixfarbstoffe von Sandoz) sind gewöhnliche substantive Farbstoffe, deren Lichtechtheit durch eine Nachbehandlung in einer Lösung von einem Kupfersalz im Beisein von entweder Lyofix SB konz. (Kondensationsprodukt von Melamin+Formaldehyd) oder Sandofix WE (kationaktives Derivat) verbessert werden kann. Die Farbstoffe eignen sich ebenfalls für den Zeugdruck.

Druckvorschrift:

30 g	Neocupranfarbstoff (Ciba)
40 g	Pyridin
150 g	Harnstoff
255 g	Wasser
500 g	Cordofan-Kristallgummiverdickung
20 g	Dinatriumphosphat
5 g	Albatex BD (m-nitrobenzolsulfosaures Natrium)
1000 g	

Nach dem Drucken wird 40 Minuten lang gedämpft, kurz in kaltem Wasser gespült und anschliessend während einer halben Stunde in einem kalten Bad behandelt, das mit 2—5 g/Liter Neocupransalz D beschickt ist. Schliesslich wird gespült und getrocknet.

Um das Neocupransalz in Lösung zu bringen, übergiesst man dasselbe mit der zehnfachen Gewichtsmenge heissem Wasser und rührt so lange, bis das Produkt sich vollständig gelöst hat, worauf man die halbe Gewichtsmenge (bezogen auf das Neocupransalz) Ammoniak zusetzt und schliesslich mit kaltem Wasser verdünnt.

Die Farbenpalette der bisher auf den Markt gebrachten Neocupranfarbstoffe ist nicht sehr ausgedehnt. Von Interesse sind hauptsächlich die verschiedenen Braunmarken (Neocupranbraun 2RLL, Neocuprandunkelbraun BRLL) und das Neocupranschwarz CA konz. D. Die Rot- und Blaunüancen sind gegenwärtig noch nicht vertreten.

Leider können die Neocupranfarbstoffe nicht ohne weiteres neben Metallbeizenfarbstoffen gedruckt werden, da die Nüancen der Chrom- (bzw. Novochrom- und Perchromfarbstoffe) und auch verschiedener Alizarinfarbstoffe durch die nachträgliche Behandlung mit der Kupfersalzlösung wesentlich beeinflusst werden. Die Farbstoffe kommen infolgedessen nur für Einfarben- oder Ton-in-Ton-Druck in Frage, oder für Drucke mit Neocupranfarbstoffen allein.

Die Ciba hat ein neues Druckverfahren[1]) für substantive Farbstoffe ausgearbeitet, das ebenfalls für gewisse saure Farbstoffe angewendet werden kann. Dieses Verfahren fusst auf der Tatsache, dass Harnstoff in Gegenwart eines Katalysators (Ammoniummonophosphat oder Ammoniumsulfat) die substantive Farbstoffe, durch nachträgliches Dämpfen mit formaldehydhaltigem Dampf, fixiert. Die so erzielten Drucke können anstandslos bei 70° C geseift werden.

Druckvorschrift:

5—30 g	Farbstoff
200 g	Harnstoff, gelöst in
195—220 g	heissem Wasser,
	dann die Farbstofflösung in
550—500 g	Tragantschleim 6%ig eingiessen und schliesslich
10 g	Katalysator in
40 g	Wasser gelöst, zugeben.
1000 g	

Nach dem Drucken und Trocknen wird die Ware zweimal 7 Minuten bei 102° C im Kontinue-Dämpfer mit formaldehydhaltigem Dampf gedämpft, gespült, in einem 0,5—1 g/Liter Sapamin KW enthaltendem Bad zum Geschmeidigmachen behandelt, dann ausgeschleudert und schliesslich getrocknet.

[1]) *Franz. P. 882.668* (angem. am 27. Juli 1941, erteilt am 8. März 1943); siehe dieses Werk, Kap. XI.

Reserven unter direkten Farbstoffen.

Trotzdem Reserven unter direkten Farbstoffen von wenig Interesse sind, scheint es doch angebracht, hier zwei Verfahren zu erwähnen, welche bestimmt waren, Batikeffekte auf Schals und Kopftüchern herzustellen, die vor einigen Jahren einen grossen Anklang fanden.

Das erste dieser Verfahren stammt von A. Fischesser und Cassella (*D. R. P. 347.277* vom Jahre 1919) und beruht auf der Anwendung von Reserven, welche hauptsächlich aus Kondensationsprodukten von Phenol mit Formaldehyd bestehen (Bakelitreserven); das zweite Verfahren verwendet Alginate von der Art des Norgins, welches das Natrium- und Ammoniumsalz der Laminarsäure ist. Norgin ist eine neutrale, schleimige, wasser- und salzfreie Substanz. Es wird von der Chemischen Fabrik Norgin in Aussig (Dr. V. Stein) hergestellt. Man druckt eine aus Norginschleim und Kupfroammoniumsalz zusammengesetzte Reserve vor, trocknet und färbt hierauf mit direkten Farbstoffen[1]).

Ätzen von Substantivfärbungen[2]).

Das Ätzen auf Färbungen mit substantiven Farbstoffen zählt zu den wichtigsten Fabrikationen auf Baumwolle und Kunstseide.

Die Mehrzahl der direkten Farbstoffe eignen sich für den Ätzartikel, da die meisten durch Reduktionsmittel zerstört werden.

Folgende Verfahren kommen für das Ätzen in Anwendung:

a) Zinkstaubätzen.

b) Zinnsalzätzen (Kertescz, Casanovas), Verwendung von $SnCl_2$ oder Zinnazetat (Bull. Mulh. 1887, S. 199; Frb. Ztg. 1893/1894, S. 84. Caberti, Verwendung von $Sn(CNS)_2$, R. G. M. C. 1901, S. 217).

c) Natriumformaldehydsulfoxylatätzen.

In seltenen Fällen lässt sich auch die Chlorat-Prussiatmethode anwenden.

Zinkstaubätze.

Obwohl mit dieser Ätze jede Faserschädigung ausgeschlossen ist, wurde sie im Walzendruck jedoch nur in begrenztem Maße angewendet. Die Ursache hierfür liegt einerseits in der schwierigen Handhabung

---

[1]) Siehe Kunig, Reservedruck mit Hilfe von Norgin, Mell. 1926, S. 538—539, sowie Handbuch der Druckerei von Dr. Georgiewicz und Dr. Haller.

[2]) Kertescz, Ätzen der Diaminfarbstoffe, Frb. Ztg. 1893/1894, S. 84. Lauber und Caberti, Frb. Ztg. 1895, S. 181, 294. Pomeranz, Frb. Ztg. 1898, S. 230. Casanovas, Bull. Mulh. 1887, S. 199. R. Schmidt, Frb. Ztg. 1889/90, S. 189. Elb, Öst. W. und L. Ind. 1898.

der Druckfarbe und andererseits in der Tatsache, dass sich die Ätze leicht in die Gravur einsetzt. Im Handdruck jedoch wurde die Zinkstaubätze mit einigem Erfolg angewendet.

Die Ätze ist folgendermassen zusammengesetzt:

300—350 g	Zinkstaub
500—400 g	Schirazgummiverdickung
50 g	Glyzerin
50 g	Ammoniak
100—150 g	Natriumbisulfit 38° Bé
1000 g	

Vor dem Gebrauch muss die Farbe sorgfältig gemahlen werden. Um das Verstopfen der Gravur durch die Druckfarbe zu verhüten, wird dieselbe mittels einer Bürste auf die Druckwalze aufgetragen.

Die Ätzwirkung wird nicht durch das Zinkpulver, sondern durch dessen Reaktionsprodukt mit Natriumbisulfit, also durch das Natriumhydrosulfit, hervorgerufen. Hierdurch erklärt sich auch die geringe Beständigkeit der Druckfarbe.

Durch Zusatz von 50—70 g Formaldehyd 40% zur Ätzfarbe, konnten Pelizza und Zuber (R. G. M. C. 1904, S. 130; Jelineck, Das Hydrosulfit, 1911, Stuttgart) eine bemerkenswerte Verbesserung der Haltbarkeit erzielen. Für Bunteffekte mittels Zinkätze kommen basische und substantive Farbstoffe der Primulinklasse in Betracht.

Zinnsalzätze.

Man hat Zinnsalz, obwohl es die Faser energisch angreift, sowie Zinnazetat und -ferrocyanid als Ätzmittel angewendet.

Die den Zinnsalzätzen anhaftenden Nachteile sind bekannt. Da diese Ätzfarben sehr große Mengen Zinnsalz enthalten, ist nach dem Drucken darauf zu achten, dass die Trocknung sehr gleichmässig und bei ziemlich niederer Temperatur vorgenommen wird, andernfalls man sich der Gefahr eines Vergilbens der Weisseffekte und einer Faserschädigung aussetzt.

Am häufigsten werden folgende Zinnsalzätzen verwendet:

a) Ätzfarbe auf Basis von Zinnsalz ($SnCl_2$),
b) „ „ „ „ Zinnazetat
c) „ „ „ „ Zinnferrocyanid
d) alkalische Ätze.

Nach Lauber und Caberti verwendet man für Artikel, welche eine lange Dämpfdauer benötigen, folgende Ätzen:

80 g	Stärke	300 g	Essigsaures Zinn 18° Bé
40 g	Dextrin	410 g	Dextrin weiss
270 g	Essigsäure 9° Bé oder	28 g	Essigsäure 30%
10 g	Zitronensäure	188 g	Zinnsalz
270 g	Zinnsalz	74 g	Natriumazetat
330 g	Natriumazetat		
1000 g		1000 g	

Nach dem Drucken wird vorsichtig getrocknet, so dass die Stücke nicht zu lange in der Mansarde verbleiben. Man dämpft vorerst 1—2 mal im Schnelldämpfer, dann ½ Stunde im Runddämpfer ohne Überdruck und wäscht.

Zinnferrocyanidätze
(für kurze Dämpfdauer).

255 g	Essigsaures Zinn 18° Bé
30 g	Stärke
110 g	Dextrin weiss, kochen und
220 g	Zinnsalz
30 g	Weinsäure zugeben, auflösen; dann noch
90 g	Kaliumferrocyanid
75 g	Wasser und
190 g	Gummiverdickung 1 : 2 zusetzen
1000 g	

Alkalische Ätze.

250 g	Britishgumverdickung
350 g	Stannohydroxyd Paste
100 g	Ammoniumchlorid
100 g	Ammoniumtartrat
200 g	Britishgumverdickung
1000 g	

Diese zwei Ätzfarben greifen die Faser fast nicht an, aber sie setzen sich in die Gravur ein. Die Zubereitung der Druckfarbe ist auch mit einigen Schwierigkeiten verbunden.

Elb (Öst. W. u. L. Ind. 1898) empfahl Zinnrhodanat an Stelle von Zinnazetat.

Natriumformaldehydsulfoxylatätze.[1])

Die oben erwähnten Ätzmethoden verloren fast vollkommen jedes praktische Interesse, als das Natriumsulfoxylatformaldehyd auf dem Markte erschien. Die Entdeckung dieser chemischen Verbindung im Jahre 1903 ist zweifellos Camille Kurz von Darnétal (Frankreich) einerseits und den Chemikern der Manufaktur E. Zündel in Moskau (Ch. Schwartz, F. Binder, L. Baumann und G. Thesmar) andererseits zu danken. Der Badischen Anilin- und Sodafabrik und den Meister-Lucius und Brüning-Werken, welch erstere das Patent von Kurz

[1]) Für nähere Einzelheiten siehe Bd. I, Kap. IV, S. 407—411, wo die Geschichte und die Entwicklung der Reduktionsätzverfahren ausführlich beschrieben sind.

und letztere dasjenige von Zündel erwarben, gelang einige Zeit später die technische Herstellung des Produktes.

Das Natriumsulfoxylatformaldehyd[1]) wurde 1904 unter den Namen

Hydrosulfit NF von MLB (entsprechend Hyraldit A von Cassella)	56% Natriumbisulfitformaldehyd 44% Natriumsulfoxylatformaldehyd
Rongalit C von der BASF	86—90% Natriumsulfoxylatformaldehyd

in den Handel gebracht.

Nach *D.R.P. 166.783* (Cassella) können die zinkoxydhaltigen Rongalitmarken (Rongalit CW usw.) ebenfalls mit Erfolg für den Ätzdruck angewendet werden. Diese Produkte können beispielsweise folgende Zusammensetzung haben:

2 Teile Rongalit C + 1 Teil Zinkoxyd.

Rezepte aus der Praxis für Sulfoxylatätzen.

150—200 g	Rongalit C extra	700 g	Gummiverdickung
850—800 g	Gummiverdickung	150 g	Rongalit C extra
		150 g	Zinkoxyd
1000 g		1000 g	

150—200 g	Rongalit CW lösen in
150—200 g	Wasser, verdicken mit
450 g	Stärke-Tragant-, oder Schirazgummiverdickung
50 g	Leukotrop W
200—100 g	Wasser oder Verdickung
1000 g	

Beim Drucken gefärbter Ware mit Ätzfarben wird die Nüance des Grundes infolge Überziehens mehr oder weniger degradiert. Um diesem Übelstande abzuhelfen, bringt man auf die bedruckten Stücke, vor dem Dämpfen, ein saures oder oxydierendes Mittel, welches die kleinen Mengen der unerwünschten Ätze zerstört. Als solche Mittel kommen Natriumchlorat, Natriumnitrit und insbesondere das m-nitrobenzolsulfosaure Natrium in Betracht. Letzteres Produkt kommt unter den Namen Ludigol (I.G.), Revatol S (Sandoz), Albatex BD (Ciba), Mattenol (S.P.C.M.C) und Solidol N (Kuhlmann-Francolor) in den Handel. In der Praxis hat es sich gezeigt, dass in manchen Fällen die Anwendung von Ludigol im Beisein von Milchsäure bessere Resultate gibt.

[1]) Die endgültigen Handelsnamen des Natriumsulfoxylatformaldehyds sind in der Tabelle Kap. XIII, zusammengefasst.

Auch soll zu diesem Zweck bei hellen, substantiven Färbungen, welche gegenüber den gewöhnlichen Oxydationsmitteln empfindlich sind, Wasserstoffsuperoxyd besonders vorteilhaft sein.

Die gefärbten Stücke können auf verschiedene Weisen mit diesen Produkten präpariert werden.

1. Man klotzt die Ware vor dem Druck auf einem Foulard mit einer 0,7 %igen Ludigollösung, trocknet auf der Trockentrommel oder auf dem Spannrahmen und rollt für den Druck auf.

2. Um eine Vor- oder Nachbehandlung zu umgehen, wird in verschiedenen Druckereien die Klotzung der Ware mit einer Tausendpunktwalze gleichzeitig mit dem Druck vorgenommen.

3. Eine andere Möglichkeit, die bedruckten Stücke mit Ludigol zu präparieren, besteht darin, dass man dem Schnelldämpfer einen hierfür speziell geeigneten Foulard[1]) mit einer Tausendpunktwalze vorlagert, auf welchem die Ware kontinuierlich, vor dem Eintritt in den Dämpfer, gepflatscht wird.

4. Die logischste und empfehlenswerteste Arbeitsweise ist folgende: Man pflatscht die bedruckten und getrockneten Stücke vor dem Dämpfen auf einer Druckmaschine mittels einer oder zwei Tausendpunktwalzen mit einer 0,2—0,3 %igen Ludigollösung und trocknet sofort in der Mansarde. Hierbei sind verschiedene Vorsichtsmassnahmen zu treffen. Die Gravur der Tausendpunktwalze muss je nach dem Muster stark genug gewählt werden, so dass das Überziehen verhütet wird, ohne jedoch eine teilweise Reserve oder sogar ein Fliessen der Ätzen zu verursachen. Es ist auch darauf zu achten, dass die mit Ludigol gepflatschten Stücke vollständig trocken, aber nicht überhitzt, aus der Mansarde austreten, widrigenfalls nur unvollständige Ätzeffekte erzielt werden.

Das Pflatschen der Stücke wird so schnell wie möglich, wenigstens in den ersten 24 Stunden nach dem Druck, vorgenommen. Die gepflatschten Stücke müssen jedoch auf dem schnellsten Wege gedämpft werden und dürfen auf keinen Fall über Nacht ungedämpft liegen bleiben. Nach dieser Arbeitsweise ist eine laufende Kontrolle der gedruckten Ware möglich.

Im Gegensatz zu dem Verfahren, nach welchem sämtliche Stücke vor dem Druck mit m-nitrobenzolsulfosaurem Natrium geklotzt werden, werden hier nur die tatsächlich überzogenen Stücke dieser immerhin zeitraubenden und kostspieligen Nachbehandlung unterworfen. Ausserdem ist die Sicherheit, mit welcher die überzogenen Stücke durch Pflatschen mit Ludigol nach dem Drucken korrigiert werden können, viel grösser als eine entsprechende Vorbehandlung der zu bedruckenden Ware.

---

[1]) Hersteller: Société Alsacienne de constructions Mécaniques in Mülhausen, Patent von Sochor.

Im Falle, dass ein einmaliges Pflatschen nicht ausreicht, kann man die Stücke ohne Nachteil ein zweites und sogar ein drittes Mal dieser Nachbehandlung unterziehen.

Um das Fliessen der bedruckten Stellen zu verhüten, verdickt man die Pflatschlösung mit einer gewissen Menge Gummiwasser. Die Wirkung des Ludigols kann durch Variieren der Menge des Verdickungsmittels erheblich geändert werden.

Es liegt nicht im Rahmen dieses Werkes, die einzelnen Ätzverfahren eingehend zu beschreiben, um so mehr, als hierüber kaum neue Arbeiten in den letzten Jahren erschienen sind. Erwähnt seien nur einige neuere Veröffentlichungen, die dieses Thema behandeln[1]).

Dr. Haller empfiehlt die Anwendung von Zinkformaldehydsulfoxylat und Soda (Mell. 1934, Heft 4). Tatsächlich gibt es Farbstoffe, für welche die Natriumformaldehydsulfoxylatätze nicht immer genügend wirksam ist. Es wurde nun von Dr. Haller festgestellt, dass in diesem Falle die Zugabe zur Ätzfarbe von einer kleinen Menge Zinkformaldehydsulfoxylat (Hydrosulfit BZ wasserlöslich der Ciba) die Ätzwirkung verbessert und schöneres Weiss gibt. Zur Vermeidung des Nachgilbens schlägt derselbe Forscher die Verwendung von Hydrosulfit BZ allein vor.

180 g	Hydrosulfit R konz. (Ciba)
20 g	Hydrosulfit BZ wasserlöslich (Ciba)
600 g	Gummiverdickung
50 g	Glyzerin
150 g	Wasser
1000 g	

Es kommt öfters vor, dass bei Verwendung von gewöhnlichen Natriumformaldehydsulfoxylatsätzen vorerst vorzügliche Weisseffekte erzielt werden, die aber dann allmählich vergilben. Dies ist besonders beim Ätzen von Chlorantinlichtgrün BLL der Fall.

Wird hingegen das Ätzen mit einer Druckfarbe vorgenommen, die nur Hydrosulfit BZ wasserlöslich (Ciba) enthält, so erzielt man sehr beständige Weissätzen.

Zusammensetzung der Weissätze.

200 g	Hydrosulfit BZ Ciba wasserlöslich
600 g	Gummiverdickung 1 : 1
50 g	Glyzerin
150 g	Wasser
1000 g	

Nach dem Drucken dämpft man wie gewöhnlich 5 Minuten im Schnelldämpfer, wäscht, seift und spült.

[1]) Ätzdruck auf Zellwollmousseline von Dr. H. Lotz, Mell. 1939, S. 761.

Durch Zusatz von Zinkpulver wird die Natriumformaldehydsulfoxylatätze haltbarer, doch sind solche Farben geeigneter für den Hand- und Schablonendruck (siehe: „La poudre de zinc en impression“, Tiba 1934, S. 755).

Zur Erhöhung der Ätzwirkung wurde ebenfalls ein Zusatz von Leukotrop zur Natriumformaldehydsulfoxylatätze anempfohlen (H. Ascher, Frb. Ztg. 1913, S. 341).

Die I. G. Farbenindustrie beschreibt im *D. R. P. 698.451* (22.10. 1937) ein Verfahren, nach welchem Weiss- oder Buntätzeffekte mit substantiven Farbstoffen auf gefärbter Zelluloseware, die infolge ihrer Behandlung Oxy- oder Hydrozellulose enthält, erzielt werden können. Man verfährt hier in der Weise, dass man auf das gefärbte Zellulosematerial eine Druckpaste aufdruckt, die ausser dem Verdickungsmittel und Alkalikarbonat einen organischen Reduktionskatalysator und zweckmässig Harnstoff und Äthylenoxydkondensationsverbindungen höherer Alkylphenole, also Igepal, enthält. Der Erfolg des Verfahrens beruht auf der reduzierenden Wirkung der im Färbegut vorhandenen Oxy- und Hydrozellulose. Als Reduktionskatalysatore werden im Patent Anthrachinon und seine Derivate angeführt. Nach dem Drucken wird getrocknet, gedämpft und wie üblich fertig gemacht.

Im *D. R. P. 259.699; franz. P. 456.158* bringt Cassella folgendes eigenartige Hydrosulfitätzverfahren, welches die Zerstörung des Azofarbstoffes ohne Dämpfen erlaubt: Man druckt auf den mit substantiven Farbstoffen gefärbten Stoff eine Natriumsulfoxylatformaldehydätze auf und passiert die Ware ohne zu dämpfen durch ein Schwefelsäurebad von 1° Bé (Z. f. Farb. Ind. 1913, S. 8; Frb. Ztg. 1913, S. 119; J. Müller, Bull. Mulh. Séances 1924; *franz. P. 456.158*). Ebenfalls wurde das Candit V von Pyrgos, welches das Reaktionsprodukt von Glukose mit Hydrosulfit ist, zum Ätzen von mit direkten Farbstoffen gefärbter Ware angegeben (Mell. 1929, Nr. 8, Perndanner und Hackl).

Zuletzt sei noch folgendes Verfahren der I. G. Farbenindustrie für das Weissätzen von Färbungen mit Benzoechtkupferfarbstoffen erwähnt. Diese Farbstoffklasse lässt sich nur sehr schwer ätzen und die üblichen alkalischen Reduktionsätzen ergeben nur ungenügendes Weiss.

Man hat die interessante Beobachtung gemacht[1]), dass eine oxydative Nachbehandlung von besonders günstigem Einfluss ist. Als Oxydationsmittel verwendet man hauptsächlich Wasserstoffsuperoxyd in schwach saurer Lösung.

Die Farbstoffe, die in Betracht kommen, sind z. B. Benzoechtkupferblau FBL, GL, F3GL.

---

[1]) Siehe Dr. O. Braun, Benzoechtkupferfarbstoffe im Ätzdruck. Mell. 1939, S. 585.

Die Ätzfarbe hat folgende Zusammensetzung:

150—250 g	Rongalit C
340—320 g	H_2O
450—350 g	Britishgumverdickung 1 : 1
60— 80 g	Pottasche
1000 g	

Nach dem Drucken und Trocknen wird 2mal 5 Minuten gedämpft und ohne Spülen direkt auf der Haspelkufe in einem Bad, das je Liter Flotte 5 cm^3 30 %iges Wasserstoffsuperoxyd und 0,1 cm^3 Essigsäure 50 % enthält, während 15 Minuten bei etwa 40° C behandelt.

Es ist darauf zu achten, daß dieses Bad bis zum Ende der Behandlung schwach sauer bleibt. Hierauf wird die Ware gewaschen und getrocknet.

Ätzdruck auf Coprantinfärbungen.

Coprantinfärbungen können durch Aufdrucken einer Druckpaste, welche ausser den üblichen Ingredienzen zum Ätzen noch Leukotrop W (Ätzsalz Ciba W) und Anthrachinon enthält, weiss geätzt werden.

Die Ciba empfiehlt folgende alkalische Coprantinätze:

60—120 g	Hydrosulfit R konz. (Rongalit C extra)
40— 80 g	Ätzsalz Ciba W (Leukotrop W)
50 g	Glyzerin
550—450 g	Britishgumverdickung
100 g	Kaliumkarbonat
170 g	Wasser
30 g	Anthrachinon Teig 30%ig
1000 g	

Die bedruckte und gedämpfte Ware wird 5—10 Minuten in kaltem Wasser gewaschen und dann 3—10 Minuten in einem kalten Bad, welches mit 5 cm^3/Liter Ammoniak beschickt ist, behandelt. Hierauf wird abermals gewaschen, bei 50° C geseift, gespült und getrocknet.

In der Praxis ist jedoch das Seifen nicht zu empfehlen, weil hierbei das Weiss ungünstig beeinflusst wird. Die Behandlung in ammoniakalischer Flotte ist Gegenstand des *franz. P. 915.639* der Ciba (9. Oktober 1945, ausg. 13. November 1946) (Teintex 1947, Jahrgang 12, S. 93).

Der Ätzdruck auf Coprantinfärbungen ist von besonderem Interesse, weil hiermit die Möglichkeit gegeben ist, gewisse, infolge der gegenwärtigen Farbstoffknappheit, nicht mehr herstellbaren Ätzdruckartikel auf unlöslichen Azofärbungen, zu ersetzen.

Ätzbare, blaue Färbungen, welche früher mit Naphtol AS+Echtblaubase BB oder mit Naphtol AS—BS+Variaminblausalz FG hergestellt wurden, werden heute in grossem Maßstabe mit Coprantinreinblau 4 GLL ausgeführt, dessen Licht- und Waschechtheiten 6 bzw. 4 entsprechen.

Um reine Weissätzdrucke auf Cuprophenylfarbstoffen zu erhalten, empfiehlt Geigy die Verwendung von Cuprosol B. Dieses Produkt entspricht einem Metallcyanid (Kalziumcyanid?). Es verstärkt, obwohl selbst nicht reduzierend, die Reduktionskraft des Rongalit C extra. Man kann jedoch auch annehmen, dass dieses Produkt, das an den Druckstellen vorhandene Kupfersalz komplex bindet und so eine Bildung von Kupfersulfid verhindert, welches selbstverständlich das Weiss trüben würde. Das Cuprosol ist ein in Wasser unlösliches, aber in Ammoniak lösliches, weisses, pulverförmiges Produkt, welches vor sauren Dämpfen geschützt werden muss, da es selbst durch schwache Säuren unter Entwicklung giftiger Gase zersetzt wird.

Das Gewebe wird wie üblich mit Cuprophenylfarbstoffen gefärbt und dann in einer Lösung von Kupfersulfat und Essigsäure nachbehandelt. Die gespülte und getrocknete Ware wird mit folgender Weissätze bedruckt:

50 g	Cuprosol B
60 g	Wasser
40 g	Ammoniak
400 g	Stärke-Tragant-Verdickung
250 g	Rongalit C extra
60 g	Pottasche
50 g	Glyzerin oder Harnstoff
50 g	2%ige Tinopal BV-Lösung
40 g	Wasser
1000 g	

Nach dem Drucken und Trocknen wird 6—8 Minuten gedämpft, dann zuerst kalt, dann heiss gewaschen, hierauf bei 50° C geseift und schliesslich gespült und getrocknet.

Durch Zusatz zu den Weissätzen von Blankophor[1]) der I. G. Farbenindustrie (Tinopal BV und BVA von Geigy) erhält man bedeutend reinere Weissätzeffekte.

Zum selben Zweck wird im *brit. P. 580.205* von R. W. Hardacre, G. S. J. White, der Zusatz zu den Weissätzen von kleineren Mengen 4,4′-bis-(p-Aminobenzoylamin)-2,2′-disulfostilben in Form von Natriumsalz, empfohlen. (The Dyer, 1946, 96, S. 508; siehe auch *brit. P. 581.090* von Hardacre.)[2])

[1]) Siehe diesbezüglich Kap. XIII.

[2]) *Franz. P. 877.586,* I. G. Farbenindustrie.

Buntätzen auf substantiven Färbungen.

Zur Erzeugung von Buntätzeffekten auf substantiven Färbungen kommen folgende Farbstoffklassen in Betracht:

1. Basische Farbstoffe
2. Küpen- und Schwefelfarbstoffe
3. Unlösliche Azofarbstoffe
4. Substantive Farbstoffe
5. Chromfarbstoffe
6. Pigmente und Lacke
7. Indigosole.

1. Buntätzen mit basischen Farbstoffen.

Die Fixierung der basischen Farbstoffe im Buntätzdruck kann mittels Tannin-Brechweinstein oder auf Katanol erfolgen.[1])

Fixierung auf Tannin-Antimonbeize.

Bei Verwendung von Tannin als Fixierungsmittel beschickt man die Ätzfarbe mit dem Farbstoff und dem Tannin, sowie mit einem Lösungsmittel. Als letzteres kommt Anilin (Verfahren von Jeanmaire[2])[3])) oder Resorzin (Verfahren von Diserens[2])[4])) in Betracht.

Druckvorschrift nach Diserens.

30 g	basischer Farbstoff werden in
120 g	Resorzin 1:1 Wasser und
30 g	Glyzerin oder Alkohol aufgelöst
520 g	Gummiverdickung
100 g	Natriumformaldehydsulfoxylat
80 g	Anilin
120 g	Tannin 1:1 Alkohol
1000 g	

Nach dem Drucken passiert man ein- oder zweimal 6—8 Minuten im Schnelldämpfer und nimmt anschliessend durch eine verdünnte Lösung von Brechweinstein. Für Drucke mit Methylenblau oder Thioninblau ist es vorteilhaft, dem Bade noch 2—3 g Wasserstoff-

[1]) Siehe auch C. Favre und A. Wolf, Fixierung der Buntätzen mit basischen Farbstoffen mittels Kondensationsprodukte von Resorzin mit Formaldehyd. Bull. Mulh. 1927, S. 154. Dieses Verfahren wird in Kap. VII dieses Werkes beschrieben.

[2]) Siehe Kap. IV, S. 418 und Kap. II, S. 253, Buntreserven unter Schwefelfarbstoffen.

[3]) Bull. Mulh. 1905, S. 121; R.G.M.C. 1905, S. 244; *franz. P. 344.681, D.R.P. 165.219.*

[4]) R.G.M.C. 1919, S. 117. Siehe auch A. Schneevoigt, Über die Verwendung von Resorzin im Zeugdruck, Mulh. 1925, S. 106. Ein ähnliches Verfahren wurde ebenfalls, aber später, von Bayer im *D.R.P. 312.584* vom 31. Mai 1919 veröffentlicht.

superoxyd 40% pro Liter beizugeben, um die Oxydation der Farbstoffe zu beschleunigen.

Durch Aufdrucken tanninhaltiger Ätzfarben auf das gefärbte und mit einer Lösung von 5 g Solutionssalz pro Liter vorgebeizte Gewebe erhält man nach C. Favre und A. Wolf tiefere und leuchtendere Buntätzen, ohne dass deren Lichtechtheit und die Reinheit der Weisseffekte beeinträchtigt werden. Die besten Resultate werden auf vorgebeizter Ware und nicht durch Einverleiben des Solutionssalzes in die Druckfarbe erzielt. Für Rhodamin 6G und Rhodamin B ist die erzielbare Verbesserung besonders gross.

Ein sehr interessantes Verfahren wurde in den Laboratorien der Firma Zündel, Joliet & Co. in Gennevilliers bei Paris ausgearbeitet, nach welchem es möglich ist, im Beisein von Débétanlaque A oder C, den Farbstoff mit dem Tannin und dem Antimonsalz in der Druckfarbe zu vereinigen, ohne dass eine Ausfällung des Farbstofflackes zu befürchten ist. Infolgedessen ist eine Nachbehandlung der gedämpften Drucke in einer Brechweinsteinlösung überflüssig.

Zusammensetzung einer Druckfarbe mit Débétanlaque.

30 g	Basischer Farbstoff
20 g	Alkohol denat.
80 g	Resorzin 1 : 1 in Wasser
540—440 g	Gummiverdickung
100—200 g	Rongalit C Pulver
100 g	Tanninlösung 1 : 1 in Débétanlaque A
80 g	Débétanlaque A. Umrühren und
50 g	Brechweinsteinlösung 7%ig zusetzen
1000 g	

Nach dem Drucken und Trocknen dämpft man 2 mal 6—8 Minuten im Schnelldämpfer, wäscht und seift.

Bayer & Co. empfehlen im *D. R. P. 255.023*, 1910 (Frb. Ztg. 1913, S. 54) die Reihenfolge der Arbeitsgänge der üblichen Tannin- Brechweinstein-Methode umzukehren. Man druckt vorerst ein Ätzweiss mit Hydrosulfit und Tannin und färbt nachträglich mit dem basischen Farbstoff aus.

Die Anwendungsmöglichkeiten dieses Verfahrens sind selbstverständlich sehr beschränkt, weil infolge der zweiten Färbung die gefärbten Böden eine Veränderung erfahren. Diese Methode kann nur für einfärbige Ätzdrucke, z. B. hellblau auf Marinefond, in Ausführung kommen.

A. Romann (Bull. Mulh. 1905, S. 110; R. G. M. C. 1905, S. 241) der Firma Koechlin Frères in Mulhouse empfahl, das Tannin nicht der Druckfarbe zuzusetzen, sondern das mit substantiven Farbstoffen vorgefärbte Gewebe mit der Beize zu imprägnieren. Mit

Rhodamin 6 G extra erzielt man auf diese Weise ein sehr tiefes und sattes Rot. Man verfährt folgendermassen: Die mit direkten Farbstoffen gefärbte Ware wird mit einer 4%igen Tanninlösung geklotzt, getrocknet, mit einer Ätze, welche den basischen Farbstoff Rongalit C und Brechweinstein enthält, bedruckt, 7 Minuten gedämpft und wie üblich gewaschen und geseift.

Nach M. Richard, Mailand[1]), erhält man ebenfalls ein sehr schönes Rot, wenn man die gefärbte und mit Antimontannat präparierte Ware mit einer Buntätze, die Rhodamin 6 G extra und Rongalit C enthält, bedruckt. Man arbeitet wie folgt:

1. Färben der Ware mit substantiven Farbstoffen
2. Klotzen mit einer 4—8%igen Tanninlösung
3. Behandlung in einer Lösung von Brechweinstein
4. Drucken der Rotätze.

Zusammensetzung der Rotätze.

40 g	Rhodamin 6 G extra
70 g	Alkohol denat.
40 g	Glyzerin
750 g	Gummiverdickung
100 g	Rongalit C extra
1000 g	

Nach dem Drucken dämpft man die Ware zuerst 8 Minuten im Schnelldämpfer, dann eine Stunde im Kontinuedämpfer, worauf man sie wie üblich wäscht und seift.

J. Muller (versiegeltes Schreiben Nr. 1937, hinterlegt am 15. Dezember 1920, R. G. M. C. 1921, S. 85) hat ein Rongalitätzverfahren ausgearbeitet, nach welchem die basischen Farbstoffe auf Zinkferrocyanidbeize fixiert werden. Man druckt auf die gefärbte Ware eine Druckfarbe, welche ausser dem basischen Farbstoff und Rongalit noch Zinksulfat enthält, trocknet, dämpft und nimmt durch eine Lösung von Kaliumferrocyanid.

Fixierung auf Tanninersatzmittel (Katanol O).

Die Anwendung von Katanol wurde von der I. G. Farbenindustrie sowohl für den Direkt- und Ätzdruck als auch für den Reservedruck unter Anilinschwarz als Fixierungsmittel für basische Farbstoffe lebhaft empfohlen. Jedoch kann man behaupten, dass dieses Verfahren nicht allgemeinen Anklang fand. Der Grund hierfür ist die Tatsache, dass Katanol nicht als vollwertiger Tanninersatz gelten kann und durch seine Anwendung keiner der Nachteile des Tannins beseitigt

[1]) M. Richard, Versiegeltes Schreiben und Bericht von L. Diserens, Bull. Mulh. 1923, S. 780; siehe auch Justin Müller, R. G. M. C. 1899, S. 358. Siehe Kap. IV, S. 419.

wird. Der Druckfarbe einverleibt, bewirkt Katanol die quantitative Ausfällung des basischen Farbstoffes.

Für die Herstellung von Buntätzen verfährt man folgendermassen[1]): Das vorgefärbte Gewebe wird mit einer Lösung von 20 g Katanol O + 2 g Soda kalz. + 5 g Monopolbrillantöl pro Liter präpariert, getrocknet und mit den Buntätzen bedruckt.

Zusammensetzung der Buntätzen.

40 g	basischer Farbstoff
200 g	Wasser
60 g	Azetin oder Glyecin A
500 g	Verdickung
200 g	Rongalit C 1 : 1
1000 g	

Nach dem Drucken dämpft man 4—5 Minuten im Schnelldämpfer und wäscht wie üblich.

Zum Fixieren von basischen Farbstoffen wurden ebenfalls die Kondensationsprodukte von Resorzin mit Formaldehyd verwendet. (C. Favre, Bull. Mulh. 1901, S. 124.) In einem am 9. Juni 1913 bei der Soc. Ind. de Mulhouse hinterlegten versiegelten Schreiben (Bull. Mulh. 1927, S. 159) haben C. Favre und A. Wolf die Anwendung dieser Produkte auf den Ätzdruck auf substantiven Färbungen mit rongalithaltigen Druckfarben ausgedehnt.

Diese Forscher haben gefunden, dass auf substantivgefärbter Ware, welche mit dem Resorzin-Formaldehyd-Kondensat vorgebeizt ist, lebhaftere und tiefere Buntätzeffekte erzielt werden. Hierbei wird jedoch die Lichtechtheit herabgesetzt.

Zusammensetzung der Resorzin-Formaldehydbeize.

5 g	Resorzin
975 g	Wasser
15 g	Formaldehyd
5 g	Natriumhydrosulfit
1000 g	

Auf 1 Liter einstellen und während 5 Minuten kochen.

Die Druckfarbe enthält den in einem organischen Lösungsmittel (Alkohol, Glyecin A usw.) vorgelösten basischen Farbstoff, ein Verdickungsmittel und Natriumsulfoxylatformaldehyd.

Nach dem Drucken wird getrocknet und wie üblich gedämpft und gewaschen.

2. Ätzen mit rongalithaltigen Küpenfarben.

Das Ätzen mit rongalithaltigen Küpenfarben ist zur Zeit das geläufigste Verfahren für die Herstellung von Buntätzen auf sub-

[1]) Gaillard, Mell. 1924, S. 608; Fischer, Neue Erfahrungen mit Katanol im Zeugdruck, Mell. 1924, S. 119.

stantiven Färbungen. Dieses Verfahren bietet keinerlei Schwierigkeiten und unterscheidet sich im wesentlichen nicht von dem Buntätzen mit Küpenfarben auf unlöslichen Azofärbungen. (Siehe dieses Werk, Kap. IV, S. 419.) Der einzige Nachteil besteht in einem stärkeren Überziehen der Färbungen als mit basischen Ätzdruckfarben.

Zusammensetzung der Druckfarben.

Rot		Blau	
270 g	Cibascharlach G Mikroteig	150 g	Brillantindigo 4B Teig für Druck
370 g	Britishgumverdickung 1 : 1	400 g	Schirazgummiverdickung
60 g	Débécuvol C	30 g	Débécuvol C
100 g	Kaliumkarbonat 45° Bé	100 g	Wasser
200 g	Rongalit C 1 : 1	120 g	Kaliumkarbonat 45° Bé
		200 g	Rongalit C 1 : 1
1000 g		1000 g	

Nach dem Drucken wird getrocknet und aufgerollt. Die Stücke werden dann auf einer Druckmaschine mittels einer Tausendpunktwalze mit einer Lösung von 2 g Ludigol pro Liter gepflatscht, dann getrocknet und 1—2mal während 6 Minuten im Schnelldämpfer gedämpft. Zum Ausfertigen der gedämpften Ware passiert man die Stücke in breitem Zustande durch eine warme Lösung von 4—5 g Natriumperborat bzw. 1—2 g Wasserstoffsuperoxyd oder 1—2 g Bichromat im Liter, worauf man wäscht, seift und spült.

Druckt man neben den Buntätzen ein Ätzweiss, welches Titanweiss und Albumin enthält, so darf die Ware nicht mit Natriumbichromat behandelt werden, widrigenfalls sich die Weisseffekte gelb anfärben würden. In diesem Falle verwendet man ausschliesslich Wasserstoffsuperoxyd oder Persalze für die Entwicklung der Buntätzen.

In einem Artikel über den „Ätzdruck auf Zellwollmousseline" (Mell. 1939, S. 762) bemerkt Dr. Lotz, dass nicht alle für den Buntätzdruck in Betracht kommenden Küpenfarbstoffe sich auf Zellwolle ebenso gut fixieren lassen wie auf Baumwolle (siehe auch Mell. 1937, S. 374, und 1938, S. 912).

Für sehr lebhafte Buntätzen sind die Algolfarbstoffe (Ciba- und Cibanonfarbstoffe) sehr gut brauchbar, so z. B.:

Algolgelb GC suprafix dopp. Tg. (Cibanongelb GC).

Cibascharlach G dopp. Tg. (Algolscharlach GG suprafix dopp. Tg.)

In der Indanthrenreihe sind ebenfalls sehr zuverlässig fixierbare Farbstoffe vorhanden, z. B.:

Indanthrendruckgelb 5 GK suprafix Teig und GOK suprafix dopp. Tg.

Indanthrenbrillantorange GR suprafix Tg.

Indanthrenscharlach F3G suprafix Tg. (gibt aber nicht so gute Resultate wie Cibascharlach G extra).

Indanthrenbrillantrosa R suprafix Tg. und 3 B dopp. Tg. für Druck. Ferner:

Indanthrendruckviolett RH Tg. und RRN suprafix Tg.

Cibabraun G (Indanthrenbraun RRD suprafix Tg.).

Sehr lebhafte Grüntöne werden mit Indanthrenbrillantgrün GG und FFB erhalten. Zum Nüancieren verwendet man zweckmässig Cibanongelb GC oder Indanthrengelb 5 GK.

Die besten Blautöne werden zweifelsohne mit Cibablau 2 B, Brillantindigo MLB/4 B erzielt.

3. Buntätzen mit unlöslichen Azofarbstoffen.

Ein Verfahren zur Herstellung von Rotätzeffekten mit Paranitranilin auf substantiv gefärbtem Gewebe wurde von Stiegler in Lodz[1]) ausgearbeitet. Man bedruckt die vorgefärbte Ware mit einer verdickten, hydrosulfithaltigen Natrium-β-Naphtolatlösung, dämpft und passiert die Stücke durch eine Lösung von diazotiertem p-Nitranilin. Hierbei bildet sich Paranitranilinrot an den geätzten Stellen. Dieses von Bayer & Co.[2]) patentierte Verfahren bietet gewisse Schwierigkeiten bei der Entwicklung des Rots. Nach dem Entwickeln ist eine Passage durch verdünnte Säure notwendig.

Im *D. R. P. 228.754*,1910 hat Bayer & Co. folgende Arbeitsweise empfohlen:

a) Drucken der Rotätze

75 g	β-Naphtol
70 g	Natronlauge
120 g	Wasser
150 g	Rongalit C extra
585 g	Gummiverdickung
1000 g	

b) Dämpfen im Schnelldämpfer.

c) Behandlung in verdünnter Schwefelsäure.

d) Entwicklung in einer p-Nitradiazobenzollösung.

e) Behandlung in verdünnter Schwefelsäure, waschen, seifen, spülen.

---

[1]) Bull. Mulh. 1909, S. 478, R. G. M. C. 1909, S. 183; Krasnisky u. Poplawsky, Z. f. F. I. 1909, S. 384; 1910, S. 15 u. 30.

[2]) Frb. Ztg. 1911, S. 337; *D. R. P. 228.753, 228.754*,1910, *236.289;* Fischer's Ber. 1910, S. 475.

Um eine teilweise Zerstörung der Diazoverbindung im Entwicklungsbad durch das restliche Rongalit der Ätze zu verhüten, setzt man dem Entwicklungsbad ein Oxydationsmittel zu.

4. Illumination mit substantiven Farbstoffen.

Eine Anzahl gelber, vom Thiazol abgeleiteter, substantiver Farbstoffe, wie z. B. das Thioflavin S, das Primulin, das Chloramindirektgelb C (Diaminechtgelb B und FF), welche sich durch Oxydation der Dehydroparatoluidinsulfosäure mit Hypochlorit bilden, sowie Siriuslichtblau FF 2 GL widerstehen der Wirkung von Rongalit C extra und können infolgedessen zum Buntätzen von substantiven Färbungen verwendet werden (siehe B. Marquart, Frb. Ztg. 1900, S. 89).

A. Hug (Bull. Mulh. 1920, S. 408) hat Rotätzeffekte mit Primulin auf substantiven Marinefärbungen ausgeführt. Die Ware wird mit Diaminogenblau (Cassella) gefärbt und mit einer rongalithaltigen Primulinfarbe bedruckt. Nach dem Drucken dämpft man 4 Minuten im Schnelldämpfer, nimmt durch ein Bad, welches verdünnte Schwefelsäure und Natriumnitrit enthält, spült und kuppelt in einer β-Naphtolatlösung.

5. Buntbemusterung mit Chromfarbstoffen.

Diese Fabrikation wurde vor einigen Jahren noch in grossem Maßstabe ausgeführt, insbesondere für die Erzeugung von Gelbätzeffekten mit Kreuzbeerenextrakt.

6. Buntätzen mit Lacken und Pigmenten.

Lacke und Pigmente, welche mit Albumin fixiert werden, haben für die Herstellung der Opalin- und Miedercretonne-Artikel laufend Anwendung gefunden.

Ein anderes Rongalitätzverfahren wurde von van Caulaert (Bull. Mulh. 1921) ausgearbeitet. Hier wird die Buntbemusterung mittels Mattätzfarben auf Basis von Bariumwolframat (s. Kap. XII) ausgeführt.

7. Buntbemusterung mit Indigosolfarbstoffen.[1]

Indigisolfarbstoffe, gemischt mit rongalithaltigen Ätzfarben, können ebenfalls zum Buntätzen von substantiven Färbungen angewendet werden.

---

[1] R. G. M. C. 1933, S. 338; Mell. 1933, S. 312.

Zusammensetzung der Druckfarbe.

50 g	Indigosolgrün IBA in Teig
50 g	Dehapan O oder Débésolvol IND
500 g	Britishgumverdickung
150 g	Soda
150 g	Rongalit C
100 g	Zinkweisspaste 1 : 1
1000 g	

Nach dem Dämpfen wird die Ware in einer Lösung von 20 g Bichromat und 30 cm³ Schwefelsäure pro Liter bei 70° C behandelt, um den Indigosolfarbstoff zu entwickeln und dann wie üblich fertiggemacht.

Reserven unter Rongalitätzen.

Natriumformaldehydsulfoxylat ist gegen Säuren sehr empfindlich; von Oxydationsmitteln wird es vollständig zerstört.

Um Rongalitätzen zu reservieren, druckt man vor dem Dämpfen eine Farbe, welche ein Oxydationsmittel oder eine Säure, z. B. 150—200 g Weinsäure oder Chlorat pro kg enthält.

Nach Sünder (Bull. Mulh. 1906, S. 335) soll ein Zusatz von kleinen Mengen Natriumnitrit zum Natriumformaldehydsulfoxylat dessen Zersetzung während des Dämpfens erheblich beschleunigen.

Zusammensetzung einer Nitritreserve.

200 g	rotes Blutlaugensalz
150 g	Natriumnitrit
50 g	Natriumrizinat
600 g	Verdickung
1000 g	

Man druckt diese Reserve auf das vorgefärbte Gewebe, trocknet, überdruckt mit der Rongalitätze und dämpft.

Als Reservemittel unter Rongalitätzen wurden von der B.A.S.F. und von Kalle *(D.R.P. 210.682, 211.526)* das Natriumsalz der m-Nitrobenzolsulfosäure oder deren Naphtalen- bzw. Anthrazenderivate empfohlen. Durch Einwirkung dieser Produkte, welche im Handel unter den Namen Ludigol, Albatex, Revatol, Solidol und Mattenol bekannt sind, wird das Natriumformaldehydsulfoxylat rasch zerstört.

Nach J. Muller (R. G. M. C. 1920, S. 129, Bull. Mulh., Sitzung vom 10. Dezember 1924) kann Natriumferricyanid ebenfalls zu Reservezwecken dienen.

Auf ganz ähnliche Weise wie für die Erzeugung von Reserven unter Rongalitätzen war es möglich, das gefürchtete Überziehen der Färbungen im Ätzdruck zu verhüten (siehe weiter oben). Diese zwei Operationen unterscheiden sich lediglich in der Menge des auf das Gewebe gebrachten Reservemittels.

Das Färben[1]).

Wie schon erwähnt, finden die direkten Farbstoffe in der Färberei ihre hauptsächlichste Anwendung. Was die Färbeverfahren für Baumwolle anbelangt, findet man in den letzten Jahren nur wenig neue Angaben, die die Färbemethoden oder die Apparatur betreffen.

Man färbt in Gegenwart von Soda, von Natriumsulfat, von Kochsalz oder von einem Gemisch dieser Salze, selten mit Natronlauge.

Für das Färben mit substantiven Farbstoffen behandelt man die Ware in der wässerigen Farbstofflösung bei einer, von der Natur des Farbstoffes abhängigen, mehr oder weniger hohen Temperatur, worauf man kalt wäscht.

Beim Färben von mittleren und dunklen Nüancen setzt man dem Färbebad Elektrolyte, wie z. B. Kochsalz, Glaubersalz oder Natriumphosphat zu, um das Aufziehen des Farbstoffes zu beschleunigen. Die Substantivität wird dank dieser Salzzusätze innerhalb gewisser Grenzen begünstigt; der Farbstoff zieht vollständiger auf, wodurch tiefere Töne erhalten werden. Die Salzwirkung kann man teilweise auf eine verstärkte Aggregation zur optimalen Teilchengrösse, zum anderen auf eine Verringerung des kinetischen Grenzflächenpotentials zwischen der negativ geladenen Zellulose und des ebenfalls negativ geladenen Farbstoffes zurückführen. Zu grosse Salzzusätze bewirken sehr starke Aggregation und schliesslich Flockung.

Die Wirkung des Salzzusatzes beim Färben von Zellulosefasern mit substantiven Farbstoffen, ist weitgehend auf die Zurückdrängung der Dissoziation des Farbstoffes zurückzuführen. In Wasser spaltet sich ein gewisser Teil des Farbstoffes in positivgeladene Na-Ionen und negativgeladene Farbstoffionen. Weil die Zellulosefaser ebenfalls negativ geladen ist, werden nur wenige der Farbstoffionen von ihr aufgenommen. Durch Salzzugabe zum Färbebad wird die Dissoziation stark zurückgedrängt. Damit wird das Gleichgewicht nach der Seite Farbstoff auf der Faser verschoben.

Theorie des Färbens mit substantiven Farbstoffen[2]).

Die Lösungen von auf Baumwolle direktziehenden Farbstoffen bestehen aus einer gewissen Anzahl von Produkten in dynamischem Gleichgewicht. Es sind dies salzartige Elektrolyte, deren verdünnte

---

[1]) Willis, Warwicker, Holmes Standing, The Dyeing of cellulose with direct dyes, Trans. Faraday Soc. 1945, 41, S. 506, 542, 568.

Lemin, Vickers, Vickerstaff, The Dyeing of Direct Dyes on Cotton, Amer. Dyest. Rep. 1946, 35, S. 431.

[2]) R. Haller-Glafey, Technologie der Baumwolle, S. 103—104; Chwala, Textilhilfsmittel, I. Auflage, S. 353.

Valkó, Kolloidchemische Grundlagen der Textilveredlung, J. Springer, 1937, S. 402 ff.; R. Auerbach, Neuere kolloidchemische Anschauungen über Färbevorgänge, Mell.

Lösungen nicht in dem Maße elektrische Leitfähigkeit besitzen, wie es bei einer vollständigen Dissoziation der Fall wäre. Von der Gesamtheit der vorhandenen Molekülen ist eine gewisse Anzahl nicht dissoziiert oder in mehr oder weniger ausgesprochenem kolloidalen Assoziationszustand. Affinität zur Baumwollfaser besitzen nur die Elektrolyte welche als dissoziierte Einheiten auf die Faseraufziehen und in derselben ausflocken, wobei mehr oder weniger echte Färbungen erhalten werden.

Die Affinität eines substantiven Farbstoffes zur Zellulosefaser hängt hauptsächlich von seinem kolloidchemischen Zustand ab. Es hat sich gezeigt, dass, je höher dispergiert und stärker dissoziiert ein Farbstoff ist, desto geringere Affinität zeigt er zur Zellulose, das heisst, dass hier die kolloiden Farbstoffteilchen und nicht die dissoziierten Farbstoffionen auf die Faser ziehen.

Im Gegensatz zur Wolle nimmt die substantive Affinität zur Baumwolle mit dem Dispersionsgrad des Farbstoffes ab. Der Dispersionsgrad selbst wird durch Steigerung der Temperatur erhöht. Hierdurch erklärt sich die Tatsache, dass beim Färben eines Mischgewebes aus Baumwolle und Wolle mit einem substantiven Farbstoffe, derselbe bei niederer Temperatur (kleiner Dispersionsgrad) auf die Baumwolle aufzieht, während sich die Wolle erst bei hoher Temperatur (grosser Dispersionsgrad) anfärbt.

Die verhältnismässig nur geringe Echtheit der substantiven Färbungen hat ihre Ursache in dem grossen Ionisationsvermögen der Farbstoffe. Durch nachträgliches Diazotieren und Kuppeln oder durch Behandlung der gefärbten Ware mit Kupfersulfat bzw. Formaldehyd wird die Waschechtheit erhöht, weil hierbei das Farbstoffmolekül vergrössert und somit der Ionisationsgrad herabgesetzt wird.

Die chemische Passivität der Baumwollfaser beim Färben mit substantiven Farbstoffen konnte von R. Haller durch verschiedene in hervorragender Weise ausgeführten Versuche bewiesen werden.

Kolloidchemische Theorie.

Die substantiven Farbstoffe sind in Lösung grob dispergiert. Der Dispersionsgrad ist jedoch mehr demjenigen einer kolloidalen Dispersion ähnlich und nimmt mit steigender Temperatur zu. Von den basischen, sauren und substantiven Farbstoffen sind letztere am wenigsten dispergiert. Die maximale Affinität der substantiven Farb-

1927, S. 160; H. Pomeranz, Labile Verbindungen und echte Färbungen; Ruggli und Fischli, Helv. chim. Acta 1924, 7, S. 496; Dr. Lottermoser, Mell. 1926, S. 845; A. Parsons Sachs, Text. Col. 1927, Januar-, April- und Maiheft; Tiba 1928, S. 315; Dr. R. Haller, Mell. 1929, S. 373. E. F. Mann, The dyeing properties of direct cotton dyes, Rayon Textile Monthly, 1947, Nr. 1, S. 99; Ruggli, Mell. 1934, S. 68.

stoffe zur Baumwolle ist durch einen optimalen Dispersionsgrad bedingt. Ist eine bestimmte Teilchengrösse überschritten, so ist ein Eindringen des Farbstoffes in die Faser nicht mehr möglich. Das Gleichgewicht verschiebt sich nach der Seite Farbstoff im Färbebad. Je nachdem der Dispersionsgrad des gelösten Farbstoffes unter oder über diesen optimalen Bedingungen liegt, wird sich eine Temperatursteigerung beim Aufziehen desselben auf das Baumwollsubstrat mehr oder weniger günstig ausüben.

Beispiel: Das Benzopurpurin 4B und das Azoblau sind wenig dispergierte Farbstoffe. Durch Temperatursteigerung wird der Dispersionsgrad und die Affinität zur Baumwolle erhöht. Bei Erica BN und Heliotrop LB hingegen, die in Lösung sehr stark dispergiert sind, wird bei Temperaturerhöhung die Affinität verringert, obwohl auch hier der Dispersionsgrad steigt.

In einem im Bull. Föd. Bd. III, S. 5 erschienenen Aufsatz von Dr. F. Schütz über die graphische Darstellung von Färbevorgängen, weist der Verfasser auf die Wichtigkeit hin, zu wissen, wie die in einem Betriebe verwendeten Farbstoffe auf das Färbegut aufziehen, und in welchem Maße die Färbebäder erschöpft werden.

Hierüber hat Dr. F. Schütz am Bezirkstag der schweizerischen Gruppe des I.V.C.C. am 17. Oktober 1937 in Zürich eine sehr interessante Arbeit vorgelegt, in welcher die Aufziehkurven der substantiven Baumwollfarbstoffe (Chlorantinlichtfarbstoffe der Ciba) behandelt werden. Aus diesen Untersuchungen geht hervor, dass die Affinität der substantiven Farbstoffe weitgehendst von den Färbebedingungen, wie z. B. Flottenverhältnis, Temperatur des Färbebades, Konzentration und Zusammensetzung des Färbebades (Zusätze von Salzen, alkalische Zusätze, Glaubersalz usw.), Färbedauer usw., abhängt. An Hand dieser Kurven ist zu ersehen, dass beispielsweise beim Färben mit dem schlecht aufziehenden Chlorantinlichtgelb 5 GLL nur 60 %, beim hochwertigen Chlorantinlichtbraun BRLL jedoch 92 % des verwendeten Farbstoffes aufziehen.

Lemin, Vickers, Vickerstaff[1]) haben an einer Anzahl Direktfarbstoffen das Aufziehvermögen bestimmt. Egalisierproben wurden durchgeführt, die auf der bekannten Methode der Migration des Farbstoffes von einem gefärbten auf das ungefärbte Zellulosegewebe basiert sind. Je nach dem starken oder weniger starken Ausbluten kann auf das Egalisieren geschlossen werden. Die Bestimmung des Farbstoffes auf dem Festgewebe erfolgte durch Abziehen mit Pyridin und kolorimetrische Messung.

---

[1]) Amer. Dyest. Rep. 1946, 35, S. 431. Siehe auch Migration in Dyeing, The Dyer 1946, 96, S. 445.

Die Farbstoffe werden eingeteilt in solche, die in kochender Glaubersalzlösung leicht auf weisses Gewebe hinüberwandern, solche die nicht leicht wandern, aber ohne Salz schlecht ausziehen und endlich solche, die nicht leicht wandern und ohne Salz stark ausziehen.

Ein Bericht der Soc. of Dyers and Colourists[1]) behandelt die Adsorption von Direktfarbstoffen durch Zellulosefasern.

Die Direktfarbstoffe können je nach ihrem färberischen Verhalten nach folgenden Gesichtspunkten klassiert werden.

1. Egalisieren
2. Beeinflussung durch Salzzugabe
3. Einfluss der Temperatur auf das Ziehvermögen
4. Einfluss des Flottenverhältnisses auf das Ziehvermögen.

Auf Grund dieser Punkte können die Direktfarbstoffe folgendermassen eingeteilt werden:

A) Selbstegalisierende Farbstoffe

B) Farbstoffe, deren Egalisieren durch Salzzugabe geregelt werden kann (salzkontrollierbare Farbstoffe)

C) Nicht selbstegalisierende Farbstoffe, kochsalzempfindliche Farbstoffe, nur durch Anpassung der Temperatur regulierbar (temperaturkontrollierbare Farbstoffe).

Nach G. G. Bradshaw[2]) sind die färberischen Eigenschaften der Direktfarbstoffen von verschiedenen Faktoren abhängig.

1. Das momentane Aufziehen des Farbstoffes auf die Faseroberfläche in den ersten Minuten des Färbevorganges. Dieser Faktor wird einerseits von der Salzzugabe oder dem Salzgehalt des Farbstoffes, andererseits von der Temperatur stark beeinflusst.
2. Das Mass des Färbens, d. h. die Färbezeit, die benötigt wird, um ein Gleichgewicht zwischen dem in der Faser eingedrungenen und dem im Bad verbleibenden Farbstoff zu erreichen.
3. Die Tiefe der Färbung.
4. Das Flottenverhältnis.

In einem Aufsatz über die Erzielung gleichmässiger Färbungen auf Zellulosefasern befasst sich Hajo[3]) mit den zahlreichen Ursachen, welche zu inegalen Färbungen führen, sowie mit den praktischen Möglichkeiten, dieselben zu verhüten.

---

[1]) The Dyer 1946, 96, S. 565.

[2]) The Dyer 1947, 97, S. 255.

[3]) Einzelheiten siehe Mell. 1943, S. 511.

Als Ursachen führt der Verfasser unter anderm an: Verwendung von Farbstoffen von zu grosser Affinität, Färbegut aus Mischungen von gleichen Faserarten verschiedener Herkunft, ungleichmässige Vorbehandlung der Ware (Säuren, Beuchen, Bleichen, Mercerisieren), unvollständige Entfernung von Seifenresten, Schlichten oder Avivagen, Fasermissbildungen (tote Baumwolle) usw.

In der Praxis beruht das Färben auf folgenden Operationen:

1. Lösen des Farbstoffes. — Man verwendet hierfür kochendes Kondenswasser oder Leitungswasser, welches man vorerst von den gelösten Erdalkalisalzen befreit. Die Enthärtung erfolgt durch Erwärmen des Wassers mit geringen Mengen Seife oder Soda und Abfiltrieren der Niederschläge. Vor der Verwendung muss die Farbstofflösung durch Kattun filtriert werden.

2. Das Färben. — Die Färbeflotte wird mit
0,5—1 % kalzinierter Soda und
2 —3 % krist. Glaubersalz,
auf das Gewicht der Ware berechnet, versetzt.

In der Praxis verwendet man ungefähr folgende Mengen:

für helle Nüancen:
2—10 % Glaubersalz krist. des Gewichtes der Ware;
für mittlere Nüancen:
15—20 % Glaubersalz krist. des Gewichtes der Ware;
für dunkle Nüancen:
20—30 % Glaubersalz krist. des Gewichtes der Ware.
Die Färbeapparate sind entweder aus Holz, Eisen, Monel (Nickelin) oder aus rostfreiem Stahl hergestellt.

Stückware wird mit substantiven Farbstoffen gefärbt:

1. Im Strang auf Haspelkufen (für dunkle und mittlere Töne).
2. Auf dem Jigger.
3. Auf der Klotzmaschine (nur helle Töne).
4. Auf dem Foulard der Hotflue.
5. Auf dem Foulard mit anschliessender Trocknung auf einer Trockentrommel oder auf einem Spannrahmen.

Nachstehend werden einige in der Praxis erprobte Arbeitsweisen kurz beschrieben.

Färben auf der Klotzmaschine.

Für diese Färbemethode verwendet man einen Dreiwalzenfoulard, dessen Trog ein Inhalt von etwa 50 Liter besitzt und mit Wasser beschickt ist.

Die Ware wird zu je 3—4 Stücken aufgerollt. Man nimmt sie zuerst 2 mal auf dem Foulard durch Wasser, füllt die Farbstofflösung ein und setzt für 30 kg Färbegut ca. 2 kg Glaubersalz krist. und 50 g Soda, in etwas heissem Wasser vorgelöst, zu. Hierauf gibt man eine Passage in der kalten Färbeflotte, erwärmt auf 60° C und passiert noch 2—4 mal, bis die gewünschte Färbetiefe erreicht ist. Dann wird aufgerollt und die Ware auf dem Foulard mit Wasser gespült.

Färben im Strang.

Das Färben im Strang erfolgt in Färbekufen, deren Inhalt zwischen 500—1500 Liter variiert. Das Flottenverhältnis ist 1:10. Man geht mit der Ware in die lauwarme Flotte ein, behandelt darin während ¼ Stunde und gibt dann den gut vorgelösten Farbstoff in 2 Portionen zu. Hierauf färbt man während ¼ Stunde bei 50—60° C, treibt die Temperatur auf 80° C, streut dann allmählich das Glaubersalz in die Färbeflotte ein und färbt 1 Stunde lang bei dieser Temperatur weiter.

Der Tiefe der Nüance entsprechend, färbt man unter Zusatz von 10—20 % Glaubersalz krist. (Prozente vom Gewicht des Färbegutes). Zur Erzeugung von Marineblau verwendet man beispielsweise für 80 kg Baumwollware 15 kg Glaubersalz krist. und 500 g Soda fest.

Diazotieren und Kuppeln der substantiven Farbstoffe[1]). Die Diazotierung erfolgt auf der gleichen Haspelkufe wie die Färbung. Hierfür wird die Färbeflotte abgelassen, die Ware gründlich gespült und die Kufe mit frischem Wasser beschickt. Man giesst nun das in wenig Wasser vorgelöste Natriumnitrit in die Flotte ein, setzt die nötige Menge Säure zu und behandelt die Ware in dem kalten Bade während ca. 20 Minuten. Nach Ablauf dieser Zeit wird gespült und anschliessend sofort im kalten Entwicklungsbad etwa ¼—½ Stunde behandelt.

Zum Diazotieren verwendet man

2 % Natriumnitrit und
6 % Schwefelsäure 66° Bé bzw. 3 % konz. Salzsäure 19° Bé

vom Gewicht der Ware.

Als Entwickler kommen am häufigsten Natrium-β-Naphtolat oder m-Toluylendiamin in Betracht. Je nach der Art der zu entwickelnden Färbungen verwendet man

[1]) Carbid-, Rosanthren-, Diazo- und Diazoechtfarbstoffe der Ciba (auch Clayton). Diazominfarbstoffe von Sandoz und Francolor. Diazofarbstoffe der I. G. Farbenindustrie. Diazophenylfarbstoffe von Geigy. Paramine Diazofarbstoffe (L. B. H.). Diazochloraminfarbstoffe von Sandoz.

1%	Lösung von	β-Naphtol + Natronlauge 38° Bé		1:1
1—1½%	„ „	m-Toluylendiamin + Soda	. . . .	1:1½
1%	„ „	Entwickler Z + Soda	. . . . . .	1:1½
1%	„ „	Resorzin + Soda	. . . .	1:½

Einbadfärberei.

Kriegsbedingte Einschränkungen an Energie und Arbeitskräften veranlassten den Färbetechniker in den Jahren 1939—1945 Mittel und Wege zu finden, die verschiedenen Arbeitsgänge, welche einem einwandfreien Färben vorangehen müssen, in einer einzigen Behandlung auszuführen (Einbadfärberei).

Das Webgut, das weiterverdelt wird, muss, um färbereif zu werden, entschlichtet, gebeucht und abgekocht werden. Ist die Rohware stärkegeschlichtet, erfolgt die Entschlichtung mittels Enzymen (Malzdiastasen, Pankreasprodukte oder Bakteriendiastasen). Die Entschlichtung geschieht je nach der Warenqualität und der Art der weiteren Veredelung, anschliessend an die Senge, entweder durch Ablage in Behältern oder, direkt dem Färben vorangehend, auf dem Jigger. Ist die Stärkeschlichte durch diese Behandlungen entfernt, so wird die Ware unter Druck gebeucht oder auf dem Jigger abgekocht.

In einem Aufsatz über das „Färben und Entschlichten in einem Bade von Baumwollgeweben und Baumwoll-Kunstseiden-Mischgeweben“ (Mell. 1940, Nr. 2, siehe auch: Dr. C. Schöller, Mell. 1938, Nr. 1) zeigt F. Jahnes die Möglichkeit, die verschiedenen kostspieligen und zeitraubenden Behandlungen, welchen ein auf dem Jigger mit substantiven Farbstoffen zu färbenden Webgut unterworfen wird, zusammenzulegen.

Hierdurch wird eine Verminderung der Selbstkosten und zugleich eine Produktionssteigerung erzielt. Ausserdem wird das Material infolge der verkürzten Behandlungsdauer geschont.

Unter anderen wird für reine Baumwolle folgendes Beispiel angeführt:

Leichte bis mittelschwere Nesselware
Flottenverhältnis 1 : 8
25 kg Material = 200 Liter Flotte
1000 g Biolase N extra Pulver
200 g Humectol CX
1350 g Benzochromschwarzblau B
500 g Soda
5000 g Glaubersalz

Man fährt die trockene Ware in die auf 75° C erwärmte Biolaselösung ein und gibt zwei Passagen. Zwecks besserem Eindringen der Flotte in das Gewebe, setzt man dem Entschlichtungsbad vorteilhaft Humectol CX zu. Darauf wird dem Bade der vorgelöste Farbstoff zugesetzt. Nach 15—20-minutigem Färben treibt man die Temperatur bis zum Kochen und nach 5 Minuten Kochdauer erfolgt der Zusatz an Soda und Glaubersalz.

Für substantive Farbstoffe, die zum Aufziehen unbedingt einen Zusatz von Soda benötigen, darf dieses erst nach etwa 20—25 Minuten zugesetzt werden, widrigenfalls die Wirkung des Enzyms teilweise aufgehoben wird.

Kaltfärberei[1]).

Durch die allgemeinen Massnahmen zur Ersparnis von Kohle während des Krieges 1939—1945 wurde das Problem des Färbens bei niedrigen Temperaturen von der Textilindustrie aufgegriffen. Laboratoriumsversuche sowie betriebsmässig ausgeführte Färbungen haben gezeigt, dass eine gewisse Anzahl substantiver Farbstoffe bei 40—45° C, andere bei 60° C aufgefärbt werden können und dass man dadurch eine erhebliche Dampfersparnis erzielen kann. Auf der Haspelkufe ergeben beispielsweise Kaltfärbungen bei 40—45° C im Vergleich mit Heissfärbungen bei 80—85° C eine durchschnittliche Dampfersparnis von 70%. An Hand dieser Ergebnisse hat die Fachgruppe Textilveredlungsindustrie die Färbereien ersucht, die substantiven Färbungen nur mit Kaltfärber vorzunehmen.

Die Färbedauer beim Kaltfärben beträgt im Durchschnitt 2½ Stunden. Im Gegensatz zur Vermutung, dass die Echtheitseigenschaften der Kaltfärbungen im allgemeinen geringer seien als bei Heissfärbungen, hat sich überraschenderweise gezeigt, dass nur in einigen Ausnahmefällen die Nassechtheiten (Wasser-, Wasch- und Schweissechtheit) weniger gut sind. Der Farbstoffverbrauch ist derselbe, teilweise sogar geringer als beim Heissfärben. Die Temperatur der optimalen Farbstoffaufnahme ist bei den einzelnen Farbstoffen verschieden. Gute Durchfärbung ist bei der Kaltfärbung schwieriger zu erzielen als bei der Heissfärbung.

Das Kaltfärbeverfahren gibt mit einigen substantiven Farbstoffen ausgezeichnete Resultate. Jedoch ist die Zahl dieser Farbstoffe sehr beschränkt und die Palette bei weitem nicht vollständig.

Unter anderen eignen sich folgende Farbstoffe für die Kaltfärberei:

Siriuslichtgelb 5G (40° C)
Flavin Solar R von Sandoz
Diazobrillantorange RLG von Ciba
Diazolichtgrün GFL
Phebaminrot 8BL (40° C)
Diazaminbordeaux N2B (40° C) von Kuhlmann-Francolor
Solarblau 3GL von Sandoz
Diazoindigoblau BR extra konz. (60° C)
Sambesischwarz D (60° C).

[1]) Siehe hierzu H. Schumacher: Das Färben von Spinnstoffen aus Kupfer- und Viskoseseide mit substantiven Farbstoffen bei niedrigen Temperaturen, Mell. 1943, S. 231 und 268.

Eine grosse Anzahl Farbstoffe kann bei 60° C in Mischungen mit Kaltfärbern verwendet werden (Chlorantinorange 2 GL, Rosanthrenorange R, Siriusgrau 2 G).

Cotonerol A und Diazobrillantorange RLG, die von der I. G als Kaltfärber bezeichnet werden, ergaben bei 67° C bedeutend schlechtere Färbungen als bei 80° C.

Nach dem *franz. P. 882.563* (eing. 30. August 1941, ausg. 8. Juni 1943) von St. Clair-du-Rhône werden die pflanzlichen Fasern mit substantiven Farbstoffen auf lauwarmem Bade in Gegenwart von anorganischen Hydroxyden, gefärbt.

Ausser dem Vorteil, die Färbung auf lauwarmem Bade vornehmen zu können, werden nach diesem Verfahren egalere Färbungen erzielt und die Unegalitäten, welche auf die Verschiedenheit des Materials oder auf das verschiedene Reifen der Viskose zurückzuführen sind, durchgefärbt. Im übrigen werden hierbei die Ätzbarkeit durch Hydrosulfit und die allgemeinen Echtheitseigenschaften erhöht.

Patentgemäss färbt man beispielsweise einen Viskosekunstseidencrepe durch eine Passage auf dem Foulard in einem 40° C warmen Bade, welches pro Liter mit 50 g Diaminbordeaux CGM und 50 cm^3 Natronlauge 36° Bé beschickt ist.

Zusätze zum Färbebad.

Das Färben mit substantiven Farbstoffen wird öfters in Gegenwart von hochmolekularen anionaktiven Seifen, wie z. B. Fettsäurekondensationsprodukten (Igepone), Fettalkoholsulfonate (Gardinole) oder Fettsäuresulfonate (Avirol AH usw.) vorgenommen. Besonders wurden als Zusatz zum Färbebad solche Produkte anempfohlen, welche entweder von Sulfonaten aliphatischer Alkohole abstammen, (Gardinol von Böhme-Fettchemie und P.C.M.R. in Mülhausen, Sandopan N von Sandoz u. a. m.) oder von hochsulfonierten Fettsäuren, deren Karboxylgruppe esterifiziert oder amidiert ist (Bertsch, Mell. 1930, S. 779):

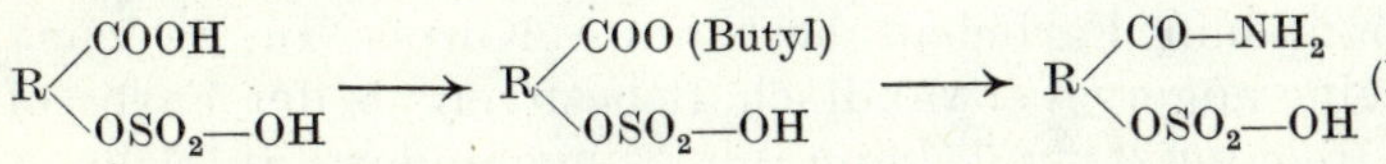

(Humectol)

Humectol C (I. G.); Avirol AH (Böhme); Tibalène NAM (Kuhlmann); Astrolane (S.P.C.M.C. Mülhausen); Neoflerhenol (Patec); Immersol SG (St. Denis); Grada 12 (Cotelle et Foucher); Sandozol KB (Sandoz) usw.

Der Dispersionsgrad der substantiven Farbstoffe wird jedoch durch diese anionaktiven Kolloidelektrolyte in keiner Weise beeinflusst.

Durch Zusatz zum Färbebad von Produkten auf Basis von Pyridinderivaten allein (Tetracarnit von Böhme, Sandoz, Holtmann) oder in Mischung mit Fettalkoholsulfonaten (Oxycarnit L50) bzw. mit Fettsäuresulfonaten (Sulfocarnit NF von Sandoz) erzielt man eine Desaggregierung, welche das Anteigen und Lösen des Farbstoffes bedeutend erleichtert. Diese Produkte sind besonders beim Färben von Zellwolle-Kreuzspulen von Interesse.

Bezüglich der Anwendung von Peregal O, Peregal OK[1]) der I.G., Albatex PO der Ciba (*franz. P. 778.476*) beim Färben mit substantiven Farbstoffen ist zu bemerken, dass dieselben das Aufziehen des Farbstoffes verlangsamen und damit das Egalisieren fördern, insbesondere bei der Herstellung heller Nüancen. Diese Produkte sind insofern interessant, als sie selbst keine aussalzende Wirkung besitzen und auch in Gegenwart von Elektrolyten ihren hemmenden Einfluss beim Färben ausüben.

Peregal O ist ein Anlagerungsprodukt von 15—20 Mol Äthylenoxyd auf 1 Mol Stearylalkohol. (Oktodecylalkohol). Albatex PO der Ciba entspricht hochmolekularen Benzimidazolsulfonaten (Landolt, Mell. 1939, S. 650).

Die Bremswirkung dieser Produkte hat ihre Ursache darin, dass dieselben mit dem Farbstoff labile Verbindungen eingehen, die größere Aggregate bilden und gröber dispergiert sind als der Farbstoff selbst.

In einer Broschüre, Hilfsprodukte 1947 S. 56/57, gibt Ciba einige nützliche Erläuterungen über Albatex PO, welche wir hier kurz zusammenfassen.

Der Zusatz von Albatex PO zum Färbebad bewirkt beim Farbstoff eine so starke Vergrösserung der Teilchen, dass diese am raschen Aufziehen verhindert werden. Diese Vergröberung, das heisst der Komplex Farbstoff-Albatex PO, ist jedoch nicht so fest und endgültig, dass der Farbstoff überhaupt am Aufziehen verhindert wird. Vielmehr findet ein langsamer Austausch der Farbstoffteilchen von Albatex PO-Farbstoff-Komplex zur Faser statt.

Setzt man dem Färbebad bestimmte Körper zu, welche zum Albatex PO eine engere Verwandtschaft besitzen als der Farbstoff, so wird dieser freigesetzt und kann nun ungehindert aufziehen. Ein solcher Körper ist z. B. Invadin BL konz.

Je nach Art des zu färbenden Materials, der vorhandenen Einrichtungen, des färberischen Verhaltens dieser substantiven Farbstoffe, setzt man dem neutralen oder alkalischen Färbebad Albatex

---

[1]) Siehe Bd. I, Kap. I, S. 195. *Brit. P. 346.550, 367.420, 409.336, 443.559; D.R.P. 548.201, 636.305: franz. P. 713.426/427, 727.202, 752.831, 762.839.*

PO oder PON zu. Im allgemeinen genügen 0,25—1 g Albatex PO bzw. PON pro Liter Färbebad.

Für das Färben von Baumwolle, Zellwolle und deren Mischgespinste wird von der I. G. Farbenindustrie die Verwendung von Humectol CX[1]) empfohlen. Dieses Produkt hat den Vorteil, dass es nicht schäumt, und dass daher flüssiges Material, wie Baumwolle und Zellwolle, keinen die Egalität erschwerenden Auftrieb erhält; es fördert das Egalisieren, selbst bei ganz hellen Kreuzspulen, und bietet beim Färben auf Apparaten einen Schutz gegen die durch Eisen entstehenden Trübungen des Farbtones, so dass man bei Mitverwendung von 0,5—1cm³ Humectol CX im Liter sehr klare Färbungen erhält.

Störungen, welche beim Färben durch die Härtebildner des Wassers entstehen, können durch Verwendung von Trilon A oder B[2]) ausgeschaltet werden. Diese beiden Produkte halten die Kalk- bzw. Magnesiumsalze im Wasser komplex gelöst, so dass die Wasserhärte den Farbstoff bzw. die Färbung nicht mehr ungünstig beeinflussen kann.

Der Zusatz der Trilone ist auf den Ausfall der meisten Färbungen ohne Einfluss. Bei folgenden substantiven Farbstoffen kann jedoch die Anwendung von Trilon B nicht empfohlen werden, da dadurch eine gewisse Veränderung in Farbton und Farbstärke sowie eine Verringerung der Lichtechtheit eintritt. Es sind dies:

Benzoviskoseblau 3GFL
Siriuslichtblau 3RL
Siriuslichtblau FBGL
Siriuslichtblau BRS
Siriusgrün GT

Die beiden erstgenannten Farbstoffe werden auch durch Trilon A stark beeinflusst, so dass bei diesen auch die A-Marke nicht angewendet werden kann.

Beim Färben von Benzoechtkupferfarbstoffen mit den Trilonen ist zu beachten, dass vor dem Kupfern gründlich gespült wird und dass auch beim Seifenbad keines der Trilone mitverwendet wird, da andernfalls die Möglichkeit einer nachteiligen Beeinflussung des Farbstoffes gegeben ist.

Um beim Abziehen von direkten Diazo- und Benzoechtkupferfärbungen in alkalischen Hydrosulfitbädern das Material möglichst zu schonen, setzt man der Flotte je 1 g Peregal O oder Igepal C im Liter zu. Bei Benzoechtkupferfärbungen empfiehlt sich zur Steigerung des Abzieheffektes noch ein Zusatz von 1—4 g Leukotrop W konz. im Liter.

---

[1]) Siehe Bd. I, Kap. I, S. 186, 232 und Bd. III, Kap. XV.

[2]) Siehe Bd. I, Kap. II, S. 254 und Bd. III, Kap. XV.

Eine Anzahl Methoden bezwecken, den substantiven Färbungen eine bessere Licht- bzw. Waschechtheit zu verleihen. Diese Methoden beruhen auf einer nachträglichen Behandlung der gefärbten Ware mit Metallsalzen, Formaldehyd usw. (Näheres hierüber siehe weiter unten).

Die allgemeinen Echtheitseigenschaften der substantiven Färbungen genügen in vielen Fällen den Anforderungen. Es sind beispielsweise Farbstoffe bekannt, deren Lichtechtheit fast derjenigen der Indanthrenen gleichkommt (Lichtechtheit 6—7, sogar 7—8).

Vor etwa 15 Jahren haben die Farbstoffabriken ein Assortiment der lichtechtesten substantiven Farbstoffe zusammengestellt, die unter folgenden Sammelnamen in den Handel gebracht wurden:

Siriusfarbstoffe von I. G.
Solarfarbstoffe von Sandoz
Chlorantinechtfarbstoffe von Ciba
Solophenylfarbstoffe von Geigy
Colorants Diazol solides oder lumière von Kuhlmann-Francolor
Colorants Phébamine von St-Clair-du-Rhône
Benzanil fast dyes (Y. D. C.)
Benzanil Supra dyes (Y. D. C.)
Chlorazol fast dyes der Imp. Chem. Ind.

Das Färben von Kunstseide und von Mischgeweben[1]).

Das Färben von Kunstseide wurde in den letzten Jahren Gegenstand zahlreicher Forschungen, die sowohl das Durchfärben dieser Faser als auch das Egalisieren der Farbstoffe betreffen.

Gutes Egalisieren von Färbungen mit direkten Farbstoffen auf Mischgeweben aus natürlichen (pflanzlichen oder tierischen) Fasern mit künstlichen Zellulosefasern ist schwer zu erhalten. Da das Adsorptionsvermögen der Kunstseide grösser ist, färbt sie sich dunkler als die Baumwolle.

Um dem Übelstande des schlechten Egalisierens abzuhelfen, empfiehlt Böhme-Fettchemie, Chemnitz, laut *brit. P. 442.292* und *443.022* sowie *franz. P. 793.182* folgende Arbeitsweise: Man imprägniert das Mischgewebe mit einer Lösung einer kationaktiven Substanz, z. B. Dodezylpyridiniumsulfat, und färbt hierauf unter Zusatz einer kleinen Menge eines anionaktiven Mittels, welches befähigt ist, die Oberflächenspannung zu verringern und hierdurch das Aufziehen des Farbstoffes zu erleichtern, z. B. das Natriumsalz des Laurylschwefelsäureesters. Durch sorgfältige Dosierung beider entgegengesetzt wirkenden Körper ist es möglich, das gleichmässige Aufziehen auf

[1]) Literatur über das Färben der Viskosekunstseide: Uscher und Wahly, J. Soc. D. and Col. 1942, 58, S. 221; Neal, J. Soc. D. and Col. 1943, 59, S. 148; Uscher, J. Soc. D. and Col. 1943, 59, S. 150. Whittaker, J. Soc. D. and Col. 1942, 58, S. 253. Meitner, Theoretische Erklärung des Färbevorganges beim Färben von Viskosekunstseide mit direkten Farbstoffen, J. Soc. D. and Col. 1945, 61, S. 33 und The Dyer, 1945, 94, S. 239.

beiden Fasern zu regeln und somit vollkommen egale Färbungen zu erhalten. Diese Patente, welche den Handelsprodukten Repellat und Amendol (Böhme-Fettchemie bzw. P.C.M.R., Mülhausen) entsprechen, sind eingehend im VII. Kapitel, S. 139, sowie im I. Kapitel, S. 197 besprochen.

Das *franz. P. 795.679*,1935 von Ciba bezieht sich auf ein analoges Färbeverfahren. Auch hier handelt es sich um Anwendung von Färbeflotten, welche kation- und anionaktive Mittel enthalten. Man setzt z. B. dem Färbebade, ausser dem Farbstoff, 0,5% einer Mischung von 1 Teil Triäthylammoniummethylsulfat des Mono-Stearyl-p-Phenylendiamins mit 2 Teilen Marseillerseife zu und färbt wie üblich in Gegenwart von Natriumsulfat.

Dem *D.R.P. 639.199* der I.G. Schöller-Schwen zufolge erhält man auf Mischgeweben aus Baumwolle und Viskoseseide gleichmässige Färbungen durch Vorpräparieren der Ware mit hochmolekularen Sulfoniumverbindungen, und zwar solche, die keine Sulfosäuren enthalten, z.B. das Methyläthylcetylsulfoniumhydroxyd. Dieses Verfahren erlaubt es, die Mischfasern mit substantiven Farbstoffen, wie z. B. Siriusrot 4B oder Siriusblau BR, vollkommen egal zu färben.

Den gleichen Zweck zum Egalisieren von Färbungen auf Mischfasern verfolgt das *D.R.P. 654.443*, ebenfalls von der I.G. Schöller-Schwen. Hier werden zum Vorpräparieren der Ware höchstsubstituierte Phosphoniumverbindungen, z.B. das Triäthylstearylphosphoniumbromid, angegeben. Durch Vorpräparieren mit sehr geringen Mengen, etwa 0,2—0,5 g dieser Substanz pro Liter, erhält man z. B. mit Siriusrot 4B viel gleichmässigere und tiefere Färbungen.

Gemäss *D.R.P. 636.304* der I.G. Farbenindustrie erhält man egalere Färbungen auf Baumwolle-Kunstseide-Mischfasern, wenn man dem Färbebad ausser Natriumsulfat ein wasserlösliches Magnesiumsalz, wie z. B. Magnesiumsulfat, in verhältnismässig hohen Mengen (17,5% Sulfat vom Warengewicht) zugibt.

Franz. P. 783.008,1934 der I.G. Farbenindustrie besagt: Das Egalisieren der Färbungen mit direkten Farbstoffen wird in Gegenwart oder in Abwesenheit von Salzen zweiwertiger Metalle verbessert durch Zusatz zum Färbebad von stickstoffhaltigen organischen Substanzen, wie Dodezylamin, Monoäthanolstearylamin oder Trimethyldodezylammonium, welches durch Einwirkung des Dodezylbromids auf das Trimethylamin entsteht, oder von Reaktionsprodukten von Äthylenoxyd auf Oleylalkohol. Man gibt z. B. in das Färbebad 1 g eines Gemisches von Dodezylamin und Peregal (letztes Produkt wird durch Reaktion von 1 Mol Oktodezylalkohol auf 20 Mol Äthylenoxyd erhalten) oder 2 Teilen Trimethyldodezylammoniumbromid und 1 Teil Peregal O.

Laut *D.R.P. 697.184* der I.G. ist es jedoch möglich, egale und echte dunkle Färbungen herzustellen, wenn man vorerst das Gewebe mit salzbildende Gruppen enthaltenden Farbstoffen färbt, dann mit kationaktiven Körpern, welche 3- oder 5-wertigen Stickstoff, 5-wertigen Phosphor oder 4-wertigen Schwefel im Molekül enthalten, behandelt und schliesslich mit ähnlichen Farbstoffen überfärbt. Durch nachträgliche Behandlung mit Formaldehyd kann die Waschechtheit bedeutend verbessert werden. Das Überfärben kann entweder nach einer Zwischentrocknung oder anschliessend an die Behandlung mit kationaktiven Körpern erfolgen. Als letztere kommen Oleylpyridiniumbromid, Stearylbiguanid, Stearylaminformiat usw. in Betracht.

Beim Färben von Mischgarnen oder Mischgeweben aus pflanzlichen und tierischen Fasern mit substantiven Farbstoffen ist es bekanntlich auch schwer, ganz fasergleiche Färbungen zu erhalten, da im neutralen Bade die pflanzliche, im sauren Bade die tierische Faser mehr Farbstoff aufnimmt. Gemäss *brit. P. 486.010* der I.G. wirkt in diesem Falle ein Zusatz von Harnstoff zum Färbebade ausgleichend, was in einem Beispiel einer Ausfärbung einer Mischfaser aus 70 Teilen Wolle und 30 Teilen Viskosezellwolle mit Benzolichtrot 8 BL unter Zusatz von 5% Harnstoff und 1% Ammoniumazetat dargelegt wird.

Laut *D.R.P. 702.277* der I.G. Farbenindustrie tritt beim Färben von Mischgeweben aus Wolle und Baumwolle oder Kunstspinnfasern sehr häufig die unangenehme Erscheinung des „Verkochens" auf. Dies kann verhindert werden, wenn man neutrale oder schwach alkalische Bäder verwendet, die Harnstoff oder dessen Abkömmlinge oder Salze dieser Verbindungen oder Körper, die diese Verbindungen zu bilden vermögen, enthalten. Als Zusätze sind in den Beispielen ausser Harnstoff genannt: das wasserlösliche Vorkondensationsprodukt aus Harnstoff und Formaldehyd sowie Methylharnstoff. Die genannten Hilfsmittel verhindern nicht nur das Verkochen, sondern sie wirken gleichzeitig egalisierend und ausgleichend auf die Gemische aus Zellulosefasern und tierischen Fasern und erleichtern so das fasergleiche Färben. Von dem üblichen Nachkupfern der Direktfärbungen zum Zwecke der Echtheitserhöhung unterscheidet sich das Verfahren des *brit. P. 468.362* (Ciba) wesentlich. Insbesondere fällt es auf, dass zum mindesten ein Teil des Färbeprozesses in heisser alkalischer Lösung durchgeführt werden muss.

Das Färben mit Coprantinfarbstoffen[1]).

Es handelt sich hier um eine neue Farbstoffgruppe zum Direktfärben von Zellulosefaser. Es sind Dis- oder Polyazofarbstoffe, die

[1]) *Amer. P. 2.092.429; franz. P. 808.258; brit. P. 458.501* und *schweiz. P. 186.247* von der Ciba-Straub-Anderau. Dr. Wittwer, Basel, Mell. 1944, S. 274. Teintex 1945, S. 47.

Metallkomplexsalze (Chrom-, Aluminium-, Eisen- und ganz besonders Kupfersalze) bilden können. Das Färben wird wie gewöhnlich in Gegenwart von Natriumsulfat und Soda vorgenommen. Die Farbstoffe müssen unter Zusatz von einem Dispergiermittel (Triäthanolamin) gut angeteigt werden.

Das Eigentliche des Coprantinverfahrens liegt darin, dass im Färbebade selbst, nachdem der Farbstoff zur Hauptsache aufgezogen ist, durch Zusatz von Coprantinsalz II gekupfert wird. Diese einbadige Arbeitsweise ist gegenüber den üblichen Nachkupferungsverfahren zeit- und dampfsparend.

Die Coprantinfärbungen erleiden auch bei alkalischer Wäsche keine Änderung der Lichtechtheit, wie die bisherigen Nachkupferungsfarbstoffe.

Im Vergleich mit den gewöhnlichen Direktfarbstoffen, deren Waschechtheit und in gewissen Fällen auch die Lichtechtheit nur durch Nachbehandlung der Färbungen mit Metallsalzen (Chrom- oder Kupfersalze) verbessert werden kann, haben die Coprantinfarbstoffe den Vorteil, dass sie wie die substantiven Farbstoffe gefärbt werden und dass die Fixierung mit dem kupferhaltigen Coprantinsalz[1]) anschliessend an das Färben, jedoch im Färbebad selbst, vorgenommen wird.

Färbungen mit Coprantinfarbstoffen sind bedeutend echter als diejenigen mit gewöhnlichen nachkupferbaren Direktfarbstoffen. Sie sind wasch-, walk- und seewasserecht und widerstehen einer Behandlung mit Seife und Soda bei 70° C. Die Lichtechtheit ist sehr gut (hervorragend für die LL-Marken) und wird selbst durch eine Behandlung in alkalischem Bade nicht herabgesetzt. Das Färbeverfahren ist dasselbe wie für die substantiven Farbstoffe. Zum Lösen des Farbstoffes wird Natronlauge verwendet. Die Färbeflotte enthält Glaubersalz und ein Egalisiermittel, wie z. B. Albatex PO. Erst nach der Nachbehandlung mit Coprantinsalz erhält man die endgültige Nüance. Wegen ihren ausgezeichneten Echtheitseigenschaften werden voraussichtlich die Coprantinfarbstoffe eine sehr ausgedehnte Anwendung finden (Zellwollfärberei).

Hier reiht sich das von der Ciba stammende *brit. P. 455.274* (Bull. Föd. III, S. 111) ein, welches ein neues Verfahren, das auf die Anwendung von Metallsalzen von Mangan, Nickel, Kobalt, Zink und besonders Kupfer beruht, beschreibt. Diese Methode unterscheidet sich von den älteren dadurch, dass das komplexe Metallsalz dem Färbebad selbst zugegeben wird. Man verwendet z. B. Metallverbin-

[1]) Die Ciba hat zwei verschiedene Marken Coprantinsalz in den Handel gebracht. Es sind dies das Coprantinsalz II (neutrales Kupfer-Natriumtartrat) und das Coprantinsalz IV, welches dem vorhergehenden entspricht, aber vor Gebrauch mit Natronlauge oder Natriumkarbonat versetzt werden muss.

dungen, die aus Doppelsalzen von aliphatischen Aminen mit Milchsäure, Glykolsäure oder Weinsäure bestehen.

Die Erfindung des *amer. P. 2.148.659* (Ciba-Straub-Anderau) beruht auf der Beobachtung, dass unter gewissen Umständen Direktfärbungen, welche durch eine Metallsalzbehandlung echter gemacht werden können, wobei also der Farbstoff in eine schwer bis unlösliche Verbindung übergeht, so durchgeführt werden können, dass die Reaktion mit dem Metallsalz im Färbebade selbst vorgenommen wird. Die Erfindung liegt also hier in der speziellen Auswahl der Direktfarbstoffe; diese müssen die Bedingungen erfüllen, nur wenig löslichmachende Gruppen (SO_3H- und COOH-Gruppen) aufzuweisen. Die Farbstoffe werden aufgefärbt, dann macht man leicht alkalisch, gibt ein Chrom- oder Kupfersalz zu und bringt wieder zum Kochen.

Die Ersparnis besteht also in der Umgehung des Spülens nach dem Färben sowie des Ansatzes eines neuen Bades.

Laut *D.R.P. 699.765* (1.1.1936) der Ciba wird die Ware mit substantiven Azofarbstoffen, welche metallkomplexbildende Gruppen enthalten, vorgefärbt und dann mit Metallbeizen nachbehandelt. Das Färben oder die Nachbehandlung, oder beide Arbeitsgänge, werden in mit kaustischem Alkali versetztem Bade vorgenommen. Wenn das Färben in kaustisch alkalischem Bade erfolgt, kann die Nachbehandlung mit den Metallverbindungen im gleichen Bade geschehen. Nach Patentangaben wird beispielsweise die gefärbte Ware, nach der Neutralisation des Bades mit üblichen Chrom-, Kobalt-, Nickel-, Aluminium-, Mangan-, Zink-, Vanadium-, Titan- oder Kupfersalzen von aliphatischen Oxykarbonsäuren, die gegen verdünnte Ätzalkalien beständig sind, behandelt.

Besonders hervorragende Resultate erzielt man, wenn zum Färben vorgebildete Metallkomplexe der substantiven Azofarbstoffe verwendet werden. Die hierbei erhaltenen Färbungen zeichnen sich durch sehr reine Farbtöne und grosse Wasch- und Lichtechtheit aus.

Zum Färben von Zellulosefasern empfiehlt die Ciba im *franz. P. 839.451* substantive Farbstoffe, die schon komplexgebundenes Metall enthalten, aber befähigt sind, noch weitere Mengen zu binden. Das Interesse dieses Verfahrens liegt in der Möglichkeit, substantive Farbstoffe zu verwenden, die in Form von vollständig gebildeter Metallkomplexe nur wenig oder nicht löslich wären und infolgedessen kaum für die Färberei in Frage kommen würden. Dieses Verfahren wird durch folgendes Beispiel illustriert:

Man löst 0,2 Teile eines Farbstoffes folgender Konstitution:

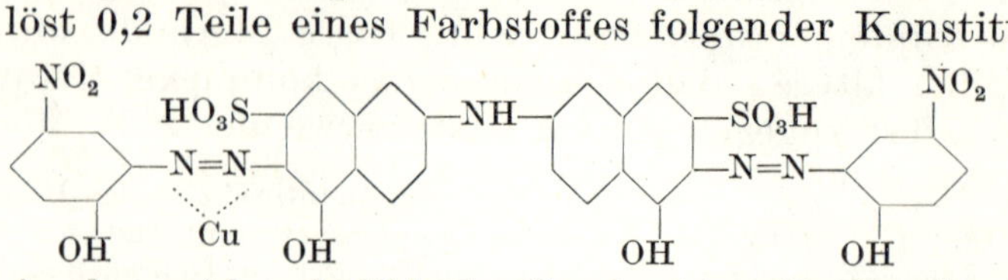

(Nur eine der zwei komplexbildenden Gruppen ist an Kupfer gebunden.)

in 200 Teilen Wasser. Die Ware wird in dieser Lösung bei 30—40° C behandelt. Man erwärmt hierauf bis zur Kochtemperatur, setzt 3 Teile Natriumsulfit zu und färbt während 45 Minuten bei dieser Temperatur weiter[1]).

Laut *Zusatz P. 53.803 zum franz. P. 870.329* (1. 6. 1944—9. 9. 1946) der I. G. Farbenindustrie, erhält man echte Färbungen mit Farbstoffen folgender schematischer Formel:

$$A \longrightarrow B \longrightarrow C{-}N\begin{matrix}\diagup X\\ \diagdown Y\end{matrix}$$

wo A einem 2-Aminooxynaphtalin-Radikal entspricht, in welchem die —OH und die —NH_2-Gruppe sich nicht im selben Kern befinden. Der Naphtolkern kann noch weitere Substituenten, ausser an den kupplungsfähigen Stellungen, enthalten;

B einem Naphtyl- oder Phenylradikal entspricht, in para-Stellung zum NH_2- gekuppelt;

C einem Aminooxynaphtolsulfosäure-Radikal entspricht, auf der Naphtolseite gekuppelt;

X einem Wasserstoffatom und Y einem Alkyl-, Azyl- oder einem Benzolrest, oder X einem Alkylrest und Y einem Azylrest, entsprechen.

Man entwickelt die so erhaltenen Färbungen mit wasserlöslichen Diazoverbindungen, die mindestens eine -NO_2-Gruppe, aber keine -SO_3H- oder -COOH-Gruppen enthalten.

Schliesslich werden die Färbungen mit Metallsalzlösungen nachbehandelt. Patentgemäss färbt man mit einem Farbstoff folgender Formel:

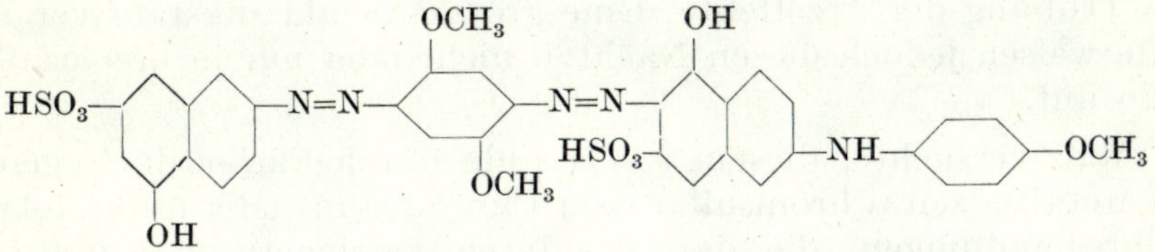

und entwickelt mit der Diazoverbindung des 1-Amino-4-Nitrobenzols unter gleichzeitiger Behandlung mit Kupfersulfat. Man erhält auf diese Weise marineblaue Färbungen.

Nach *D. R. P. 684.494* der I. G. Farbenindustrie werden mit eisenempfindlichen basischen und substantiven Farbstoffen in Gegenwart von Eisenverbindungen, die aus eisernen Teilen des Färbeapparates oder aus dem Gebrauchswasser in die Flotte gelangen können, durch den Zusatz von Pyrophosphorsäure oder deren Salze in neutralen

[1]) Siehe auch *brit. P. 516.076* (Ciba).

bis schwach sauren Flotten wesentlich klarere Färbungen erhalten als nach dem gewöhnlichen Verfahren unter Essigsäurezusatz. Dabei ist es gleichgültig, ob mit Tanninbrechweinstein oder mit synthetischen Beizmitteln vorgebeizte Ware gefärbt wird.

Nach dem *holl. P. 46.462* (15. 9. 1939) der N. V. Fabr. van Chem. Prod. können die unlöslichen Kupferverbindungen der Azofarbstoffe, welche metallfixierende Gruppen enthalten, mittels Alkali- oder Ammoniumoxalat in Lösung gebracht werden. Die hierbei entstehenden Farbstofflösungen werden zum Färben von Zellulosefasern verwendet. Dieses Verfahren ist um so bemerkenswerter, als die Färbung bei 20—40° C vorgenommen wird, was für die Herstellung von Batikartikeln von besonderem Interesse ist. Die nach diesem Verfahren erzielten Färbungen sind durch ihre vorzüglichen Echtheitseigenschaften gekennzeichnet.

Verbesserung der Wasser- und Seifenechtheit der substantiven Farbstoffe[1]).

Der Hauptnachteil der direkten Farbstoffe ist ihre ungenügende Wasser- und Seifenechtheit und mehrere unter ihnen eignen sich nicht für den Ätzartikel, da sie beim Waschen ausbluten und abflecken und somit das Ätzweiss verschmieren.

Dieser Mangel an Wasserechtheit ist insbesondere von Nachteil für Artikel wie Regenschirmstoffe, Ware aus Mischgeweben mit Effektfasern aus Azetatseide oder Halbwollgewebe, Strümpfe und Futterstoffe.

Im Ätzdruckartikel wirkt sich dieser Umstand auf sehr unangenehme Art aus: Beim Waschen von weiss- oder buntgeätzter Ware fixiert sich der von der Faser durch Ausbluten abfallende substantive Farbstoff teilweise auf die geätzten Stellen und verursacht eine Trübung der Ätzeffekte. Eine grosse Anzahl substantiver Farbstoffe weisen jedoch diesen Nachteil nicht oder nur in beschränktem Maße auf.

Man versuchte, diesem Übelstande durch Färben in Gegenwart von Metallsalzen (Chromsulfat oder Chromalaun) oder durch folgende Nachbehandlungen, die das Ausbluten verringern und die Lichtechtheit verbessern sollen, abzuhelfen (siehe H. Krähenbühl, Über die Echtheit der Farbstoffe, Mell. 1925, S. 108—110 und S. 182/183):

1. Nachbehandlung mit 2—4 % Kupfersulfat bei 50° C (Bayer 1890). Verbesserung der Lichtechtheit[2]). Jedoch lassen sich die so behandelten Färbungen nicht mehr gut ätzen. Über eine Nachbehandlung von substantiven Färbungen mit 0,25 % Kupfersulfat + 0,25 % Ferrosulfat vom Fasergewicht findet sich im Chem. Zbl.

[1]) Nitschke, Kunstseide 1943, 1, S. 33—39; Mell. 1943, S. 143.

[2]) Cupranilfarbstoffe der Ciba, Metadiazolfarbstoffe von Francolor.

1937, Bd. 11, S. 1448 eine kurze Notiz nach einem russischen Originalaufsatz von Filipenko. Offenbar soll der Zusatz von Eisensalz beim Nachkupfern die Wasserechtheit weitererhöhen.

Eine gewisse Anzahl von Arbeiten befassten sich in den letzten Jahren mit der Nachbehandlung substantiver Färbungen mit Kupfersalzen, Arbeiten, die einerseits zur Gründung der Coprantinfarbstoffe der Ciba führten und andererseits eine Auswahl der für dieses Verfahren speziell geeigneten direkten Farbstoffe vornahmen. (Neocupranfarbstoffe (Ciba), Cuprofixfarbstoffe (Sandoz) und Cuprophenylfarbstoffe (Geigy)[1]).

Von dem üblichen Nachkupfern zum Zwecke der Echtheitserhöhung unterscheidet sich das Verfahren des *brit. P. 468.362* (Ciba) wesentlich. Insbesondere fällt es auf, dass zum mindesten ein Teil des Färbeprozesses in heisser alkalischer Lösung durchgeführt werden muss.

Man färbt zuerst wie üblich mit Farbstoffen, welche lackbildende Gruppen besitzen; hierauf wird das Färbebad alkalisch gemacht und noch einige Zeit weitergefärbt. Der so gefärbte Stoff wird nun längere Zeit in eine alkalische Lösung eines Metallsalzes, z. B. Kupfersulfat + Natronlauge + Weinsäure, eingetaucht. Die so erhaltenen Färbungen sind lebhafter, licht- und waschechter als die, welche nach den gewöhnlichen Methoden erhalten werden. Dies lässt vermuten, dass das Metall mit dem Farbstoff (Di- oder Triazofarbstoffe) ein neues Komplex bildet.

In diesem Patent wird das Färben mit Coprantinfarbstoffen geschützt. Wie schon früher erwähnt (siehe: Das Färben mit Coprantinfarbstoffen) entsprechen die Coprantinfarbstoffe Azoderivaten, die mit Kupfersalzen lichtechte Komplexverbindungen bilden.

Das Coprantinverfahren unterscheidet sich von den üblichen Arbeitsweisen dadurch, dass die Behandlung mit Kupfersalz nach dem Färben in der Färbeflotte selbst erfolgen kann. Man verwendet das Coprantinsalz, welches dem neutralen Kupfer-Natriumtartrat entspricht.

Gleichzeitig mit dieser Farbstoffklasse müssen auch die speziellen direkten Farbstoffe erwähnt werden, mit welchen man, durch nachträgliche Behandlung in einem Bad, das gleichzeitig mit einem Kupfersalz und einem kationaktivem Produkt (Sandofix WE) oder einem Melamin-Formol-Vorkondensationsprodukt (Lyofix SB) beschickt ist, hervorragende, licht- und wasserrechte Färbungen erzielen kann.

Die Basler Firmen haben folgende Farbstoffe auf den Markt gebracht:

---

[1]) Siehe dieses Kap., S. 8, 10, 19, 42.

Neocupranfarbstoffe (Ciba):	Behandlung mit Neocupransalz D
Cuprofixfarbstoffe (Sandoz):	Behandlung mit Cuprofixsalz
Cuprophenylfarbstoffe (Geigy):	Behandlung mit Kupfersulfat + Essigsäure.

Das Neocupransalz D ist eine Mischung von Kupfersulfat mit Lyofix SB.

Das Cuprofixsalz entspricht einem Gemisch von Kupfersulfat und Sandofix WE.

Ein Verfahren, nach welchem die mit Kupfersalzen nachbehandelten Färbungen verbessert werden können, wird im *franz. P. 911.625* (18. Juni 1945, ausg. 16. Juli 1946) von der Ciba beschrieben. Nach diesem Verfahren, dem die Neocupranfarbstoffgruppe zu Grunde liegt, behandelt man die Färbungen mit Kondensationsprodukten von Formol mit Harnstoffderivaten. Letztere müssen aus Elementen, deren Atomgewichte kleiner als 16 sind, zusammengesetzt sein, und zwar so, dass die Zahl der Sauerstoffatome kleiner als die der Kohlenstoffatome ist. Solche Verbindungen sind beispielsweise Cyanamid, Dicyandiamid, Dicyandiamidin, Melamin, Guanidin, Azetoguanidin, Biguanid usw.

Patentgemäss arbeitet man wie folgt: Man färbt, wie üblich, ein Zellwollgarn mit 3 Teilen eines Baumwollblau (Schultz, Farbstofftabellen, 7. Auflage, Nr. 497) spült und behandelt dann bei 60—70° C eine halbe Stunde lang in einem frisch zubereiteten Bad, das mit 2 Teilen Kupfersulfat und 2 Teilen Essigsäure 40 %ig beschickt ist. Hierauf wird gespült und dann bei 20° C während 20—30 Minuten in einem Bad behandelt, das 2 Teile des wasserlöslichen Dicyandiamidin-Formaldehyd-Kondensationsproduktes enthält. Man erhält auf diese Weise eine waschechte Blaufärbung.

In der Folge konnten diese zwei Operationen in einem einzigen Arbeitsgang ausgeführt werden, indem man das Kupfersulfat und das wasserlösliche Melamin-Formolkondensationsprodukt (Lyofix SB konz.) in dem Neocupransalz D zusammenfasste[1]).

Die Waschechtheit von gekupferten Direktfarbstoffen wurde von A. I. Sokolov und A. M. Frolova studiert (J. Text. Inst. 1947, 38, S. 15).

Eine doppelte Beizmethode wurde geprüft an einer Reihe von Direkt- und Coprantinfarbstoffen der Ciba sowie an Benzoechtkupferfarbstoffen der I. G. Farbenindustrie und Direktfarbstoffen der Glavanil prom. (Russland).

Die Färbungen wurden einerseits mit einem Dicyandiamidformaldehydkondensationsprodukt, andererseits mit Kupfersulfat oder mit einer Kombination der beiden nachbehandelt (also Lyofix SB oder Neocupransalz D).

---

[1]) Siehe auch *franz. P. 913.506* von Sandoz. Journ. Inst. Text. de France 1947, Juniheft, S. 100, II. Nr. 453.

Die Kombination gab viel bessere Ergebnisse als die einzelnen Behandlungen.

2. Behandlung mit 1—2 % Natriumbichromat und 2—3 % Essigsäure bei 60° C. Verbesserung der Waschechtheit. Man behandelte ebenfalls die gefärbte Ware mit einer Lösung von 1—2 % Kupfersulfat, 1—2 % Kaliumbichromat und 2—4 % Essigsäure nach und erhielt eine Verbesserung der Licht- und Waschechtheit.

3. Nachbehandlung mit Chromsalzen, wie Chromfluorid und Chromalaun; 2—3 % CrF_3, 2—3 % CH_3—COOH von 6° Bé in der Wärme. Verbesserung der Waschechtheit. Gemäss *amer. P. 2.109.261* von Chapin (Bull. Féd. III, S. 434) wird die Echtheit von Färbungen mit direkten Farbstoffen verbessert, wenn man die Ware mit Chromsalzen, ganz besonders mit einer Verbindung, welche der Patentnehmer als Chromsalz D bezeichnet. Dieses Salz ist wahrscheinlich ein Chromichromat von der Formel $Cr_2(CrO_4)_3$ und wird durch Auflösen von Chromhydroxyd in Chromsäure erhalten (GA I, GA II und GA III von M.L.B.)[1].

Die bekannte Tatsache, dass mit Bichromat nachbehandelte substantive Färbungen auf Wolle bedeutend bessere Echtheitseigenschaften aufweisen als solche auf baumwollener Ware, wird in einem Aufsatz von G. Nitschke[2]) eingehend erläutert. Die Ursache hierfür liegt in dem Umstand, dass die Wolle bzw. die Wollhydrolysate, welch letztere im sauren Färbebad entstehen, auf das Bichromat reduzierend einwirken und das im statu nascendi freiwerdende dreiwertige Chrom eine feste Brücke zwischen dem Farbstoff und der Wollfaser bildet, die für die hohen Echtheiten verantwortlich ist. Für das Färben der Zellulosefasern mit substantiven Farbstoffen, welche mit Chrom nachzubehandeln sind, liegen die Verhältnisse ganz anders als bei der Wolle. In diesem Falle kommt eine Reduktion des Bichromats durch die Faser selbst nicht in Frage. Es hat sich in der Praxis erwiesen, dass beim Nachchromieren in ameisensaurem Bade von substantiven Baumwollfärbungen sich eine bedeutende Echtheitserhöhung erzielen lässt. Hier ist es die Ameisensäure, welche im Nachbehandlungsbade das sechswertige Chrom zur dreiwertigen Stufe reduziert. Beim Färben von Wolle mit nachzuchromierenden substantiven Farbstoffen ersetzt die Ameisensäure vorteilhaft die Schwefel- oder Essigsäure. In diesem Falle übernimmt die Ameisensäure zum grossen Teil die Reduktion des Bichromats. Somit wird eine Faserschädigung durch die zur Fixierung des Farbstoffes gewissermassen notwendigen Hydrolyse weitgehend vermieden. Die Chrom-Ameisensäure-Nachbehandlung kommt sowohl für die Her-

[1]) Siehe Kap. V, S. 544, 528, 602.
[2]) G. Nitschke, Mell. 1943, S. 189.

stellung von substantiven Färbungen auf Zell- oder Baumwolle als auch für Halbwolle und Wolle-Zellwolle-Mischgewebe in Betracht.

4. Nachbehandlung mit Aluminiumsalzen, besonders Aluminiumsulfat oder Alaun; Verbesserung der Waschechtheit (Ildebrande Rosina schlägt die Behandlung in einer 5%igen Alaunlösung bei 60° C vor; R.G.M.C. 1925, S. 107).

Das *amer. P. 2.090.396* von Chapin und Durfee empfiehlt eine Nachbehandlung mit Aluminiumsulfat und einem mineralsäurebindenden Salz, wie Kalzium- oder Kaliumazetat. Der Vorteil dieser Behandlung liegt darin, dass sie in der Kälte vorgenommen wird; die Salze von einem mehrwertigen Kation scheinen bessere Resultate zu geben als diejenigen von einem einwertigen Kation.

5. Nachbehandlung mit 1—3% Formaldehyd 40%ig und 1—3% Essigsäure bei 50° C; dieses Verfahren wurde von Geigy anempfohlen. Es verbessert die Wasch-, Schweiss- und Walkechtheit und eignet sich besonders für substantive schwarze Farbstoffe (Formalschwarz von Geigy, Oxydiaminschwarz von St. Denis, Trisulfonschwarz von Sandoz). Man kann auch der Formaldehydlösung kleine Mengen Bichromat zugeben. (Formalfarbstoffe von Geigy und Paraldehyde Dyes von L.B.H.)

Die Behandlung der Färbungen in einem 0,5%igen Natriumhyposulfitbad verbessert die Lichtechtheit (*franz. P. 455.804* von Holliday).

Die Sulforizinate erhöhen den Glanz der Färbungen.

6. Diazotieren und Kuppeln.[1])

Dieses Verfahren, welches die Waschechtheit der Färbungen bedeutend erhöht, beruht darauf, den Farbstoff auf der gefärbten Ware im Strang, auf dem Jigger oder auf der Klotzmaschine mit $NaNO_2$ + HCl zu diazotieren und die erhaltene Diazoverbindung mit einem Entwickler zu kuppeln.

Ausführungsweise.

Man färbt wie üblich auf der Kufe oder dem Jigger.

Beispiel für das Einbadverfahren.

10 Stücke eines rohen Zellwollgewebes von 100 kg Gesamtgewicht werden im Strang in einem Bad, welches

2 Liter Biolase
500 g Modinal (Böhme-Fettchemie)
1000 g Soda
auf 1000 Liter Flotte

[1]) Diazolichtfarbstoffe der I.G., Diazophenylfarbstoffe von Geigy, Rosanthrene und Diazoechtfarbstoffe von der Ciba, Diazochloraminfarbstoffe von Sandoz, Diazaminfarbstoffe von Kuhlmann-Francolor gehören zu den diazotierbaren Farbstoffgruppen.

enthält, während 45 Minuten bei 70° C behandelt. Anschliessend färbt man 1½ Stunden bei 90° C und ½ Stunde bei 70° C auf einer Flotte, die mit

	2500 g	Carbidschwarz D (Ciba)
	900 g	Diazoindigoblau BR (I. G.)
	1000 g	Soda
	10000 g	Glaubersalz
auf	1000	Liter Wasser

beschickt ist.

Nach dem Färben wird gründlich gespült und dann diazotiert. Dies erfolgt durch eine ½-stündige Behandlung in einem kalten Bad, das mit Natriumnitrit (700 g) und Salzsäure (2100 g) versetzt ist. Mengenmässig werden hierzu gebraucht für

helle und mittlere Nüancen
1,5—2 % $NaNO_2$ und 5 % Salzsäure 20° Bé
dunkle Nüancen
2,5—3 % „ „ 7,5 % Salzsäure 20° Bé

Nach erfolgter Diazotation wird gründlich in kaltem Wasser gespült und schliesslich durch eine ¼—½-stündige Behandlung in einer kalten Entwicklerlösung gekuppelt.

Die am meisten verwendeten Entwickler sind β-Naphtol, Resorzin, m-Toluylendiamindichlorhydrat oder p-Phenylendiamin.

Je nach der Tiefe der Färbung verwendet man

0,45—0,9 % β-Naphtol oder
0,35—0,7 % Resorzin,

in ihrem Gewicht Natronlauge gelöst, oder

m-Toluylendiamin,

im Drittel seines Gewichtes Soda gelöst.

Die hauptsächlichsten Entwickler sind β-Naphtol, Resorzin, m-Toluylendiamin und m-Phenylendiamin. Die geläufigen Handelsmarken sind in den Tabellen am Ende dieses Kapitels angegeben (siehe auch diesbezüglich Löwenthal, Handbuch der Färberei, 2. Aufl., Bd. II, S. 875).

Man kann ebenfalls nach dem Diazotieren die Färbungen mit warmer Sodalösung behandeln; wahrscheinlich findet unter diesen Bedingungen eine Umwandlung der NH_2-Gruppen statt.

Für gewisse Farbstoffe, wie z. B. Diazobrillantgrün 3 G, wendet man vorteilhaft Naphtol AS als Entwickler an.

Beim Färben von Mischgeweben aus Zellulose oder regenerierter Zellulose mit Zelluloseestern oder -äthern mit Diazotierfarbstoffen wurde bisher nach dem Diazotieren die Entwicklung mittels β-naphtol vorgenommen. Es wurde festgestellt, dass nach längerem Lagern der ausgekuppelten Färbungen sich der Esteranteil der Mischfasern stark anfärbt, so dass der gewünschte Reserveeffekt nicht mehr in genügender Reinheit erhalten wird. Nach dem *D. R. P. 694.881* (6. 4. 1938) der I. G. Farbenindustrie kann dieser Übelstand vermieden werden, wenn man zum Entwickeln 1-Methylol-2-Oxynaphtalin oder 2-Oxynaphtalin-1-karbonsäure verwendet.

Das Diazotieren und das Entwickeln können auch auf einer Kontinuemaschine vorgenommen werden. Gemäss dem *amer. P. 2.074.031* von du Pont de Nemours passiert der mit diazotierbaren Farbstoffen gefärbte Stoff eine Anzahl hintereinandergereihten Rollenstanden, in welchen diazotiert, gespült, gekuppelt, gewaschen, geseift und gespült wird. Das Diazotieren soll die Dauer von 5 Sekunden nicht überschreiten und die Temperatur des Diazobades soll 60^0 C sein. Die Erteilung dieses Patentes ist überraschend, da das Diazotieren und Kuppeln auf Kontinuestanden schon seit geraumer Zeit bekannt war. (Siehe R. Sansone, Diazotierungsvorschriften für Baumwollgewebe, Leipz. Mon. 1926, S. 108.)

Das dem Diazotieren folgende Spülen ist für das gute Ausfallen der Färbung von grösster Wichtigkeit; denn es ist unbedingt nötig, dass die Färbung vor dem Kuppeln von den letzten Nitrit- und Säureresten befreit wird. Durch ungenügendes Auswaschen können sich während des Kuppelns höher polymerisierte oder komplizierte missfarbige Verbindungen bilden, welche durch den Reduktionsvorgang, der ja nur die —N=N-Gruppe aufspaltet, nicht zerstört werden (Amer. Dyest. Rep. 1935, XXIV, S. 217; Wengraf's Ber. 1935, Maiheft, S. 13.)

Dem *D. R. P. 549.640* der I. G. Farbenindustrie-Kircheisen zufolge kann man das Entwickeln der Färbungen mit substantiven Farbstoffen vereinfachen, indem man dem Färbebad selbst ausser dem Farbstoff den Entwickler, das Nitrit, ein Ammoniumsalz und Chromat zugibt.

Die praktische Ausführung dieses Verfahrens scheint folgende zu sein: Man färbt den diazotierbaren Farbstoff auf, spült und behandelt mit der Kupplungslösung, welche ausser dem Entwickler noch Nitrit, Ammoniumsalze und Chromate enthält; hierauf trocknet man heiss oder verhängt. Originell ist also die Vereinigung der Diazotierung und Entwicklung in einem einzigen Vorgang, doch erscheint dieses Verfahren ziemlich zweifelhaft.

Im *D. R. P. 613.002* der Ciba wird dargelegt, dass die Kupplung von Farbstoffen, welche durch das Diazotieren mehrere kupplungsfähige Gruppen bilden können (Dis- und Polyazofarbstoffe), je nach den kuppelnden Gruppen verschieden ausfallen kann; in solchen Fällen werden regelmässigere Färbungen erhalten, wenn man die Kupplung mit der diazotierten Komponente in Gegenwart von Pyridin vornimmt.

Im *D.R.P 653.529* (I.G. Farbenindustrie-Schirm) wurde festgestellt, dass die Echtheitserhöhung der substantiven Färbungen durch Diazotieren und Nachbehandeln mit verschiedenen Entwicklern nur bei schwer löslichen Farbstoffen durchführbar ist, während die leichtlöslichen, gut egalisierenden Direktfarbstoffe ungenügend echte Entwicklungsfärbungen ergeben. Nun wurde gefunden, dass man auch in diesem Fall gute Echtheiten erzielt, wenn diese Farbstoffe saure, löslich machende Sulfo- oder Karboxylgruppen enthalten und man auf diese Grundfärbungen Azo- oder Diazokomponenten einwirken lässt, die eine oder mehrere quaternäre Ammoniumgruppen aufweisen. Umgekehrt kann auch der Direktfarbstoff eine oder mehrere quaternäre Ammoniumgruppen besitzen, in welchem Falle wieder der Entwickler saure Eigenschaften haben muss. Man sieht also, dass es sich hier trotz einer anscheinenden Vermehrung der wasserlöslich machenden Gruppen um einen Zusammentritt der Kupplungskomponenten zu schwer oder gar nicht löslichen Salzen handelt, was jedenfalls als eine ganz neue Richtung in der Entwicklung der substantiven Farbstoffe anzusehen ist.

Als Beispiel soll die Färbung mit Diazobrillantscharlach BG angeführt werden, die bei der Diazotierung und Entwicklung mit einem Oxynaphtalintrimethylammoniumchlorid wesentlich echtere Färbungen liefert als bei der Entwicklung mit β-Naphtol.

Im *D.R.P. 702.828* (29. 3. 1938) der I. G. Farbenindustrie wird ein Verfahren beschrieben, nach welchem grössere Licht- und Waschechtheit der substantiven Baumwollfärbungen erzielt werden. Die substantiven Farbstoffe, welche eine diazotierbare Aminogruppe enthalten, werden auf der Faser diazotiert und mit einer organischen Kupferkomplexverbindung entwickelt. Laut Patentangaben können als Kupferkomplexverbindungen beispielsweise die Verbindungen von Monoazofarbstoffen aus diazotierten Aminen der Benzol- oder Naphtalinreihe mit Dioxy- oder Aminoverbindungen verwendet werden.

Durch Diazotieren und Kuppeln von substantiven Färbungen wird im allgemeinen nur eine erhöhte Waschechtheit erzielt, während die Lichtechtheit nicht, in manchen Fällen sogar nachteilig beeinflusst wird. Laut *franz. P. 852.255* der I.G. Farbenindustrie kann die Waschechtheit und gleichzeitig die Lichtechtheit verbessert werden, wenn die auf der Faser diazotierten substantiven Farbstoffe mit organischen Kupferkomplexverbindungen entwickelt werden. Man verwendet hierfür Kupferkomplexe von Azofarbstoffen. Diese werden durch Diazotieren von Benzol- oder Naphtalinaminen, welche in Orthostellung zur NH_2-Gruppe eine Hydroxyl- oder Karboxylgruppe besitzen, und Kuppeln mit doppeltkupplungsfähigen dihydroxylierten oder hydroxyaminierten Benzol- oder Naphtalinderivaten, hergestellt.

Als Beispiele werden im Patent unter anderem die Kupferkomplexe der o, o'-Dihydroxyazomethine der Benzol- oder Naphtalinreihe, diejenigen der o, o'-Dihydroxyhydrazone oder o, o'-Dikarboxyhydrazone der Benzol- oder Naphtalinreihe angeführt.

Ein Verfahren zum Färben von Pelzen, Haaren oder Federn wird von I. G. Farbenindustrie im *D.R.P. 705.524* (4. 9. 1938) beschrieben. Auf das Färbegut werden Verbindungen, die eine diazotierbare Aminogruppe und mindestens eine durch eine Oxygruppe bestimmte kupplungsfähige Stellung aufweisen, aufgebracht, worauf diese Verbindungen diazotiert und durch Einwirkung säurebindender Mittel zur Selbstkupplung veranlasst werden. Die nach der Erfindung erhältlichen Färbungen sind durch ihre Licht- und Bewetterungsechtheit überlegen.

7. Nachbehandlung der Färbungen mit einer diazotierten p-Nitranilinlösung[1]).

Zu diesem Zwecke brachten die Farbstoffabriken stabilisiertes diazotiertes p-Nitranilin auf den Markt (Nitrazol CF der I.G., Parazol FB von Bayer, Azophorrot PN von M.L.B., sowie Paranitrol N von Kuhlmann), welches in kaltem Wasser löslich ist und durch Zusatz von Natronlauge und Natriumazetat aktiv wird.

Die Farbstoffe, die sich für dieses Verfahren eignen, müssen freie NH_2- oder OH-Gruppen enthalten.

Die wie üblich gefärbte Ware wird während ½ Stunde in einer kalten und mit etwas Natriumazetat versetzten diazotierten p-Nitranilinlösung behandelt (2—4% des Gewichtes der Ware).

Nach *D.R.P. 631.184* der I.G.-Roos werden die Färbungen von bestimmten direkten Farbstoffen mit diazotierten Nitranilinen wie Metanitranilin oder Paranitranilin nachbehandelt und somit in ihrer Wasch- und Lichtechtheit verbessert.

Im *D.R.P. 744.957* wird von der Ciba (Dr. Charles Gränacher) ein Verfahren beschrieben, nach welchem die Lichtechtheit von substantiven Färbungen erhöht werden kann. Hierfür wird die Ware

---

[1]) Parafarbstoffe der I.G. Farbenindustrie, Nitrophenylfarbstoffe von Geigy, Nitranil- und Paranitranilfarbstoffe der Ciba, Paradiazolfarbstoffe von Kuhlmann, Parasulfonfarbstoffe von Sandoz sowie Paradiamine von St. Clair.

nach dem Färben mit primären oder sekundären Phosphorsäureestern aromatischer Oxyverbindungen oder mit Salzen dieser Ester behandelt. In Betracht kommen z. B. Salze des Phosphorsäuremonophenylesters, des Phosphorsäuremono-(4-Methyl)-phenylesters usw.

Die Chemische Fabrik Grünau A.G. in Berlin-Grünau beschreibt im *D.R.P. 742.078* (ausgegeben am 10. 12. 1943)[1]) ein Verfahren zur Verbesserung der Reibechtheit von Färbungen mit direkt ziehenden Farbstoffen auf Mischgeweben aus Wolle und Zellulosefasern, nach welchem die Verbesserung in der Weise erfolgt, dass die betreffenden Mischgewebe unmittelbar nach dem Färben mit wässerigen Lösungen von Kondensationsverbindungen aus höhermolekularen Fettsäuren oder deren funktionellen Derivaten mit Eiweissspaltstoffen nachbehandelt werden, die mindestens das Vierfache der Gewichtsmenge der Kondensationsverbindungen an Neutralsalzen enthalten. Durch das Erfindungsgemässe dieses Verfahrens werden wesentlich reibechtere Färbungen als bei den bekannten Verfahren, bei denen oberflächenaktive Verbindungen ohne Salzzusatz benutzt werden, erzielt. Ausserdem zeichnen sich die nachbehandelten Färbungen durch schönere und klarere Farbtöne aus. Unter den vielen Neutralsalzen, die für die Durchführung dieses Verfahrens in Betracht kommen, hat sich das Glaubersalz als besonders günstig erwiesen.

Die Durchführung des erfindungsgemässen Verfahrens soll an Hand folgenden Beispiels näher erläutert werden:

100 Teile eines Mischgarns, das zu 70% aus Wolle und zu 30% aus Zellwolle besteht, werden im Flottenverhältnis 1:30 mit 5% Diaminbordeaux B (Schultz, Farbstofftabellen, 6. Aufl., Nr. 319) und 30% kristallisiertem Glaubersalz unter Verwendung von Berliner Leitungswasser in der üblichen Weise gefärbt. Diese Färbung zeigt eine sehr schlechte Reibechtheit. Behandelt man das Garn jedoch im Anschluss an den Färbevorgang während ½ Stunde bei 35—40° C in einer Lösung, die 0,5 g oleyllysalbinsaures Natrium (Lamepon A) und 10 g Glaubersalz im Liter enthält, nach, so zeigt das Garn eine gute Reibechtheit.

Die Nachbehandlung der direkten Färbungen mittels Metallsalzen verbessert ihre Waschechtheit nur wenig, und ihre Wirkung widersteht dem Waschen nicht; andererseits eignen sich so behandelte Färbungen nicht mehr so gut für Ätzzwecke; das Ätzweiß fällt weniger rein aus, besonders bei Färbungen, welche mit Kupfersalzen nachbehandelt wurden.

Die Farbenpalette der diazotierbaren Farbstoffe ist zwar ziemlich ausgedehnt, jedoch sind die so erhaltenen Nuancen nicht sehr

[1]) Siehe auch *brit. P. 352.989* und *franz. P. 720.590*, Mell. 1932, S. 150.

lebhaft und werden deshalb meistens zur Erzeugung von Braun-, Granat-, Marine- und Schwarztöne verwendet.

Da diese Nachbehandlung einer Verteuerung der Fabrikation entspricht, wurden in den letzten Jahren eine ganze Reihe Forschungen unternommen, um die Licht-, Wasch- und Seifechtheit der substantiven Farbstoffe zu verbessern. Jedoch trotz aller Anstrengung und der auch teilweise erreichten Verbesserungen kann man dieses Problem noch nicht als gelöst ansehen; denn wenn es einerseits gelang, das Ausbluten fast völlig auszuschalten, gelang es andererseits bis heute noch nicht, die Seifechtheit genügend zu verbessern, ausserdem erleiden die Färbungen durch die Nachbehandlung mehr oder weniger eine Nuancenänderung.

Im Jahre 1902 brachten Meister, Lucius und Brüning ein Produkt unter dem Namen Solidogen A in den Handel (Z. f. F. I. 1902, S. 12), welches durch Einwirkung von Formaldehyd auf das o- oder das p-Toluidin hergestellt wurde; es entstehen auf diese Weise Chlorhydrate von benzylierten Arylaminen, welche folgender Formel entsprechen:

$$C_6H_4\left\langle\begin{matrix}CH_3\\ NH—CH_2—C_6H_3\left\langle\begin{matrix}CH_3\\ NH_2\end{matrix}\right.\end{matrix}\right.$$

Dieses wasserlösliche Produkt hat die Eigenschaft, die Waschechtheit der direkten Färbungen zu verbessern, ein Umstand, welcher wahrscheinlich darauf beruht, dass sich der Rest

$$—CH_2—C_6H_3\left\langle\begin{matrix}CH_3\\ NH_2\end{matrix}\right.$$

an die Aminogruppe des direkten Farbstoffes anlagert.

Nach den *brit. P. 276.337*, *276.338* und *276.339* von Henkel soll ein Zusatz zum Waschbade von 2 g Harnstoff pro Liter in Gegenwart von Natriumsilikat bei 40—50° C das Ausbluten der direkten Farbstoffe verhindern. Dies ist aber für die Mehrzahl der Farbstoffe unrichtig, und dieses Verfahren scheint ohne Interesse zu sein.

Man hat beobachtet, dass das Spinnmattieren mit Titanoxyd einen ungünstigen Einfluss auf die Lichtechtheit der Färbungen bewirkt.

Gemäss den *D. R. P. 618.329* und *638.197*,1935; *franz. P. 805.462* und *799.912*,1936 und *brit. P. 430.993* der Imp. Chem. Ind. (R. G. M. C. 1938, S. 22) soll es möglich sein, die Degradation der Färbungen durch die Einwirkung des Lichtes zu beheben, wenn man die Faser nach der Mattierung, aber vor dem Färben, einer Behandlung mit wasserlöslichen Chromsalzen, z. B. Natriumbichromat, unterzieht.

Folgendes Beispiel wird für diese Behandlung angeführt: Die in der Spinnmasse mattierte Azetatseide wird während einer halben Stunde bei 85° C in einer Lösung von 3 Teilen Natriumbichromat und 1 Teil 80%iger Essigsäure pro Liter behandelt; hierauf wird sie gewaschen und wie üblich gefärbt.

Auch kann man nach dem *franz. P. 805.462* derselben Gesellschaft an Stelle der löslichen Chromate für denselben Zweck Wolframate, Molybdate oder Uranate (?) verwenden.

Nach *D.R.P. 621.648* und *schweiz. P. 189.113*,1937 kann diese Behandlung auch nach dem Färben stattfinden (0,025% $K_2Cr_2O_7$ + H—COOH, während einer halben Stunde).

Im *D.R.P. 643.995*,1935 der Imp. Chem. Ind. empfiehlt man, vor dem Mattieren das Titanoxyd mit Chromsalzen zu behandeln, woraus man auf eine chemische Veränderung des Pigments durch das Chrom schliessen könnte.

Das *D.R.P. 665.365* und das *franz. P. 805.462*, beide von der Imp. Chem. Ind., empfehlen noch für den gleichen Zweck die Verwendung der Molybdän-, Uranium- und Wolframsalze, z. B. Natriumwolframat, Natriummolybdat oder Uraniumnitrat. Mit diesen Substanzen behandelte Titansalze sollen keinen katalytischen Einfluss mehr während der Lichteinwirkung auf die Farbstoffe ausüben.

Nach *brit. P. 501.805* von Ellis und Stanley wird für das Mattieren der Spinnmasse die Verwendung eines Gemisches von Titanoxyd mit Vanadium- oder Tantalverbindungen anempfohlen. Man erwärmt auf 80—90° C z. B. sehr fein dispergiertes Titanoxyd mit einer Ammoniumvanadatlösung, der Ameisen- oder Essigsäure zugesetzt ist, filtriert, wäscht und trocknet und gibt das Gemisch in die Spinnmasse. Die Lichtechtheit der so mattierten Kunstseide wird kaum mehr beeinträchtigt; andererseits wird die Faser durch dieses Pigment nicht im geringsten angegriffen, wie es sonst bei Verwendung von Titanoxyd allein der Fall ist.

Nach *franz. P. 841.664* der I. G. Farbenindustrie wird das Titanoxyd in der Wärme mit in Kohlenwasserstoffen (Xylol) gelösten, wasserunlöslichen Seifen (Aluminiumstearat) verrieben. Nach Abdunsten des Lösungsmittels wird dieses Pigment, welches wahrscheinlich durch obige Behandlung mit einem feinen Schutzfilm umgeben wird, für das Mattieren der Kunstseide in der Spinnmasse angewendet.

Zur Verhütung der Beschädigung der Färbungen durch Titanoxyd veröffentlicht Rayon Textil Monthly 1939, S. 59 und 201, eine interessante Arbeit über das Mattieren der Azetatzellulose, in welcher die Verwendung eines besonderen Produktes anempfohlen wird. Dieses Produkt, welches unter dem Namen Titanox ARX verkauft wird, soll aus einem Titanoxyd bestehen, das durch seine äusserst feine Verteilung (0,56 Mikron) charakterisiert ist.

Es sei hier noch erinnert, dass Titanoxyd in den zum Bleichen der Kunstseide üblichen peroxydhaltigen Bädern eine katalytische Wirkung ausüben kann, wodurch eine Schwächung der Faser bewirkt wird (Wengrafs Ber. 1937, Aprilheft, S. 27).

Wirft sich nicht beim Lesen dieser zahlreichen Patente die Frage auf, ob diese Zusätze zum Titanoxyd, falls sie wirklich in der Praxis Verwendung finden, nicht die Ursache gewisser Fabrikationsfehler sind, welche hie und da beim Drucken von mattierter Kunstseide mit basischen Farben und besonders mit Rhodamin 6 G extra, dessen Nuance oft in Rotviolett umschlägt, entstehen?

Die Tatsache, dass die auf mattierter Kunstseide aufgedruckten Indigosolfarben (nach dem Dämpfverfahren) sich öfters nur unvollständig im Dampfe entwickeln, wird wahrscheinlich auch auf die dem Titanoxyd beigemengten Fremdsubstanzen zurückzuführen sein.

Die moderne Technik verfügt heute über verschiedene Verfahren, nach welchen die Wasserechtheit der substantiven Färbungen bedeutend verbessert werden kann. Diese Verfahren bestehen in einer Nachbehandlung der substantiven Färbungen und können in zwei Kategorien eingeteilt werden:

a) Verfahren, die auf der Reaktion von kationaktiven Körpern mit den Farbanionen, welche sich auf der Faser befinden, beruhen, wodurch wenig lösliche oder unlösliche Farbsäuresalze entstehen.

b) Verfahren, die eine Fixierung, und somit eine Verbesserung der Wasserechtheit, durch Umhüllen der aufgezogenen Farbstoffpartikeln mit in Wasser unlöslichen Körpern bewirken.

A. Verfahren, die auf der Reaktion von kationaktiven Körpern mit den Farbanionen, unter Bildung von unlöslichen Farbsäuresalzen, beruhen.

Eine Verbesserung der Waschechtheit der substantiven Farbstoffe wird erreicht, wenn man die HSO_3- und COOH-Gruppen, die dem Farbstoff die Eigenschaften, in Wasser löslich zu sein, verleihen und aus diesem Grunde seine Wasserechtheit verringern, effektlos macht. Es wurde festgestellt, dass gewisse quaternäre Basen mit den direkten Farbstoffen unlösliche Salze bilden, welche besser dem Einfluss des Wassers, der Säuren und der Seife widerstehen, aber von geringerer Lichtechtheit sind; die Ionisationsmöglichkeit des auf der Faser fixierten Farbstoffes wird durch diese Behandlung herabgesetzt, weil das Molekül durch die Gegenwart des Kations von hohem Molekulargewicht bedeutend vergrössert ist (Hall, Amer. Dyest. Rep., Bd. 25, S. 561; Wengrafs Ber. 1936, Novemberheft S. 18).

Die für diese Reaktion in Frage kommenden Substanzen sind Derivate, bei welchen die Oberflächenaktivität durch das Kation von hohem Molekulargewicht bedingt ist. In seinen Arbeiten über die kationaktiven Substanzen[1]) zeigt Bertsch (Böhme-Fettchemie), dass die hochmolekularen Gruppen, welche kapillare Wirkung ausüben wie die Kohlenwasserstoffketten des Säure- oder des Alkoholradikals, sich entweder im Anion oder im Kation befinden können.

Die anionaktiven Körper, welche ein Anion von hohem Molekulargewicht (in denen also die aliphatische Kette, welche die Kapillaraktivität bedingt, im Anion enthalten ist) und hingegen ein Kation von kleinem Molekulargewicht, z. B. Natrium besitzen, sind folgende:

a) Die Natriumsalze der Fettsäuren (Seifen):

$$[CH_3—(CH_2)_7—CH{=}CH—(CH_2)_7—CO\bar{O}]\overset{+}{Na}$$

Natriumoleat

b) Die Natrium- oder Ammoniumsalze der sulfonierten Fettsäuren:

$$\left[\begin{array}{l}CH_3—(CH_2)_5—CH—CH_2—CH{=}CH—(CH_2)_7—CO\bar{O}\\ \qquad\qquad\quad\;\, |\\ \qquad\qquad\quad\;\, O—SO_3Na\end{array}\right]\overset{+}{Na}$$

Natriumsulforizinat

c) Die Fettalkoholsulfonate:

$$[CH_3—(CH_2)_{14}—CH_2—O—S\bar{O}_3]\overset{+}{Na}$$

Natriumcetylsulfat

d) Die durch Einwirkung des Ölsäurechlorides auf Methyltaurin entstehenden Verbindungen:

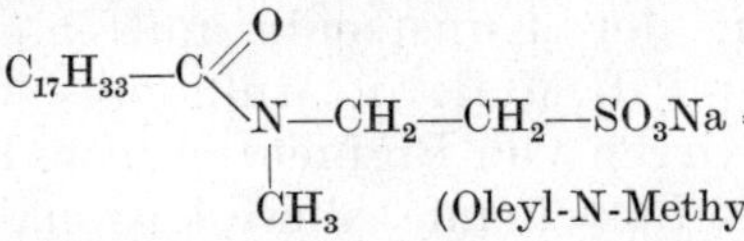

= Igepon T (Oleyl-N-Methyltaurid)

Die kationaktiven Substanzen sind Verbindungen, in denen die Kapillaraktivität durch das Kation bedingt ist, ihre Anzahl ist viel beschränkter; zu ihnen gehören die Sapamine von Hartmann und Kägi-Ciba:

[1]) Ztschr. f. ang. Chemie 1935, S. 52; R. G. M. C. 1935, S. 149; Mell. 1934, S. 319; Ranshaw, The Dyer, Bd. LXXVI, S. 261; R.G.M.C. 1937, S. 300; Wengrafs Ber. 1936, Oktoberheft, S. 19; Tiba 1937, S. 195.

Siehe auch Prof. Pinte, R.G.M.C. 1935, S. 24; Battegay, R.G.M.C. 1934, S. 461; Dr. O. Debrus, Vortrag in der Chemischule von Mulhouse, erschienen in dem Bull. de l'Association des Anciens Elèves de l'Ecole de Chimie de Mulhouse. Annuaire 1933, S. 93.

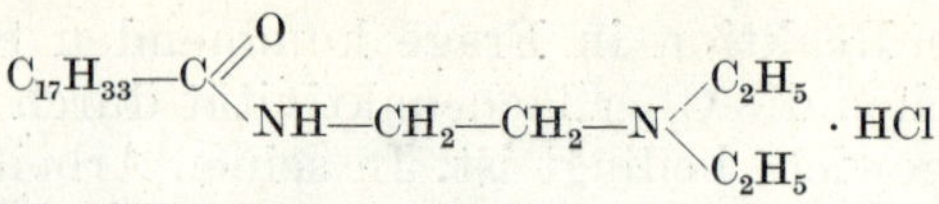

Sapamin CH (salzsaures Diäthylaminoäthylenoleylamid)

sowie die quaternären Ammonium- oder Pyridiniumverbindungen.

In diesen Substanzen ist der kolloidale und aktive Anteil das Kation, ihr Anion ist inaktiv.

Man hat Substanzen hergestellt, welche sowohl im Anion als im Kation oberflächenaktive Gruppen enthalten. Dies ist bei folgenden Verbindungen der Fall:

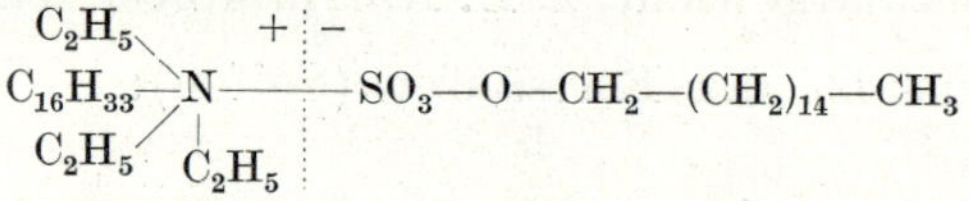

Triäthylcetylammoniumcetylsulfat (Reychler)

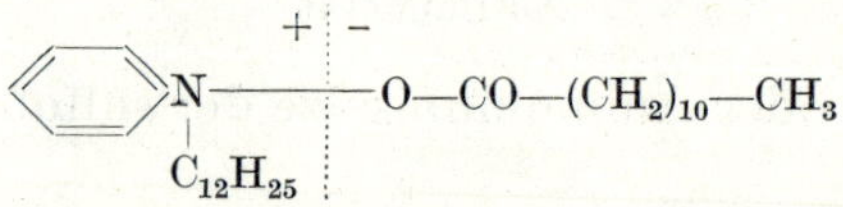

Laurylpyridiniumlaurat (Bertsch und Götte, Böhme-Fettchemie).

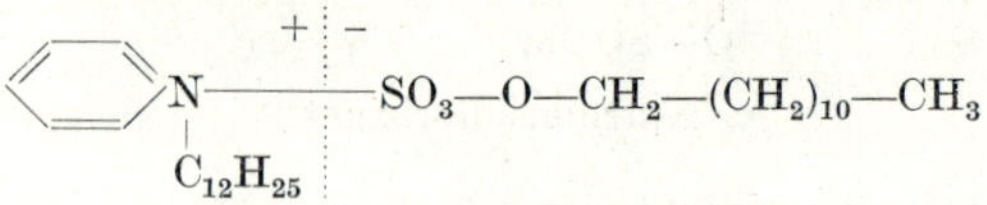

Laurylpyridiniumlaurylsulfat.

Die kationaktiven Körper richten ihre positiv geladenen Katione gegen die Grenzfläche, die sich aus diesem Grunde auf der Oberfläche einer pflanzlichen Faser ansammeln und auf diese Weise die Fäden mit einer Filmschicht umgeben, welche ihnen eine positive Ladung verleiht; diese Faser zeigt dann eine Affinität für alle Körper, welche eine negative Ladung besitzen. Auf dieses Prinzip stützt sich das Mattierungsverfahren der Kunstseide mittels Radium-Mattin T 53 (Böhme-Fettchemie; P.C.M.R. in Mulhouse), das Färben mit Küpenfarbstoffen, das Fixieren von Pigmenten usw. Hingegen eignen sich nach Bertsch (Böhme-Fettchemie) diese kationaktiven Substanzen nicht als Waschmittel, da sie die Faseroberfläche positiv laden und die zu entfernenden, zumeist negativ geladenen Schmutzteilchen, im Gegensatz zur gewöhnlichen Seife, nicht peptisieren, sondern auflockern, d. h. auf die Faser niederschlagen.

Es sei diesbezüglich unseren Lesern die äusserst interessante Arbeit von Dr. Chwala empfohlen, welche in Melliand's Textilberichte 1936, S. 583, erschien[1]). In dieser Arbeit, die sich auf das Problem

[1]) Kongress des I.V.C.C. 1936 in Stuttgart; Wengrafs Ber. 1936, Juliheft; Öster. Chem. Ztg., 40. Jahrgang, Februarheft, S. 46; Silk and Rayon World 1936, Aprilheft, S. 332; Mell. 1936, S. 583; R.G.M.C. 1937, S. 302.

des Wasserechtmachens substantiver Färbungen bezieht, ordnet Dr. Chwala die in Frage kommenden Substanzen folgendermassen:

1. Kolloidale Elektrolyte in Form von hochmolekularen Basen mit 3- oder 5-wertigem Stickstoff
   a) von aliphatischer Natur,
   b) von zyklischer oder heterozyklischer Natur.
2. Kolloidale Elektrolyte in Form von analogen Basen, wie unter a) und b) angegeben, die sich aber von S^{IV} und P^{V} ableiten, z. B. Sulfonium- und Phosphoniumverbindungen.

Der ersten Kategorie 1 a) gehören folgende Körper an:

Die Sapamine von Hartmann und Kägi-Ciba[1]) sind Amide der Fettsäuren, die sich von disubstituierten Äthylendiaminen ableiten, deren erster Vertreter folgender Formel entspricht:

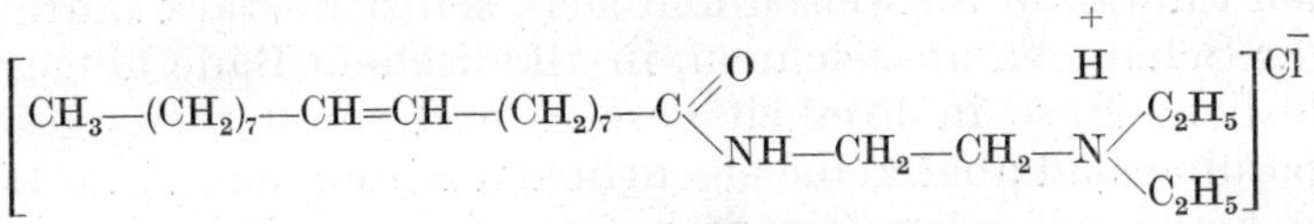

Sapamin CH = Chlorhydrat
Sapamin L = Laktat
Sapamin A = Azetat

Asymmetrisches Diäthylamino-Äthylen-Oleylamid:

$$(C_2H_5)_2{=}N{-}C_2H_4{-}NH{-}CO{-}C_{17}H_{33}$$

welches durch Erwärmen von Ölsäure mit asymmetrischem Diäthyläthylendiamin erhalten wird. Im allgemeinen bereitet man diese Amine durch Einwirkung von Fettsäuren oder deren Ester oder Chloride auf Diamine.

Durch Einwirkung von Alkylierungsmitteln auf Amide der Fettsäuren, die sich von disubstituierten Äthylendiaminen ableiten, erhält man quaternäre Amoniumbasen, so z. B. durch Erwärmen von Diäthylaminoäthylenoleylamid (also Sapamin CH) mit Benzylchlorid, entsteht das Diäthylbenzylaminoäthylenoleylamid Chlorhydrat, welches unter dem Namen Sapamin BCH in den Handel kommt und folgender Formel entspricht:

---

[1]) Z. f. ang. Chemie 1928, Jahrgang 41, Nr. 5, S. 127; Landolt: Mon. f. Text. Ind. 1932, Heft 3; *D.R.P. 464.142, 567.921, 582.101, 666.066, 671.782; brit. P. 219.304, 294.582, 294.890, 390.553* und *366.918*; *franz. P. 657.974* und *725.637*, 1931; *amer. P. 2.004.476*, 1933; *franz. P. 595.672;* Bull. Föd. I, S. 515; R.G.M.C. 1934, S. 64 und 111; Wengrafs Ber., Juliheft 1935, S. 11.

A. Landolt, Über das Fixieren von Direktfarbstoffen mit kationaktiven Mitteln nach dem Färben, Textil-Rundschau, 1946, Juliheft, Nr. 1, S. 14—16; 1946, Augustheft, Nr. 2, S. 41/51. Chwala, Martina und Becke, Mell. 1936, S. 583.

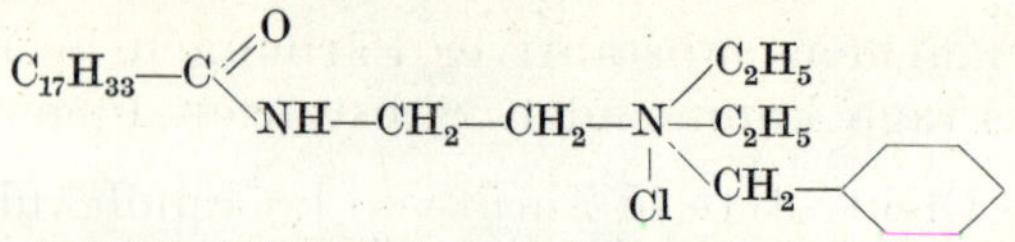

D.R.P. 464.142, 567.921, 671.782; brit. P. 219.304, 294.582; schweiz. P. 133.372.

Das Sapamin MS wird durch Einwirkung von Oleylamidoäthylendiäthylamin mit Methylsulfat dargestellt und entspricht dem Methyldiäthylaminoäthylenoleylamidomethylsulfat.

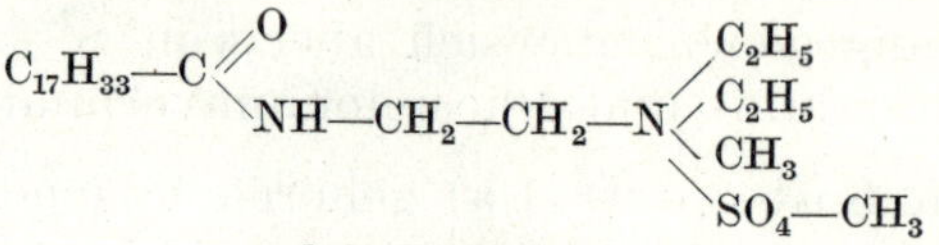

brit. P. 294.592.

Die Sapamine sind wasserunlösliche Basen von öliger Konsistenz; sie bilden mit Säuren Salze, deren Lösungen einen seifenähnlichen Charakter aufweisen und sich, selbst in stark saurem Bade, durch ihr Schäumen auszeichnen, in alkalischem Bade hingegen wird die unlösliche Base in Freiheit gesetzt und somit niedergeschlagen. Die Sapamine sind aber keine eigentlichen Seifen, denn ihre Lösungen besitzen keine seifenden Eigenschaften, jedoch sind sie ausgezeichnete Emulgatore, welche den Seifen, den Sulfonaten der Fettalkohole und gewissen Sulforizinaten in dieser Hinsicht weit überlegen sind.

Die Verbesserung der Lichtechtheit der Färbungen mit substantiven Farbstoffen lässt sich leicht durch die Theorie von Bertsch erklären, denn die direkten Farbstoffe, welche Salze von Sulfosäuren oder Karbonsäuren sind

$$[\mathrm{R{-}COO}]^{-} \,\vdots\, \overset{+}{\mathrm{Na}}$$

werden durch die positiven Ione des Sapamins auf die Faser niedergeschlagen. Andererseits hat Chwala die Bildung folgender Salze bewiesen:

$$[\mathrm{R_1SO_3^-}]\overset{+}{\mathrm{Na}} + [\mathrm{R_2{-}NH_2\cdot \overset{+}{H}}](\mathrm{A\bar{C}}) \rightleftarrows \underset{\downarrow}{\mathrm{R_1SO_3{-}NH_2\cdot HR_2}} + \overset{+}{\mathrm{Na}}(\mathrm{A\bar{C}})$$

Das Zusatzpatent *D.R.P. 671.782* der Ciba verallgemeinert die Verwendung von wasserlöslichen Derivaten, welche eine zyklische Stickstoffkette und einen aliphatischen Rest von mindestens 10 Atomen Kohlenstoff enthalten. Als Beispiel wird das Methoxy-Pyridiniumchlorid oder der Oleylester des Äthoxypyridiniumchlorids angegeben.

Andere kationaktive Kolloidelektrolyte von seifenähnlichem Charakter, beispielsweise das Sapamin KW[1]) und das Lyofix DE,

[1]) *D.R.P. 559.500, 626.718; franz. P. 725.637; amer. P. 2.004.476; brit. P. 390.553; öst. P. 131.103.*

wurden von der Ciba hergestellt. Diese zwei Produkte zeichnen sich durch ihre bemerkenswerten Eigenschaften aus: einerseits eignen sie sich vorzüglich für die Herstellung mehr wasserechter substantiver Färbungen, andererseits sind sie auch als Avivierungsmittel von grossem Interesse.

Das Sapamin KW entspricht dem Methylsulfat einer quaternären Verbindung mit fünfwertigem Stickstoff.

Im *brit. P. 426.508* von Hunsdiecker-Vogt[1]) werden verschiedene kationaktive Körper erwähnt, welche vom Isoharnstoff abstammen und dessen Wasserstoffatom der Hydroxylgruppe durch Aryl- und Alkylgruppen substituiert ist:

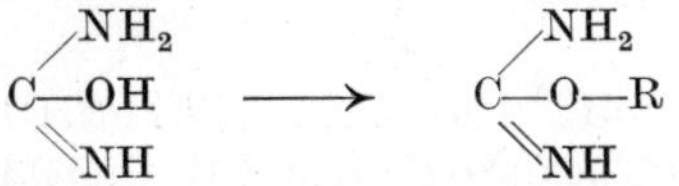

Isoharnstoff (Pseudoharnstoff)

Die Gegenwart eines Alkylrestes mit langer Kohlenstoffkette verleiht diesen Verbindungen den Charakter von Netzmitteln; z. B. die Chlorhydrate von Dodezyl- oder von Hexadezylpseudoharnstoff:

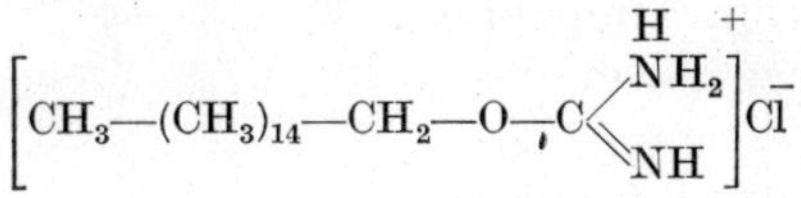

Diese Verbindungen werden durch die Einwirkung von Cyanamid auf die Dodezyl- oder Hexadezylalkohole, welche netzende, dispergierende und weichmachende Eigenschaften besitzen, hergestellt. Als kationaktive Substanzen besitzen sie, wie oben erläutert, die Fähigkeit, die Waschechtheit der Färbungen mit substantiven Farbstoffen zu verbessern. Der Hexadezylpseudoharnstoff ist eine starke Base, die in kleinen farblosen Nadeln kristallisiert.

Die Alkylthioharnstoffe werden für denselben Zweck in den *brit. P. 340.572*, *406.686*, *425.188*, *428.987* und *428.988; amer. P.2.008.902* und *franz. P. 765.475* von Hunsdiecker-Vogt vorgeschlagen.

Endlich können laut *brit. P. 424.717* von Hunsdiecker-Vogt Alkylderivate des Hexamethylentetramins ebenfalls zum Verbessern der Waschechtheit der substantiven Färbungen verwendet werden.

Das *franz. P. 758.199*,1933 der Deutschen Hydrierwerke empfiehlt die Verwendung von quaternären Ammoniumbasen, welche ein ununterbrochenes System von mindestens 8 konjugierten Doppelbindungen enthalten und die Fähigkeit besitzen, auf die Faser sub-

[1]) Wengrafs Ber. 1935, Maiheft, S. 17; Stieglitz und Noble, Ber. 1905, Bd. 38, S. 2243; Comptes rendus 1932, Bd. 194, S. 988; Battegay, R.G.M.C. 1934, S. 461.

stantiv aufzuziehen, sich an die die Waschunechtheit bedingenden Sulfo- und Karboxylgruppen anzulagern und so unlösliche Salze in der Faser zu bilden. Solche Basen, in Form ihrer methylsulfatierten Salze, werden durch Kupplung der bis-Diazoverbindungen des Benzidins mit Dimethylanilin und darauffolgendem Erhitzen mit Methylsulfat auf 120—150° C erhalten. Es sind gelbe, sehr wasserlösliche Substanzen.

Gemäss dem *D.R.P. 582.101*,1930 der Ciba wird die Echtheit von substantiven Färbungen durch Nachbehandlung mit Produkten, welche durch Einwirkung der Diamine auf Fettsäuren entstehen, z. B. das Trimethylammoniummethylsulfat des Monostearyl-p-Phenylendiamins oder das Salz des Monostearyläthylendiamins, verbessert.

D.R.P. 633.691,1933; *franz. P. 769.709*,1934 der I. G. Farbenindustrie, sowie *brit. P. 423.864* (R. G. M. C. 1937, S. 427; Bull. Föd. III, S. 110) beschreiben neue quaternäre Ammoniumderivate, welche durch Reaktion von Basen, die primäre oder sekundäre Aminreste enthalten (wie Triäthylentetramin, Äthylendiamin, Diäthyltetramin), auf Azylierungsmittel entstehen. Als Beispiel werden Cyanurchloride in Trichloräthylen-Lösung oder allgemein Körper, die sich vom 1,3,5-Triazin ableiten, angegeben.

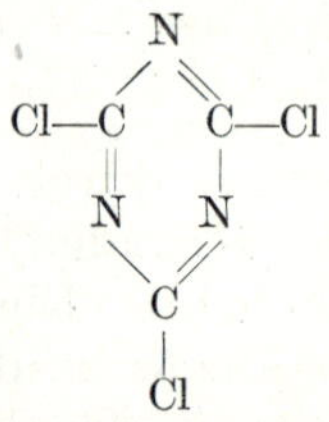

Das Solidogen B der I. G. Farbenindustrie, welches diesem Patent zugrunde liegt, ist ein Kondensationsprodukt von Polyäthylendiamin mit Cyanurtrichlorid mit nachfolgender Methylierung.

Das Produkt bewirkt keinen Einfluss auf die Waschechtheit der Färbung und trotz einer gewissen Verbesserung der Wasserechtheit widersteht diese einem Seifen nicht.

Durch Einwirkung von Äthylenoxyd auf diese Substanzen erhält man quaternäre Ammoniumderivate, welche zur Verbesserung der Waschechtheit von direkten Farbstoffen wie z. B. Siriusblau BR verwendbar sind.

Nach *D.R.P. 629.732* der I. G.-Grether-Starck; *franz. P. 734.202* und *brit. P. 383.634* werden, ebenfalls zur Erhöhung der Waschechtheit, aminierte, aliphatische Derivate mit mehr als 7 Kohlenstoffatomen z. B. das Diäthylaminoäthylenheptadezylamin verwendet, welches durch Einwirkung von Heptadezylamin auf das Chlorhydrat des Äthylendiäthylamins gewonnen wird. Diese Substanzen entsprechen der schematischen Formel:

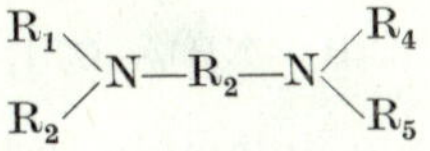

R_2 = organischer Rest; R_1, R_3, R_4, R_5 = Alkyle oder H

Das Zusatzpatent, *D.R.P. 633.081*,1931 der I. G. Farbenindustrie (Bull. Föd. III, S. 110), empfiehlt ebenfalls zur Verbesserung der Waschechtheit substantiver Färbungen die Verwendung solcher Aminoderivate, welche eine oder zwei freie saure Gruppen enthalten. Die allgemeine Formel dieser Substanzen ist:

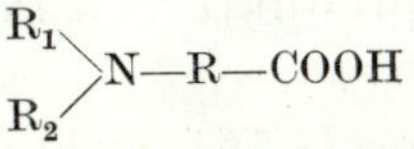

Diese Körper lassen sich durch Einwirkung halogenierter aliphatischer Säuren auf alkoholische Ammoniaklösung erhalten; sie bilden ebenfalls, wie die im obigen Patent zitierten Körper, mit den —COOH- und SO_3H-Gruppen der substantiven Farbstoffe wenig lösliche Salze.

Um die Waschechtheit direkter Färbungen auf die Zellulosefaser in besonderem Masse zu verbessern, werden die Färbungen, laut *D.R.P. 690.240* der I.G. Farbenindustrie mit quaternären Ammoniumverbindungen nachbehandelt, die einerseits eine ausgesprochene Affinität zur Zellulosefaser besitzen, andererseits zwei quaternäre Ammoniumgruppen im Molekül enthalten. Die erzielte höhere Waschechtheit hat ihren Grund darin, dass die sauren und basischen Verbindungen auf der Faser zu wasserunlöslichen, auch gegen Seife widerstandsfähigen Salzen zusammentreten. Wenn beide Komponenten, der saure wie auch der basische, Farbstoffe sind, braucht man zur Erzielung einer bestimmten Farbtiefe nur etwa die Hälfte der für eine gewöhnliche Direktfärbung erforderlichen Farbstoffmenge.

Nach *franz. P. 786.390*,1935 der I.G. Farbenindustrie wird die Waschechtheit nicht wie bereits oben beschrieben durch eine besondere Nachbehandlung der fertigen Färbungen verbessert, sondern durch direkten Zusatz zu den Seif- und Waschbädern von Derivaten des disubstituierten Äthylendiamins; in diesem Falle soll nicht nur die Wasserechtheit, sondern auch die Seifechtheit erhöht werden. Man setzt den Seif- und Sodabädern 1 g pro Liter einer 10 %igen Lösung eines peralkylierten Produktes zu, das aus einem Gemisch von Polymerisationsderivaten des Äthylendiamins, aus welchen man vorher die unter 200° C siedenden Anteile durch Destillation unter vermindertem Druck (10 mm Hg) ausgeschieden hat, besteht.

Derivate von Polyäthylendiaminen.

Die I. G. Farbenindustrie empfiehlt Verfahren, welche auf der Verwendung von Polyäthylenpolydiaminen der allgemeinen Formel

$$H_2N—(C_2H_4—NH)_n—C_2H_4—NH_2$$

beruhen. Diesbezüglich seien folgende Patente angeführt: *Franz. P. 779.583*, 1934 und *785.043* und *brit. P. 435.388, 429.933* der I. G. Farbenindustrie empfehlen die Anwendung quaternärer Basen, welche aus polymeren Äthylendiaminen, z. B. Äthylendiamin, Diäthylentriamin und Triäthylentetramin, durch Alkylierung mit Dimethylsulfat gewonnen werden.

In den *D.R.P. 598.635* und *611.363* der I. G. Farbenindustrie werden die Kondensationsprodukte von Polyäthylendiamin mit Fettsäuren erwähnt.

Gemäss *brit. P. 440.488, 441.767* sowie *amer. P. 2.080.543, 2.040.061* der I. G.-Münz-Keller erreicht man ebenfalls eine Verbesserung der Echtheit von substantiven Färbungen durch Nachbehandlung mit polymeren Äthylendiaminen folgender allgemeiner Formel:

$$NH_2—(C_2H_4NH)_n—C_2H_4—NH_2 \text{ (Polyäthylenpolyamine)}$$

in Mischung mit Polymeren der Formel $(C_2H_4NH)_n$. Solche Polyamine kann man durch Einwirkung von Ammoniak auf Äthylenchlorid herstellen (Ber., Bd. 23, S. 3711). Als Beispiel gibt das *amer. P. 2.080.543* eine Färbung mit Siriusblau BG an. Nach *brit. P. 441.767* derselben Firma können diese Verbindungen dem Seifenbade selbst zugegeben werden.

Das *franz. P. 852.031* der I. G. Farbenindustrie kann als Zusatzpatent zum *franz. P. 785.043* (1. 2. 1935) angesehen werden. Das Verfahren, das darin beschrieben ist, beruht auf der Tatsache, dass die zum Teil flüchtigen, zum Teil nicht flüchtigen Basen, die unter dem Sammelnamen Polyäthylenpolyamine bekannt sind, als solche oder in Form ihrer Salze befähigt sind, mit einer grossen Anzahl löslicher substantiver Farbstoffe unlösliche Farblacke zu bilden.

Diese Polyäthylenpolyamine bilden sich neben dem Äthylendiamin durch Einwirkung von NH_3 auf Äthylenchlorid oder -bromid[1]).

Lässt man Äthylenchlorid oder -bromid in Abwesenheit von Ammoniak auf die polymerisierten Basen reagieren, so erhält man neue basische Produkte. Je nach der angewandten Menge des Alkylierungsproduktes bilden sich entweder in Wasser und Säuren ganz unlösliche Produkte oder bei verhältnismässig kleinem Verbrauch an Alkylierungsmittel noch lösliche Basen, die sich dem Aussehen nach

---

[1]) Ber. Bd. 23, S. 3711.

nicht wesentlich von den Ausgangsprodukten unterscheiden. Gemäss dem Stammpatent, *franz. P. 785.043*, sind die Basen, welche hochpolymeren aliphatischen Polyaminen entsprechen, befähigt, die Echtheitseigenschaften der substantiven Färbungen, infolge der Bildung von unlöslichen Lacken mit den direkten Farbstoffen, zu erhöhen.

Als Alkylierungsmittel kommen Äthylenchlorid oder -bromid, Epichlorhydrin, Dichlorhydrin, 1,3-Dichlorpropanbenzolsulfosäureester usw. in Betracht.

Im Patent wird folgendes Beispiel angeführt:

Man behandelt ein mit 3 % Siriusblau BR gefärbtes baumwollenes Gewebe während 20 Minuten in einer Lösung, welche pro Liter 0,1 g eines Produktes, dessen Herstellung anschliessend beschrieben wird und 0,5 g Ameisensäure enthält. Nach dieser Behandlung wird gespült.

Die Herstellung der hochpolymerisierten Base geschieht folgendermassen: Als Ausgangsprodukt dient das polymere Äthylendiamin, welches durch Erhitzen im Vakuum (6 mm) auf 220° C von sämtlichen flüchtigen Anteilen befreit wird.

200 T. solchen vorbehandelten polymerisierten Äthylendiamins werden mit
600 T. Wasser und
160 T. Äthylenbromid

so lange erhitzt, bis letzteres vollständig in Reaktion getreten ist. Die hierbei entstehende alkalische Flüssigkeit kann nach einem Säurezusatz direkt verwendet werden.

Die freie Base kann als sehr viskoses, nicht flüchtiges Öl erhalten werden.

Im Vergleich mit den Salzen dieser Base erzielt man mit den Salzen des polymeren Äthylendiamins, welches nicht mit Äthylenbromid behandelt wurde, eine mindere Verbesserung der Wasserechtheit der substantiven Färbungen.

Hier soll sich das Solidogen B[1]) der I. G. Farbenindustrie, welches dem Chlorhydrat einer durch Umsetzung von Chlorparaffin mit NH_3 hergestellten Base mit dreiwertigem Stickstoff entspricht, anreihen. Eine weitere Entwicklung ist das Solidogen BSE (I. G.), welches einen fünfwertigen Stickstoff enthält.

Solidogen B[2]) wird folgendermassen dargestellt: das aus der Braunkohle gewonnene Paraffin (Smp. 54° C) wird bei 100° C chloriert bis der Chlorgehalt 24—26 % ausmacht. Das so erhaltene Trichlorparaffin wird bei 160° C mit einem Polyäthylenpolyamin (Vulcacit)

---

[1]) *Amer. P. 2.061.860; brit. P. 435.388; franz. P. 734.202;* auch *brit. P. 460.961.*
[2]) B.I.O.S. Target Nr. 22 1 (g).

während 8 Stunden behandelt. Nach vollständiger Reaktion wird das erhaltene Produkt mit Salzsäure neutralisiert.

Das im Jahre 1940 in den Handel gebrachte Solidogen BSE scheint Gegenstand des *franz. P. 852.031* zu sein. Dieses Produkt ist das Dimethylsulfat des Solidogens B.

Obigen Patenten entspricht auch das *amer. P. 2.104.092* der I. G. Farbenindustrie-Münz-Keller-Trösken, welches quaternäre Ammoniumverbindungen empfiehlt, die durch die Alkylierung von polymeren Äthylenpolyaminen erzeugt werden.

Franz. P. 782.802 und *brit. P. 434.911*,1934 der Deutschen Hydrierwerke beschreiben die Behandlung direkter Färbungen mit quaternären Ammoniumverbindungen, welche ein Radikal von mindestens 10 Atomen Kohlenstoff enthalten. Diese Körper werden durch Einwirkung gesättigter tertiärer Amine (Kette von mindestens C_{10}) auf α-halogenierte Äther erhalten, z. B. das N-Dodezyloktodezylmethylpiperidinium oder das Triäthyloktodezyloxymethylammonium, welche durch Einwirkung von Chloromethyloktodezyläther auf N-Dodezylpiperidin oder auf Triäthylamin entstehen. Diese komplexen Verbindungen werden dem auf 70^0 C erwärmten Waschbade im Verhältnisse von 2 g pro Liter zugegeben. (Siehe auch die *brit. P. 427.089* und *439.135.*)

Für geringere Echtheitsansprüche und bei nicht zu stark alkalischen Färbeflotten können laut *franz. P. 785.043* der I. G. Farbenindustrie auch solche polymerisierte Amine Anwendung finden, welche noch nicht in die Ammoniumverbindungen übergeführt sind.

In diesem Falle lässt sich eine genügende Verbesserung der Waschechtheit mittelst aliphatischer Polyamine, welche also die Gruppe N^{III} enthalten, als solche oder in Form ihrer Salze der organischen oder Mineralsäuren, erreichen.

Im *brit. P. 460.961*,1936 der I. G. Farbenindustrie wird festgestellt, dass man an Stelle von hochmolekularen N^{III}, N^{IV} oder S^{IV} Verbindungen, Derivate, welche zwei oder mehr Ammonium- bzw. Sulfoniumreste, die durch höchstens sechs Kohlenstoffatome enthaltenden Reste substituiert sind, anwenden kann. Diese Substanzen werden durch Kondensation von Chlorhydrinen mit tertiären Aminen oder Merkaptanen erhalten. Durch Nachbehandlung der Färbungen wird nicht nur die Wassertropfen-, sondern auch die Waschechtheit erhöht.

Nach *brit. P. 427.089* sowie *brit. P. 439.135* der Deutschen Hydrierwerke (Bull. Föd., Bd. II, S. 226—227) wird die Waschechtheit von Färbungen bedeutend erhöht, wenn man sie mit einer quaternären Ammoniumverbindung mit wenigstens 2 Ammoniumgruppen vor- und mit einem Körper sauren Charakters von mindestens 10 Kohlenstoffatomen nachbehandelt. Hierbei muss die Ammoniumverbindung substantive Eigenschaften haben, das heisst unmittelbar auf die Faser aufziehen können.

Eine besondere Ausgestaltung dieses Verfahrens liegt nun darin, dass man sowohl für den anionaktiven wie auch für den kationaktiven Teil solche Substanzen verwenden kann, die Farbstoffcharakter tragen.

Für Färbungen mit sauren Gruppen (Sulfo- oder Karboxylgruppen) enthaltenden direkten Farbstoffen werden zur Nachbehandlung Azo- oder Diazokörper verwendet; umgekehrt behandelt man dort, wo basische Farbstoffe mit Ammoniumgruppen vorliegen, mit Sulfo- oder Karboxylgruppen enthaltenden Substanzen.

Kondensationsprodukte von Chlorhydrinen mit Aminen.

Nach Arbeiten der Firma Sandoz in Basel kommen Kondensationsprodukte von Chlorhydrinen, z. B. Glyzerinchlorhydrinen, mit Aminen (Ammoniak, Äthanolamin und hauptsächlich Äthylendiamin) zum Verbessern der Waschechtheit substantiver Färbungen in Betracht.

Folgende Patente haben auf diese Arbeiten Bezug:

Franz. P. 805.742 von Sandoz; *brit. P. 464.921*, *brit. P. 496.611* und *amer. P. 2.132.074* von Sandoz-Kartaschoff sowie *schweiz. P. 191.564* derselben Firma beschreiben ein Verfahren, durch welches die Echtheit substantiver Färbungen, namentlich solcher von Chlorantinreinblau A und FF sowie von Chlorantinlichtrot 7 BL erhöht wird, und zwar durch Nachbehandlung der Färbungen mit stickstoffhaltigen Kondensationsprodukten, welche durch Einwirkung von Halogenhydrinen, z. B. Epichlorhydrin, auf stickstoffhaltige Basen erhalten werden. Diese Substanzen entsprechen folgender allgemeinen Formel:

$$\mathrm{N}\begin{array}{l} \diagup \mathrm{H} \\ -\mathrm{R}_1 \\ \diagdown \mathrm{R}_2 \end{array} \quad \text{wo } \mathrm{R}_1 \text{ und } \mathrm{R}_2 = \text{H, Alkyl, Alkoxyl usw. sind.}$$

Laut *amer. P. 2.132.074*, *brit. P. 464.921* und *schweiz. P. 191.564* von Sandoz-Kartaschoff und Aeschlimann verwendet man stickstoffhaltige Kondensationsprodukte zum Wasserechtmachen substantiver Färbungen, z. B. solche aus Glyzerinhalogenhydrin mit Ammoniak oder Aminen (Claus, Liebig's Ann., Bd. 168, 1873, S. 30).

Die einfachsten Verbindungen dieser Art sind die Derivate, welche durch Einwirkung von Ammoniak auf die Halogenhydrine des Glyzerins entstehen. In diese Gruppe fallen im allgemeinen die Polyaminpolypropanole, welche den Iminopropanolrest

$$—NH—CH_2—CHOH—CH_2—$$

aufweisen oder die Verbindungen aus höheren Fettsäuren mit mehrwertigen aliphatischen Basen (*amer. P. 1.977.250*, *1.977.251* und *1.977.253*, alle drei von Du Pont de Nemours, und *amer. P. 1.977.272* von Gubelmann[1])). Diese Substanzen werden, wie bekannt, auch zum Anteigen der Küpenfarbstoffe vorgeschlagen.

Durch die Einwirkung von Ammoniak auf Dichlor- oder Epichlorhydrin entstehen Produkte, welche der Formel

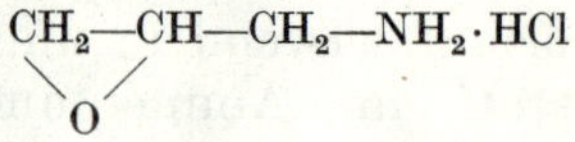

entsprechen.

Wenn man an Stelle von Ammoniak sekundäre Amine

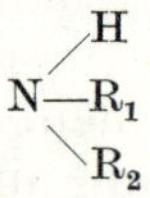

anwendet, erhält man:

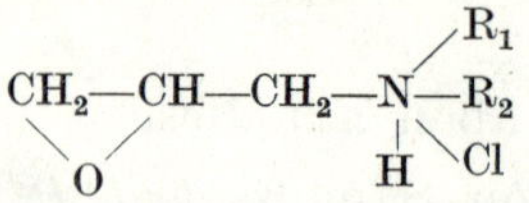

Die Temperatur während der Behandlung wird auf 25° C gehalten.

Die Patente betonen ganz besonders, dass dieses Verfahren den bedeutenden Vorteil besitzt, nicht nur die Waschechtheit, sondern auch die Schweiss- und Säureechtheit zu verbessern, dagegen wird die Lichtechtheit durch diese Behandlung kaum erhöht.

Im *D. R. P. 743.563*(23.10.1935), welches die Firma Sandoz A. G. im Laufe ihrer weiteren Arbeiten nahm, wird betont, dass es vorteilhaft ist, substantive Färbungen mit wasserlöslichen sauerstoffhaltigen Kondensationsprodukten, die durch Einwirkung von Glyzerindihalogenhydrinen oder Epichlorhydrin mit Ammoniak oder primären aliphatischen Aminen erhältlich sind, oder mit Alkylierungsverbindungen dieser Kondensationsprodukte zu behandeln, bevor die Ware einer nicht alkalischen Behandlung unterworfen wird. Hierbei wird eine grössere Waschechtheit und höhere Echtheit bei neutralem Waschen unter Beibehaltung desselben Lichtechtheitsgrades erzielt.

Durch Behandlung mit diesen Kondensationsprodukten bilden sich auf der Faser schwer bis unlösliche Additionsprodukte. Infolgedessen wird die Echtheit der Färbungen gegen nicht alkalische Be-

[1]) Siehe auch *brit. P. 383.634, 390.523, 390.553; franz. P. 771.386; schweiz. P. 170.085.*

handlungen stark verbessert, insbesondere die Wasser-, Koch-, Schweiss- und Waschechtheit mit neutralen oder sauren Waschmitteln, ohne dass der Farbton und die Lichtechtheit wesentlich beeinträchtigt werden.

Unter anderen wird folgendes Beispiel angegeben:

Eine zu 2 % mit Direktgrün B (Schultz, Farbstofftabellen, 7. Aufl. Nr. 668) gefärbte Baumwollware wird während einer halben Stunde in eine Lösung, welche 2,5 g/Liter eines Kondensationsproduktes enthält, das durch Erhitzen von 260 g technischen Glyzerindichlorhydrin mit 306 g 25 %iger wässeriger Ammoniaklösung unter Druck auf 110—117° C erhalten wurde, eingelegt und dann getrocknet. Die so behandelte Färbung ist wasserecht, wasserkochecht, schweissecht, neutral und sauer waschecht und säureüberfärbeecht geworden.

Es erscheint wahrscheinlich, dass diese Patente die Grundlage des unter dem Namen Sandofix B[1]) bekannten Handelsproduktes der Firma Sandoz bilden. Dieses Produkt soll einem Kondensationsderivat von Chlorhydrinen, z. B. Glyzerindichlorhydrin mit Stickstoffbasen (Ammoniak, Äthanolamin), entsprechen.

$$\begin{array}{ccccccc} Cl- & N & -CH_2-CH_2- & N & -Cl \\ & ||| & & ||| & \\ & (C_2H_4OH)_3 & & (C_2H_4OH)_3 & \end{array}$$

Basische Verbindungen, welche zur Echtheitserhöhung substantiver Färbungen verwendbar sind, stellt man nach *brit. P. 496.611* und *franz. P. 828.015* (Sandoz) durch Erwärmen hydroxylierter aliphatischer Polyamine mit höheren Fettsäuren oder deren Ester her. Diese Polyamine werden durch Kondensation von Alkylaminen mit Glyzerinhalogenhydrinen erhalten. Als Fettderivate kommen Kokosfett, Rindertalg usw. oder Mischungen dieser Fette und auch Naphtensäuren in Betracht.

Die Irgamine PNE supra und L von Geigy sind Verbindungen, welche durch Einwirkung von Polyaminen mit Fettsäuren erhalten werden. Eine Beschreibung dieser Reaktion finden wir im *franz. P. 828.015* von Sandoz.

Franz. P. 803.821 der I. G. Farbenindustrie beschreibt folgende Verbesserung: Während die Nachbehandlung der Färbungen mit organischen Basen, welche sich vom 5-wertigen Stickstoff ableiten und die mit aliphatischen Resten von hohem Molekulargewicht substituiert sind, nur die Wasch- aber nicht die Seifechtheit erhöht, erhält man viel bessere Resultate bezüglich der Echtheitsverbesserung durch Anwendung von hochmolekularen Ammoniumderivaten (oder auch von Sulfonium- oder Phosphoniumderivaten), welche nicht

[1]) *Franz. P. 805.742, 828.015* von Sandoz.

mit aliphatischen Kohlenstoffketten, sondern mit aromatischen oder heterozyklischen Resten substituiert sind. Es wurde beobachtet, dass Substitutionsprodukte, welche aliphatische Ketten von mindestens sieben Kohlenstoffatomen enthalten, eine bedeutende Kapillaraktivität besitzen, während solche mit Ketten von weniger als sieben Kohlenstoffatomen gar keine Kapillaraktivität mehr aufweisen.

Zu den Produkten dieser Klasse gehört das Solidogen BS der I. G. Farbenindustrie, welches eine peralkylierte Verbindung eines Imidazols folgender Formel sein soll:

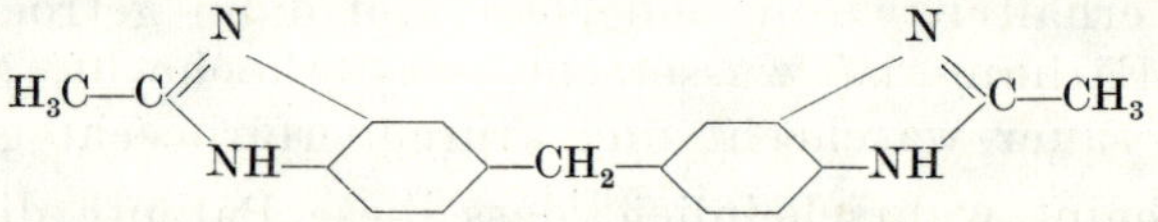

Es wird durch Behandlung des 3, 4, 3′, 4′-Tetraminodiphenylmethans mit Essigsäure erhalten.

Brit. P. 461.354 der I. G. Farbenindustrie. — Die Polymerisationsprodukte von Äthylenimin werden zur Nachbehandlung von substantiven Färbungen zwecks Erhöhung ihrer Waschechtheit empfohlen. Diese Produkte werden durch Erwärmen eines Imins oder seiner substituierten C- oder N-Derivate in Gegenwart eines Katalysators erhalten.

Das *brit. P. 466.772* der I. G. Farbenindustrie empfiehlt zur Verbesserung der Waschechtheit der substantiven Färbungen die Derivate des Betains, insbesondere deren Ester und Amide, z. B. Azetostearylamidodimethylbetainmethylesterchlorid:

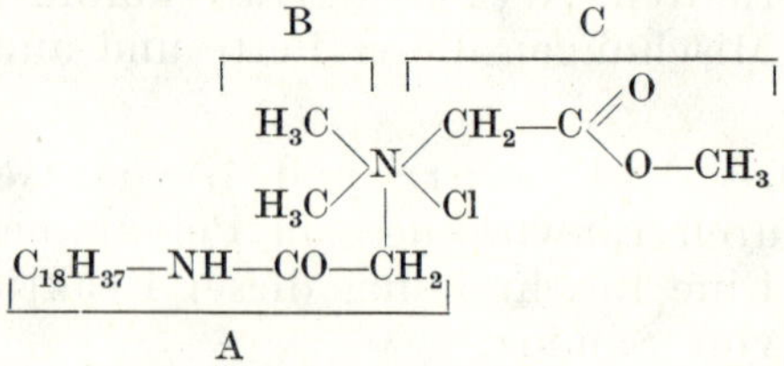

A = Azeto-Stearylamido
B = Dimethyl
C = Betain-Methylesterchlorid

Im Sinne des *D.R.P. 657.117* sowie des *franz. P. 822.252* der I. G. Farbenindustrie-Petersen wird die Waschechtheit, Wasserechtheit und bisweilen auch die Lichtechtheit substantiver Färbungen durch eine Nachbehandlung mit organischen Basen (Guanidin, Äthylendiamin, Thioharnstoff oder Amino-8-Chinolin), welche komplexgebundenes Metall enthalten, erzielt. An erster Stelle wird das Sulfat des Dimethylbiguanid-Kupfers genannt, welches sich aus Dimethylamin, Dicyandiamid und Kupfersulfat herstellen lässt und welches man in Wasser unter Zusatz von Natriumchlorid oder Soda auflöst. Das Biguanid selbst wird aus Guanidin und Cyanamid nach folgendem Schema erhalten:

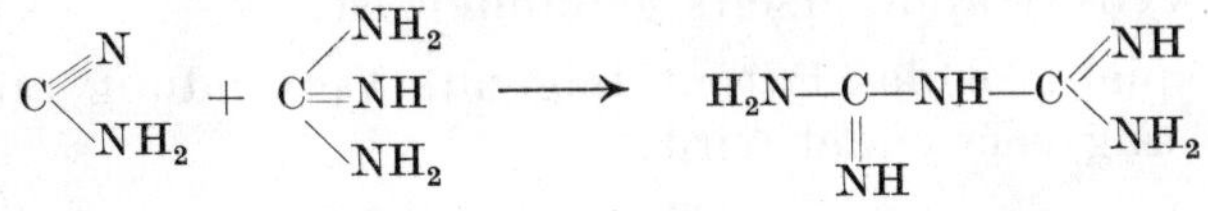

Cyanamid Guanidin Biguanid

(siehe Wiener Monatshefte für Chemie, Bd. IX, 1888, S. 227, Rathke).

Das Sulfat von Dimethylbiguanid-Kupfer ist also ein Homolog des in der erwähnten Literatur beschriebenen Biguanidkupfersulfates: $(C_2H_6N_5)_2 \cdot Cu \cdot H_2SO_4$.

Das *franz. P. 822.252*, welches ebenfalls von der I. G. Farbenindustrie niedergelegt ist und sich an obiges Patent anlehnt, gibt folgendes Beispiel an: das Baumwollgarn wird mit einem direkten Farbstoff, z. B. Direktschwarz EW, gefärbt; hierauf wird in einer Lösung eines Komplexsalzes aus Kupfersulfat und Dimethylbiguanid nachbehandelt, gewaschen und getrocknet.

Die bisherigen Methoden der Nachbehandlung substantiver Färbungen beruhen ganz allgemein auf einer Anlagerung zwecks Vergrösserung der Farbstoffmoleküle. Im *amer. P. 2.123.154* (I. G.-Schirm) wird dagegen der Weg eingeschlagen, die löslichmachenden Gruppen der Farbstoffe (Sulfo- oder Karboxylgruppen) durch Salzbildung, z. B. mit quaternären Ammoniumverbindungen, unwirksam zu machen, und zwar werden hier solche Körper genannt, welche ein System von nicht weniger als acht ununterbrochen aneinandergereihten (konjugierten) Doppelbindungen aufweisen müssen. Diese Doppelbindungen können sowohl in der offenen Kette als auch im Ringsystem vorhanden sein. Durch diese Art der Kupplung ergeben sich höhere Diazo- oder Polyazokörper.

Im *D. R. P. 679.711* (15. 8. 1939) beschreibt Böhme-Fettchemie-Bertsch ein Verfahren zur Herstellung von Estern der folgenden allgemeinen Formel

$$(CH_2{-}CH_2{-}O{-}CH_2{-}COOH)_n \cdot (CH_2{-}CH_2{-}OH)_m$$

wo n = 1,2 oder 3; m = 1 oder 2 und m + n = 3

Diese Verbindungen werden durch Behandlung von Triäthanolamin oder seiner Homologe mit Ätzkali und darauffolgender Reaktion mit Monochloressigsäure oder -propionsäure erhalten. Sie besitzen die Fähigkeit, die Echtheit der Färbungen, insbesondere in hartem Wasser, zu verbessern.

Die Echtheitseigenschaften der substantiven Färbungen können laut *amer. P. 2.416.884* von du Pont durch Verwendung von substituierten Adipamiden erhöht werden. Patentgemäss verwendet man organische Verbindungen die 2 Atome Stickstoff enthalten, von denen jedes an eine —CH_2-Gruppe einerseits und durch ein Sauerstoffatom an einen Alkylrest andererseits gebunden ist.

Als Beispiel gibt das Patent folgende Verbindung an, welche in 20%iger Lösung verwendet wird:

$$\begin{array}{ccc} & CO\text{—}(CH_2)_4\text{—}CO & \\ & | \qquad\qquad\quad | & \\ CH_3\text{—}O\text{—}CH_2\text{—} & NH \qquad\quad NH & \text{—}CH_2\text{—}O\text{—}CH_3 \end{array}$$

N, N′— bis — Methoxymethyladipamid.

Laut *franz. P. 896.792* (niedergelegt am 27. Juli 1943, bekanntgegeben am 2. März 1945) werden interessante quaternäre Ammoniumverbindungen erhalten durch Behandlung mit Alkylierungsmitteln von Polymerisationsprodukten von Akrylverbindungen, welche folgender allgemeiner Formel entsprechen:

$$\begin{array}{l} CH_2{=}\underset{\displaystyle R}{\underset{|}{C}}\text{—}CO\text{—}X\text{-alkylen—}N\begin{cases} R_1 \\ R_2 \end{cases} \end{array}$$

wo $R = H, — CH_3$
$X = \text{-O-}, = NH$
R_1 und R_2 = gleiche oder verschiedene aliphatische Reste oder Alkylengruppen zyklisch gebunden.

Die Wasserechtheit der Direktfärbungen auf Zellulosefasern wird durch nachträgliche Behandlung mit diesen neuen Produkten wesentlich erhöht.

Im Patent wird als solches Produkt das Chlorhydrat des Diäthylaminoäthanolakrylats

$$\begin{matrix} C_2H_5 \\ C_2H_5 \end{matrix}\Big\rangle N\text{—}CH_2\text{—}CH_2\text{—}O\text{—}CO\text{—}CH{=}CH_2\cdot HCl$$

angegeben.

Zweite Kategorie Ib: Höhere zyklische und heterozyklische Basen mit N_{III} und N_V

In diese Kategorie reihen sich folgende Patente ein:

Franz. P. 748.510,1933 der Imp. Chem. Ind. empfiehlt die Anwendung von Pyridiniumbasen, welche eine lange Kohlenstoffkette enthalten, z. B. das Oktodezylpyridinium. Das unter dem Namen Fixanol von der Imp. Chem. Ind. in den Handel gebrachte Produkt ist wahrscheinlich ein Derivat folgender Zusammensetzung:

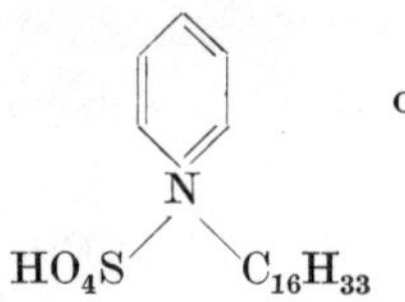

oder

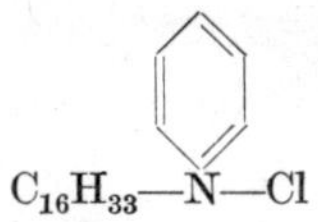

Cetylpyridiniumsulfat Cetylpyridiniumchlorid

Die Alkylpyridiniumhalogenide werden durch Erwärmen von Pyridin mit Fettsäurechloriden oder -bromiden erhalten.

Diese Pyridiniumderivate geben interessante Resultate. Die mit ihnen nachbehandelten Färbungen der Mehrzahl der substantiven Farbstoffe werden hierdurch durchaus wasserecht, jedoch widerstehen sie leider dem Seifen nicht. Die Nüance wird durch diese Nachbehandlung verändert, auch leidet die Lichtechtheit in den meisten Fällen (Kap. I, S. 213 dieses Werkes: Anwendung der Ammonium- oder Pyridiniumderivate als Abziehmittel von Küpenfärbungen).

Schweiz. P. 173.257 und *173.261* von Böhme-Fettchemie, Chemnitz. — Diese Patente beschreiben kationaktive Verbindungen, welche durch Erwärmen von Fettalkoholen (Myristin- oder Oktodezylalkohole) mit einem Gemisch von Pyridinchlorsulfonsäuren entstehen.

Als Beispiel führt das Patent folgende Verbindung an:

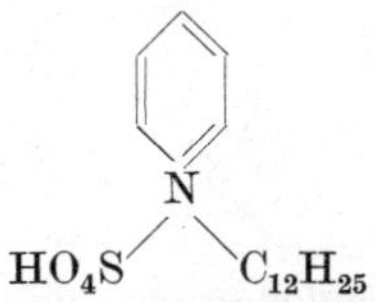

Laurylpyridiniumbisulfat

Franz. P. 770.235. *Schweiz. P. 183.676.* *Öst. P. 154.886.*

(Repellat T.69 von Böhme-Fettchemie und P.C.M.R., Mülhausen.)

Ähnliche Substanzen, in welchen das Kation sowie das Anion lange Ketten enthalten, sind von Reychler, Götte und Stober hergestellt worden, z. B.:

$$\begin{matrix}(C_2H_5)_3 \\ C_{16}H_{33}\end{matrix}\!\!>\!N{-}O{-}SO_2{-}O{-}CH_2{-}(CH_2)_{14}{-}CH_3$$

Triäthylcetylammoniumcetylsulfat

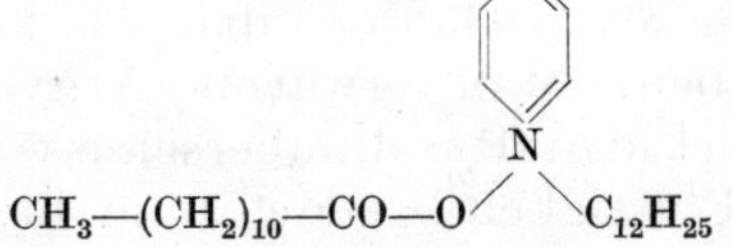

Laurylpyridiniumlaurat

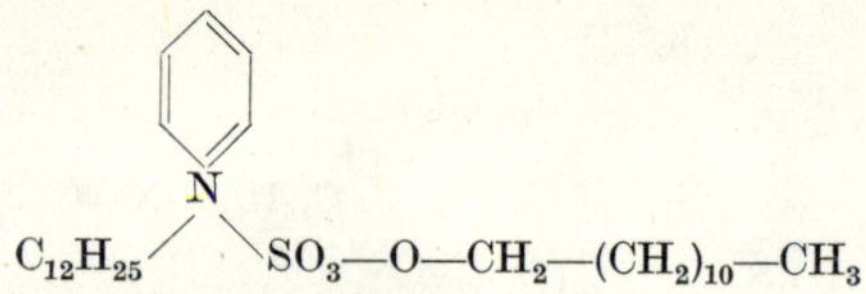

Laurylpyridiniumlaurylsulfat

An diese Patente lehnt sich das *amer. P. 2.114.564* von Böhme-Fettchemie-Kling-Götte an: Die Wirkung der kationaktiven Derivate hat häufig den Nachteil einer Farbtonveränderung und einer Herabsetzung der Lichtechtheit zur Folge. Die Chromat- oder Kupfersulfatlösungen, welche man zur Verbesserung der Lichtechtheit direkter Färbungen anwendet, haben eine geringere Wirkung, wenn der gefärbte Stoff mit kationaktiven Substanzen vorbehandelt wurde.

Laut obigem Patente wird nun dieser Übelstand bis zu einem gewissen Grade vermindert, wenn dem Bade mit dem kationaktiven Körper eine Nachbehandlung mit einem anionaktiven Körper nachfolgt (Sulforizinate, Harzseifen, Tannin u. a. m. *(franz. P. 768.283)*). Im Patente wird folgendes Beispiel angegeben: Die Faser wird mit 1% Diaminbraun M gefärbt, getrocknet, mit einer 1%igen Lösung von Dodezylpyridiniumsulfat behandelt und hierauf durch eine Lösung von abietinsaurem Natrium vom pH 7 genommen.

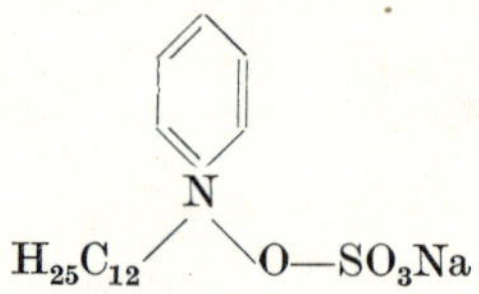

Natriumdodezylpyridiniumsulfat

Brit. P. 366.918 und *390.553* der Ciba. — Im ersten Patente wird die Anwendung von Diaminen, in welchen eine Aminogruppe durch hochmolekulare aliphatische Säureresten, die mindestens 12 Kohlenstoffatome enthalten, substituiert ist, zur Nachbehandlung von substantiven Färbungen anempfohlen; im zweiten Patente werden zum gleichen Zwecke stickstoffhaltige Substanzen, welche ebenfalls aliphatische Säurereste enthalten, z. B. das wasserlösliche Oxymethylcetylpyridiniumchlorid, vorgeschlagen.

Die Anwendung von Reaktionsprodukten von tertiären Aminen auf halogenierte Ester oder Amine, welche eine Kohlenstoffkette von mindestens sieben Kohlenstoffatomen enthalten, bildet den Gegenstand des *franz. P. 788.898*, 1935 der Ciba. Als Beispiel wird folgende Arbeitsweise angegeben: Man erwärmt Äthyl-α-Bromstearat mit Pyridin und destilliert den Pyridinüberschuss ab; die so erhaltene wasserlösliche zähe Flüssigkeit wendet man in 1%iger Lösung zur Nachbehandlung der direkten Färbungen an.

Zufolge *brit. P. 461.181* der I. G. Farbenindustrie wurde beobachtet, dass die substantiven Färbungen viel wasch- und seifechter werden, wenn man sie mit quaternären Ammoniumbasen, welche mit aliphatischen Resten von nicht mehr als sechs Kohlenstoffatomen substituiert sind und keine Affinität zur Zellulosefaser zeigen, nachbehandelt. Das Patent gibt noch an, dass jedes in solchen Verbindungen enthaltene Stickstoffatom an einen heterozyklischen Kern gebunden sein soll. Ein solches Derivat wird, nach diesem Patente, durch Kondensation des Paraphenylendiamins mit Chlorazetylchlorid erhalten; das so gebildete Dichloroazetophenylendiamin lässt man auf Pyridin einwirken. Es wird noch vermerkt, dass speziell die Waschechtheit von Siriusblau BR-Färbungen durch diese Nachbehandlung beträchtlich verbessert wird.

Laut *D. R. P. 704.110* (4. 4. 1935) der I. G. Farbenindustrie werden die substantiven Färbungen mit Lösungen von hochmolekularen, mindestens zweisäurigen quaternären Ammoniumbasen behandelt.

Der molekulare Aufbau dieser Derivate erfolgt derart, dass die N-Atome der NH_4-Gruppen an Kohlenstoffatomen von heterozyklischen Resten mit Ausnahme von 1,3,5-Triazinresten sitzen. Die Verbindung soll ferner kein Polyalkylenpolyaminrest, keine aliphatischen Ketten mit mehr als sieben Kohlenstoffatomen sowie weniger als acht konjugierte Doppelbindungen enthalten. Eine solche Verbindung wird z. B. durch Einwirkung von 2,6-Diaminopyridin auf symmetrisches Dichlorazeton erhalten.

In einem anderen Patent (*D. R. P. 704.169* (1. 5. 1935)) werden auch hochmolekulare, mindestens zweisäurige Ammoniumbasen erwähnt. Diese Basen müssen sich vom fünfwertigen Stickstoff ableiten. Als Beispiel wird das Einwirkungsprodukt von Hexabromhexamethylbenzol auf Trimethylamin genannt.

Endlich behandelt das *D. R. P. 704.288* (29. 9. 1933) der I. G. Farbenindustrie quaternäre Ammoniumbasen, welche durch Peralkylierung von Verbindungen der aliphatischen Reihe, welche in ihrem Molekül einerseits mindestens zwei azylaminartige Gruppen, oder eine azylaminartige und eine alkylaminartige, und andererseits den Rest eines aliphatischen Amins enthalten. Eine solche Verbindung wird erhalten durch Einwirkung von Dimethylsulfat auf die aus Polyäthylpolyamin und Oxalchlorid erhältliche Verbindung. An Stelle von Oxalchlorid wird vorteilhaft Chlorazetylchlorid verwendet.

Schweiz. P. 202.852 und *brit. P. 494.625* sowie *brit. P. 496.611* von Sandoz empfehlen zur Nachbehandlung von direkten Färbungen, wie z. B. die Färbung mit Chloraminreinblau A, solche basische Verbindungen, welche durch Kondensation von Glyzerinhalogenhydrinen mit Ammoniak oder einem Amin, z. B. Dichlorhydrin mit Mono-

oder Triäthanolamin, erhalten werden. Diese Derivate (Polyamine) werden halogeniert, z. B. mit Thionylchlorid chloriert, wodurch einige oder alle OH-Gruppen ersetzt werden. Den so erhaltenen Produkten wird folgende allgemeine Formel gegeben:

$$Cl—C_2H_4—\underset{\displaystyle R}{\overset{}{N}}—C_2H_4—\underset{\displaystyle R}{\overset{}{N}}—C_2H_4Cl$$

Diese Chlorierungsprodukte werden nun mit einer organischen Base (z. B. Pyridin) in Reaktion gebracht. Man erhält harzige, starkgefärbte, wasserlösliche Substanzen, die dank ihrer lackbildenden Eigenschaften zur Echtheitserhöhung substantiver Färbungen geeignet sind. Auf Grund dieser Forschungen hat die Firma Sandoz im Jahre 1937 die anscheinend dieser Gruppe angehörende Verbindung unter dem Namen Sandofix in den Handel gebracht.

Eine interessante Arbeit, welche sich auch mit der Verbesserung der Waschechtheit substantiver Färbungen befasst, wurde von Geigy im *brit. P. 498.090* angeführt. Es handelt sich hier um substituierte Amidine, z. B. das Dimethylphenylbenzamidin:

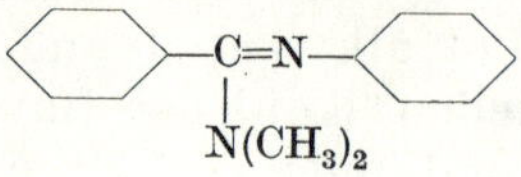

welches sich vom Benzamidin

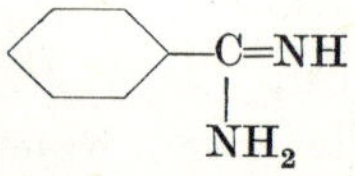

ableitet.

Durch Behandlung mit alkylierenden Mitteln, wie z. B. Dimethylsulfat, werden diese Körper wasserlöslich gemacht und eignen sich in diesem Zustande als Nachbehandlungsmittel direkter Färbungen.

Das *D.R.P. 671.782* der Ciba ist ein Zusatzpatent zum *D.R.P. 582.101* aus dem Jahre 1933. Im Hauptpatente wurde die Eigenschaft geschützt, dass substantive Färbungen (z. B. mit Chlorantinrot 8 BN) durch Nachbehandlung mit Sapaminen betreffs Echtheit verbessert werden. Die in den oben genannten Patenten vorliegende Weiterbildung besagt, dass auch ganz allgemein solche Verbindungen für denselben Zweck verwendbar sind, die ein ringförmig gebundenes Stickstoffatom und einen aliphatischen Rest von mindestens 10 Kohlenstoffatomen enthalten. Als Beispiel dienen der Cetylester des Methoxypyridiniumchlorids oder der Ölsäureester des Äthoxypyridiniumchlorids. Für denselben Zweck gibt das *franz. P. 839.908* der I.G. Farbenindustrie Kondensationsprodukte von organischen Basen, aliphatischen Aldehyden und Amin- oder Ammoniumsalzen an. Diese Kondensate können durch gemeinsames Erwärmen der Komponenten in wässeriger Lösung hergestellt werden. In einem Beispiel wird eine Färbung von Direkttiefschwarz EW extra mit einer Lösung eines Kondensationsproduktes aus Anilin, Formaldehyd und Chlorammonium nachbehandelt wobei wesentliche Verbesserung der Waschechtheit beobachtet wurde.

Nach dem *brit. P. 419.010; franz. P. 774.107* und *schweiz. P. 163.274* der Ciba, geben die hochmolekularen Benzimidazolderivate, welche durch Einwirkung von Fettsäuren auf aromatische o-Diamine (beispielsweise o-Phenylendiamin) entstehen, mit den Farbanionen schwer lösliche Salze.

Diese Eigenschaft, welche durch die Gegenwart eines drei- oder fünfwertigen Stickstoffatoms im Molekül bedingt ist, erlaubt, mittels dieser Derivate wasserechte substantive Färbungen herzustellen.

Franz. P. 784.869, 1935 und *franz. P. 774.107* der Ciba beschreiben ein von den obenerwähnten vollständig abweichendes Verfahren, und zwar wird hier die Echtheitserhöhung der substantiven Färbungen mit dem Reaktionsprodukt, welches durch 12-stündiges Erwärmen unter Druck auf 150° C von μ-Heptadezylbenzimidazol entsteht, erreicht. Dieses Produkt besitzt dispergierende Eigenschaften, ist wasserlöslich und seine Lösungen haben die Eigenschaft, die mit ihnen nachbehandelten direkten Färbungen waschecht zu machen.

Laut *schweiz. P. 198.134* und *200.994* der I. G. Farbenindustrie lassen sich heterozyklische Basen, z. B. das Aminochinaldin $C_{10}H_{10}N_2$ (Chinaldin = Methylchinolin), mit Kupfersulfat zu komplexen Verbindungen, denen die Formel: $5\,C_{10}H_{10}N_2 \cdot 2\,CuSO_4 \cdot 5\,H_2O$ zugeschrieben wird, umsetzen; beim Erhitzen scheiden sich diese Komplexe als hellgrüne Kristalle ab. Durch weiteres Erwärmen auf 80—100° C geht (nach *schweiz. P. 200.994*) die hellgrüne Farbe in eine dunkelgrüne über und die so entstandenen Komplexsalze werden zum Wasserechtmachen substantiver Färbungen verwendet.

Durch Einwirkung von Kupfersalzen auf aliphatische oder zyklische Basen erhält man nach dem *franz. P. 822.252* der I. G. Farbenindustrie komplexe Verbindungen, welche die Eigenschaft besitzen, die Wasch- und Lichtechtheit direkter Färbungen zu steigern. Als Beispiel wird die Nachbehandlung einer Baumwollfärbung mit Direkttiefschwarz EW extra mit einer Lösung eines komplexen Kupfersalzes des Tetramethyl-o-Phenylendiamins angegeben.

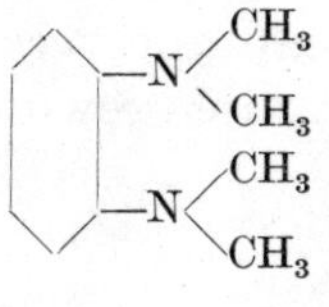

Dieses Salz wird durch Vermischen einer alkoholischen Lösung des Tetramethyl-o-Phenylendiamins mit Kupferazetat und darauffolgendes Verdünnen mit Wasser erhalten (Bull. Föd. 1938, Heft IV, S. 434—435).

Nach dem *amer. P. 2.138.457* (29. 2. 1938) der General Aniline Works, können direkte Färbungen auf zellulosehaltigen Textilwaren in ihren Echtheitseigenschaften dadurch verbessert werden, dass man sie mit der Lösung eines Pyridiniumderivates behandelt. Laut Patentangaben können solche Pyridinderivate durch Einwirkung von Pyridin auf eine Verbindung von Dichlordiazetyl-1-4-phenylendiamin und symmetrischem Dichlorazeton hergestellt werden.

II. Gruppe. Schwefel- oder phosphorhaltige Derivate.

D. R. P. 654.443, brit. P. 460.961 und *öst. P. 152.172* der I. G. Farbenindustrie-Schoeller-Schwen sowie *brit. P. 437.273* der Imp. Chem. Ind.[1]) schützen die Nachbehandlung von Färbungen mit tertiären Sulfonium-(S^{IV})- und quaternären Phosphoniumverbindungen (P^{V}), welche durch eine Kette von 10 Kohlenstoffatomen enthaltenden Alkylrest substituiert sind:

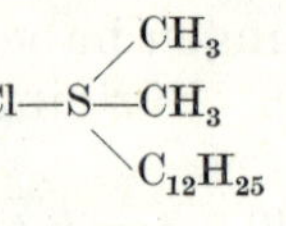

Dimethyldodezyl-sulfoniumchlorid

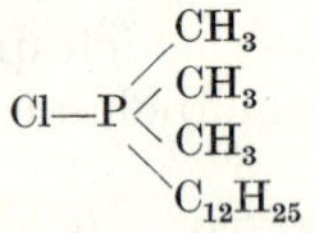

Trimethyldodezyl-phosphoniumchlorid

Das *D. R. P. 661.749* der I. G. Farbenindustrie-Münz-Keller sowie *brit. P. 466.734* und *franz. P. 811.423* der I. G. Farbenindustrie-Chwala-Waldmann (Wengrafs Ber. 1937, Bd. XI, S. 17) empfehlen die Anwendung von Disulfoniumderivaten folgender Formel:

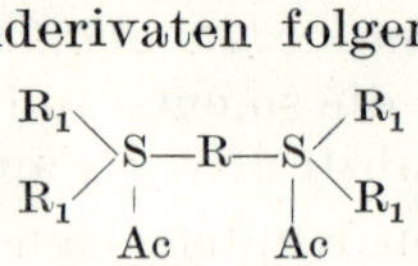

R_1 = aliphatischer Rest von mehr als 10 Kohlenstoffatomen
Ac = Anion.

Diese Körper werden durch Einwirkung von Bromwasserstoffsäure auf hohe Fettalkohole (z. B. Oleylalkohol) erhalten; es bilden sich die Dibromide der entsprechenden Kohlenwasserstoffe. Durch darauffolgende Behandlung mit Schwefelwasserstoff in alkoholischer Lösung werden sie in Dimerkaptane verwandelt, aus welchen schliesslich mittels Dimethylsulfat die gewünschten Disulfoniumderivate entstehen.

[1]) Siehe auch *brit. P. 436.592, 438.508.*

Der chemische Vorgang dieser Reaktion lässt sich folgendermassen darstellen:

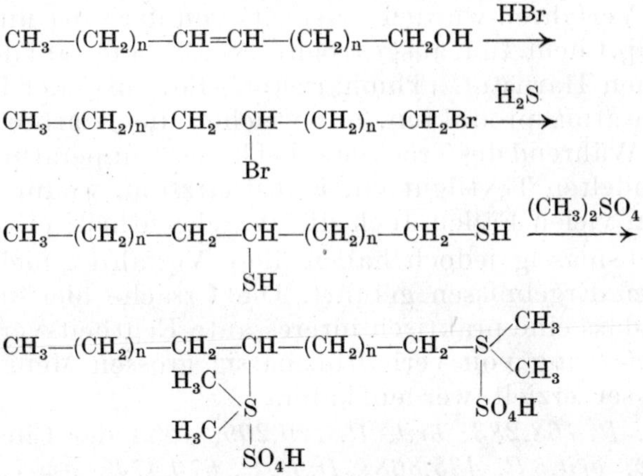

Es erscheint interessant, zu betonen, dass diese Körper nicht nur die Wasser-, Wasch- und Schweissechtheit, sondern auch die Lichtechtheit der Färbungen substantiver Farbstoffe erhöhen. Basen, die mindestens zwei Sulfoniumgruppen enthalten und wahrscheinlich aus hochmolekularen organischen Schwefelverbindungen bestehen, werden im *D.R.P. 661.749* (I. G. Münz-Keller-Trösken) für denselben Zweck beschrieben. Man stellt dieselben durch Einwirkung von α-Dichlorhydrin auf Na_2S und Alkylierung mit Dimethylsulfat her.

Von derselben Firma stammt das *D.R.P. 666.643*, welches folgendes Verfahren zur Erhöhung der Wassertropfen-, Überfärbe- und Waschechtheit von Färbungen, besonders mit Brillantbenzoechtviolett, beschreibt. Die wirksamen Körper sind bestimmte hochmolekulare Phosphoniumverbindungen, z. B. das Dibenzyl-di-Triphenylphosphoniumdichlorid, welche aus Triphenylphosphin

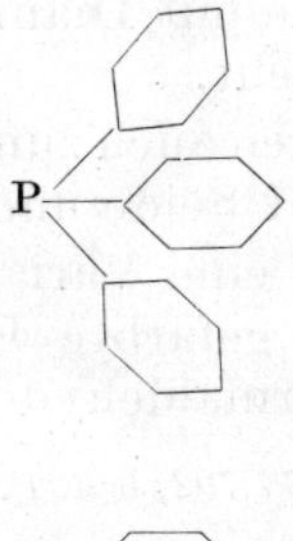

und Dibenzylchlorid

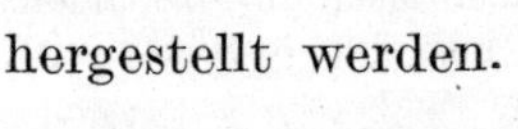

(Bull. Föd. III, S. 435) hergestellt werden.

B. Verfahren, die eine Fixierung durch Umhüllen der aufgezogenen Farbstoffpartikeln mit in Wasser unlöslichen Körpern bewirken.

Diese Verfahren wurden einerseits von der Ciba und andererseits von der Imp. Chem. Ind. ausgearbeitet. Sie beruhen auf der Anwendung von löslichen Harnstoff (Thioharnstoff)-Formol- oder Phenol-Formol Vorkondensationsprodukten, mit welchen die gefärbte Ware imprägniert wird. Während des Trocknens bei hoher Temperatur bildet sich auf dem behandelten Textilgut ein Kunstharzfilm, wodurch die Wasserechtheit, in vielen Fällen auch die Waschechtheit, erhöht wird.

Betriebsmässig jedoch haben diese Verfahren nicht zu sehr befriedigenden Ergebnissen geführt. Die Ursache hierfür liegt in dem Umstand, dass eine praktisch interessante Echtheitsverbesserung nur durch Ablagerung von verhältnismässig grossen Mengen Kunstharz auf die Faser erzielt werden kann.

Franz. P. 768.283; brit. P. 429.209, 1933 der Ciba sowie *franz. P. 784.692; brit. P. 435.868; D.R.P. 670.471; amer. P. 2.033.836* der Cal. Print. Assoc. Lantz-Morrison und das *öst. P. 148.132* (Bull. Föd. III, S. 111[1]) beschreiben mehrere Verfahren, welche auf einem von den obigen Patenten vollständig verschiedenem Prinzip beruhen. Nach diesem Verfahren wird die Wasch- und Seifechtheit der Färbungen und Drucke mit substantiven Farbstoffen durch Behandlung mit Produkten, welche auf der Faser Kunststoffe bilden, erreicht. Die Bildung dieser Kondensate wird durch Erhitzen bewirkt. Es wird folgende Arbeitsweise anempfohlen:

50 Teile Phenol, 2 Teile Kaliumkarbonat oder Kaliumsulfit, 50 Teile 40%iges Formaldehyd werden zusammen erwärmt und nach dem Erkalten mit Wasser verdünnt; oder man erwärmt 25 Teile Harnstoff, 10 Teile Ammoniumazetat, 115 Teile Wasser, 100 Teile 40%iges Formaldehyd; man kann auch Dicyandiamid + Formaldehyd + Essigsäure anwenden. Der gefärbte Stoff wird mit einer dieser Lösungen (pH = 4,5) imprägniert, getrocknet und während 30—60 Sekunden auf 160—210° C erwärmt. Nach dieser Methode behandelte direkte Färbungen, z. B. solche mit Diaminrosa FFB oder Chlorazolechtscharlach 4BS, sind seifecht.

Übrigens ist dieses Verfahren auch zum Fixieren saurer Farbstoffe, wie z. B. Lissamingelb 2G, auf Seide und Zellulosefaser geeignet.

Brit. P. 435.868 erwähnt eine Variante dieser Methode, welche darin besteht, dass man die gefärbte Faser zuerst mit Harnstoff imprägniert und hierauf in Formaldehyd-haltigem Dampf behandelt.

---

[1]) Siehe auch *franz. P. 769.307, 777.792; brit. P. 431.524, 431.703, 433.143, 433.210, 437.642* und *amer. P. 2.093.651.*

Dr. A. Landolt, Die Verbesserung der Eigenschaften von Fasern und Färbungen unter Verwendung von hydrophoben Melamin-Formaldehyd-Verbindungen, Text. Rundschau, 1948, Heft 4, S. 108 u. ff. und Heft 5, S. 152 u. ff.

Zufolge *franz. P. 768.283* verwendet man lösliche primäre Kondensationsderivate, z. B. Dimethylolharnstoff, welche man durch Erwärmen (2 Minuten bei 165° C) in das unlösliche Kunstharz verwandelt.

Laut dem *öst. P. 148.132* bzw. *amer. P. 2.033.836* derselben Firma, bezieht sich die schon aus den früheren *brit. P. 435.868* und *franz. P. 784.692* bekannte Erfindung ausdrücklich auf die Gruppe der Formaldehyd-Amid-Derivate. Es muss hervorgehoben werden, dass nicht bloss substantive, sondern auch basische Färbungen (Rhodamin B) seifechter und auch lichtechter werden.

Man arbeitet mit stark sauren Lösungen (pH = 4,5) und kondensiert nach dem Imprägnieren bei 180—210° C.

Nach obengenanntem *D. R. P. 670.471* der Cal. Print. Assoc. ist es von Vorteil, die Ware mit wesentlich stärker sauren Kondensatlösungen (von einem pH unter 4, am besten zwischen 3 und 3,5) zu behandeln und nur ganz kurze Zeit, etwa 30 Sekunden, auf 180—200° zu erhitzen. Mischungen, die hier in Betracht kommen, bestehen u. a. aus Harnstoff, Ammoniumazetat und Formaldehyd oder Dicyandiamid, Formaldehyd und Essigsäure.

Folgendes Beispiel illustriert dieses Verfahren:

Man löst 20 Teile Harnstoff und 10 Teile Ammoniumazetat in 115 Teilen Wasser. Dieser Lösung setzt man 100 Volumteile Formaldehyd (anstatt 57,3 Volumteile theoretisch notwendig) zu. Die Reaktion dauert eine halbe Stunde. Man erhält eine Lösung von pH 3,5, die neben Dimethylolharnstoff und freier Essigsäure noch Hexamethylentetramin enthält.

Ein mit Echtscharlach 4BS gefärbtes, kupferseidenes Gewebe wird mit der Lösung imprägniert, getrocknet und während 30 Sekunden bei 200° erhitzt. Nach dieser Behandlung widersteht die Färbung dem kochenden Seifen.

Nach dem *franz. P. 857.429* (12. 9. 1940) der Ciba ist es möglich, die Behandlung der Ware in verdünnteren Lösungen als gewöhnlich vorzunehmen, wenn dem Imprägnierungsbad, welches das Kondensationsprodukt und Säure enthält, Natriumsulfat oder Natriumchlorid zugesetzt wird. Am vorteilhaftesten arbeitet man bei Temperaturen zwischen 30—70° C.

Im Patent wird folgendes Beispiel angeführt:

Das mit 3% Chlorantinlichtrot 6BLL gefärbte baumwollene Gewebe wird bei 60° C in einem Bad behandelt, welches auf 100 Teile

9 Teile eines wasserabstossenden Kondensationsproduktes, welches durch Einwirkung von 6 Mol Formaldehyd auf 1 Mol Melamin erhalten wird und im Verhältnis 1 : 1 in Wasser löslich ist.
7 Teile Ameisensäure 85% und
30 Teile Natriumchlorid

enthält. Dann wird gespült und in der Heizkammer getrocknet. Durch diese Behandlung erzielt man eine höhere Wasserechtheit der substantiven Färbung.

Im *franz. P. 846.681* (28. 11. 1938) hat Ciba die Eigenschaft geschützt, dass solche Färbungen oder Drucke von wasserlöslichen Farbstoffen, die mit hochmolekularen basischen Verbindungen behandelt wurden, durch Nachkupfern in ihren Echtheitseigenschaften verbessert werden. Als hochmolekulare basische Verbindungen kommen insbesondere solche mit langen aliphatischen Ketten in Betracht.

Das *franz. P. 862.209* (11. Dezember 1939, ausgegeben am 30. November 1940) derselben Firma knüpft sich an obiges Patent an. Als hochmolekulare organische Körper werden hier Kondensationsprodukte von Formaldehyd mit organischen Verbindungen, welche mindestens eine

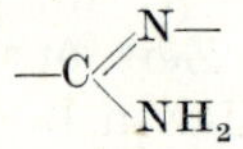

Gruppe enthalten, erwähnt. Solche Verbindungen sind beispielsweise: Aminotriazine, Guanidin, Dicyandiamid, Aminoguanidin, Dicyandiamidin, Biguanid usw. Nach diesem Verfahren erzielt man hervorragend licht- und waschechte Drucke und Färbungen.

Im Patent wird unter anderen Beispielen dieses angeführt:

Man färbt auf dem Jigger ein Gewebe aus Baumwolle oder Flachs mit 3% Direkthimmelblau grünlich[1]), spült und schleudert aus. Dann klotzt man die noch feuchte Ware bei Zimmertemperatur mit einer Lösung von folgender Zusammensetzung:

30 g eines im Wasser im Verhältnis 1 : 1 löslichen wasserabstossenden Kondensationsproduktes, welches durch Einwirkung von 6 Mol Formaldehyd auf 1 Mol Melamin erhalten wird.

10 cm^3 Ameisensäure 85%ig.

1—5 g Kupferchlorid oder die equivalente Menge eines anderen Kupfersalzes, beispielsweise ameisensaures oder essigsaures Kupfer.

pro 1 Liter.

Anschliessend wird getrocknet und zum Härten auf erhitzten Trockentrommeln bei 130° während einer halben Stunde durchgenommen.

Die so behandelten Färbungen zeichnen sich durch hervorragende Licht-, Wasch-, Wasser- und Schweissechtheit aus. Die Lichtechtheit wird durch Waschen mit Seife und Soda in keiner Weise nachträglich beeinflusst.

Den nämlichen Zweck verfolgt das *amer. P. 2.322.333* (niedergelegt am 27. Juni 1939, ausgegeben am 22. Juni 1943). Nach diesem Patent wird die Echtheit der Drucke oder der Färbungen dadurch

[1]) Schultz, Farbstofftabellen, 7. Auflage, Nr. 510.

verbessert, dass man die Ware nachträglich in einem Bad, welches weniger als 5% eines hydrophoben Aldehydkondensationsproduktes enthält, behandelt. Unter hydrophoben Kondensationsprodukten versteht man solche Substanzen, welche ihre unbegrenzte Wasserlöslichkeit durch nachträgliche Kondensation der „hydrophilen“ Phase verloren haben, die aber noch nicht festgeworden sind.

Man verwendet vorteilhaft die Kondensationsprodukte der Aminotriazine (Melamin) mit Formaldehyd, aber man kann auch die Kondensationsprodukte von Formaldehyd mit anderen Substanzen, wie Harnstoff, Thioharnstoff, Guanidin, Dicyandiamid usw. verwenden.

Diese verschiedenen Patente der Ciba sind die Ursprungspatente des von derselben Firma unter dem Namen Lyofix SB konz. in den Handel gebrachten Produktes.

Durch einfache Behandlung der gründlich gepülten Ware mit Lyofix SB konz., werden die Nassechtheiten sehr vieler substantiver Farbstoffe erheblich gesteigert. Die Verbesserung ist so erheblich, dass durch diese Nachbehandlungen den substantiven Farbstoffen stark erweiterte Anwendungsmöglichkeiten eröffnet werden, was bei der einfachen Färbeart dieser Klasse sehr willkommen ist.

Die Verbesserung betrifft vor allem die

Wasserechtheit	Schlichtechtheit
Seewasserechtheit	Walkechtheit
Schweissechtheit	Appreturechtheit
Nassbügelechtheit	

und bei Lyofix SB konz. auch die Waschechtheit.

Die Wahl unter Lyofix SB konz. und Sapamin KW wird vom Ausrüster nach den folgenden Gesichtspunkten getroffen[1]).

Steht die alleinige Verbesserung der Nassechtheiten von substantiven Färbungen und Drucken im Vordergrund, so ist Lyofix SB konz. vorzuziehen, welches bereits bei Raumtemperatur seine volle Wirkung entfaltet. Ein zusätzlicher Dampfverbrauch für diese Nachbehandlung mit Lyofix SB konz. ist nicht erforderlich.

Gegenüber den bekannten Nachbehandlungsverfahren mit Formaldehyd oder Metallsalzen besitzt das Lyofix SB konz. ausserdem den Vorzug der fast unbeschränkten Farbstoffwahl. Die Behandlung kann praktisch auf jeder Apparatur durchgeführt werden.

Farbton und Lichtechtheit der Färbungen werden nur in vereinzelten Fällen und nur in unbedeutendem Masse beeinflusst. Eine interessante Eigenschaft des Lyofix SB konz. ist die Verbesserung der Waschechtheit von Diazofärbungen.

---

[1]) Siehe Hilfsprodukte der Ciba, 1947.

Lyofix SB konz. eignet sich ferner sehr gut für die Nachbehandlung einbadig gefärbter Mischgewebe aus Wolle mit Baumwolle, Zellwolle und Kunstseide. Durch die erzielten höheren Nassechtheiten erhält man im ganzen recht brauchbare Gesamtechtheiten dieser beliebten Färbungen.

Die Weissätzbarkeit substantiver Färbungen wird durch die Lyofix SB konz.-Behandlung nicht beeinflusst, so dass sich diese Nachbehandlung ganz besonders für substantiv gefärbte Ätzfonds eignet, um ein späteres Ausbluten des Fonds zu verhindern.

Die erforderliche Menge Lyofix SB konz. ist abhängig vom Farbstoff sowie von der Farbtiefe. Helle Färbungen benötigen kleinere Mengen. Da Lyofix SB konz. kationaktive Eigenschaften besitzt, kann es nicht im Färbebad, sondern nur in einer Nachbehandlung appliziert werden. Sie erfolgt bei Raumtemperatur (20—30° C) und kann am Haspel, Jigger, Foulard oder anderen Färbeapparaten vorgenommen werden.

In langer Flotte behandelt man die gefärbte und gespülte Ware (z. B. im letzten Spülbad) während 20—30 Minuten mit

1—2 % Lyofix SB konz.

vom Warengewicht.

Nach der Behandlung wird ohne zu spülen getrocknet. Für dunkle Töne ist es angezeigt, nicht weniger als 2 % Lyofix SB konz. zu verwenden, da andernfalls die Färbungen im Nachbehandlungsbad ausbluten und reibunechte Färbungen entstehen können.

In kurzer Flotte, z. B. am Foulard, arbeitet man mit

10—20 g Lyofix SB konz.

pro Liter. Da überschüssiges Lyofix SB konz. die Lichtechtheit der Färbungen beeinträchtigen kann, sollen zu starke Flottenkonzentrationen vermieden werden. (Im Laufe einer eventuell späteren Nassbehandlung wird überschüssiges Lyofix SB konz. entfernt, so dass in solchen Fällen keine Gefahr besteht.)

Für den Ausrüster ist es wertvoll, zu wissen, dass die Lyofix SB konz.-Behandlung mit der zur Verhinderung von Rakelstreifen üblichen Vorpräparation mit Albatex BD in einem Bad vorgenommen werden kann.

Ein ähnliches Verfahren wird von Gorschkow und Filipov im *russ. P. 59.401* beschrieben. Um die Echtheitseigenschaften von substantiven Färbungen zu verbessern, wird die gefärbte Ware mit einer Lösung, welche man durch Erwärmen von Formaldehyd mit Dicyandiamid in Gegenwart eines sauren oder leicht alkalischen Katalysators erhält, imprägniert. Hierauf wird das primäre Kondensationsprodukt auf der Ware durch Erwärmen auf 90—100° gehärtet.

Laut *brit. P. 503.168* der Imp. Chem. Ind. wurde gefunden, dass man die Wasserechtheit substantiver Färbungen durch Nachbehandlung mit Formaldehyd in Mischung mit gewissen Amino- oder Ammoniumverbindungen verbessern kann. Die Anzahl der letzteren ist ziemlich gross; als Beispiel möge das Ureidoäthylpyridiniumchlorid

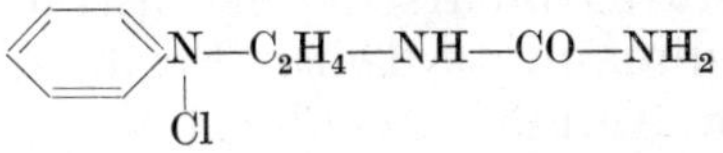

oder das Trimethylureidophenylammoniummethylsulfat angegeben werden. Das Verfahren besteht in einer Färbung (z. B. mit Chlorazollichtrot K) und einer Nachbehandlung der gefärbten Ware bei verhältnismässig niedriger Temperatur in einer Lösung, welche die quaternäre Base und Formaldehyd enthält, darauffolgender vorsichtiger Trocknung bei höchstens 70° C und nachträgliches Erhitzen auf höhere Temperatur. Man muss hier wohl eine Kondensation auf der Faser annehmen, welche der Färbung eine erhöhte Wasch- und Seifechtheit verleiht.

Laut *franz. P. 839.908* der I. G. Farbenindustrie kann die Wasserechtheit der substantiven Färbungen verbessert werden, wenn man die gefärbte Ware mit der Lösung eines Kondensationsproduktes behandelt, welches durch Einwirkung eines aliphatischen Aldehyds auf ein Gemisch von organischen Basen und eines Amin- oder Ammoniumsalzes entsteht. Diese Kondensate können durch gemeinsames Erwärmen der Komponenten in wässeriger Lösung hergestellt werden. Sie haben überdies — wie viele kunstharzartige Verbindungen — die Eigenschaft, saure Farbstoffe aus ihren wässerigen Lösungen niederzuschlagen. In einem Beispiel wird eine Färbung von Direkttiefschwarz EW extra mit einer Lösung eines Kondensationsprodukts aus Anilin, Formaldehyd und Ammoniumchlorid, in einem anderen Beispiel die gleiche Färbung mit dem Kondensat aus Aminopyridin, Polyäthylenpolyaminchlorhydrat und Formaldehyd nachbehandelt, wobei wesentliche Steigerung der Waschechtheit beobachtet wurden.

Folgendes Beispiel illustriert dieses Verfahren:

Die mit 6% Direktdunkelschwarz EW gefärbte Ware wird während ½ Stunde in der Lösung des Kondensationsproduktes, welches durch Reaktion von Formaldehyd auf Anilin in Gegenwart von Ammoniumchlorid erhalten wird, behandelt.

Herstellung des Kondensationsproduktes:

15 T. Formaldehyd 40% werden zu
5 T. Ammoniumchlorid und
5 T. Anilin zugesetzt.

Diese Mischung wird während einigen Stunden energisch umgerührt.

Die gefärbte und behandelte Ware wird dann gewaschen und getrocknet. Die Wasser- und Waschechtheit wird hiermit bedeutend erhöht.

In demselben Patent wird auch das Kondensationsprodukt von Dicyandiamid mit Formaldehyd und Ammoniumchlorid empfohlen. Dieses Produkt wird durch mehrstündiges Erhitzen eines Gemisches von 30 Teilen Dicyandiamid, 40 Teilen Formaldehyd 40%, 6 Teilen Wasser und 30 Teilen Ammoniumchlorid hergestellt.

Verbesserung der Wasserechtheit gewisser Färbungen auf Baumwolle und Viskosekunstseide kann auch erzielt werden, wenn man laut *amer. P. 2.163.204* der Cal. Print. Assoc., Lantz-Miller, die gefärbte Ware mit einer Formaldehydlösung, welcher ein zyklisches Sulfoderivat vom pH 0,9—2,0 zugesetzt ist, imprägniert, unterhalb 100° C trocknet, wäscht und trocknet.

Wie schon erwähnt, bewirkt die Nachbehandlung der Färbungen mit quaternären Ammoniumderivaten (der Gruppen Ia, Ib oder II) zwar eine Erhöhung ihrer Waschechtheit, dagegen in vielen Fällen eine Verminderung der Lichtechtheit. Nach *brit. P. 457.942* und *amer. P. 2.114.564* von Böhme-Fettchemie wird dieser Übelstand beseitigt, wenn man die Faser nach ihrer Behandlung mit Basen in einer Lösung einer Harzsäure oder eines harzsauren Salzes, z B. Natriumabietat, welches keine Netzwirkung hat, nachbehandelt. Diese Harzsäure muss die Fähigkeit besitzen, mit der kationaktiven Substanz reagieren zu können und keine gefärbten Eisensalze zu bilden.

In dem *franz. P. 793.182* und dem *brit. P. 433.022* von Böhme-Fettchemie (Bull. Föd. III, S. 111), welche sich an obiges Patent anlehnen, wird dargelegt, dass die Nuancenänderung sowie die Verminderung der Lichtechtheit, welche durch die kationaktiven Substanzen bewirkt werden, durch eine Nachbehandlung in einem zweiten Bade, mit Persulfaten oder Perboraten, die mit den kationaktiven Produkten unlösliche Verbindungen geben, vermieden wird.

Laut *franz. P. 883.253* (niedergelegt am 11. September 1941, bekanntgegeben am 29. Juni 1943), der Imp. Chem. Ind. wird die Wasser- und Waschechtheit von substantivgefärbter Zelluloseware erhöht, wenn man dieselbe in einer sauren Flotte behandelt, welche mit einem Kondensationsprodukt von Hexamethylentetramin mit einem Halogenalkyl beschickt ist.

Im allgemeinen werden bessere Resultate erzielt, wenn man zuerst bei mässiger Temperatur (beispielsweise bei 40° C) zwischentrocknet und hierauf bei hoher Temperatur (150° C) während einigen Minuten erhitzt.

Im Patent wird folgendes Ausführungsbeispiel angeführt: Man löst in 1000 Teilen Wasser 10 Teile des Kondensationsproduktes von Hexamethylentetramin mit Äthylchlorid. In dieser Lösung wird das mit 1,5% Heliofix Chlorazol 2 RKS gefärbte Baumwollgewebe bei ca. 10° C gepflatscht und die Ware alsdann in Heissluft getrocknet. Die so behandelte Färbung ist durch eine bessere Wasserechtheit gekennzeichnet.

Laut *franz. P. 906.700* (niedergelegt am 8. August 1944, bekanntgegeben am 16. Januar 1946) der I. G. Farbenindustrie kann eine Verbesserung der Lichtechtheit von Direktfärbungen auf Zellulosefasern erhalten werden, wenn man nachträglich die gefärbte Ware in einer Lösung von löslichen Salzen der Orthophosphorsäure behandelt.

Patentgemäss färbt man beispielsweise wie üblich eine Zellwollware mit 2% Diamingrün B und behandelt hierauf die gefärbte Ware in einer wässerigen Lösung von 30 g Kaliumpyrophosphat pro Liter Flotte. Die Lichtechtheit der Färbung wird wesentlich verbessert.

Einen wichtigen Fortschritt konnte erzielt werden durch die Erfindung des unter dem Namen Fibrofix bekannten Produktes. Fibrofix ist ein Cyanamid-Formaldehydkondensationsprodukt (*brit. P. 515.847* und *506.793* Courtaulds; Wilcock und Tattersfield, Journ. Soc. D. and Col. 1943, 59, S. 119).

Dieses Produkt kann für baumwollene und speziell für viskosekunstseidene Fasern hinsichtlich einer wesentlichen Verbesserung der Waschechtheit angewendet werden.

Patentgemäss behandelt man die gefärbte Ware während 20 Minuten bei 40° C in einem Bade, welches mit 3% Fibrofix in 1—3% Essigsäure 88%ig gelöst, beschickt ist.

Drucke und Färbungen mit direkten Farbstoffen können laut *brit. P. 551.693* auf Baumwolle oder regenerierter Baumwolle durch Verwendung eines Keton-Formaldehydharzes verbessert werden.

Die Wasch-, Schweiss- und Wasserechtheit kann ebenfalls laut *brit. P. 550.663* mit Harnstoff-Formaldehydharzen verbessert werden.

Name	Erzeugerfirma	Zusammensetzung
		Ent-
β-Naphtol Développeur NB β-Naphtol MB Amanil Developer	I. G., du Pont, C.C.C. Kuhlmann Saint-Denis Amer. Anil. Prod.	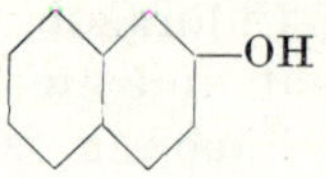 Smp. 122° C
Entwickler A Développeur	I. G. Kuhlmann	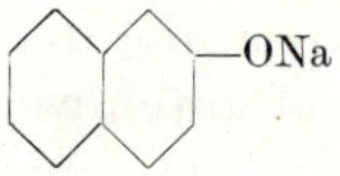 β-Natriumnaphtolat Weisses, leicht lösliches, unbeständiges Pulver.
Développeur NAN Développeur MP Rubin-Entwickler Développeur marron	Kuhlmann Saint-Denis	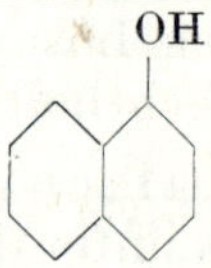 Smp. 94° C α-Naphtol Monokline, sehr wenig lösliche Nadeln.
Entwickler F Entwickler F konz. Développeur NO Développeur NO conc. Développeur MC alte Bezeichnungen: Färbesalz VI Orangeentwickler	I. G. I. G. Kuhlmann Kuhlmann Saint-Denis	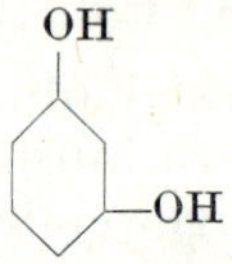 Smp. 118° C Resorzin Wasserlöslich.
Entwickler J Développeur MA Développeur NJ alte Bezeichnungen: Gelbentwickler Färbesalz VII	I. G. Saint-Denis Kuhlmann	 Phenol
Phenolsalz	I. G.	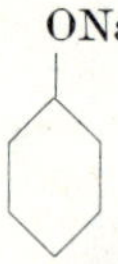 Natriumphenolat Farblose, wasserlösliche Kristalle.

Literatur	Verwendungsgebiete
wickler.	
Gebrauchslösung: 1 Tl. β-Naphtol + 1 Tl. NaOH 38^0 Bé in Wasser lösen.	Entwickler für marineblaue, rote, granatbraune, blaue Diazofarbstoffe. Wird ebenfalls zum Entwickeln der Färbungen mit Basen (Cellitazol-, Azonin-, Azonil-Basen, sowie die Acétonines von Kuhlmann) verwendet.
Wegen seiner Unbeständigkeit wird dieses Produkt nicht in den Handel gebracht.	Entwickler für Diazofarbstoffe. Die substantiven Färbungen werden mit 1,5—2,5% $NaNO_2$ und 5—7,5% HCl 19^0 Bé diazotiert und mit 0,8—1,5% Entwickler A gekuppelt.
Lösen von 1 Tl. α-Naphtol + 1 Tl. NaOH 38^0 Bé in Wasser.	Wird allein nicht verwendet, erzeugt stumpfe, wenig echte Färbungen. Wird in Mischung mit β-Naphtol zur Erzeugung von braunen Tönen verwendet.
Gebrauchslösung: 1 Tl. Resorzin 1 Tl. Soda calc. in Wasser lösen.	Entwickler für Orangefärbungen mit Primulin. Entwickler für Diazoorange und Diazogrünfarbstoffe. Wird ebenfalls als Entwickler von auf Azetatseide aufgefärbten Basen benutzt. In Mischung mit Entwickler F für Schwarztöne, zur Nachahmung von Anilinschwarz. Wird auch zur Erzeugung des Nitrosoblau benutzt.
Herstellung der Gebrauchslösung: 1 Tl. Phenol + 2 Tl. NaOH 38^0 Bé.	Entwickler für Primulingelb. Wird zur Entwicklung von mit Cellitazolbasen gefärbter Azetatseide verwendet. Diazotierungs- und Kupplungsmengen: 1,5—2,5% $NaNO_2$ + 5—7% HCl 19^0 Bé; entwickelt mit 0,3—0,5%. Entwickler J + 0,6—1,2% NaOH 38^0 Bé.
	Entwickler für Diazogelb- und Diazobraunfarbstoffe. Wird zur Entwicklung von mit Cellitazolbasen gefärbter Azetatseide verwendet. Gleiche Diazotierungs- und Kupplungsmengen wie für Phenol.

Name	Erzeugerfirma	Zusammensetzung
Développeur NP Paraphenylendiamine cristallisée Pontamine Developer MPD	Kuhlmann Saint-Denis Du Pont	Paraphenylendiamin 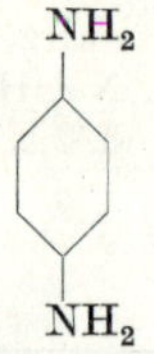
Fourranol ND	Saint-Denis	Azetyl-p-Phenylendiamin.
Entwickler E in Lösung Färbesalz V Developer PD	 N. A. C.	Metaphenylendiamin 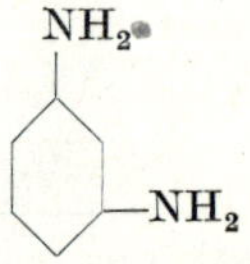
Entwickler CS Oxaminentwickler M Développeur NM Diamine poudre CS	I. G. (Cassella) B. A. S. F Kuhlmann St-Clair du Rhône	Metaphenylendiamindichlorhydrat
Entwickler H Entwickler H konz. Développeur NMC Développeur MD Développeur MDH Fourranol NJ Diamin B (alte Bezeichnung) Entwickler C Amanil Developer B Oxaminentwickler I Entwickler H Pontamine Developer TN	I. G. I. G. Kuhlmann Saint-Denis Saint-Denis Saint-Denis Cassella Cassella Amer. Anil. Prod. B. A. S. F. Bayer Du Pont	Metatoluylendiamin 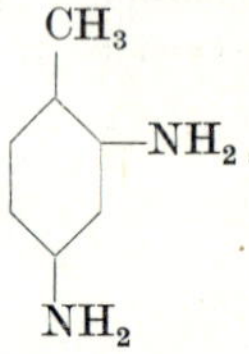
Entwickler BS Développeur NEB Développeur ML alte Bezeichnungen: Entwickler B für Bordeaux Oxaminentwickler B Chlorhydrat Naphtylamin-Äther in Teig	I. G. Kuhlmann Saint-Denis By.; A. G. F. A. B. A. S. F. Cassella	Monoäthyl-β-Naphtylaminchlorhydrat 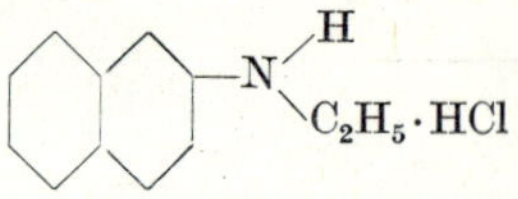

Literatur	Verwendungsgebiete
	Entwickler für braune und schwarze Diazofarbstoffe.
Kommt im Handel in Stücken von 65% Gehalt, oder als 93%iges Pulver vor. 1–2% Entwickler und 0,1–0,2% Na_2CO_3 in warmem Wasser gelöst.	Entwickler für braune und schwarze Diazofarbstoffe.
Lösungsverhältnis: 1 Tl. Entwickler, ⅓ Tl. Na_2CO_3 in warmem Wasser lösen.	Entwickler für Braun- und Schwarznuancen. Anwendungsvorschrift: 1,5—2,5% $NaNO_2$ + 5—7,5% HCl 20° Bé vom Gewicht der Ware. 0,75—1,5% Entwickler.
Das Chlorhydrat ist leicht in Wasser löslich. Die Base muss mit HCl gelöst werden: 1 Tl. Base + ¾ Tl. HCl 20° Bé.	Entwickler für blaue und bordeaux Töne und für Primulin. Die Kupplung wird auf saurem Bade vorgenommen: 0,5—1% Entwickler + 0,1—0,2% HCl 20° Bé.

Name	Erzeugerfirma	Zusammensetzung
Développeur NEA alte Bezeichnungen: Oxaminentwickler R Naphtylamináther R Pulver	Kuhlmann B. A. S. F. Cassella	Monoäthyl-α-Naphtylaminchlorhydrat 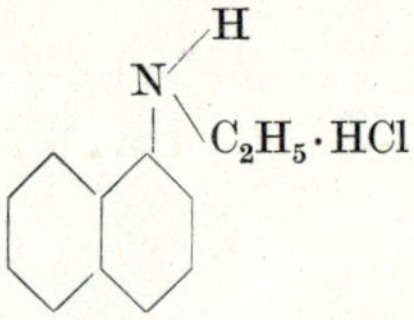
Entwickler N Développeur NAJ alte Bezeichnungen: Entwickler für Blau AN Entwickler G	I. G. Kuhlmann Cassella Bayer	γ-Säure 2-Amino-8-Naphtol-6-Natriumsulfonat
Entwickler Z Entwickler f. Gelb C Développeur NZ Développeur MZ Développeur pour jaune C Amanil Developer Z Developer Z Pontamine Developer Z	I. G. Geigy Sandoz u. Ciba Kuhlmann Saint-Denis St-Clair du Rhône Amer. Anil. Prod. N. A. C. Dow Chem. Co. C.C.C.C. Du Pont	Methylphenylpyrazolon 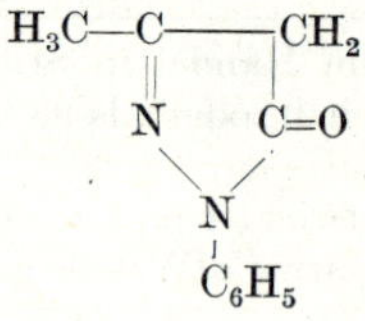
Développeur NAD Développeur NAD Base pour noir solide ND Gris Fourramine A Entwickler AD (alte Bezeichnung) Diamin-Pulver Entwickler für Echtblau AD	Kuhlmann Saint-Denis " " " " Bayer, Cassella Cassella Cassella	p-Aminodiphenylaminchlorhydrat 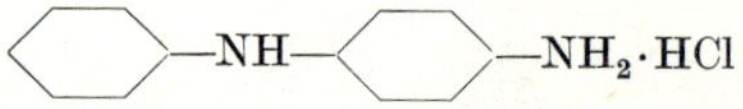
Entwickler D Développeur ND Développeur SD Nerogen D (alte Bez.) Diamin BB	I. G. Kuhlmann Saint-Denis A. G. F. A. Cassella	Chlor-m-Phenylendiamin
Entwickler ES (alte Bezeichnung)	Bayer	2—3-Dioxynaphtalin-6-Sulfosäure

Literatur	Verwendungsgebiete
Das Chlorhydrat ist wasserlöslich.	Entwickler für Blau- und Schwarztöne. Die Entwicklung findet in saurem Bade statt.
Wasserlöslich.	Entwickler für Blautöne.
Auflösung: 1 Tl. Entwickler, ½ Tl. Na_2CO_3 in heissem Wasser.	Entwickler für Gelb- und Grüntöne. (Diazolichtgelb G und Diazolichtgrün GFL der I. G.; Jaune Diazamine von Kuhlmann.) Diazotierung und Kupplung: 1,5—2,5% $NaNO_2$ + 2—7,5% HCl 19° Bé. 1,5% Entwickler NZ + 0,1—0,2% Na_2CO_3.
Das Chlorhydrat ist wasserlöslich. Die Base wird in Salzsäure gelöst. 1 Tl. Base, ½ Tl. HCl 20° Bé.	Entwickler für Blautöne.
	Entwickler für Schwarztöne. Das Nerogen D war besonders zum Diazotieren von Sambesischwarz bestimmt. Diazotierung: 1,5—3% $NaNO_2$ + 4—7,5% HCl 20° Bé. Kupplung: 0,5—1% Entwickler + 0,5—1% HCl 20° Bé.
D. R. P. 99.468.	Entwickler für substantive Färbungen und für Azoschwarz an Stelle von Benzidin.

Name	Erzeugerfirma	Zusammensetzung
Entwickler ON Développeur NON Développeur NONA Développeur NONV Développeur ME Entwickler OFSN Amanil Developer	I. G. Farbenindustrie Kuhlmann Kuhlmann Kuhlmann Saint-Denis Geigy Amer. Anil. Prod.	2-Oxy-3-Naphtoësäure 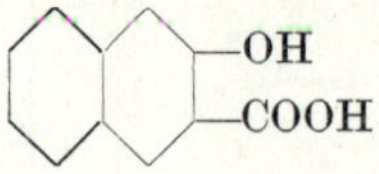 Smp. 216° C
Dianilentwickler 3 G	M. L. B.	

Produkte, welche die Echtheitseigen-

Solidogen A	M. L. B.	Konzentrierte wässerige Lösung der Arylaminchlorhydrate, welche durch Einwirkung von Formaldehyd auf o- und p-Toluidin entstehen 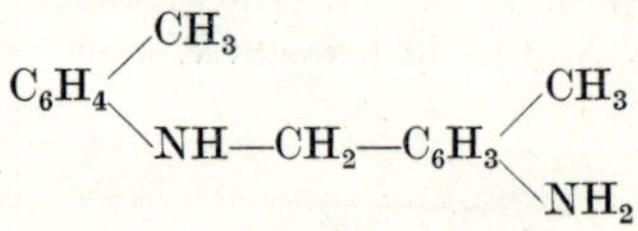 Solidogen ist das Chlorhydrat der Base.
Solidogen B	I. G. Farbenindustrie (1934)	Konz. wässerige Lösung des Chlorhydrats einer durch Umsetzung von Chlorparaffin mit einem Polyäthylendiamin hergestellten Basemit dreiwertigem Stickstoff. Nach anderen Angaben wäre es ein Kondensationsprodukt von Polyäthylendiamin und Cyanurtrichlorid mit nachfolgender Methylierung (*franz. P. 769.709*).
Solidogen BSE	I. G. Farbenindustrie (1937)	Ähnliche Verbindung, enthält einen fünfwertigen Stickstoff, entspricht dem Dimethylsulfat des Solidogen B. Ist eine quaternäre Ammoniumverbindung, die sich von alkylierten Polyäthydendiaminen ableitet (*franz. P. 852.031* und *785.043*).
Solidogen BS	I. G. Farbenindustrie	*Franz. P. 803.821.*
Fixanol	I.C.I.	Oktodezylpyridiniumbromid oder -sulfat. 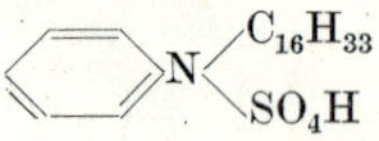
Irgamine PNE supra Irgamine L	Geigy Geigy	Reaktionsprodukt von Polyaminen auf Fettsäuren

Literatur	Verwendungsgebiete
	Besonders zur Erzeugung von Schwarz auf Azetatzellulosefärbungen mit entsprechenden Farbstoffen verwendet.
Auflösung: 1 Tl. Entwickler + ½ Tl. Na_2CO_3.	Entwickler für Gelbtöne.
schaften der substantiven Färbungen erhöhen.	
Franz. P. 301.421. Siehe auch *franz. P. 713.283* (Sisley).	Fixieren der $-CH_2-C_6H_3\begin{smallmatrix} CH_3 \\ NH_2 \end{smallmatrix}$-Gruppe auf die NH_2-Gruppe des Farbstoffes. Echtheitserhöhung der Substantivfärbungen. Die gefärbte Ware wird in einer Lösung von 10—15 g Solidogen pro Liter während ½ Stunde behandelt.
Brit. P. 435.388, 460.961; franz. P. 734.202, 785.043, 769.709 (B), *852.031* (BSE); *brit. P. 383.634, 435.388; amer. P. 2.061.860.* Chwala, Mell. 1936, Bd. 17, S. 583. Schwen, Text. Manuf. 1936, Bd. 62, S. 153. Hasse, Mell. 1937, Bd. 18, S. 518. und Mell. 1937, Bd. 18, S. 672. Gutensohn, Z. f. ges. Text. Ind. 1937, Bd. 40, S. 54, B. I. O. S. Target Nr. 22 1 (g). In Wasser lösliche Flüssigkeit. Je nach der Wasserhärte wird die Zugabe von Essigsäure empfohlen. Die Nachbehandlungen mit Solidogen B soll nicht in Gegenwart von Alkali stattfinden.	Bedeutende Verbesserung der Wasserechtheit direkter Färbungen. Ändert in vielen Fällen den Farbton. Nachbehandlung der Färbungen in einer 1%igen Lösung vom Warengewicht während ½ Stunde mit darauffolgendem Spülen. Die Echtheitserhöhung widersteht dem Seifen nicht. BSE: Verbessert auch die Schweissechtheit.
Franz. P. 738.028, 748.510.	Gute Verbesserung der Wasser-, aber nicht der Seifenechtheit. Verminderung der Lichtechtheit der so nachbehandelten Färbungen und Tonveränderung von Färbungen mit gewissen Farbstoffen.
Vgl. *franz. P. 825.015* (Sandoz).	Verbesserung der Wasserechtheit der Färbungen mit substantiven Farbstoffen.

Name	Erzeugerfirma	Zusammensetzung
Sapamin CH	Ciba	Chlorhydrat des asym. Diäthylaminoäthylenoleylamids. Entsteht durch Einwirkung von Äthylendiamin auf die Fettsäurechloride. 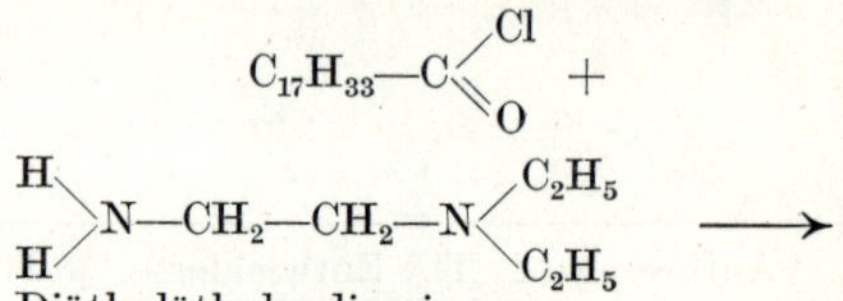 Diäthyläthylendiamin asym. 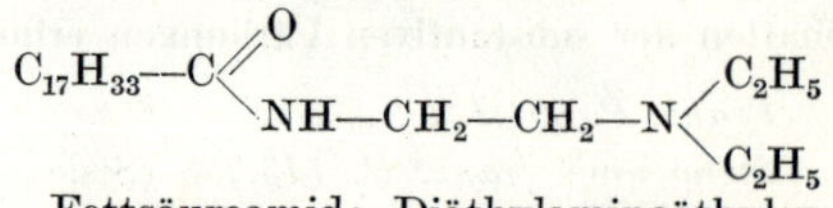 Fettsäureamid: Diäthylaminoäthylenoleylamid. Erhalten durch Erhitzen in Autoklaven bei 180—200° C von asym. Diäthyländiamin mit Ölsäure.
Sapamin A Sapamin CH Sapamin L	Ciba Ciba Ciba	Azetat der Sapaminbase. Chlorhydrat der Sapaminbase. Laktat der Sapaminbase.
Sapamine MS	Ciba	Produkt von analoger Konstitution wie Sapamin CH. 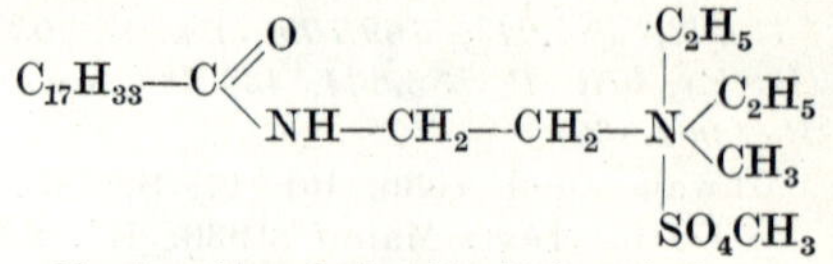 Oleylamidoäthylendiäthylmethylammoniummethylsulfat.
Sapamin BCH	Ciba	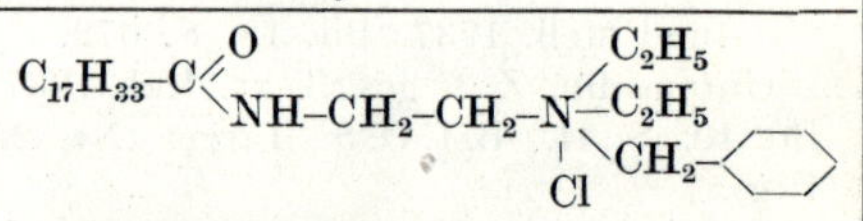 Oleylamidoäthylendiäthylbenzylammoniumchlorid.
Sapamin KW Sapamin FLN h.k. Sapamin FL h.k. Liovatin KB	Ciba Ciba Ciba Sandoz	Monostearylamidoäthylentriäthylammonium methylsulfat 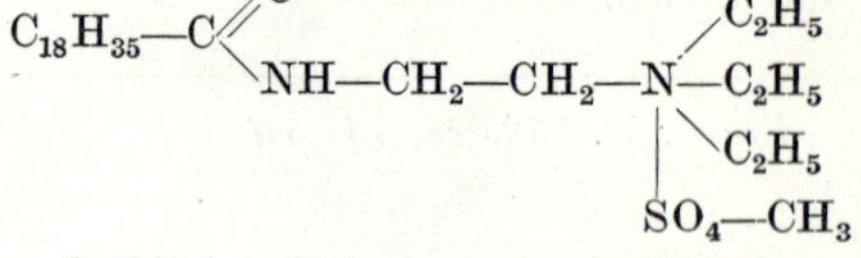 Gelbliches Pulver, in kochendem Wasser löslich.

Literatur	Verwendungsgebiete
Hartmann, Kägi, Basel. Basen, welche mit Säuren wasserlösliche Salze bilden. Säurebeständig. Sollen nicht in Gegenwart von Alkalien verwendet werden. *D.R.P. 464.142, 559.500, 567.921, 582.101, 626.718, 671.782.* *Brit. P. 219.304, 294.582, 294.890, 390.553, 366.918; franz. P. 657.974, 725.637; amer. P. 2.004.476; öst. P. 131.103.* Z. f. ang. Chem. 1928, Jahrgang 41, Nr. 5, S. 127. Landolt, Mon. f. Text. Ind. 1932, Nr. 3, R.G.M.C. 1934, S. 64 und 111.	Das Sapamin CH ist ein gutes Netzmittel von geringer Kationaktivität. Es hat sehr gutes Netz- und Emulgiervermögen, selbst in sehr verdünnten Lösungen. Ausgezeichnetes Verbesserungsmittel der Wasserechtheit von Substantivfärbungen. Die Lichtechtheit wird durch Nachbehandlung mit Sapaminen ungünstig beeinflusst. Nachbehandlung in einer 1%igen Sapaminlösung.
Z. f. ges. Text. Ind. 1932, Bd. 35, S. 57. Münch, Mell. 1934, Bd. 15, S. 55. Chwala, Mell. 1936, Bd. 17, S. 538. Ranshaw, The Dyer. 1936, Bd. 76, S. 261.	
Chwala: Mell. 1936, Bd. 17, S. 583. *Brit. P. 294.582.*	Gleiche Verwendung wie bei Sapamin CH.
D.R.P. 582.101; schweiz. P. 133.372. Chwala, Mell. 1936, S. 583. *D.R.P. 464.142, 567.921, 671.782; brit. P. 219.304, 294.582.*	Gleiche Verwendung wie bei Sapamin CH.
Kommt in Pulverform in den Handel. Wasserlöslich im Verhältnis 1 : 10. Die Marke KW beeinflusst die Lichtechtheit weniger als die Marke MS. *D.R.P. 559.500, 626.718; franz. P. 725.637; amer. P. 2.004.476; brit. P. 390.523; öst. P. 131.103.* Mell. 1934, Bd. 15, S. 528. Egger, Mell. 1937, Bd. 18, S. 651. Z. f. ges. Text. Ind. 1934, S. 262. Kollmann, Mell. 1937, S. 270. Mell. 1937, S. 994.	Wird beim Ätzdruck auf substantiven Färbungen angewandt. Die Ware wird nach dem Dämpfen in einer 1%igen Sapaminlösung KW gewaschen. Das Ausfliessen wird vollständig verhindert, wodurch sehr reines Ätzweiss erhalten wird. Ebenfalls zur Verbesserung der Echtheit substantiver Färbungen angewendet. Die so nachbehandelten Färbungen lassen sich nach dem Drucken und Dämpfen auswaschen, ohne dass ein Ausbluten stattfindet. Als Egalisiermittel für basische Farbstoffe.

Name	Erzeugerfirma	Zusammensetzung
Emulsamin	Ciba	Diurethan des Menthols 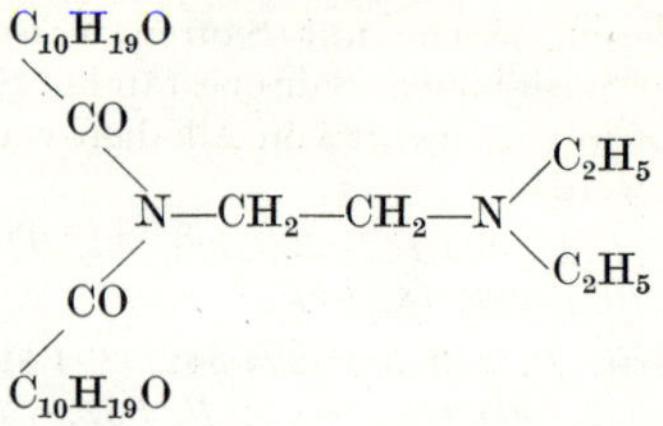
Sandofix B	Sandoz	Kondensationsprodukt von Chlorhydrinen, z. B. Glyzerindichlorhydrin mit Stickstoffbasen (Ammoniak, Äthanolamin, Äthylendiamin) 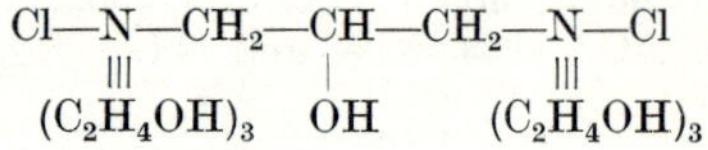
Lyofix DE	Ciba 1937	Ähnlich dem Sapamin KW
Lyofix SB konz.	Ciba	Kondensationsprodukt von Melamin mit Formol.
Tinofix A konz. Pulv. Fibrofix	Geigy Courtaulds	Aliphatisches Kondensationsprodukt. Kondensationsprodukt von Dicyanamid mit Formol.
Sandofix LW Sandofix WE Sandofix C	Sandoz (1943) Sandoz (1943) Sandoz	Kationaktives Produkt.
Fastogene Fixatol	Amer. Anil. Prod. Onyx	Quaternäre Ammoniumbase.
Fixogène T	Francolor	Quaternäre Ammoniumbase; wird dargestellt durch Kondensation von Harnstoffderivaten mit Äthanolamin.

Literatur	Verwendungsgebiete
Hartmann, Kägi, 1927. Das Chlorhydrat ist eine Substanz von emulsionierender Wirkung. Wird in der Praxis seines hohen Preises wegen kaum verwendet.	Verbessert die Wasserechtheit substantiver Färbungen.
Grundpatente: *Schweiz. P. 202.852; franz. P. 805.742; brit. P. 494.625, 496.611. D.R.P. 743.563*,1935 Sandoz. *Schweiz. P. 191.564; franz. P. 828.015; brit. P. 464.921; amer. P. 2.132.074.* Kollmann, Mell. 1938, S. 369.	Wesentliche Verbesserung der Wasserechtheit, aber nicht der Seifechtheit substantiver Färbungen, ohne Einfluss auf Lichtechtheit und auf den Ton der Färbungen. Schützt die Weissätze vor Ausbluten der substantiven Färbungen und die Weisseffekte auf Phantasiestoffen. Nachbehandlung der Färbungen in einer 2—3%igen Sandofixlösung.
Teig, in Wasser löslich. Seide-Kunstseide 1937, S. 286. *Amer. P. 2.322.333* (Ciba). *Franz. P. 857.429, 862.209.*	Dieselbe Verwendung wie für Sandofix. Für den Küpenätzdruckartikel auf substantiven Färbungen sehr geeignet. Schwefelfärbungen färben beim Zusatz von Lyofix DE stärker an und bronzieren nicht.
Farblose, klare Flüssigkeit.	Verbesserung der Wasser-, Schweiss- und Nassbügelechtheit ohne wesentliche Veränderung des Farbtones und Lichtechtheit.
	Dient zur Verbesserung der Nassechtheit von Direkt- und Chlorantinechtfarbstoffen durch Nachbehandlung der Färbungen oder Drucke. Allgemeine Verbesserung der Wasser-, Schweiss-, Nassbügel- und Schlichtechtheit.
	Verbesserung der Wasserechtheit der Substantivfärbungen.
	Verbessert die Wasch- und Wasserechtheit der Substantivfärbungen. Man behandelt die bedruckte Ware nach dem Dämpfen in einer kalten Lösung von 5 g/L. Fixogène T.

Name	Erzeugerfirma	Zusammensetzung
Chrosozin N	Geigy	Anorganisches Chromsalz Pulver von dunkeloliver Farbe.
Altriform	Zschimmer u. Schwarz	Aluminiumformiat
Neocupransalz-D Cuprofixsalz S Coprantinentwickler G Sandofix LW	Ciba Sandoz Ciba Sandoz	Kupfersulfat oder Natrium-Kupfertartrat (?) + Lyofix SB konz. bzw. Sandofix WE
Coprantinsalz II Coprantinsalz IV	Ciba Ciba	Neutrales Natrium-Kupfertartrat.
Cuprosol	Geigy	$Ca(CN)_2$ (?)

Hilfsmittel zum Egalisieren und

Name	Erzeugerfirma	Zusammensetzung
Flerhenol M. sup. extra Puropolöl AMG Oloran B 7 Tinopolöl NE, BH Avirol AH extra Tibalène NAM Astrolane Immersol S. u. SG Sandozol N und NE Prästabitöl ZN Calsolenöl HS Doittau 14 Pénétrol AH Sodaline	Flesch Simon-Dürkheim Oranienburg Chem. Fabr. Geigy Böhme-Fettchemie Kuhlmann S.P.C.M.C. Saint-Denis Sandoz Stockhausen I. C. I. Sopura Sema, Asnières Sodag	Sulfonierte Rizinölsäureester Avirol AH = Butylsulforizinoleat 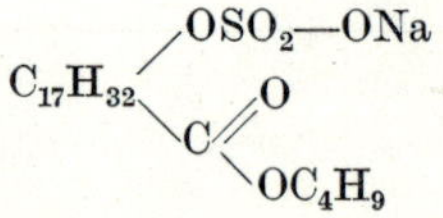 Esterifizierung der —COOH-Gruppe mit verschiedenen Alkoholen. Darstellungsmethoden: a) Esterifizierung von sulfonierten Ölen mit einwertigen Alkoholen. b) Sulfonierung einer Mischung von Alkohol und Öl in Gegenwart von Wasserentziehungsmittel (Essigsäureanhydrid). c) Darstellung von Estern und nachherige Sulfonierung in drei Phasen: 1. Alkylierung des Rizinusöls 2. Sulfonieren 3. Waschen und Neutralisieren.

Literatur	Verwendungsgebiete
Darstellung: 700 g Kupfersulfat in 3 Liter Wasser lösen, abkühlen, 6 kg Glukose in Wasser verdünnt zugeben auf 10 Liter einstellen. Siehe Kap. VII.	Verbessert die Wasch-, Schweiss-, Bügel- und Wassertropfechtheit. Keinen Einfluss auf Lichtechtheit. Anwendung: Nachbehandlung mit 3% Chrosozin N und 1,5% CH_3—COOH.
Franz. P. 911.625.	Nachbehandlung der Färbungen mit Neocupran-, Coprantin- oder Cuprofixfarbstoffen.
Amer. P. 2.092.429, 2.148.659; brit. P. 458.501, 468.362; schweiz. P. 186.247; franz. P. 808.258; D.R.P. 699.765.	Nachbehandlungsmittel für Coprantinfarbstoffe.
	Hilfsmittel für Ätzen auf mit Kupfersalzen behandelten Substantivfärbungen (Cuprophenylfarbstoffe).

Durchdringen für die Färberei.

Literatur	Verwendungsgebiete
Bertsch, Mell. 1930, S. 779. W. Kling, Mell. 1931, S. 112. Rev. Chim. Ind. 1931, S. 172. *Franz. P. 677.526, 677.527*, 1929 und *Zusatz-Anm. 38.087*, 1930. *Franz. P. 702.626, 698.637*, 1930; *brit. P. 313.160.* Darstellung der sulfonierten Ester von Alkoholen, siehe J.-P. Sisley, Teintex 1945, S. 5. Siehe dieses Werk Bd. I, Kap. I, S. 230/231 und 518/519, sowie Bd. III, Kap. XV.	Hilfsmittel zum besseren Egalisieren und Durchdringen der Färbungen auf Viskoseseide mit substantiven Farbstoffen. Widersteht sehr gut dem Einfluss der Kalk- und Magnesiumsalze, der Mineralsäuren und organischen Säuren sowie des Natriumsulfates. Anwendung: Färben in Gegenwart von 1—5 g Avirol AH extra pro Liter.

Name	Erzeugerfirma	Zusammenstellung
Doittau 32	Doittau (Corbeil, Frankreich)	Natriumsalz des sauren Sulfosäureesters des Rizinölsäuremonoglyzerids
	Sopura	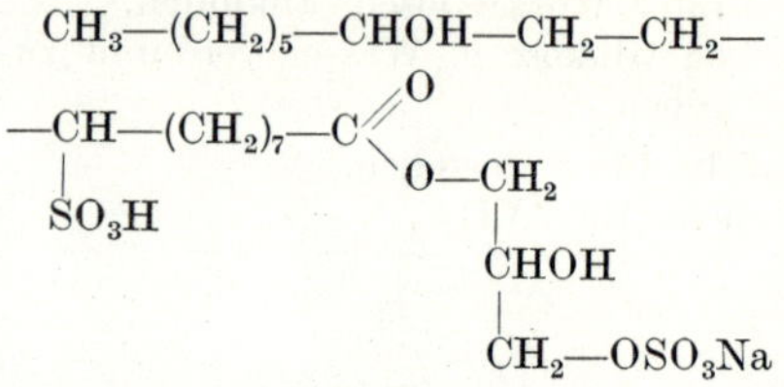
		Darstellung: Durch Sulfonierung des Monoglyzerids der Rizinolsäure.
Monopolseife	Stockhausen	Natriumpolysulforizinate, ähnlich den Monopolölen.
Monopolbrillantöl	Stockhausen	
Pentramin R 45	Flesch	
Leuconöl	Mäntzig	
Puropolöl NB, S	Simon-Dürkheim	
Tibalène NM	Kuhlmann	
Pantosulfol	S.P.C.M.C.	
Huile Rhéolane	S.P.C.M.C.	
Avirol KM, KM konz., KM dopp. konz.	P.C.M.R.	Hoch sulfoniertes und kondensiertes Rizinolfettsäurederivat.
Huile Polysulfol	Laroche u. Juillard	Hochsulfonierte Fettsäuren.
Huile Monopole	Pfeiffer, Mulhouse	
Sandozol KB, KBN, SB, G	Sandoz	
Huile Universol	Sopura	
Sodapol	Sodag	Sulfoniertes Olivenöl 80—85% Öl
Huile Topaz	Fournier, Mulhouse	
Proloidine H	Sav. Menuel d'Alfort	
Grada 12	Cotelle u. Foucher	
Solapolöl	Zimmerli, Ciba	
Calsolene Oil HS	I.C.I.	Hochsulfonierte Fettsäuren
Servirol	Servo	
Arbylöl A	Grünau	
Novazikon B u. BL	Baumheier	Färbeöl
Praestabitöl TL	Stockhausen	Braunes Öl. Zum Teil auf tierischer Ölgrundlage, zum Teil auf einem synthetischen Produkt aufgebaut.
Praestabitöl MA	Stockhausen	
Praestabitöl Z	Stockhausen	
Praestabitöl ZM	Stockhausen	
Sultafonöl AS		
Sandozin B	Sandoz	

Literatur	Verwendungsgebiete
D. R. P. 113.435, 1896, *126.541*, *128.691*, *129.844*, *169.930*. *Franz. P. 763.691*, 1933, *624.425*, 1926, Böhme; *657.161*, *636.586*, 1927, *640.617*, 1927 Milch. Sulfonierung in Gegenwart von Essigsäureanhydrid und Natriumazetat mit Schwefelsäurechlorhydrin. *Franz. P. 632.738*, 1927, Stockhausen, *645.819*, 1927 I. G. A. Beyer, Tiba 1930, Januarheft.	Zum Anteigen von Farbstoffen. Durchdringungsmittel für das Färben im Strang oder auf dem Jigger mit Substantivfarbstoffen, besonders auf Kunstseide. Ersetzt vorteilhaft die Sulforizinate. Widersteht den Kalksalzen gut. Puropolöl S: beim Färben von Halbwolle.
	Dispergier- und Egalisiermittel. Durchfärbeverbesserung. Zusatz zu Färbebädern.
D. R. P. 561.715, *614.702*.	Netz- und Egalisiermittel. Zusatz zu Färbebädern, besonders von Kunstseide. Zusatz von Färbebädern mit substantiven Farbstoffen.

Name	Erzeugerfirma	Zusammensetzung
Gardinol KXY, CA, CAX, K, SE	Böhme-Fettchemie u. P.C.M.R.	Fettalkoholsulfonat (von Cetyl-, Hexadezyl- oder Oleylalkohol). 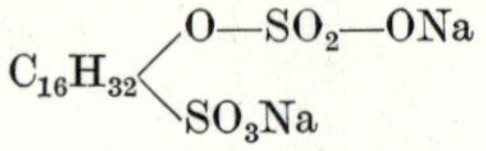 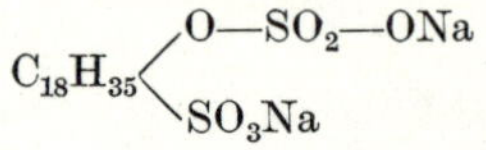 Gewisse von diesen Produkten sollen Borsäureester sein: 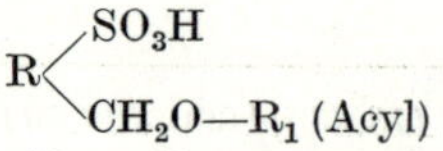 (R_1 = Borsäurerest)
Modinal		
Estamit 302	Böhme-Fettchemie	
Sapidane	A. Th. Böhme	
Adoucissol LL7	Flesch	
Sandopan A konz., WP, N, W, PA	Sandoz	
Eriopon GA	Geigy	
Primatex NTA	Kuhlmann	
Duonal AM	S.P.C.M.C.	
Néosapol B	Saint-Denis	
Sétalène F, C, CO4	Fournier, Marseille	
Melioran F 6, P	Oranienburger Chem. Fabrik	
Celatosol	S.A.P.I.C.	
Celatosol NW 26	S.A.P.I.C.	
Lissapol A und T (alte Bezeichnung)	Imp. Chem. Ind.	
Grada 20	Cotelle u. Foucher	
Ocenolsulfat	Dehydag	
Texapon	Dehydag	
Inferol NFK, 229 C, 236	A. Th. Böhme	
Solpon F	A. Th. Böhme	Pastenförmiges Fettalkoholsulfonat.
Cyklanon OA konz. L, O, LA, C	I. G. Farbenindustrie	
Lissapol A-Paste	I.C.I.	Natriumsalz eines sauren Schwefelsäureesters des Laurylalkohols. Im Handel in Pulverform und in Paste.
Lissapol C-Paste	I.C.I.	
Lissapol C-Pulver	I.C.I.	
Lissapol AT-Pulver	I.C.I.	
Lissapol IS	I.C.I.	Sulfonierte Fettderivate.
Lissapol SD	I.C.I.	Ersetzen Lissapol A und C.
Intramine	Synth. Chem. Works U.S.A.	Saures Fettalkoholsulfonat (Laurylalkohol + aliphatische Amide).

Literatur	Verwendungsgebiete
Brit. P. 409.598 von Böhme. Sulfonierung und Esterifizierung. Gardinol K: auf Basis von Cetylalkohol Gardinol WH: Laurylalkohol. Estamit 302: Stearylalkohol. Primatex NTA: auf Basis von Oleyl- und Cetylalkohol aus Spermacetiöl. Cyklanon OA konz.: Ölsäure. *D.R.P. 644.686, 696.480; öst. P. 149.672; franz. P. 691.065, 671.456, 703.090, 701.256,* 1930, *801.106; amer. P. 2.096.036, 2.079.347, 2.082.576.* Chwala und Martina, Mell. 1937, S. 999; Reumuth, Z. f. ges. Text.-Ind. 1931, S. 283. Ranshaw, The Dyer, 1936, S. 261. Siehe dieses Werk, Teil II, Bd. I, Kap. II, S. 192 u. ff., sowie Teil I, Bd. III, Kap. XV.	Hilfsmittel für Färbebäder (0,2—0,3 g pro Liter). Egalisier- und Durchdringungsmittel; Schaumdispergiermittel bei Gegenwart von hartem Wasser. Stabilisierungsmittel für Wasserstoff-Superoxyd und Perboratlösungen. Zusatz zu Färbebädern. Zusatz zum Seifenbad von Färbungen und von Drucken. Zusatz beim Abziehen von Färbungen. Solpon: Zum Anteigen von substantiven Farbstoffen. Verzögert das Aufziehen von subst. Farbstoffen auf Kunstseide. Egalisiermittel.
Leicht in heissem Wasser löslich.	Hilfsmittel für Färbebäder. Zum Reinigen von Textilien aller Art.
Bessere Haltbarkeit, stärkeres Dispergiervermögen für Kalkseifen, erhöhte Netzeigenschaften schon in der Kälte.	Gleiche Verwendung wie oben. Dispergieren von Kalkseifen. Als Reinigungsmittel für Textilwaren, besonders mit hartem Wasser.

Name	Erzeugerfirma	Zusammenstellung
Humectol C Humectol CA Humectol CX	I. G. I. G. I. G	Blockierung der COOH-Gruppe mit Aminoresten (Amide oder Anilide). 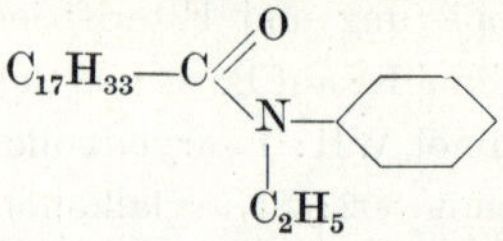 Darstellung: Einwirkung von PCl_3 auf Ölsäure, das entstandene Säurechlorid wird zuerst mit Äthylanilin und dann mit Natriumbisulfit behandelt.
Peregal O und OK Emulphor O Humifen O	I. G. (1933) I. G. G. D. C.	Polymerisationsprodukte des Äthylenoxyds bei 100—160° C in Gegenwart von Katalysatoren wie Phosphaten oder Sulfaten oder Kondensationsprodukte des Äthylenoxyds mit höheren Fettsäuren oder Fettalkoholen (Lauryl- oder Oktadezylalkohol). Peregal O soll einer 15%igen Lösung von Emulphor O entsprechen.
Peregal KB	I. G. (1943)	Polyaminderivat durch Einwirkung von Polyäthylenamin (Vulcacit) mit Äthylendichlorid dargestellt.
Albatex PO Liovatin E	Ciba Sandoz	Dem Peregal O ähnliche Produkte. Wäre ein höher molekulares Benzimidazolsulfonat, Typus Ultravon (Chwala).
Trilon A	I. G.	Natriumsalz der Aminotrimethylkarbonsäure (Nitriloessigsäure) $N(CH_2—COONa)_3$: $N{<}\begin{matrix}CH_2—COONa\\CH_2—COONa\\CH_2—COONa\end{matrix}$ Darstellung: Durch Einwirkung von Monochloressigsäure auf Ammoniak.
Trilon B	I. G.	Natriumsalz der Äthylendiaminotetraessigsäure $\begin{matrix}NaOOC—CH_2\\NaOOC—CH_2\end{matrix}{>}N—CH_2—CH_2—N{<}\begin{matrix}CH_2—COONa\\CH_2—COONa\end{matrix}$

Literatur	Verwendungsgebiete
Franz. P. 693.620, 715.205, 716.705, 735.647, 679.185; öst. P. 125.182, 141.864; D.R.P. 595.173, 634.032; brit. P. 340.271, 341.053, 342.524, 343.899, 388.642. Mell. 1937, S. 155. E. Mather, B. I. O. S., S. 667, H. M. Stationery Office, J. Soc. D. and Col. 1947, S. 27. Dieses Werk, Bd. III, Kap. XV.	Das Humectol CA ist ein aktives, gegenüber Oxydationsmitteln sehr beständiges Netzprodukt. Auf Grund dieser Eigenschaft kann Humectol CA als Netzmittel in Bleichflotten, welche Natriumhypochlorit enthalten, verwendet werden.
Brit. P. 409.336, 367.420, 346.550, 443.559; franz. P. 713.426, 713.427, 727.202, 1931, *752.813,* 1932, *762.831; D.R.P. 548.201, 636.605* der I.G. R.G.M.C. 1934, S. 153. Tiba 1934, S. 11. Bull. Föd. 1, S. 244 und 245. R.G.M.C. 1935, S. 153. Schwen, Mell. 1933, S. 22. D.F.Z. 1933, S. 145. Dieses Werk, Bd. I, Kap. I, S. 195.	In Wasser gut verteilbare Flüssigkeit. Sehr wirksames Dispergiermittel, verlangsamt das Aufziehen der Küpenfarbstoffe und wirkt dadurch egalisierend auf die Färbungen. In höherer Konzentration verhindert es mehr oder weniger die Anfärbung; es erzeugt in den Hydronküpen sowie in denjenigen der bromierten oder chlorierten indigoiden Farbstoffe, Niederschläge. Neben der Erhöhung der Egalisierung dient es auch zum Abziehen der Küpen- und Naphtolfarbstoffe.
Landolt, Mell. 1936, S. 110 (franz. Ausgabe). Bull. Föd. 1, S. 514. Landolt, Mell. 1936, S. 650. Egger, Mell. 1937, Bd. 18, S. 651. R.G.M.C. 1935, S. 349. *Franz. P. 778.476, 776.146, 778.833.* Dieses Werk, Bd. I, Kap. I, S. 196.	Dicke, in Wasser gut lösliche Flüssigkeit; besonders wirksames Egalisier- und Durchdringungsmittel, das den Vorteil hat, in den Küpen gewisser Farbstoffe keine Niederschläge zu geben. Neben der Erhöhung der Egalisierung dient es auch zum Abziehen der Küpen- und Naphtolfarbstoffe.
Franz. P. 811.938. W. u. L. Ind. 60, Nr. 12, S. 140. C. L. Bird and E. Molley, J. Soc. D. and Col., 1939, S. 560—564. Dubsky: Ber. 1915, 49, S. 1041. P. Pfeiffer u. W. Offermann, Ber. 75, Nr. 1, S. 1—12.	Trilon A erlaubt, Wasser bei Temperaturen von 70—160° C zu enthärten. Hierfür verwendet man 0,7 g Trilon A pro Liter und pro französischen Härtegrades. Trilon B wirkt lösend auf in Wasser unlösliche Eisensalze.

Name	Erzeugerfirma	Zusammenstellung
		Lösungsmittel
Glyecin A Lyoprint G Lyogen TG Dehapan GB Solutène CI Leucosolve L II, SR, GR, GMK Kromfix Solvent Tinosollöser A	I. G. Ciba Sandoz D. H. Francolor Sopura C. C. C. C. Geigy	Thiodiäthylenglycol $S\begin{cases} CH_2—CH_2—OH \\ CH_2—CH_2—OH \end{cases}$ Dicke, in Wasser mischbare Flüssigkeit von durchdringendem Geruch.
Débésol B Solutène DG Tinogenallöser B	L. Z. J. Francolor Geigy	Polyglykole (Diäthylenglykol, Äthyldiäthylenglykol).
Lyoprint DA Rapidogen-entwickler N	Ciba I. G.	Aliphatische Amine (Äthanolamine) Diäthylmonoäthanolamin.
Blankophor R Blankophor RG	I. G.	Stilbenderivat. 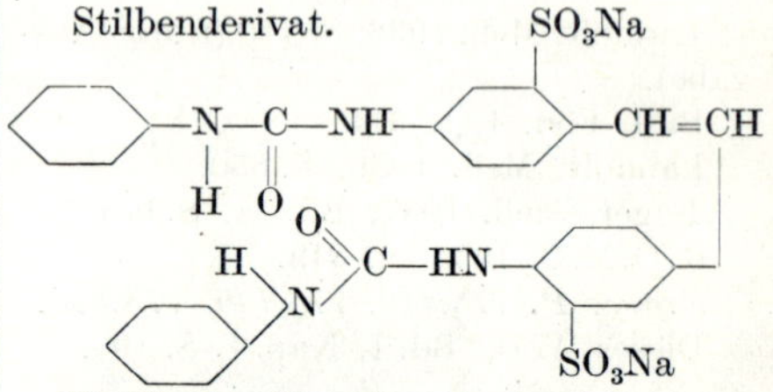 Die Marke Rb = R + Anthralangrün.
Tinopal BV Tinopal BVA	Geigy Geigy	
Blankophor WT	I. G.	Stilbenderivat. 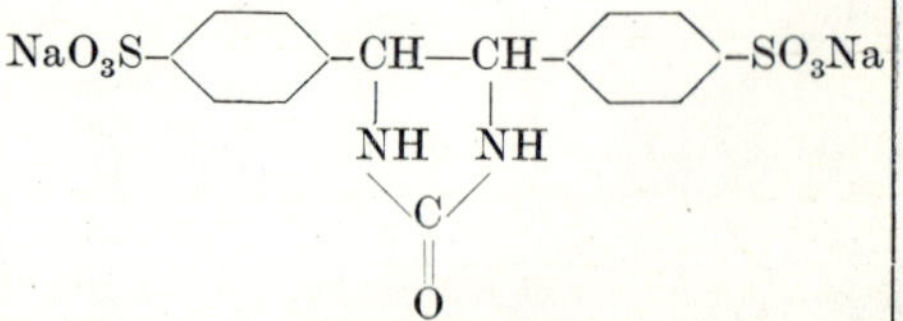

Literatur	Verwendungsgebiete
für Substantivfarbstoffe.	
Siehe dieses Werk, Bd. I, Kap. I, S. 227 und Bd. III, Kap. XIV.	Lösungsmittel für direkte Farbstoffe.
	Ausgezeichnete Lösungsmittel für direkte Farbstoffe. Débésol B gibt sehr gute Resultate mit Coprantinbraun 5 RLL 400%, Coprantinblau RLL und Chlorantinlichtbordeaux BLL.
	Sehr gute Lösungsmittel für direkte Farbstoffe.
Franz. P. 870.470, 874.939, 877.596, 877.623; brit. P. 471.866, 491.339. Siehe dieses Werk, Kap. XIII und Teil II, Bd. I, Kap. IV, S. 507, B. I. O.S. Report, Target, Nr. 22/1e.	Produkte, die mit ultraviolettem bis sichtbarem, kurzwelligem Licht bestrahlt, fluoreszierend werden.
Tinopol BVA ist ein gelbliches, in Wasser leicht lösliches Pulver. Siehe dieses Werk, Bd. III, Kap. XIII.	Verbesserung der Qualität des Weiss (Bleicherei, Appretur, Weisseffekte im Direkt- und Ätzdruck). Tinopal BVA besitzt eine gewisse Affinität zur Baumwollfaser.
	Verwendung wie Blankophor R und Tinopal BV oder BVA. Für Wolle und Seide.

VII. KAPITEL.

Die Tanninfarbstoffe[1]).

Die basischen Farbstoffe sind in den letzten Jahren durch die ungleich echteren Küpen-, Indigosol-, unlöslichen Azo- und Rapidogenfarbstoffe immer mehr verdrängt worden.

Die geringe Zahl neuer Forschungen, die auf diesem Gebiete gemacht wurden, sind der beste Beweis für ihre abnehmende Bedeutung, und ihr vollständiges Verschwinden könnte wohl nur eine Zeitfrage sein. Trotzdem werden sie heute noch wegen ihres schönen Glanzes, ihrer grossen Intensität und ihrer relativen Billigkeit für solche Artikel, welche keine besondere Echtheit erfordern, noch immer sowohl in der Färberei als auch im Druck benutzt.

Druckverfahren für basische Farbstoffe[2]).

Zahlreiche Methoden wurden für das Fixieren der basischen Farbstoffe auf Zellulosefaser vorgeschlagen; jedoch wird fast ausschliesslich das Tannin-Brechweinsteinverfahren in der Druckerei angewandt, während die Verwendung synthetischer Tanninersatzmittel nur für spezielle Fabrikationen, insbesondere für den Anilinschwarzreserveartikel, gebräuchlich sein dürfte. Da alle anderen Fixierungsmittel licht- und waschunechtere Drucke erzeugen, werden sie in seltenen Fällen und nur für bestimmte Zwecke benutzt.

Folgende Fixierungsmittel wurden vorgeschlagen:

a) Tannin-Brechweinstein (Calvert und Brooks);
b) Zink-, Magnesium oder Zinnferrocyanide;
c) Kondensationsprodukte des Phenols und des Harnstoffs mit Formaldehyd (C. Favre, Manufaktur E. Zundel in Moskau und I. G.-Farbenindustrie).
d) Wolfram- und Silikowolframsäure (A. Scheurer);
e) Metallbeizen wie z. B. Chromazetat oder Zinnsalze;
f) Albumin, Kasein, Viskose und Serikose;
g) Organische Tanninersatzmittel wie sulfurierte Phenole, Katanol usw.

Die wichtigste Beize für basische Farbstoffe ist das Tannin. Dieses wird aus Galläpfeln (ein auf ausländischen Eichenblättern

[1]) L. Diserens, Les colorants au tanin. Tiba 1923. S. 253ff. Weiss, Über einige neuere Arbeiten auf dem Gebiete der basischen Farbstoffe. Mell. 1927, S. 64.

[2]) The Dyer 1946, Bd. 96, S. 591/593.

durch Insektenstich hervorgerufener pathologischer Auswuchs) gewonnen. Nach Fischer ist Tannin eine Penta-m-Digalloyl-β-Glukose, das heisst eine esterartige Verbindung, welche durch Kondensation von 1 Molekül Glukose mit 5 Molekülen m-Digallussäure entsteht und ausserdem noch Dimethylgallussäure enthält; es ist also kein eigentliches Glukosid, sondern eine Glukose, deren 5 OH-Gruppen mit m-Digallussäure verestert sind.

Das Tannin: $C_6H_7O_6[C_6H_2(OH)_3—CO—O—C_6H_2(OH)_2—CO]_5$

entspricht folgender Strukturformel:

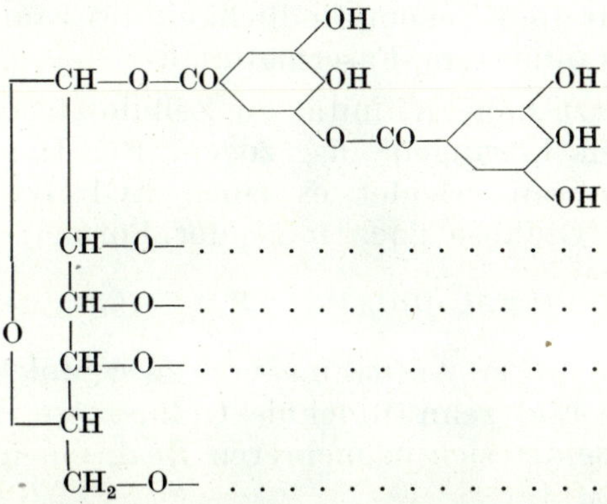

Penta-m-digalloyl-β-Glukose, chinesisches Tannin.

während das türkische Tannin ein Galloylderivat ist und folgender Formel entspricht: $C_6H_7O_6[CO—C_6H_2(OH)_3]_5$

Strukturformel[1]):

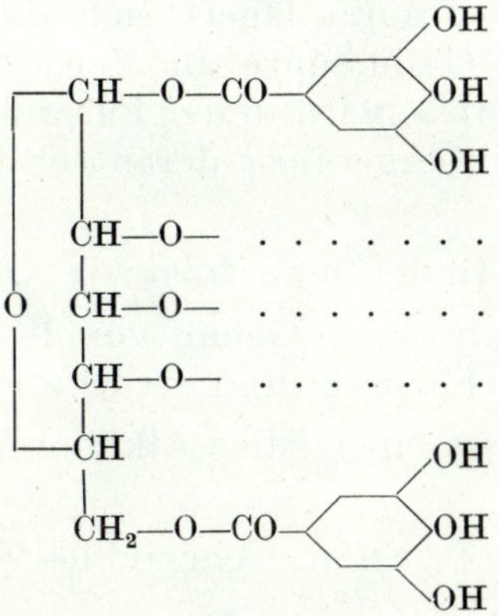

Pentagalloyl-β-Glukose, türkisches Tannin.

[1]) Ullmann's Enzyklopädie, Bd. IX, S. 761; Fischer und Freudenberg, Ber. Jahrgang 1912, Bd. 45, S. 915 und Ber. Bd. 46, S. 3272; Sisley, R.G.M.C. 1922, S. 113; Fischer's Ber. 1912, Bd. 45, S. 915—935; Freudenberg, Chemie der natürlichen Gerbstoffe, Berlin 1920; Fischer, Ber. Bd. 47, S. 2485 und Bd. 51, S. 1760; P. Sisley, Bull. Soc. Chim. de France, Bd. 5, S. 728, Jahrgang 1908.

Für diese Auffassung, welche von Fischer vertreten wird, sprechen auch die optische Aktivität, das Molekulargewicht und die geringe Azidität des Tannins.

Tannin besitzt Fällungsvermögen für verschiedene chemische Gruppen, so z. B. für Verbindungen des Kupfers, Bleis, Antimons, Wismuts u. a. m., sowie für Eiweissverbindungen.

Tannin gibt wie Gallussäure mit Ferrosalzen einen gallertartigen Niederschlag, welcher sich an der Luft schnell blau färbt; mit Ferrisalzen dagegen erhält man einen blauschwarzen Niederschlag. Dies ist die Ursache für die Eisenempfindlichkeit des Tannins und basischer Färbungen auf tanniertem Fasermaterial.

Tannin besitzt hohe Affinität zu Zellulosefasern und wird von diesen aus seinen Lösungen ausgezogen. Bei Dialyse des Tannins durch eine Membran erleidet es einen hydrolytischen Zerfall in Gallussäure und Glukose nach folgender Formel:

$$C_6H_7O_6\left[C_6H_2(OH)_3\text{-}CO\text{-}O\text{-}C_6H_2(OH)_2CO\right]_5 + 2\,H_2O \rightarrow C_6H_{12}O_6 + 10\,C_6H_2(OH)_3\text{-}COOH$$

Es entstehen unter Aufnahme von zwei Molekülen Wasser ein Molekül Glukose und zehn Moleküle Gallussäure. Das Diffusat des Tannins unterscheidet sich in mehreren Reaktionen von nicht dialysiertem Tannin.

Haller stellt das Fehlen einer charakteristischen Tanninreaktion fest. Tannin gibt mit Titantrichlorid einen orangefarbigen Niederschlag, welcher beim Diffusat nicht ausfällt.

Beim Beizen mit Tannin lagert sich die durch Spaltung des Tannins entstandene Gallussäure in den Mizellarinterstitien der Zellulosefaser ab, und diese wird in der Faser zwecks Fixierung in die Antimonylverbindung übergeführt, deren veränderte Dispersität eine Dialyse verhindert.

Auf dem Markte findet man folgende Qualitäten:

Wassertannin mit einem Gehalt von 26—60% Tannin, welches ganz besonders in der Färberei und Druckerei verwendet wird.

Alkoholtannin ist ein mittels Alkohol gereinigtes, aber teures Produkt.

Alkohol-Äther-Tannin, sehr reines pharmazeutisches Produkt.

Das Tannin bildet mit Metallsalzen wenig oder unlösliche Tannate, welche mit den basischen Farbstoffen unlösliche Farblacke geben.

Die als Fixierungsmittel verwendeten Antimonsalze wirken in Form des Antimontrioxyds, welches sich bei der Hydrolyse der

Antimonsalze in wässeriger Lösung bildet. Die zur Fixierung gebräuchlichen Antimonsalze sind Brechweinstein, Antimonkaliumoxalat und Antimonfluorid. Am gebräuchlichsten ist Brechweinstein (Kaliumantimonyltartrat), der in wässeriger Lösung in saures Kaliumtartrat und Antimontrioxyd zerfällt.

Erfahrungsgemäß wird die Hälfte des Gewichtes vom angewandten Tannin verwendet und bei diesem Verhältnis die besten Färbungen erhalten.

Je nach dem Mengenverhältnis der miteinander in Reaktion tretenden Gallussäure und des Antimontrioxyds sind zwei Verbindungen möglich.

$4\ C_6H_5O_3 \cdot COOH \cdot Sb_2O_3 \qquad 2\ (C_7H_5O_5)_2\ Sb\ (OH) \cdot H_2O$

ein Derivat der metaantimonigen Säure $Sb\,(OH)_3$;

$2\ C_6H_5O_3 \cdot COOH \cdot Sb_2O_3 \qquad 2\ (C_7H_5O_5 \cdot SbO) \cdot H_2O$

letztere Verbindung ist als Abkömmling des hypothetischen Antimonanhydrohydrates $O{=}Sb{-}OH$ anzusprechen.

Nur die erstgenannte Verbindung, zu deren Bildung die angegebene Brechweinsteinkonzentration nicht überschritten werden darf, ist zu wirklichen chemischen Verbindungen mit basischen Farbstoffen fähig. Hierbei reagiert die Farbbase unter Abspaltung von Säure mit der substituierbaren Hydroxylgruppe. Die sich bildenden Säuren dialysieren durch die Fasermembran in die Farbflotte, wo sie nachgewiesen werden können.

Durch die Verbindung zwischen Farbstoff und Antimonoxyd-Gallussäure wird das Verhalten der gebeizten und basisch gefärbten Faser gegenüber Lichteinflüssen weitgehend beeinflusst. Die in der Lackverbindung enthaltene Gallussäure ist unter dem Einfluss kurzwelliger Strahlen leicht oxydierbar.

Luftsauerstoff wird unter Bildung labiler Peroxyde aufgenommen und bei entsprechend langer Beleuchtung wird Gallussäure abgespalten.

Eine tanningebeizte ungefärbte Faser nimmt nach entsprechender Belichtung basische Farbstoffe nur noch adsorptiv auf. Die bei weiterer Belichtung auftretende stärkere Affinität zu basischen Farbstoffen beruht auf Oxyzellulosebildung.

Sanine[1]) nimmt an, dass durch Einwirkung von Tannin auf Brechweinstein folgende drei Salze entstehen können:

$(C_{14}H_9O_9)_2 \cdot SbOH$	bei Gegenwart von wenig Brechweinstein.
$[C_{14}H_8O_9(SbO)]_2 \cdot SbOH$	bei Gegenwart von einem Überschuss von Brechweinstein und in der Hitze.
$C_{14}H_9O_9(SbO)$	mit einem Überschuss von Brechweinstein.

[1]) Z. f. Farben-Ind. 1909, S. 343; R.G.M.C. 1910, S. 110.
Kolloid. Zeitschr. 1913, Bd. 13, S. 305; Z. f. Farben-Ind., 1911, Heft 6.

Die Gegenwart von Natriumchlorid vergrössert die Wasserlöslichkeit von Kaliumbrechweinstein (Prudhomme, Bull. Mulh. 1890, S. 549).

Sanine hat bewiesen, dass dieser Lösungsunterschied auf folgender reversiblen doppelten Umsetzung beruht:

$$K(SbO)C_4H_4O_6 + NaCl \rightleftharpoons Na(SbO)C_4H_4O_6 + KCl$$

Die Wasserlöslichkeit kann auch durch Zugabe anderer Salze, wie Natriumnitrat oder Ammoniumchlorid, vergrössert werden. Dieses zuletzt genannte Salz scheint ein Ammoniumbrechweinstein zu bilden, welches ebenso löslich als das entsprechende Natriumsalz ist.

Nach Henck (Mell. XVII, S. 251) spaltet sich Tannin in Glukose und Gallussäure; diese Säure bildet mit Antimon zwei Verbindungen:

a) Eine Verbindung, welche wenig Sb enthält und sich von der Metantimonigensäure

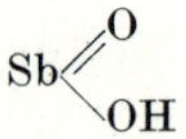

ableitet. Diese Salze besitzen allein die Fähigkeit, mit basischen Farbstoffen Lacke zu geben.

b) Eine Verbindung mit grösserem Sb-Gehalt, welche keine freien (OH)-Gruppen enthält und mit Tanninfarbstoffen nicht mehr reagiert, oder nur unechte Farblacke erzeugt.

Das Beizen der Baumwolle mit Tannin wurde ebenfalls vom kolloidalen Standpunkt aus durch Navassart untersucht. (Koll. chem. Beihefte 1914, Bd. 5, S. 209.)

Haller (Kolloid. Zeitschr. 1918, Bd. 23, S. 100) beobachtete, dass bei der Dialyse einer Tanninlösung ein vom normalen Tannin verschiedener Körper durch die Membran diffundiert.

Das Tannin bildet mit dem Farbstoff in verdünnten Lösungen eine chemische Verbindung, welche im Dispergiermittel in kolloidaler Form enthalten ist.

Für Färberei und Druckerei ist das Antimontannat am gebräuchlichsten, weil es mit den basischen Farbstoffen die seifen- und lichtechtesten Farblacke erzeugt. Diese sind in Wasser und in den meisten organischen Lösungsmitteln, wie Phenol oder Alkohol, unlöslich, dagegen in Resorzin und in einem Überschuss Milchsäure löslich.

In der Praxis verwendet man verschiedene Antimonsalze[1]):

[1]) Wertverhältnisse der Antimonverbindungen zueinander: 100 T. Brechweinstein = 181 T. Kaliumantimonoxalat = 170 T. Natriumantimonoxalat = 91 T. Antimonsalz = 65 T. Natrium-Patentsalz = 68 T. Ammonium-Patentsalz = 86 T. Antimonin.

Kaliumantimonyltartrat, gewöhnlich Brechweinstein genannt, $K(SbO)C_4H_4O_6 \cdot \frac{1}{2}H_2O$, welches 43—44% Sb_2O_3 enthält.

Dieses Salz wurde im Jahre 1631 von Adrian van Minsicht entdeckt und im Jahre 1641 von Glauber durch Kochen von Antimonoxyd mit Weinstein gewonnen. Es wird heute noch nach diesem Verfahren hergestellt. Das Kaliumsalz ist nur schwer löslich, das Natriumsalz hingegen viel löslicher.

Kaliumantimonoxalat $K_3Sb(C_2O_4)_3 \cdot 6\ H_2O$, mit einem Gehalt von 24% Sb_2O_3 ist leicht wasserlöslich.

Obgleich es früher im grösseren Umfange als Brechweinsteinersatz Verwendung fand, ist es in neuerer Zeit fast vollständig durch die Antimonfluoriddoppelsalze verdrängt worden.

Antimonin[1]) (C. H. Böhringer *D.R.P. 98.939*, sowie auch *D.R.P. 136.135* und *148.069*, Verfahren der A.G. Fabr. Richard Mayer in Reval; *D.R.P. 184.202,* v. Heyden *216.158, 217.806* Schuster und Wilhelmy A.G.). Diese Verbindung entspricht dem Kalziumantimonyllaktat von der Formel

$$[(SbO)\ (C_3H_5O_3)] \cdot Ca_3(C_3H_5O_3)_6 \cdot 2\ C_3H_6O_3$$

Das technische Produkt entspricht einem Gehalt von 15% Sb_2O_3, 7% CaO und 45% Milchsäure. Es wurde von C. H. Böhringer, Söhne, in Nieder-Ingelheim durch Lösen von frischgefälltem Antimonoxyd oder Natriumantimonit in Milchsäure und Neutralisieren des Milchsäureüberschusses mit Kreide hergestellt. Es ist eines der besten Brechweinsteinersatzmittel, in Wasser sehr löslich, und es gibt aus 0,2-prozentiger Essigsäurelösung 75—90% seines Antimongehaltes ab. Nach During (Frb.-Ztg. 1909, S. 319) hat Antimonin von 15%igem Sb_2O_3-Gehalt den gleichen Wirkungswert wie Brechweinstein von 43%.

Antimonsalz von de Haën: $SbF_3 \cdot (NH_4)_2SO_4$ enthält 47% Sb_2O_3 (*D.R.P. 45.222* und *45.224* von 1887). A. Scheurer empfiehlt eine Lösung von 400 Teilen Antimonsalz in 1000 Teilen 50° C warmem Wasser, welchem 200 Teile Soda zugesetzt sind.

Patentsalz von R. Köpp & Cie. in Oestrich im Rheingau: Antimon-Natriumfluorid $SbF_3 \cdot NaF$ mit einem Gehalt von 66% Sb_2O_3, leicht wasserlöslich; 100 Teile kaltes Wasser lösen 63 Teile und 166 Teile in der Wärme auf.

Patentsalz von A. von Raad in Pfersee: Antimon-Ammonium-Doppelfluorid, $4\ SbF_3 \cdot NH_4F$ = 73,75% Sb_2O_3 (*D.R.P. 50.281*).

Die Beizkraft der Antimonsalze steht nicht im direkten Verhältnis zu ihrem Antimongehalt.

---

[1]) Lactimon von Byk-Guldenwerke.

Nölting fand, dass Antimonoxalat mit einem Gehalt von 25% Sb_2O_3 dieselbe Wirksamkeit hat wie Brechweinstein mit 43% Sb_2O_3.

During stellte fest, dass Antimonin mit 15% Sb_2O_3 Gehalt dieselbe Wirksamkeit besitzt wie Brechweinstein mit 43% Sb_2O_3.

Bechter (Mell. 1930, S. 257) bewies an Hand von Versuchen, dass die Antimonbeizen um so wirksamer sind, je schwächer die in ihnen enthaltenen gebundenen Säuren sind.

Man hat versucht, die Antimonsalze durch andere Metallsalze, wie Blei-, Zink-, Nickelsalze, zu ersetzen.

H. Schmid (Chem. Ztg. 1881, S. 949) schlägt Zinksalze vor, deren Farblacke aber weniger wasch- und lichtecht sind.

F. Erban (Chem. Ztg. 1906, S. 145) empfahl die Titansalze. Flintoff (R.G.M.C. 1901, S. 243 und Fischer's Ber. 1898, S. 1025) schlug die Verwendung der Aluminiumsalze und Stiegler (Bull. Mulh. 1920, S. 173) die der Bleisalze vor.

Das Zinktannat ist in Resorzin, Glykol- und Milchsäure (Diserens R.G.M.C. 1917, S. 142) und ebenfalls in einem Tanninüberschuss löslich. Das Bleitannat löst sich leicht in Milchsäure. Flintoff (J. Chem. 1898, S. 315) ist der Ansicht, dass Bleitannat lichtechtere Lacke bildet als Antimontannat, während die Aluminiumlacke weniger und die Zinklacke am wenigsten echt sind. Die schlechtesten Resultate werden mit Chrom, Zinn und Kupfer erhalten.

Der Fixierungsvorgang der basischen Farbstoffe mittels Tannin stützt sich auf die Bildung des dreifachen Lackes aus Farbstoff, Tannin und Antimon und beruht auf folgender Arbeitsweise:

a) Herstellung der Druckfarbe (Tanninfarbstofflack in einem organischen Lösungsmittel gelöst);
b) Fällung des Tanninlackes in der Faser während des Dämpfens;
c) Bildung des dreifachen Lackes durch Nachbehandlung der gedämpften Faser in einer Lösung von Metallsalzen (Sb, Zn, Pb, Sn).

Die Druckfarbe enthält:

Den Farbstoff, ein Lösungsmittel (Azetin, Glyzerin, Glyecin, Essigsäure, Wein- oder Oxalsäure, die Verdickung (essigsaure Stärke-Tragantverdickung oder Gummilösung), Tannin (gewöhnlich 2—2 ½ Gewichtsteile Tannin für 1 Gewichtsteil Farbstoff). Im allgemeinen verwendet man eine Essigsäure–Tannin-Lösung 1:1.

Eine genügende Menge Essigsäure ist unbedingt notwendig, um die Tannate der Farbstoffbasen in Lösung zu halten. Die Farblackbildung muss durch Zusatz von organischen Säuren (Essig-, Wein- oder Oxalsäure) verhindert werden.

Druckvorschrift (nach R. Haller).

10— 20 g	basischer Farbstoff werden in
100 g	Essigsäure von 6° Bé sowie
230—180 g	heissem Wasser gelöst und zu
600 g	saurer Stärke-Tragantverdickung (oder Gummiwasser 1:1) gegeben. Nach dem Erkalten werden noch
60—100 g	Tannin-Essigsäurelösung 1:1 zugegeben.
1000 g	

Druckvorschrift (nach einer elsässischen Manufaktur).

30 g	Tannoflavin TR (Sandoz) werden in
100 g	Essigsäure 60%
30 g	Azetin
20 g	Weinsäure 1:1 und
120 g	Wasser gelöst und zu
580 g	Schirazgummiverdickung gegeben. Nach dem Erkalten gibt man
120 g	Tanninlösung 1:1 mit Essigsäure zu.
1000 g	

24 g	Rhodamin N 7 J (Francolor)
6 g	Auramin O
25 g	Glyzerin
160 g	Wasser
30 g	Resorzin 1:1 mit Wasser
555 g	Schirazgummiverdickung
30 g	Azetin
170 g	Tannin 1:1 mit Wasser
1000 g	

Nach dem Drucken und Trocknen wird gedämpft. Gewöhnlich wird die Ware zuerst zur Beseitigung der Essigsäure während 6 Minuten durch den Schnelldämpfer genommen und hierauf in Sackform aufgewickelt noch 1 Stunde im Runddämpfer unter Druck gedämpft. Während des Dämpfens bildet sich der Farbstofftanninlack auf der Faser. Nun wird die Ware während ½—1 Minute durch das 40—50° C warme Brechweinsteinbad genommen, gut ausgewaschen, geseift und gespült.

Die Brechweinsteinlösung enthält in der Regel 5 g Brechweinstein im Liter und gewöhnlich noch 25 g Natriumchlorid und 5 g Kreide. Die Gegenwart des Kochsalzes begünstigt die Fixierung des Tannins. Sanine hat nachgewiesen, dass die Menge fixierten Tannins um so grösser ist, je verdünnter die Brechweinsteinlösung ist. Gleichzeitig mit der Fällung des Brechweinsteins durch das Tannin bildet sich saures Kaliumtartrat, welches den Antimonlack auflösen kann; diesem Übelstand wird abgeholfen durch Zugabe von Kreide und Soda zum Brechweinsteinbade.

Um einen guten Weissgrund zu erhalten, ist es meistens unentbehrlich, auf dem Foulard leicht zu chloren und unmittelbar darauf auf dem Trockenzylinder zu trocknen (Trockenchloren). Man kann auch nach der Chlorpassage, durch einen kleinen Dampfkasten nehmen und erst dann auf der Trockenmaschine trocknen (Dampfchloren).

In der Absicht, das gewöhnliche Fixierungsverfahren zu vereinfachen, hat man versucht, die Fixation der basischen Farbstoffe während des Dämpfens zu bewirken. Es musste also in diesem Fall der Druckfarbe der Farbstoff, das Tannin und das Antimonsalz einverleibt werden, aber unter der Bedingung, dass die Lackbildung erst während des Dämpfens erzeugt wird.

Die in dieser Hinsicht erschienenen Arbeiten sollen hier kurz erwähnt werden.

Flintoff versuchte, die Lackbildung während des Dämpfens durch Zugabe von Aluminiumhydrat und Weinsäure oder Antimonoxydulhydrat zur Druckfarbe zu bewirken. (R.G.M.C. 1899, S. 59.)

Pomerantz (Z. f. F. I. 1913, S. 101 und R. G. M. C. 1913, S. 265) verwendet die Tanninsalze der Alkalien oder Erdalkalien zum Fixieren der basischen Farbstoffe. Diese Salze sind in Wasser unlöslich, aber in glyzerinhaltigem Wasser löslich.

Wosnessensky (*D. R. P. 308.815;* Frb.-Ztg. 1918, S. 275; Bull. Mulh. 1914, S. 367; R.G.M.C. 1914, S. 212) wendet Resorzin als Lösungsmittel für das Antimontannat an. Der Nachteil dieser Methode beruht auf der Unbeständigkeit der Druckfarben, die aus diesem Grunde oft zu hell ausfallen. Ein von der Manufaktur E. Zundel in Moskau am 27. September 1912 bei der Soc. Ind. de Mulhouse niedergelegtes versiegeltes Schreiben beschreibt genau das gleiche Verfahren; die Priorität gehört also zweifellos der letztgenannten Firma. Leider wurde dieses Dokument erst später veröffentlicht (Bull. Mulh. 1938; Sitzung vom 3. Juni)[1]).

30 g	basischer Farbstoff
200 g	Resorzin 1:1
70 g	Weinsäure 50%
350 g	Trangantschleim
200 g	wässerige Tanninlösung 1:1
150 g	Brechweinsteinlösung 10%
1000 g	

L. Diserens (R.G.M.C. 1917, S. 142, 1918, S. 63) hat die Anwendung von Zinktannat, welches in Resorzin und Glykolsäure löslicher als Antimontannat ist, vorgeschlagen. Die nach dieser Methode hergestellten Druckpasten sind gut haltbar und ergeben mithin

[1]) Versiegeltes Schreiben von Wosnessensky. Nr. 2228 vom 5. März 1913 und versiegeltes Schreiben von der Manufaktur E. Zündel. Nr. 2205 vom 27. September 1912.

glatte Drucke. Die in Gegenwart von Resorzin oder Glykolsäure erhaltenen Zinklacke sind nicht weniger lichtecht als die entsprechenden Antimonlacke. L. Diserens führt folgendes Rezept an:

30 g	basischer Farbstoff
50 g	Glyzerin
150 g	Resorzin 1:1 oder Glykolsäure 1:3 in Wasser gelöst
610 g	Gummiwasser
40 g	Zinkchlorid, Zinksulfat oder Zinklaktat
120 g	Tannin-Essigsäure 1:1
1000 g	

Die Auswahl des Zinksalzes ist von grosser Bedeutung. Zinkazetat gibt schlechte Ausbeute; das beste Resultat wird mit schwefelsaurem und milchsaurem Zink erreicht.

Dieses Verfahren wurde zum Buntreservieren mittels basischer Farbstoffe unter Schwefelfarbstoffärbungen angewandt und erlaubte eine tadellose Herstellung dieses Artikels, welcher sich bis dahin nicht einwandfrei herstellen liess.

Bayer & Cie. in Elberfeld erwähnten später (*D.R.P. 312.584*, 1918) eine auf der gleichen Methode beruhende Arbeitsweise, in welcher empfohlen wird, einen basischen Farbstoff, Tannin, und ein zweiwertiges Metallsalz unter Zusatz von Resorzin zur Druckfarbe zuzugeben[1]).

20 g	basischer Farbstoff in
190 g	Essigsäure 7° Bé,
320 g	essigsaure Stärke-Tragantverdickung und
120 g	Resorzin in warmem Wasser im Verhältnis 1:2 gelöst, lösen. Nach dem Erkalten werden
280 g	essigsaure Tanninlösung 1:1 sowie eine Mischung von
20 g	Resorzin und
50 g	essigsaures Zink 10° Bé eingeführt.
1000 g	

Stiegler (Bull. Mulh. 1920, S. 173) beschreibt ein Fixierungsverfahren, welches auf Anwendung von Bleisalzen beruht, die in Gegenwart von Milchsäure mit dem Tannin keine Fällung geben. Das Bleitannat ist nämlich in Glykolsäure, Milchsäure, überschüssigem Tannin und Resorzin löslicher als das Antimontannat.

L. Diserens (versiegeltes Schreiben bei der Soc. Ind. Mulh. 1921 niedergelegt; Bull. Mulh. 1932, Nr. 1) stellt fest, dass Zinklaktat oder -glykolat Tannin in der Kälte nicht ausfällen und deshalb anstandslos den Druckfarben zugegeben werden können. Diese beiden Salze sind aber leider in Wasser nur wenig löslich.

---

[1]) Siehe Schneevoigt, Über die Verwendung von Resorzin im Zeugdruck. Mell. 1925, S. 106.

Folgendes Druckrezept wird als Beispiel angegeben:

40 g	basischer Farbstoff
40 g	Glyzerin
50 g	Azetin
70 g	Essigsäure
210 g	Gummiwasser
30 g	Zinklaktat oder -glykolat
100 g	Wasser
160 g	Wassertannin 1:1
300 g	Gummiwasser
1000 g	

Nach dem Drucken wird gedämpft, gespült, geseift, gewaschen und getrocknet.

Laut Lyrha (Bull. Soc. Ind. Mulh. 1929, Dezemberheft, S. 754) geben die Antimonsalze, Brechweinstein ausgenommen, mit Borsäure einen unlöslichen Niederschlag (Antimonborat), welcher sich erst während des Dämpfens in seine Komponente spaltet.

Verfahren mit Débétanlaque A oder C (Lab. Zundel, Joliet & Cie, Gennevilliers).

Diese Arbeitsweise beruht auf Verwendung eines Speziallösungsmittels für Antimontannat. Die Druckfarbe setzt sich aus einer verdickten basischen Farbstofflösung, Tannin und dem Speziallösungsmittel, zusammen; der darauffolgende Zusatz von Brechweinstein oder besser Antimonlaktat geschieht ohne jegliche Gefahr einer Niederschlagbildung. Die Lackbildung tritt erst während des Dämpfens ein.

30 g	basischer Farbstoff	Auflösen und dann
80 g	Azetin	
640 g	Gummiwasser	
100 g	Tanninlösung 1:1 in Débétanlaque C	
100 g	Débétanlaque C	
50 g	wässerige Brechweinsteinlösung 7 % zugeben	
1000 g		

Diese Methode ist für Direkt- und Ätzdruck von Interesse; sie ist einfach und gibt ausgezeichnete Resultate.

a) Fixieren der basischen Farbstoffe ohne nachheriges Dämpfen.

Verfahren von Geigy *D.R.P. 371.597*, *386.032* (16. 3. 1923) und *brit. P. 183.813* (Tiba 1923, S. 847; R.G.M.C. 1935, S. 295). Diese Firma verwendet als Lösungsmittel Glykolsäure und Monochloressigsäure, sowie Milchsäure, Oxalsäure (Pat.-Anm. G. 56.661), Äthylenglykol usw.

Das Äthylenthioglykol (Pat.-Anm. G 59.587, *D. R. P. 400.684*), welches dem Handelsprodukt Irgasol entspricht, wurde ebenfalls zum gleichen Zweck empfohlen. Das Verfahren ist für den Spritzdruck sowie für die Textilkleinindustrie von Interesse. Geigy empfiehlt, folgendes Rezept anzuwenden:

10 g	basischer Farbstoff in
50 g	Essigsäure und
200 g	heissem Wasser auflösen und diese Lösung
520 g	Stärke-Tragantverdickung und
20 g	Tannin einverleiben. Zum Schluss
200 g	Monochloressigsäure zugeben
1000 g	

Die eben erwähnten Patente bilden die Grundlage der *Irgafarben*, welche Geigy in Form von Lösungen, die mit obengenannten Lösungsmitteln bereitet werden, auf den Markt brachte. Ihre Anwendung war äusserst einfach, es genügte, sie zu verdicken, zu drucken und nach dem Trocknen leicht zu seifen. (Siehe diesbezüglich den Aufsatz von A. Schneevoigt in Mell. 1925, S. 106—107.)

Die basischen Farbstoffe lassen sich auch mittels anderer Beizen, als Tannin, fixieren.

b) Fixierung mit Zinkferrocyanid.

In diesem Sinne wurden Ferro- und Ferricyankalium und besonders Ferrocyanzink angewendet (Reber, Bull. Soc. Ind. de Rouen, 1884, S. 768, Anwendung von rotem Blutlaugensalz; H. Schmid, Fixierung mit Ferrocyanzink).

Da die Licht- und Waschechtheit dieser Lacke sehr schlecht ist, kommt ihre Anwendung für den Direktdruck kaum in Frage, dagegen werden sie wegen ihres besonders schönen Glanzes für Buntreserven unter Prudhommeschwarz in vielen Ländern, besonders Russland, Tschechoslowakei, Ungarn u. a. m. in grossem Maßstabe heute noch benutzt.

Im Jahre 1893 wurde die Verwendung von Zinkazetat als Reserve unter Anilinschwarz durch die Firma Thornliebank und durch Whitehead patentiert. Dieses Verfahren beruht auf Bildung von unlöslichem Zinkferrocyanid durch doppelte Umsetzung des im Anilinschwarzbad enthaltenen Kaliumferrocyanid mit dem der Ätzfarbe hinzugefügten Zinkazetat. Das so gebildete Ferrocyanzink wirkt als Beize für die basischen Farben. (Siehe F. Oswald, Bull. Soc. Ind. Mulh. 1894, S. 264.)

Ein sehr schönes Rosa wird auch unter oben beschriebenen Bedingungen mit Ferrocyanzink und Rhodamin 6 G extra erhalten.

In Russland verwendet man das Ferrocyanverfahren zum Fixieren der basischen Farbstoffe im Reservedruck unter Schwefel- und Küpenfarbstoffen (Kielbasinsky, Frb.-Ztg. 1912, S. 233, ebenfalls L. Diserens, dieses Werk, Teil I, Bd. I, Kap. II.

Man verfährt wie folgt: der Stoff wird in einer Lösung von gelbem Blutlaugensalz (40 g / L.) foulardiert, getrocknet und mit einer Reserve, die Zinkchlorid sowie die verdickte Lösung des basischen Farbstoffes enthält, bedruckt; hierauf wird gedämpft und in einer Schwefelfarbstofflösung gepflatscht, auf einem Säurebad entwickelt und gewaschen.

L. Diserens vereinfacht dieses Verfahren durch Zugabe von Resorzin und Tannin zur Zinkchloridreserve, wodurch das Pflatschen in Ferrocyankalium wegfällt (R.G.M.C. 1918, S. 63).

Ch. Dziewonsky und Fleischer (Bull. Mulh. 1926) erhielten auf der Faser echte Lacke von basischen Farbstoffen durch Vorpräparieren der Ware mit gelbem oder rotem Blutlaugensalz und Überdrucken mit in einem organischen Lösungsmittel gelösten basischen Farbstoff unter Zusatz von Borwolframsäure und Zinkchlorid.

Dosne (R.G.M.C. 1914, S. 72) beschreibt ein Verfahren zur Fixierung der basischen Farbstoffe ohne Dämpfen mittels Ferrocyanzink.

Justin Müller benutzt das Ferrocyanverfahren, um basische Farbstoffe im Ätzdruck auf Färbungen von Substantiv- und Azofarbstoffen wie folgt zu fixieren (Bull. Mulh. 1907, S. 428; 1920, S. 636; R.G.M.C. 1908, S. 148): der mit direkten Farbstoffen gefärbte Stoff wird in einer Kaliumferrocyanidlösung gepflatscht, getrocknet und mit einer den basischen Farbstoff, Zinksulfat und Natriumformaldehydsulfoxylat enthaltenden Druckfarbe überdruckt; nach dem Dämpfen wird gewaschen und getrocknet.

M. Michels hat eine sehr interessante Arbeit über die Fixierung der basischen Farbstoffe auf komplexe Salze veröffentlicht (Bull. Mulh. 1928, Maiheft, S. 343). Er schreibt diese Fixierung gewissen in diesen Beizmitteln enthaltenen chemischen Gruppen zu. Diese aktiven Gruppen sind folgende:

SiO_2	Silikate und Kieselsäure, die so gebildeten Lacke sind wenig lichtecht.
MoO_3 WO_3	Durch Molybdän- und Wolframsäure werden alle basischen Farbstoffe gefällt. Diese Eigenschaft dehnt sich auf ihre Salze und ihre komplexen Verbindungen: Siliko-, Phospho-, Arsenmolybdate und Silikowolframate aus, welche in neuerer Zeit eine grosse Verwendung zur Herstellung von Pigmenten fanden und dies besonders, weil die auf die genannten komplexen Verbindungen fixierten basischen Farblacke sich durch gute Lichtechtheit auszeichnen.
CrO_3	Chromsäure und Chromate geben mit basischen Farbstoffen in Wasser schwerlösliche Niederschläge.
UO_3	Uraniumoxyd fixiert die basischen Farbstoffe, aber wenig echt, weil seine Dispersion schwer herzustellen ist.

CN′	Die Cyanide geben in Wasser schwer lösliche Niederschläge.
SCN′	Diese basischen Farbstofflacke sind wasserunlöslicher als die entsprechenden Cyanlacke. Die Zink- und Kupfersulfocyanide wurden wie das Ferrocyanzink für den Stoffdruck und zur Fixierung der basischen Farbstoffe bei der Herstellung von Platten und Filme für die Farbenphotographie vorgeschlagen.
$Me(CN)_x$ $Me(SCN)_x$	Da die Ferrocyanide weniger löslich sind als die Ferricyanide, bilden sie mit basischen Farbstoffen in Wasser weniger lösliche Niederschläge als erstere. Das Berlinerblau fixiert die basischen Farbstoffe nicht, die Kobaltferrocyanidniederschläge sind wenig stabil und die entsprechenden Nickelsalze etwas echter als die des Kobaltes. Das Ferrocyanzink wird, wie oben erwähnt, im Zeugdruck angewandt. Das Kupferferrocyanid wird als Beizmittel im Uvachromverfahren zur Herstellung von Platten für die Farbenphotographie, aber nicht im Zeugdruck benutzt.

Man hat festgestellt, dass sich die basischen Farbstoffe um so echter mit den komplexen Salzen verbinden, je feinverteilter diese sind. M. Michels zieht hieraus den Schluss, dass ein Komplexsalz dem basischen Farbstoff eine genügend grosse Oberfläche bieten muss, um ihn fixieren zu können (Flächenwirkung der Kolloide). Es ist auch tatsächlich bekannt, dass Kuproferrocyanid, $Cu_4Fe(CN)_6$, basische Farbstoffe viel echter fixiert als Tannin und Kupriferrocyanid $Cu_2Fe(CN)_6$. Letzteres Salz lässt sich praktisch nicht fein genug dispergieren und bietet aus diesem Grunde eine geringere Oberflächendichte von aktiven Gruppen dar, da sein Molekularvolumen und hiermit seine Molekularoberfläche kleiner ist als die des Tannins oder des entsprechenden Kuprosalzes.

Hier ist noch das *brit. P. 566.258* der Calico Printers Association Ltd. zu erwähnen, das Bezug hat auf die Fixierung der basischen Farbstoffe mittels Phosphowolfram- oder Phosphomolybdänsäure.

Die Farbstofflacke von basischen Farbstoffen mit anorganischen Säuren, wie Phosphowolfram-, Phosphomolybdän- oder Silikowolframsäure, besitzen nur eine ungenügende Wasch- und Reibechtheit. Man kann die Lacke jedoch fixieren, ohne Verwendung eines Fixierungsmittels, indem man auf das Gewebe gleichzeitig den basischen Farbstoff und die anorganische Säure in alkalischer, wässeriger Lösung aufdruckt und dann durch Säuern ausfällt.

Man löst den Farbstoff in einer Mischung von Wasser und einem nicht sauren, wasserlöslichen Lösungsmittel, wie Äthylalkohol, Äthylenglykol oder Diäthylenglykol. Die anorganische Säure wird in Form von wasserlöslichem, neutralem Salz (Natriumsalz) angewendet.

Im Patent wird folgendes Beispiel angegeben:

Man druckt auf ein viskosekunstseidenes Gewebe eine Paste die wie folgt hergestellt wird: man löst 1 g Viktoriablau (Col. Ind. Nr. 728) in einer Mischung von 8 g Äthylalkohol, 30 g Wasser und 10 g Harnstoff (letzterer wirkt als hygroskopische Substanz während des Dämpfens) und setzt hierauf das Verdickungsmittel zu. Dieser Paste gibt man alsdann eine wässerige Lösung von 3 g Natriummolybdat/Liter, deren pH zwischen 9 und 11 eingestellt ist und Verdickungsmittel zu. Nach dem Trocknen wird die Ware 1 Stunde gedämpft. Hierdurch wird das Eindringen des noch löslichen Farbstoffes in die Faser erleichtert.

Man fällt alsdann durch Dämpfen in essigsaurem Dampf den unlöslichen Lack auf der Faser aus. Schliesslich wird geseift, gespült und getrocknet. Man erhält hierbei lebhafte blaue Drucke, die durch gute Licht- und Waschechtheit gekennzeichnet sind.

c) Fixierung basischer Farben durch Kondensationsprodukte aus Phenolen bzw. Harnstoff mit Formaldehyd.[1])

C. Favre[2]) verwendete Kondensationsprodukte von Resorzin mit Formaldehyd. Diese Substanzen waren bereits von Goldschmid (Chem. Ztg. 1900, S. 145) durch Reaktion von Formaldehyd im Überschuss auf Resorzin in Gegenwart von Mineralsäure hergestellt worden. Dieses Produkt, welches C. Favre als Beizmittel sowohl im Druck wie auch in der Färberei einführte, hat nach Goldschmid folgende Formel:

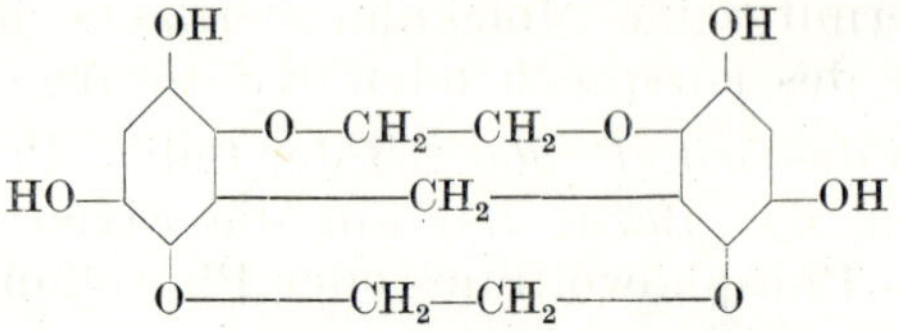

(?)

Für das Beizen verwendet man folgende Lösung (siehe Newjadomsky, Frb.-Ztg., 1901, S. 293):

15 T. Resorzin
800 T. Wasser
200 T. Natriumbisulfit 38⁰ Bé
125 T. Formaldehyd 11⁰ Bé

E. Blumer (*D. R. P. 174.745*, 1904; *D. R. P. 140.552;* Friedl. Bd. VIII, 1905—1907, S. 804) beschreibt ebenfalls die Herstellung von Kondensationsprodukten aus Phenol und Formol, welche er als Tanninersatzmittel empfiehlt.

---

[1]) Siehe versiegeltes Schreiben (9. Juni 1913) von C. Favre und A. Wolf, Bull. Mulh., 1927, S. 159 und den Bericht von Ph. Brandt, sowie Kap. VI, S. 24 dieses Werkes. Roggieri, Barzaghi, R. G. M. C. 1906, S. 164 (Reserven mit basischen Farbstoffen unter Anilinschwarz); E. Bechtel, R. G. M. C., 1915, S. 145. Vergleiche ebenfalls R. G. M. C., 1913, S. 190 und Frossard und Mouette, Manufaktur E. Zündel in Moskau, R. G. M. C., 1913, S. 182. Siehe dieses Werk, Kap. XII.

[2]) R.G.M.C. 1901, S. 180; Bull. Mulh. 1901, S. 124—128.

Die gleichen Derivate wurden später von der Firma E. Zündel in Moskau zum Fixieren der basischen Farbstoffe auf Baumwolle empfohlen (R.G.M.C. 1913, S. 182, 190, 245, 276; Frb.-Ztg. 1914, S. 63; *D.R.P. 264.137; franz. P. 452.677*). Die Kondensation von Phenol mit Formaldehyd findet in saurem Mittel viel rascher statt, und als Kondensationshilfsmittel gibt Kaliumsulfit die besten Resultate.

Caberti schlug das Kondensationsprodukt aus Resorzin-Formaldehyd zum Fixieren von basischen Farbstoffen unter Anilinschwarz (R.G.M.C. 1906, S. 164) vor, während J. Frossard und Mouette es zur Herstellung von Buntreserven unter Schwefelfarbstoffärbung anwendeten[1]).

Gemäß *D.R.P. 433.152*, 1924 der I. G. Farbenindustrie, lassen sich ebenfalls die Kondensationsprodukte aus Harnstoff und Aldehyden anwenden. Das *brit. P. 4332.10*, Ciba, beschreibt ein identisches Verfahren, nämlich Vorpräparieren der Ware mit Kondensationsprodukten und nachheriges Drucken mit basischen Farbstoffen. Zufolge *brit. P. 433.143* kann man die Kondensationsprosukte aus Methylharnstoff, z. B. Dimethylolharnstoff, Guanidin und Formaldehyd benutzen. Der Stoff wird mit einer Lösung dieser Produkte imprägniert, welche man hierauf auf dem Gewebe selbst durch Erhitzen kondensiert. Die *franz. P. 713.283*, St-Denis; *768.282*, Ciba; *765.745* sowie die *schweiz. P. 166.758* und *166.759* beziehen sich ebenfalls auf diese Frage. Das erste Patent erwähnt wasserlösliche Kondensationsprodukte, welche durch Kondensation von primären Aminen mit aliphatischen Aldehyden in saurem Mittel gebildet werden; das zweite beschreibt Produkte, welche durch Einwirkung von primären aliphatischen Derivaten, wie Dicyandiamid, Guanylharnstoff, Guanidin, Biuret oder Cyanursäure mit Formol entstehen.

Die *franz. P. 769.307* und *794.272* (Rivat) beziehen sich ebenfalls auf das Fixieren der sauren und basischen Farbstoffe auf vegetabilischen Fasern mittels Harnstoff-Formaldehyd-Kondensate, fallen also zweifellos unter die früheren Patente, namentlich *D.R.P. 433.152*, 1924 der I.G. Farbenindustrie.

D.R.P. 646.529, Ciba, bringt eine interessante Beobachtung hinsichtlich des Beizens von Zellulosefaser mit Harnstoff-Formaldehyd-Derivaten. Es wäre hiernach möglich, verschiedene Kunstharze zu erzeugen, von denen die einen saure Farbstoffe, die anderen basische Farbstoffe fixieren, und zwar je nachdem die Imprägnierungslösung von Harnstoff-Formol einen Zusatz organischer Basen (Triäthanolamin) oder von Säuren (Weinsäure) enthält.

---

[1]) Revue Textile 1922, S. 925, Bull. Mulh. 1924, S. 278; 1938, Sitzungsbericht vom 3. Juni 1938.

Als Beispiel wird zitiert, dass Kunstharz, welches in Gegenwart von einem Amin auf Zellulosefaser gebildet wird, Kitonrot G fixiert, während durch Zusatz von Weinsäure die Affinität zu Rhodamin 6 G wesentlich erhöht wird.

d) Fixieren mittels wolframsauren Natriums.

Albert Scheurer, welcher die Fixation der basischen Farbstoffe mittels Wolframsäure eingehend untersuchte, fand, dass diese Säure mit ihnen unlösliche Lacke bildet, und er benutzte diese Reaktion, um Buntätzen unter Anilinschwarz herzustellen (Bull. Mulh. 1900, S. 138).

Zu diesem Zwecke wird das Gewebe mit Natriumwolframat imprägniert, mit verdünnter Schwefelsäure behandelt, gewaschen und getrocknet; hierauf foulardiert man in Anilinsalzlösung. Nach dem Überdrucken mit Buntreserven, welche den basischen Farbstoff und Natriumazetat enthalten, dämpft man 2 Minuten und passiert durch Bichromatlösung. Biehler hat diese Methode für das Buntätzen mittels basischer Farbstoffe auf Indigoblau und für Buntreserven unter Paranitranilinrot angewendet. (Biehler, R.G.M.C. 1910, S. 313.)

e) Fixieren mit Albuminlösung.

Dieses Verfahren findet gewöhnlich nur für gewisse Artikel, namentlich für Futterstoffe, Anwendung.

Druckvorschrift:

5— 10 g	basischer Farbstoff werden in
195—190 g	heissem Wasser gelöst und nach dem Erkalten in
200 g	wässerige Albuminlösung 1:1 und
600 g	neutrale Stärke-Tragantverdickung eingerührt
1000 g	

Nach dem Drucken wird die Ware 4—6 Minuten im Schnelldämpfer gedämpft und ohne Zwischenwaschung appretiert.

f) Fixieren von basischen Farbstoffen mit Tanninersatzmitteln.

Als Ausgangspunkt für die Herstellung von Tanninersatzmitteln kann man die Arbeit von Haittinger (Monatshefte für Chemie, 1883, Bd. 4, S. 164) ansehen. Dieser Forscher gedachte, Oxyphenylmerkaptane und seine Salze

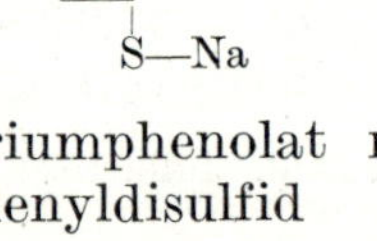

durch Erhitzen von Natriumphenolat mit Schwefel darzustellen, erhielt aber das Dioxydiphenyldisulfid

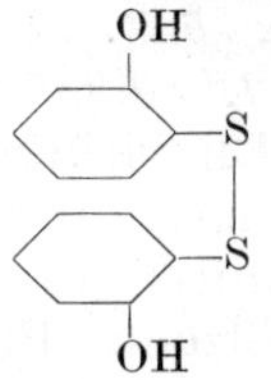

welches erst durch Behandlung mit Natriumamalgam das Oxyphenylmerkaptan bildet.

Dieses Produkt wurde von Bayer-Thauss-Günther (*D.R.P. 400.242*) als Beize für basische Farbstoffe untersucht, ergab aber wenig zufriedenstellende Resultate. Aus weiteren Forschungen gingen das Katanol N, ON und W der I. G.; Depsoline N und NRL von Kuhlmann; Thiotan S und MS von Sandoz; Resistone der Glowers Chem. Ltd. u. a. m. hervor. Es sind dies Thiophenole, welche durch Sulfurierung von Phenol oder Kresol in Gegenwart von Natronlauge oder Soda hergestellt werden[1]).

Die ersten technischen Produkte waren stark gefärbt, oxydierten sich an der Luft und waren wasserunlöslich (Katanol von Günther, *brit. P. 173.313; D.R.P. 400.242*).

Ähnliche Produkte wurden laut *D.R.P. 399.898; 400.776* durch Reaktion von Chlorschwefel auf Phenole erhalten. Zufolge *öst. P. 136.986*, welches dem *brit. P. 362.501* der I. G. Farbenfabriken entspricht, wird die Schmelze von Phenol mit Schwefel in Gegenwart von Soda statt Natronlauge vorgenommen (*franz. P. 730.511*).

Dem gewöhnlichen Anwendungsverfahren nach wird das Gewebe in einer sodahaltigen Katanollösung gepflatscht, hierauf gewaschen und mit basischen Farbstoffen gefärbt.

Nach Sazanoff (*franz. P. 603.121;* Tiba 1926, S. 707) liegt der hauptsächlichste Nachteil des Katanols in der Notwendigkeit, ein Zweibadverfahren anwenden zu müssen. Er hat nun beobachtet, dass Katanol keinen Niederschlag mit basischen Farbstoffen gibt, wenn man diese unter der Form ihrer freien Basen anwendet. Man löst den Farbstoff in Wasser und verrührt diese Lösung im Verdickungsmittel, hierauf fügt man Natronlauge zu, um den Farbstoff in seine freie Base überzuführen; das Katanol kann nun dieser kalten Druckfarbe ohne Niederschlagsbildung zugegeben werden. Nach dem Drucken wird gedämpft und in einer sauren Bichromatlösung entwickelt.

Bayer stellte wasserlösliche Kondensationsprodukte aus Aldehyden mit Phenolen her (*D.R.P. 347.131*).

[1]) *Brit. P. 173.313*, 1921; *D.R.P. 388.186*, 1921, *389.360*, 1921; *brit. P. 298.280, 298.362, 298.501;* siehe auch Dr. Richard Fischer, Neuere Erfahrungen mit Katanol im Zeugdruck, Mell. 1924, S. 119—121; L. Gaillard, Mell. 1924, S. 608.

Nach *franz. P. 730.541; brit. P. 393.011* der I. G. Farbenindustrie, ebenfalls *amer. P. 1.989.989* von Sandoz, erhält man ein farbloses Thiophenol durch Einwirkung von Phenol auf Sulfurylchlorid und darauffolgende Umsetzung mit einem Metallsalz, $SnCl_4$ oder $ZnCl_2$, welches als Beizmittel für basische Farben wirkt. Man nimmt z. B. 54 Teile geschmolzenes Phenol, fügt langsam 50 Teile Sulfurylchlorid und 20 Teile $SnCl_4$ hinzu, erwärmt auf 100° C und neutralisiert mit Natronlauge.

Gemäss *brit. P. 360.378* und *D. R. P. 526.277* wurde festgestellt, dass durch Reaktion von Zinnsalz auf Thiophenole nichtfärbende Produkte erhalten werden, die als Reserve beim Färben von Wolle mit direkten Farbstoffen wirken und deshalb für das Färben von Mischgeweben (Viskose und Azetatzellulose) mit Küpen- und Schwefelfarbstoffen Anwendung finden können (*D. R. P. 436.523* und *437.977*).

Zufolge *franz. P. 575.652* 1923, der S.P.C.M.C. Mulhouse, welches wahrscheinlich der Grundstein der zahlreichen Arbeiten darstellt, die schliesslich zur Herstellung des Mordant S.A.P.C. führten, behandelt man Ellaginsäure mit Schwefel und Ätzalkali; man erhält auf diese Weise ein in Wasser und Säuren unlösliches, aber in Alkali lösliches hellgelbes Produkt, welches Affinität für Baumwolle hat. Der mit diesem Produkt präparierte Stoff fixiert in hohem Grade basische Farbstoffe.

Der Schwefel reagiert nur sehr unvollkommen mit Phenolen durch Erhitzen auf ihre Siedepunkttemperaturen. Nach *franz. P. 577.653* erhält man eine gute Sulfurierung des Phenols durch Erhitzen der alkalischen Phenolate mit Schwefel, unter Zusatz kleiner Jodmengen als Katalysator. Im Laufe dieser Reaktion sollen sich in einer ersten Phase Jodophenol und Jodwasserstoffsäure bilden, während man in der zweiten Phase, welche sich ungefähr bei der Temperatur des Siedepunktes des Phenols abspielt, im Kühler Joddämpfe beobachten kann. Das Jodophenol wird wahrscheinlich dissoziiert und erleichtert in dieser Phase die Sulfurierung. Die Schwefelwasserstoffentwicklung wird weiter fortgesetzt durch Erhöhung der Temperatur auf 210° C und 4—5stündiges Erhitzen bei dieser Temperatur; hierauf geht man auf 250° C und nach weiteren 4—5 Stunden ist die Reaktion beendet. Es bleibt nur eine sehr kleine Menge Phenol zurück, welche man durch Abdestillieren entfernt. Das so erhaltene Produkt, wahrscheinlich Mordant S.A.P.C., wird nun mit seinem Gewicht Soda vermischt. Eine weitere Zugabe von 20—30% Alkali ist notwendig, um es wasserlöslich zu machen. Diese bedeutende Menge Alkali kann von schädlicher Wirkung auf gewisse Farbstoffe sein, ein Nachteil, welcher durch Sulfonierung des Produktes, um die Beize in wasserlösliche Form überzuführen, aufgehoben werden könnte. Das sulfonierte Produkt soll ebenfalls mit Essigsäure ohne Niederschlagbildung mischbar sein. (Siehe Bull. Mulh., Sitzung vom 1. Oktober 1937; versiegeltes Schreiben Nr. 2650, S.P.C.M.C. sowie Bericht von Kissin.)

Gemäss *D.R.P. 400.242* und *406.675*, 1924 kann man ebenfalls wasserlösliche Thiophenole durch Einwirkung von alkalischen Sulfiten in Gegenwart von Oxydationsmitteln (*D. R.P. 406.675*) oder zufolge *D.R.P. 409.683* und *409.782* der I.G. Farbenindustrie, sowie des bei der Soc. Ind. Mulh. niedergelegten versiegelten Schreibens Nr. 2650 der S.P.C.M.C. durch Sulfonierung darstellen.

Die *brit. P. 365.534; 374.928* und *375.885* (Sandoz) empfehlen die Anwendung von sulfonierten Phenolen, welche durch Einwirkung von Schwefel und Alkalien in Gegenwart von Kationen Al, Pb, As, Sn oder Mo erhalten werden. An Stelle von Alkalien verwendet man Zinkate, Antimoniate, Plumbite oder Molybdate. Nach *öst. P. 136.281*, welches sich ebenfalls auf diese Arbeiten bezieht, gibt man zur Schmelze alkalische Salze, die im Säurerest ein- oder zweiwertige Metalle, wie z. B. Stannite, enthalten.

Das *amer. P. 1.985.602* von du Pont de Nemours beschreibt folgendes Verfahren: Wenn man die Schmelze von Phenol mit Alkali und Schwefel mit einer für das Phenolgewicht ein wenig zu kleinen Schwefelmenge vornimmt und nach vollendeter Reaktion das überschüssige Phenol mit Wasserdampf abdestilliert, so erhält man ein in Wasser lösliches Pulver, welches die Faser nicht mehr bräunt.

Brit. P. 388.936 (Geigy) schlägt die Anwendung von sulfurierten Phenol-Formaldehyd-Kunstharzlösungen vor.

Nach *D.R.P. 618.034* der I.G. Farbenindustrie wendet man Phenol-Formaldehyd-Kondensate mit Alkylenoxyden an, in welche man Sulfogruppen einführt, um sie wasserlöslich zu machen. Das Patent führt folgendes Beispiel an: ein Kondensationsprodukt von Formaldehyd mit Phenol wird in Alkalien aufgelöst und der Lösung langsam Äthylenoxyd zugegeben; nach vollendeter Reaktion wird sulfoniert. Das so erhaltene Produkt stellt einen Ersatz für Tannin dar und fixiert die basischen Farbstoffe.

Nach dem *D.R.P. 666.254* von Bucherer sind die harzartigen Kondensationsprodukte von Phenolen und Aldehyden im allgemeinen in Alkohol und Alkalien löslich, aber unlöslich in Wasser

Gemäss der Erfindung soll es möglich sein, wässerige kolloidale Lösungen dieser Körper auf folgende Weise herzustellen: Man erwärmt eine alkalische Lösung dieser Substanzen so lange am Rückflusskühler, bis eine mit Wasser niedergeschlagene Probe nach gründlichem Waschen und nach Auflösen in Alkohol sich ohne Trübung mit Wasser verdünnen lässt. Ist dieser Punkt erreicht, so wird das Harz mit Säure niedergeschlagen. Der erhaltene Niederschlag ist leicht in Alkohol und in Alkalien löslich. Diese Lösungen lassen sich zum Beizen von Zellulosefasern, welche für das Färben mit basischen Farbstoffen bestimmt sind, anwenden.

Da Katanol O oder ON nicht direkt den Druckfarben einverleibt werden kann, verfährt man folgendermassen: Man druckt zuerst in einem geeigneten Lösungsmittel gelösten und verdickten Farbstoff ohne Beize und dämpft eine Stunde. Hierauf pflatscht man die Ware in einem 20 g/Liter Katanol O und 1—2 g/Liter kalz. Soda enthaltenden Bade.

Da für weissbödige Ware die Fixierung von Drucken mit Katanol O oder ON nicht zu empfehlen ist, hat die Anwendung der Tanninersatzmittel im allgemeinen wenig Anklang gefunden, und sie scheint sich auf die Herstellung von Ätzeffekten auf Färbungen direkter Farbstoffe und Reserven unter Anilinschwarz zu beschränken[1]).

Die Mehrzahl der als Tanninersatzmittel vorgeschlagenen Verbindungen haben wichtige Verwendung auf einem ganz verschiedenen Gebiete gefunden, nämlich als Reservemittel für substantive Farbstoffe in der Wollfärberei.

Um eine bessere Lösung der basischen Farbstoffe im Färbebad zu erhalten, empfiehlt *brit. P. 495.782* von Wyler und Imp. Chem. Ind. einen Zusatz von Sulfaminsäure zu den Basen der basischen Farbstoffe (Rhodamin B, Akridinorange, Methylviolett 2 B usw.).

Lösungsmittel für basische Farbstoffe.

Um die Tanninlackbildung in der Druckfarbe zu verhindern, müssen die basischen Farbstoffe in geeigneten Lösungsmitteln gelöst werden.

1. Die Alkohole, und zwar Äthyl-, Butyl- und Amylalkohol (letzterer besonders für Rhodamin).

2. Die Glykolderivate sind ausgezeichnete Lösungsmittel für basische Farbstoffe.

Äthylenglykol allein oder in Mischung mit Äthylenchlorhydrin (*D.R.P. 400.684* von Geigy; *franz. P. 587.269*, 1924; R.G.M.C. 1935, S. 142) kommt unter dem Namen Irgasol auf den Markt.

Diäthylenglykol, *D.R.P. 391.007; 340.552.*

Glykoläther, z. B. Monoäthyl- und Butylglykol (Cellosolve der Carb. Carb. Chem Corp. New York).

[1]) Siehe J. Soc. D. and Col. 1925, S. 108—109; Dr. Richard Fischer, Neuere Erfahrungen mit Katanol im Zeugdruck, Mell. 1924, S. 119—121; Islentjeff, Kongress I. V. C. C. Heidelberg, 1928, Mell. 1928, S. 755—757.

Thiodiäthylenglykol, welches von den Farbwerken Höchst (*D.R.P. 339.690; brit. P. 147.102*) patentiert wurde, ist ein ausgezeichnetes Lösungsmittel, welches vorteilhaft Azetin ersetzt; es wird nicht nur zum Lösen von basischen Farbstoffen, sondern auch von Indigosol- und Chrom-Farbstoffen sowie in Küpenfarben angewendet

3. Das Glyzerin.

4. Die Ester der mehrwertigen Alkohole (Glyzeride).

Azetin ist ein Essigsäureglyzerinester (B.A.S.F., *D.R.P. 37.064;* Fischer's Ber. 1889, S. 928). Es wird hergestellt durch Kochen von Glyzerin mit der doppelten Menge Eisessig, nach dem Abdestillieren der überschüssigen Essigsäure erhält man ein Rohprodukt, welches das Azetin des Handels darstellt und ein vorzügliches Lösungsmittel für basische und spritlösliche Farbstoffe, sowie für Tannin ist.

Tartrin istWeinsäureglyzerinester; es wurde von Oesinger & Cie. als Lösungsmittel für Induline empfohlen (*D.R.P. 83.060*, Fischers Ber. 1895, S. 987). Tartrin wird durch Erhitzen während 24 Stunden von 300 Teilen Weinsäure mit 400 T. Glyzerin bei 160° C erhalten.

Diformin: Dieses Produkt ist von der Nitritfabrik A.G. Köpenick in den Handel gebrachter Ameisensäureglyzerinester, der als Ersatz für Azetin gebraucht wurde.

Das Glyzerid der Lävulinsäure ebenfalls von Oesinger.

Es sei auch das *D.R.P 51.122* von Bayer erwähnt (Fischers Ber. 1890, S. 114), welches darauf aufmerksam macht, dass die Glyzeride oder Glukoside des Tannins keine Niederschläge mit Metallsalzen bilden.

5. Die Ester der einwertigen Alkohole.

Äthyltartrat ist ein gutes Lösungsmittel für Thioflavin und Akridinfarbstoffe. Es wird durch Auflösen von Weinsäure in den gleichen Mengen kochenden Alkohols dargestellt und kommt als aromatisch riechende, klare Flüssigkeit von 15° Bé in den Handel.

Ester der Milchsäure (B.A.S.F., *D.R.P. 101.273*).

6. Die aliphatischen Säuren: Essigsäure, Ameisensäure, Weinsäure.

Milchsäure, (Böhringer. *D.R.P. 95.828* und *95.829*).

Lävulinsäure, (Meister, Lucius & Brüning in Höchst), wurde als Lösungsmittel für Induline verwendet.

Glykolsäure, (Diehl, Frb. Ztg. 1914, S. 138; R.G.M.C. 1914, S. 217; Diserens, R.G.M.C. 1919, S. 117, 242).

Monochloressigsäure: Die Anwendung von Glykol- und Monochloressigsäure als Lösungsmittel anstatt Essig- und Ameisensäure bildet den Gegenstand des *D. R. P. 371.597* und *386.032* (Geigy), sowie des *brit. P. 183.813* (Tiba, 1923, S. 847; R. G. M. C. 1935, S. 295).

Richard hat festgestellt, dass basische Farbstoffe durch Zusatz von Chloressigsäure lebhafter und dunkler ausfallen.

Das Patent von Geigy gestattet, basische Farbstoffe im Druck ohne Dämpfen zu fixieren. Man druckt den in Essig- und Monochloressigsäure gelösten Farbstoff mit Zusatz von Tannin und Gummiwasser auf das Gewebe auf, trocknet und fixiert, ohne zu dämpfen, durch eine Passage in einer Antimonsalzlösung. Die fertigen Druckfarben werden von Geigy unter dem Namen Irgafarben auf den Markt gebracht und besonders für Spritzdruck anempfohlen.

Dieses vereinfachte Verfahren kam in den Jahren 1922—1925 zur Anwendung.

Die Druckfarbe besteht aus:

10 g	basischer Farbstoff
50 g	Essigsäure
200 g	Wasser
520 g	Verdickung (Gummilösung)
20 g	Tannin
200 g	Monochloressigsäure
1000 g	

7. Phenol und seine Derivate:

Phenol: Gassmann, *D. R. P. 99.750*, 1897; R. G. M. C. 1901, S. 242 und später Firma E. Zundel in Moskau, Bull. Mulh. 1905, S. 111; R. G. M. C. 1905, S. 241.

Resorzin: Wosnessensky, R. G. M. C. 1914, S. 212; Diserens, R. G. M. C. 1917, S. 142; 1918, S. 63; 1919, S. 117; *D. R. P. 312.584* von Bayer.

8. Anilin: Jeanmaire verwendete Anilin als Lösungsmittel in den Rongalitätzfarben, Bull. Mulh. 1905, S. 121; R. G. M. C. 1905, S. 60 und 244; *franz. P. 344.681; D. R. P. 165.219.*

Basische Farbstoffe im Reserve- und Ätzdruck.

Die basischen Farbstoffe sind in den letzten Jahren im Ätz- und Reservedruck immer mehr durch die direkten Farbstoffe sowie durch die der Gallocyaninreihe verdrängt worden, weil letztere bedeutend lichtechtere Färbungen ergeben und sich ausserdem leicht buntätzen lassen.

Weisseffekte auf Färbungen mit Tanninfarbstoffen können folgendermassen erhalten werden:

a) durch Aufdrucken von verdickter Natronlauge auf mit Tannin-Brechweinstein vorpräparierter Ware (Tanninätzartikel);
b) durch Oxydations- oder Reduktionsätzen;
c) durch Reserven.

a) Das Natronlaugeverfahren.

Dieses Verfahren wurde von F. Binder vorgeschlagen (Bull. Mulh., Bd. 79, S. 18; Bull. Mulh. 1900, S. 93; versiegeltes Schreiben von de Gallois vom 23. Oktober 1898, Bull. Mulh., Séances, Bd. 69, S. 125, 142 sowie Bd. 70, S. 60). Es fand seine erste Anwendung in den Mülhauser Druckereien Koechlin Frères, J. Heilmann & Cie. (1887), sowie bei Schaeffer & Cie., anfangs 1888, von wo es sich rasch auf alle anderen Kattunfabriken verbreitete und während vieler Jahre in sehr grossem Maßstabe verwendet wurde.

Die Arbeitsmethode dieses allgemein bekannten Artikels sei hier nur kurz erwähnt.

1. Pflatschen des Gewebes auf der Hotflue mit Tanninlösung (20—40 g im Liter, je nach verlangter Farbtiefe).

Nach dem Passieren durch diese Lösung wird die Ware auf dem Trockenzylinder oder der Hotflue getrocknet.

2. Fixieren in einer Brechweinsteinlösung (ca. 10 g im Liter).

Das Brechweinsteinbad enthält:

10—20 g Brechweinstein
20 g Salmiaksalz
pro Liter Wasser.

3. Aufdrucken der Ätzreserve, z. B.

500 g NaOH 36° Bé
500 g Britishgumlösung 1:1
1000 g

Vor dem Drucken kann man die Stücke mit Ammoniumchlorid präparieren, um die Bildung von Rackelstreifen zu vermeiden[1])

4. Dämpfen im Schnelldämpfer 2—3 Minuten.

5. Passieren durch eine 1-prozentige Aluminiumsulfatlösung, waschen und trocknen.

6. Ausfärben mit basischen Farbstoffen.

7. Seifen, waschen und trocknen.

8. Chloren vor der Trockentrommel, um tadelloses Weiss zu erhalten. Durch Aufdrucken der Alkalireserve auf das mit Tannin vorpräparierte Gewebe, darauffolgendes Dämpfen, Fixieren in Brechweinstein und Ausfärben mit einem basischen Farbstoff kann diese Fabrikation vereinfacht werden.

Nach dem *franz. P. 662.932* von 1928 (R.G.M.C. 1931, S. 152) erhält man mit Ätzen auf Färbungen von basischen Farbstoffen keine

---

[1]) Reinking, Über das Angreifen von Zeugdruckwalzen durch alkalische Druckfarben. Mell. 1923, S. 429; Gaumnitz, Mell. 1924, S. 313; W. Sieber, Mell. 1925, S. 829; 1926, S. 244.

zufriedenstellende Resultate, wenn man Tanninersatzmittel verwendet. Hingegen lassen sich diese Färbungen mit Oxydationsätzen (Natriumchlorat, Kaliumferricyanid, Ammoniumzitrat 22° Bé. und Leukotrop) leicht weissätzen.

Für Halbätzen auf gebeizter Ware eignet sich am besten Kaliumsulfit, doch kann man auch Soda und Borax hierfür anwenden.

500 g	Kaliumsulfit 45° Bé
500 g	Britishgumverdickung 1:1
1000 g	

b) Ätzen mittels Oxydations- und Reduktionsmitteln.

Eine ziemlich grosse Zahl basischer Farbstoffe werden zwar durch Oxydationsmittel zerstört, lassen sich jedoch nur schlecht rein weiss ätzen. Diese Arbeitsmethode tritt deshalb weit hinter dem Natronlaugeverfahren zurück und wurde nur in besonderen Fällen angewendet. Als Weissätze wendet man das Jeanmaire'sche Chlorat-Blutlaugensalz-Verfahren an.

Das gleiche gilt für die Reduktionsätzen; auch auf diesem Wege wird in den meisten Fällen nur ungenügendes Weiss erhalten. Als Ätzmittel kommen Formaldehydsulfoxylat, Zinkstaub, Zinnazetat oder Chlorzinn, Ätzalkali in Kombination mit Glukose oder mit Stannosalzen in Betracht.

c) Reserven unter basischen Farbstoffen.

Dieses Verfahren wurde von Prud'homme (Bull. Mulh., Séances, 1890, Bd. 60, S. 82) ausgearbeitet. Es beruht darauf, eine verdickte Lösung von Brechweinstein oder anderer Antimon- oder Zinksalze auf mit Tannin präparierten Stoff aufzudrucken, welche durch Lackbildung das Färben mit basischen Farbstoffen verhindern. Nach dieser Methode wurden z. B. bei J. Heilmann & Cie. in Mulhouse (1898—1902) sehr schöne Druckeffekte (Gründelmuster) hergestellt.

Man druckt beispielsweise eine Weissreserve:

250 g	Britishgumverdickung 1:1
250 g	Wasser
250 g	Kaolin
250 g	Brechweinstein
1000 g	

Nach dem Überdrucken dieser Reserven mit basischen Farbstoffen wird wie üblich fertiggestellt (dämpfen, passieren durch ein Brechweinsteinbad, spülen, seifen, waschen).

Bei Mitverwendung von Zitronensäure oder deren Salze können auch Alizarinfarben reserviert werden.

Andere Antimonsalze sowie Zinksalze können ebenfalls zum Reservieren von Überdrucken mit basischen Farbstoffen verwendet werden.

Durch Aufdrucken neutraler Sulfite auf Färbungen mit basischen Farbstoffen können Halbätzen erhalten werden. Hierzu eignet sich folgende Druckfarbe:

500 g	Kaliumsulfit 45° Bé
500 g	Britishgumverdickung
1000 g	

Nach dem Drucken und Trocknen wird 2—5 Minuten im Schnelldämpfer gedämpft, gewaschen, gechlort und getrocknet.

Das Färben mit basischen Farbstoffen.

Bis vor einigen Jahren wurde das Färben von Zellulosefaser mit basischen Farbstoffen fast ausschliesslich auf Tanninbeize vorgenommen Diese Methode, welche in letzter Zeit keine nennenswerte Neuerungen erfahren hat, ist so allgemein bekannt, dass es überflüssig erscheint, in diesem Werke näher auf sie einzugehen.

Das Verfahren setzt sich aus folgenden Arbeitsgängen zusammen:

a) Beizen,
b) Fixieren der Beize,
c) Färben mit basischen Farbstoffen.

a) Das Beizen wird auf der Hotflue, auf dem Foulard oder für schwere Ware auf dem Jigger ausgeführt. Das Beizbad enthält je nach der gewünschten Farbtiefe 1—6 % Tannin, bezogen auf das Warengewicht.

Wird auf dem Foulard oder auf dem Jigger gearbeitet, so lässt man die gebeizten Stücke im aufgerollten Zustand 2—3 Stunden lagern.

An Stelle von Tannin kann man auch andere Gerbstoffe anwenden, namentlich Galläpfel, Sumach-Extrakt 36° Bé, Sumach in Pulver oder Blättersumach.

1 kg Tannin entspricht	4 kg	Blättersumach
	2 kg	Sumach-Extrakt 36° Bé
	3—3½ kg	chinesischer Galläpfel

b) Das Fixieren wird mit Metallsalzen, namentlich mit Antimonsalzen, vorgenommen.

Bei der Anwendung von Antimonlaktat gibt man 2 Liter Essigsäure 6° Bé auf 100 Liter Lösung zu.

Verwendet man Antimonin, Doppelantimonfluorid, Patentsalz oder Brechweinstein, so setzt man 6—8 % kalz. Soda oder Kreide, bezogen auf das Warengewicht, dem Fixierbade zu. Nach dem Fixieren wird gründlich gewaschen.

c) Dem Färbebad gibt man 2—3 % Essigsäure oder 2—4 % Alaun sowie den gelösten Farbstoff zu und färbt bei 70° C. Ist der gewünschte Farbton erreicht, so wird gut gespült, geseift, gewaschen und getrocknet.

Für sehr dunkle Töne kann man basische Farben auf Eisenbeizen färben (holzessigsaures Eisen 2—3° Bé, oder 5—10 %-ige Ferrosulfatlösung).

Um ein besseres Auflösen der basischen Farbstoffe im Färbebad zu erhalten, empfehlen Wyler und Imp. Chem. Ind. im *brit. P. 495.782* einen Zusatz von Sulfaminsäure (namentlich bei Anwendung von Rhodamin B, Akridinorange, Methylviolett 2B).

Erst seit dem Erscheinen der organischen Tanninersatzmittel sind neue Wege zum Färben mit basischen Farbstoffen eröffnet worden.

Die Arbeitsweise mit diesen Produkten ist von derjenigen mit Tannin verschieden.

Während das Beizen mit Tannin und Brechweinstein zwei Bäder erfordert, erfolgt das Beizen mit Katanol ON in einem einzigen Bade.

Zusammensetzung der Beizlösung:

a) für helle Farbtöne:

3—4%	Katanol ON
1,5—2%	Kalz. Soda
20%	Natriumchlorid

b) für dunkle Farbtöne:

6%	Katanol ON
3%	Kalz. Soda
40%	Natriumchlorid

Im allgemeinen arbeitet man auf kurzem Bade (1:10). Die Ware wird bei 70° C auf der Strangkufe oder auf dem Jigger in der Lösung während 1 Stunde behandelt; dann wird der Dampf abgestellt und noch eine halbe Stunde weiterbehandelt. Hierauf wird gespült und wie bei tanningebeizter Ware gefärbt.

Die basischen Farbstoffe ziehen auf gebeizte Ware sehr rasch auf, weshalb die Verwendung eines zurückhaltenden Egalisiermittels im Färbebad angezeigt ist.

Gemäss dem *D. R. P. 709.882* (23. 9. 1933), den *brit. P. 442.292, 443.022* von H.-Th. Böhme in Chemnitz beizt man den Stoff mit einer Katanol ON-Lösung und färbt mit basischen Farbstoffen. Man fügt dem Färbebad eine kationaktive Substanz, z. B. Dodezylpyridiniumsulfat, sowie zur Verminderung der Oberflächenspannung eine kleine Menge eines anionaktiven Körpers, wie das Natriumsalz des Schwefelsäureesters des Laurylalkohols, zu. Durch richtige Abstimmung dieser zwei in ihrer Ladung entgegengesetzt wirkenden Mittel lässt sich die Anfärbegeschwindigkeit des Farbstoffes regeln und somit auch die Egalität der Färbung.

Böhme-Fettchemie-Ges. in Chemnitz und die Fabr. de Prod. Chim. de la Mer-Rouge in Mulhouse brachten diese Produkte unter dem Namen Repellat und Amendol auf den Markt (siehe auch *brit. P. 435.431*).

Das Repellat ist das Sulfat des Laurylpyridiniums; es ist ein gutes Egalisier- und Lösungsprodukt für basische Farbstoffe. Ein Zusatz von ½—1 ½ g pro Liter zum Färbebad verlangsamt bedeutend das Aufziehen des basischen Farbstoffes. Es hat folgende Konstitutionsformel:

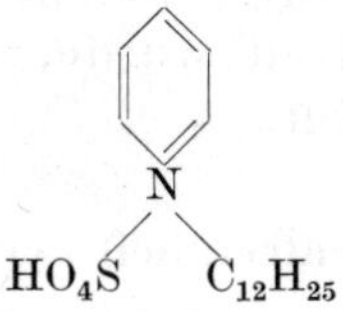

Die Bremswirkung des Repellat kann während des Färbens durch Zugabe von 1—1 ½ g Amendol (Laurylalkoholsulfonat), welches im Gegensatz zu Repellat anionaktiv ist, nicht nur aufgehoben werden, sondern ein fast vollständiges Aufziehen des Farbstoffes bewirken.

Obengenannte Patente schützen diesen kombinierten gegensätzlichen Einfluss während der Färbung.

Es ist möglich, eine Färbung mit basischen Farbstoffen teilweise durch Zugabe von kationaktivem Repellat abzuziehen und hierauf den abgezogenen Farbstoff durch Zusatz zum gleichen Bad von Amendol wieder vollständig zum Aufziehen zu zwingen.

Andere kationaktive Hilfsmittel wie z. B. Sapamin KW und Lyofix DE der Ciba kommen auch als zurückhaltende Egalisiermittel in Betracht.

Diese Produkte verbessern die Egalität und die Reibechtheit der Färbungen, verhindern das Bronzieren und geben der Ware zugleich einen weichen Griff.

Amer. P. 2.052.716 von Du Pont de Nemours empfiehlt die Zugabe von Estern der höheren Fettalkohole. Man kann entweder die

Faser mit einer Lösung dieser Ester vorpräparieren und hierauf mit basischen Farbstoffen färben, oder sie auch direkt dem Färbebade zugeben. Nach dem Färben wird mit einer Metallsalzlösung (Aluminiumsalze oder Zinntetrachlorid usw.) nachbehandelt.

Im *D.R.P. 701.863* (20. 3. 1937) der I. G. Farbenindustrie wird auf ein Verfahren zum Färben von Zellulosefasern mit eisenempfindlichen basischen bzw. substantiven Farbstoffen hingewiesen.

Die durch Eisensalze an den Farbtönen veranlasste Schäden können leicht verhindert werden, indem man das Färben in Gegenwart von Amiden höherer Fettsäuren, welche im Fettsäurerest sulfoniert sind, vornimmt, beispielsweise das sulfonierte Ölsäureäthylanilid oder -isobutylamid.

Die Jute-Faser besitzt eine ausgesprochene Affinität zu den Farbstoffen. Die Eigenschaft wird von gewissen Forschern dem Ligningehalt, von andern dem Taningehalt der Faser zugeschrieben, obwohl die geröstete Ware praktisch weder die eine, noch die andere dieser Substanzen enthält.

Sarkar, Chatterjee und Mazumdar haben gezeigt (Nature, 1946, Nr. 157, S. 486), dass die Jute, welche durch eine Natriumchloritbehandlung von Lignin befreit wurde, die gleiche Menge Methylenblau fixiert wie die rohe Faser.

Verbesserung der Lichtechtheit der basischen Farbstoffe.

Gebhard[1]) empfiehlt eine Nachbehandlung in einer Thioharnstofflösung; er weist ebenfalls auf die günstige Wirkung von Natriummetaphosphat, Glukose und Wolframphosphorsäure hin. Zufolge *D.R.P. 308.815* wird die Reibechtheit erhöht, wenn man den basischen Farbstoff auf Tanninantimonbeize in Gegenwart von Resorzin fixiert. Laut *D.R.P. 471.788* wird die Reibechtheit verbessert, wenn man den mit Tanninbrechweinstein präparierten Stoff durch ein Bad von Natriumsilikat und Natriumazetat oder ameisensaures oder schwefelsaures Aluminium zieht und hierauf mit basischen Farbstoffen unter Zusatz von Kasein, Borax und einem organischen oder anorganischen Ammoniumsalz ausfärbt Auch soll die Lichtechtheit der Färbungen durch Zusetzen von Soda, Nitrit, Bichromat, Chlorat, Chlorkalk, Oxalsäure oder Glyzerin vermindert werden, während Thioharnstoff, Harnstoff, Natriummetaphosphat, molybdänsaure und phosphorwolframsaure Salze die Echtheit verbessert.

Ein Verfahren, um Drucke mit basischen Farbstoffen lichtechter zu machen, wurde von Geigy in *D.R.P. 169.923* beschrieben. Es ist dadurch gekennzeichnet, dass man die Färbungen einer Nachbehand-

[1]) R. G. M. C., 1931, S. 190.

lung mit Glukose und einem Kupfersalz unterzieht. Man kann auch einer Druckfarbe direkt eine Lösung von Glykose + Kupfersalz zusetzen (Chrosozin N)[1].

Nach *franz. P. 639.469*, 1927 der I. G. Farbenfabriken; *brit. P. 294.286*, 1928; R. G. M. C. 1930, S. 393; R. G. M. C. 1937, S. 507 und Text. Col. 1937, S. 371, wird die Lichtechtheit durch Nachbehandlung der Färbungen in einer Lösung, welche Reaktionsprodukte von komplexen Wolfram- und Molybdänsalzen enthält, ebenfalls gesteigert.

Dieses Patent bildet die Grundlage für das von der I. G. Farbenindustrie unter dem Namen Auxanin B (Natriumphosphorwolframat) in den Handel gebrachte Produkt.

Die folgenden Tabellen der Hilfsprodukte für basische Farbstoffe enthalten die Nomenklatur der Tannin- und Tanninersatzmittel, Metallsalze und Lösungsmittel.

---

[1]) Tabelle S. 144.

a) Lösungs-

Name	Erzeugerfirma	Zusammensetzung
Glyecin A Brécolane NCI Gommaline (Décolant) Glyecin J Dehapan GB Lyoprint G Tinogenallöser B Tinosollöser B Solutène CI Lyogen TG	I. G. Kuhlmann Sandoz I. G. D. H. Ciba Geigy Geigy Francolor Sandoz	Thiodiäthylenglykol. $S\langle^{CH_2—CH_2—OH}_{CH_2—CH_2—OH}$ Sdp. 208° C. Dicke, scharfriechende, wasserlösliche neutrale Flüssigkeit. Darf aus Gesundheitsrücksichten nicht mit HCl gemischt werden. Tinosollöser A = Thiodiäthylenglykol + Harnstoff.
Polyglykol Brécolane NDG Solutène DG Débésol B Tinosollöser A	I. G. Kuhlmann Francolor L. Z. J. Geigy	Diäthylenglykol $O\langle^{CH_2—CH_2—OH}_{CH_2—CH_2—OH}$ Sdp. 245° C D. 1,1212 farblose, wasserlösliche, sehr stabile neutrale Flüssigkeit.
Azetin	I. G. Rhône-Poulenc	Glyzerinessigsäureester. Mischung von Mono-, Di- und Triazetin. Sdp. 250—260° C.
Carbitol	Carb. and Carb. Chem. Corp., New York M.A.P.C.I., Paris	Monobutyldiäthylenglykol. $O\langle^{CH_2—CH_2—O—C_4H_9}_{CH_2—CH_2—OH}$ Sdp. 198° C D. 0,996 farblose, wasserlösliche Flüssigkeit.
Fibrit D Hystabol D Hystabol F Durit O Débésol A. u. B. Cibantinlöser O	I. G. Böhme-Fettchemie und P. C. M. R. C. C. C. C. L. Z. J. Ciba	Gemischte Lösungsmittel, Hauptbestandteil: Polyglykolderivate. Fibrit D besteht aus 80% Triglykoläthyläther 20% Glykol.
Tartrin	Oesinger	Glyzerinweinsäureester.
Irgasol	Geigy	Lösungsmittel, Glykolderivat. Mischung von Äthylenglykol + Äthylenthioglykol (*Pat. Anm. 059.587*)

Literatur	Verwendungsgebiete
mittel	
R.G.M.C. Okt. 1936. *D.R.P. 339.690; brit. P. 147.102*, 1919 I. G.; *brit. P. 368.910*; *franz. P. 713.460*. *Franz. P. 711.869*, Newport Chem. Corp. Schneevoigt, Mell. 1937, S. 919. Hasse, Mell. 1937, S. 456.	Lösungsmittel für basische Farbstoffe.
D.R.P. 391.007; 340.552. *Brit. P. 392.139.* *Schweiz. P. 157.912* und *157.193* der Newport Chem. Corp.	Ausgezeichnetes Lösungsmittel für basische Farbstoffe, insbesondere für Methylenblau.
D.R.P. 37.064, 1889.	Lösungsmittel für basische Farbstoffe.
Farblose, sehr hygroskopische, wasserlösliche Flüssigkeit.	Ausgezeichnetes Lösungsmittel für basische Farbstoffe; wird in der Druckerei angewendet.
D. R. P. 339.690, 340.552, 391.007. *Brit. P. 392.139.* *Schweiz. P. 157.912* und *157.913*. *Öst. P. 139.111* und *139.845*. *Schweiz. P. 165.151.* *Amer. P. 1.967.656.*	Lösungsmittel für basische Farbstoffe.
D.R.P. 83.060; Fischers Ber. 1895, S. 987.	Lösungsmittel.
D.R.P. 400.684; franz. P. 587.269. R.G.M.C. 1927, S. 227.	Lösungsmittel.

Name	Erzeugerfirma	Zusammensetzung
Débétanlaque A Débétanlaque C	Lab. Zundel, Joliet et Co. Gennevilliers (Seine)	Speziallösungsmittel; dicke, aromatischriechende Flüssigkeit.
Repellat	Böhme-Fettchemie P.C.M.R. Mulhouse	Laurylpyridiniumsulfat 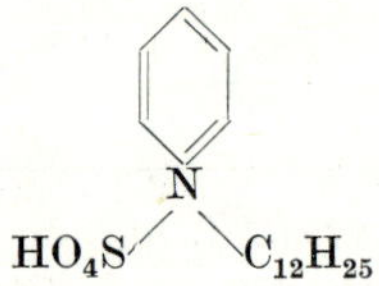 gelbe Flüssigkeit.
Amendol	Böhme-Fettchemie P.C.M.R. Mulhouse	Anionaktive Substanz (Schwefelsaurer Ester der höheren Fettalkohole). Hellgelbe Flüssigkeit.
Äthylglykol Solentwickler GA Cellosolve Dévelopsol GA	I. G. I. G. Carb. and Carb. Chem. Corp., New-York D. H.	Monoäthylglykol $CH_2—OH$ | $CH_2—O—C_2H_5$ Sdp. 125^0 C D. 0,9360 farblose, geruchlose, wasserlösliche Flüssigkeit
Débésolvol	L. Z. J.	Mischung von Lösungsmitteln.
Auxanin B	I. G. Farbenindustrie	Komplexe Phosphorwolframsäureverbindung.
Chrosozin N	Geigy	700 g $CuSO_4$ werden in 3 l Wasser gelöst, dann wird abgekühlt und 6 kg Glukose zugegeben Mit Wasser auf 10 l verdünnen.

Literatur	Verwendungsgebiete
	Spezifisches Lösungsmittel für Antimontannat; für die Fixation basischer Farbstoffe durch Dämpfen ohne nachherige Brechweinsteinpassage geeignet. Wird in Rongalitätzen mit basischen Farbstoffen angewendet. Verhindert die Verlackung des Farbstoffes in der Druckfarbe.
Brit. P. 442.292, 443.022. Böhme-Fettchemie, Chemnitz.	Egalisier- und Durchfärbmittel für basische Farbstoffe. Abziehmittel für Färbungen. Wird in Kombination mit Amendol beim Färben angewendet, verlangsamt das Aufziehen der Farbstoffe, wodurch bessere Färbeerfolge erzielt werden.
	Erleichtert das Aufziehen der basischen Farbstoffe. Hat entgegengesetzte Wirkung als das Repellat.
Amer. P. 1.614.883; *brit. P. 134.723* von Böhme. *Brit. P. 301.824.*	Lösungsmittel für basische, saure und Küpenfarbstoffe. Ersetzt Azetin vorteilhaft.
	Lösungsmittel für basische Farbstoffe. Wird mit Débétanlaque A und C zusammen für das Fixieren durch Dämpfen ohne nachherige Brechweinsteinpassage empfohlen.
Rohe, Mell. 1928, Bd. 9, S. 665. D. F. Z. 1927, Bd. 63, S. 1172. 1928, Bd. 64, S. 77.	Verbesserung der Lichtechtheit der Färbungen mit basischen Farbstoffen.
Dieses Werk, Kap. V, S. 546. *D. R. P. 169.923.*	

Name	Erzeugerfirma	Zusammensetzung
Hexazikon	Baumheier	Hellgelbe Flüssigkeit, beständig gegen Säuren und Salze.
Sandozin B	Sandoz	Bräunliche, in Wasser leicht lösliche Flüssigkeit, unbeständig gegen Alkalien.

b) Metall-

Name	Erzeugerfirma	Zusammensetzung
Brechweinstein		Kalium oder Natriumantimonyltartrat 43—47% Sb_2O_3 $K(SbO)C_4H_4O_6 + \frac{1}{2} H_2O$ Wenig löslich in Wasser. 1 T. in 15 T. kaltem Wasser oder 2 T. in 15 T. heissem Wasser. Das Natriumsalz ist löslicher.
Antimonin	Böhringer, Nieder-Ingelheim	Kalzium-Antimonyllaktat. $[(SbO)(C_3H_5O_3)] \cdot [(C_3H_5O_3)_6Ca_3] \cdot 2\,C_3H_6O_3$ Darstellung: Lösen von frischgefälltem Sb_2O_3 in Milchsäure und Neutralisieren mit $Ca\,CO_3$. Farblose, hygroskopische Kristalle.
Sel d'antimoine Antimonsalz	de Haen	Doppelsalz aus SbF_3 und $(NH_4)_2SO_4$, 47% Sb_2O_3. Farblose, wasserlösliche Kristalle.
Lactimon	Byk-Guldenwerke Beruin	Milchsaures Antimondoppelsalz mit 15% Sb_2O_3.
Patentsalz	A. v. Raad in Pfersee	Antimon-Ammonium-Doppelfluorid 73—75% Sb_2O_3 $4\,SbF_3 \cdot NH_4F$ 3 T. Patentsalz sind in 2 T. H_2O löslich.

Literatur	Verwendungsgebiete
	Dispergier- und Anteigungsmittel für basische Farbstoffe. Zusatz zum Färbebad und zur Druckfarbe. Verbesserung der Lebhaftigkeit der Farbtöne, verhindert die Bildung von Niederschlägen.
	Netzmittel. Zusatz zu Färbebäder mit basischen Farbstoffen, keine Bildung von Lacken.

salze

	Fixationsmittel für basische Farbstoffe. Wird auf besonderem Bad für die Bildung des Tanninfarbstoff-Antimonlackes angewendet. Dem Brechweinsteinbad setzt man Kreide zu, um die freigesetzte Weinsteinsäure zu neutralisieren. Brechweinstein gibt mit Tannin unlösliches Antimontannat, löslich in überschüssigem Tannin, in Milchsäure und in Speziallösungsmitteln (Débétanlaque A oder C).
C. H. Böhringer, *D.R.P. 98.939*; v. Heyden, *184.202;* Schuster und Wilhelmy A.G., *216.158; 217.806;* Ullmann, Bd. VII, S. 592.	Fixationsmittel für basische Farbstoffe. Ersatzmittel für Brechweinstein. Wird vollständiger aus seinen Lösungen ausgezogen als Brechweinstein. 1 T. Antimonin mit 15%-igem Sb_2O_3-Gehalt entspricht 1 T. Brechweinstein mit einem Gehalt von 43% Sb_2O_3.
	Fixationsmittel für basische Farbstoffe. 9 T. Antimonsalz ersetzen 10 T. Brechweinstein.
In fester und flüssiger Form. Sehr leicht löslich, neutrale Reaktion.	Fixationsmittel für basische Farbstoffe. Vorzug von Brechweinstein; vollständige Ausnützung, ohne dass ein Zusatz von Soda oder Kreide, wie das bei Brechweinstein, erforderlich ist.
D.R.P. 50.281. Darstellungsweise: $(NH_4)_2H\,PO_4 + 26\,HF + 4\,Sb_2O_3 = 2\,(4\,SbF_3 \cdot NH_4F) + 12\,H_2O + H_3PO_4$ 132 T. Ammoniumbiphosphat + 1040 T. HF 50% + 1166 T. Sb_2O_3, auskristallisieren.	Fixationsmittel für basische Farbstoffe. 6 T. Patentsalz entsprechen 10 T. Brechweinstein.

Name	Erzeugerfirma	Zusammensetzung
Patentsalz	R. Koepp in Oestrich	Antimon-Natrium-Doppelfluorid. 60% Sb_2O_3

c) **Beizen, Tannin**

Name	Erzeugerfirma	Zusammensetzung
Katanol O Depsoline N (70% von N conc.) Depsoline N conc. Mordant S.A.P.C. Thiotan S Resistone O und K Trifol R Neradol D und ND	I. G. Kuhlmann Kuhlmann S.P.C.M.C. Mulhouse Sandoz Glowers Chem. Ltd. Schiedam B.A.S.F (alte Bezeichnung)	Thiophenole. Gelbgraues, in sodahaltigem Wasser lösliches Produkt.
Katanol ON Depsoline N conc. Depsoline NS Thiotan MS Mordant O Nycolène 2 Resistone KW	I. G. Kuhlmann Kuhlmann Sandoz C. C. C. N. Y. Glowers Chem. Ltd.	Thiophenole. Sulfosäure eines geschwefelten Kreosols. Wasserlöslich.
Katanol W Depsoline NRL Katanol WL Katanol WL extra konz.	I. G. Kuhlmann I. G. I. G.	Thiophenole, welche durch Behandlung mit Natriumsulfat, Formaldehydbisulfit oder durch Sulfonierung löslich gemacht sind.
Phenoresin D flüssig	M. L. B.	Wird nicht mehr hergestellt.
Tannotex S Tanninol BM	Ciba I. C. I.	Geschwefeltes Phenolderivat.
Tannin		Pentagalloylglukose, Digallussäure enthaltend.

Literatur	Verwendungsgebiete
	Fixationsmittel für basische Farbstoffe. 6,6 T. Patentsalz entsprechen 10 T. Brechweinstein.

und seine Ersatzmittel

D. R. P. 382.423, 388.186, 1921; *389.360*, 1921; *390.931, 399.898, 348.530* (Bayer); *514.507; brit. P. 215.012; franz. P. 577.653* von S.P.C. M.C. Mulhouse; Monatshefte f. Chem., Bd. 4; S. 170; Lange, Ber. Bd. 27, S. 2998; Henriques, Ber. Bd. 21, S. 760. Günther, Mulh. 1927, Bd. 8, S. 47. Rabe, Mell. 1935, S. 47. Nüsslein, Mell. 1935, S. 52, 325. Stegson, The Dyer 1935, S. 159, 207, 255, 301, 346, 437.	Tanninersatzmittel. Beizmittel zum Beizen von vegetabilischen Fasern für basische Farbstoffärbungen und zum Überfärben mit direkten und Schwefelfarbstoffen. In Formaldehydsulfoxylatbuntätzen mit basischen Farbstoffen. In Buntreserven unter Anilinschwarz. Anwendung für den direkten Druck und in der Färberei.
D.R.P. 400.242; franz. P. 525.493 (Bayer); *franz. P. 704.635* (Sandoz). Hasse, Mell. 1937, S. 456. Siehe Bd. II, Kap. XI.	Gleiche Verwendung wie für vorhergehendes Produkt. Eignet sich zur Herstellung heller Nuancen. Färben die Faser wenig an. Besitzen den Vorteil der Anwendung in einem einzigen Bade ohne nachherige Behandlung mit Metallsalzen. Reservieren die Azetatseide beim Färben mit Schwefelfarbstoffen.
D.R.P. 400.212; 400.242; 406.675; 409.783; 409.683, I.G. *D.R.P. 400.776, 574.675*, 1931.	Kann als Beize für basische Farbstoffe dienen, aber weniger gute Fixation als mit obengenannten Produkten. Findet Anwendung in der Färberei von Mischgeweben.
	Beize für basische Farbstoffe. Unbrauchbar für helle Nuancen.
In heissem Wasser leicht lösliches Pulver. Tannotex S ist unempfindlich gegen Eisen.	Beize für basische Farbstoffe. Ausfärbung in einem Bade. Zur Nachbehandlung von Seidendrucken mit basischen Farbstoffen.
Fischer's Ber. 1912, Bd. 45, S. 915 bis 935; Freudenberg, Chem. der natürlichen Gerbstoffe, Berlin 1920; Ullmann, Bd. IX, S. 761; Sisley, R.G.M.C. 1922, S. 113.	Beize für basische Farbstoffe.

VIII. KAPITEL.

Anilinschwarz.

Von allen künstlichen Farbstoffen ist das Anilinschwarz[1]) wegen seiner guten Echtheitseigenschaften, seines billigen Herstellungspreises sowie seiner mannigfaltigen Verwendungsmöglichkeiten, einer der meist gebrauchten Farbstoffe. Es wird hauptsächlich auf Baumwolle und Viskoseseide, auch auf Wolle und natürlicher Seide, seltener auf Azetatseide, verwendet.

Trotz angestrengter Forschungen zahlreicher Chemiker, wie Goppelsröder, Rosenstiehl, Kayser, Guyard, Liechti, Suida und ganz besonders Nölting und Nietzki, blieb die Konstitution des Anilinschwarz lange Zeit unbekannt. Es ist das Verdienst von Willstaetter, Green, Nölting und Nietzki, welche unabhängig voneinander zahlreiche und bemerkenswerte Untersuchungen über diese Frage anstellten, den Oxydationsgang und die Konstitution des Anilinschwarzes einwandfrei aufgeklärt zu haben.

Jedoch verhinderte die damalige Unkenntnis der genauen chemischen Reaktionen, die bei der Bildung des Anilinschwarzes stattfinden, es nicht, die Entdeckung von Runge, der — wie bekannt — im Jahre 1834 als erster feststellte, dass mit Bichromat in Anilinsalzlösung geklotzter Stoff durch Oxydation sich waschecht grün färbt, in die Praxis aufzunehmen.

Die Anwendungsverfahren des Anilinschwarzes sowohl im Druck als auch in der Färberei entwickelten sich unabhängig von den wissenschaftlichen Untersuchungen über die Konstitution dieses Farbstoffes, und die aufklärenden Arbeiten Willstaetters und Greens scheinen keinen bedeutenden Einfluss auf die industriellen Arbeitsmethoden ausgeübt zu haben.

---

[1]) Nölting und A. Lehne, Anilinschwarz und seine Anwendung in Färberei und Zeugdruck, 1904, 2. Auflage, J. Springer, Berlin. E. Grandmougin, Rev. Chim. Ind. 1933, S. 202, 233. Ullmann, Enzyklopädie der techn. Chem., Bd. I, S. 178 und Bd. III, S. 701 u. f. Pamviloff, R.G.M.C. 1931, Bd. 35, S. 276. Fischer, Mell. 1924, Bd. 5, S. 119. Sunder, Chim. et Ind. 1931, Sonderheft Nr. 8, S. 598. Linke und Schramek, Mell. 1927, Bd. 8, S. 442; 1928, Bd. 9, S. 328. Haller, Mell. 1928, Bd. 9, S. 925. Hankey, J. Soc. D. and Col. 1931, Bd. 47, S. 59. Freytag, Mell. 1932, Bd. 13, S. 144. Franke, Z. f. ges. Text. Ind. 1932, Bd. 35, S. 515. Freund, Mell. 1933, Bd. 14, S. 17. *D.R.P. 551.508, 555.305; brit. P. 373.558, 311.467; franz. P. 666.507* der I. G. Farbenindustrie; *franz. P. 707.538*, Braun; *amer. P. 1.870.796*, Celanese Corp. USA; *brit. P. 390.819*, 1931, Brit. Celanese.

Die Oxydation von Anilin zu Anilinschwarz findet unter Wasserabspaltung statt. Während langer Zeit nahm man folgenden Reaktionsvorgang an:

$$x\,(C_6H_5NH_2) + x\,(0) = (C_6H_5N)_x + xH_2O$$

Man gab also dem Anilinschwarz eine Formel, welche ein Mehrfaches von (C_6H_5N) darstellt, also (C_6H_5N)n, in der n 3 oder 4 bedeutet.

Seit den Arbeiten Willstaetters gibt man diesem Farbstoff die Formel $(C_6H_{4\frac{1}{2}}N)_8$ nach folgender chemischen Gleichung:

$$8\,(C_6H_5NH_2) + 10\,(0) = (C_6H_{4\frac{1}{2}}N)_8 + 10\,H_2O$$

Die Oxydation benötigt also mehr Sauerstoff, als man ursprünglich annahm. Andererseits lässt sich das Anilin nur in Form seiner Salze (Chlorhydrat, Sulfat, Nitrat, Ferrocyanid, Tartrat, Laktat oder Glykolat) oxydieren.

Die sich bildende Schwarzbase verbindet sich mit weniger Säure, als das angewendete Anilinsalz enthielt; es wird also während des Oxydationsvorganges Säure frei, welche die Faser schädigen kann.

Trotz aller Versuche, diesem Übelstand abzuhelfen, gelang es bis jetzt nicht, die Schädigung der Faser während des Oxydationsvorganges vollständig zu verhüten, und man muss selbst unter den besten Bedingungen mit einer Faserschwächung von mindestens 10 % rechnen.

Nach neueren Forschungen (Ber. Jahrgang 1920, Bd. 53, S. 28; Jahrgang 1922, Bd. 55, S. 616 und 3216) scheinen sich durch Wasserabspaltung Radikale, wie

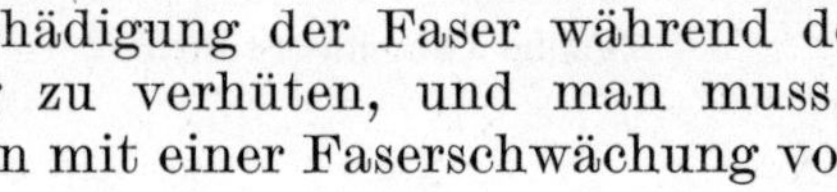

zu bilden, welche infolge ihres ungesättigten Zustandes Kondensationsprodukte bilden können; diese Kondensation findet in Parastellung statt.

Nach den jetzigen Ansichten nimmt man an, dass bei der Oxydation von Anilin mindestens 8 Anilinkerne indaminartig verbunden werden, so dass mehrere Chinonstufen möglich sind, welche ein- bis vierfachen chinoiden Produkten entsprechen.

Das Emeraldin ($C_{48}H_{38}N_8$) wäre demnach eine 2 Chinoidfunktionen enthaltende Verbindung. Emeraldin ist als freie Base von blauer (Azurin von Calvert), als Salz von grüner Farbe. Durch weitere Oxydation erhält man ein Derivat mit 4 Chinoidfunktionen das Pernigranilin ($C_{48}H_{34}N_8$), dessen Salze viel dunkler gefärbt und gegen Säuren weniger empfindlich sind.

Durch Reduktion verwandelt sich das Pernigranilin zuerst in Nigranilin und dann in Emeraldin zurück; dadurch wird auch die Säureempfindlichkeit gesteigert.

Die Leukobase des Anilinschwarzes entspricht folgender Konstitution:

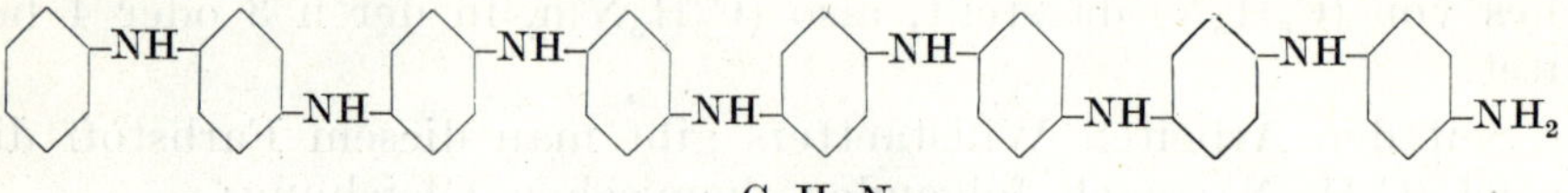

$C_{48}H_{42}N_8$

Den Oxydationsprodukten können folgende Formeln beigelegt werden:

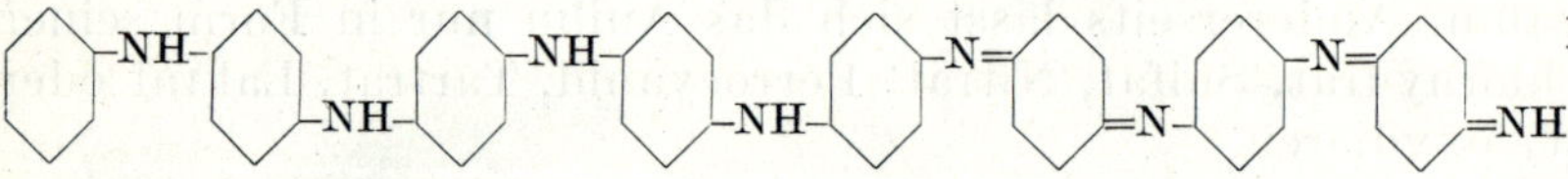

Emeraldin $C_{48}H_{38}N_8$

2fache chinoide Stufe

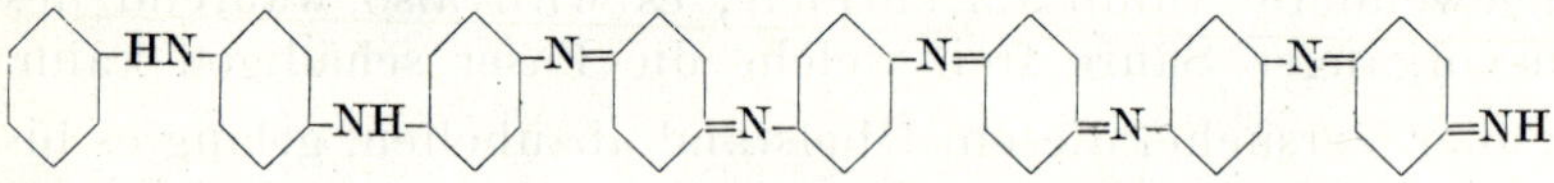

Nigranilin $C_{48}H_{36}N_8$

3fache chinoide Stufe

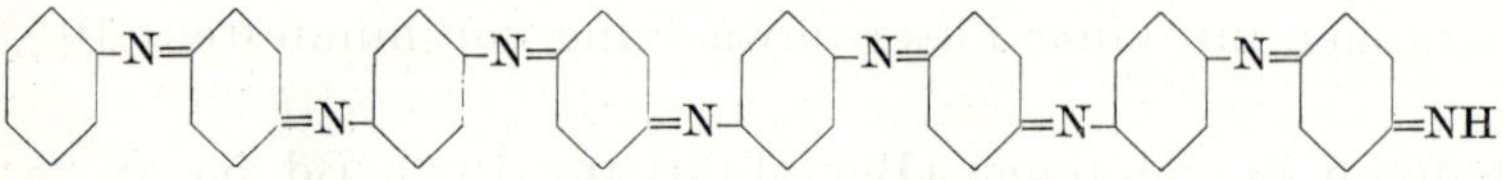

Pernigranilin $C_{48}H_{34}N_8$

4fache chinoide Stufe

(Willstaetter, Ber. Jahrg. 1907, Bd. 40, S. 2665; Jahrg. 1909, Bd. 42, S. 2147, 4118; Jahrg. 1910, Bd. 43, S. 2558, 2976; Jahrg. 1911, Bd. 44, S. 2162).

In der Praxis ist jedoch ein unvergrünliches Schwarz bekannt, welches durch Einwirkung von Säuren oder Reduktionsmitteln nur unmerklich verändert wird. Es entsteht durch weitere Oxydation des vergrünlichen Schwarzes, insbesondere in Gegenwart von Anilin.

Willstaetter dachte, dass das unvergrünliche Anilinschwarz, welches in der Praxis erhalten wird, der Pernigranilinstufe entspricht, in welcher noch die Endgruppe =NH durch Sauerstoff ersetzt ist ($C_{48}H_{33}N_7O$) und er nahm an, dass in diesem Falle das Vergrünen nicht mehr sichtbar ist, weil die Basizität vermindert wird und das Salz, welches durch Zugabe einer Säure entsteht, den gleichen schwarzen Ton wie die freie Base hat.

Green dagegen war der Ansicht, dass das unvergrünliche Schwarz ein Azin von hohem Molekulargewicht ist, z. B. das Arylazoniumderivat, dessen Base folgender Formel entsprechen dürfte:

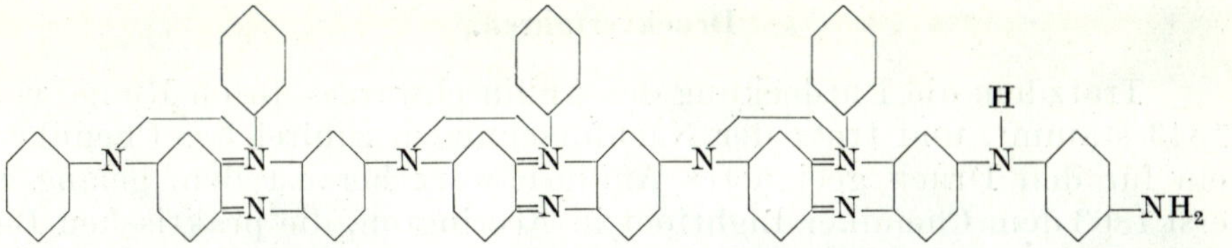

(Bucherer, Ber. Jahrg. 1907, Bd. 40, S. 3412; Jahrg. 1909, Bd. 42, S. 2391; Green and Woodhead, J. Chem. Soc. London 1910, Bd. 97, S. 2388; Green und Wolff, Ber. Jahrg. 1911, Bd. 44, S. 2570; Jahrg. 1913, Bd. 46, S. 33; J. Soc. D. and Col., Jahrg. 1912, Bd. 28, S. 250; Grandmougin, Chem. Ztg., Jahrg. 1913, Bd. 37, S. 844.)

Durch Überoxydation von vergrünlichem Anilinschwarz in Gegenwart von Anilinsalz lässt sich unvergrünliches Schwarz erhalten.

Man kann ebenfalls annehmen, dass zwischen der Indaminstufe und der Azinform eine Zwischenstufe bestehen könnte, welche sich durch Addition von Anilin an den Chinoidkern bildet; in diesem Falle würde sich ein Körper von Arylaminform bilden:

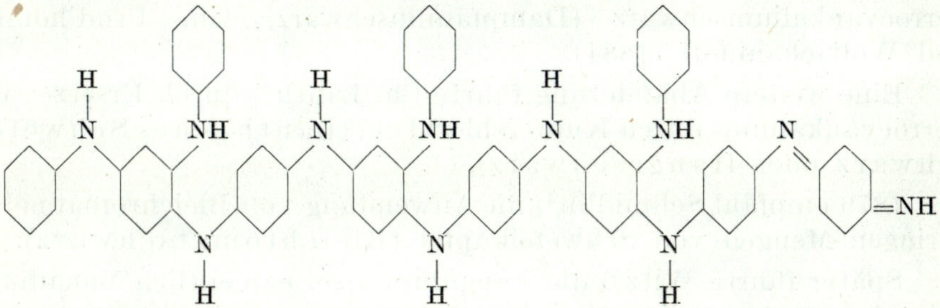

welcher sich durch weitere Oxydation in die von Green angenommene Arylazoniumform umsetzen könnte.

Welches ist nun das auf dem Gewebe erhaltene Stadium?

Diese Frage lässt sich schwer entscheiden; aller Wahrscheinlichkeit nach bildet sich ein der Arbeitsmethode entsprechendes Gemisch verschiedener Oxydations- und Kondensationsprodukte, welches das Anilinschwarz der Technik darstellt.

Zusammenfassend kann man sagen, dass zunächst eine wenig beständige Indaminkette von mindestens 8 Anilinmolekülen entsteht, welche dem vergrünlichen Anilinschwarz entspricht; durch Überoxydation verwandelt sich dieses Produkt in Gegenwart von Anilinsalz in unvergrünliches Schwarz.

Die Wirkung dieser Überoxydation wäre die Fixation von Anilin auf die Chinoidkerne unter Erzeugung eines Azylaminschwarzes, welches durch Ringbildung das wirkliche unvergrünliche Azinschwarz ergibt. Es ist ausserdem möglich, dass sich durch Hydrolyse sauerstoffhaltige Produkte bilden, welche die Eigenschaft haben, Metalloxyd (Cr, Fe, Cu) zu fixieren.

Druckverfahren.

Trotzdem die Entdeckung des Anilinschwarzes durch Runge von 1843 stammt, und trotz der Nachforschungen zahlreicher Chemiker, ein für den Druck geeignetes Anilinschwarz herzustellen, gelang es erst 1863 dem Chemiker Lightfoot in Accrington, die praktischen Bedingungen für die Herstellung eines Druckschwarzes aufzustellen.

Er verwendete eine Druckfarbe, welche er aus Anilinchlorhydrat, Kaliumchlorat und Kupferchlorid als Katalysator zusammensetzte[1]).

Das Lightfoot'sche Schwarz hatte jedoch mehrere Nachteile: die Farbe zersetzte sich schnell und griff den Stoff und die Kupferwalze stark an.

In der Folge ersetzte Cordillot das Kupferchlorid durch Ferrocyanammonium (*franz. P. 60.896* 1863) und Wehrlin[2]) wendete Ferrocyananilin an.

Diese mehrfachen Änderungen führten schliesslich zum heutigen Ferrocyankaliumschwarz (Dampfanilinschwarz) von Prud'homme und Woltschaninoff (1884).

Eine weitere Abänderung führte Ch. Lauth[3]) durch Ersetzen des Ferrocyankaliums durch Kupferchlorid ein (Lauth'sches Schwefelschwarz oder Hängeschwarz).

1879 empfahl Schmidlin[4]) die Anwendung von Bleichromat neben geringen Mengen von Schwefelkupfer (Bleichromatschwarz).

Später führte Witz[5]) die Vanadiumsalze, namentlich Vanadiumchlorid oder Ammoniumvanadat, ein.

In der Praxis kommen folgende Verfahren zur Anwendung:

1. Schwefelkupferschwarz (Ch. Lauth 1864) 2. Vanadiumanilinschwarz (Lightfoot 1871)	Hängeschwarz
3. Bleichromatschwarz (Schmidlin 1879) 4. Ferrocyankaliumschwarz oder Dampfanilinschwarz	Dämpfschwarz

(Ferrocyanammonium, Cordillot, 1863; Ferricyananilin, Anilinferroferricyanid, Wehrlin, 1874; Ferrocyankalium, Prud'homme und Woltschaninoff, 1884.)

Es erübrigt sich, hier näher auf die Einzelheiten der zahlreichen Arbeiten, welche zu den verschiedenen Methoden der Bildung von Anilinschwarz auf Fasern führten, einzugehen; die folgenden Rezepte aus der Praxis genügen, um diese Verfahren zu illustrieren.

---

[1]) Frb. Ztg. 1889—1890, S. 195; *franz. P. 57.192*, 1863.

[2]) Bull. Mulh. 1874, S. 386.

[3]) Bull. Soc. Chim. Paris 1864, Bd. II, S. 416.

[4]) *Brit. P. 1301*, A. D. 1879.

[5]) Bull. Rouen 1876, S. 310; Dinglers Pol. Journ., Bd. 251, S. 43.

I. Hängeschwarz. - Schwefelkupferschwarz.

1. Schwefelkupferschwarz, nach Griesheim (1924).

100 g	Weizenstärke
40 g	hellgebrannte Stärke
662 g	Wasser
2 g	Kaliumsulfocyanid
40 g	Natriumchlorat, werden zusammen gekocht und hierzu
80 g	Anilinsalz
6 g	Anilinöl und
20 g	Ammoniumchlorid lauwarm zugeben und zuletzt
50 g	Schwefelkupferteig 24% kalt zugesetzt
1000 g	

Schwefelkupferteig

50 g	Schwefelblüte
283 g	Natronlauge 37° Bé innerhalb 24 Stunden lösen, mit
2300 cm³	Wasser verdünnen und mit einer Lösung von
192 g	Kupferchlorür in
3000 cm³	Wasser gelöst, versetzen

Der entstandene Niederschlag wird gewaschen, unter Wasser aufbewahrt und vor der Verwendung auf einem Kalikofilter abtropfen gelassen.

2. Anilinschwarzrezept nach der Firma Zündel in Moskau.

686 g	Blandola 50/60 g/Liter
2 g	Kaliumrhodanid
2 g	Fuchsin
55 g	Natriumchlorat
40 g	Rizinusöl
90 g	Anilinöl
75 g	Salzsäure 19° Bé
50 g	Schwefelkupferteig
1000 g	

3. Schwarzrezept nach der I.G. Farbenindustrie.

80 g	Weizenstärke und
65 g	gebrannte Stärke mit
692 g	Wasser kochen und der lauwarmen Verdickung
35 g	Natriumchlorat
5 g	Anilinöl und
93 g	Anilinsalz zusetzen und kurz vor Gebrauch
30 g	Schwefelkupferteig 30% zugeben.
1000 g	

Schwefelkupferteig 30%-ig

A	750 g	Kupfersulfat
	3000 cm³	Wasser
B	780 g	Schwefelnatrium krist.
	2000 cm³	Wasser

Beide Lösungen A und B in 40 Liter Wasser eintragen, den Niederschlag absetzen lassen, filtrieren und auf 1 kg abpressen.

4. Anilinschwarz nach Haller (Technologie der Baumwolle, S. 365).

2136 g	Weizenstärke und
855 g	dunkelgebrannte Stärke mit
13680 g	Wasser anrühren,
570 g	Natriumchlorat zugeben und kochen, dann
1710 g	Anilinsalz, sowie
103 g	Anilinöl zusetzen und vor Gebrauch
946 g	Schwefelkupferteig zugeben
20000 g	

Schwefelkupferteig

150 g	Kupfersulfat in
5000 cm^3	Wasser lösen und dazu
780 g	Schwefelnatrium krist. gelöst in
4000 g	Wasser unter Umrühren eintragen

Der gebildete Niederschlag wird mit heissem Wasser gewaschen und auf 1 kg abgepresst.

5. Weiteres Rezept für Kupferschwarz.

13000 g	Stärke
10000 g	Wasser
13000 g	gebrannte Stärke
10000 g	Anilinsalz
5000 g	Natriumchlorat
5000 g	Ammoniumchlorid werden zusammen verkocht und kalt
6200 g	Schwefelkupferteig
3/8 L	Schwefelnatrium 40° Bé zugesetzt.
	Vor Gebrauch werden zu
9000 g	dieser Farbe
1000 g	Wasser und
1250 g	Weinsäure zugegeben
11250 g	

Das Schwarz wird entweder in der Hänge (Oxydationskammer) bei 35—40° C während 18 bis 24 Stunden oder im Schnelldämpfer bei 98° C entwickelt. Der Vorteil des Schwefelschwarzes liegt in der Farbtiefe und der Schärfe des Druckes. Es wird ganz besonders neben Küpenfarben verwendet. Nach dem Dämpfen wird bei 50° C in einer Lösung von 3‰ Natriumbichromat und 3‰ Natriumkarbonat oxydiert, gespült, geseift und gewaschen.

II. Vanadiumanilinschwarz[1]).

1. Vanadiumanilinschwarz nach Haller.

6350 g Weizenstärkeverdickung 1:10
950 g dunkelgebrannte Stärkeverdickung 1:1
945 g Wasser
760 g Anilinsalz
140 g Anilinöl
380 g Natriumchlorat
vor Gebrauch
475 g Vanadiumchloridlösung zusetzen
10000 g

Vanadiumchloridlösung

4 g Ammoniumvanadat mit
20 g Salzsäure 17° Bé in
40 g Wasser lösen, dann
5 g Glyzerin zusetzen, erwärmen bis zum Erscheinen der Blaufärbung durch VCl_3 und auf
1 Liter einstellen

Die Druckfarbe ist wenig beständig, da das sauerstoffübertragende Mittel (Ammoniumvanadat) sich im gelösten Zustande befindet. Das Schwarz wird in der Hänge oder im Schnelldämpfer entwickelt; es benötigt kein Chromieren zum Fertigmachen.

2. Vanadiumanilinschwarz nach Ristenpart.

120 g Weizenstärke
160 g Tragantschleim 6%ig
545 g Wasser
40 g Natriumchlorat werden zusammen gekocht und hierauf
100 g Anilinsalz
10 g Anilinöl und
20 g Ammoniumchlorid lauwarm, sowie
5 cm³ Vanadatlösung (siehe Darstellung oben)
kurz vor Gebrauch zugesetzt
1000 g

3. Vanadiumanilinschwarz nach I. G. Farbenindustrie.

100 g Weizenstärke in
600 g Wasser kochen
35 g Natriumchlorat zusetzen, nach dem Erkalten
75 g Anilinöl gelöst in
70 g Salzsäure 20° Bé und
110 g Wasser zugeben. Vor Gebrauch
10 g Vanadiumchloridlösung 1:1000 zusetzen
1000 g

Vanadiumchloridlösung

10 g Ammoniumvanadat
100 cm³ Salzsäure 19° Bé
400 cm³ Wasser
5 g Glyzerin
auf 10 Liter einstellen

[1]) H. Schmid, Dinglers Polyt. Journ. 251, S. 43.

Vanadiumanilinschwarz ist vorzugsweise ein Hängeschwarz. Es wird in einer 30—35° C warmen, feuchten Atmosphäre während 10 bis 12 Stunden entwickelt. Falls zugleich Dampffarben mitgedruckt werden, ist es notwendig, die Stücke zuerst durch den Schnelldämpfer und dann durch Ammoniakdampf zu passieren, um die freiwerdende Salzsäure zu neutralisieren. Man kann nach dem Dämpfen mittels Chromats oxydieren, jedoch ist dies nicht unbedingt nötig. Da die Druckfarbe sehr unbeständig ist, darf sie nur kurze Zeit vor Gebrauch hergestellt werden.

III. Dämpfschwarz. - Bleichromatschwarz.

1. Bleichromatschwarz nach Haller:

96 g	Weizenstärke und
34 g	hellgebrannte Stärke werden mit
549 g	Wasser verrührt und gekocht; hierzu gibt man
6 g	Anilinöl
44 g	Natriumchlorat und nach dem Erkalten
77 g	Chromgelb in Teig 60%
186 g	Anilinsalz und
8 g	Schwefelkupferteig
1000 g	

2. Bleichromatschwarz nach der I. G. Farbenindustrie:

650 g	Stärketragantverdickung
125 g	Chromgelb in Teig 40%
75 g	Ammoniumnitrat
25 g	Natriumchlorat
125 g	Anilinsalz
1000 g	

3. Bleichromatschwarz nach J. Heilmann & Cie., Mülhausen im Elsass.

92 g	Weizenstärke
91 g	gebrannte Stärke
436 g	Wasser zusammen verkochen und warm
52 g	Bleinitrat
75 g	Wasser
23 g	Natriumbichromat
43 g	Wasser hinzufügen. Kalt rühren und
22 g	Natriumchlorat
40 g	Wasser
62 g	Anilinsalz
14 g	Anilinöl
12 g	Essigsäure 7° Bé
38 g	Ammoniumchlorid hinzufügen
1000 g	

Nach dem Drucken und Trocknen, 5 Minuten im Schnelldämpfer dämpfen, spülen, seifen und waschen. Mit diesem Schwarz lassen sich sehr feine Muster scharf drucken (Hemdenmuster); es lässt sich nach dem Entwicklen im Schnelldämpfer, ohne den Stoff anzugreifen, längere Zeit dämpfen und braucht nicht mittels Chromat oxydiert zu werden. Es eignet sich sehr gut zum Druck neben Küpenfarben.

IV. Dämpfschwarz. – Ferrocyankaliumschwarz.

1. Nach Haller:

92 g	Anilinsalz
500 g	Stärke-Tragantverdickung
8 g	Anilinöl
30 g	Natriumchlorat
150 g	Wasser
55 g	Ferrocyannatrium (gelbes Blutlaugensalz)
165 g	hellgebrannte Stärke
1000 g	

2. Nach Ristenpart:

100 g	Anilinsalz
200 g	Wasser
500 g	Stärke-Tragantverdickung
40 g	Natriumchlorat
60 g	Ferrocyannatrium
100 g	hellgebrannte Stärke
1000 g	

3. Schwarz nach der Firma Morosoff in Twer (Kalinin), Russland:

47000 g	Verdickung für Schwarz
22000 g	Teig A
500 g	Methylviolett 2 B-Lösung 1%
69500 g	

Verdickung für Schwarz

30000 g	Stärke-Tragant-Verdickung
2750 g	Natriumchlorat
3000 g	kochendes Wasser
5250 g	Essigsäure 6° Bé
6015 g	gelbes Blutlaugensalz
47015 g	

Teig A

900 g	Paramin
21150 g	Anilinöl
22950 g	Salpetersäure 38° Bé
12200 g	Eis
57200 g	

Dieses Schwarz eignet sich zum Druck auf naphtolierte Ware.

Von der Firma Morosoff stammt auch folgendes Rezept, welches sich für den Druck feiner Streifen besonders gut eignet:

1600 g	Weizenstärke
3300 g	Wasser
320 g	Natriumchlorat
720 g	gelbes Blutlaugensalz
1440 g	Wasser
40 g	Paramin
900 g	Anilinöl
1040 g	Salpetersäure 36° Bé
640 g	Essigsäure 6° Bé
10000 g	

4. Schwarz nach der Firma E. Zündel in Moskau:

710 g	Verdickung Z
88 g	Anilinöl
130 g	Salpetersäure 22° Bé
72 g	Essigsäure 6° Bé
1000 g	

Verdickung Z

120 g	Weizenstärke
400 g	Wasser
185 g	gebrannte Stärkeverdickung 1:1
150 g	Tragantschleim 6 %ig
90 g	gelbes Blutlaugensalz
55 g	Natriumchlorat
1000 g	

5. Schwarz nach der I.G. Farbenindustrie:

500 g	Stärke-Tragantverdickung
94 g	Anilinsalz
5 g	Anilinöl
25 g	Natriumchlorat, gelöst in
130 g	Wasser
50 g	gelbes Blutlaugensalz, gelöst in
196 g	Wasser
1000 g	

Die Druckfarben mit gelbem Blutlaugensalz sind ziemlich gut haltbar. Nach dem Drucken dämpft man 2 Minuten im Schnelldämpfer und nimmt die Ware breit während ½ Minute bei 70° C durch eine Lösung von Natriumbichromat (2—3 g/Liter) und Soda (1 g/Liter).

An Stelle des gelben Blutlaugensalzes kann man auch rotes Blutlaugensalz als Sauerstoffüberträger anwenden.

6. Schwarz nach Haller:

120 g	Weizenstärke
343 g	Wasser
195 g	Tragantschleim 6%
36 g	Natriumchlorat
85 g	Anilinsalz
22 g	Anilinöl
68 g	Essigsäure 6^0 Bé
53 g	rotes Blutlaugensalz
78 g	Wasser
1000 g	

7. Ferricyankaliumschwarz nach einem Rezept einer elsässischen Firma:

420 g	Stärke-Gummiverdickung
40 g	Natriumchlorat
80 g	Wasser
60 g	rotes Blutlaugensalz gelöst in
150 g	Wasser
40 g	Anilinöl
90 g	Anilinsalz
90 g	Essigsäure 80%
30 g	Kollamin, Débanil oder Nerogène
1000 g	

Für den Druck verwendet man gewöhnlich 1 Teil dieser Stammfarbe, verschnitten mit 3/4 Teilen Verdickung.

8. Weiteres Rezept für Prussiatschwarz:

570 g	Weizenstärke
3740 g	Wasser
570 g	Natriumchlorat
720 g	Ferricyankalium
1600 g	Wasser, zusammen kochen und kalt
500 g	Anilinöl
1160 g	Anilinsalz
1140 g	Essigsäure hinzufügen
10000 g	

Eignet sich zum Drucken von Gründelmuster.

Ersetzt man das Ferrocyannatrium oder Kalium durch das entsprechende Ammoniumsalz, so kann die Nachbehandlung in Chromatlösung wegfallen; das Schwarz verträgt ein längeres Dämpfen ohne den Stoff anzugreifen, jedoch ist die Druckfarbe weniger haltbar.

Für den Druck auf tannierter oder naphtolierter Ware ist eine konzentriertere Druckfarbe anzuwenden. Die I.G. Farbenindustrie empfiehlt hierzu folgende Konzentration pro Kilo Druckfarbe:

	120 g	Anilinsalz
	40 g	Natriumchlorat
	80 g	gelbes Blutlaugensalz
pro	1000 g	

Ein Schwarz, welches den Stoff nur sehr schwach angreift, soll nach Wehrlin mit Ferrocyananilin beispielsweise nach folgendem Rezept erhalten werden:

9. Ferrocyananilinschwarz nach Scheurer-Lauth in Thann:

Lösung A

8 g	Paraphenylendiamin
2,5 g	Salzsäure 19° Bé
50 g	Anilinöl
15 g	Anilinsalz
50 g	kochendes Wasser
200 g	Stärke-Industriegummiverdickung

Lösung B

30 g	rotes Blutlaugensalz
100 g	kochendes Wasser
50 g	Weinsäure krist.
50 g	kochendes Wasser
400 g	Weizenstärke-Industriegummiverdickung

Lösung C

25 g	Natriumchlorat
50 g	kochendes Wasser

Lösung A zu Lösung B geben, gut verrühren und Lösung C zugiessen.

Dieses Schwarz wird auf die in Natriumsilikat (2—3 g/Liter) vorgepflatschte Ware gedruckt. Diese Präparation dient dazu, das Überziehen der Farbe sowie Rackelstreifen zu vermeiden und verbessert gleichzeitig merklich die Qualität des Weissbodens.

Im Laufe der letzten 20 Jahre wurden nur wenig neue Arbeiten über Anilindruckschwarz veröffentlicht. Es erscheint von besonderem Interesse, hier die Untersuchungen von N. Wosnessensky[1]) anzuführen. Dieser Forscher versuchte, ein Schwarz mit möglichst wenig Anilin herzustellen. Er fand, dass durch eine übertriebene Oxydation das Schwarz rotstichig, während bei ungenügender Oxydation die Ausgiebigkeit des Schwarzes nicht vollständig ausgenutzt wird.

Um den schwarzen Ton grünstichig zu erhalten, erwies sich ein Zusatz von Weinsäure vorteilhaft; es bildet sich ein sehr feiner Niederschlag von Kaliumbitartrat, sowie das entsprechende Anilinsalz.

Wosnessensky gibt folgendes Rezept einer Druckfarbe an, welche bei der Firma Prochoroff in Moskau laufende Anwendung fand:

40 g	Anilinöl
40 g	Salzsäure 19° Bé
50 g	Ferrocyankalium
20 g	Weinsäure
28 g	Natriumchlorat
822 g	Verdickung
1000 g	

[1]) N. Wosnessensky, Mell. 1927, S. 536 und Tiba 1926, S. 930.

Der Faserangriff einer solchen Druckfarbe übersteigt nicht 8—10%.

Tschilikin[1]) stellte die gesundheitsschädliche Wirkung eines Überschusses an freiem Anilinöl in der Druckfarbe fest. Das Anilin verflüchtigt sich während des Dämpfens, wodurch eine giftige Atmosphäre entsteht.

Reserveverfahren unter Anilinschwarz.

Anilinschwarz lässt sich nicht ätzen; es lässt sich aber vor der Entwicklung reservieren. Von dem Prinzip ausgehend, dass sich Anilinschwarz nur bei Gegenwart von Säuren und Oxydationsmitteln entwickelt, genügt es, die Entwicklung durch Aufdrucken eines Alkali oder eines Reduktionsmittels auf den in Anilinschwarz vorgepflatschten Stoff an den bedruckten Stellen zu verhindern.

Für den Reserveartikel lässt sich nur das Dampfschwarzverfahren anwenden. Die Ausarbeitung dieser jetzt allgemein verwendeten und wichtigen Fabrikation verdanken wir Prud'homme.

Die Nachforschungen, welche dieses Problem hervorriefen, waren zahlreich, und mehrere Verfahren, welche befriedigende Resultate ergaben, wurden ausgearbeitet. Jedoch verbreitete sich der Anilinschwarzreserveartikel erst allgemein, als Prud'homme im Jahre 1883 das Verfahren erfand, nach welchem eine Reserve auf die mit Anilinschwarz (Anilinsalz, Chlorat und Prussiat) gepflatschte Ware vor dem Entwickeln des Anilinschwarzes gedruckt wurde. Die alkalische Reserve, welche man vor dem Entwickeln des Schwarzes aufdruckt, verhindert die Schwarzbildung und gestattet, ausgezeichnete Weisseffekte zu erhalten.

Das Prud'homme'sche Verfahren hat mehrere Vorteile:

Der Stoff ist beiderseitig gefärbt, während man bis zu diesem Zeitpunkt nur Reserven auf Anilinschwarz, welches auf der Druckmaschine gepflatscht wurde, herstellen konnte, also nur einseitig schwarz gefärbt waren.

Buntreserven lassen sich ohne Schwierigkeit erhalten, und die Weissreserven zeichnen sich durch ihre grosse Reinheit aus.

Es seien hier zunächst kurz die Verfahren erwähnt, welche dem Prud'homme'schen Verfahren vorausgingen, bevor letzteres eingehend behandelt wird.

Die ersten Versuche, Reserven unter Anilinschwarz herzustellen, stammen aus dem Jahre 1875.

---

[1]) Mell. 1927, S. 265.

Storck und Strobel[1]) beobachteten, dass die Sulfocyanide die Entwicklung des Schwarzes verhindern können. Die Sauerstoffverbindungen des Chlors verwandeln die Sulfocyanide in Persulfocyan. Durch Zusatz von Pigmenten zur Druckfarbe, welche mit Albumin fixiert werden, oder von Tanninfarbstoffen, war es möglich, bunte Reserven zu erhalten.

H. Schmid[2]) schrieb die reservierende Wirkung nicht der Bildung von Persulfocyan, sondern der Absorption einer gewissen Menge Chlor durch die Sulfocyanide sowie der Bildung gewisser löslicher und farbloser Oxydationsprodukte zu. Er verwendete ebenfalls Xanthogenate.

Schmid und Schweitzer[3]) empfahlen Natriumxanthogenat und Kaolin als Reservemittel.

Nach Witz[4]) verzögert Cyankalium die Schwarzbildung, ohne sie jedoch ganz zu verhindern. Das gelbe Blutlaugensalz (100—120 g pro Liter) kann als Reservemittel verwendet werden.

Kreide, Zinkoxyd, Natriumazetat und Natriumhydrosulfit reservieren das Schwarz. Die beiden letzten Produkte, mit Dextrin verdickt, geben namentlich sehr gute Resultate.

Lauber empfahl Natriumzitrat, Glukose, Natronlauge als Reservemittel.

Die Sulfocyanreserven werden wie folgt angewendet:

1. Drucken der Reserve auf den weissen Stoff.
2. Trocknen und Aufdrucken des Anilinschwarzes.
3. Oxydieren.

Zum Buntreservieren gibt man der Weissreserve Tanninfarbstoffe zu. Romann arbeitete ein Verfahren mit Tannin als reservierende Substanz aus.

Charles Brandt[5]) gelang es, Buntreserven durch Zusatz von Alizarinrot, Alizarinrosa oder von Guignetgrün und Albumin zur Sulfocyanatweissreserve, herzustellen.

Kielmeyer[6]) erhielt mit Natriumaluminat eine gute Rotreserve unter Anilinschwarz, indem er verdicktes Natriumaluminat auf den weissen Stoff druckte, trocknete, mit Anilinschwarz überdruckte, das

---

[1]) Ber. der öst. Ges. zur Förderung der chem. Ind. 1879, S. 10. Wagners Jahresber. 1879, S. 1090; E. Noelting und Lehne, Le Noir d'aniline (franz. Ausgabe), S. 107; Glenck, Dingl. Polytechn. Journ., Bd. 241, S. 399, Wagners Jahresber. 1881, S. 875; E. Nölting und A. Lehne, Anilinschwarz, II. Aufl., S. 65.

[2]) H. Schmid, Dingl. Polytechn. Journ., Bd. 251, S. 41.

[3]) Schmid und Schweizer, Bull., Rouen 1881, S. 330.

[4]) Witz, Bull., Rouen 1881, S. 206; Wagners Jahresber., 1882, S. 994.

[5]) Charles Brandt, Bull. Mulh., 1881, S. 35 und S. 286.

[6]) Kielmeyer, Dingl. Polytechn. Journal, 1873, S. 203.

Schwarz in der Hänge oxydierte, hierauf im Soda-Kreidebad degummierte und schliesslich in Alizarin ausfärbte.

Kielmeyer, welcher neben der Rotreserve eine weisse Reserve erhalten wollte, konnte für letztere Natriumaluminat nicht anwenden, da dieses Produkt wegen der Fixierung von Aluminiumhydrat die Weissreserve trübte. Es gelang ihm durch Anwendung einer Reserve, welche aus arsenigsaurem Natrium oder aus Natriumphosphit bestand, diesen Übelstand zu beheben. Die Kielmeyer'sche Reserve wurde seinerzeit geläufig in der Praxis angewendet. Man verfuhr folgendermassen:

1. Vordrucken mit 200 g arsenigsaurem Natrium 48° Bé, verdickt mit 500 g gebrannter Stärkeverdickung.

2. Überdrucken eines Gründelmusters mit Schwefelkupferanilinschwarz.

3. Oxydation in der Hänge bei 40° C während 12—15 Stunden.

4. Passage während einer Minute durch eine kochende Sodalösung.

5. Waschen, auf dem Foulard chloren, kochend seifen, spülen und trocknen.

Die Orangereserve erhält man mit Bleichromat, indem man den Stoff mit einer Bleinitrat und Natriumazetat enthaltenden Druckfarbe vordruckt, mit Anilinschwarz überdruckt, durch ein Kreide-Sodabad durchlässt, warm chromiert, spült und abtrocknet.

Kopp[1]) druckte eine Reserve, welche Natriumthiosulfat und Aluminiumazetat enthielt, überdruckte mit Anilinschwarz, oxydierte, spülte und färbte mit Alizarin.

Reserve nach Kopp:

10 l	Aluminiumazetat 16° Bé
3 kg	arabischer Gummi
1½ kg	Natriumthiosulfat

Lauber verwendete eine Weissreserve, welche mit Stärke verdickt ist, und Zitronensaft, Natronlauge und Soda enthält. Als Rotreserve schlug er folgende Druckfarbe vor:

10 l	Natriumaluminat
3500 g	Leiogum
500 g	Olivenöl

Horace Koechlin[2]) fand eine Methode, um Reserven unter Anilinschwarz, welches nach dem Verfahren von Charles Lauth hergestellt war (Fixieren von höheren Manganoxyden auf den weissen Stoff

[1]) Siehe E. Nölting und Lehne, Anilinschwarz, II. Auflage, S. 68.
[2]) Horace Koechlin, Bull. Soc. Chim. de Paris 1881, S. 286.

und darauffolgendes Pflatschen in einer sauren Lösung eines Anilinsalzes). Er druckte Salze, wie Zinnchlorür, Ammoniumsulfocyanat usw., die das Manganbister zerstören und mithin das Entwickeln des Anilinschwarzes an den bedruckten Stellen verhindern.

Buntreserven wurden durch Zusatz von basischen Farbstoffen und Tannin zum Zinnchlorür erhalten. Für Rot nahm er Eosin oder Primerosa und für Gelb Kreuzbeerenextrakt, welches sich auf dem Zinn fixierte.

Der Fabrikationsgang ist folgender:

1. Präparieren des Stoffes mit Manganbister mittels Manganchlorid.

2. Drucken der Reservefarben.

3. Trocknen, einige Stunden in der Hänge lassen, durch das Kreidebad passieren und waschen.

4. Überdrucken einer verdickten sauren Anilinsalzlösung.

5. Trocknen, in der warmen Hänge ausbreiten und waschen.

Prud'hommeschwarz. [1])

Im Jahre 1884 gelang es Prud'homme und Woltschaninoff, das Problem des Reservierens von auf der Hotflue geklotztem, unentwickeltem Anilinschwarz mit Hilfe des einige Jahre vorher von Mather & Platt hergestellten Schnelldämpfers auf eine sehr sinnreiche Weise zu lösen und dadurch den nach Prud'homme benannten Artikel zu schaffen. Dieses Verfahren, welches zuerst in der Firma Prochoroff in Moskau eingeführt wurde, verbreitete sich überaus rasch in den Druckereien sämtlicher Länder, und sein Erfolg überstieg sogar den des Indigoätzartikels von Camille Koechlin. Auch heute noch wird es ausschliesslich zur Herstellung des Anilinschwarzreserveartikels angewendet.

Für die Herstellung des Prud'homme-Schwarzes wird das Gewebe in einer Lösung von Anilinsalz, Natriumchlorat und gelbem Blutlaugensalz geklotzt, vorsichtig auf der Hotflue getrocknet, mit Reserven bedruckt, 2—3 Minuten im Schnelldämpfer gedämpft, mittels Bichromat fertigoxydiert und wie üblich gewaschen und geseift. Früher verwendete man Kaliumchlorat an Stelle des entsprechenden Natriumsalzes[2]).

[1]) Versiegeltes Schreiben am 29. Dezember 1884 bei der Soc. Ind. de Mulhouse hinterlegt und 1887 geöffnet. Das Prud'homme'sche Verfahren wurde von O. Krafft und Bühring in Romens Journ. 1886, S. 226 zuerst veröffentlicht. Lauber, Frb. Ztg. 1897, S. 65 und 104.

[2]) The Dyer 1936, Februarheft, S. 163; R.G.M.C. 1937, S. 247.

Lauber führte das Natriumchlorat wegen seiner grösseren Löslichkeit ein[1]).

Kertesz[2]) wendete Ferrocyanammonium an, welches den Vorteil bietet, die Oxydation des Schwarzes zu verlangsamen.

Im allgemeinen bereitet man zwei Lösungen, von denen die eine Anilin, Anilinsalz und Chlorat, die andere das Ferrocyankalium enthält. Man kann auch das Anilinsalz mit dem Prussiat zusammen, und das Chlorat besonders auflösen. Dem Klotzbad wird Anilinöl, dessen Menge vom Zustande des Anilinsalzes abhängt, hinzugegeben. Der Farbton des Schwarzes lässt sich durch Zusatz von Toluidin oder von Paraphenylendiamin (Paramin) oder durch Nachbehandlung in einer mehr oder weniger konzentrierten Bichromatlösung, deren Temperatur höher oder niedriger eingestellt wird, beeinflussen.

Lauber gibt folgende Mengenverhältnisse an:

76 g Anilinsalz
10 g Anilinöl
41 g gelbes Blutlaugensalz
30 g Natriumchlorat

auf 1 Liter

Noelting empfiehlt:

79 g Anilinsalz
8 g Anilinöl
30 g Kaliumchlorat
44 g gelbes Blutlaugensalz

auf 1 Liter

Der Vollständigkeit wegen seien hier einige Rezepte aus der Praxis angegeben:

Anilinschwarz-Klotzlösung mit Anilinsalz, nach der I.G. Farbenindustrie:

85 g Anilinsalz in
40 g Tragantverdickung ($60^0/_{00}$)
5 g Anilinöl
220 g Wasser lösen, und
54 g Ferrocyankalium gelöst in
220 g Wasser und schliesslich
30 g Natriumchlorat gelöst in
320 g Wasser zusetzen

auf 1 Liter einstellen

[1]) Lauber, Frb. Ztg. 1897, S. 65 und 104.
[2]) Frb. Ztg. 1889, S. 90.

Anilinschwarz-Klotzlösung mit Anilinöl, nach der I.G. Farbenindustrie.

80 g	Anilinöl in
75 g	Salzsäure 20° Bé
30 g	Essigsäure 50%
40 g	warmem Wasser lösen, nach dem Erkalten
50 g	Ferrocyankalium gelöst in
400 g	Wasser und zuletzt
25 g	Natriumchlorat gelöst in
300 g	Wasser zusetzen
auf 1 Liter einstellen	

Anilinschwarz-Klotzlösung nach Scheurer-Lauth in Thann:

Lösung A	45 g	Anilinöl und } Bildung des Anilinsalzes und mit
	49 g	Salzsäure 19° Bé }
	250 g	Wasser verdünnen
Lösung B	45 g	Ferrocyankalium
	180 g	Wasser
Lösung C	30 g	Natriumchlorat
	180 g	Wasser

Vor Gebrauch werden die drei Lösungen vermischt und auf 1 Liter eingestellt. Um unvergrünliches und die Faser weniger angreifendes Schwarz zu erhalten, gibt man gegebenenfalls 30 g Kollamin, Néramine oder Débanil A gelöst in Wasser pro kg Klotzbad zu.

Weiteres Rezept nach derselben Firma:

Lösung A	52 g	Anilinöl
	71 g	Salzsäure 19° Bé
	2 g	Paraphenylendiaminchlorhydrat
	320 g	Wasser
	26 g	Anilinöl
Lösung B	56 g	Ferrocyankalium
	300 g	Wasser
Lösung C	50 g	Natriumchlorat
	100 g	Wasser

Vor Gebrauch werden die drei Lösungen vermischt, auf 1 Liter eingestellt und 30 g Débanil A (vom Labor. Zundel, Joliet & Cie. in Gennevilliers) zugegeben.

Anilinklotzlösung nach Villefranche:

Lösung I	50 l	Lösung A (siehe unten)
	1½ l	Anilinöl
	1750 g	Ammoniumchlorid

Lösung II	10 kg	Ferrocyannatrium
	5400 kg	Ferrocyankalium
	30 l	Wasser

Lösung III	7300 kg	Natriumchlorat
	20 l	Wasser

Vor Gebrauch werden die drei Lösungen vermischt und auf 230 Liter eingestellt.

Lösung A	200 l	Wasser
	194 kg	Salzsäure 19° Bé
	165 kg	Anilinöl

Gut vermischen und Salzsäure zusetzen, bis eine Probe einer Lösung von Methylviolett mit einer Probe des Gemisches sich grünlich färbt. Es sind hierzu ungefähr 30 kg Salzsäure nötig, hierauf Zusatz von Anilinöl, bis eine Probe sich violett färbt. Ist diese Reaktion eingetreten, so wird das Gemisch auf 600 Liter eingestellt. Durch Kontrolle mittels dieser Reaktion wird ein Überschuss an Säure ausgeschaltet. Diesem Klotzbad kann Kollamin, Néramine oder Débanil A (30 g pro Liter von einem dieser Produkte in Wasser gelöst) zugegeben werden, um das Schwarz unvergrünlicher zu machen und den Faserangriff zu vermindern. Jedoch eignet sich dieser Zusatz nicht, falls Rapidogene als Buntreserven verwendet werden.

Dr. Karl Schmidt in Krefeld schützt durch *D.R.P. 734.702* (bekanntgemacht am 28. Mäzr 1943) ein Verfahren zur Herstellung von Anilinschwarz auf Textilstoffen, dadurch gekennzeichnet, dass man Klotzbäder oder Druckpasten verwendet, die neben Anilinsalz, einem Oxydationsmittel, katalytisch wirkenden Metallverbindungen und organischen Verbindungen noch lösliche, durch Säuren nicht fällbare Eiweissabbaustoffe in Mengen von 25—100% berechnet auf die angewendete Anilinsalzmenge, enthalten. Der Erfinder gibt folgendes Beispiel an:

78	g	Anilinsalz
58,5	g	Ferrocyankalium
32,5	g	Natriumchlorat
3,25—13	g	p-Phenylendiamin
26 —78	g	Harnstoff oder Peptone

pro Liter Klotzlösung

Nach dem Klotzen wird die Ware getrocknet, mit einer Reserve bedruckt, 3—6 Minuten im Schnelldämpfer gedämpft, mit heisser Chromatlösung nachoxydiert und gewaschen.

Durch den Zusatz dieser Eiweissabbauprodukte zum Klotzbad soll die Faserschwächung fast vollständig verhindert werden.

Tschilikin zeigte in seiner Arbeit „Über die Untersuchung von Anilinschwarz“[1]), dass die Anilinschwarzbäder freies Anilinöl enthalten, welches beim Trocknen durch Verflüchtigung (20—25% des Anilingehaltes) zwecklos verloren geht Es gelang ihm, die gewöhnlich angewendeten Mengen Anilin zu ändern und sie von 80 auf 60 g pro Liter herabzusetzen. Er empfiehlt auch den Zusatz einer kolloiden Substanz, z. B. Tragant, sowie nicht flüchtiger Produkte, um den Angriff des Stoffes zu vermindern.

Die Mengen der angewendeten Produkte weichen in den verschiedenen Rezepten nicht sehr viel voneinander ab; sie schwanken zwischen

75—85 g	für Anilinsalz
5— 6 g	für Anilinöl
50—55 g	für Ferrocyankalium
25—30 g	für Natriumchlorat

auf 1 Liter Lösung

Da während des Krieges 1914—1918 die Kaliumsalze selten und teuer waren, wurden sie durch die entsprechenden Natriumsalze ersetzt. Durch den einfachen Ersatz erhielt man kein reines Reserveweiss, da das Schwarz sich beim Trocknen schon bei 40—50° C zu entwickeln anfing. Man musste deshalb bei niedrigerer Temperatur arbeiten und ausserdem, entsprechend des verschiedenen Molekulargewichtes, ungefähr 15% mehr Natriumferrocyanid anwenden als das entsprechende Kaliumsalz.

Die beiden hauptsächlichsten Übelstände des Anilinschwarzes sind einerseits der Angriff der Ware, andererseits das Vergrünen in Gegenwart von schwefliger Säure oder unter anderen atmosphärischen Einflüssen; deshalb befassen sich auch die wichtigsten Arbeiten mit der Herstellung von Anilinschwarz:

1. mit der Verminderung der Faserschwächung;
2. mit der Erzeugung eines möglichst unvergrünlichen Schwarzes.

1. Verminderung der Faserschwächung.

Die Möglichkeiten zur Verminderung der Faserschwächung sind folgende:

a) Verminderung der Mengen der Bestandteile des Anilinschwarzbades.

b) Teilweises Ersetzen der Mineralsäure durch eine organische Säure.

c) Zugabe von gelbem Blutlaugensalz im Überschuss.

d) Zusatz von Anilin zur Anilinchlorhydratlösung.

e) Gegenwart von Puffersubstanzen oder von Produkten, welche die Säure abstumpfen oder die Oxydationswirkung verringern.

---

[1]) Tschilikin, Mell. 1927, S. 265.

Siehe auch: Dr. C. Kraus: „Die Anwendung der Lehren der physikalischen Chemie zur Erklärung und Vermeidung des Anilinverlustes bei Anilinschwarz“, Mell. 1928.

a) Konzentrationsverminderung des Anilinschwarzbades. Die Zusammensetzung des Prussiatdampfschwarzes ist allgemein folgende:

70—80 g Anilinsalz
40—50 g Natrium oder Kaliumferrocyanid
30—35 g Natriumchlorat pro Liter

Jedoch haben mehrere Fachmänner bewiesen, dass man diese Mengen wesentlich vermindern kann. So z. B. gibt Wosnessensky[1]) folgendes Rezept an:

40 g Anilin (65 g Anilinsalz entsprechend)
40 g Salzsäure 19° Bé
50 g Ferrocyankalium
20 g Weinsäure und
28 g Natriumchlorat
pro Liter Klotzbad

Der Zusatz von Weinsäure bewirkt einen grüneren Schwarzton; es bildet sich Ferrocyananilin und Kaliumbitartrat. Die durch dieses Schwarz erzeugte Faserschwächung soll höchstens 8 % betragen.

Das gebräuchlichste Anilinsalz ist das Anilinchlorhydrat.

Das Nitrat wird, weil zu teuer, selten angewendet, und das Anilinsulfat ist zu wenig löslich.

Das Anilinferrocyanid, gewöhnlich Ferrocyananilin genannt, wurde häufig angewendet; es hat den Vorteil, die Faserschwächung zu vermindern. Dieses Salz bildet sich durch Zugabe von Weinsäure zum Anilinklotzbade; hierbei wird Ferrocyanwasserstoffsäure, welche sich mit dem Anilin verbindet, in Freiheit gesetzt, das ausgeschiedene Kaliumbitartrat wird abfiltriert.

Nach den Angaben von Wehrlin (Bull. Mulh. 1874, S. 386) gibt man Weinsäurelösung in eine Kaliumferrocyanidlösung zu und filtriert das ausgefällte Kaliumbitartrat ab; die erhaltene Lösung beträgt 23° Bé. In dieser auf 50° C erwärmten Lösung löst man die äquivalente Menge Anilin auf und lässt auskristallisieren (Schlumberger, Bull. Mulh. 1874, S. 390). Man hat ebenfalls Anilinsalze der organischen Säuren (Azetat, Formiat, Laktat, Tartrat, Glykolat) verwendet. Das Anilinfluosilikat bietet den Vorteil, sehr leicht oxydierbar zu sein (Bull. Mulh. 1919, S. 292). Thies und Cliff haben die Verwendung von Anilinfluorhydrat patentiert, welches die Faser mehr als das Chlorhydrat schont (*D.R.P. 57.467*). Das Anilinchlorat kann auf der Faser durch einfache thermische Zersetzung ein unvergrünliches Schwarz geben (*D.R.P. 285.995* aus dem Jahre 1913, Griesheim-

[1]) Tiba 1926, S. 927; Mell. 1927, S. 536; Tschilikin, Rev. Chim. Ind. 1933, S. 202 und 233; Tiba 1927, S. 1017; Mell. 1927, S. 265 und 536.

Elektron), jedoch ist dieses Salz ein für die Faser gefährliches Produkt, so dass seine allgemeine Anwendung wohl kaum eingeführt wurde (*D.R.P. 287.794*, 1914).

b) Ersetzen der Salzsäure durch organische Säuren. Um die Menge der bei der Oxydation frei werdenden Mineralsäure und zugleich die hierdurch bewirkte Faserschwächung zu vermindern, versuchte man, einen Teil der Salzsäure durch organische Säuren zu ersetzen. Es ist hierbei zu bemerken, dass das Schwarz unvergrünlicher wird, weil die Bildung des Azinderivates in einem schwächer sauren Mittel erleichtert wird. Jedoch ist es unmöglich, die Salzsäure vollständig zu ersetzen, da die Bildung des Schwarzes in diesem Falle nicht mehr stattfindet.

C. H. Böhringer (*D.R.P. 73.667*) ersetzte das Chlorhydrat durch das Anilintartrat. Grandmougin und Havas patentierten 1913 das teilweise Ersetzen der Salzsäure durch Milchsäure (*D.R.P. 275.845*), wobei statt des Indaminschwarzes durch Kondensation in ortho-Stellung Azinschwarz gebildet wird.

Das *franz. P. 386.361*, 1908 von Green schützt die Anwendung von Ameisensäure, während Ehrenzweig im *D.R.P. 291.955*, 1913 Glykolsäure vorschlägt (*franz. P. 314.660*, 1915).

c) Einfluss des Ferrocyankaliums. Das Kaliumferrocyanid spielt bei der Oxydation die Rolle eines Katalysators; aus diesem Grunde genügen schon sehr kleine Mengen. Durch Aufdrucken von einem Gemisch von Anilinsalz und Chlorat ohne Blutlaugensalz bildet sich kein Schwarz; aber die Zugabe schon einer geringen Menge dieses Salzes (z. B. 8—10 g pro kg Druckfarbe) genügt zur Schwarzbildung, jedoch wird die Faser während der Oxydation stark angegriffen.

Im gebräuchlichen Anilinschwarzrezept ist die Zusatzmenge des Ferrocyankalium so berechnet, dass das vorhandene Anilinsalz sich in Ferrocyananilin umsetzen kann, während die frei werdende Salzsäure in Form von Kaliumchlorid gebunden wird. Ein Überschuss von Blutlaugensalz vermindert also den Faserangriff.

Zufolge *amer. P. 1.801.177* von Scholefield kann das Ferrocyankali durch Karbonylferrocyanid, $(NH_4)_3[Fe(CN)_5CO]$ ersetzt werden. Durch Anwendung dieses Salzes wird die Klotzlösung dauerhafter und das Reservieren erleichtert.

d) Zusatz von Anilin. Der Faserangriff wird verringert, wenn man der Klotz- oder Druckfarbe 10—15‰ Anilinöl oder vorteilhafter eine Anilinölemulsion, welche mittels eines Emulgators (z. B. Emulphor O der I. G. Farbenindustrie oder Nilo EM von Sandoz) erhalten wird, zugibt. Jedoch scheint dieser Zusatz von geringer Wirkung zu sein, da sich das Anilin leicht verflüchtigt. Nach Schrameck verliert die Faser nach dem Trocknen 10% und nach der Oxydation im Dämpfapparat 45% ihrer Festigkeit (Mell. 1928, S. 328).

e) Zusatz von Puffersubstanzen. Bis zu einem gewissen Grade gelingt es, die Faserschwächung durch Zugabe von solchen Puffersubstanzen zum Schwarzklotzbade zu vermindern, welche die schädliche Wirkung der Mineralsäure aufheben und leichter oxydierbar sind als die Faser selbst. In diesem Sinne schlägt das *brit. P. 375.367*[1]) von Holtmann (Tiba 1934, S. 59; Bull. Féd. I, S. 242 und 518; *öst. P. 135.654*) die Verwendung von Substanzen, wie Hydrazin, Salze der Sulfocyanwasserstoffsäure, Alkohol, Glukose, lösliche Stärke sowie Eiweissabbauprodukte vor. Im gleichen Patent wird der Zusatz von aromatischen Aminen, Aminophenolen und heterozyklischen Basen, besonders Chinolin (4 g pro Liter) vorgeschlagen.

Eine andere Methode, um die Säurebildung während der Oxydation des Anilinschwarzes unschädlich zu machen, beruht auf einer Zugabe von Salzen der schwachen oder leicht oxydierbaren Säuren; es sei hier an das seit sehr langer Zeit angewendete Verfahren erinnert, das auf Zugabe gewisser Mengen Aluminiumazetates beruht (Grandmougin, Rev. Chim. Ind. 1933, S. 235).

Als mineralsäurebindendes Mittel, welches zugleich die schädliche Oxydationswirkung auf die Faser abstumpft, schlägt Ehrenzweig in den *D.R.P. 291.955*, 1913 und *314.660* 1915, die Verwendung von Sulfocyanammonium vor und gibt folgendes Rezept an:

56 T.	Anilinöl
72 T.	Salzsäure 19° Bé
22 T.	p-Phenylendiamin
30 T.	Glykolsäure
50 T.	Natriumchlorat
30 T.	Ammoniumsulfocyanid
pro 1000 T.	

Das p-Phenylendiaminsulfocyanid ist noch wirksamer als Sulfocyanammonium; denn einerseits übt es eine schonende Wirkung auf die Faser aus, andererseits erleichtert es als Sauerstoffüberträger die Schwarzbildung. Man erhält auf diese Weise ein sehr tiefes unvergrünliches Schwarz, welches die Faser wenig angreift.

Die neueren Patente, *D.R.P. 517.916; franz. P. 643.678*, 1927 sowie *amer. P. 1.920.717* von K. Schmidt lehnen sich an obige Patente an. Sie empfehlen die Zugabe einer gewissen Menge schwachsaurer Salze wie Sulfite, Phosphate, Azetate, Ammoniumsulfocyanide und zugleich von p-Phenylendiamin und Katalysatoren, deren Rolle die Aufhebung der verlangsamenden Schwarzbildung, welche sonst durch die Gegenwart obiger Salze eintreten würde, ist.

---

[1]) Siehe weiter unten, S. 176.

Nach folgendem Rezepte gelingt es nach obengenannten Patenten, ein unvergrünliches Schwarz herzustellen:

12	T.	Anilinchlorhydrat
9	T.	Ferrocyankalium
5	T.	Natriumchlorat
5	T.	Ammoniumsulfit
2	T.	p-Phenylendiamin
3	T.	Weinsäure
pro 1000	T.	Druckfarbe

Nach dem Drucken wird das Schwarz durch Dämpfen bei 100° C entwickelt.

Laut *franz. P. 813.472*, *brit. P. 477.630* und *amer. P. 2.106.382* (R. G. M. C. 1938, S. 186) ersetzt K. Schmidt das Sulfocyanammonium durch Zucker, Harnstoff oder durch abgebaute Proteinkörper; diese Substanzen wirken als Schutzkolloide. Der Patentnehmer schlägt hierbei folgendes Rezept vor:

12	T.	Anilinsalz
9	T.	gelbes Blutlaugensalz
5	T.	Natriumchlorat
0,5— 2	T.	Albuminabbauprodukte
10—25	T.	Harnstoff
pro 1000	T.	

Dieses Verfahren weicht kaum von demjenigen ab, welches Freiberger im *brit. P. 425.689* beschreibt (Wengr. Ber. 1935, Mai, S. 19).

Durch *D. R. P. 683.951* (15. 5. 1934) schützt Dr. Karl Schmidt, Krefeld, ein weiteres Verfahren zur Herstellung von Anilinschwarz auf Textilstoffe. Dieses Verfahren ermöglicht die Herstellung unvergrünlicher Anilinschwarzfärbungen und Drucke unter weitgehender Schonung der Faser, ohne dass die Reservierung des Schwarzes beeinträchtigt wird. Diese Vorteile werden dadurch erreicht, dass als Faserschutzmittel reduzierende Zuckerderivate zur Anwendung kommen, und zwar in einer Menge von 25% berechnet auf die Anilinsalzmenge. Die durch den Zucker bewirkte Hemmung der Anilinschwarzbildung wird durch die gleichzeitige Anwendung von katalytisch wirkenden organischen Verbindungen, wie p-Phenylendiamin, neben den katalytisch wirkenden Metallverbindungen, verhindert.

Im *schweiz. P. 196.618* (Schmidt) wird geltend gemacht, dass sich leicht in unmittelbarer Umgebung der Druckstellen Höfe ergeben, welchem Übelstand die Erfindung dadurch zu begegnen trachtet, dass die Rhodansalze durch Harnstoff ersetzt und gleichzeitig dem Färbebad organische Katalysatoren, wie p-Phenylendiamin, zugesetzt werden.

2. Herstellung von unvergrünlichem Schwarz.

Es sind mehrere Verfahren zur Erzeugung von unvergrünlichem Anilinschwarz bekannt. Die einen stützen sich auf Überführung des vergrünlichen, indaminartigverbundenen Schwarzes durch möglichst grosse Überoxydation in die unvergrünliche Azinform, die anderen auf die Bildung gewisser Oxydationsprodukte, deren Färbung das eventuelle Vergrünen des Anilinschwarzes verdeckt. Dies wird durch Zugabe zur Anilinschwarzfarbe von solchen Substanzen erreicht, welche durch Oxydation unter den gleichen Bedingungen wie für Anilin Farbtöne ergeben, die das Vergrünen des Anilinschwarzes unsichtbar machen.

Alle Anilinschwarz können, wie bereits oben erwähnt, durch Überoxydation, welche entweder durch wiederholtes Chromieren oder durch Zugabe von Oxydationskatalysatoren bewirkt werden kann, in weniger vergrünlicheres Schwarz übergeführt werden.

Nachbehandlungsverfahren. Das zur Zeit geläufigste Verfahren besteht darin, die Ware nach dem Klotzen und Oxydieren in einer warmen Bichromatlösung, welcher Schwefelsäure zugesetzt ist, zu behandeln. Man erreicht hierdurch eine merkliche Verbesserung des Schwarztones, vorausgesetzt, dass die Konzentration der Bichromatlösung genügend hoch (5 g $K_2Cr_2O_7$ pro Liter) ist und die Temperatur nicht unter 65—70° C liegt (Jeanmaire, 1876). Später (1896) schlug Jeanmaire ebenfalls vor, das Schwarz mit einer Aluminiumchloratlösung unter Zusatz von Kaliumferricyanid zu behandeln. Dieses Verfahren, welches industriell angewendet wurde, besteht darin, die mit Anilinschwarzlösung geklotzte Ware mit einer 35 Teile Aluminiumsulfat, 25 Teile Natriumchlorat und 3 Teile Ferricyankalium pro 1000 Teile enthaltenden Lösung nachzuklotzen, zu trocknen und 1 Stunde lang zu dämpfen. Eine zu weitgehende Überoxydation muss jedoch dabei vermieden werden, weil hierdurch das Schwarz einen braunen, ungefälligen Ton annehmen kann. (Zeit. f. Farben Ind. 1906, S. 286; E. Grandmougin, Bull. Mulh. 1907.)

Ein anderes Verfahren, welches von A. Scheurer herrührt (Bull. Mulh. 1902, S. 132) und scheinbar in grossem Maßstabe angewendet wurde, beruht auf der Nachbehandlung der mit Anilinschwarz präparierten Ware mit einer 10 Teile Anilinsalz, 10 Teile Kupferchlorid und 5 Teile Natriumchlorat pro 1000 Teile enthaltenden Lösung. Die mit Anilinschwarz vorpräparierten Stücke werden mit dieser Lösung übergeklotzt, getrocknet und hierauf gedämpft. Diese Behandlung bewirkt die Überführung des Indaminschwarzes in das unvergrünliche Azinschwarz, und zwar durch Kondensation des Anilinsalzes in Gegenwart eines Oxydationsmittels. Selbstverständlich eignet sich dieses Verfahren nur für Unischwarz; für den Reserveartikel ist es wegen der Überfärbung der Weissreserven unbrauchbar. Mura (Bull. Mulh. 1900) wendete zum gleichen Zwecke Natriumbichromat an, während F. Weber und Grossheintz (Bull. Mulh. 1900) die Nachbehandlung der schwarz gefärbten Stücke mit einer Lösung von Anilinsalz und Chlorat empfehlen; endlich versuchte Oswald ein Nachklotzen in einer Chloratlösung, welcher ein Katalysator (Vanadiumchlorid) zugesetzt wurde.

Übrigens ist noch zu bemerken, dass das Schwarz, das bei einer relativ hohen Temperatur erhalten wird, also z. B. durch Dämpfen bei 100° C in der allgemeinen Regel weniger vergrünbar ist als dasjenige, das man bei gewöhnlich niedriger Temperatur durch Verhängen erzielt.

Zugabe von Oxydationskatalysatoren. Die Zugabe zum Anilinschwarzbade von Substanzen, welche als Sauerstoffüberträger wirken und hierdurch die Oxydation erleichtern, erlaubt kleinere Mengen Oxydationsmittel als gewöhnlich anzuwenden und trotzdem unvergrünliches Schwarz zu erhalten. In diesem Sinne empfahlen zuerst Green (*D.R.P. 204.514; 208.518*), hierauf Zeidler und Wengraf (*D.R.P. 223.404*, 1909) und ebenfalls Battegay (*D.R.P. 247.495, franz. P. 439.339*) die Anwendung von p-Phenylendiamin. Diese Zugabe eignet sich auch unter anderem für Anilinschwarzdruckfarben, die zum Drucken von naphtolierter Ware bestimmt sind. Dieses Amin spielt nicht nur die Rolle eines Katalysators, sondern es verdeckt etwa vergrünendes Anilinschwarz, da sein Oxydationsprodukt von tief schwarzbrauner Farbe ist. Man wendet dieses Amin auch in Form seines sulfocyansauren Salzes an.

Feigin (R.G.M.C. 1930, S. 399) verwendete Bismarckbraun als Oxydationskatalysator; er konnte hierdurch die Menge Anilin um 18% vermindern.

Battegay (*amer. P. 1.921.148*) erhält ein nur wenig vergrünliches Schwarz durch Zugabe von Oxydationskatalysatoren, wie Phenylendithioharnstoff, Monoaminophenylthioharnstoff, sowie die Natriumsalze der Methylaminophenylsulfosäuren oder Methylphenylendiaminosulfosäuren.

Zufolge *öst. P. 135.654; brit. P. 375.367; amer. P. 1.955.235*[1]) von Holtmann verbessert ein Zusatz von aromatischen Aminen, Aminophenolen und stickstoffhaltigen Basen der heterozyklischen Reihe, besonders Chinolin (4 g pro L.), die Qualität des Schwarzes ganz wesentlich. Als Beispiel wird folgende Zusammensetzung des Bades angeführt :

[1]) Siehe S. 173.

80	T. Anilinsalz
60	T. Ferrocyankalium
30	T. Natriumchlorat
14	T. p-Phenylendiamin
4	T. Chinolinchlorhydrat
1,5	T. Abbauprodukt von Kasein
2	T. Resorzin
pro 1000	T.

Zusatz von Substanzen, welche Oxydationsderivate ergeben, die das Vergrünen des Schwarzes verdecken. Die Verfahren, welche auf diesem Prinzip beruhen, sind zahlreich. Sie stützen sich, wie bereits schon erwähnt, auf die Zugabe zum Anilinschwarzbade von solchen Substanzen, welche unter den gleichen Bedingungen tiefbraun gefärbte Oxydationsprodukte geben, die das Vergrünen des Anilinschwarzes durch Atmosphäreneinfluss verdecken.

M. Prud'homme (*brit. P. 4.123* von 1879, Bull. Mulh. 1890, S. 320) verwendete zu diesem Zwecke Mischungen von Anilin, Toluidin und Xylidin. P. Monnet (*D.R.P. 37.661*, 1886) patentierte eine Mischung von α- und β-Naphtylamin sowie auch p-Phenylendiamin. A. Scheurer (Bull. Mulh. 1890, S. 129) schlug Tolidin, Benzidin und Dianisidin vor, welche unter den gleichen Bedingungen wie Anilin, Braun- und Marrontöne geben. Dreher (*D.R.P. 127.361*) erwähnte die Verwendung von m-Nitranilin und E. Grandmougin erhielt unvergrünliches Schwarz durch Zusatz von 10% p-Aminophenolchlorhydrat zum Anilinsalz. Das p-Aminophenol besitzt den Vorteil, für Prussiatschwarz anwendbar zu sein, da es mit ihm, im Gegensatz zu den meisten Diaminen, keinen Niederschlag bildet (Grandmougin, Rev. Chim. Ind. 1933, S. 236). Das unvergrünliche Anilinsalz von K. Oehler entspricht dem m-Toluidinsalz, welches einen gewissen Prozentsatz der o- und p-Isomeren enthält. Die Zugabe von Azoverbindungen, speziell von Aminoazobenzol, bildet den Gegenstand des *franz. P. 564.346*, 1922 von Guillermo Aris (Zeitschr. f. Farb. Ind. 1906, S. 141). Das so erhaltene Schwarz ist tiefer und erlaubt ein Herabsetzen von ungefähr 20% der angewendeten Anilinmenge. Das im Jahre 1922 von der I. G. herausgebrachte Eumol ist eine 15%ige Aminoazobenzollösung in Anilin. Ein versiegeltes Schreiben aus dem Jahre 1923 von H. Sunder und Lantz (*brit. P. 176.343*, 1922; R.G.M.C. 1936, S. 296) empfiehlt ebenfalls die Verwendung von Aminoazobenzol; jedoch wird hier diese Verbindung in der Farbe selbst gebildet, und zwar durch Zugabe einer gewissen Menge Nitrit in das saure Anilinschwarzbad, wodurch ein Teil des Anilins in Aminoazobenzol verwandelt wird.

Nach Justin Mueller (Bull. Mulh. 1936, S. 107; Mell. 1936, XVII, S. 76) zeigt das Aminoazobenzol eine stärkere Reaktionsfähigkeit, sowohl bezüglich der Ausbeute wie auch der rascheren Bildung des Schwarzes, als das p-Phenylendiamin.

Im *russ. P. 27.373* (Tiba XII, S. 307) empfiehlt Posdijew Nitrosonaphtol als Zusatz zum Anilinschwarzbade.

Ein anderes Verfahren, um den grünen Ton zu verdecken, beruht in der Überfärbung des fertigen Anilinschwarzes mit Anilinviolett oder besser mit Gallocyaninen. Wenn man diese Farbstoffe im richtigen Verhältnis anwendet (ca. 2%). erhält man ein sehr schönes unvergrünliches Schwarz, ohne dass hierdurch die Weisseffekte beeinflusst werden; leider ist aber der Herstellungspreis sehr hoch, und aus diesem Grunde wird dieses Verfahren wohl nur selten angewendet.

Zum Schluss bleibt noch der Temperatureinfluss auf die Qualität des Schwarzes zu erwähnen. Im allgemeinen ist Anilinschwarz, welches durch Oxydation bei hoher Temperatur, z. B. durch Dämpfen bei 100° C erhalten wird, viel unvergrünlicher als solches, welches sich in der Hänge bei niederer Temperatur bildet.

Dem *D.R.P. 508.254*, 1924 und dem *franz. P. 637.884*, 1927 von der Cal. Print. Assoc., A. Lantz und R. Watson zufolge (Mell. 1931, S. 487 und Wengraf's Ber., Juliheft 1934) lässt sich ein wenigvergrünliches Schwarz herstellen, wenn man ein Prussiatschwarz zuerst während 3—10 Sekunden auf 140—160° C erhitzt und hierauf 1 Minute bei 100° C im Schnelldämpfer dämpft. Dieses Verfahren erscheint wegen der hierzu erforderlichen Apparatur umständlich, entspricht aber den zur Bildung von Anilinschwarz notwendigen theoretischen Bedingungen.

Weissreserven unter Anilinschwarz.

Prud'homme verwendete als Reservemittel Kalzium- oder Natriumazetat. Ausser diesen beiden Salzen kommen noch Kaliumsulfit, Natronlauge, Magnesiumazetat, Natriumzitrat, Kreide, Zinkoxyd u. a. m. in Frage.

The Thornliebank Co. Ltd. patentierte die Anwendung von Zinkazetat (*brit. P. 713*, 1893); W. P. Whitehead empfahl Zinkoxyd (*brit. P. 1.351*, 1893); F. Binder und J. Frossard wendeten Zinnnatriumzitrat als Reserve an[1]); W. Popielsky stellte fest, dass die Nitrite die Entwicklung des Schwarzes an den mit ihnen bedruckten Stellen verhindern, weil sie das Anilin in sein Diazoderivat überführen[2]).

---

[1]) Bull. Mulh. 1902, S. 260.

[2]) R.G.M.C. 1900, S. 137; Frb. Ztg. 1900, S. 39; C. Baur, Anilinschwarzreserven, R.G.M.C. 1937, S. 248; R.G.M.C. 1937, S. 334; W. und S. Industrie 1936, S. 303 und 319.

Natriumwolframat wurde von A. Scheurer als Reserve empfohlen[1]); Oswald schlug ein Reserveverfahren mit Magnesiumazetat vor[2]).

L. Bloch und Schwarz[3]) beschreiben eine Reservedruckfarbe, welche aus Sulfocyanbarium und Zinnsalz oder Sulfocyankalium, Zinnsalz und Zinksulfat besteht. Die Sulfocyanzinnreserven eignen sich jedoch besser für Buntreserven.

Die Fabriques de Produits chimiques de Thann et de Mulhouse empfahlen die Verwendung von feiner Schlemmkreide[4]), Pluzansky gebrauchte für Konversionseffekte Zinntartrat.

Rezepte für Weissreserven aus der Praxis.

Weissreserve mit Natriumazetat und Bisulfit:

400 g	Tragantverdickung 60/00
320 g	Britishgumverdickung
130 g	Natriumbisulfit 36° Bé
150 g	Natriumazetat
1000 g	

Weissreserve mit Kaliumsulfit und Kalziumazetat:

570 g	Verdickung
30 g	Soda kalz.
300 g	Kaliumsulfit 45° Bé
100 g	Kalziumazetat
1000 g	

Weissreserve mit Zinkoxyd, Natronlauge und Natriumbisulfit:

100 g	Zinkoxyd
50 g	Glyzerin
50 g	Tragantverdickung
200 g	Natriumbisulfit
200 g	Natronlauge 20° Bé
400 g	Tragantverdickung
1000 g	

Weissreserve nach Scheurer-Lauth, in Thann:

150 g	Kaliumsulfit 45° Bé
100 g	Zinkoxyd 1:1
300 g	Britishgum fest
300 g	Natriumazetatlösung 1:1
100 g	Hydrosulfitlösung 1:1
46 g	Wasser
4 g	Ultramarineblau 3 F
1000 g	

---

[1]) Bull. Mulh. 1900, S. 139; R.G.M.C. 1900, S. 230.

[2]) Bull. Mulh. 1894, S. 264.

[3]) Bull. Mulh. 1896, S. 301—304.

[4]) Carbalinfarben, Bull. Mulh. 1912, S. 73.

Weissreserve nach J. Heilmann & Cie., Mülhausen.

180 g	Britishgum Pulver
150 g	Wasser
68 g	Natriumazetat krist.
90 g	Natriumbisulfit 36° Bé
104 g	Kaliumsulfit 45° Bé
85 g	Natronlauge 36° Bé
310 g	Zinkoxyd 1 : 1
6 g	Glyzerin
7 g	Methylenblau B-Lösung (6 g pro Liter)
1000 g	

H. Schmid[1]) empfahl die Verwendung von Natriumxanthogenat, welches wegen seiner reduzierenden Wirkung das Entwickeln selbst solcher Anilinschwarz, die an Oxydationsmitteln reich sind, verhindert und führt folgendes Rezept an:

600 g	Senegalgummiverdickung 1:1
200 g	Kaolin
100 g	Natriumxanthogenat
100 g	Wasser
1000 g	

Diese Methode ermöglicht es, auch blaue Buntreserven mittels Indigo herzustellen.

Es ist merkwürdig, dass die Verwendung von Xanthogenat in neuerer Zeit Gegenstand des *franz. P. 848.727* vom 6. November 1939 der Ciba werden konnte. Das Patent enthält ein Rezept, welches mit dem von Schmid fast genau übereinstimmt:

100 g	Kaliumxanthogenat
300 g	Wasser
600 g	neutrale Stärke-Tragantverdickung
1000 g	

Nach dem Drucken wird im Schnelldämpfer gedämpft, gespült, durch Bichromat oxydiert und gewaschen.

Buntreserven unter Prud'hommeschwarz.

Für die Herstellung von Buntreserven unter Prud'hommeschwarz kommen folgende Farbstoffklassen in Betracht:

a) basische Farbstoffe,

b) Chromfarbstoffe,

c) Pigmentfarben,

d) Substantivfarbstoffe,

[3]) Schmid, Dingl. Polyt. Journal, 251, S. 41.

e) Unlösliche Azofarbstoffe, welche auf dem Gewebe gebildet werden,
f) Rapidogenfarbstoffe, Rapidechtfarbstoffe und Neocotone,
g) Küpenfarbstoffe und Schwefelfarbstoffe,
h) Indigosole.

a) Buntreserven mit basischen Farbstoffen.

Sowohl wegen ihrer Schönheit als auch wegen der Mannigfaltigkeit der mit ihnen herstellbaren Farbtöne, fand diese Fabrikation in allen Druckereien grössten Anklang, und dies ganz besonders in den Gegenden Ost-Europas, namentlich Russland, Ungarn und Tschechoslowakei. Das Fixieren der basischen Farbstoffe unter Anilinschwarz lässt sich nach verschiedenen Methoden ausführen.

1. Fixieren mittels Tannin-Brechweinstein (Grafton-Browning-Verfahren)
2. Fixieren mit Natriumwolframat (A. Scheurer);
3. Fixieren auf Ferrocyanzink (The Thornliebank, Oswald);
4. Fixieren mit Hilfe von Eiweiss oder Leim;
5. Fixieren auf Ferrocyanzinn (Rhodamin 6 G);
6. Fixieren mit Hilfe von Kondensationsprodukten aus Resorzin und Formaldehyd (Caberti);
7. Fixieren mit Tanninersatzmittel (Katanolverfahren von Bayer).

1. Fixieren mittels Tannin und Brechweinstein.

Grafton und Browning (*D.R.P. 70.793*, 1893, und *franz. P. 225.849*, 1892) haben als erste die basischen Farbstoffe zum Buntreservieren des Prud'hommeschwarzes verwendet und sie benutzten Tannin-Brechweinstein als Fixierungsmittel. Der Arbeitsgang ist folgender: Präparieren der Ware mit Tannin, fixieren mit Brechweinstein, waschen, trocknen, klotzen mit Prud'hommeschwarz und aufdrucken der die basischen Farbstoffe und Natriumazetat enthaltenden Reserven.

Pearson (*amer. P. 491.961*, 1893)[1]) klotzte die Ware mit Anilinschwarz, druckte die den basischen Farbstoff und Tannin enthaltende Reserve auf, passierte durch den Schnelldämpfer und fixierte mit Brechweinstein.

Donald (*amer. P. 491.961*, 1893) vereinfachte das Verfahren von Grafton durch Zugabe von Tannin oder von Brechweinstein zum Anilinschwarzklotzbad. Man klotzt die Stücke im Anilinbad,

---

[1]) Caberti und Peco, Frb. Ztg. 1895, S. 346; Chem. Ztg. 1902, S. 271. Verwendung von $SbF_3 \cdot (NH_4)_2SO_4$.

welchem man 40 g einer 50 %igen wässerigen oder alkoholischen Lösung von Tannin zugibt. Das Klotzen wird auf einem 3-Walzenfoulard vorgenommen, und unmittelbar darauf trocknet man auf der Hotflue, kühlt ab, rollt auf und druckt die Reserven auf. Diese sind aus basischen Farbstoffen, Kaliumsulfit und Antimonsalz zusammengesetzt. Hierauf wird gedämpft, getrocknet, gewaschen und getrocknet.

Rote Reserve nach Donald.

10 g	Auramin
15 g	Safranin
10 g	Rhodamin 6 G extra
90 g	Essigsäure
40 g	Glyzerin
50 g	Wasser
500 g	Stärkebritishgumverdickung mit Zusatz von 30 g Antimonsalz ($SbF_3 \cdot (NH_4)_2SO_4$).
285 g	Kaliumsulfit 45^0 Bé
1000 g	

Das Grafton'sche Verfahren gibt ausgezeichnete Resultate; es benötigt jedoch zwei Operationen mehr als die beiden anderen. Trotzdem fand es einen bedeutenden Erfolg im Rauhartikel, für welchen das gute Durchdringen der Reserven ausschlaggebend ist[1]).

Die Ware wird zuerst in Tannin vorgeklotzt und, um das Tannin zu fixieren, durch Brechweinsteinlösung gezogen. Hierauf pflatscht man in Anilinschwarz und druckt die Reserven auf.

Rotreserve nach Grafton.

30 g	Rhodamin 6 G extra
30 g	Glyzerin
100 g	Resorzinlösung 1:1
590 g	Britishgumverdickung
150 g	Natriumazetat
100 g	Magnesiumazetat 11^0 Bé
1000 g	

Man kann das Tannin auch in die Reservefarbe geben. In diesem Falle klotzt man den Stoff in Anilinschwarz, trocknet und druckt beispielsweise folgende Reserve auf:

30 g	Rhodamin 6 G extra
30 g	Glyzerin
100 g	Resorzinlösung 1:1
500 g	Britishgumverdickung
90 g	Tanninlösung 1:1
150 g	Sulfocyannatrium
100 g	Natriumazetat
1000 g	

[1]) Weiss, R.G.M.C. 1899, S. 243.

2. Fixieren mit Hilfe von Wolframsäure.

A. Scheurer[1]) fixierte die basischen Farbstoffe mit Hilfe von Wolframsäure. Die Ware wird mit Natriumwolframat vorpräpariert, durch Schwefelsäure passiert, gewaschen, getrocknet, mit Anilinschwarz geklotzt und mit der den basischen Farbstoff und Natriumazetat enthaltenden Reserve bedruckt. Hierauf wird im Schnelldämpfer gedämpft, gewaschen, getrocknet und chromiert.

3. Fixieren von basischen Farben auf Ferrocyanzink.

Das Verfahren, welches am geläufigsten angewendet wird, stützt sich auf die Eigenschaft der basischen Farbstoffe mit den Ferrocyansalzen, namentlich mit Ferrocyanzink, unlösliche Lacke zu bilden. Diese Methode wurde zuerst 1887 von Reber und H. Schmid angegeben[2]).

The Thornliebank Co. Ltd.[3]) (*brit. P. 713*, 1893) wendete letztgenanntes Verfahren an und benutzte Zinkazetat als Reservemittel für das Schwarz und zugleich als Fixierungsmittel für die basischen Farbstoffe.

Whitehead (*brit. P. 1.351*, 1893) wendete zum gleichen Zwecke Zinkoxyd an, welches er auf die weisse Ware vordruckte und erst hierauf mit Anilinschwarz klotzte. Durch das Vordrucken der Reserve und nachheriges Foulardieren mit Anilinschwarz wird der Übelstand des frühzeitigen Vergrünens, welches zu einer schlechten Weissreserve und trüben Buntreserven führt, aufgehoben; auch kann die Ware nach dem Vordrucken der Reserven beliebig lang gelagert werden, bevor sie in Anilinschwarz geklotzt wird. Betreffs der Wirkungsweise des Zinkoxyds gab H. Schmid folgende Erklärung:[4])

$$2\,C_6H_5NH_2 \cdot HCl + ZnO = ZnCl_2 + H_2O + 2\,C_6H_5NH_2$$

Das Anilin wird demnach an den mit Zinkoxyd bedruckten Stellen der Oxydation entzogen und das gebildete Zinkchlorid gibt durch Umsetzung mit Ferrocyankalium Ferrocyanzink, welches den basischen Farbstoff fixiert[5]).

Dondain und Corhumel[4]) empfehlen eine Passage durch Ferrocyannatrium, damit die in Form von Ferrocyan-Farbstoff-Zinkdoppelsalze fixierten Buntreserven sich nicht zum Teil beim Chromieren und Waschen ablösen und die Weissreserve anfärben.

---

[1]) A. Scheurer, Bull. Mulh. 1900, S. 139 u. Bull. Mulh. Sitzungsbericht, Bd. 70, S. 18 u. 34. Siehe auch Sünder, Bull. Mulh. 1922, S. 78.

[2]) Bull. Rouen, 1884, S. 768.

[3]) J. Soc. Chem. Ind., 1894, S. 485.

[4]) Chem. Ztg. 1902, S. 272.

[5]) Bull. Mulh. 1907, S. 375 und 379; Bull. Mulh. 1907, Sitzungsberichte, S. 61 und 119.

F. Oswald veröffentlichte im Bull. Mulh. 1894, S. 264, ein heute noch in Russland geläufig angewandtes Verfahren, darin bestehend, die basischen Farbstoffe auf Zink- und Magnesiumferrocyanid zu fixieren. Das Magnesiumazetat, welches man zu diesem Zweck in die Druckfarbe gibt, dient gleichzeitig als Reservemittel für das Schwarz.

P. Gadda beschreibt ein ähnliches Verfahren in dem am 9. November 1907 bei der Société Industrielle de Mulhouse niedergelegten, versiegelten Schreiben Nr. 1777 (Bull. Mulh. 1926, Oktobersitzung des Comité de Chimie). Pro Kg Azetatreserve werden 100 g Zinkoxyd als Reservemittel und ausserdem 50 g Äthertannin zugegeben. Die auf Ferrocyanzink fixierten basischen Farbstoffe zeichnen sich durch ihren schönen Glanz aus, haben jedoch den Nachteil, sehr wenig licht- und seifenecht zu sein.

Die folgenden Rezepte von Buntreserven stammen aus Grossbetrieben:

Buntreserven nach der Firma J. Heilmann & Cie., Mulhouse.

Gelbreserve:

45 g	Tannoflavin T (Sandoz)
50 g	Azetin
155 g	Wasser
200 g	Gummiverdickung
550 g	Verdickung B Z R (siehe weiter unten)
1000 g	

Orangereserve:

25 g	Acridinorange DH
50 g	Azetin
125 g	Wasser
250 g	Gummiverdickung
550 g	Verdickung B Z R (siehe weiter unten)
1000 g	

Rosareserve:

40 g	Rhodamin 6 G extra
100 g	Azetin
110 g	Wasser
50 g	Alkohol
150 g	Gummiverdickung
550 g	Verdickung B Z R (siehe weiter unten)
1000 g	

Rotreserve:

35 g	Rhodamin N 7 J extra konz. (Kuhlmann)
24 g	Auramin O extra
100 g	Azetin
41 g	Wasser
50 g	Alkohol
200 g	Gummiverdickung
550 g	Verdickung B Z R (siehe weiter unten)
1000 g	

Blaureserve:

20 g	Thioninblau O
30 g	Azetin
150 g	Wasser
250 g	Gummiverdickung
550 g	Verdickung B Z R (siehe unten)
1000 g	

Verdickung B Z R:

80 g	Maisstärke
190 g	Wasser
55 g	Britishgum trocken
55 g	Gummiverdickung
300 g	Zinkoxyd in Teig 1:1
20 g	Glyzerin
30 g	Tournantöl
270 g	Natriumazetat
1000 g	

Rotreserve mit Zinksulfat und Magnesiumazetat:

30 g	Safranin T
100 g	Resorzin 1:1
440 g	Britishgumverdickung
250 g	Magnesiumazetat 26° Bé
100 g	Zinksulfat
80 g	Natriumazetat
1000 g	

Rosareserve mit Zinkoxyd:

15 g	Rhodamin 6 G extra
50 g	Resorzin 1:1
535 g	Tragantverdickung dick
250 g	Zinkoxydteig 1:1
100 g	Natriumazetat
50 g	Kaliumsulfit 45° Bé
1000 g	

Blaureserve mit Zink- und Magnesiumazetat und Zinkoxyd:

30 g	Thioninblau O
400 g	Tragantverdickung + Kaolin
250 g	Magnesiumazetat
100 g	Zinkazetat
50 g	Zinkoxydglyzerinteig 1:1
60 g	Natriumazetat
110 g	Tragantschleim 6%
1000 g	

Gelbreserve:

30 g	Auracin G
50 g	Azetin
80 g	Wasser
390 g	Gummiverdickung
100 g	Zinkoxyd
150 g	Magnesiumazetat 22° Bé
80 g	Kaliumsulfit 45° Bé
120 g	Natriumazetat
1000 g	

Dondain und Corhumel[1]) empfehlen, der Buntreserve ein Salz der Phenylhydrazinsulfosäure (welche von Kallab als Reservemittel empfohlen und von der Firma Oehler hergestellt wurde) zuzusetzen, um der Anilinschwarzreserve zugleich einen basischen und einen reduzierenden Charakter zu geben. Dieses Produkt hebt die Wirkung des Chlors und der Chlorierungsprodukte, welche sich unter Umständen im Schnelldämpfer bilden und einen schädlichen Einfluss auf gewisse Farbstoffe ausüben können, auf. Zum gleichen Zwecke empfiehlt Dondain die Anwendung von Zinnchlorid.

In Russland wendete man folgende Rosareserve, welche sich durch ihre besondere Lebhaftigkeit auszeichnete, an. Sie bestand aus Rhodamin 6 G extra, das mit Ferrocyanzinn und Zinkoxyd fixiert wurde:

Rosareserve.

	I	II
Rhodamin 6 G extra	8 g	8 g
Glyzerin	30 g	80 g
Essigsäure 6° Bé	30 g	40 g
Tragantschleim 60/1000	482 g	332 g
Zinnchlorür	50 g	—
Zinnhydrat Teig	—	200 g
Natriumazetat	150 g	—
Zinkoxyd-Glyzerinteig 1:1	250 g	340 g
	1000 g	1000 g

4. Fixieren mit Hilfe von Eiweiss oder Leim[2]).

Ein weiteres Reserververfahren, welches mit gutem Erfolg angewendet wird, besteht im Fixieren basischer Farbstoffe mit Albumin oder Gelatine. Die Druckfarbe setzt sich in diesem Falle aus einer

[1]) Bull. Mulh. 1907, S. 381.

[2]) E. Noelting und A. Lehne, Le Noir d'Aniline, franz. Ausg. S. 136 ff. und F. Binder und J. Frossard, Bull. Mulh. 1902; F. Binder und Ch. Sünder, Bull. Mulh. 1901, S. 330; L. Baumann, Bull. Mulh. 1901, S. 229.

Lösung basischer Farbstoffe, Albumin und einem Reservemittel, wie Natriumazetat, Zinkoxyd, Kaliumsulfit usw. zusammen.

Lebhafte Blaureserve:

15 g	Neuhellblau R
100 g	Glyzerin
310 g	Tragantschleim
200 g	Kaliumsulfit 45⁰ Bé
250 g	Zinkoxyd-Teig 1:1
125 g	Eialbumin
1000 g	

Grünreserve:

12 g	Setoglaucin SG (Geigy)
20 g	Thioflavin T
100 g	Resorzin 1:1
200 g	Gummiverdickung
168 g	Tragantschleim 60/1000
150 g	Natriumazetat
150 g	Zinkoxyd-Teig 1:1
200 g	Eialbumin 1:1
1000 g	

Eine Methode, welche ganz besonders interessante Resultate bezüglich der Reinheit der Reserve gibt, besteht darin, die Reservefarbe mit dem in Alkohol und Glyzerin gelösten Farbstoff mit Natriumazetat und Albumin herzustellen und dieser Druckfarbe eine gewisse Menge von basischen Farbstofflacken, welche mit Tannin und Brechweinstein, mit Ferrocyanzink oder mit Wolframsäure hergestellt werden, zuzusetzen. Durch diesen Zusatz wird das Relief der Farbe erhöht, und man erhält so äusserst lebhafte Töne, welche vom schwarzen Fond besonders gut abstechen[1]).

Beispiel einer solchen Druckfarbe:

30 g	basischer Farbstoff
30 g	Alkohol
30 g	Glyzerin
30 g	Azetin
430 g	Tragantschleim
120 g	Zinkoxyd 1:1
80 g	basischer Farbstofflack
150 g	Eialbumin 1:1
100 g	Natriumazetat
1000 g	

Auch Ch. Sünder empfiehlt die Verwendung von wolframsauren Lacken, welche gewisse Vorteile im Vergleich zu den Tanninbrechweinsteinlacken besitzen, namentlich bezüglich ihres Glanzes, ihrer Konzentration und ihrer Alkaliechtheit[2]).

[1]) Firma Morosoff und L. Diserens, Tver (Russland), 1915.

[2]) Bull. Mulh. 1922, S. 78.

Zubereitung des Lacks:

100 T.	Auramin
300 T.	Essigsäure 50%
17000 T.	Wasser 40⁰ C
1500 T.	Natriumwolframat 20% und bis
auf 300 T.	abfiltrieren bzw. auspressen

5. Fixieren auf Ferrocyanzinn.

L. Bloch und Ch. Schwarz beschreiben im Bull. Mulh. 1896, S. 301, ein Verfahren, nach welchem Reserven unter Prud'hommeschwarz mittels Rhodanzinn erhalten werden. Sie verwenden hierzu eine Druckfarbe, welche aus basischen Farbstoffen, Sulfocyanbarium und Zinnsalz besteht, der Tannin und Brechweinstein in Chlorkalklösung 8^0 Bé (?) zugefügt wird. In dieser Form bildet der Brechweinstein nach einer Beobachtung Jeanmaires erst beim Dämpfen Antimontannat.

2100 g	Rhodanbarium
1000 g	Wasser
1750 g	Zinnsalz
2500 g	Farbstofflösung
4000 g	Britishgum und kalt
500 g	Tannin
300 g	Essigsäure 6^0 Bé
250 g	Brechweinsteinlösung dazugeben
12400 g	

Farbstofflösung:

50 g	Farbstoff
500 g	Wasser
500 g	Essigsäure

Brechweinsteinlösung:

140 g	Brechweinstein
1000 cm^3	Chlorkalklösung 8^0 Bé (?)

Caberti[1]) verwendete ebenfalls Stannorhodanid für Buntreserven. Als Farbstoff benutzte er Rhodamin, Thioflavin oder Eosin, zu deren Fixierung er Chromazetat der Druckfarbe zusetzte. Die Echtheit dieser Reserven liess allerdings viel zu wünschen übrig.

6. Fixieren mit Hilfe von Kondensationsprodukten.

C. Favre[2]) erwähnte die Möglichkeit, basische Farbstoffe mit Hilfe von Kondensationsprodukten aus Resorzin und Formaldehyd auf der Faser zu befestigen.

[1]) E. Noelting und A. Lehne, Anilinschwarz, II. Aufl., S. 86; R.G.M.C. 1901, S. 216. H. Schmid, Chem. Ztg. 1902, S. 272; R.G.M.C. 1901, S. 216.

[2]) C. Favre, Bull. Mulh. 1901, S. 124 und 128. Siehe Kap. VII, S. 126.

Caberti, Roggieri und Barzaghi wendeten dieses Verfahren an, um basische Farbstoffe unter Anilinschwarz zu fixieren[1]). Man druckt auf den mit Anilinschwarz vorpräparierten Stoff folgende Reserve auf:

40 g	basischer Farbstoff
250 g	gebrannte Stärkeverdickung 1:1
60 g	Wasser
50 g	Glyzerin
250 g	Rongalit extra gelöst in
250 g	Tragantschleim 5%
100 g	Resorzin-Alkohollösung 1:1
1000 g	

Nach dem Aufdruck der Reserve wird im Schnelldämpfer gedämpft, chromiert und gewaschen. Die erhaltenen Buntreserven sind waschecht, jedoch gegen Licht und Chlor unecht.

7. Fixieren mit Tanninersatzmitteln.

In der modernen Technik spielen die Tanninersatzmittel zum Fixieren basischer Farbstoffe eine wichtige Rolle. Für den Prud'hommeschwarz-Reserveartikel wird in diesem Sinne das Katanolverfahren von Bayer verwendet, darin bestehend, den Stoff mit Katanol O oder ON (12—15 g pro Liter) zu präparieren, im Anilinschwarzbade unter Zusatz von Essigsäure oder Ameisensäure zu klotzen, bei niedriger Temperatur zu trocknen und mit einer Reserve, welche den basischen Farbstoff, Kaliumsulfit, Zinkoxyd und Natriumazetat enthält, zu bedrucken, 4 Minuten im Schnelldämpfer zu dämpfen und hierauf mit einem 2 g Katanol ON + 0,2 g Natriumkarbonat enthaltenden Bade zu pflatschen[2]).

Zur Illustrierung dieser Methode sei folgendes Beispiel angeführt:

Die gebleichte Ware wird auf dem Foulard mit

12 g	Katanol O bzw. ON
1,2 g	Soda kalz.
5 g	Monobrillantöl
auf 1 Liter eingestellt	

geklotzt, getrocknet und hierauf in nachstehender Anilinschwarzlösung auf der Hotflue gepflatscht:

80 g	Anilinsalz gelöst in
300 g	Wasser
55 g	Ferrocyankalium gelöst in
250 g	Wasser
30 g	Natriumchlorat gelöst in
250 g	Wasser
5 g	Anilinöl
5 g	Ameisensäure 90%
auf 1 Liter einstellen	

[1]) Z. f. F. Ind. 1906, S. 393.

[2]) R. Fischer, Mell. 1924, S. 119.

Der Zusatz von Ameisensäure oder der äquivalenten Menge von Essigsäure ist dazu bestimmt, das Soda des Katanolbades zu neutralisieren. Die Menge von Ferrocyankalium wird erhöht, um die Bräunung des Schwarzes durch das Katanol aufzuheben. Durch Ersatz des Ferrozyankaliums durch das Natriumsalz erhält man einen blaueren Schwarzton. Die in Prud'hommeschwarz geklotzte Ware wird nun mit der Reserve bedruckt:

Weissreserve:

200 g	Zinkkarbonatteig 20%
350 g	Kaliumsulfit 45° Bé
230 g	Natriumazetat
220 g	Tragantschleim 60/1000
1000 g	

Buntreserve:

20 g	basischer Farbstoff
30 g	Azetin
50 g	Glyzerin
170 g	Wasser
730 g	Verdickung B (siehe unten)
1000 g	

Verdickung B:

100 g	Zinkoxyd
200 g	Natriumazetat
300 g	Gummiwasser
300 g	Britishgumverdickung 1:1
100 g	Wasser
1000 g	

Buntreserve nach Ristenpart:

10–40 g	basischer Farbstoff
300 g	Zinkazetat 16° Bé
280–250 g	Gummiverdickung
50 g	Glyzerin
100 g	Kaliumsulfit 45° Bé
60 g	Zinkoxyd
130 g	Kaliumsulfit 45° Bé
70 g	Olivenöl
1000 g	

Es ist darauf zu achten, dass nur solche basische Farbstoffe zur Verwendung kommen, welche gegen Kaliumsulfit beständig sind[1]).

Der bedruckte Stoff wird 3—4 Minuten im Schnelldämpfer gedämpft und auf der Breitwaschmaschine durch ein Bad genommen, welches im Liter 2 g Katanol O oder ON mit 0,2 kalzinierter Soda gelöst, enthält; hierauf wird gewaschen und getrocknet.

[1]) I. G. Farbenindustrie: Ratgeber für das Bedrucken von Baumwolle, S. 356.

Oft begnügt man sich damit, die Vorbehandlung in Katanol wegzulassen und nur mit Katanol nachzubehandeln, wodurch ebenfalls eine gute Waschechtheit der Buntreserven erhalten wird. In diesem Falle wird die Ware nach dem Chromieren durch eine Lösung von 10 g Katanol und 1 g Soda kalz. im Liter bei 50° C genommen. Die Fixierung des Farbstoffes wird durch Kombination des Katanols mit dem Ferrocyanzink bewirkt.

Reine Weissreserven sind bei Verwendung des Katanolverfahrens nicht erhältlich. Um Weissreserven neben Buntätzen zu erhalten, kann man diesem Übelstand abhelfen, indem man der Weissreserve Zinkkarbonat zusetzt, welches den grauen Ton der mit Katanol vorpräparierten Ware verdeckt.

Deschaine in Lodz[1]) gelang es, reine Weissätzen durch direkten Zusatz des Katanols zur Druckfarbe zu erhalten, ohne dabei den basischen Farbstoff durch das Katanol niederzuschlagen. Er verwendete hierzu eine verdickte Lösung der basischen Farbstoffe in einem Gemisch von Essigsäure, Glyzerin und Wasser und fügte dieser Lösung das Katanol in festem Zustande zu, welches in saurem Mittel unlöslich ist. Während des Dämpfens zersetzt sich das überschüssige Natriumazetat in Essigsäure und Natronlauge, von welchem ein Teil zum Reservieren des Schwarzes und der übrige Teil zum Lösen des Katanols dient. Jetzt erst wird der basische Farbstoff durch das gelöste Katanol niedergeschlagen und gibt in Gegenwart des durch doppelte Umsetzung des Ferrocyankaliums mit dem Zinkoxyd gebildeten Ferrocyanzink einen gefärbten dreifachen Lack, welcher sich fest auf die Faser fixiert.

Ausführungsbeispiel:

12 g	Rhodamin 6 GD
3 g	Safranin T
20 g	Auramin O
50 g	Glyzerin
150 g	Essigsäure 6° Bé
60 g	Wasser
705 g	besondere Verdickung (siehe unten)
1000 g	

Besondere Verdickung A:

400 g	Tragantschleim 60‰
195 g	Natriumazetat
10 g	Katanol
50 g	Zinkoxyd
50 g	Glyzerin
705 g	

[1]) Tiba 1923, S. 407.

Vorteilhafter als das meist gelbliche Zinkoxyd, welches auf der gelblichgrau gefärbten Katanolpräparation nur ein minderwertiges Resultat gibt, hat sich frisch gefälltes Zinkkarbonat für Weissreserven neben Buntätzreserven erwiesen[1]).

Weissätzreserven mit Zinkkarbonat:

200 g	Zinkkarbonat 20% (siehe unten)
204 g	neutrale Stärke-Tragantverdickung
360 g	Kaliumsulfit 45° Bé
235 g	Natriumazetat
1 g	Ultramarineblau
1000 g	

Zinkkarbonat-Teig 20%:

180 g	Zinksulfat lösen in
400 g	Wasser, und in eine Lösung von
67 g	Soda kalz. in
1000 g	Wasser einrühren
	Nach dem Aufkochen lässt man absitzen, dekantiert und stellt auf
200 g	ein

Der mit den Weiss- und Buntreserven bedruckte Stoff wird getrocknet, 3—4 Minuten im Schnelldämpfer gedämpft und auf der Breitwaschmaschine im ersten Abteil durch eine lauwarme Lösung von 0,5—1 g Katanol O und 0,05—0,1 g kalzinierter Soda gezogen, hierauf gewaschen und getrocknet[2]).

Dieses Verfahren kann vereinfacht werden, indem man die Ware zuerst mit Prud'hommeschwarz klotzt, mit den Ätzreserven bedruckt und im Schnelldämpfer dämpft. Das Fixieren der basischen Farbstoffe wird dann erst nachträglich auf der Breitwaschmaschine vorgenommen, indem man im ersten Abteil chromiert, dann spült und hierauf im nächsten Abteil durch eine 50° C warme Lösung von 10 g Katanol O auf 1 Liter Wasser nimmt; zuletzt wird gewaschen und getrocknet.

O. O. Sazanoff[3]) patentierte im *franz. P. 603.121*, 1925 ein Verfahren, nach welchem Buntreserven mit basischen Farbstoffen unter Prud'hommeschwarz durch direkte Zugabe von Katanol zur Reservedruckfarbe erhalten werden. Der Erfinder stützt sich dabei auf die Beobachtung, dass die freien Farbbasen der basischen Farbstoffe oder deren Leukoverbindungen mit Katanol keine Lacke bilden. Der basische Farbstoff wird in heissem Wasser gelöst und durch

[1]) Dr. A. Oppé, Mell. 1923, S. 540, sowie Mitteilungen der Textil-Forschungsanstalt, Krefeld, 1923.

[2]) Siehe Musterkarte Nr. 2863 der I. G. Farbenindustrie: Druckmuster aus der Praxis.

[3]) ACIT 1926, Juliheft, S. 149—151.

Zusatz von Natronlauge in die freie Farbbase übergeführt. Diese Lösung wird in eine verdickte Kaliumsulfit- oder Zinkoxydreserve eingetragen. Das Patent gibt für die Herstellung von je 1000 g Druckfarbe folgende Angaben an:

10 g	Auramin O
180 g	heisses Wasser
160 g	Natronlauge 38° Bé
100 g	Kaliumsulfit 45° Bé
25 g	Türkischrotöl
150 g	wässerige Katanollösung 1:2
	oder
10 g	Thioninblau GO
200 g	heisses Wasser
50 g	Natronlauge 38° Bé
250 g	Zinkoxydglyzerinteig 1:1
100 g	Kaliumsulfit 45° Bé
25 g	Türkischrotöl
75 g	wässerige Katanollösung 1:1
20 g	Hydrosulfit NF 1:1

Die mit Prud'hommeschwarz geklotzte Ware wird mit diesen Reserven bedruckt und zwecks Entwicklung des Schwarzes und Fixierung der Katanollacke im Schnelldämpfer gedämpft; hierauf wird sie durch ein essigsaures Chrombad genommen, gespült, geseift, gewaschen und getrocknet. Das Verfahren scheint jedoch keine zuverlässigen Resultate zu geben.

Da die verschiedenen Handelsmarken der Tanninersatzmittel bereits im VII. Kapitel dieses Werkes eingehend besprochen wurden, erscheint es überflüssig, sie an dieser Stelle wieder näher zu behandeln.

Konversionseffekte.

Pluzansky[1]) stellte interessante Konversionseffekte mit Hilfe von unter Anilinschwarz reservierten basischen Farbstoffen dar. Dies Verfahren wurde in Russland bei der Stoffdruckerei Kouwaieff in Ivanowo Wosnessensk während längerer Zeit mit Erfolg ausgeführt. Man druckt auf den weissen oder mit Diaminblau gefärbten Stoff eine Farbe, welche Zinnsalz sowie essigsaures und weinsaures Natrium enthält. Hierauf druckt man mehrere Gründelmuster mit Prussiatanilinschwarzdruckfarben, welche verschiedene basische Farbstoffe enthalten, dämpft 3 Minuten im Schnelldämpfer, wäscht und seift. Das Zinntartrat reserviert das Schwarz, fixiert die basischen Farbstoffe und ätzt den direkten Farbstoff. Man erhält an den mit Zinntartrat bedruckten Stellen Reserve- beziehungsweise Konversionseffekte, welche durch die Farbstoffe, die den schwarzen Gründelfarben zugesetzt wurden, entsprechend buntgefärbt sind.

[1]) Bull. Mulh. 1897, S. 98. Ratgeber von M.L.B. und von der B.A.S.F. 1921.

Man kann auch auf folgende Weise verfahren: Man druckt auf die weisse oder mit Diaminfarbstoffen gefärbte Ware ein Gründelmuster mit nachstehender Farbe:

20 g	Thioninblau O
30 g	Azetin
100 g	Resorzinlösung 1:1
576 g	Verdickung
60 g	gelbes Blutlaugensalz
100 g	Wasser
29 g	Natriumchlorat
85 g	Anilinsalz
1000 g	

Hierauf überdruckt man folgende Weissreserve:

200 g	Zinkoxydpaste 1:1
500 g	Verdickung
150 g	Natriumazetat
150 g	Wasser
1000 g	

Nun wird die Ware gedämpft, gewaschen und getrocknet. An den überdruckten Stellen ist das Schwarz reserviert; der in der schwarzen Druckfarbe enthaltene basische Farbstoff fixiert sich auf dem Zinkprussiat. Um die Fixation vollständiger zu machen, kann man pro Liter Druckfarbe 50—80 g Tannin zugeben und die Stücke nach dem Dämpfen durch ein Brechweinsteinbad durchlassen.

Wenn man auf Ware, welche mit Diaminfarbstoffen oder mit unlöslichen Azofarbstoffen (Pararot, Naphtylaminbordeaux) gefärbt ist, Gründelmuster mit basischen Farbstoffen enthaltenden Anilinschwarz druckt, erhält man durch Überdruck von Reserven, welche aus Kaliumsulfit und Rongalit bestehen, Konversions- und bunte Ätzeffekte auf gefärbtem Grund.

b) Buntreserven mit Hilfe von Chromfarbstoffen.

Dieses Verfahren fand eine laufende Anwendung im Möbeldruck für die Herstellung von Reserven unter Anilinschwarz. Die Stoffdruckerei Prochoroff in Moskau stellte durch Schleifdruck einen Buntreserveartikel mit Chromfarbstoffen auf façonniertem mit Anilinschwarz geklotztem Möbelstoff her. Die Druckfarbe enthält den Farbstoff, Natriumazetat, Chromazetonitrat, mit Wasser angeteigte Kreide und Tragant:

250 g	Kreuzbeerenextrakt 30° Bé
25 g	Glyzerin
25 g	Rizinusöl
250 g	Tragant 60‰
100 g	Natriumazetat
200 g	wässeriger Kreideteig 1:1
150 g	Chromazetonitrat 29° Bé
1000 g	

Zum Buntreservieren eignen sich Alizaringelb GG, Chromazurin G, Modernviolett, Alizarinschwarz S, Anthrazenbraun, Alizarinblau S usw.

20 g	Chromazurin HB
50 g	Débésol B
170 g	Wasser
550 g	Stärke-Tragantverdickung
100 g	Zinkweiss 1:1
50 g	Salz für Reserven PNA (D. H.)
60 g	Chromazetat 20^0 Bé
1000 g	

Die Rotreserve wird mittels Safranin und Alizaringelb GG erhalten:

Rotreserve:

40 g	Safranin 2 B
150 g	Wasser
100 g	Rizinusöl
185 g	Zinkoxyd Teig 1:1
100 g	Alizaringelb
200 g	Tragantverdickung $60^0/_{00}$
225 g	Chromazetat 20^0 Bé
1000 g	

Ein versiegeltes Schreiben von C. Schoen und von den Fabriques de Produits Chimiques de Thann et de Mulhouse[1]) beschreibt ebenfalls die Verwendung von Chromfarbstoffen für Reserven unter Prud'hommeschwarz. Ein Chromfarbstoff wird zusammen mit Natriumazetat, Natriumbisulfit, einer Chrombeize und Verdickung auf vorgeklotztes Anilinschwarz gedruckt, 2 Minuten im Schnelldämpfer gedämpft, gespült und geseift.

Ein Konversionsartikel lässt sich mit basischen Farbstoffen auf gleiche Weise wie das Verfahren von Pluzansky auf Prud'hommeschwarz herstellen. Man druckt beispielsweise folgende Druckfarbe:

85 g	Anilinsalz
80 g	Wasser
540 g	Verdickung
45 g	gelbes Blutlaugensalz
40 g	Natriumchlorat
10 g	Gallocyanin F in Pulver (BASF)
100 g	Wasser
100 g	neutralisiertes Chromazetat 21^0 Bé
1000 g	

Nach dem Drucken und Trocknen überdruckt man eine Natriumazetatreserve, welche das Entwickeln des Schwarzes verhindert. Durch Zusatz von Natriumzitrat lässt sich gleichzeitig der Beizenfarbstoff reservieren und eine weisse Reserve erhalten.

[1]) Bull. Mulh. 1912, S. 154.

Pilz[1]) erhält laut *D.R.P. 339.098*, 1915 und *franz. P. 436.504* braune Reserven durch Aufdrucken auf vorgeklotztem Anilinschwarz von oxydierbaren aromatischen Aminen oder Aminophenolen, welche sich durch Dämpfen entwickeln.

Die Perchromfarbstoffe wurden von Durand-Huguenin für die Herstellung von Buntreserven unter Anilinschwarz empfohlen. Die mit diesen Farbstoffen hergestellten Buntreserveeffekte sind jedoch nicht so lebhaft als diejenigen mit basischen Farbstoffen, besitzen aber gegenüber diesen letzteren eine grössere Wasch- und Seifenechtheit. Die Lichtechtheit der Perchromfarbstoffe ist im allgemeinen besser als diejenige der basischen Farbstoffe.

Die Perchromfarbstoffe, die von Durand-Huguenin im Jahre 1945 in den Handel gebracht wurden, entsprechen einem neuen Assortiment von Chromfarbstoffen, die dadurch gekennzeichnet sind, dass sie durch ein ganz kurzes Dämpfen, das eine Dauer von 4 Minuten nicht übersteigt, fixiert werden können.

Die Arbeitsweise ist folgende:

Das Gewebe wird in einer Anilinschwarzklotzlösung geklotzt, in der Hotflue getrocknet und mit Reservedruckpasten folgender Zusammensetzung bedruckt:

50 g	Perchromfarbstoff
50 g	Dehapan GB (Thiodiäthylenglykol)
110 g	Wasser
550 g	Stärke-Tragant-Verdickung
100 g	Zinkoxyd 1:1
50 g	Reservesalz PNA
90 g	Chromazetat 20° Bé
1000 g	

Die bedruckte Ware wird 4 Minuten im Schnelldämpfer gedämpft, durch ein Bichromatbad genommen, gewaschen, geseift, gespült und getrocknet.

c) Pigmentfarben, welche mit Albumin fixiert werden.

Die ersten auf Anilinschwarz erhaltenen Buntreserven wurden durch Zusatz von mit Albuminlösung verdickten Pigmenten, wie Chromgelb, Ultramarin, Zinnober oder Rußschwarz zu Natriumazetat oder Zinkoxydreserven, hergestellt. Dieses Verfahren wird heute noch für gewisse Artikel, namentlich für Futterstoffe, verwendet. F. Binder und Ch. Sunder[2]) empfehlen die Verwendung von Gelatine. Sie machen darauf aufmerksam, dass die Gelatine durch ein einstündiges Dämpfen koaguliert werden kann, wenn ihr Soda,

[1]) *Franz. P. 436.504; D.R.P. 399.098*, 1915.

[2]) Bull. Mulh. 1901, S. 330.

Natriumazetat, Aluminiumhydrat oder Magnesiumkarbonat zugesetzt wird.

Es gelang auch, Pigmente mittels Gelatine oder Kasein zu fixieren, indem man den Reservefarben Hexamethylentetramin oder Bisulfitformaldehyd zusetzte. Das beim Dämpfen freiwerdende Formaldehyd koaguliert die Gelatine.

Um eine grössere Farbenskala zu erhalten, kann man den Pigmentfarben Anilinfarbstoffe (Thioflavine T, Rhodamin usw.) in gelöstem Zustand zusetzen.

Puaux[1]) stellte Reserven auf Prud'hommeschwarz mit Hilfe von Zellulosexanthogenat und Kaolin her. Während des Dämpfens zersetzt sich das Xanthogenat in freies Alkali und Schwefelkohlenstoff, welche das Entwickeln des Anilinschwarzbades verhindern, sowie in unlösliche Zellulose, welche die Pigmente fixiert.

Das Xanthogenat wurde wie folgt zubereitet: 600 g 50%iger wässeriger Papierteig werden mit 1 kg Natronlauge 36° Bé gut verrührt und 2—3 Tage unter Luftabschluss stehen gelassen. Hierauf werden 4% Schwefelkohlenstoff, bezogen auf das Gewicht des Papierteig-Natronlaugegemisches, zugesetzt.

Weissreserve:

5 kg Kaolin in Pulver werden mit
5 kg Wasser gut angeteigt und durchgesiebt und
in 7,5 kg Zellulosexanthogenat eingerührt

Von der Beobachtung ausgehend, dass das Xanthogenat das Kaolin sehr gut fixiert, versuchte Puaux ebenso andere mineralische Substanzen in feiner Pulverform zu fixieren. Er fand, dass eine ganze Reihe von gegen Natronlauge beständigen Pigmenten sich hierzu eignen, und er konnte auf diese Weise schöne Buntreserven herstellen. Für rote Reserven benutzte er Zinnober, für gelbe Bariumchromat, für grüne Guignetgrün, für blaue Ultramarin und für violette Ultramarinviolett. Auch einige Diaminfarbstoffe, beispielsweise Thioflavin S, Direktorange G, Benzoviolett R u. a. m., lassen sich hierzu anwenden.

Zur Herstellung der Buntreserven diente folgendes Grundrezept:

30 g Pigment oder Diaminfarbstoff
500 g Wasser
500 g Kaolin
500 g Zellulosexanthogenat

Nach dem Aufdruck der Reserven auf mit Anilinschwarz geklotzter Ware wird wie üblich im Schnelldämpfer gedämpft, breit durch ein Silikat- oder Chromatbad gezogen, gespült und geseift.

---

[1]) Bull. Mulh. 1910, S. 281; R.G.M.C. 1911, S. 87.

A. Scheurer[1]) fügt den Natriumwolframatreserven Pigmente zu und bewirkt ihre Fixation, indem er durch eine Behandlung mit Bariumchlorid unlösliches Bariumwolframat auf die Faser niederschlägt. Auf diese Weise erhält er bunte Matteffekte unter Anilinschwarz.

Bloch und Schwarz[2]) verwenden das Zinnsulfocyanid, wegen seiner Eigenschaft, Albumin zu koagulieren. Sie drucken zuerst eine Zinnsulfocyanid enthaltende Reserve auf die Ware und darüber ein Gründelmuster mit einer Albumin und Natriumazetat enthaltenden Druckfarbe. An den Überfallstellen wird das Albumin durch das Zinnsulfocyanid koaguliert und lässt sich durch Waschen nicht mehr entfernen.

Die in der Praxis angewendeten Reserven enthalten ein Pigment und Albumin; als Reservemittel dienen Natriumazetat, Kreide oder Natriumzitrat. Die Lacke basischer Farben werden entweder allein oder in Mischung mit anorganischen Pigmenten verwendet.

Gelbe Reserve:

300 g	Chromgelb in Teig
300 g	Albuminlösung 1:1
150 g	dicker Tragantschleim
150 g	Kreide in Teig 1:1
100 g	Natriumzitrat $27\frac{1}{2}^0$ Bé
1000 g	

Graue Reserve:

300 g	Russ-Schwarz mit Glyzerin angeteigt
400 g	Albuminlösung 1:1
140 g	dicker Tragantschleim
60 g	Soda
100 g	Natriumazetat
1000 g	

Blaue Reserve nach der Firma Scheurer-Lauth in Thann:

200 g	Ultramarin 3 F
50 g	Glyzerin
130 g	Wasser
100 g	Tragantschleim 6%
200 g	Blutalbumin 1:1,5
150 g	Natriumazetat
50 g	Hydrosulfit NF 1:1
20 g	Natriumkarbonat
100 g	Wasser
1000 g	

---

[1]) Bull. Mulh. 1900, S. 138.
[2]) Bull. Mulh. 1896, S. 301.

d) Buntreserven mit Diaminfarbstoffen.

Zur Herstellung gelber und Chamoisreserven auf Prud'hommeschwarz verwendet man direkte Farbstoffe. Diese Reserven sind zwar wenig lebhaft, aber ihre Licht- und Waschechtheit ist ziemlich gut.

Von den hierzu angewendeten Farbstoffen sollen sich besonders Oriolgelb, Mikadogelb, Benzoechtgelb RL, Dianilechtrot 6 BL, Chrysophenin, Kongoorange u. a. m. eignen. Steiner[1]) empfiehlt die Verwendung von Rosophenin. Hug[2]) druckt auf nicht entwickeltem Prud'hommeschwarz Primulin mit Rongalit, dämpft im Schnelldämpfer, zieht durch Natriumnitritlösung, spült, kuppelt und seift. Er erhält so Primulinrot auf schwarzem Grund.

e) Buntreserven mit unlöslichen Azofarbstoffen.

Zahlreiche Forschungen befassen sich mit der Anwendung der auf der Faser erzeugten Azofarbstoffen zum Buntreservieren von Prud'hommeschwarz. Schweizer und Dickerson (*amer. P. 539.550*, 1895) druckten Zinkoxyd mit β-Naphtol und dem Nitrosamin des Paranitranilins auf. Dziewonsky arbeitete eine interessante Rotreserve mit dem Nitrosamin des p-Nitroanisidins aus[3]).

Nach diesem Verfahren druckt man eine Reservefarbe auf, welche Nitrosamin, Natriumnaphtolat, Natriumaluminat und Sulforizinat enthält, entwickelt das Rot in der warmen Hänge, klotzt mit Anilinschwarzlösung, dämpft 4 Minuten im Schnelldämpfer, wäscht und seift.

A. Brandt empfahl, das Natriumazetat durch Kreide zu ersetzen, um das Ausfliessen der Farbstoffe zu vermeiden[4]).

Im Bull. Mulh. 1907, S. 471, beschreibt Pluzansky folgendes Buntreserveverfahren mit unlöslichen Azofarbstoffen: Man druckt eine Diazolösung unter Zusatz von Zink-, Blei- oder Kalziumazetat auf naphtolierte Ware. Nach Entwicklung des Rotes zieht man durch eine Natriumkarbonatlösung, um das überschüssige Naphtol zu entfernen. Es bildet sich gleichzeitig an den bedruckten Stellen unlösliches Zinkkarbonat, welches als Reservemittel dient. Hierauf wird gewaschen, getrocknet und mit einem Gründelmuster Anilinschwarz überdruckt, welches an den bedruckten Stellen tadellos reserviert wird.

---

[1]) Bull. Mulh. 1898, S. 137.
[2]) Bull. Mulh. 1920, S. 409.
[3]) Bull. Mulh. 1912, S. 173.
[4]) Bull. Mulh. 1912, S. 73.

f) Buntreserven mit Rapidechtfarben und mit Rapidogenen oder Neocotonen.

Nach den zur Zeit gebräuchlichen Methoden wendet man entweder Rapidechtfarben oder Rapidogene an. Besonders diese letzte Farbstoffklasse scheint in der Praxis Aufnahme gefunden zu haben[1]). Nach diesem Verfahren druckt man auf mit Anilinschwarz geklotzter Ware die den Rapidogenfarbstoff, Zinkoxyd und Natronlauge enthaltende Reserve. Die Entwicklung des Anilinschwarzes und der Rapidogene findet gleichzeitig durch ein kurzes Dämpfen in einer mit Essigsäure versetzten Dampfatmosphäre statt.

Nach einem neueren Verfahren lassen sich die Rapidogene auch in neutralem Dampfe entwickeln, wenn man der Druckfarbe Diäthyltartrat, welches von der I. G. Farbenindustrie unter dem Namen Solentwickler D und von Durand-Huguenin als Developsol D in den Handel gebracht wird, zugibt[2]).

Die Ware wird mit Solentwickler D oder Developsol D vorpräpariert und mit Rapidogenfarben, welchen Zinkoxyd zugesetzt ist, bedruckt; hierauf entwickelt man die Rapidogene durch kurzes Dämpfen in neutralem Dampf, klotzt mit Anilinschwarzlösung, trocknet, oxydiert das Schwarz durch Dämpfen im Schnelldämpfer, chromiert und wäscht.

Böhme-Bertsch empfehlen im *D. R. P. 654.115* als Zusatz zu Reservefarben mit unlöslichen Azofarbstoffen der Naphtol-AS-Reihe die Zugabe höherer aliphatischer Alkoholsulfonate, und zwar solcher, die der ungesättigten Reihe entstammen, bei tiefen Temperaturen (0° C) sulfoniert sind und aus diesem Grunde noch freie OH-Gruppen enthalten. Ihre Wirkung beruht auf einer besseren Dispersion der schwerlöslichen Naphtolate.

In der Zeitschrift W. u. L. Industrie 1935, 21. Jahrg., S. 319[3]) beschreibt Baur zwei Methoden für das Reservieren von Rapidogenfarben unter Anilinschwarz. Die erste besteht darin, die den Rapidogenfarbstoff enthaltende Reserve auf den weissen Stoff zu drucken und hierauf mit dem Anilinschwarzbade, welchem Essig- und Ameisensäure zugesetzt ist, zu klotzen. Der Rapidogenfarbstoff entwickelt sich während des Trocknens und Dämpfens im neutralen Dampf. Nach der zweiten Methode wird die Rapidogenfarbstoffreserve auf mit Anilinschwarz vorgeklotztem Gewebe gedruckt und in saurem Dampf entwickelt.

---

[1]) Rundschreiben G 643 B/f und 785 B/f der I. G. Farbenindustrie.

[2]) Siehe Dr. Torinus, Mell. 1937, franz. Ausgabe, Märzheft S. 25; *D. R. P. 639.238, 639.288; franz. P. 786.012;* R.G.M.C. 1936, S. 211; *franz. P. 785.334* und *798.425* von der I. G. Farbenindustrie; R.G.M.C. 1936, S. 196 und 1937, S. 161.

[3]) Wengraf's Ber. 1936, XII, S. 16.

Als Beispiel dient folgendes Rezept aus der Praxis:

80 g	Rapidogenrot G (oder 50 g Rapidogenrot GS)
30 g	Natriumsulforizinat
40 g	Wasser
50 g	Glyzerin
30 g	Natronlauge 38⁰ Bé
150 g	warmes Wasser 60⁰ C
350 g	dicke Gummiverdickung
150 g	gemahlener Zinkoxydteig 1:1
60 g	Natronlauge 38⁰ Bé
60 g	Gummiverdickung
1000 g	

Die Farbe wird auf den mit einem Spezialschwarz, welches keine organischen Amine, wie p-Phenylendiamin, enthält, vorgeklotzten Stoff gedruckt. Produkte, wie Kolamin, Nerogen usw., dürfen also dem Schwarz nicht zugesetzt werden. Das Debanil (Lab. Zundel, Joliet & Co.) beeinflusst den Ausfall am wenigsten.

Buntreserven mit Neocotonen: Die Ciba veröffentlicht im *franz. P. 842.560* vom Februar 1938 eine sehr interessante Anwendung der Neocotone in Buntreserven unter Anilinschwarz und führt folgendes Beispiel an: Der Stoff wird wie üblich mit Prud'hommeschwarz geklotzt und auf der Hotflue getrocknet. Man druckt sodann die Reserve, die ausser dem Neocotonfarbstoff, Zinkoxyd und Natriumphosphat (Na_3PO_4) enthält. Diese beiden Substanzen sind unfähig, das Karboxylderivat (Neocotonfarbstoff) zu verseifen. Nach dem Drucken der Reserve bildet sich das Schwarz durch kurzes Dämpfen im Schnelldämpfer, und man entwickelt hierauf den Neocotonfarbstoff durch Verseifen in einem alkalischen Bade, welches Metallsalze (Barium- und Natriumchlorid) enthält.

Neocotonreserve	Verschnitt
30 g Neocotonrot R	—
70 g Neocotonscharlach G	—
180 g Neocotonlöser	150 g
150 g warmes Wasser	175 g
75 g Kreide	75 g
30 g Ludigol	30 g
20 g warmes Wasser	20 g
445 g Stärke-Tragantverdickung . . .	550 g
1000 g	1000 g

Man druckt die Reserve auf mit Prud'hommeschwarz vorgeklotzten Stoff, dämpft 4 Minuten im Schelldämpfer und entwickelt das Rot in einem Bade, welches Natronlauge, Bariumchlorid und Kochsalz enthält, spült, seift, wäscht und trocknet.

Nach dem *franz. P. 848.727* verwendet die Ciba Kaliumxanthogenat als Reservemittel. Die mit Anilinschwarz geklotzte Ware wird beispielsweise mit folgender Reserve bedruckt:

80 g	Neocotonfarbstoff
150 g	Lyoprint G (oder Glyecin A)
120 g	Wasser
550 g	Stärke-Tragantverdickung
100 g	Kaliumxanthogenat
1000 g	

Nach dem Drucken wird 5 Minuten im Schnelldämpfer gedämpft und bei 25° C in folgender Lösung entwickelt:

30 g	Natronlauge 36° Bé
10 g	Bariumchlorid
50 g	Natriumchlorid
auf 1 Liter Wasser	

Hierauf wird gespült, geseift, gewaschen und getrocknet.

g) Buntreserven mit Küpen- und Schwefelfarbstoffen.

Die Verwendung der Küpenfarbstoffe zum Buntreservieren des Prud'hommeschwarzes bietet gewisse Fixierungsschwierigkeiten, besonders wenn man sie auf vorgeklotztes Anilinschwarz aufdruckt.

Man erreicht jedoch zufriedenstellende Resultate, wenn man unter so starker Dampfzufuhr dämpft, dass die Atmosphäre im Schnelldämpfer beständig erneuert wird.

Prof. Dr. Haller-Ciba empfiehlt im *amer. P. 1.952.247*, eine Reserve anzuwenden, die ausser dem Küpenfarbstoff und Natriumsulfoxylatformaldehyd noch ein anorganisches Aminoderivat enthält, welches stark basisch ist, beispielsweise das Triäthanolamin. Dieses kann teilweise das alkalische Karbonat ersetzen, soweit es zum Reservieren des Anilinschwarzes bestimmt ist. Nach obengenanntem Forscher verhindert das Triäthanolamin die Bildung von Höfen, welche bei Verwendung alkalischer hygroskopischer Reserven leicht entstehen.

Haller und Kurzweil schützen im *D. R. P. 408.414* die Anwendung einer Reserve, welche aus Natriumazetat, Sulfit oder Kreide, Natriumsulfoxylatformaldehyd, Eisensulfat, Zinnsalz und Küpenfarbstoff besteht. Nach dem Aufdrucken dieser Reserve entwickelt man das Schwarz im Schnelldämpfer, fixiert den Küpenfarbstoff durch Passieren in einer 70° C warmen Natronlauge, säuert, wäscht und seift. Als Beispiel führen diese Forscher folgendes Rezept an:

120 g	Cibanonblau doppelt Teig
40 g	Cibanonblau GCD doppelt Teig
840 g	Stammansatz
1000 g	

Stammansatz:

100 g	Schlämmkreide
150 g	Britishgum Pulver
100 g	Eisensulfat, gelöst in
305 g	Wasser, zusammenkochen und
60 g	Zinnoxydulteig 50%ig
275 g	Rongalit C
10 g	Terpentin zufügen
1000 g	

In einem versiegelten Schreiben, welches am 5. März 1906 von Pluzanski bei der Société Industrielle in Mülhausen niedergelegt wurde[1]), beschreibt der Erfinder ein Verfahren, das eine Verbesserung seiner früheren Arbeiten[2]) bezüglich der Echtheit der Reserven bringt. Es handelt sich um Konversionsreserveeffekte unter Anilinschwarz mit Indanthrenfarbstoffen. Man druckt auf weisse Ware eine Prussiatanilinschwarzfarbe, welche 50 g Indanthrenfarbstoff pro kg enthält, trocknet vorsichtig, um die Oxydation des Schwarz zu verhüten und überdruckt mit einer Natronlauge und 40 g Zinnsalz enthaltenden Farbe. Der gut getrocknete Stoff wird nun ein erstes Mal, um das Schwarz zu entwickeln, kurz im Schnelldämpfer gedämpft und hierauf abermals während 6 Minuten im luftfreien Dampf gedämpft. Dann wird durch heisses Wasser genommen, stark geseift, gewaschen und getrocknet.

An den mit Natronlauge und Zinnchlorür überdruckten Stellen entwickelt sich das Schwarz nicht, während der Indanthrenfarbstoff sich fixiert und eine Buntreserve erzeugt. Ein anschliessendes Dämpfen während 40 Minuten soll die Chlorechtheit der Indanthrenfarbstoffe erhöhen.

Druckt man einen Indanthrenfarbstoff und gleichzeitig eine Flavanthren enthaltende Anilinschwarzfarbe und überdruckt man nach dem Trocknen mit einer Natronlauge und Zinnsalz enthaltenden Reserve, so erhält man blaue, gelbe und schwarze Effekte, welche auf andere Weise nur schwer erhältlich wären.

Die Anwendung von Indanthrenbuntreserven im Prud'hommeschwarzartikel bietet — wie bereits erwähnt — grosse Schwierigkeiten. Die Reserven laufen aus und bilden weisse Höfe.

Die I. G. Farbenindustrie empfiehlt für die Herstellung von Küpenfarbstoffreserven unter Anilinschwarz[3]) gewisse Küpenfarbstoffe, welche sich in Gegenwart schwacher Alkalien fixieren.

Im Gegensatz hierzu arbeiten gewisse Firmen mit stark alkalischen Reserven ohne Bildung von Höfen. Als Beispiel können folgende aus der Praxis stammenden Rezepte dienen:

---

1) Bull. Mulh. 1920, S. 31.

2) Bull. Mulh. 1897, S. 98.

3) I. G. Farbenindustrie: Die Küpenfarbstoffe im Druckartikel, Zirkular Nr. 902.

Blaureserve:

200 g	Cibablau 2 B-Teig
200 g	Zinkoxydteig 1:1
50 g	Wasser
150 g	Britishgum trocken
70 g	Wasser
230 g	Natronlauge 38^0 Bé
100 g	Rongalit C extra
1000 g	

Rotreserve:

50 g	Indanthrenbrillantrosa R-Pulver
200 g	Wasser
200 g	Zinkoxydteig 1:1
150 g	Britishgum trocken
70 g	Wasser
230 g	Natronlauge 45^0 Bé
100 g	Rongalit C extra
1000 g	

Grünreserve:

200 g	Indanthrengelb 5 GK-Teig
40 g	Indanthrenbrillantgrün B-Teig
20 g	Débésol B
50 g	Glyzerin
320 g	Schirazgummiverdickung
120 g	Kaliumkarbonat 45^0 Bé
50 g	Natronlauge 38^0 Bé
20 g	Natriumhydrosulfit
20 g	Wasser
160 g	Rongalit C extra 1:1 mit Wasser
1000 g	

Verschnitt:

200 g	Zinkoxydteig 1:1
200 g	Britishgum trocken
270 g	Wasser
230 g	Natronlauge 38^0 Bé
100 g	Rongalit C extra
1000 g	

h) Buntreserven mit Indigosolen.[1])

Die Indigosole eignen sich sehr gut zum Buntreservieren unter Anilinschwarz. Man kann hierfür nach folgenden zwei Methoden arbeiten:

a) Durch Drucken der Indigosolreserve auf unpräparierten Stoff.

b) Durch Drucken der Reserve auf mit Anilinschwarz vorgeklotzter Ware.

---

[1]) H. Rittner und Gmelin. Mell. 1927, S. 530/534.

Das erste Verfahren hat den Vorteil, den mit der Reserve bedruckten Stoff ohne Anstand beliebig lang vor dem Klotzen mit Anilinschwarzlösung aufbewahren zu können. Man arbeitet in diesem Falle nach dem Bichromatverfahren[1]).

Für den zweiten Fall, welcher der geläufigere zu sein scheint, wurden folgende Methoden ausgearbeitet:

1. Ammoniumoxalatverfahren.
2. Bichromatverfahren.
3. Natriumzitrat-Aluminiumchloratverfahren.
4. Schwefelsäure-Nitritverfahren.
5. Verfahren von Dr. L. Diserens und Dr. W. Hess (1943).

Ammoniumoxalatverfahren. Nach dem *D. R. P. 438.225* und *franz. P. 609.494*, 1926, von Durand-Huguenin, wird die Reserve, welche den Indigosolfarbstoff und ein saures Salz (Ammoniumoxalat) enthält, auf den mit Anilinschwarz vorgeklotzten Stoff aufgedruckt, hierauf 4—5 Minuten im Schnelldämpfer gedämpft und durch eine warme Bichromatlösung passiert; das für die Entwicklung des Indigosols notwendige Oxydationsmittel wird durch das im Schwarzbade enthaltene Chlorat zugeführt.

Im *D. R. P 700.641* beschreibt Durand-Huguenin ein Verfahren, welches sich dadurch kennzeichnet, dass man auf die mit einem üblichen Anilinschwarzbad geklotzte Ware Reserven aufdruckt, die ausser dem Indigosolfarbstoff, einem Oxydationskatalysatoren (Ammoniumvanadat), Natriumazetat und Soda noch Diäthyltartrat (Developsol D) enthält. Nach dem Drucken und Trocknen dämpft man in einem Essigsäure enthaltenden Dampf. Dieses Verfahren gibt im Vergleich zu dem neuen Verfahren Diserens-Hess weniger tiefe und satte Effekte.

Bichromatverfahren von Durand-Huguenin *(D. R. P. 551.508)*. Nach diesem Verfahren wird, nach dem Aufdrucken der Indigosolreserve auf mit Prud'hommeschwarz vorgeklotzter Ware, zuerst das Schwarz im Schnelldämpfer oxydiert und hierauf die Indigosolreserve auf saurem Bichromatbade entwickelt. Der Arbeitsgang ist folgender: Man klotzt den Stoff mit Anilinschwarz, trocknet auf der Hotflue und druckt die Buntreserve, welche Indigosol, ein Lösungs- und ein Verdickungsmittel, Natriumazetat und Soda enthält. Nach dem Trocknen dämpft man 2 Minuten und entwickelt die Indigosolfarbstoffe durch eine Breitpassage von 30 Sekunden in einem 30^0 C warmen Bad, welches 2—3 g Kaliumbichromat, 20 cm^3 Schwefelsäure 66^0 Bé und 30 cm^3 Ammoniumvanadatlösung $1^0/_{00}$ pro Liter enthält; hierauf seift man kochend, spült und trocknet.

---

[1]) Durand-Huguenin, Anwendungsvorschriften für Indigosole, I. Teil, II. Aufl., S. 161.

Das Verfahren hat den Nachteil, dass die Indigosolfarbstoffe, die sich vom Dianthrachinonazin ableiten, bei dieser Behandlung leicht überoxydiert werden.

3. Natriumzitrat-Aluminiumchloratverfahren[1]). Nach diesem Verfahren, welches viel einfacher als das obenerwähnte ist, findet die Entwicklung des Schwarzes und der Indigosolreserven gleichzeitig durch ein kurzes Dämpfen statt. Der Stoff wird mit üblichem Prud'hommeschwarz geklotzt. Man druckt hierauf eine den Indigosolfarbstoff, Soda, Harnstoff, ein nicht flüchtiges Salz einer organischen Säure (Natriumzitrat oder Natriumlaktat) und Ammoniumchlorat 25⁰ Bé enthaltende Reserve folgender Zusammensetzung auf:

30 g	Indigosolfarbstoff
30 g	Débésolvol IND (Fibrit D)
30 g	Harnstoff
130 g	heisses Wasser
480 g	Stärke-Tragantverdickung
110 g	Natriumzitrat krist.
100 g	Wasser
40 g	Natriumazetat
50 g	Aluminiumchloratlösung 25⁰ Bé
1000 g	

Dann dämpft man 2—6 Minuten, zieht durch eine warme Bichromatlösung, um das Schwarz zu oxydieren, wäscht und seift.[2])

Obwohl dieses Verfahren im Laboratorium gute Resultate gibt, stösst man in der Praxis auf grosse Schwierigkeiten (teilweise Überoxydation des Farbstoffes).

4. Schwefelsäure-Nitritverfahren. Man druckt auf den mit Anilinschwarz geklotzten Stoff eine Farbe auf, welche einen Indigosolfarbstoff, ein Lösungsmittel (Débésol B, Harnstoff), Zinkoxydteig 1:1, Natronlauge und Verdickungsmittel enthält. Hierauf wird im Schnelldämpfer gedämpft und in einem 3‰ Natriumnitrit und 20‰ Schwefelsäure 66⁰ enthaltendem Bade, welches auf 60⁰ C erwärmt ist, während 1 Minute entwickelt.

Beispiel einer Reservefarbe:

25 g	Indigosolfarbstoff
30 g	Débésol B
30 g	Harnstoff
270 g	Wasser
445 g	Stärke-Tragantverdickung
150 g	Zinkoxydteig 1:1
50 g	Natronlauge 38⁰ Bé
1000 g	

[1]) Durand-Huguenin, *D. R. P. 636.207, franz. P. 800.405, brit. P. 468.751, amer. P. 2.057.862*, Wengrafs Ber. 1936, Septemberheft S. 14 und Novemberheft S. 15.

[2]) Durand-Huguenin, Indigosole im Druck und Klotzartikel, 1. Teil, 2. Aufl., S. 163.

Eine merkliche Verbesserung wird erreicht, wenn man die Behandlung mit Natriumnitrit und Schwefelsäure getrennt vornimmt, indem man die Ware zuerst durch ein Foulard nimmt, dessen untere Walze in eine 1 %ige Natriumnitritlösung taucht und dann während einer Minute durch eine 2 %ige 60—65° C warme Schwefelsäurelösung zieht. Die technische Ausführung des Verfahrens zeigt jedoch, dass auf nicht mercerisiertem Stoff das erhaltene Schwarz graustichig wird. Die Ursache hierfür ist wahrscheinlich die, dass das durch das Dämpfen nur unvollständig entwickelte Schwarz in seinem Molekül noch freie Aminogruppen enthält, die sich im Nitrit-Schwefelsäurebad diazotieren. Die gebildeten Diazogruppen zersetzen sich spontan unter Bildung von molekularem Stickstoff, wobei OH-Gruppen in das Molekül eintreten, so dass eine nachträgliche Oxydation nicht mehr das eigentliche Anilinschwarz erzeugen kann.

5. Neues Verfahren von Dr. Diserens und Dr. W. Hess der Firma Scheurer-Lauth & Cie., in Thann, für die Herstellung von Indigosolreserven unter Anilinschwarz. *D.R.P. 743.461* (Oktober, 1943)[1]).

Das neue Verfahren stützt sich auf eine der ältesten Entwicklungsmethoden für Indigosolfarbstoffe im Direktdruck und beruht auf der Oxydation dieser Farbstoffe in schwefelsaurem Bade mit Ferrisalzen. Bei der Anwendung dieses Verfahrens stiess man jedoch auf Schwierigkeiten, deren Ursache in der Bildung von Berlinerblau auf dem Gewebe beruhen. Der Niederschlag von Berlinerblau wird bewirkt durch die Reaktion zwischen dem Ferrisalz im Entwicklungsbad und dem Kaliumferrocyanid, das sich als Sauerstoffüberträger in dem Anilinschwarzbade befindet. Die Erfinder stellten nun fest, dass Calgon[1]) von der Firma J. A. Benckiser in Ludwigshafen, dank seiner äusserst ausgeprägten komplexbildenden Eigenschaften, die Fähigkeit besitzt, Berlinerblau zu zerstören bzw. umzusetzen, unter Bildung von Natriumferrocyanid und eines löslichen komplexen Ferrimetaphosphates. Diese Reaktion geht mit sehr grosser Schnelligkeit vor sich und ist schon nach einigen Sekunden vollendet. Im Gegensatz zu dem Verfahren, das auf einer alkalischen und sauren Behandlung beruht, um Berlinerblau in Lösung zu bringen, erlaubt Calgon, diese Reaktion in einem Bade auszuführen.

Von diesen Beobachtungen ausgehend, wurde folgendes Entwicklungsverfahren ausgearbeitet: Die mit Anilinschwarz geklotzte Ware wird mit einer Weissreserve und Indigosolreserven nach folgenden Rezepten bedruckt:

---

[1]) Dr. Willy Hess, Neues Entwicklungsverfahren der Indigosolreserven unter Anilinschwarz, Mell. 1942, Nr. 12.

Weissreserve:

150 g	Kaliumsulfit 45^0 Bé
100 g	Zinkoxydteig 1:1
300 g	Britishgum trocken
300 g	Natriumazetatlösung 1:1
100 g	Rongalitlösung 1:1
46 g	Wasser
4 g	Ultramarin
1000 g	

Buntreserve:

50— 80 g	Indigosolfarbstoff
80 g	Glyecin A
150—120 g	warmes Wasser
400 g	Stärke-Tragu S-Verdickung
120 g	Natronlauge 38^0 Bé
100 g	Zinkoxydteig 1:1
100 g	Natriumazetatlösung 1:1
1000 g	

Verschnitt:

100 g	Zinkoxydteig 1:1
120 g	Natronlauge 38^0 Bé
250 g	kaltes Wasser
100 g	Natriumazetatlösung 1:1
430 g	Stärke-Tragu S-Verdickung
1000 g	

Nach dem Drucken wird 4—5 Minuten im Schnelldämpfer gedämpft. Dann wird kontinuierlich auf der Breitfärbemaschine in einem Bad von 10 g Ferrichlorid und 20 cm^3 Schwefelsäure 66^0 Bé pro Liter während 20 Sekunden bei 90^0 C behandelt, gespült, durch ein heisses Bad von 3 g Natriumbichromat pro Liter genommen und gespült. Zuletzt wird in breitem Zustand in einem heissen Bad von 3 g Calgon und 3 g Gardinol pro Liter 1—2 Minuten geseift und gewaschen. An Stelle von Calgon kann man ebenfalls Trilon A[2]) oder Trilon B[3]) anwenden.

[1]) Nach Patentangaben hat Calgon folgende Zusammensetzung: 84% Natriummetaphosphat, 4% Natriumkarbonat, 2% Natriumbikarbonat und 10% Natriumpyrophosphat.

[2]) Trilon A der I. G. Farbenindustrie ist das Natriumsalz der Nitriloessigsäure

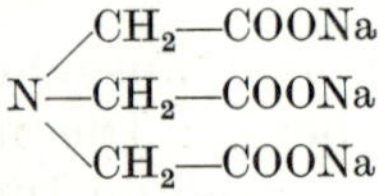

[3]) Trilon B ist das Natriumsalz der Äthylendiamin-Tetramethylkarbonsäure:

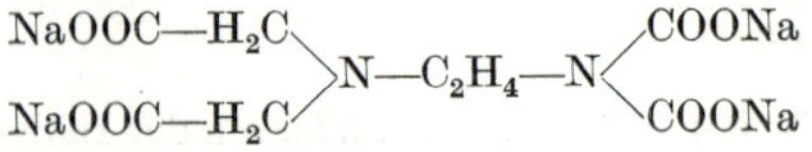

Siehe Kap. II und Kap. XV dieses Werkes.

Ein anderes Buntreserveverfahren unter Anilinschwarz, welches ebenfalls Natriumnitrit als Entwicklungsmittel des Indigosolfarbstoffes benützt, bildet den Gegenstand des *franz. P. 848.727* (Ciba). Als Reservemittel dient hier Kaliumxanthogenat. Das Patent führt folgendes Rezept an:

60 g	Indigosolscharlach IB
50 g	Glycein A
30 g	Solutionssalz A
200 g	Wasser
2 g	Soda
8 g	Wasser
450 g	Stärke-Tragantverdickung
120 g	Natriumnitritlösung 1:1
80 g	Kaliumxanthogenat
1000 g	

Nach dem Drucken wird 3 Minuten im Schnelldämpfer gedämpft. Hierauf werden die Indigosolfarbstoffe durch eine Passage in einer Lösung von 20 cm³ Schwefelsäure 66° Bé und 25 g Natriumsulfat pro Liter entwickelt, zuletzt wird gespült und geseift.

Die Anwendung der Zelluloseäther (Kolloresin) für Buntreserven mit Küpenfarbstoffen behandeln die *D.R.P. 534.641, 525.182* und *529.969* sowie das *amer. P. 1.898.570* (I.G. Farbenindustrie — Pfeffer, Bull. Föd., Bd. I, S. 141, 527). Man druckt die den Küpenfarbstoff, Kolloresin (Methylzellulose) und Natriumazetat enthaltende Reserve auf mit Anilinschwarz vorgepflatschten Stoff; dann erfolgt eine kurze Dampfpassage, um das Schwarz zu entwickeln. Hierauf wird mit einer warmen alkalischen Hydrosulfitlösung (10 g Hydrosulfit und 15 cm³ Natronlauge 40° Bé pro Liter Flotte) geklotzt und endlich der Küpenfarbstoff, nach dem Kolloresinverfahren, durch Dämpfen in einem Rollenkasten bei 95—98° C während 15 Sekunden entwickelt.

Zum Schluss sei noch das *D.R.P. 686.846* (8. 12. 1937) und *brit. P. 502.454* der Rhodiaceta in Lyon sowie der Deutschen Azetat A. G. Rhodiaceta, Freiburg i. B., erwähnt, welches ein Reserveverfahren unter Anilinschwarz auf Azetatseide behandelt. Es wird hier festgestellt, dass sich ein reineres Weiss erhalten lässt, wenn im Schwarzbade das gelbe Blutlaugensalz durch freie Ferrocyanwasserstoffsäure ersetzt wird. Das Klotzbad besteht in diesem Falle aus Anilin, Chlorat, Ameisensäure und Ferrocyanwasserstoffsäure. Die Reserve, welche Zinkazetat enthält, wird vor dem Klotzen aufgedruckt. Dann lässt man die Ware 1—2 Tage lagern und pflatscht sie hierauf mit Anilinschwarz von obenerwähnter Zusammensetzung.

Das *amer. P. 2.048.785* der Celanese betrifft denselben Gegenstand. Es wird im Patente empfohlen, neben dem reservierenden

Natriumazetat noch Thiosulfat oder Zinnchlorür zuzugeben, da andernfalls der Azetatfarbstoff durch die oxydierenden Substanzen der Klotzfarbe geschädigt werden könnte.

Ausführungsweise des Prud'hommeschwarz-Artikels.

Der gut gebleichte Stoff wird aufgerollt und in Anilinschwarz geklotzt. Das Klotzen wird auf einem Dreiwalzenfoulard, dessen mittlere Walze gewöhnlich aus Messing besteht, während die beiden andern kautschutiert sind, vorgenommen. Der ungefähr 50 Liter Klotzbad enthaltende Trog ist aus Holz oder rostfreiem Stahl. Die Ware soll beim Verlassen des Foulard ca. 80—85 % Klotzbrühe enthalten. Das Anilinschwarzbad soll klar sein, getrübte oder bräunliche Lösungen geben kein sattes Schwarz. Nach dem Ausquetschen wird der Stoff in der Hotflue bei 40—45° C getrocknet; jedoch ist eine Temperatur von 50°, ja sogar 60° C (laut Färb. Ztg. 1897, S. 64) für den guten Ausfall des Artikels unschädlich. Für dichtgewebte Ware (satin chaîne) oder für façonierte Ware ist das Trocknen auf dem Trockenzylinder vorzuziehen, da hierdurch Faltenbildung und Umlegen von schlaffen Kanten vermieden werden. Für ein solches Trocknen ist das Anwenden von sich langsamer oxydierendem Ammoniumprussiat ratsam. Nach dem Trocknen sollen die Stücke hellgelb bis hellgrünlich aussehen.

Auf keinen Fall soll sich das Schwarz vor dem Reserveaufdruck oxydieren. Stücke, welche aus der Hotflue grünlich herauskommen, werden für Muster, die keine Weissreserve enthalten, verwendet, und solche, welche aus irgendeinem Grunde in der Hotflue stehen blieben, sind als Unischwarz fertigzustellen.

Nach dem Trocknen rollt man die Ware auf, druckt die entsprechenden Reserven, trocknet, dämpft 4 Minuten im Schnelldämpfer bei 95—98° C in trockenem Dampf. Die Stücke sollen beim Austritt aus dem Dämpfer einen grünlichen Ton haben. Hierauf werden sie bei 40—50° C in einem 5—7 g Kalium- oder Natriumbichromat und 10 g Kreide pro Liter enthaltenden Bade oxydiert, gewaschen, geseift und appretiert.

Die Waren, welche nur Weissreserven enthalten, werden gewöhnlich im Strang, diejenigen mit Buntreserven breit fertiggemacht.

Es soll hier besonders hervorgehoben werden, dass Anilin, welches zur Herstellung von Anilinschwarz-Reserveartikel verwendet wird, keines seiner Homologe, insbesondere Toluidin, enthalten darf. In einem elsässischen Betriebe wurde festgestellt, dass während einer begrenzten Zeit, während welcher eine bestimmte Anilinlieferung einer gewissen Herstellerfirma zur Anwendung kam, keine reine Weisseffekte erzielt werden konnten. Trotz mannigfaltiger Versuche, konnte dieses Übel nicht behoben werden. Die fertigoxydierten Stücke waren hellrosa überzogen und dieser Überzug konnte weder durch alkalisches Seifen, noch durch eine andere übliche Behandlung entfernt werden.

Schliesslich konnte die Ursache hierfür, nach Kenntnisnahme einer privaten Mitteilung, festgestellt werden. In der obenerwähnten Herstellerfirma wurde von einem Arbeiter, durch Versehen, in den schon einige Tonnen Anilinöl enthaltenden Tank, etwa 60 Liter Toluidin gegossen. Dies hatte zur Folge, dass beim Oxydieren der mit diesem unreinen Anilin gepflatschten und mit einer Weissreserve bedruckten Stoffe, sich ein roter basischer Farbstoff bildete. Dieser basische Farbstoff fixierte sich alsdann auf das als Beize fungierende Zinkferrocyanid, welches sich durch Einwirkung des in der aufgedruckten Weissreserve enthaltenen Zinkoxyds auf das in der Anilinklotzlösung befindliche Kaliumferrocyanid bildete.

Reserveartikel unter Anilinschwarz.

(Vordruckreserven.)

Dieses Verfahren wurde in England von Whitehead in *brit. P. 1351* (11. 4. 1893) patentiert, und seine Anwendung fand ebenfalls Anklang in Russland und in Mexiko. Es besteht darin, auf den weissen Stoff ein aus Zinkoxyd, Kreide und Kaolin enthaltende, plastische Reserve zu drucken und nach dem Trocknen im Anilinschwarzbade auf einem Zweiwalzenfoulard zu klotzen, und zwar so, dass das Gewebe nicht durch das Pflatschbad, sondern nur zwischen den Quetschwalzen läuft. Die Anilinschwarzlösung wird mit Tragantschleim leicht verdickt. Die gepflatschte Ware wird auf der Trockentrommel getrocknet, und das Schwarz wie üblich gedämpft und im Bichromatbad oxydiert. Um das Fliessen der Reserven zu vermeiden, scheint das Trocknen auf der Trommel unbedingt notwendig zu sein.

Das Verfahren bietet den Vorteil, die Reserven beliebig lang vor dem Klotzen in Anilinschwarz aufdrucken zu können und den guten Ausfall der Reserve von einem vorzeitigen Vergrünen des Anilinschwarzes unabhängig zu machen. Jedoch ist es trotz aller Vorsichtsmassregeln schwierig, sehr feine Muster nach dieser Methode befriedigend herzustellen.

Weisse Reserve:

100 g	Zinkoxydteig 50%ig
100 g	Schlemmkreide
50 g	Kaliumsulfit 45° Bé
300 g	Gummiverdickung
350 g	Britishgumverdickung
100 g	Natriumazetat
1000 g	

Die Buntreserven werden meistens durch Zusatz von in Wasser gelösten basischen Farbstoffen zur Weissreserve hergestellt. Ihre Fixation wird durch das vorhandene Zinkoxyd bewirkt, da durch die Bildung von Ferrocyanzink diese Farbstoffe in Form unlöslicher Lacke ausgefällt werden. Die auf diese Weise erhaltenen Reserven sind sehr lebhaft, lassen aber hinsichtlich Licht- und Waschechtheit zu wünschen übrig.

Ganz besonders für diese Arbeitsmethode werden Ferrocyanzink- oder Tanninfarbstofflacke verwendet und mittels Albumin fixiert.

G. Knoop (versiegeltes Schreiben Nr. 1889, hinterlegt am 16. März 1905 bei der Société Industrielle de Mulhouse, A.C.I.T. 1928, S. 14; Haller-Glafey, Chemische Technologie der Baumwolle, S. 373), konnte das Vordruckreserveverfahren verbessern durch Verwendung des, durch Einwirkung von Anilin auf Natriumsulforizinat entstehenden, gelartigen unlöslichen Produktes.

Durch Aufdrucken auf das weisse Gewebe einer Gummiverdickung, Türkischrotöl und Zinkoxydpaste enthaltenden Reservedruckpaste und nachträgliches Klotzen in einem Anilinschwarzbad, entsteht auf dem Stoff ein dünner Film des obenerwähnten gelartigen Produktes, dank welchem man sehr feine und scharfe Weisseffekte erzielt.

Folgende Rezeptur der Reservedruckpaste wird von Knoop angegeben:

530 g	Gummiverdickung
270 g	Zinkoxyd in Pulver
200 g	Natriumsulforizinat 75%ig
1000 g	

Die Fabriques de Produits Chimiques de Thann et de Mulhouse im Elsass brachten eine Reihe von Produkten unter der Bezeichnung Carbalin in den Handel, welche sich durch ihre Lebhaftigkeit auszeichnen und mittels Albumin fixiert werden. Es sind dies basische Farbstoffe, welche mit sehr fein verteilter Schlemmkreide und Zinkoxyd vermischt sind.

200 g	basischer Farbstoff
50 g	Glyzerin
50 g	Ammoniumrizinat 40%ig
500 g	Verdickung
200 g	Carbalin
1000 g	

Das Carbalin ist ein zu diesem Zwecke speziell dargestelltes sehr fein verteiltes Kalziumkarbonat.

Als Weissreserve dient:

200 g	Carbalin
800 g	Gummiverdickung
1000 g	

Das *D. R. P. 209.381*[1]) derselben Firma beschreibt Buntreserven mit Chromfarbstoffen.

Man druckt auf den weissen Stoff beispielsweise:

80 g	Alizaringelb GG Teig
80 g	Glyzerin
40 g	Ammoniak 25%
400 g	Tragantschleim 6%
300 g	feine Schlemmkreide (Carbalin)
100 g	Chromazetat 20° Bé
1000 g	

Nach dem Drucken dämpft man, klotzt in Anilinschwarz und entwickelt wie üblich.

Die Küpenfarbstoffe sind von besonderem Interesse für die Illuminierung der Vordruckreserven. Man verwendet in denselben Zinkoxyd an Stelle von Kaolin.

Beispiel:

200 g	Küpenfarbstoff in Teig
50 g	Débésol B (Lab. Zundel, Joliet, à Gennevilliers)
120 g	Wasser
20 g	Natronlauge 40° Bé
120 g	Pottasche 45° Bé
230 g	Britishgum in Pulver und
200 g	Zinkoxydpaste 1:1
	gut anrühren und kochen, abkühlen lassen, und bei 60° C
10 g	Hydrosulfit konz. Pulver und
80 g	Rongalit C extra zusetzen und lösen

Nach dem Aufdrucken auf die weisse Ware wird 5 Minuten im Schnelldämpfer gedämpft und dann mit Anilinschwarzlösung geklotzt. Die präparierte und getrocknete Ware wird kurz im Schnelldämpfer gedämpft, chromiert und geseift.

Zuletzt sei noch das Buntreserveverfahren mit Eisfarben von A. Brand erwähnt[2]).

Man druckt auf den weissen Stoff folgende Reserve:

20 g	β-Naphtol
20 g	Natronlauge 38° Bé
45 g	Natriumaluminat
35 g	Natriumsulforizinat
600 g	Gummiverdickung
200 g	sehr feine Schlemmkreide
80 g	Nitrosamin des p-Nitro-o-Anisidins in Teig 10%
1000 g	

[1]) Fischer's Ber. 1909, S. 467.

[2]) Bull. Mulh. 1912, S. 73; *D. R. P. 240.197;* Schmidt, Ber. 1911, S. 463.

Nitrosamin in Teig:

100 g	p-Nitro-o-Anisidin
175 g	kaltes Wasser
200 g	Salzsäure 19° Bé
325 g	Eis
120 g	Natrumnitritlösung 40%ig, einige Zeit ruhen lassen und dann in folgende Mischung giessen
325 g	Natronlauge 38° Bé
250 g	Eis
	Filtrieren und den Teig bis auf
1000 g	auspressen.

Nach dem Drucken entwickelt man das Rot in der warmen Hänge, klotzt im Anilinschwarzbad, entwickelt im Schnelldämpfer und stellt wie üblich fertig.

Verschiedene Artikel.

Billige Indigoblau-Dunkelfärbungen: Der Stoff wird in mitteltiefem Ton in 1½—2%iger Indigoküpe vorgefärbt und hierauf in einem ⅓ verschnittenem Anilinbad geklotzt. Die so erhaltene dunkle Färbung hat den Vorteil, sehr billig zu sein. Weiss- und Buntätzen werden durch Aufdrucken von Chromätzen mit Zusatz von Soda oder von üblichen Hydrosulfitformaldehyd-Ätzen hergestellt.

Die Ätzen werden auf den mit Indigo vorgefärbten und mit dem verschnittenen Anilinbad geklotzten Stoff aufgedruckt, dann wird das Schwarz im Schnelldämpfer entwickelt und die Indigofärbung durch eine Passage durch eine Schwefelsäure-Oxalsäurelösung geätzt. Bei der Anwendung von Hydrosulfitätzfarben soll nachträglich eine Silikatbehandlung eingeschaltet werden.

Auf gleiche Weise reserviert man Überdrucke von Gründelmustern mit Anilinschwarz auf Indigofärbungen.

Weissätzreserve (auf Indigoblau-Anilinschwarz).

383 g	Verdickung
152 g	Zinkoxydteig 1 : 1
15 g	Anthrachinon 30%
47 g	Glyzerin
150 g	Rongalit C
150 g	Natriumazetat
103 g	Kaliumsulfit 45° Bé
1000 g	

Bisterkonversionsartikel: Die Herstellung von Bisterfärbungen (von H. Schmid) durch Überpflatschen von Paranitranilinrotfärbungen mit 1:5 verschnittenem Anilinschwarzbad, wurde bereits im Kapitel IV dieses Werkes beschrieben. Auf diesen Färbungen kann man mit Hydrosulfitätzen sehr schön wirkende Weiss- und Bunteffekte herstellen, und daneben durch Aufdrucken einer Reserve mit Natriumazetat leicht ein sehr lebhaftes Rot erhalten.

Königsberg beschreibt im Bull. Mulh. 1908, S. 183, ein Verfahren, nach welchem es möglich ist, Anilinschwarz und Naphtolfärbungen gleichzeitig zu reservieren, indem man auf den weissen Stoff eine Farbe aufdruckt, welche Ammoniumzitrat, Zinkoxyd und Zinnchlorür enthält und hierauf mit Anilinschwarz überdruckt. Nach dem Drucken entwickelt man das Schwarz im Schnelldämpfer, klotzt in Naphtollösung, trocknet in der Hotflue, kuppelt in Diazolösung, wäscht und seift.

Vor einigen Jahren war ein Ätzartikel auf tanningebeizter Ware mit gleichzeitigem Aufdruck eines Anilinschwarzgründels beliebt. Man druckt auf den mit Tannin vorpräparierten Stoff eine Natronlaugereserve auf, trocknet, überdruckt ein Gründelmuster mit Anilinschwarz und dämpft im Schnelldämpfer. Das Schwarz wird an den mit Lauge bedruckten Stellen reserviert und die Tanninbeize geätzt. Nach dem Dämpfen wird mit basischen Farbstoffen ausgefärbt.

Ein, dem im V. Kapitel (Band I, S. 583) dieses Werkes beschriebenem ähnlichen, Rot-Weissartikel unter Alizarinrosagründel, wird ebenfalls mit Anilinschwarz hergestellt, indem man Anilinschwarz und eine Reserve aufdruckt (Blumenmuster usw.) und nach dem Trocknen ein Gründelmuster mit Anilinschwarz überdruckt.

Pollak und Diesing[1]) verwenden eine oxydierende Reserve unter Ätzdrucken mit basischen Farbstoffen. Der mit Anilinschwarz geklotzte Stoff wird mit einer, ein Oxydationsmittel enthaltenden, Reserve bedruckt, wodurch das Schwarz an den Überdruckstellen entwickelt wird. Die Ätzfarben, welche man überdruckt, werden von der Reserve nicht beeinflusst, wodurch ein neuer interessanter Artikel entsteht.

Von den Oxydationsmitteln, welche sich für diesen Artikel eignen, hat das neutrale Ammoniumpersulfat die besten Resultate gegeben. Wegen der Unbeständigkeit dieses Produktes darf die Druckfarbe nicht mehrere Stunden im voraus hergestellt werden.

Schwarzreserve:

100 g	Ammoniumpersulfat
150 g	Wasser
50 g	Eis
36 g	Ammoniak 17° Bé
664 g	essigsaure Stärkeverdickung
1000 g	

Man druckt auf die mit Anilinschwarzbad geklotzte Ware die Schwarzreserve auf (irgendein Muster mit grossen Effekten), trocknet, überdruckt die üblichen Ätzfarben und dämpft 4 Minuten im Schnell-

[1]) Bull. Mulh., Sitzungsber. vom 7. Dezember 1921.

dämpfer. Hieraus wird gechromt, geseift und getrocknet. Zur Herstellung dieses Artikels kann man an Stelle von Persulfat auch Chromichromat (Chrombeize GA II von M. L. B.) anwenden, welche man nach folgender Vorschrift herstellt:

3000 g Natriumbichromat
2500 g Wasser
3600 g Natriumbisulfit 36° Bé
900 g Schwefelsäure 54° Bé

und vor dem Drucken mit Stärkeverdickung verdickt.

Anilinschwarz in der Unifärberei.

Man unterscheidet folgende drei Fabrikationsarten:

a) Oxydationsschwarz;
b) Dampfschwarz oder Prussiatschwarz;
c) Einbadschwarz oder Färbeschwarz.

a) Das Oxydationsschwarz.

Das Oxydationsschwarz ist das älteste dieser drei Verfahren. (Arbeiten von Runge, Calvert, Frietsche, Hofmann).

Charles Lauth gelang es im Jahre 1864, die Anwendung des Anilinschwarzes durch Einführung des Schwefelkupfers praktisch zu gestalten. Die Bildung des Schwarzes findet nicht im Imprägnierbade statt, sondern wird in der Hänge und durch darauffolgendes Chromieren vollzogen.

Das Prinzip der Herstellung des Oxydationsschwarzes ist folgendes:

1. Imprägnieren der Ware in einer Anilinsalz, ein Oxydationsmittel und einen Sauerstoffüberträger enthaltenden Lösung.

Als Sauerstoffüberträger verwendet man Eisen-, Mangan-, Uran- und namentlich Vanadiumsalze. Von diesem letzteren Salze genügt schon der Zusatz von 1/100.000, bezogen auf das Gewicht des Anilinsalzes, um ein Schwarz zu erhalten[1]).

2. Entwickeln des Schwarzes entweder in der Hänge (bei Garnen) oder in Oxydationsapparaten (für Stückware), beispielsweise im Apparat von Preibisch[2]) oder von Haubold.

In diesen Apparaten wird die Temperatur konstant auf 45—50° C gehalten, und die Entwicklung findet in einer Atmosphäre von bestimmtem Feuchtigkeitsgrade statt[3]).

---

[1]) Witz 1875; Lightfoot 1871.

[2]) *D.R.P. 32.079* vom 17. 9. 1879, Dr. Reinhard Preibisch in Reichenau bei Zittau in Sachsen.

[3]) A. Linke und W. Schramek: Die atmosphärischen Verhältnisse in Oxydationskammern mit horizontaler Warenführung und ihr Einfluss auf baumwollene Stückware bei der Erzeugung von Oxydationsschwarz, Mell. 1927, S. 442.

3. Endoxydation des Schwarzes mittels Kaliumbichromat.

Die Qualität des Schwarzes ist im allgemeinen recht gut. Der Ton ist sehr tief und das Schwarz ist reibecht.

Als Ausführungsbeispiel diene einerseits folgende Vorschrift zum Färben von Oxydationsschwarz auf Garn[1]), andererseits zwei Färbevorschriften auf Stückware, von denen die eine in einem der grössten russischen Betriebe (Morosoff) in Twer, die andere in einem Betriebe der Lyoner Gegend (Villefranche) geläufig zum Färben von Stückware verwendet wurden.

Oxydationsschwarz auf Garn.

Das Garn in Strangform wird mit folgender Lösung imprägniert:

400 g Weizenstärke mit
5000 g Wasser kochen und
600 g Natriumchlorat in
3000 g Wasser gelöst dazugeben. Hierauf fügt man hinzu
100 g Schwefelkupferteig und zuletzt
2000 g Anilinsalz
2000 g Wasser

Nach wiederholtem Eintauchen wird das Garn ausgewrungen und 1—2 Tage in einer feuchten Atmosphäre bei 30° C aufgehängt.

Die Endoxydation erfolgt bei 80° C in folgendem Bade:

60 g Kaliumbichromat
40 g Schwefelsäure 66° Bé

auf 100 L.

Hierauf wird ausgequetscht, gespült, bei 70° C geseift, gewaschen und getrocknet.

Oxydationsschwarz mit Kupfersulfat als Sauerstoffüberträger.

126 g Anilinsalz
40 g Natriumchlorat
5 g Ammoniumchlorid
3 g Kupfersulfat
120 g Aluminiumazetat 14° Bé bzw. Aluminiumlaktat (*D.R.P. 96.600*).

Das Imprägnieren, Ausquetschen, Entwickeln und Oxydieren wird wie oben beschrieben vorgenommen. Dieses Schwarz, welches unter dem Namen Diamantschwarz bekannt ist, wird in bedeutender Menge in Deutschland in der Chemnitzer Gegend und in Frankreich in Troyes (bei Clément Marot & Cie.) hergestellt.

[1]) Lehne, Frb. Ztg. 1890, S. 332; Haller-Glafey, Chemische Technologie der Baumwolle, S. 169.

Oxydationsschwarz für Stückware.

Nettelhorst[1]) hat das Grundrezept für das Oxydationsschwarz ausgearbeitet, welches die Basis der gegenwärtig verwendeten Oxydationsschwarzbäder zu sein scheint.

Vorschrift von Nettelhorst.

Lösung I (11° Bé).

35 l Anilinöl
35 l Salzsäure 19° Bé
auf 100 Liter einstellen.

Lösung II (18° Bé):

16 kg Natriumchlorat, gelöst in
32 l Wasser und
5 kg Kupfersulfat, gelöst in
48 l Wasser zusetzen
auf 80 Liter (?) einstellen.

Vor dem Gebrauch werden beide Lösungen im Verhältnis 1:1 gemischt. Die Mischung soll 7° Bé spindeln (6° Bé für mercerisierte Ware).

Der Zusatz von 1—1¼ l Aluminiumazetat 10° Bé oder Tonerdelaktat (*D.R.P. 96.600*), bzw. Alkohol (Marot und Bonnet) scheint von beträchtlichem Vorteil zu sein.

Der Stoff wird auf dem Foulard mit dieser Lösung imprägniert, im Oxydationsapparat (Preibisch oder Haubold) bei 50—60° C entwickelt und dann auf dem Jigger in einer Lösung von 3% Natriumbichromat (bezogen auf das Warengewicht) oxydiert. Zuletzt wird gespült, geseift, gewaschen und getrocknet.

Oxydationsschwarz (Diamantschwarz) nach Morosoff in Twer:

Lösung A:

72 kg Anilinsalz
6 kg Weinsäure
6 kg o-Toluidin
auf 300 Liter einstellen.

Lösung B:

6 kg Kupfersulfat
3 kg Ammoniumchlorid
12 kg Natriumchlorat
auf 300 Liter einstellen.

Vor Gebrauch werden beide Lösungen im Verhältnis 1:1 gemischt. Nach dem Foulardieren werden die Stücke in der Hotflue getrocknet und im Apparat von Haubold mit horizontalem Gang

[1]) Siehe Haller-Glafey, Chemische Technologie der Baumwolle, S. 169.

(17 übereinander liegende Gänge mit 17 Warmluftgebläsen) bei einer Temperatur, die oben 50—57° C, unten 35—37° C beträgt, während 2—4 Stunden entwickelt. Zuletzt folgen auf dem Jigger vier Passagen bei mässiger Temperatur und ebensoviele Gänge bei Kochtemperatur in einer Lösung von Kaliumbichromat und Natriumkarbonat.

Oxydationsschwarz[1]).

Zusammensetzung des Bades nach einer bewährten Vorschrift aus der Praxis (Villefranche bei Lyon).

Lösung A:

153 l Anilinöl
153 l Salzsäure 20%ig
auf 900 Liter mit gewöhnlichem Wasser einstellen.

Lösung B:

18 kg Kupfersulfat
45 kg Natriumchlorat, gelöst in
90 l Wasser
auf 900 Liter mit gewöhnlichem Wasser einstellen.

Vor Gebrauch werden Lösung A und B in gleichem Volumenverhältnis gemischt.

Die Ware wird auf dem 3-Walzenfoulard zweimal geklotzt und hierauf im Oxydationsapparat bei 45° C oxydiert. Die Ware soll beim Austritt aus dem Apparat dunkelgrün aussehen; dann wird auf dem Jigger in einer Lösung von 22 ½ kg Natriumbichromat[2]) auf 900 Liter Wasser entwickelt, gespült und geseift.

Oxydationsschwarz nach der I. G. Farbenindustrie:

120 g Anilinsalz
10 g Anilinöl
35 g Natriumchlorat
0,5 g Kupfersulfat
auf 1 Liter einstellen.

Der Stoff wird mit dieser Lösung geklotzt, auf der Hotflue getrocknet, im Oxydationsapparat oxydiert und bei 50—60° C in einem Bad folgender Zusammensetzung chromiert:

60 g Natriumbichromat[2])
5 g Anilinsalz
20 g Schwefelsäure 66° Bé
auf 1 Liter einstellen.

[1]) Siehe auch Färben von Anilinschwarz unter Auslösung der Oxydation auf elektrischem Wege; Silk Journal and Rayon World, 1947, 2, S. 1089.

[2]) Man beachte hier die ungewöhnlich hohe Konzentration des Natriumbichromatbades.

Die I. G. Farbenindustrie führt im Ratgeber für das Färben von Baumwolle[1]) und anderen pflanzlichen Fasern (herausgegeben 1933, S. 435) eine Vorschrift für unvergrünliches Anilinoxydationsschwarz an:

Stammansatz A:

55 l	Wasser
4500 g	Anilinsalz
1350 g	Toluidin
700 g	Essigsäure 50%ig
1850 g	Natriumchlorat

Stammansatz B:

1850 g	Eisennitratlösung 40° Bé
6000 g	Wasser
2700 g	Kupfersulfatlösung 20%ig

Man mischt beide Lösungen A und B im Verhältnis: 8 Liter: 1 Liter. Die Ware wird mit dieser Brühe foulardiert und — wie vorher beschrieben — oxydiert und entwickelt.

Um eine Faserschädigung weitgehend zu verhüten, wird seit einigen Jahren die Verwendung von Produkten auf Grundlage von Ammoniumsulfocyanid empfohlen, beispielsweise eine Mischung von

120 g	p-Phenylendiamin
530 g	Ammoniumsulfocyanid

gelöst in 1 Liter Wasser

Solche Mischungen werden von mehreren Firmen unter verschiedenen Namen in den Handel gebracht, und zwar:

Firma Sager & Gossler	Kollamin
I. G. Farbenindustrie	Eumol neu
Kuhlmann	Néramine N
S.P.C.M.C. Mulhouse	Nérogène
Saint-Denis	Nigramine L.
Lab. Zundel, Joliet & Co.	Débanil A.

Ausserdem stellt die I. G. Farbenindustrie ein Kollamin O her, welches einen Katalysator enthält, so dass bei seiner Verwendung der Zusatz von Eisensulfat oder von Ammoniumvanadat nicht erforderlich ist.

Da Kupfersulfat in Gegenwart von Kollamin nicht verwendet werden kann, muss es durch Ferrosulfat oder Vanadat ersetzt werden.

[1]) Ratgeber, I. G. 910 f., S. 435, französische Ausgabe.

Anilinschwarzlösung mit Eisensulfat:

100 g	Anilinsalz
33 g	Natriumchlorat
12 g	Eisensulfat
30 g	Kollamin
30 g	Gummiverdickung 1:3
40 g	essigsaure Tonerde 12° Bé
auf 1 Liter	Wasser einstellen.

Anilinschwarzlösung mit Kollamin O:

100 g	Anilinsalz
33 g	Natriumchlorat
30 g	Kollamin O
30 g	Gummiverdickung 1:3
40 g	essigsaure Tonerde 12° Bé
auf 1 Liter	Wasser einstellen.

R. Haller und J. Hackl[1]) arbeiteten eine von den bisher in der Praxis verwendeten ganz verschiedene Vorschrift für Anilinschwarz aus. Diese Arbeitsweise soll sich besonders für ungebleichte oder nur entschlichtete Ware bewähren und die Faserfestigkeit nicht schädlich beeinflussen. Der Stoff wird zuerst in einem Bade, welches 80—100 g Aktivin und ein Netzmittel enthält, vorbehandelt, getrocknet und dann in folgender Lösung auf der Hotflue geklotzt:

135 g	Anilinsalz
5 g	p-Phenylendiamin
10 g	Tetracarnit
70 g	Kupferchlorid 4° Bé
780 g	Wasser
auf 1 Liter	einstellen.

Die Ware, welche beim Austritt aus dem Trockenapparat eine olivgrüne Farbe hat, wird nun in breitem Zustande durch eine heisse Lösung von 10 g Seife und 5 g Soda passiert und schliesslich in Strangform geseift.

Böhme Fettchemie in Chemnitz, sowie P.C.M.R. in Mulhouse empfehlen die Zugabe eines flüssigen sulfonierten Laurylalkohols, das Avirol W, Gardinol WA zum Anilinschwarzbad. Dieses Produkt begünstigt sowohl das Durchfärben als auch das Egalisieren. Seine Beständigkeit gegen Alkalien von Konzentrationen bis zu 15—18° Bé ist hervorragend.

Nach *D.R.P. 639.952*[2]) und *brit. P. 436.410* von Böhme Fettchemie lässt sich ein Anilinschwarz auf ungebleichter, nicht vorgenetzter Ware färben, wenn man dem Anilinklotzbade das Salz

[1]) Haller, Technologie der Baumwolle, S. 171.
[2]) R.G.M.C. 1928, S. 66.

einer organischen hochsubstituierten Ammonium-, Sulfonium- oder Phosphoniumbase, z. B. Dodezylpyridiniumsulfat, zugibt, wodurch nicht nur die Netzwirkung, sondern auch die Egalität der Färbung erhöht werden soll.

Beim Klotzen mit Kupfer- bzw. Ferrocyanschwarz kann trotz Verminderung der Konzentration des Klotzbades ausser einer Verbesserung der Festigkeit, eine Vertiefung des Farbtones, sowie die Vermeidung des Vergrünens erreicht werden, wenn ein geringer Zusatz von Prästabitöl V[1]) erfolgt. Der pH der Lösung wird dadurch nicht verändert. Die Beständigkeit dieses reinen Fettschwefelsäureesters gestattet auch die zusätzliche Verwendung von anorganischen Puffersalzen.

b) Dampfanilinschwarz (Prussiatschwarz, Prud'hommeschwarz)[2]).

Das Dampfschwarzverfahren wurde von Cordillot 1863 entdeckt, welcher das Kupferchlorid durch Ammoniumferricyanid ersetzte, wodurch das Anilinschwarz schon durch ein kurzes Dämpfen von 2—3 Minuten bei 95—100° C im Schnelldämpfer entwickelt werden konnte.

Dieses Schwarz wird ganz besonders für direkten Druck sowie für den Prud'hommereserveartikel verwendet. Als Ausführungsbeispiele seien folgende Vorschriften aus der Praxis angeführt:

Vorschrift mit Ferrocyanammonium.

1960 g	Natriumchlorat, gelöst in
11200 g	Wasser
	zu dieser Lösung wird die abgekühlte Mischung von
3000 g	Anilinöl
3000 g	Salzsäure 19° Bé
16000 g	Wasser
3360 cm^3	Ammoniumferrocyanidlösung zugegeben.

Ferrocyanammoniumlösung:

9000 g	Ammoniumsulfat	Beide Lösungen mischen, abkühlen und von den Kaliumsulfatkristallen abfiltrieren.
11200 g	Wasser	
11200 g	Kaliumferrocyanid	
38000 g	Wasser	

Der Stoff wird mit diesem Bade geklotzt, in der Hotflue getrocknet, durch eine kurze Passage im Schnelldämpfer entwickelt und schliesslich in einer warmen Bichromatlösung von 4° Bé oxydiert.

---

[1]) Prästabitöl V wird von Stockhausen (*D.R.P. 614.702*) hergestellt.

[2]) M. Tschilikin, Über die Untersuchung von Anilinschwarz, Mell. 1927, S. 265.

Vorschrift von Scheurer-Lauth & Co. in Thann.

63 g Anilinsalz lösen in
316 g Wasser
30 g Tragantverdickung

45 g Ferrocyankalium
400 g Wasser

30 g Natriumchlorat
100 g Wasser

10 g Anilinöl
0,3 g Emulphor
30 g Seifenlösung

30 g Débanil A (Lab. Zundel, Joliet & Cie.)
auf 1 Liter einstellen.

Rezept nach der Firma Morosoff in Twer (Russland).

Lösung I: 212 g Ferrocyankalium
840 g Wasser von 100° C
825 g Wasser von 10° C

1877 g

Lösung II: 119 g Natriumchlorat in
240 g Wasser 100° C auflösen, abkühlen lassen und mit
114 g Wasser 10° C verdünnen.
288 g Anilinsalz
30 g Anilinöl
15 g Salzsäure 19° Bé
24 g Natriumazetat
17 g Anilinsalz

auf 1725 g mit Wasser einstellen.

Vor dem Gebrauch werden beide Lösungen im Verhältnis 1:1 gemischt. Der Stoff wird mit dieser Lösung geklotzt, auf der Hotflue getrocknet, wie üblich gedämpft und das Schwarz durch Passieren in einem Natriumbichromat und Soda enthaltenden Bade oxydiert.

Rezept von Villefranche.

Lösung I: 50 l Lösung A
1,5 l Anilinöl
1750 g Ammoniumchlorid

Lösung II: 10 kg Ferrocyannatrium
5400 g Ferrocyankalium
30 l Wasser

Lösung III: 7300 g Natriumchlorat
20 l Wasser

Lösung A: 200 l Wasser
194 kg Salzsäure 20° Bé
165 kg Anilinöl

Gut vermischen und Salzsäure hinzugeben, bis eine Probe mit einer Methylviolettlösung eine grünliche Farbe gibt (ungefähr 30 kg Salzsäure). Hierauf Anilinöl zugeben, bis eine Probe mit einer Methylviolettlösung nach Violett umschlägt. Die Lösung A wird mit Wasser auf 10° Bé eingestellt.

Die drei Lösungen werden zusammen gemischt und auf 230 Liter eingestellt.

Vorschrift von der I. G. Farbenindustrie.

84 g Anilinsalz
40 g Tragantschleim 6%
5 g Anilinöl
220 g Wasser

54 g Ferrocyankalium
280 g Wasser

30 g Natriumchlorat
320 g Wasser

zusammenmischen und auf 1 Liter einstellen.

Die Ware wird mit dieser Lösung geklotzt, auf der Hotflue getrocknet, 2 Minuten im Schnelldämpfer gedämpft, das Schwarz in einem Bade, welches auf 1 Liter 5 g Natriumbichromat und 1 g Soda enthält, oxydiert und wie üblich fertiggemacht.

Im *amer. Zusatzpatent 19.529* von Schmidt wird ein Anilinschwarz beschrieben, welches, ausser einem organischen Katalysatoren (p-Phenyldiamin), noch das Alkalisalz einer schwachen, leicht oxydierbaren Säure enthält, wodurch eine grössere Schonung der Faser bewirkt werden soll. Das Patent führt folgendes Rezept als Beispiel an:

12 g Anilinsalz
9 g gelbes Blutlaugensalz
5 g Ammoniumsulfit
2 g p-Phenylendiamin
3 g Weinsäure

auf 1 Liter einstellen.

Ein solches Schwarz bietet den Vorteil, die Dämpfdauer anstandslos verlängern zu können, wodurch die Echtheit gewisser schwer fixierbarer Buntreserven erhöht wird.

In der Zeitschrift Silk and Rayon 1947, 21, S. 394 und 668 findet man folgende Angaben über das Färben von Anilinschwarz auf Kunstseidenstückware:

Auf 300—400 Liter Flotte verwendet man eine Lösung von

28 kg Anilinöl
28 kg Salzsäure 18° Bé
25 kg Kaliumferrocyanid
18 kg Natriumchlorat

c) Färbeschwarz (Einbadschwarz).

Von den verschiedenen Färbemethoden ist erstens das Verfahren von Boboeuf (1865) zu nennen, welches darin besteht, das Gewebe zuerst durch ein Bichromatbad und hierauf durch ein Anilinchlorhydratlösung zu führen, und zweitens das Verfahren von Lauth zu erwähnen. Nach dieser letzteren Methode wird das Schwarz auf mit

Mangansuperoxyd präparierten Stoff durch Klotzen in einer Lösung von Anilinchlorhydrat hergestellt. Nach diesem Verfahren wird das Schwarzpigment auf den Stoff, beim Klotzen mit einer Lösung, welche Anilin, Mineralsäure und ein geeignetes Oxydationsmittel enthält, niedergeschlagen. Diese Arbeitsweise wurde von Boboeuf bereits 1865 angewendet, welcher Baumwollsträhne mehrmals abwechselnd in einer Anilinlösung und in einem Bichromatbad behandelte.

Später wurden diese Behandlungen in einem einzigen Bade vorgenommen.

In den folgenden Jahren wurden gewisse Verbesserungen vorgeschlagen, welche alle das gleiche Ziel, nämlich die Verzögerung der Pigmentbildung, verfolgten, indem entweder ein anderes Oxydationsmittel als Bichromat, beispielsweise Manganperoxyd, angewendet wurde oder indem der Anilinschwarzlösung gewisse Produkte, z. B. Traubenzucker, zugesetzt wurden.

Das Färben kann bei gewöhnlicher Temperatur mittels verhältnismässig konzentrierten Bäder oder in der Wärme mit verdünnten Lösungen erfolgen. Im ersten Falle ist das Schwarz weniger reibecht, da das Pigment sich auf der Oberfläche des Stoffes bildet.

Das Kaltfärbeverfahren wird wie folgt ausgeführt:

Man stellt zwei Lösungen her:

I.	6000 g	Anilin
	12000 g	Schwefelsäure 66° Be
	200 l	Wasser
II.	1200 g	Natriumbichromat
	200 l	Wasser

Vor dem Gebrauch mischt man 2 Liter der Lösung I mit 1 Liter der Lösung II und taucht 1 kg Baumwollgarn in diese Mischung ein. Das Schwarz bildet sich sehr rasch (in 1—2 Minuten). Die Garnsträhne werden dann ausgewrungen und das Schwarz im Dämpfapparat während 20 Minuten bei $\frac{1}{4}$ Atm. fertigentwickelt. Hierauf wird gespült und geseift.

Das heisse Einbadschwarzfärbeverfahren wird geläufiger angewendet. Das Bad enthält:

10%	Anilinsalz, bezogen auf das Garngewicht
14%	Salzsäure 22° Bé
3,5%	Schwefelsäure 66° Bé;
	in diese kalte Lösung gibt man
13%	Natriumbichromat zu.

Das Garn wird in diesem Bade während $\frac{1}{2}$ Stunde kalt behandelt, dann erwärmt man langsam auf Kochtemperatur und behandelt weitere 30 Minuten, spült, seift und nüanciert mit 1% Blauholzextrakt.

Da, laut *D.R.P. 631.981*, 1934 der I.G. Farbenindustrie, die Einbadfärbungen nicht genügend reibecht sind, kann diesem Übelstand durch Zugabe eines Schutzkolloides, wie Sulfitzelluloseablauge, zum Färbebade abgeholfen werden. Das Patent führt als Beispiel folgendes Rezept an:

24 g Anilinsalz
12 g Schwefelsäure 22° Bé
20 g Sulfitablauge
18 g Bichromat
auf 1 Liter einstellen

Man färbt auf diesem Bade ½ Stunde bei 70° C, wäscht und trocknet.

Bemerkenswert ist das im *D.R.P. 204.514* patentierte Verfahren von Gruss[1]), nach welchem kein Oxydationsmittel zugegeben wird, sondern die Oxydation durch den Luftsauerstoff bei Gegenwart von Kupferchlorür erfolgt.

Es ist von besonderer Wichtigkeit, dem Anilin eine kleine Menge p-Phenylendiamin oder p-Aminophenol zuzugeben, da diese Zugabe die Sauerstoffaufnahme erleichtert. Das Schwarz wird in der Hänge oder durch Oxydation entwickelt. Dieses Verfahren ist für Baumwolle und für Naturseide anwendbar.

Anilinschwarz auf Wolle.

Die für Baumwolle geeigneten Anilinschwarzdruckfarben und Klotzbäder sind auf Wolle, wegen ihren reduzierenden und Säure absorbierenden Eigenschaften, nicht anwendbar.

Wegen der grossen Auswahl an licht-, waschechten und gut ätzbaren Farbstoffen, welche dem Fachmann für die Veredelung der Wolle zur Verfügung stehen, spielt allerdings das Anilinschwarz für diese Faser eine weniger bedeutende Rolle, als es für die pflanzlichen Fasern der Fall ist. Da Anilinschwarz jedoch vor den übrigen Farbstoffen die Vorteile niederer Gestehungskosten und einfacherer Fabrikationsweise aufweist, suchten seit langer Zeit zahlreiche Chemiker nach geeigneten Verfahren, um es auch auf diese Faser und ganz besonders auf Wollmousseline anwenden zu können.

Unter den zahlreichen Arbeiten sind besonders folgende hervorzuheben[2]):

brit. P. 2.327, 1865 von Lighfoot, *franz. P. 77.607*, 1867 von J. Persoz, *franz. P. 82.552*, 1868 von Gonin und Glanzmann,

---

[1]) Z. für Farb. Ind. 1909, Bd. 26, S. 243.

[2]) Eine eingehende Beschreibung dieser Arbeiten findet sich in: „Anilinschwarz und seine Anwendung in Färberei und Zeugdruck“ von E. Noelting, und A. Lehne, II. Aufl., S. 109 ff.

D.R.P. 68.887 und *71.729* von Kallab und der Farbenfabrik K. Oehler in Offenbach, *D.R.P. 110.796* von F. Reisz. Auch E. Jacquet von der Firma Schaeffer & Cie., in Mulhouse, arbeitete (1891) ein diesbezügliches Verfahren aus.

Ausgehend vom Kallab-Oehler'schen *D.R.P. 68.887*, fand J. Pokorny[1]) im Jahre 1898 eine Arbeitsmethode, welche sich in der Praxis gut bewährt haben soll. Der Wollstoff wird gewaschen, geseift, mit gasförmiger, schwefeliger Säure oder mit Bisulfit gebleicht und wie üblich gechlort, scharf ausgepresst und nun mit folgender Dampfanilinschwarzlösung foulardiert:

3000 g Anilinsalz
1125 g Natriumchlorat
1950 g gelbes Blutlaugensalz

auf 20 Liter mit Wasser einstellen.

Nach dem Klotzen und Trocknen werden die üblichen Reserven (Zinkoxyd, Kaliumsulfocyanid usw.) aufgedruckt. Hierauf wird die Ware in feuchte Untertücher gewickelt und während 15 Minuten gedämpft, gewaschen, geseift und getrocknet.

Von diesen Arbeitsmethoden weicht diejenige von Könitzer (*franz. P. 347.067* aus dem Jahr 1904[2]) ab. Es besteht darin, zuerst Berlinerblau auf die Wollfaser zu fixieren und sie hierauf mit gewöhnlichem Anilinschwarz auszufärben. Selbstverständlich handelt es sich hier nur um Unischwarz.

Es ist das Verdienst von M. Battegay von der Firma J. Heilmann & Cie. in Mulhouse, eine einfache und praktische Arbeitsmethode für die Herstellung von Anilinschwarz auf Wolle sowohl für den direkten und für den Reservedruck als auch für die Unifärberei ausgearbeitet zu haben[3]). Nach diesem Verfahren wurden in der Firma J. Heilmann & Cie. Hunderte von Wollmousselinestücken zur vollen Zufriedenheit hergestellt. Battegay stellte fest, dass Natriumchlorat mit grosser Leichtigkeit die Oxydation des Anilins auf gechlorter Wollfaser bewirkt, wenn man kleine Mengen p-Phenylendiamin (oder seiner Homologen und Derivaten) in Gegenwart von Vanadiumsalzen, Prussiaten usw. zusetzt. Die Entwicklung geht so rasch vor sich, dass das Schwarz sich bereits beim Trocknen bildet. Deswegen muss die Mineralsäuremenge für die Herstellung des Reserveartikels durch teilweisen Ersatz des Anilinchlorhydrats durch Anilinazetat vermindert werden.

---

[1]) Bull. Mulh. 1900, S. 112.
[2]) R.G.M.C. 1905, S. 120.
[3]) Bull. Mulh. 1912, S. 538ff

Zusammensetzung des Klotzbades.

65 g	Anilinsalz gelöst in
180 g	Wasser
70 g	Essigsäure 40%
35 g	Anilinöl
4 g	p-Phenylendiamin, gelöst in
100 g	Wasser
45—65 g	Natriumchlorat, gelöst in
150 g	Wasser
20 g	Ammoniumvanadatlösung 1‰
40 g	Bleinitratlösung 5‰

auf 1 Liter Wasser einstellen.

Diesem Bade können nach Belieben

3 g	Brechweinstein
6 g	Glyzerin
50 g	Wasser

zugefügt werden. Der mit dieser Lösung geklotzte Stoff nimmt beim Trocknen einen crème-oliven Ton an.

Weissreserve:

500 g	Zinkoxydteig 1:1
180 g	Natriumazetat
400 g	Hyraldit W
400 g	Stärke-Tragantverdickung

Nach Aufdruck der Reserve und nach dem Trocknen wird 2—3 Minuten im Schnelldämpfer gedämpft, bei 35—40° C leicht geseift, gewaschen und getrocknet. Buntreserven werden durch Zusatz von Farbstoffen, welche dieser Reserve widerstehen und sich auf Wolle fixieren, hergestellt, z. B. Thioflavin S, Chinolingelb, Rhodamin 6 G, Phloxin O u. a. m.

Für den direkten Druck eignen sich folgende Vorschriften:

A.	120 g	Anilinsalz
	5 g	Anilinöl
	100 g	Weizenstärke
	80 g	geröstete Stärke
	4 g	p-Phenylendiamin
	370 g	Wasser
	45—65 g	Natriumchlorat
	316—296 g	Wasser
	20 g	Ammoniumvanadatlösung 1‰
	40 g	Bleinitratlösung 5‰
	1000 g	

B.
85 g Anilinsalz
30 g Anilinöl
70 g Essigsäure 40%
100 g Maisstärke
80 g geröstete Stärke
4 g p-Phenylendiamin
320 g Wasser
65 g Natriumchlorat
186 g Wasser
20 g Ammoniumvanadatlösung 1‰
40 g Bleinitratlösung 5‰

1000 g

Nach dem Drucken und Trocknen wird das Schwarz 2—3 Minuten im Schnelldämpfer entwickelt oder auch während einer Stunde feucht gedämpft, dann bei 35—40° C geseift, gewaschen und getrocknet. Um gutes Weiss zu erhalten, ist das Seifen unbedingt notwendig.

Für Unischwarz kann das Vorchloren wegfallen. In diesem Falle muss aber das Eindringen der Klotzbäder in die Wollfaser durch das Klotzbad begünstigt werden, indem man die Stücke mit Wasser gut durchnetzt, ausquetscht und in feuchtem Zustande mit Schwarzbad imprägniert.

Die Zusammensetzung des Anilinbades ist nahezu die gleiche wie beim Arbeiten auf vorgechlorter Ware, jedoch muss ein Teil des Wassers durch Essigsäure und das Anilinazetat durch Anilinchlorhydrat ersetzt werden.

Unischwarzklotzbad:

120 g Anilinsalz
5 g Anilinöl
180 g Tragantschleim 1:10
8 g p-Phenylendiamin
100 g warmes Wasser
65 g Natriumchlorat
150 g Wasser
160 g Essigsäure 40%
20 g Ammoniumvanadatlösung 1‰

auf 1 Liter Wasser einstellen

Beim Trocknen nimmt die Wolle einen grünlichen Ton an. Das Schwarz wird im Schnelldämpfer in 2—3 Minuten entwickelt, gewaschen und getrocknet. Es hat einen vollen, satten Ton und ist unvergrünlich. Eine über Nacht in einer angesäuerten Bisulfitlösung eingetauchte Probe zeigt keine Spur von Vergrünung.

Anilinschwarz auf Azetatseide.

Da die Verwendung des Oxydations- und Dampfschwarzes auf Azetatseide sowohl für das Schwarzfärben wie auch für Reserve- und Direktdruck von Interesse ist, wurde dieses Gebiet Gegenstand zahlreicher Forschungen.

Hierher gehört das interessante Verfahren von Jean Eugène Rolland[1]), darin bestehend, die Base auf den Stoff zuerst abzulagern und hierauf mit der angesäuerten Oxydationslösung zu behandeln. Man klotzt zuerst den Stoff mit einer Emulsion von Anilin, Trichloräthylen und Solvent-Naphta in einer Igepon T-Lösung und zieht ihn hierauf durch eine Lösung von Natriumchlorat, Kupfersulfat und Salzsäure. Die Entwicklung des Schwarzes wird durch Hängen in warmer, feuchter Luft vorgenommen; zum Schluss wird wie üblich chromiert, gewaschen und geseift.

Clavel machte darauf aufmerksam, dass das für Baumwolle angewendete Verfahren auf azetylierter Zellulose unegale Färbungen ergibt und empfiehlt, nach den Angaben, welche in seinen *brit. P. 194.840* und *182.830* enthalten sind, zu arbeiten[2]).

Die interessanteste Arbeit bezüglich der Erzeugung von Anilinschwarz auf Azetatseide wurde von J. E. Rolland und Rhodiaceta im *franz. P. 833.920* und *brit. P. 502.454* festgelegt und in einem, anlässlich des XVI. Kongresses der A.C.I.T. am 21. September 1935, gehaltenen Vortrage vom Erfinder besprochen[3]). Nach diesem Verfahren lässt sich sehr schönes Anilinschwarz auf Azetatseide erhalten, wenn man das Gewebe mit einem Anilinschwarzbad klotzt, welches aus Anilinsalz, gelbem Blutlaugensalz, Natriumchlorat und einem Quellmittel zusammengesetzt ist. Das Quellmittel, z. B. Ameisensäure oder ein Gemisch von Methyläthylketon und Diäthylenglykol, hat den Zweck, ein besseres Eindringen der Lösung zu bewirken; doch lässt sich das so erhaltene Schwarz nur schlecht reservieren.

Zufriedenstellende Resultate lassen sich aber mittels einer natriumazetat-, thioharnstoff- und zinkoxydhaltigen Reserve erzeugen; leider bildet sich aber gleichzeitig eine teilweise Mattierung der Faser.

Durch Ersatz des Ferrocyankaliums durch das entsprechende Natriumsalz ist die Reserve leichter zu erhalten; das Schwarz wird jedoch schlechter.

Rolland stellte nun fest, dass durch Ersatz des gelben Blutlaugensalzes durch die freie Ferrocyanwasserstoffsäure gute Resultate, sowohl in Bezug auf das Schwarz wie auf die Reinheit der Reserve, erhalten werden.

Die Ferrocyanwasserstoffsäure wird durch Behandlung einer 25 %igen Ferrocyankaliumlösung mit konz. Salzsäure 20 % und nachherigem Auskristallisieren dargestellt.

---

[1]) R.G.M.C. 1934, S. 437.

[2]) R.G.M.C. 1923, S. 105; Tiba 1936, S. 613.

[3]) R.G.M.C. 1936, S. 65 und R.G.M.C. 1937, S. 500.

Man erhält sehr schöne Schwarzfärbungen, die sich nach folgender in der Patentschrift angeführten Vorschrift leicht weiss und bunt reservieren lassen:

Anilinklotzbad:

63,5 g	Anilin
35,5 g	Ferrocyanwasserstoffsäure
300 g	Ameisensäure 80%
21 g	Natriumchlorat
auf 1 Liter mit Wasser einstellen	

Weissreserve:

150 g	Zinkazetat
50 g	Natriumformaldehydsulfoxylat
300 g	Wasser
500 g	Gummiarabicumverdickung 1:2
1000 g	

Blaureserve:

150 g	Zinkazetat
50 g	Natriumformaldehydsulfoxylat
10 g	Methylenblau, gelöst in
290 g	Wasser
500 g	Gummiarabicumverdickung 1:2
1000 g	

Man druckt die Reserven auf den weissen Stoff, trocknet und lässt die bedruckte Ware 1—5 Tage ruhen. Hierauf wird mit obigem Schwarzklotzbad bei 25° C foulardiert, auf 100% ausgequetscht, an der Luft getrocknet, während 10 Minuten ohne Druck gedämpft, gespült, 10 Minuten bei 50—60° C in einer Lösung von 5 g Kaliumbichromat pro 1 Liter Wasser chromiert und gewaschen.

Gemäss *brit. P. 390.819* und *332.624* der Celanese gibt ein Zusatz von Ameisensäure bessere Resultate als Essigsäure. Nach diesen Patenten enthält die Druckfarbe das Anilinsalz, Kupferchlorid, Natriumchlorat und 2 ½% Ameisensäure. Nach dem Drucken wird das Gewebe 3—5 Minuten gedämpft, während 5 Minuten bei 50° C in einer Natriumbichromatlösung 5‰ oxydiert, gespült, geseift, gewaschen und getrocknet. Das auf diese Weise erhaltene Schwarz soll sehr tief und unvergrünlich sein[1]).

Schliesslich sei noch das *brit. P. 482.344* der Celanese erwähnt, welches sich ebenfalls auf das Färben von Azetatseide mit Anilinschwarz bezieht; hiernach arbeitet man mit sehr erheblichen Mengen von flüchtigen organischen Lösungsmitteln, beispielsweise nach folgender Vorschrift:

[1]) The Dyer 1935, Märzheft, S. 281.

10% Anilinsalz
3,5% Chlorat
0,3% Kupferchlorid
17% Wasser
69% Azeton

Aller Wahrscheinlichkeit nach stösst aber eine solche Arbeitsweise auf erhebliche Schwierigkeiten.

In The Dyer 1946, 95, S. 35, findet man folgende interessante Angaben:

Zur Erreichung einer Anilinschwarzfärbung auf Azetatseide muss das gewöhnliche Verfahren modifiziert werden, wobei u. a. folgende Methode zur Anwendung kommt: Die Azetatseide wird bei einem Flottenverhältnis von 1:60 auf dem Jigger mit einer Mischung von 15% 2,4-Diaminodiphenylamin, 5% Anilin, 12% Seife und 12% Ammoniak konz. behandelt.

Oxydiert wird mit 4 Teilen Natriumchlorat
25 Teilen Salzsäure 28%ig
1 Teilen Kupfersulfat und
300 Teilen Wasser.

Bei diesem Verfahren hat es sich gezeigt, dass sich die Azetatseide im ersten Bad bis zur 2-fachen Länge streckt.

Andere Farbstoffe als Anilinschwarz, welche auf der Faser durch Oxydation gebildet werden.

Ausser Anilin lässt sich eine Reihe anderer Amine durch Oxydation auf der Faser in Farbstoffe überführen. Unter den zahlreichen Substanzen, mit welchen man diesbezüglich Versuche anstellte, wurden einige in der Praxis aufgenommen. In erster Linie kommen sämtliche sich vom Diphenylamin ableitenden Körper, das Paramin, Fuscamin und Ortamin in Betracht.

Bereits im Jahre 1869 versuchte Charles Schwarz[1]), dem Anilin analoge Substanzen auf der Faser zu oxydieren, so erhielt er beispielsweise mit α-Naphtylamin violett-braune Färbungen.

Prud'homme beobachtete, dass 1, 3, 4-Xylidin durch Oxydation eine olivenbraune, p-Toluidin eine braune und o-Toluidin eine schwarze Färbung gibt[2]).

Charles Lauth beschrieb ein Verfahren, um Anilinschwarz auf mit Manganbister vorpräpariertem Stoff zu erzeugen.

---

[1]) Bull. Mulh. 1881, S. 35.
[2]) Bull. Mulh. 1890, S. 320.

Rettig[1]) versuchte ebenfalls, verschiedene Basen auf mit Manganbister gefärbtem Stoff zu oxydieren, z.B. Toluidin, Xylidin, Cumidin, Aminophenole usw., erhielt aber nur mit Anilin ein Schwarz, die anderen Basen gaben Brauntöne.

Monnet (*D.R.P. 37.661*) versuchte, eine Mischung von Anilin und p-Phenylendiamin zu oxydieren. Binder (Bull. Mulh. 1891, S. 29) erhielt auf mit Manganbister gebeiztem Stoff ein Braun mit Benzidin, während A. Scheurer (Bull. Mulh. 1900, S. 130 und 1902, S. 364) ein Braun durch Oxydation des Dianisidins herstellte.

Das *amer. P. 1.988.826* von Calco-Battegay bringt folgendes sehr interessante Verfahren: Durch mehrstündige Behandlung von p-Phenylendiamin mit Rhodanammonium unter Salzsäurezusatz erhält man einen neuen Körper, welcher seinen Reaktionen nach weder ein Rhodanid noch ein Diamin ist. Mit dieser Verbindung lassen sich unter Mitwirkung oxydierender Mittel auf der Faser anilinschwarzähnliche echte Farbtöne herstellen.

Das Diphenylschwarz.

Ed. Ullrich und V. Fussgaenger befassten sich eingehend mit der Frage der Oxydation der Diphenylaminderivate und arbeiteten ein Verfahren aus, welches von der Farbenfabrik Höchst durch *D.R.P. 134.559* (4. 4. 1901) geschützt wurde[2]). Obengenannte Forscher fanden, dass das p-Amino-p-Oxydiphenylamin und das p-Aminodiphenylamin durch Oxydation auf der Faser ein unvergrüngliches Schwarz geben. Unter den anderen von diesen beiden Chemikern zur Schwarzbildung empfohlenen Substanzen, sind das p-Aminomethyldiphenylamin, das Aminodiphenylamin u. a. m. zu erwähnen.

Die Farbwerke Höchst brachten das p-Aminodiphenylamin unter dem Namen Diphenylaminschwarzbase I oder das billigere Diphenylschwarzöl DO, welches einer Lösung von p-Aminodiphenylamin in Anilin entspricht, in den Handel.

Die gelben und roten Blutlaugensalze sowie die Metallsulfate geben mit dem p-Aminodiphenylamin wenig lösliche Salze, deshalb verwendet man das Azetat der Diphenylschwarzbase.

Nach dem Verfahren der Farbwerke Meister Lucius und Brüning genügt die Zugabe von Ammoniumchlorid und Natriumchlorat zur in Essigsäure gelösten Diphenylschwarzbase, um Schwarz zu erhalten. Man vermeidet hierdurch eine Faserschädigung. Das Schwarz ist unvergrünlich, erfordert keine Nachbehandlung in Bichromatlösung,

[1]) Bull. Mulh. 1886, S. 174.

[2]) Dieses Patent (*D.R.P. 134.559*) ist eingehend besprochen in „Anilinschwarz und seine Anwendung in Färberei und Zeugdruck", II. Auflage von E. Nölting und A. Lehne, S. 54ff., und franz. Ausgabe S. 92; Bull. Mulh. 1902, S. 264.

und es entwickelt keine schädlichen Dämpfe. Die Schwarzbase löst sich in Essig, Milch- und Salzsäure leicht auf.

Als Oxydationsmittel eignet sich die Mehrzahl der zu solchen Zwecken üblichen Produkte. Gute Resultate werden mit Natrium- oder Aluminiumchlorat, sowie mit Kupfersalzen (Cu_2S) erhalten. Die Vanadiumsalze sind nicht zu empfehlen, da sie bereits in der Druckfarbe eine rasche Oxydation bewirken. Hingegen erhält man mit Ceriumchlorid als Sauerstoffüberträger gute Resultate.

Vorschriften für Diphenylschwarz für den direkten Druck.

Vorschrift mit Ceriumchlorid:

600 g	Verdickung
40 g	Natriumchlorat
100 g	Wasser
50 g	Aluminiumchlorid 13° Bé
40 g	Diphenylschwarzbase I
80 g	Essigsäure 30%
55 g	Wasser
20 g	Ceriumchlorid 45° Bé
15 g	Anilinsalz
1000 g	

Vorschrift mit Vanadat:

30 g	Essigsäure 50%
55 g	Natriumchlorat
600 g	Stärketragantverdickung
50 g	Diphenylschwarzbase 50%
90 g	Essigsäure
50 g	Milchsäure 50%
15 g	Anilinöl
10 g	Anilinsalz
50 g	Aluminiumchloridlösung 30° Bé
10 g	Ammoniumvanadat
40 g	Wasser
1000 g	

Vorschrift mit Ceriumchlorid, nach Haller:

1100 g	Weizenstärke
4500 g	Wasser
1080 g	Essigsäure 6° Bé
200 g	Olivenöl
	zusammen kochen und in die noch warme Verdickung
300 g	Natriumchlorat
350 g	Diphenylschwarzbase I
1300 g	Essigsäure 6° Bé
450 g	Milchsäure 50%
	zufügen und vor Gebrauch
180 g	Aluminiumchlorid 30° Bé
100 g	Schwefelkupferteig 30%
300 g	Wasser
140 g	Ceriumchlorid 43° Bé oder vanadinsaures Ammonium zusetzen.
10 000 g	

Vorschrift mit Schwefelkupferteig:

300 g saure Stärkeverdickung
20 g Olivenöl
30 g Natriumchlorat
60 g Wasser

30 g Diphenylschwarzbase I, lösen in
5 g Anilinöl
50 g Essigsäure 50%
20 g Milchsäure 50%

Vor Gebrauch zugeben:

200 g saure Stärkeverdickung
15 g Schwefelkupferteig 30%
60 g Wasser
15 cm³ Aluminiumchlorid 30° Bé
2 cm³ Ammoniumvanadatlösung 5‰ zugeben

auf 1000 g mit Wasser einstellen.

Diphenylschwarz lässt sich auch ohne Vanadat mittels Eisensulfocyanid (Beize für Solidgrün) herstellen.

Vorschrift für Diphenylschwarz mit Eisensulfocyanid:

Stammansatz I:

100 g Diphenylschwarzbase I
225 g Essigsäure 50%
100 g Milchsäure 50%
75 g Wasser
500 g Stärketragantverdickung

1000 g

Stammansatz II:

150 g Natriumchlorat
100 g Wasser
100 g Aluminiumchlorid 30° Bé
150 g Essigsäure 50% (8° Bé)
500 g Stärketragantverdickung

1000 g

Stammansatz III:

125 g Beize für Solidgrün
325 g Wasser
50 g Essigsäure 50%
500 g Stärketragantverdickung

1000 g

Stammansatz IV:

500 g Wasser
500 g Stärketragantverdickung

1000 g

Druckfarbe:

400 g	Stammansatz I
200 g	„ II
80 g	„ III
320 g	„ IV
1000 g	

Färbevorschriften für das Färben von Baumwollgeweben

nach der I. G. Farbenindustrie.

Stammansatz I:

600 g	Tragantschleim 10%
750 g	Wasser
400 g	Diphenylschwarzbase I, gelöst in
500 g	Milchsäure 50% und
1100 g	Essigsäure 50%
1650 g	Wasser
5000 g	

Stammansatz II:

250 g	Aluminiumchlorid 30° Bé
250 g	Chromchlorid 40° Bé
40 g	Kupferchlorid 40° Bé
3460 g	Wasser
300 g	Natriumchlorat, gelöst in
600 g	Wasser
100 g	Terpentinöl

auf 5 kg mit Wasser einstellen.

Da die fertige Farbe nur einige Stunden haltbar ist, werden erst kurz vor Gebrauch Stammansatz I und Stammansatz II zu gleichen Teilen gemischt, oder

Stammansatz A:

350 g	Diphenylschwarzbase I werden in
1500 cm³	Essigsäure 6° Bé und
400 cm³	Milchsäure 50% warm gelöst, abgekühlt und die Lösung in
1000 g	Tragantschleim 6%
2000 cm³	Wasser eingerührt

auf 5 Liter mit Wasser einstellen

Stammansatz B:

170 cm³	Aluminiumchlorid 30° Bé
100 cm³	Chromchlorid 45° Bé
3850 cm³	Wasser
250 g	Natriumchlorat, gelöst in
750 g	Wasser

auf 5 Liter einstellen

Kurz vor Gebrauch Stammansatz A mit Stammansatz B zu gleichen Teilen mischen.

Der Zusatz von Tragantschleim ist zur Verhinderung der Zersetzung der essigsauren Diphenylschwarzbase unbedingt nötig.

Die geklotzte Ware wird in der Hotflue getrocknet und durch Dämpfen im Schnelldämpfer (während 2—4 Minuten) entwickelt. Ein Nachchromieren ist nicht nur entbehrlich, sondern für den Farbton schädlich.

Derivate der Phenylsulfaminsäure.

Die Firma St. Denis-Lantz schützt durch *brit. P. 498.755* ein ganz neues Verfahren, nach welchem sich ein Schwarz bildet, das wie Anilin- oder Diphenylaminschwarz durch Oxydation entwickelt wird. Es handelt sich hier um eine Farbstoffklasse, welche durch Oxydation von Phenylsulfaminsäure

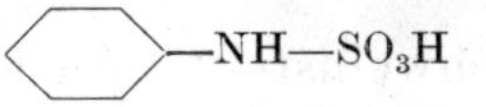

und ganz besonders von ihrem Natriumsalz mit Chlorat und Vanadat aufgedruckt, durch Dämpfen ein sehr tiefes Schwarz gibt, während man mit äthylsulfaminsaurem Natrium unter den gleichen Bedingungen ein blaustichiges Schwarz erhält. Diese Farbstoffe werden wie die Rapidogene durch Dämpfen in saurem Dampf entwickelt. Das von der Firma St. Denis unter der Bezeichnung Noir 255 in den Handel gebrachte Produkt entspricht wahrscheinlich diesem Farbstoff.

Das Paramin.

Die Anwendung des Paramin (Ursol D, Furrin D von Ciba, Nako-Farbstoff) oder des p-Phenylendiamins als Oxydationsfarbstoff, wurde von der B.A.S.F. durch *D.R.P. 176.062*, 1904 und *franz. P. 359.466* patentiert und von E. Schmid anempfohlen. Auf dem Stoff mittels Chlorats und Prussiats oxydiert, gibt es eine rotbraune Färbung. Diese Fabrikation eignet sich sowohl für die Unifärberei als auch für die Herstellung von Reserveartikeln[1]).

Der Reserveartikel unter Paraminbraun wird in ähnlicher Weise wie der Prud'hommeanilinschwarzartikel hergestellt.

Das Gewebe wird mit einer Lösung von Paramin, Natriumchlorat, Ammoniumchlorid und Ammoniumvanadat auf der Hotflue geklotzt.

---

[1]) R.G.M.C. 1906, S. 147 und 240; Bull. Mulh. 1905, S. 404 und 1920, S. 477 und 479. Z. f. F. I. 1906, S. 141; *D.R.P. 176.062;* R.G.M.C. 1906, S. 183.

20 g	Paramin (B.A.S.F.)
250 g	kochendes Wasser
2 g	Rongalit C
15 g	Natriumchlorat
50 g	Wasser
20 g	Ammoniumchlorid
50 g	Wasser
30 g	Brechweinstein
2 g	Ammoniumvanadat 1‰
auf 1 Liter einstellen	

Brechweinsteinlösung:

40 g	Brechweinstein
620 g	warmes Wasser
340 g	Glyzerin hell
1000 g	

Der Zusatz von Brechweinstein zum Klotzbad wird empfohlen, um die Oxydation des Paramins vor dem Aufdrucken der Reserven zu verhüten. Die Zugabe pro Liter von 1—2 g Rongalit C ist dazu bestimmt, die im Paramin enthaltenen Oxydationsprodukte zu zerstören. Während des Trocknens in der Hotflue färbt sich der Stoff grauviolett. Diese ersten Oxydationsprodukte lassen sich teilweise durch das Rongalit zerstören. Jedoch stösst man auf bedeutende Schwierigkeiten, um ein reines Weiss zu erhalten.

Die Grundbestandteile der Weissreserve sind Kaliumsulfit, Natriumazetat und Rongalit. Letzteres Produkt ist unentbehrlich, um das teilweise während des Trocknens oxydierte Paramin zu reduzieren.

Weissreserve:

100 g	Kaliumsulfit 45° Bé
180 g	Zinkoxydteig 1:1
100 g	Rongalit C
620 g	Gummiverdickung
1000 g	

Der Farbton des Paraminbrauns hat den Nachteil, zu rötlich zu sein. Zur Verbesserung dieses Fehlers schlägt M. Battegay vor, dem Klotzbade Xantochromin oder Naphtin S zuzufügen (Bull. Mulh. 1908), während H. Schmid zum gleichen Zwecke den Zusatz von Fuscamin empfiehlt[1]). Für die Herstellung eines Olivetones gibt Schmid folgende Vorschrift:

[1]) *D.R.P. 218.474* und *223.436.*

Olivfärbung:

6 g	Paramin
11 g	Fuscamin G
300 g	Wasser
2 g	Rongalit C
20 g	Natriumchlorat
50 g	Wasser
20 g	Ammoniumchlorid
50 g	Wasser
30 g	Brechweinstein-Glyzerinlösung
3 g	Ammoniumvanadat

auf 1 Liter einstellen

Die Buntätzen werden wie für Anilinschwarz mit basischen Farbstoffen oder mit Pigmenten, die mittels Eiweiss fixiert werden, hergestellt. Einige Betriebe verwenden hierfür Küpenfarbstoffe.

H. Schmid[1]) erhält auf nachfolgende Weise Rot- und Gelbeffekte auf Pucefärbung, ausgehend von in Pararot gefärbtem Stoff:

1. Klotzen des in Pararot gefärbten Stoffes mit einer schwachen Paraminlösung und Trocknen in der Hotflue.
2. Aufdrucken, vor Entwicklung des Brauns, einer Reserve für die Effekte, welche rot bleiben sollen, und einer Rongalitätze mit Sulfitzusatz für diejenigen, welche weiss gewünscht werden.
3. Dämpfen, seifen, waschen und trocknen.

Das Fuscamin[2]).

Durch seine Versuche, die aromatischen Basen festzustellen, welche unter ähnlichen Bedingungen wie das Prud'hommeschwarz braune Färbungen geben, fand H. Schmid, dass o-, m- und p-Aminophenole sich hierzu am besten eignen. Diese Körper geben, mit Chlorat und Prussiat oxydiert, braunolive Farbstoffe. Das o-Aminophenol[3]) gibt braune bis bronzene Farbtöne. Diese braunen Farbstoffe sind aber ohne besonderes Interesse, da sie weniger echt und teurer sind als das Parabraun. Mit p-Aminophenol erhält man einen grünlichen Bisterton und mit m-Aminophenol, welches von der B. A. S. F. unter dem Namen Fuscamin im Handel geliefert wurde, olivbraune Färbungen. Die B. A. S. F. fand, dass andere Körper, wie die 1, 2, 4- oder 1, 4, 2-m-Kresole gelbere Farbtöne geben als das Aminophenol.

[1]) Bull. Mulh. 1911, S. 181.

[2]) Bull. Mulh. 1909, S. 286. *Franz. P. 205.259* und *392.891, D.R.P. 210.643* und *226.790.*

[3]) Bull. Mulh. 1920, S. 478. H. Schmid, R.G.M.C. 1910, S. 155 und 256.

Druckvorschrift für Fuscamin:

30 g	Fuscamin G
50 g	Azetin
170 g	Wasser
500 g	Stärketragantverdickung
30 g	Natriumchlorat
70 g	Wasser
30 g	Ammoniumchlorid
70 g	Wasser
15 g	Ferrocyankalium
35 g	Wasser
1000 g	

Der Weiss- oder Buntätzartikel wird ähnlich dem Prud'hommeartikel hergestellt. Der Stoff wird in dem Fuscaminklotzbade foulardiert, getrocknet und mit denselben Reserven wie für Parabraun bedruckt. Dann wird 4 Minuten im Schnelldämpfer entwickelt, geseift und gewaschen. Für Buntreserven verwendet man mit Albumin fixierte Lacke, sowie basische, Schwefel- oder Indanthrenfarbstoffe.

Die Farbwerke Höchst patentierten ein Verfahren, nach welchem echte braune Farbtöne mit Aminonaphtolen erhalten werden.

Das Xylidinblau.

H. Schmid schützte durch *D. R. P. 241.470* ein Verfahren[1]), nach welchem eine Blaufärbung durch Oxydation auf dem Gewebe durch Anwendung von Homologen des Anilins erhalten wird. Die Chloratsowie die Ferrocyanidmengen müssen geändert werden. Man nimmt nur ¼ g Mol. Amin anstatt 1 g Mol. Anilin pro Liter, wie es im allgemeinen zur Erzeugung von Schwarz üblich ist.

Unter diesen Bedingungen erhält man durch Klotzen des Stoffes in einer Lösung von

30 g	p-Xylidin (1. 4. 2)
40 g	Ferrocyannatrium
6—8 g	Natriumchlorat
auf 1 Liter eingestellt	

und darauffolgendes Dämpfen, eine dunkle Blaufärbung, welche sich vor dem Dämpfen leicht durch alkalische Mittel, wie Zinkoxyd und Kaliumsulfit, weiss und bunt reservieren lässt.

Das Nitrophenamin G (BASF)[2]).

Stiegler erhielt ein Bister durch Oxydation des Nitro-p-Phenylendiamins, welches sich wie Paraminbraun mit Hydrosulfit und mit

[1]) Färb.-Ztg. 1912, S. 8; Öst. W. und L. Ind. 1912, S. 73.

[2]) *D.R.P. 242.609*; *franz. P. 357.472/13.832*, 1911; Frb.-Ztg. 1911, S. 366; R.G.M.C. 1911, S. 326; Frb.-Ztg. 1912, S. 91.

Sulfit weiss reservieren lässt. Er beobachtete, dass bei Gegenwart von elektronegativen Gruppen (Cl, NO_2) im Aminophenol- oder Diaminkern der Farbton nach Gelb umschlägt.

Verfahren der BASF.

Klotzen des Gewebes in:

240 g	Nitrophenamin G
300 g	Ameisensäure
6000 g	warmes Wasser
200 g	Natriumchlorat
200 g	Ammoniumchlorid
125 g	Ammoniumvanadatlösung 2%
2925 g	Wasser
auf 10 Liter einstellen	

Nach dem Trocknen wird folgende Reserve aufgedruckt:

200 g	Rongalit C
100 g	Wasser
600 g	Gummiverdickung
50 g	Kaliumsulfit 45° Bé
50 g	Natriumazetat
1000 g	

Hierauf dämpft man 4 Minuten im Schnelldämpfer bei 101 bis 102° C, seift, wäscht und trocknet.

Buntreserven werden mit basischen, Schwefel-, Indanthren- oder Chromfarbstoffen hergestellt[1]).

Laut *franz. P. 424.431* schlägt die Firma Bayer die Anwendung des p-Aminobenzol-Azo-m-Phenylendiamins vor.

Das Ortamin (BASF)[2]).

Im Jahre 1893 erhielt A. Scheurer von der Firma Scheurer-Lauth in Thann durch Oxydation des Dianisidins ein Bister. Er klotzte das Gewebe, welches vorher mit Manganbister präpariert worden war, in einer Lösung von Dianisidin.

1913 beobachtete H. Schmid, dass das Chlorhydrat des o-Dianisidins in Gegenwart von Chlorat und gewisser Katalysatoren (gelbes Blutlaugensalz) sich in einen Bisterfarbstoff, welcher dem von A. Scheurer erhaltenen Farbstoff analog ist, überführen lässt.

Zum Lösen der aromatischen Base verwendet man 25% Salzsäure und 75% Ameisensäure.

²) R.G.M.C. 1911, S. 326.

³) Bull. Mulh. 1914, S. 44; Frb.-Ztg. 1914, S. 37 und 50; R.G.M.C. 1914, S. 166, *D.R.P. 250.466* und *261.871*.

Klotzbad für Rostbister:

20 g Ortamin
400 g Wasser
5 g Salzsäure 19° Bé
15 g Ameisensäure 90%

12 g Natriumchlorat
100 g Wasser

15 g gelbes Blutlaugensalz
100 g Wasser

auf 1 Liter einstellen.

Nach dem Klotzen und Trocknen des Gewebes druckt man die üblichen Rongalit und Sulfit enthaltenden Reserven auf, dämpft im Schnelldämpfer, seift, wäscht und trocknet. Es lassen sich auf diese Weise rotbraune bis goldgelbe Farbtöne erhalten.

Das o-Dianisidin zeigt gegenüber gelbem Blutlaugensalz ein interessantes Verhalten. Während kleine Mengen (0,4—0,5 g pro Liter) dieses Salzes die Oxydation des Amins bewirken, üben grössere Mengen einen recht merklichen Einfluss auf den fertigen Farbton aus, welcher nach gelblich-braun und Orange (Habana bis Rostbraun) umschlägt. Je mehr das Bad Prussiat enthält, um so stärker schlägt der Farbton nach Orange um.

H. Schmid schlug vor, diese Eigenschaft zum Herstellen zweifarbiger Effekte auszubeuten. Zu diesem Zwecke druckte er auf den in Ortaminlösung geklotzten Stoff, vor dem Dämpfen, verdicktes Blutlaugensalz auf und überdruckte dann die Weissreserve. Hierauf wurde gedämpft, geseift, gewaschen und getrocknet. Die mit dem Blutlaugensalz bedruckten Stellen werden orangefarbig auf Bisterfond, während das Bister sowie das Orange durch den Überdruck weiss reserviert werden.

Klotzbad:

25 g Ortamin
6 g Salzsäure
18 g Ameisensäure
20 g Natriumchlorat
0,5 g gelbes Blutlaugensalz

auf 1 Liter einstellen

Halbreserve:

30 g gelbes Blutlaugensalz
18 g Olivenöl
20 g Natriumchlorat
932 g Gummiverdickung

1000 g

Weissreserve:

550 g	Gummiverdickung
150 g	Rongalit C
200 g	Kaliumsulfit 45° Bé
100 g	Natriumazetat
1000 g	

Es gelang H. Schmid, Halbreserven auch auf fertigem Ortaminbister durch Aufdrucken einer Ätzfarbe auf Basis von gelbem Blutlaugensalz herzustellen.

Name	Herkunft	Zusammenstellung
Kollamin O Kollamin F Eumol neu Néramine N Nérogène Nigramine L	Sager Sager I. G. Kuhlmann S.P.C.M.C. St. Denis	Mischung von Weinsäure+$(NH_4)_2SO_4$ und p-Phenylendiamin. Mischung von NH_4CNS mit p-Phenylendiamin. Braun-violette Lösung.
Nigramine S	St. Denis	Mischung von NH_4CNS mit aromatischen Aminen.
Nigramine T	St. Denis	Ähnliches Produkt wie Nigramine N.
Néramine NGR	Kuhlmann	Ähnlich Néramine N.
Débanil A	Lab. Zundel, Joliet & Cie in Gennevilliers (Frankr.)	Produkt besonderer Konstitution. Braunrötliche- zähflüssige Lösung.
Dehagen II	Durand-Huguenin 1937	
Eumol	I. G. 1922	Lösung von 15% Aminoazobenzol in Anilin. Sunder u. Lantz, Bull. Mulh. 1936, S. 106.
Gardinol W	P.C.M.R. Mulhouse	Flüssiger sulfonierter Laurylalkohol.
Sandozin AS	Sandoz	
Prästabitöl V	Stockhausen	Alkalisalze von reinen Fettschwefelsäureestern.

Verwendungsgebiete
Zusatz zum Klotz- oder Druckschwarz, 30—40 g pro kg. Schont die Faser, erleichtert und regelt die Schwarzbildung. Um gute Weissreserven unter diese Produkte enthaltendes Prud'hommeschwarz zu erhalten, ist ein Zusatz von 10—30 g Rongalit zur Reserve ratsam.
Gleiche Verwendung wie für obige Produkte. Ergibt ein tiefes bräunliches Schwarz.
Gleiche Verwendung wie für Néramine N.
Verbessert die Qualität des Schwarzes. Schützt die Faser vor Angriff durch Säuren und Oxydationsmitteln und erzeugt unvergrünliches Schwarz. Gibt tiefe Schwarztöne und erlaubt eine Ersparnis bis zu 15% an Anilinsalz. Verwendungsweise: 30 g pro Liter Druckfarbe oder Klotzlösung.
Als Zusatz zum Prud'hommeschwarz (30 g pro Liter Klotzfarbe) für den Reserveartikel. Vermindert den Faserangriff und die Vergrünung. Beeinträchtigt die Entwicklung der Indigosolreserven nicht.
Erzeugt tiefere Schwarztöne. Verwendungsweise: Zusatz von 10% zur Anilinschwarzfarbe. Die Weissreserven werden durch diesen Zusatz unreiner.
Erleichtert das Durchdringen und das Egalisieren des Anilinschwarzes. Beständig gegen Ätzalkalilösungen bis zu 18° Bé.
Für die Anilinschwarzfärberei; begünstigt das Durchfärben der Ware; ist ohne Einfluss auf den Ton.
Erleichtert das Durchdringen und gestattet eine Abschwächung der Gesamtkonzentration der Flotte; gleichwohl ergibt sich eine Vertiefung des Farbtones unter Einschränkung des Vergrünens. Die Beständigkeit genügt für alle in Frage kommenden Säure- und Alkalikonzentrationen.

IX. KAPITEL.

Das Färben und Drucken der Azetatkunstseide.

Schützenberger entdeckte im Jahre 1869 die Azetatzellulose durch Erhitzen von Zellulose mit Essigsäureanhydrid im geschmolzenen Rohre (C.R. 1869, Bd. 68, S. 814).

Franchimont (Ber. 1879, S. 2059) und Girard (Ann. Chim. 1881, Bd. 24, S. 360) machten den gleichen Versuch, aber unter Zugabe von wasserentziehenden Mitteln, wie Schwefelsäure und Chlorzink. Jedoch wurde diesen Produkten nur theoretische Bedeutung beigemessen.

Im Jahre 1894 nahmen Cross und Bevan ihr erstes Patent (*D.R.P. 85.329*, 1894; siehe Cross und Bevan, Recherches sur la cellulose, Ch. Béranger, Paris) für die Herstellung der Azetatzellulose, welche sie durch Esterifizierung der Hydroxylgruppen der Zellulose, in Gegenwart von Chlorzink als Wasserentziehungsmittel, erhielten.

Diese beiden Forscher waren die ersten, welche die industrielle Bedeutung der Azetatzellulose erkannten[1]).

Durch die Arbeiten dieser englischen Forscher angeregt, wurden zahlreiche Patente, ganz besonders von deutschen Chemikern, wie Donnersmark (*D.R.P. 105.347*, 1898), Wohl (*D.R.P. 139.669*, 1899), Lederer (*D.R.P. 118.538* und *120.713*, 1899), Bayer (*D.R.P. 195.524*, 1901) genommen. (Siehe Süvern, Die künstliche Seide, 4. Auflage, 1921, Berlin.)

Im Jahre 1908 brachte die Firma Fr. Bayer & Cie., unter dem Namen Cellit, Azetatzellulose in den Handel, welche wechselnde Mengen von Azetosulfat enthielt. (Serikose von Bayer; Acétol der Usines du Rhône.)

Der Gehalt an Essigsäure schwankte zwischen 50 und 60 %. Das technische Produkt ist in Chloroform, Phenol, Alkohol, Nitrobenzol, Eisessig, Pyridin, Azeton und Tetrachloräthan löslich, aber in Benzol, Benzin, Terpentin, Xylol und Toluol unlöslich. (Siehe Chem. Trade Journal, 1923, Augustheft und R.G.M.C. Jahrg. 1924.)

---

[1]) M. Battegay, Les soies artificielles. In einer am 25. März 1928 abgehaltenen Konferenz, Bull. Mulh. 1929, S. 171; Clément-Rivière, Matières plastiques et soies artificielles, Ballière Fils, Paris. Siehe auch R.G.M.C. 1929, S. 357; Mell. 1929.

Synfel, The story of Modern textile Fibres, Silk and Rayon, 1943, 17, S. 8, 26, 88, 240, 502, 562, 684.

Handelsnamen für Azetatkunstseide, siehe Bd. I, S. 11, Fussnote 1.

Die chemisch reine Triazetatzellulose ist in Chloroform löslich, in Azeton aber unlöslich.

Je weniger Sulfazetate im Produkt vorhanden sind, desto schwieriger wird es, dasselbe in Lösung zu bringen. Aus diesem Grunde findet man im Handel Azetatzellulosen, die fast vollständig in Chloroform und Tetrachloräthan unlöslich, aber in Eisessig (Serikose) löslich sind, und solche die, obwohl in den ersten zwei erwähnten Lösungsmitteln löslich, in Azeton und Alkohol unlöslich sind.

Es wurde festgestellt, dass eine Lösung von Resorzin, von Hydrochinon oder von Brenzkatechin eine weitgehende Zertrümmerung der Faser herruft und dieselbe leicht bei etwa 40° C auflöst.

Die Löslichkeit ist in gealterter Resorzinlösung, das heisst in teilweise oxydierter und infolgedessen brauner Lösung, bedeutend grösser.

Die Azetatzellulosekunstseide wird durch Einwirkung von kaustischen Alkalien, sowie von Alkalikarbonaten rasch verseift unter Bildung eines Komplexes, in welchem die Azetylreste durch Hydroxylgruppen ersetzt sind. Hierbei erhält man regenerierte Zellulose, vom Typus Viskose, die die physikalischen sowie auch die färberischen Eigenschaften der Zellulose besitzt.

Durch diese Umwandlung verliert die Faser vollkommen ihren Glanz, die Elastizität, die Nassfestigkeit, sowie ihre färberischen Eigenschaften, die sie von der Zellulose unterscheiden. Dieses Verhalten der Azetatfaser gegenüber den Alkalien, zieht einige Nachteile mit sich, insbesondere bei Mischgeweben aus Azetatseide und Baumwolle, für welche ein Mercerisieren selbstverständlich nicht in Betracht kommen kann. Für die Herstellung solcher Mischgewebe ist man genötigt, mercerisierte Baumwollgarne zu verwenden, wodurch der Gestehungspreis bedeutend erhöht wird.

Es wurde gefunden (The Dyer 1924, 51, S. 199), dass durch Behandlung mit konzentrierter Natronlauge bei Temperaturen unter 15° C die Azetatzellulose nur wenig eingeht. Hierdurch wird der Glanz der Azetatfaser nur unwesentlich beeinflusst, und eine Gewichtsabnahme findet nicht statt. Bei Temperaturen von über 15° C wird somit unter gleichen Bedingungen die Faser rasch verseift. Mit verdünnten Natronlaugelösungen wird Azetatzellulose selbst bei Temperaturen unter 15° C verseift.

Diese leichte Verseifbarkeit machte man sich anfangs zunutze, um der Faser eine oberflächliche Affinität für gewisse Farbstoffe, insbesondere für lösliche Azofarbstoffe zu verleihen.

Die Azetatseide ist sehr empfindlich gegenüber der Einwirkung von kochendem Wasser. Durch eine Behandlung von nur einigen

Minuten bei 95,5° C verliert sie vollständig ihren Glanz. Schon bei 80° C wird die Azetatseide schon merkbar verseift, so dass es angebracht ist, immer unterhalb dieser Temperatur zu färben.

Der Vorteil der Azetatseide gegenüber Viskose besteht in ihrer hervorragenden Nassechtheit. Normalerweise enthält Viskose 11%, Azetatseide jedoch nur 3—4% Wasser. Viskose, sowie die anderen regenerierten Zellulosefasern, der Einwirkung von Wasser ausgesetzt, quellen stark auf, was zur Folge hat, dass ihre Festigkeit wesentlich herabgesetzt wird. In diesem Zustande müssen diese Kunstseiden selbstverständlich mit Vorsicht und nicht in zu heissen Bädern gefärbt werden.

Festigkeit in kg/mm² (nach Strehlenert und Westergreen)

	Trocken	Nass	Verlust
Französische natürliche Rohseide . .	50	41	18%
Viskosekunstseide	21	3,5	87%
Azetatseide	16	11	40%
Kupferseide	19	3	85%
Baumwolle	18,6	11,5	38%
Chinesische Naturseide	53	47	11%

Während Viskose 90% seines Gewichtes Wasser absorbiert, hält Azetatseide nur deren 35% zurück.

Die grössere Reissfestigkeit der Azetatseide im nassen Zustande ist auf ihre nur sehr geringe Permeabilität zurückzuführen. Die Osmose und die Kapillarität spielen nur eine untergeordnete Rolle. Paneth (Ber. 1924, S. 1221) hat festgestellt, dass die zwischenmizellaren Hohlräume bei der Azetatseide nicht bestehen, während dieselben bei den anderen Kunstseiden sehr bedeutend sind.

In den darauffolgenden Jahren wurden zahlreiche Arbeiten und Forschungen sowohl auf rein wissenschaftlichem wie auch auf technischem Gebiete ausgeführt, aus denen schliesslich die wichtige Industrie der Azetatzellulose hervorging.

Jedoch bedurfte es fast dreissigjähriger angestrengter Arbeit einer ganzen Reihe von Chemikern, wie Lederer, Eichengrün, Ost, Becker, Miles, Smiles und anderer, um die praktische und industrielle Herstellung dieser Faser zu sichern und sie im heutigen vollkommenen Zustande auf den Markt zu bringen. Dazu kam noch, dass anfangs die Färbeschwierigkeiten, wegen der Nichtaffinität zahlreicher Farbstoffe, so gross waren, dass ihre Anwendung lange Zeit verzögert wurde.

Obwohl unter den Kunstseiden die Viskose bis heute noch die gebräuchlichste ist, kann man doch nicht verkennen, dass ihr in der Azetatseide ein gefährlicher Konkurrent entstanden ist, welcher nach und nach immer mehr an Boden gewinnt. Ausschlaggebend hierfür ist die Tatsache, dass diese Faser ausser ihrer Schönheit, ihres Glanzes, ihrer grossen Elastizität und ihrer Verspinnbarkeit in äusserst feinen Fäden noch den Vorteil besserer Wasserbeständigkeit und geringerer Netzbarkeit besitzt und eine grosse Knitterfestigkeit aufweist.

Die physikalischen Eigenschaften der Azetatseide sind denen der anderen Kunstseiden sehr ähnlich. Jedoch bleibt ihre Zugfestigkeit auch im nassen Zustand, dank ihrer geringen Netzbarkeit, bedeutend höher als die aller anderen künstlichen Zellulosefasern.

Paneth hat auch tatsächlich feststellen können (Ber. 1924, Bd. 57, S. 1221), dass intermizelle Abstände in der Azetatkunstseide nicht existieren, während sie in der Chardonnetseide sehr gross sind.

Nach den Arbeiten von Herzog[1]) kann man annehmen, dass die Azetatseidenfaser kolloidaler Natur ist, und zwar ein festes Kolloid, während Roentgengramme der Baumwollzellulose mit Gewissheit die rhomboedrische Kristallform der letzteren erkennen lassen.

Die Kunstfasern, Viskose- und Chardonnetseiden, erzeugen Interferenzstreifen, während Azetatzellulose vollständig inaktiv ist[2]).

Jedoch gelang es Hess[3]) und ebenfalls Schulze, Kristalle von Azetatzellulose aus einer Tetrachloräthylenlösung zu erhalten. Ott (Helv. Chim. Acta 1926, S. 378) erhielt ein Roentgengramm mit einem von Professor Karrer hergestellten Produkt, welches Kristallform aufwies. Allerdings ist die Deutlichkeit der Interferenzstreifen wegen der ausserordentlich kleinen Kristalldimension nicht scharf ausgesprochen.

Der Einfluss des Polymerisationsgrades auf die physikalischen Eigenschaften von Azetatkunstseide wird in Silk and Rayon 1944, 18, S. 656 von Synfel beschrieben.

Durch Zugabe von Alkohol zu einer normalen Azetatzellulose wurden Fraktionen von verschiedenem Polymerisationsgrad gefällt, mit welchen Filme hergestellt wurden. An diesen Filmen wurde die Dehnbarkeit, die Knickfestigkeit, die Reissfestigkeit bestimmt, die somit die Abhängigkeit dieser Eigenschaften vom Polymerisationsgrad deutlich veranschaulichten.

---

[1]) Zeit. Phys. 1924, Bd. 20, S. 413.

[2]) Siehe Herzog, Die mikroskopische Untersuchung der Seide und der Kunstseide, S. 158, Springer, Berlin 1924.

[3]) Z. f. ang. Chem. 1924, Bd. 37, S. 51 und 998.

Es ist interessant, hier eine Azetatkunstseide zu erwähnen, die in der Praxis unter der Bezeichnung Fortisan bekannt ist. Es handelt sich um eine sehr stark gestreckte Faser, die praktisch vollkommen verseift ist, so dass sie eigentlich eine regenerierte Zellulose darstellt.

Die wertvollste Eigenschaft dieser Faser ist ihre ausgezeichnete Zugfestigkeit. Fortisan befindet sich auf dem Markt mit einer Zugfestigkeit von 5—6 g pro Denier, gewisse Sorten erreichen sogar 7 g pro Denier.

Mit Rücksicht auf ihre starke Streckung bedarf sie nur einer Dehnung von 7%, verglichen mit der der Nylonfaser, wogegen die gewöhnlichen Azetat- oder Viskosekunstseiden 20% der Nylonfaserdehnung haben.

Zu erwähnen ist noch eine neue synthetische Faser, die unter dem Namen Forticel bekannt ist und deren Ausgangsmaterial Zellulosepropionat ist (Fibres, 1945, 6, S. 189).

Ohl gibt in einer Arbeit (Die Kunstseide, 1938, S. 42) interessante Einzelheiten über Zellulosepropionat. Dieses Derivat ist in Azeton unlöslich, hingegen in essigsauren Estern gut löslich. Die Elastizität und insbesondere die Wasserfestigkeit der Zelluloseproprionatfaser sind sehr gut und denjenigen der Azetatseide überlegen. Mischungen von Zellulosepropionat und Nitrozellulose mit Zelluloseazetobutyrol lassen sich sehr leicht spinnen.

Die unter dem Namen Tenasco bekannt gewordene Faser ist wohl auch eine gestreckte, jedoch unverseifte Azetatfaser.

Das *brit. P. 553.236* beschreibt eine einfache Behandlung, nach welcher man Azetatzellulose, sowohl in Fadenform als auch als Gewebe, gut strecken kann. Die Behandlung besteht darin, dass man Gewebe durch eine Xylollösung führt, die 50% Azetaldehyd enthält und anschliessend das Lösungsmittel verflüchtigt.

In Chem. Abst. 1945, 39, S. 3163 (Ind. Text. 1944, 61, S. 9) findet man eine Arbeit von Vinel über verbesserte Dehnbarkeit von Azetatseide. Gestreckte Azetatfäden sind im trockenen Zustand nicht über 5,2% ausdehnbar. Behandlung mit Quellmitteln ergab bisher keine praktisch verwendbare Lösung. Die Rhodiaceta empfiehlt eine Behandlung mit einer Mischung aus 30—70% Chloroform, der Rest Eisessig mit kleinen Anteilen von Azeton und Methylenchlorid bei —25° bis +5° C, wobei die Dehnbarkeit auf 12,3% bei nur geringer Festigkeitseinbusse erhöht werden kann. Derartig gedehnte Fäden sind auch ohne Schädigung verseifbar.

Im *schweiz. P. 239.736* schützt Heberlein ein Verfahren zur Bereitung einer für die Herstellung einer wollähnlichen Kunstseide aus

Zellulosederivaten, insbesondere Azetatseide, geeigneten beständigen Lösung. Bis heute wurden wollähnliche Fasern hauptsächlich aus Viskosekunstseide hergestellt durch physikalische Veränderungen, wie z. B. Überdrehen und Dämpfen. Nach dem vorliegenden Patent wird der wollähnliche Effekt ausser durch Überdrehen und Dämpfen noch verbessert durch wasserlösliche, nicht flüchtige Quellungsmittel, wie z. B. Dioxan, Monoazetin, Äthylglykol, Glykolmonoazetat und Monomethyläthylenglykol.

Beispiel: Azetatseide wird gequollen mit 150 cm³ Glykolmonoazetat gelöst in 1 Liter Wasser unter Zusetzen von 1 g eines der bekannten Netzmittel wie z. B. Invadin BL konz. Die so erhaltene Lösung wirkt auf Zellulosederivate quellend, aber nicht mehr lösend.

Ein weiteres Verfahren zur Herstellung von wollähnlicher Kunstseide wird im *brit. P. 572.140* von Heberlein empfohlen.

Um Kunstseidegarn aus regenerierter Zellulose ein wollähnliches Aussehen zu verleihen, wird das Garn zunächst gedreht auf beispielsweise 1500 Umdrehungen pro Minute. Rechtsdrehung. Hierauf wird es in Spulenform auf einem Färbeapparat oder in Strangform auf der Kufe einer Behandlung mit starkem Alkalihydroxyd unterworfen. Beispielsweise: KOH 30° Bé bei einer Temperatur von 80° C, während 4 Minuten. Anschliessend wird gespült, neutralisiert und getrocknet. Das trockene Garn wird nun aufgedreht bis über den 0-Punkt hinaus, so dass eine Drehung von 70—80 pro Min. Linksdrehung erhalten wird. Anschliessend wird während 5—10 Min. ohne Druck gedämpft. Man erhält Kunstseide von wollähnlichem Aussehen (Helanca). Es kann ursprünglich echt gefärbtes Garn verwendet werden; Waschen, Färben oder Mattieren kann aber auch unmittelbar nach der alkalischen Quellung vorgenommen werden, worauf erst getrocknet wird. Eine eventuelle Formaldehydbehandlung zur besseren Fixierung des Kräuseleffektes erfolgt dagegen erst nach der Rückdrehung.

Um Azetatseide als solche oder in Mischung mit anderen Fasern gegenüber den üblichen Behandlungen, wie Spinnen, Weben, Färben usw. widerstandsfähiger zu machen, schlägt die Eastman Kodak Co.-J. Dickey in den *amer. P. 2.186.628* und *2.186.630* vor, dieselbe mit einem Schmier- und Weichmachungsgemisch zu behandeln, welches als Hauptbestandteil das Palmitat des N-β-Hydroxyäthylmorpholin oder einen Azetalrest enthaltende, folgender allgemeiner Formel entsprechende Körper enthält:

$$R{-}O{-}CH_2{-}C\begin{matrix}\diagup OR_1\\ {-}H\\ \diagdown OR_1\end{matrix}$$

wo R = Alkoxyalkyl, Aryloxyalkyl oder heterozyklischer Rest
R_1 = Alkylgruppe sind.

Das Färben der Azetatkunstseide[1]).

Ihrer chemischen Konstitution entsprechend, weichen die färberischen Eigenschaften der Azetatkunstseide von jener der Baumwolle und der anderen Kunstseiden wesentlich ab.

Während sie für gewisse, die Baumwolle nicht färbende Farbstoffe, Affinität aufweist, wird sie von vielen anderen Farbstoffen, die auf Baumwolle aufziehen, nicht gefärbt.

Dieser Umstand erlaubt es, auf Mischgeweben sehr schöne Doppelfärbungen und Changeanteffekte zu erzielen.

Auf dem Gebiete des Färbens der Azetatseide muss die Arbeit von Knoevenagel (Kolloidchemische Beihefte, 1921, XIII, S. 233) als grundlegend bezeichnet werden. Dieser Forscher, dem zu seiner Zeit unser heutiges, feinfaseriges Material nicht zur Verfügung stand, führte seine Versuche an selbsthergestellten groben Fäden von Rosshaardicke aus. Knoevenagel beschäftigte sich besonders mit den Quellungsvermögen beim Färben von Azetatzellulose. Nach Ansicht dieses Forschers muss jedem Färben der Azetatzellulose in wässeriger Lösung eine Quellung der Azetatfaser vorausgehen, die nur dann der letzteren erlaubt, den im Wasser gelösten Farbstoff aufzunehmen. Durch Versuche konnte er feststellen, dass Azetatzellulose befähigt ist, eine ganze Anzahl von Substanzen, wie Phenol, Naphtol, Anilin und andere Amine, Alizarin und dergleichen aufzunehmen. Auf dieser Tatsache begründete er sein an die Firma Knoll abgetretenes und im *D.R.P. 198.008* geschütztes Färbeverfahren. Nach diesem Verfahren wird das von der Azetatzellulose aufgenommene Amin auf der Faser diazotiert und mit geeigneten Phenolen entwickelt.

Clavel[2]) nahm an, dass die Azetatzellulose, dank ihrer Karboxylresten, mit gewissen, basische Gruppen enthaltenden Körpern in Reaktion treten würde.

Green[3]) sowie K. H. Meyer[4]) sprechen der Azetatzellulose die Eigenschaft zu, Farbstoffe aufzulösen. Es besteht auch tatsächlich

[1]) Kurt Meyer, Über das Färben von Azetatseide, Mell. 1925, Oktoberheft; Tiba 1926, Maiheft; R. Clavel, Teinture de la soie artificielle à l'acétate, R.G.M.C. 1923, S. 145, 167; 1924, S. 94 und 222; Tiba 1926, Maiheft; Lawrie, Récents perfectionnements dans la teinture de la soie à l'acétate de cellulose, R.G.M.C. 1925, S. 227 und 260; 1926, S. 6 und 97; J. Soc. D. and Col. 1924, Märzheft; Castan, Moniteur Scientifique 1925, S. 145: Teinture de la soie artificielle; J. Rolland, Kongress-Vortrag der A.C.I.T., R.G.M.C. 1937, S. 500; J. Dumas, R.G.M.C. 1938, S. 258; P. Rabe, Die Azetatseide in der Färberei, Mell. 1928, S. 235; H. Brandenburger, Z. f. ges. Text. Ind. 1929, S. 356; Mell. 1929, Märzheft, S. 215; H. Gürtler, Mell. 1933, S. 406; Mathieu, La Teinture de la Rayonne à l'acétate de cellulose, Rayonne, 1947, N⁰ 4, p. 77.

L. C. Mitchell, The dyeing of celanese locknit fabrics, J. Soc. D. and Col. 1947, N⁰ 4, S. 102/105.

Magis, Das Färben von Azetatzellulose, Rayonne 1946, 8, S. 34.

[2]) R.G.M.C. 1924, S. 88, 95.

[3]) J. Soc. D. and Col. 1923, 39, S. 10 und 1924. 40, S. 74.

[4]) K. H. Meyer, Zur Physik und Chemie der Färbevorgänge, Mell. 1925, Oktoberheft; franz. Text in Tiba, 1926, Maiheft.

ein Zusammenhang zwischen der Farbstofflösung in organischen Lösungsmitteln und ihrer Affinität gegenüber Azetatzellulose. Man hat es hier mit einer Lösung des Farbstoffes in der Kunstseide zu tun, wobei die Kunstseide sich dem gelösten Stoff gegenüber wie ein flüssiges Lösungsmittel verhält.

Für das Färben muss man schwerlösliche Farbstoffe auswählen, die zweckmässig durch ein Dispergiermittel in eine sehr fein verteilte Form gebracht werden. Hierher gehören z. B. die Aminoanthrachinonfarbstoffe, die als sehr geeignete Produkte für die Azetatkunstseidefärberei anerkannt worden sind.

Diesbezüglich sei auf die von Valentin Kartaschoff 1926 an der Universität Basel vorgelegten Doktorarbeit hingewiesen[1]).

Die Färbeverfahren lassen sich in fünf Klassen ordnen:

a) Färbeverfahren, auf einer chemischen Umgestaltung der Faser beruhend, durch Erzeugen einer oberflächlichen Schicht regenerierter Zellulose, welche sich mit direkten und basischen Farbstoffen färben lässt;

b) Färbeverfahren, auf Quellung der Faser beruhend, und Färben mit Baumwoll- und Wollfarbstoffen;

c) Färben mit speziellen Farbstoffen, wie z. B. Ionamin- und Duranolfarbstoffen;

d) Färben mit dispergierten Farbstoffen (S.R.A.-Farbstoffe, Dispersole, Celatene, Cibacet-, Acétoquinone-, Sétacyl- und Artisilfarbstoffe);

e) Färben mit Solacet- und Astrazonfarbstoffen (Imp. Chem. Ind. und I. G.).

Diese chronologische Reihenfolge der Färbeverfahren entspricht gar nicht mehr der heutigen Technik, in welcher das Färben mit dispergierten Farbstoffen die anderen Färbeverfahren praktisch vollkommen verdrängt hat. Es wäre demnach logisch, in erster Linie die heutigen Verfahren zu nennen und die früheren lediglich vollständigkeitshalber zu erwähnen.

Die Einteilung wäre also die folgende:

1. Färben mit dispergierten Farbstoffen.
2. Färben mit Solacet und Astrazonfarbstoffen, und zuletzt
3. Färben mit Spezialfarbstoffen.
4. Färben mit Baumwoll- und Wollfarbstoffen.
5. Verseifungsverfahren.

Das Verseifungsverfahren, von welchem man seit Jahren gänzlich abgekommen ist, hat seit 1942 in der Industrie wieder Anklang

[1]) Die Färberei der Azetatkunstseide, Helv. Chim. Act., Bd. VIII, Lief. VI; Helv. Chim. Act., Bd. XI, Lief. V und R.G.M.C. 1926, S. 97, 133, 162, 321 und 357.

gefunden, was aber lediglich auf den Mangel an Spezialfarbstoffen für Azetatseide zurückzuführen ist.

Im *brit. P. 587.214* (Text. Manufacturer 1948, 74, Nr. 877, S. 47) wird ein Verfahren zum Färben von gewöhnlich wasserundurchlässigen Textilien in Gegenwart von Quellmitteln beschrieben. Das Verfahren ist dadurch gekennzeichnet, dass das Färbebad und das Färbegut Schwingungen von 1000—500000 Perioden/Sekunde ausgesetzt werden.

1. Färben mit dispergierten Farbstoffen.

Es ist das Verdienst Kartaschoffs[1]), den Mechanismus des Färbens der Azetatzellulose mittels wasserunlöslichen Farbstoffen eindeutig geklärt und gezeigt zu haben, dass man es hier mit einer wirklichen, festen Lösung des Farbstoffes in der Faser zu tun hat.

Die unter Zuhilfenahme des Mikroskopes durchgeführten Färbeversuche zeigten, dass die im Färbebad feinverteilten Farbstoffteilchen, nachdem sie mit der Faser in Berührung kommen, sich allmählich in ihr auflösen bis zur vollständigen Ausschöpfung des Bades oder bis zur Sättigung der Faser.

Dieses Färbeverfahren der in Wasser nur schwach quellenden Fasern mit unlöslichen Farbstoffen wäre demnach mit einer Extraktion aufgeschlämmter Farbstoffe mittels organischen Lösungsmitteln, wie z. B. Äthylazetat, vergleichbar. Der Farbstoff wäre also wieder aus dem Lösungsmittel — in unserem Fall aus der Azetatfaser — mittels aktivierter Tierkohle oder eines Lösungsmittels, wie z. B. monomeres Vinylazetat, extrahierbar.

Das *franz. P. 647.865* der Rhodiaceta beruht auf dieser Vermutung. Wird, nach dem Patent, die mit unlöslichen Farbstoffen gefärbte Azetatzellulose mit einer heissen wässerigen Aufschlämmung von Tierkohle behandelt, so wird der Farbstoff quantitativ von der Faser abgezogen bzw. extrahiert, ohne dass sich dabei die Flotte irgendwie anfärbt.

Nachdem angenommen werden kann, dass das Färben von hydrophoben Fasern dem Auflösen eines wasserunlöslichen Farbstoffes in der als festes Lösungsmittel fungierenden Faser gleichkommt, so ist es klar, dass die Schnelligkeit des Aufziehens um so grösser und die Ausbeute um so höher ist, je grösser die Anzahl der mit der zu färbenden Faser in Berührung kommenden Farbstoffpartikeln ist und je öfter die Berührung stattfindet[2]). Demnach haben sich die sehr feinen Dispersionen, bei denen ja bekanntlich die

---

[1]) Kartaschoff, Helv. Chim. Act. 1925, 8, S. 928 und 1926, 9, S. 152; G. Mouchiroud, Teintex 1943, Nr. 8.

[2]) Rolland, 13e Congrès de Chim. Ind. 1933.

sogenannte Brown'sche Bewegung mit dem Mikroskop sichtbar gemacht werden könnte, als sehr vorteilhaft erwiesen.

Solche Dispersionen können erhalten werden, indem man den Farbstoff auf dem Wasserbad mit der halben Gewichtsmenge eines geschmolzenen Polymerisationsproduktes des Oxyäthylens und sein Gewicht an Diäthylenglykol auflöst, die so erhaltene homogene Paste in lauwarmes Wasser giesst und anschliessend dem Färbebad zusetzt.

Der industrielle Gebrauch dieser von den Brown'schen Bewegungen beseelten Dispersionen haben in vielen Fällen nicht unbeträchtliche Farbstoffersparnisse erbracht, die bis 35% ausmachen können.

Die auf die Anwendung der Farbstoffe in kolloidaler oder semikolloidaler Form beruhende Methode stammt von der British Celanese Ltd. und G. H. Ellis[1]). Diese Gesellschaft stellte solche Präparate unter der Bezeichnung S.R.A.-Farbstoffe dar, indem sie auf Azetatseide aufziehende Farbstoffe auf der Kolloidmühle in Gegenwart von Sulforizinat und Seife vermahlte. Die so erhaltenen Teige lassen sich leicht im Färbebad dispergieren. Besonders kamen basische saure und nicht reduzierte Küpenfarbstoffe zur Verwendung. Es lassen sich aber ausser diesen eine sehr grosse Zahl anderer Körper und Farbstoffe, wie Azofarbstoffe, Aminoverbindungen, Azine, Oxazine, Thiazine, Anthrachinone, Benzoylanthrachinone usw., anwenden.

Baddiley und Shepherdson patentierten (*brit. P. 211.720*, 1924) die kollidalen Lösungen der Aminoanthrachinonderivate, welche von der Scot. Dyes Ltd. unter dem Namen Celatenfarbstoffe auf den Markt kamen. Diese Verbindungen geben eine ganze Reihe von Farbtönen, wie z. B.

1-Aminoanthrachinon	gelb
1-Methylaminoanthrachinon	rot
1-Amino-2-Methylanthrachinon	gelb-orange
1,4-Diaminoanthrachinon	violett
1,4-Aminooxyanthrachinon	orange-scharlach
4,8-Diaminoanthrarufin	blau
1,5-Diaminoanthrarufin	rot

Diese in Wasser unlöslichen Substanzen färben in dispergiertem Zustande die Azetatfaser sehr echt. Ihre Dispersion wird mit Sulforizinaten oder anderen dispergierenden Mitteln erzeugt.

Sie besitzen keine Affinität für Baumwolle und Viskose und eignen sich in den meisten Fällen sehr gut zum Färben von Mischgeweben (Dr. Jäck, Mell. 1927, S. 255).

[2]) *Brit. P. 219.349, 227.183, 229.681, 237.943,* 1924; Ellis, J. Soc. D. and Col. 1924, S. 285; 1925, S. 98; Platt, Amer. Dyest. Rep. 1924, S. 255; R.G.M.C. 1925, S. 340. R.G.M.C. 1924, S. 147.

Die Aminoanthrachinone können durch Oxyäthylgruppen substituiert werden. Die erhaltenen Farbstoffe, dank der Gegenwart der Glykolreste, lassen sich in Wasser leichter dispergieren.

Beispiele solcher Farbstoffe:

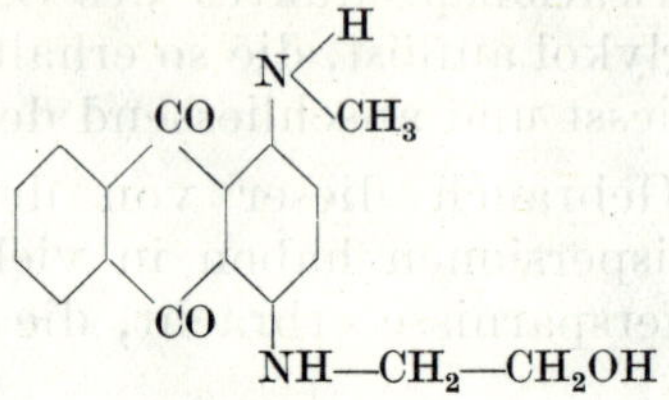

Cellitonechtblau FFR

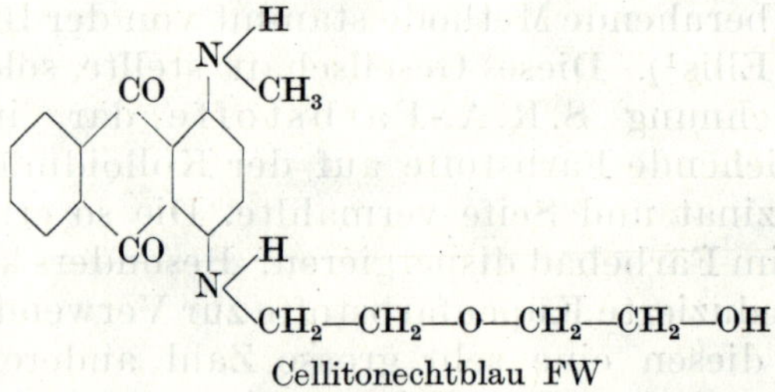

Cellitonechtblau FW

Als Dispergiermittel lassen sich ausser Sulforizinate organische Säuren von hohem Molekulargewicht, hydroxylierte Verbindungen (Kresol, Resorzin), Karbonsäuren und Benzolnaphtalinsulfosäuren sowie Sulfosäuren anderer Kohlenwasserstoffe, Zellulosesulfitablauge usw. anwenden.

Laut *brit. P. 224.077* (Brit. Dyes C°), verwendet man aus Naphtalin und Formol, in Gegenwart von Schwefelsäure, kondensierte Produkte.

Das *franz. P. 603.123* (Lacroix) empfiehlt die Anwendung von chlorierten oder hydrierten Kohlenwasserstoffen in Gegenwart von Seife.

Folgende Patente geben, für das Anteigen der dispergierten Farbstoffe, geeignete Produkte an:

Öst. P. 139.095 (Geigy): Sulfonierte aliphatische Alkohole, welche eine Kette von mehr als 8 Atome Kohlenstoff enthalten.

Schweiz. P. 168.340, 168.341, 168.342 und *brit. P. 414.770:* Kondensationsprodukt von Ölsäurechlorid mit Isäthionsäure (Igepon A).

Franz. P. 764.236: Aryläther des Glyzerins.

Brit. P. 428.935 und *amer. P. 2.053.276* (Celanese): Pyridin als Lösungsmittel der Farbstoffe, welche sich auf diese Weise im seifenhaltigen Färbebad leicht dispergieren lassen.

Brit. P. 415.742 (I. G.), sowie *schweiz. P. 165.485:* Alkylamine, z. B. Triäthanolamin.

Amer. P. 2.049.087 (Monsanto Chem. C°): Sulfoniertes Reaktionsprodukt eines Hydroxylgruppen enthaltenden Diphenyl (o-Hydroxydiphenyl) mit einem Alkohol (Butylalkohol).

Amer. P. 2.017.995 (Celanese): Mischungen von sulfonierten Naphtalinderivaten mit Cetylalkohol.

Amer. P. 1.959.363: Naphthalinsulfoharzsäuren, welche durch Eintragen von fein gepulvertem Harz in ein Gemisch von Naphtalin und einem Sulfonierungsmittel bei 0° C erhalten werden.

D. R. P. 617.381 (Böhme-Fettchemie): Sulfonierungsprodukte von aliphatischen Alkoholen, welche mehr als 5 Kohlenstoffatome enthalten, wie z. B. das Natriumsalz des schwefelsauren Esters der Ölsäure.

Amer. P. 2.008.902 (Celanese): Zugabe von aralkylierten Basen, z. B. Benzyläthylanilin zu dispergierten Farbstofflösungen.

Amer. P. 2.017.119 (Celanese): Zusatz von aralkylierten Basen, deren Aminogruppe nicht direkt an die Arylgruppe gebunden ist, wie z. B. das Dibenzylamin.

Brit. P. 425.131 (Celanese): Anteigen der Farbstoffe mit Hilfe eines Kondensationsproduktes eines Aldehydes mit einem eine freie OH-Gruppe enthaltenden Glykoläther, wie z. B. das Kondensationsprodukt aus Formol mit dem Monoäthyläther des Äthylenglykols.

Franz. P. 809.836 (Melle): Hier handelt es sich um folgendes Dispersionsverfahren: der wasserunlösliche Farbstoff wird in einem organischen Lösungsmittel (Furfuralkohol oder Tetrahydrofurfuralkohol) gelöst und die Lösung dem Färbebad zugegeben. Dieses Verfahren erlaubt es, ausserordentlich feine und regelmässige Dispersionen zu erhalten und wird durch folgendes Beispiel illustriert: Cibacetblau G wird in der doppelten Gewichtsmenge Tetrahydrofurfuralkohol gelöst und diese Lösung dem Färbebad beigemischt.

Brit. P. 365.170 (Celanese): Als Dispersionsmittel werden die aus gemeinschaftlicher Sulfonierung von höheren aliphatischen Alkoholen (Cetylalkohol) und aromatischen Verbindungen (Naphtaline) entstehenden Produkten anempfohlen. Diese neutralisierten und getrockneten Körper werden mit dem Farbstoff vermischt[1]).

Amer. P. 1.803.008 (Ellis-Celanese): Dispersion mittels eines Gemisches von Sulforizinaten und aliphatischen oder aromatischen Kohlenwasserstoffen.

---

[1]) Siehe *amer. P. 1.840.572* Ellis-Celanese, Sulfonierung von organischen Verbindungen und Rizinusöl.

Brit. P. 354.326 und *amer. P. 2.042.751* (Celanese): Die dispergierten Farbstoffe werden mit sulfonierten Mineralölen vermischt.

Amer. P. 2.123.740 (Du Pont): Die Dispergierung der unlöslichen Azo- oder Anthrachinonfarbstoffe wird mit quaternären Ammoniumbasen erzeugt. Folgendes Beispiel wird von Du Pont angegeben: der durch Kuppeln des Diazoparanitranilins mit Xylidin erhaltene Farbstoff wird in einer wässerigen Lösung von Cetyltrimethylammoniumbromid dispergiert; die auf solche Weise erhaltene Dispersion ist bedeutend feiner als die mit Seifenlösungen. Das Verfahren ist charakterisiert durch die Anwendung solcher Dispergiermittel, die bei der Dissoziation ein positiv geladenes Ion in Freiheit setzen, also ausser Ammonium- auch Sulfonium- und Phosphoniumbasen.

D.R.P. 675.196 (30. 10. 1936) der Imp. Chem. Ind., London: Zum Färben werden Bz-1-chloräthoxybenzanthrone, die im Alkylrest 2—5 Kohlenstoffatome enthalten, in unverküptem Zustand verwendet. Namentlich kommen in Frage: Bz-1-äthoxy-, Bz-1-chloräthoxy-, Bz-1-n-butoxy- und Bz-1-n-amyloxybenzanthron. Sie färben die Azetatseide in klaren, grünstichiggelben Tönen, die eine ausgezeichnete Licht- und Waschechtheit besitzen. Man färbt in der wässerigen Aufschwemmung bei 80° C.

Nach dem *D.R.P. 677.641* (Ciba, 30. Juni 1939) wird die Azetatzellulose mit Farbstoffen folgender allgemeiner Formel gefärbt:

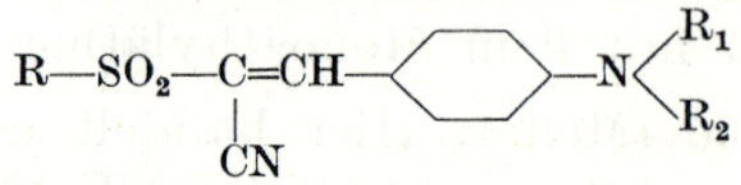

wobei R = Arylrest

R_1, R_2 = Alkylreste mit nicht mehr als 2 C.

Diese Farbstoffe werden durch Kondensation des 4-Methylbenzolsulfonylazetonitrils mit 4-Diäthylaminobenzaldehyd erhalten. Das Produkt wird mit Glykol oder Methylglykol angeteigt und kann gleichfalls zum Anfärben von Nitrozelluloselacken Anwendung finden.

Nach dem *brit. P. 506.740* von Ellis-Topham-Olpin werden die Ester oder Äther der Zellulose durch Kuppeln auf der Faser einer Aminoazoverbindung mit N-Monohydroxyalkylanilin, welches in Parastellung zur Aminogruppe kupplungsfähig ist, angewendet.

Die Spezialfarbstoffe für Azetatzellulose sollen folgende Eigenschaften besitzen:

a) Wasserunlöslichkeit;

b) Löslichkeit in den Fasern, sowie in organischen Lösungsmitteln;

c) Dispersionsfeinheit.

Eine ziemlich vollständige Farbenskala dieser Farbstoffe, die die oben erwähnten Eigenschaften besitzen und auch befriedigende Echtheiten zeigen, werden von französischen, schweizerischen, deutschen, englischen und amerikanischen Firmen unter den folgenden Namen in den Handel gebracht:

Acétoquinonfarbstoffe	Kuhlmann-Francolor
Cibacetfarbstoffe	Ciba
Cellitonechtfarbstoffe	I. G.
Cellitechtfarbstoffe	I. G.
Cellitonätzfarbstoffe	I. G.
Artisilfarbstoffe	Sandoz
Imacolfarbstoffe	Sandoz
Acetylfarbstoffe	Durand-Huguenin
Setacylfarbstoffe	Geigy
Duranolfarbstoffe[1])	Imp. Chem. Ind.
Dispersolfarbstoffe	Brit. Dyes. Corp.
Supracetfarbstoffe	L. B. H.
Ascotfarbstoffe	Williams Ltd.
Silatosefarbstoffe	J. W. Leitch
Celatenefarbstoffe (alte Bezeichnung)	Scot. Dyes. Ltd.
S.R.A.-Farbstoffe (alte Bezeichnung)	Brit. Celanese Ltd.

Die auf dem Markt befindlichen unlöslichen Farbstoffe entsprechen entweder aminierten Anthrachinonabkömmlingen, unter denen gewisse Hydroxylgruppen enthalten, die verestert sein können, oder Azofarbstoffen[2]).

Die Waschechtheit dieser Farbstoffe ist sehr gut, was auf ihre Wasserunlöslichkeit zurückzuführen ist.

Die Lichtechtheit ist gut, solange man bestimmte, lichtempfindliche Mischungen vermeidet, so z. B. 1, 4, 5, 8-Tetraaminoanthrachinon mit 4-Azetylaminobenzol-1-Azo-p-Kresol, die jedoch, einzeln benutzt, sehr gute Echtheiten besitzen.

Durch *franz. P. 913.158* schützt die Firma Rhodiaceta das Färben von Textilien aus Zellulosederivaten oder synthetischen Stoffen mit verbesserter Ausbeute. Man kann die Farbstoffausbeute beim Färben von Textilien aus Zelluloseäthern oder -estern oder synthetischen Polymeren in der Weise verbessern, dass man die vorgenetzte Ware mit dem Farbstoff in Form einer wässerigen Suspension ohne Zusatz von Verdickungsmittel imprägniert und anschliessend ohne Zwischentrocknung im Wasserdampf entwickelt. Dieses Verfahren erlaubt ohne nachträgliche Wäsche die Erreichung vollentwickelter, reibechter Färbungen.

---

[1]) Duranol- and Dispersol dyestuffs on acetate rayon, Silk and Rayon, 1946, Augustheft, S. 982—984.

[2]) *Brit. P. 553.960, 552.142, 551.341, 550.805, 551.436, 550.840, 551.437.*

Färbeverfahren unter Zusatz gewisser Produkte zur Färbeflotte.

Besondere Aufmerksamkeit ist dem Ansetzen des Farbbades zu schenken, denn Spezialfarbstoffe dürfen nicht aufgekocht werden. Am besten verwendet man das zum Färben erforderliche Albatex PO oder Ultravon W, bereits zum Anteigen der Farbstoffe. Albatex PO oder Peregal O fördern das Egalisieren und das Durchfärben und verleihen der Azetatkunstseide einen geschmeidigen Griff.

Beim Seifen der Azetatkunstseide bei Temperaturen über 85° C, wird der Glanz der Faser teilweise beeinträchtigt. Dies ist speziell der Fall beim Färben mit seifenhaltigen Färbebädern. Es ist infolgedessen darauf zu achten, dass Behandlungen der Azetatseide in seifenhaltigen Bädern stets bei Temperaturen unter 75° C erfolgen.

Der Zusatz gewisser Produkte zum Färbebad begünstigt und beschleunigt das Aufziehen vieler Azetatfarbstoffe. Man wendet zu diesem Zwecke Lösungsmittel, wie Azetin, Ester, Glykolsäure, Chlorhydrine, welche gleichzeitig eine Quellung der Faser erzeugen[1]) oder Produkte, welche gleichzeitig Quell- und Dispersionswirkung ausüben. Es seien hier kurz die in zahlreichen Patenten vorgeschlagenen Zusatzmittel erwähnt:

D.R.P. 415.681 der B.A.S.F.: Natriumkresylphosphat.

Brit. P. 231.897, 270.254 und *franz. P. 573.416* (Geigy): sulfonierte Säuren oder Karbonsäuren.

Brit. P. 227.183 der Brit. Celanese: sulfonierte Rizinusölsäure.

Brit. P. 215.373, D.R.P. 439.004, 445.979, 438.323 (Bayer & Cie.) sowie *amer. P. 1.616.103* der Brit. Dyestuff Corp.: Die Kondensationsprodukte aus sulfoniertem Napthalin und Formol mit darauffolgender Neutralisation mittels Ammoniak.

Amer. P. 1.161.961 der I.G. Farbenindustrie: Naphtensäuren.

D.R.P. 441.327 der I.G. Farbenindustrie: Natriumkresylate.

D.R.P. 611.921 der I.G. Farbenindustrie-Berthold, 1931 (R.G.M.C. 1936, S. 80): Die Affinität der Zelluloseester wird durch vorheriges Quellen der Faser erhöht; diese Quellung kann durch Zusatz von tetrahydronaphtalinsulfosauren Salzen erhalten werden.

D.R.P. 623.979 der I.G. Farbenindustrie-Böhner: Eine Erhöhung der Aufnahmefähigkeit der Azetatseide für eigentliche wasserunlösliche Azetatfarbstoffe wird erreicht durch Behandlung der Ware oder Vermischung des Farbstoffes selbst mit einem organischen Abkömmling der Thioschwefelsäure, z. B. p-toluolthiosulfosaurem Natrium. Es lassen sich interessante Effekte, durch Vordrucken von

[1]) Haller-Ruperti, Leipz., Mon. 1925, S. 253 und 399.

verdicktem dispergiertem Farbstoff und thiosulfosaurem Natrium und darauffolgendem Färben auf einem Seifenbade, herstellen; die bedruckten Stellen erscheinen dunkler und glänzender.

D.R.P. 617.381 (Böhme-Fettchemie): Natriumsalze der Sulfonierungsprodukte der aliphatischen Alkohole von hohem Molekulargewicht, wie das Natriumsalz des schwefelsauren Esters des Oleylalkohols.

Brit. P. 452.867 der Celanese: Anstatt den Farbstoff mittels Seife im Färbebad zu dispergieren, wendet man vegetabilische oder animalische Ölemulsionen an. Man verfährt folgendermassen: Der Farbstoff wird in eine Mischung von Olivenöl und Naphtalinsulfosäure eingetragen und die so erhaltene Dispersion in Wasser, welchem Triäthanolamin zugesetzt ist, eingegossen.

Amer. P. 1.796.028 und *1.796.029* (Ciba-Jaeck): Die Färbung wird in Gegenwart von Zellulose-Sulfitablauge vorgenommen.

Amer. P. 2.053.276 (Celanese) empfiehlt das Auflösen des Farbstoffes in wasserlöslichen Basen, vorzugsweise Pyridin, bevor man sie in das Färbebad einträgt.

D.R.P. 645.603 (Geigy): In diesem Patent wird ein Verfahren geschützt, nach welchem das Egalisieren und die Reibechtheit der Färbung erhöht werden soll, und zwar durch Zusatz zum Färbebade von Kondensationsprodukten von Isäthionsäure mit aliphatischen Säurechloriden (Igepon A oder T), hergestellt nach dem in den *franz. P. 679.186* und *705.081*, 1930, sowie *D.R.P. 652.410* beschriebenen Verfahren.

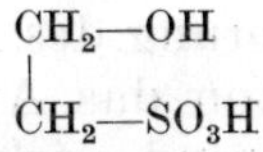
Isäthionsäure

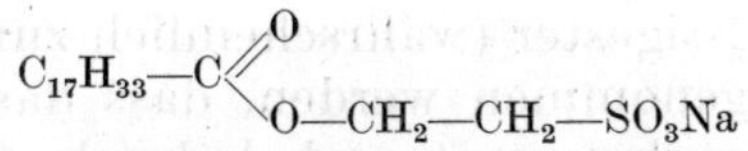
Natriumoleylisäthionat = Igepon A

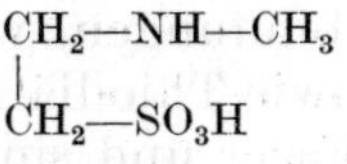
Methyltaurin

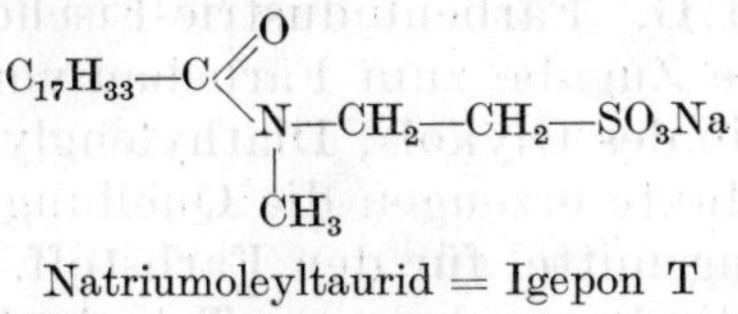
Natriumoleyltaurid = Igepon T

Man färbt z. B. ein Mischgewebe aus Wolle und Azetatseide mit gewissen Farbstoffen, wie Setacyldirektrot GBN und Polarrot RS konz. in Gegenwart von Igepon A, Essigsäure und Glaubersalz.

Für denselben Zweck wendet das *D.R.P. 646.001* derselben Firma Sulfonierungsprodukte von höheren Fettalkoholen (Schwefelsäureester des Oxystearinalkohols) an, die säurebeständig sein müssen.

Nach dem *franz. P. 748.439* und dem *amer. P. 1.882.070* (Geigy), lässt sich die Azetatseide mit dispergierten Farbstoffen auf saurem

Bade färben, was für das Färben von Mischgeweben aus Azetatzellulose und Naturseide von Interesse ist.

Als Dispergiermittel wendet man säurebeständige Produkte, wie die Sulfate aliphatischer Säuren oder das Igepon, an. (Siehe auch *franz. P. 746.226*, Ciba).

Ein Färbeverfahren, welches von den bis jetzt erwähnten vollständig abweicht, wird im *brit. P. 470.333* (Celanese) beschrieben. Anstatt auf einem, den Farbstoff in dispergiertem Zustande enthaltenden Bade zu färben, pflatscht man die Azetatseide mit dem gelösten Farbstoff. Als Lösungsmittel werden organische Flüssigkeiten, besonders das Dichloräthylen, benutzt. Nach dem Pflatschen wird die Ware zur Verbesserung der Durchfärbung gedämpft. Hierauf geht das Gewebe durch eine in zwei Fächer abgeteilte Hitzkammer durch. Im ersten, unteren Fach ist der Stoff mit den Dämpfen des überhitzten Lösungsmittels in Berührung, im zweiten, oberen Fach, findet das Trocknen statt. Die ganze Apparatur muss vollständig verschlossen sein, um den Lösungsmittelverlust zu vermeiden.

Ähnliches enthalten auch die *brit. P. 460.575* und *462.222* der Celanese, wobei man den Farbstoff in einem unterhalb 130° C siedenden Fettsäureester, z. B. Äthylessigester, zusammen mit einem organischen Lösungsmittel und verhältnismässig wenig Wasser auflöst und in dieser Form, hier auf Azetatseidengarne, aufbringt.

Im *amer. P. 2.095.221* (Smith) wird folgendes Färbeverfahren angegeben: Das Färbebad enthält den Farbstoff und als Lösungsmittel Äthylenglykolmonoäthyläther (Cellosolve), ausserdem Azeton, Alaun und Essigester (wahrscheinlich zur Fixierung des Farbstoffes). Es kann angenommen werden, dass das Azeton das Aufziehen des Farbstoffes verlangsamt und dadurch egalisierend wirkt.

Die I. G. Farbenindustrie-Fischesser empfehlen im *D.R.P. 547.348* die Zugabe zum Färbebad von Verbindungen, wie z. B. das Monoformin des Glykols, Diäthylenglykol sowie Thiodiäthylenglykol. Diese Produkte erzeugen die Quellung der Faser und sind gleichfalls gute Lösungsmittel für den Farbstoff. Man empfiehlt ebenfalls ganz besonders die Anwendung von Tetrahydrofurfuralkohol (Hystabol D) zum Färben dispergierter Farbstoffe.

Das *D.R.P. 668.739* (Chemische Fabrik Grünau A.G.) beschreibt folgendes Färbeverfahren: Der Farbstoff wird mittels Kondensationsprodukten von Fettsäuren mit Abbauprodukten gewisser albuminoider Körper, z. B. Natriumoleyllysalbinat oder -protalbinat, dispergiert. Dank diesem Verfahren werden bessere Resultate erreicht als mit den bereits früher empfohlenen Schwefelsäureestern höherer Fettalkohole oder Fettsäurekondensationsprodukten als Ölsäure und oxyäthansulfosaurem Natrium, z. B. Igepon A und T. (*D.R.P. 652.410*, *653.357*, *657.404*.)

Die Kondensationsprodukte von höheren Fettsäuren mit Eiweissspaltprodukten nach Art der Lamepone sollen nach dem *D.R.P. 657.706* (Landshoff & Meyer) dann in beständige Trockenpräparate überführbar sein, wenn man sie nach der Herstellung mit Säuren wieder ausfällt und die Niederschläge mit entwässerten alkalischen Salzen (Pyrophosphat) verrührt und das Gemisch zur Trockene bringt.

D.R.P. 676.916 (5. 2. 1937) der Deutschen Azetat-Kunstseiden AG. Rhodiaceta, Freiburg. Beim Färben von Azetatkunstseide mit in Wasser unlöslichen Farbstoffen beobachtet man häufig das Auftreten von Farbknittern, die dadurch hervorgerufen werden, dass in den Knicken und Fältchen des Färbeguts besonders viel Flüssigkeit hängen bleibt, aus der sich die mitgenommenen Farbteilchen dann auf das Gewebe absetzen. Um diesen Mißstand zu beseitigen, werden dem Färbebad unter den üblichen Färbebedingungen unveränderliche pulverförmige Stoffe in feiner Verteilung zugesetzt, wobei man durch ständige Bewegung des Färbebades dafür Sorge trägt, dass diese dauernd in feiner Verteilung bleiben. Besonders gute Ergebnisse werden mit Kaolin, Quarzstaub, Gips, Schwerspat u. dgl. erzielt. Man rechnet 5—20 g auf den Liter.

Im *brit. P. 563.181* der Brit. Celanese wird ein Verfahren zum Färben in dunklen Tönen von dichten Azetatkunstseidengeweben geschützt. Patentgemäss wird das Färbegut mit 33—38 %iger Natronlauge während 30—120 Sekunden bei 20—30° C vorbehandelt, dann neutralisiert, gewaschen und mit einer Azetatseidenfarbstoffsuspension während 30 Minuten bei 80° C gefärbt. Solche Färbungen sollen gegenüber Rauchgas beständiger sein als normale Färbungen.

In The Dyer 1946, 95, S. 323 wird eine Arbeit von E. Waters, über das Färben von Azetatkunstseide und Azetatseide-Kunstseide Mischgeweben veröffentlicht. In dieser Arbeit führt E. Waters die bekannten Tatsachen auf, dass Azetatkunstseide alkalienempfindlich ist, bei höherer Temperatur schmilzt und keine Affinität zu den gewöhnlichen Farbstoffklassen besitzt, weshalb die speziellen Azetatfarbstoffe geschaffen wurden. Besondere Erwähnung finden weiter die wasserlöslichen Solacetfarbstoffe, die unter Zusatz von Natriumsalzen gefärbt werden. Ein beim Färben von Azetatkunstseide in Betracht kommender Faktor ist die Gas- und Bügelempfindlichkeit der Azetatseidenfarbstoffe.

Bei Azetatseiden-Viskosekunstseidenmischgeweben sind bei Weisseffekten Azetatseidereservierende Direktfarbstoffe zu verwenden. Bei Zweifarbeneffekten kann die Färbung im gleichen Bade erfolgen. Für

Artikel, wie Dekorationsstoffe, wo höchste Echtheiten verlangt werden, wird die Viskosekunstseide mit Küpenfarbstoffen vor- und nachgefärbt, wobei vorzugsweise kaltfärbende Produkte zur Anwendung kommen sollen. Hierbei wird die Gefahr des Verseifens der Azetatseide durch Zusatz von 5% Naphtol zum Färbebad vermindert.

In der Zeitschrift Silk & Rayon 1943, 17, S. 790 wird von Cetyle ein Verfahren beschrieben, nach welchem die Azetatseide mit sublimierenden Farbstoffen gefärbt werden kann, indem man das Färbegut der Einwirkung von Dämpfen überhitzter Farbstoffe aussetzt. Praktisch wird das Verfahren so ausgeführt, dass ein mit geeigneten Azetatfarbstoffen vorgedrucktes Baumwollgewebe auf ein darübergelegtes Azetatseidegewebe aufgebügelt bzw. zusammen kalandert wird. Hierbei wird der Farbstoff von der Azetatseide aufgenommen[1]).

Im *brit. P. 576.927* (The Dyer 1946, 96, S. 30) der Brit. Celanese Ltd. wird ein Verfahren zum Färben von Azetatzellulosegeweben beschrieben, dessen Neuerung darin besteht, dass die direktziehenden Farbstoffe (saure Wollfarbstoffe oder Azetatfarbstoffe) in wässeriger Lösung verwendet werden, die ausserdem mindestens 60% Alkylalkohol und 1—8% einer aliphatischen Monokarbonsäure mit nicht mehr als 4 Kohlenstoffatomen (Essigsäure, Propionsäure, Buttersäure) enthält. Nach diesem Verfahren sollen, bei gleichen Echtheitseigenschaften, bedeutend tiefere Farbtöne als nach den üblichen Färbeverfahren erzielt werden.

Brit. P. 489.019 auch *amer. P. 2.113.935* (Celanese): Es wurde beobachtet, dass die Affinität von Azetatseidenfarbstoffen durch Erhitzen dieser Faser auf 200—300° C stark vermindert wird. Diese Eigenschaft ermöglicht es, durch lokales Erhitzen der Faser und nachheriges Färben, zweifarbige Effekte zu erhalten.

In Silk Rayon 18 (44), 220 finden wir eine Anweisung von Practical Dyer zur Behebung von Färbereischwierigkeiten bei azetatkunstseidenhaltigen Waren. Fleckiges Anfärben der Baumwolle durch den Azetatseidenfarbstoff kann durch Mineralölrückstände verursacht werden. Beim Färben von Azetatseidenmischgeweben mit Streifenmuster auf dem Jigger kann ein Anschmutzen der Baumwolle stattfinden, das beim Färben auf dem Haspel nicht auftritt.

2. Das Färben mit Solacet- und Astrazonfarbstoffen.

Die Imp. Chem. Ind. brachten 1938 eine neue Reihe wasserlöslicher Azetatfarbstoffe unter dem Namen Solacet auf den Markt. Ihre Anwendung ist für den Färber äusserst einfach, da sie in wässeriger Lösung unter Zusatz von Glaubersalz bei 80—85° C leicht aufziehen.

[1]) Verfahren zum Färben von Azetatkunstseide auf trockenem Wege, Silk and Rayon 1947, 21, S. 1089.

Die bis jetzt erschienenen Marken sind folgende:

Solacetechtrot 3RS, 5BGS
Solacetechtrubin 3BS
Solacetechtorange 2GS
Solacetechtscharlach BS
Solacetechtgelb GS
Solacetechtrubin 3BS entspricht folgender Formel:

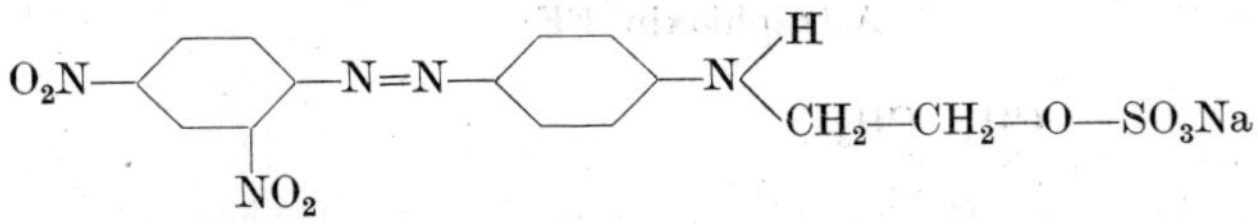

Dem *franz. P. 836.944* (Imp. Chem. Ind.) zufolge wird die Azetatzellulose beispielsweise mit dem Farbstoff gefärbt, welcher durch Reaktion von 4-Aminobromanthrachinonsulfosäure mit Aminoazobenzol entsteht. Das entsprechende Natriumsalz ist wasserlöslich und färbt die Azetatseide grün.

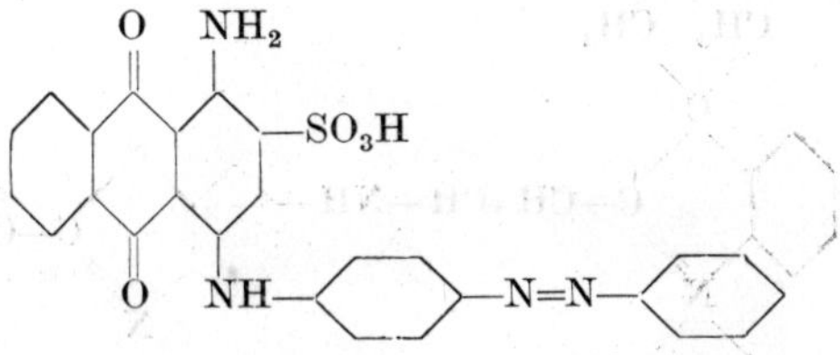

Die I.G. Farbenindustrie brachte ebenfalls mehrere wasserlösliche Farbstoffe, unter der Bezeichnung Astrazonfarbstoffe[1]) in den Handel, die zum Druck von Azetatseide bestimmt sind. Folgende Marken sind zur Zeit im Handel:

Astrazongelb 5G, 3G
Astrazonorange G, R
Astrazonrosa FG
Astrazonrot 6B
Astrazonblau B, G.

Die Astrazonfarbstoffe sind Cyanine, deren erster Vertreter Astraphloxin FF ist. Dieser Farbstoff wird durch Kondensation des Trimethylindolenins mit Diäthylorthoformiat erhalten.

Astraphloxin FF gibt sehr schöne, lebhafte Rosafärbung, deren Lichtechtheit jedoch nur mangelhaft ist.

Die asymmetrisch substituierten Derivate besitzen indessen gute Lichtechtheit. Diese Verbindungen entsprechen den Astrozonfarbstoffen der I.G. Farbenindustrie.

[1]) Dr. Bernardy, Die Astrazonfarbstoffe, Mell. 1939, April, S. 284.

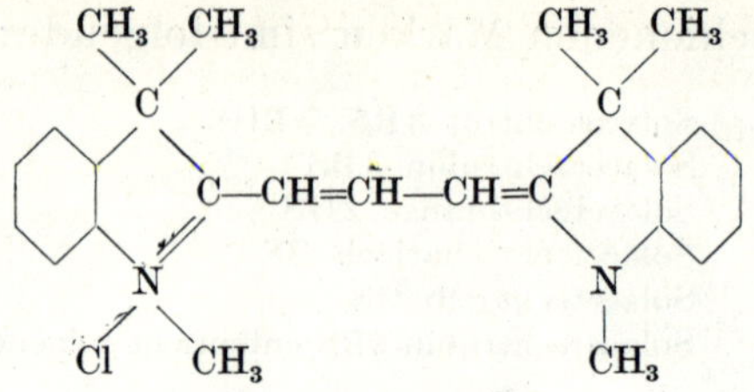

Astraphloxin FF

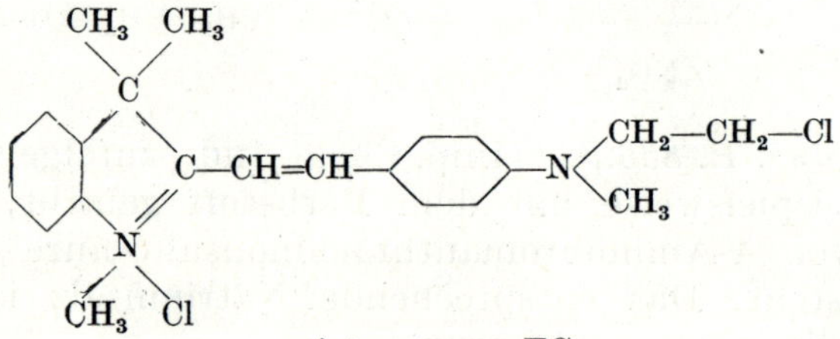

Astrazonrosa FG

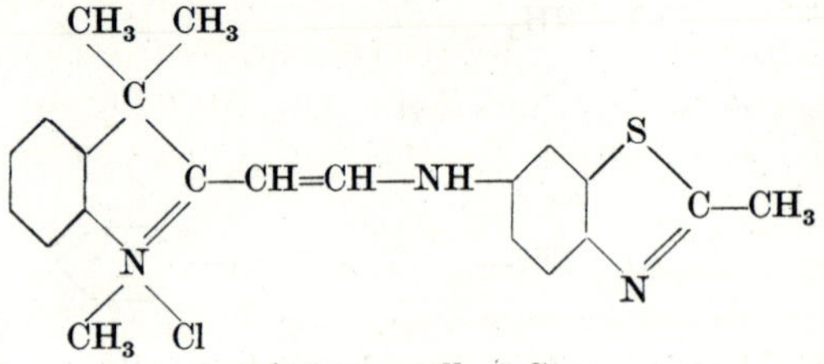

Astrazongelb 5 G

Alle diese Farbstoffe zeichnen sich durch ihren Glanz und höchste Lebhaftigkeit aus. Die Licht-, Wasser-, Wasch- und Seewasserechtheit sind ausserordentlich gut.

Diese Farbstoffe sind an sich unlöslich, jedoch durch die Einführung von Sulfogruppen löslich gemacht worden. Sie wurden hergestellt, um Färbungen auf Azetatzellulose ausgiebiger zu gestalten; jedoch waren die praktischen Versuche nicht sehr erfolgreich.

Man hoffte, durch die Anwendung dieser Farbstoffe eine bessere Reibechtheit auf Azetatzellulose-Wolle-Mischgeweben zu erzielen, jedoch verhalten sich diese Farbstoffe der Wolle gegenüber wie richtige saure Farbstoffe, so dass diese sehr stark davon angefärbt wird und somit eine gleichmässige Färbung nur sehr schwer erzielbar ist.

Nach *brit. P. 506.262* (24. 5. 1939), Dreyfus, kann Azetatzellulose mit Farbstoffen gefärbt werden, die mit einer Säure des Phosphors veresterte Hydroxyalkylgruppen enthalten, so dass ein saurer Ester entsteht. Im Patent wird folgendes Beispiel angeführt:

Zum Rotfärben von Azetatzellulose wird die Ware in einem Bad, welches Natriumchlorid und das Natriumsalz des Reaktionsproduktes von $POCl_3$ auf den Farbstoff, welcher durch Einwirkung von 4-Nitranilin auf Äthyl-(β-hydroxyäthyl-)aniline entsteht, enthält. Die Temperatur der Färbeflotte wird bei 70—75° C gehalten Die Färbedauer ist 1 Stunde. In dem Patent wird bemerkt, dass Azofarbstoffe, die durch Kuppeln von einer Diazoverbindung mit einem aromatischen Amin, bei welchem ein H-Atom der Aminogruppe durch ein Alkyl- oder mit einer Säure des Phosphors veresterter Oxyalkylrest substituiert ist, sich nicht zum Färben eignen.

D. R. P. 676.561 (15. 7. 1936) der I. G. Farbenindustrie: Waren aus Zelluloseestern, wie Azetatseide, und aus Zelluloseäthern lassen sich auf vorzügliche Weise färben und bedrucken, wenn man hierzu Azofarbstoffe aus diazotierten aromatischen Aminen, die in p-Stellung zur Aminogruppe durch eine Nitrogruppe substituiert sind, und solchen kupplungsfähigen aromatischen Aminen, die mindestens einmal einen Polyoxyalkylrest an ein Stickstoffatom gebunden enthalten, verwendet Man erhält diese z. B. durch Kondensation von aromatischen Aminen mit hydroxylgruppenhaltigen aliphatischen Aldehyden, insbesondere von Zuckern. Man färbt aus wässeriger Flotte bei etwa 70° C unter Zusatz von Ammoniumsalzen oder von Säuren.

D. R. P. 676.246 (3. 1. 1932), Ciba. Zum Färben bzw. Bedrucken von Textilien aus Zelluloseestern oder -äthern kommen die gefärbten Kondensationsprodukte, die aus Verbindungen, die umsetzungsfähige Methyl- oder Methylengruppen enthalten, mit aromatischen Aldehyden oder Nitroverbindungen und Ketonen entstehen. Geeignete Ausgangsstoffe sind z. B. Pyrazolone, Dioxychinoline, Barbitursäuren, Sulfazone, Methylindole, Diketohydriden, Chinaldine, Azeton, Azetophenon, Dihydroresorzine, Benzylcyanid, Cyanazetophenon und Rhodanine. Die betreffenden Kondensationsprodukte färben z. B. Azetatseide in gelben bis violetten Tönen, die sich durch ihre Ausgiebigkeit, Reinheit und gute Echtheitseigenschaften auszeichnen.

3. Färben mit speziellen Farbstoffen in löslicher Form.

Die rasche Entwicklung der Färbeverfahren der Azetatkunstseide veranlasste die Forscher, immer angestrengter die unlöslichen Farbstoffe, welche zu dieser Faser Affinität besitzen, in löslicher Form zu erhalten Die einzigen in Frage kommenden Farbstoffe besitzen aber eine Aminogruppe und sind aus diesem Grunde unlöslich Die Löslichkeit einer Verbindung wird gewöhnlich durch Einführung einer Sulfogruppe erreicht; jedoch vermindert diese Gruppe, wie von Clavel festgestellt wurde, die Affinität.

Es gelang, mehrere andere Verfahren zu finden, welche zur Löslichkeit dieser Farbstoffe führten und sie so zum Färben geeignet machten, die hier erwähnt werden sollen:

a) Löslichmachen durch Einführung der ω-Sulfogruppe (Green, Ionamine);

b) Bildung von Bisulfitderivaten (B.A.S.F. *brit. P. 204.280*, 1924); Einführung der COOH-Gruppe in die Seitenkette (Baddiley, Duranolfarbstoffe);

c) Anwendung der Glyzinderivate der Azofarbstoffe (M.L.B. *brit. P. 232.599*, 1925);

d) Darstellung des eine primäre Aminogruppe enthaltenden Bisulfit-Formol-Komplexes (*D.R.P. 432.100*);

e) Verwendung von Estern des Glykols oder des Glyzerins (*brit. P. 245.758*, Sandoz);

f) Einführung der $—CH_2—CH_2—OH$-Gruppe und Esterifizierung der OH-Gruppe, um schwefelsaure Ester zu bilden, von der Konstitutionsformel:

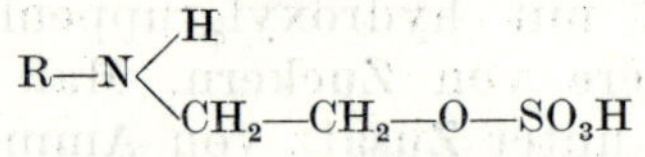

(*brit. P. 251.115*)

in welchem die Sulfogruppe sich am Kettenende befindet und an der Auxochromgruppe NH_2 gelagert ist, ohne dass hierdurch die Nuance des ursprünglichen Farbstoffes geändert wird.

Nach dieser Methode stellte man neue Verbindungen her, welche aber — ob es sich um Ionamine oder Sulfatofarbstoffe handelt — in Wirklichkeit nur eine Modifikation bereits bekannter Farbstoffe darstellen. Es sind saure Farbstoffe, die durch Anwendung eines originellen Prinzipes hergestellt werden, welches die salzbildende Sulfogruppe an das aminierte Auxochrom lagert, das heisst in die Seitenkette, wodurch sie leicht hydrolysierbar wird.

Die Ionamine[1]): Die Entdeckung der Ionamine durch Green und Saunders[2]) brachte eine grosse Umwälzung in der Färberei und in der Wahl der Farbstoffe für die Azetatzellulose. Durch Erhitzen einer von einer Azoaminoverbindung abstammenden Methyl-ω-Sulfosäure, wird diese langsam dissoziiert und die Azoaminobase in Freiheit gesetzt. Findet diese Dissoziation in Gegenwart von Azetatseide statt, so adsorbiert sie diese in Wasser schwerlösliche Base, nach Massgabe ihrer Entstehung.

---

[1]) *Brit. P. 200.873*, *212.029*, *212.030*, 1923; J. Soc. D. and Col., 1923, Jahrg. 39; J. Soc. D. and Col. 1924, Januar- und Maiheft; Lawrie, R.G.M.C. 1925, S. 227 und 260.

[2]) Green, Une nouvelle classe de colorants acides, R.G.M.C. 1923, S. 1 und 81. K. H. Saunders, Trans. J. chem. Soc. 121, S. 2667.

Die Ionamine sind leicht in saurer oder alkalischer Lösung hydrolysierbare Salze der ω-Sulfosäuren der löslichen Aminoverbindungen.

Die Hydrolyse der ω-Sulfosäuren ergibt ein Amin und ein Aldehyd-Bisulfitderivat. Die direkten Färbungen sind nicht immer genügend echt; man muss sie daher diazotieren und kuppeln.

Ein primäres oder sekundäres aromatisches Amin wird mit dem Formaldehyd-Bisulfitderivat kondensiert:

$$R{-}NH_2 + CH_2\begin{cases}OH\\ O{-}SO_3Na\end{cases} = H_2O + R{-}N\begin{cases}H\\ CH_2{-}SO_3Na\end{cases}$$

Die $=N{-}CH_2{-}SO_3Na$ (N-ω-Methylsulfo)-Gruppe ist leicht hydrolysierbar, wodurch das ursprüngliche Amin wieder regeneriert wird. Die von primären Aminen abstammenden oder freie Aminogruppen enthaltenden Ionamine können auf der Faser diazotiert werden und so neue Nuancen ergeben. Die von sekundären Aminen abgeleiteten Ionamine lassen sich nicht diazotieren und geben nur Farbtöne, welche sich bis zur Zeit auf Orange-Rot beschränken.

Durch Einführung der N-ω-Methylsulfogruppe in das Molekül verschiedener Farbstoffe kann man wasserlösliche Farbstoffe erhalten, aus welchen sich durch Hydrolyse, selbst mit verdünnten Säuren, der ursprüngliche Körper wieder abspaltet. So z. B. erhält man mit dem Farbstoff, welcher sich vom mit Bisulfitformaldehyd behandelten Dimethyl-di-p-Aminoazobenzol ableitet:

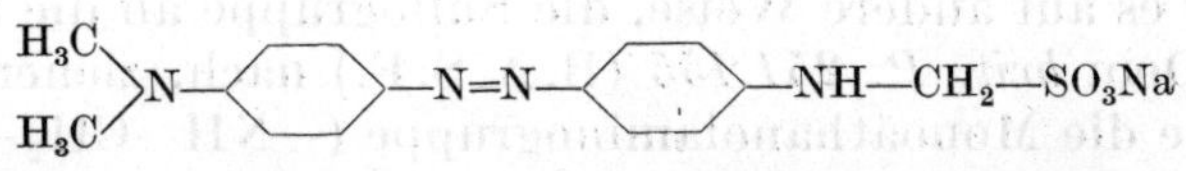

auf Azetatseide eine lebhafte gelbe Färbung, die sich auf der Faser diazotieren und kuppeln lässt.

Spätere Forschungen führten zum Aufbau von direkten Rotorangefarbstoffen, die sich von sekundären Aminen ableiten. Das mit der Äthylanilinmethyl-ω-Sulfosäure gekuppelte, diazotierte Dinitranilin gibt beispielsweise einen Farbstoff, welcher scharlachrot aufzieht.

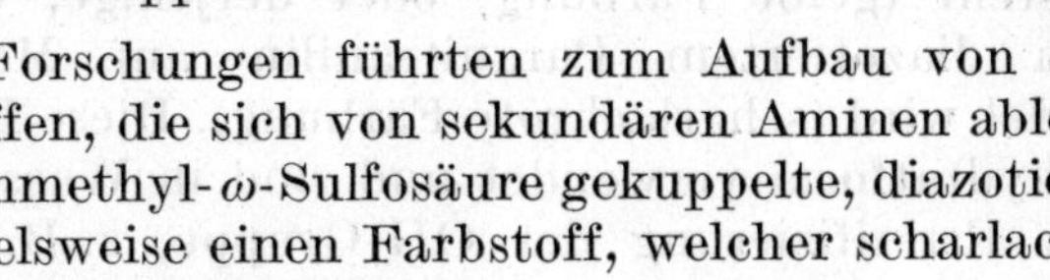

Ionamin KAS

Die Farbstoffe lassen sich in zwei Klassen einteilen, je nachdem sie nur eine oder zwei salzbildende Gruppen enthalten, wie

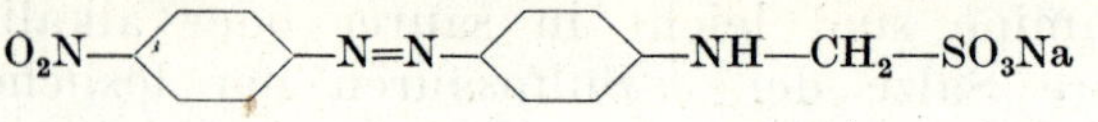

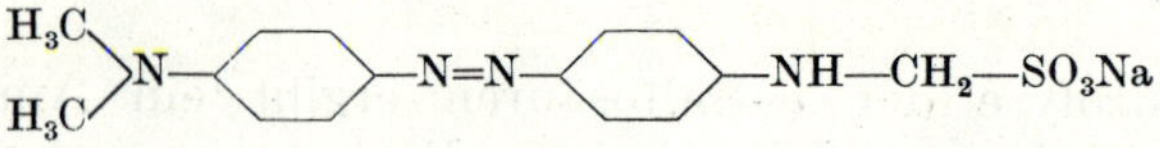

Im ersten Fall sind diese Derivate stabiler und lassen sich nur durch Säuren hydrolysieren, während im zweiten Fall ein einfaches Erwärmen ihrer wässerigen Lösung genügt. Diese Tatsache ist für das Färben der Mischfasern aus Baumwolle und Azetatzellulose von Bedeutung[1]). Erwähnt sei noch ein auf Azetatfaser direktziehendes Ionamin, welches durch Kondensation von Aminoazobenzol mit Benzaldehyd und Einwirken von Natriumbisulfit entsteht,

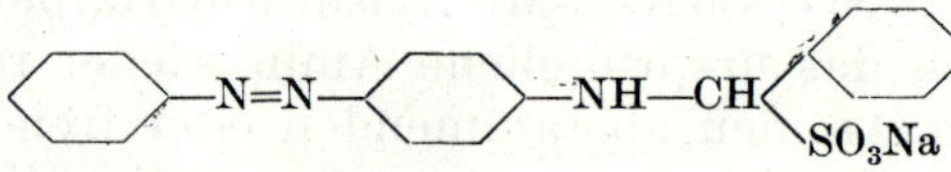

sowie das Derivat des Aminoazobenzols, welches durch Behandlung mit Bisulfitformaldehyd die Sulfosäure des Aminoazobenzols gibt und orange Färbungen erzeugt, die sich durch Diazotieren und Kuppeln mit β-Oxynaphtoesäure in ein schönes Bordeaux überführen lassen.

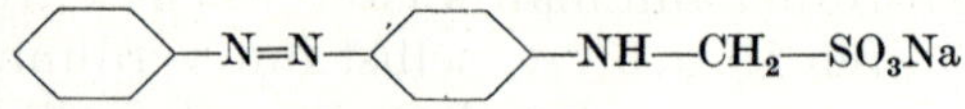

(Ionamin B)

Sulfatofarbstoffe. Green und Saunders von der Brit. Dyes Corp. gelang es auf andere Weise, die Sulfogruppe an die Seitenkette zu binden. Dem *brit. P. 251.155* (B.A.S.F.) nach, ziehen die Farbstoffe, welche die Monoäthanolaminogruppe ($-NH-CH_2-CH_2-OH$) enthalten, auf die Azetatfaser auf, so z. B. der Farbstoff, der durch Einwirkung des Monoäthanolanilinazetat auf diazotiertes Paranitranilin entsteht (gelbe Färbung) oder derjenige, welcher durch Reaktion von diazotiertem Paranitranilin auf Monoäthanol-m-Toluidin gebildet wird (scharlachrote Färbung). Diese Körper werden in ihrer Chlorhydratform verwendet und sind in Wasser nur schwer löslich. Durch Esterifizierung der OH-Gruppe, z. B. durch Überführen in schwefelsaure Ester, erhielten Green und Saunders sehr interessante Farbstoffe, welche sich von den Ionaminen dadurch unterscheiden, dass sie nur schwer, selbst in saurem Mittel, hydrolisierbar sind und nur in einem ziemlich konzentrierten sauren und heissen Bade aufziehen[2]).

[1]) J. Soc. D. and Col. 1924, Mai, S. 158.

[2]) *Brit. P. 181.750* von 1921; Green und Saunders, J. Soc. D. and Col. 1924, Januar und März; R.G.M.C. 1923, S. 81. K. H. Saunders, Trans. J. Chem. Soc. 121, S. 2667.

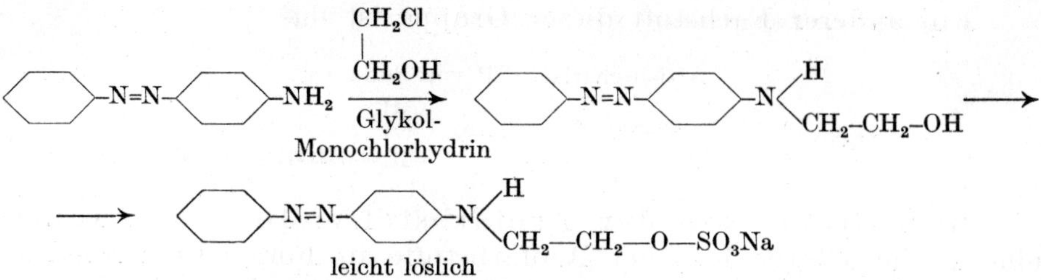

leicht löslich

Durch Einführung von Oxyalkylgruppen in Azofarbstoffe erhält man ebenfalls wasserunlösliche, aber leicht dispergierbare Farbstoffe, die für das Färben von Azetatzellulose von grossem Interesse sind.

Folgende Oxyäthylgruppen enthaltende Farbstoffe können beispielsweise erwähnt werden:

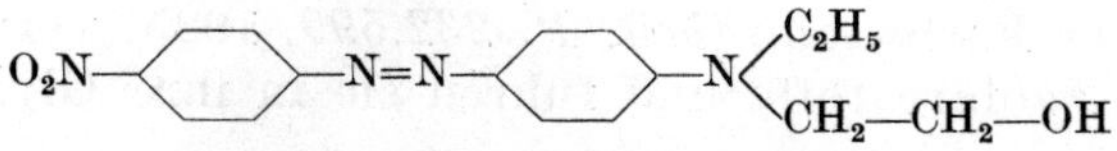

Setacyldirektrot 5 GBN von Geigy.

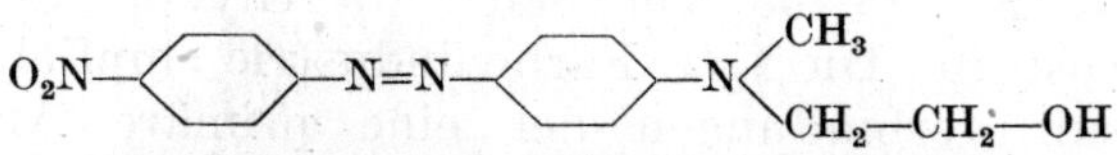

Ecarlate Acétoquinone NR von Kuhlmann.

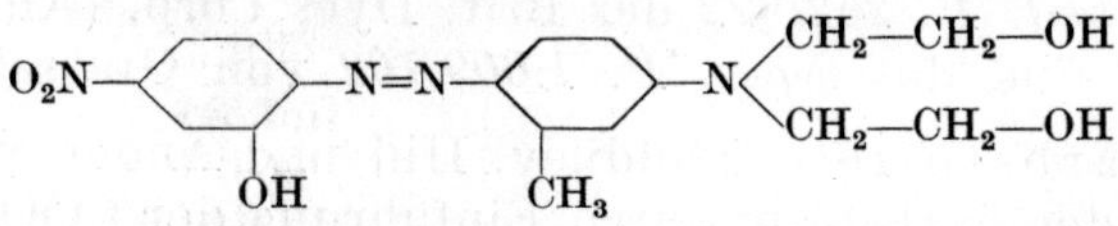

Cellitonrubin ätzbar BBF der I. G. Farbenindustrie.

Durch Veresterung der Hydroxylgruppen mit Schwefelsäure erhält man wasserlösliche schwefelsaure Ester, die den Solazetfarbstoffen der Imp. Chem. Ind. entsprechen.

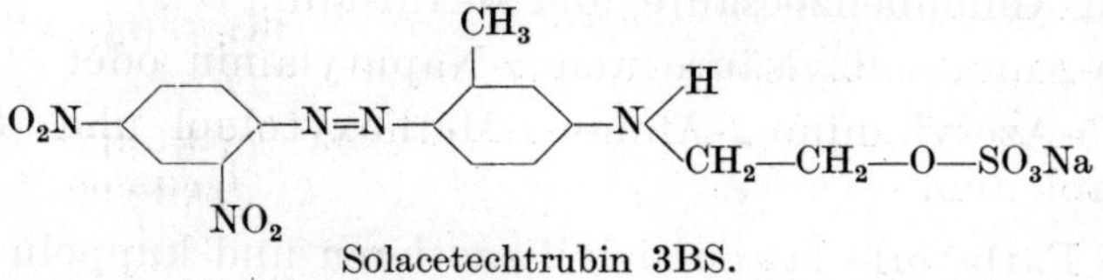

Solacetechtrubin 3BS.

Es war möglich, Farbstoffe herzustellen, die in der gleichen Kette mehrere Hydroxylgruppen enthalten.

So hat beispielsweise Geigy das Setacyldirektrot GBEM in den Handel gebracht, das folgender Formel entspricht:

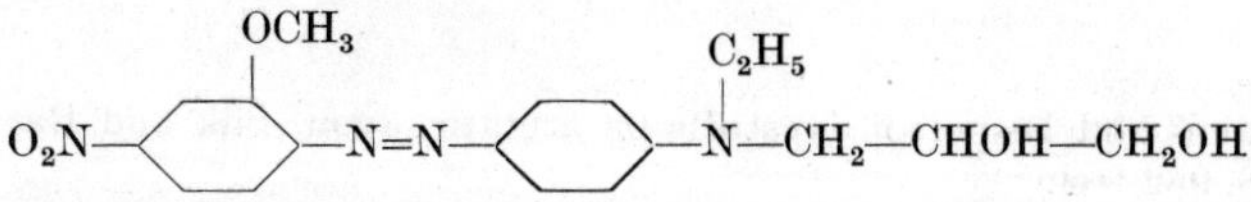

Ein anderer Farbstoff dieser Gruppe ist das

Artisilscharlach CP von Sandoz

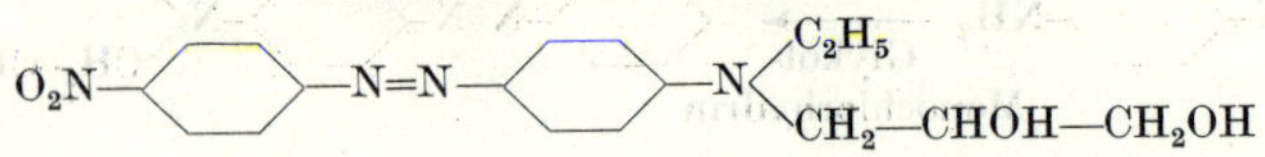

Bisulfitderivate der Azofarbstoffe: Die B.A.S.F. hat eine Reihe schwer löslicher Azofarbstoffe in Form ihrer Bisulfitderivaten patentiert (*brit. P. 204.280*, 1923). Man kuppelt ähnliche Basen, wie diejenigen, die zur Bildung von Ionaminen benützt werden, mit passenden Entwicklern und führt die erhaltenen Azokörper in ihre löslichen Bisulfitverbindungen über; so z. B. färbt die aus der Kupplung von diazotiertem Anilin mit Natrium-β-naphtolat erhaltene Verbindung, die Azetatfaser in schwach saurem Bade, gelb-orange.

Die Höchster Farbwerke (*brit. P. 232.599*, 1925) verwenden die schwerlöslichen Azofarbstoffe und führen sie in ihre Glyzinderivate über.

Sandoz (*brit. P. 245.758*) verwendet die Glykol- und Glyzerinester der Azofarbstoffe. Die I. G. Farbenindustrie empfiehlt, mit den Formaldehydbisulfitverbindungen der eine primäre Aminogruppe enthaltenden Azofarbstoffe zu färben (*D.R.P. 432.100*). Erwähnt seien noch das *brit. P. 252.922* der Brit. Dyes Corp. (Aminoanthrachinonderivate) und das *amer. P. 1.609.702* von Grasselli.

Duranolfarbstoffe[1]: Baddiley, Hill und Anderson bewirken die Löslichkeit der Farbstoffe durch Einführung der COOH-Gruppe. Diese Gruppe beeinflusst ihre Affinität zur Azetatseide nur wenig. Die beiden ersten *brit. P. 201.610* und *202.157* erwähnen nur die karboxylierten Aminoazofarbstoffe, welche keine Sulfogruppe enthalten und sich beispielsweise von

der m-Aminobenzoesäure und o-Anisidin,

der p-Aminosalizylsäure und α-Naphtylamin oder

dem 5-Azetylamino-2-Amino-4-Methoxytoluol und β-Oxynaphtoesäure ableiten.

Diese Farbstoffe lassen sich diazotieren und kuppeln und geben auf Azetatseide eine ganze Reihe sehr verschiedener und echter Färbungen.

Dieses Verfahren wurde auf Aminoanthrachinonderivate ausgedehnt (*brit. P. 207.711*, 1923; *227.923*, 1925; *franz. P. 565.552* und *569.080; brit. P. 228.634*, 1925, Scot. Dyes. Ltd. sowie *brit. P. 231.897*, Geigy).

---

[1]) Duranol- and Dispersol dyestuffs on acetate rayon, Silk and Rayon 1946, XX, Augustheft, S. 982/984.

Auf diese Weise gelang es, blaue Farbstoffe herzustellen, die nicht im Azofarbstoffassortiment existieren und sich durch die hervorragende Echtheit der Anthrachinonderivaten auszeichnen (R.G.M.C. 1925, S. 227 und 260.)

Die karboxylierten Anthrachinonderivate werden nach den zwei folgenden Methoden hergestellt:

a) Durch Kondensation eines Aminoanthrachinons mit dem Salizylsäuresulfochlorid.

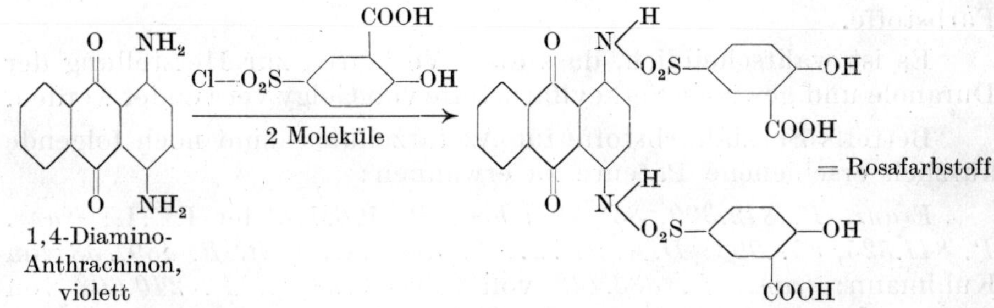

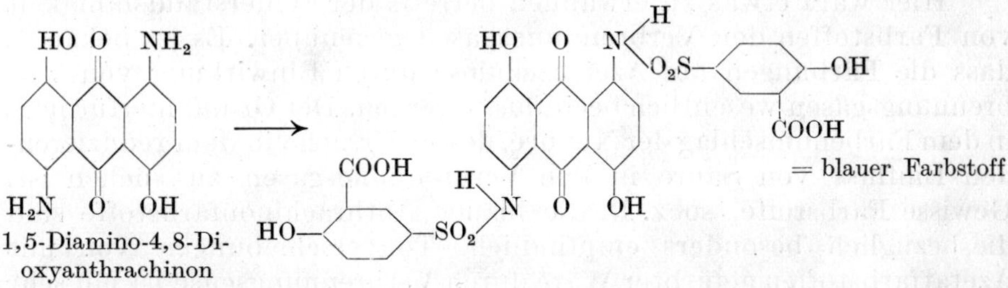

b) Durch Kondensation eines halogenierten Anthrachinons mit einer Aminokarbonsäure, z. B. die Anthranilsäure.

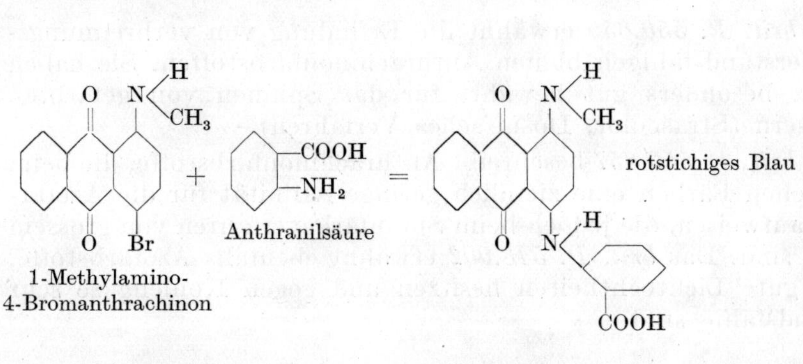

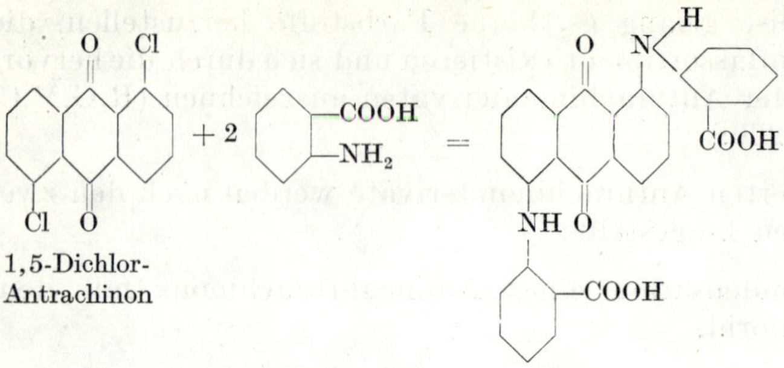

1,5-Dichlor-Antrachinon

violettstichiges Rot

Das Dichloranthrarufin gibt mit der Anthranilsäure blau-grüne Farbstoffe.

Es ist wahrscheinlich, dass diese Verfahren zur Herstellung der Duranole und gewisser Setacylfarbstoffe von Geigy verwendet werden.

Betreffs Spezialfarbstoffe für Azetatzellulose sind noch folgende kürzlich erschienene Patente zu erwähnen:

Franz. P. 842.309, 856.587; brit. P. 506.526 der I.C.I.; *franz. P. 841.525, 857.092; D.R.P. 727.387* der I.G.; *brit. P. 489.738* von Kuhlmann; *franz. P. 883.142* von Ciba; *schweiz. P. 210.608* von Sandoz; *brit. P. 483.278* und *503.768* der Celanese.

Hier wäre etwas zu erwähnen betreffs der Widerstandsfähigkeit von Farbstoffen den Verbrennungsgasen gegenüber. Es ist bekannt, dass die Färbungen auf Azetatzellulose durch Einwirkung von Verbrennungsgasen wesentlich beeinflusst werden. Der Grund hierfür liegt in dem Farbenumschlag der Nuance, dessen Ursache in dem reduzierenden Einfluss von Säure in den Verbrennungsgasen zu suchen ist. Gewisse Farbstoffe, so z. B. die blauen Anthrachinonfarbstoffe sind diesbezüglich besonders empfindlich. Tonverschiebungen von mit Azetatfarbstoffen gefärbter Ware durch Verbrennungsgase ist ein sehr unerwünschtes Übel, was auf eine eventuelle Reduktion des Farbstoffes zurückzuführen ist. Gewisse Farbstoffe, wie z. B. die blauen Anthrachinonfarbstoffe, sind gegen Kohlengase ganz besonders empfindlich.

Das *brit. P. 550.659* erwähnt die Erfindung von verbrennungsgasenwiderstandsfähigen blauen Anthrachinonfarbstoffen. Sie haben sich ganz besonders gut bewährt für das Spinnen von gefärbten Azetatfasern (Strascolor, Dosne'sches Verfahren).

Das *brit. P. 550.657* beschreibt Anthrachinonfarbstoffe, die beim gewöhnlichen Färben eine ziemlich geringe Affinität für die Azetatzellulose aufweisen, die jedoch beim Spinnfärbeverfahren von grossem Interesse sind. Das *brit. P. 548.902* erwähnt ebenfalls Azofarbstoffe, die sehr gute Lichtechtheiten besitzen und gegen Kohlengase sehr widerstandsfähig sind.

In derselben Gedankenfolge findet man noch das *brit. P.548.876*, das ein Verfahren beschreibt, nach welchem man Tonverschiebungen durch Gase Abhilfe leisten kann, indem man eine Behandlung anschliesst mit Arylbiguaniden der allgemeinen Formel

$$\begin{array}{ccccccccc} R & - & N & - & C & - & NH & - & C & - & NH_2 \\ & & | & & \| & & & & \| & & \\ & & R & & NH & & & & NH & & \end{array}$$

Im *brit. P. 569.557* von H. C. Holpin und S. A. Gibson (British Celanese) wird hervorgehoben, dass die Färbungen mit Aminoanthrachinonfarbstoffen (insbesondere 1.Amino-4-Oxy- bzw. 1,4-Diaminoanthrachinon, in welchem eine oder zwei Aminogruppen ein Alkyl- oder Hydroxyalkyl enthalten) auf Azetatzellulose nur wenig widerstandsfähig gegenüber den Verbrennungsgasen sind.

Diese nur geringe Widerstandsfähigkeit kann jedoch durch Verwendung von wasserunlöslichen Kondensationsprodukten erhöht werden. Patentgemäss kommen solche Produkte in Betracht, die durch Einwirkung von Formaldehyd oder anderen Aldehyden auf Aminotriazine, wie Melamin, erhalten werden.

Beispiel: 63 Teile Melamin werden 225 Teile Formaldehyd 40% bei 50° C zugegeben. Die Mischung wird bei 50—55° C während einer Stunde gehalten. Die Lösung wird filtriert und mit 20 Teilen Ameisensäure 85% versetzt. Zuletzt giesst man diese Mischung in 6000 Teile Wasser. Mit dieser Lösung pflatscht man das mit 1-Methylamino-4-Äthanolaminoanthrachinon gefärbte Azetatkunstseidegewebe auf dem Foulard in der Weise, dass auf dem Färbegut dessen Gewicht der oben erwähnten Lösung verbleibt. Hierauf wird die Ware bei 60—70° C getrocknet und dann während 20 Minuten bei 130° C erhitzt.

Die so erhaltene Färbung besitzt eine sehr grosse Widerstandsfähigkeit gegenüber den Verbrennungsgasen.

Die Wärmebehandlung bewirkt keine Nuancenänderung. Obwohl die Möglichkeit besteht, die Ware vor dem Färben mit dem Kondensationsprodukt zu behandeln, ist es vorzuziehen, nach der beschriebenen Methode zu arbeiten, da sich die Ware hierbei besser annetzen lässt.

Das Färben mit aromatischen Aminen.

Knoevenagel hatte festgestellt, dass die Azetatzellulose befähigt ist, eine grosse Anzahl Körper, wie Phenole, aromatische Amine usw., zu adsorbieren. Sein Färbeverfahren (*D.R.P. 198.008* und *199.559*, 1907, Knoll, welche heute verfallen sind) beruhte auf dem Diazotieren der auf der Faser fixierten aromatischen Aminen und darauffolgendes Kuppeln mit geeigneten Phenolen[1]).

[1]) Siehe Kartaschoff, Das Färben der Azetatkunstseide, Dissertation, Basel 1926, und Green, Theorie des Färbens, J. Soc. D. and Col. 1923, S. 10.

Das Knoevenagel'sche Verfahren wurde von den Farbenfabriken wieder aufgegriffen, welche diesbezügliche Produkte unter den verschiedensten Bezeichnungen auf den Markt brachten:

Azonine	Cassella
Azanile	M.L.B.
Silikone	Griesheim-Elektron
Acedronole	B.A.S.F.
Azole	A.G.F.A.
Acétonines	Kuhlmann
Acétylines	Saint-Denis
Cellitazole	Bayer & Cie. und I. G. Farbenindustrie
Cibacetdiazo	Ciba

Diese Produkte ergeben mit den verschiedenen Entwicklern Färbungen von ganz unterschiedlichen Echtheitseigenschaften. Die in Betracht kommenden Entwickler sind (siehe Kapitel VI):

Entwickler	G der I. G	entsprechend	γ-Säure; 2-Amino-8-Naphtol-6-Natriumsulfonat
„	F konz.	„	Resorzin
„	A	„	β-Natriumnaphtolat
„	BS	„	Monoäthyl-β-Naphtylaminchlorhydrat
„	ON	„	2-Oxy-3-Naphtoesäure
„	ORB	„	

Für die Auflösung der Amine benutzt man entweder Ameisensäure oder Salzsäure, z. B.

1 kg Cellitazol B
30 T. kochendes Wasser
2 T. Salzsäure 20° Bé

Die Färbung wird ohne jeglichen Zusatz durchgeführt. Man geht bei 40° C mit dem Stoff bzw. mit dem Fasen ein und steigert die Temperatur auf 75° C, spült und diazotiert.

Die Diazotierung vollzieht sich wie bei substantiven Farbstoffen. Es ist empfehlenswert Licht, Sonne, Eisen- und Kupfergefässe zu vermeiden.

Man diazotiert während einer halben Stunde kalt in einem Bad von

$$2\ g\ NaNO_2 + 5\ cm^3\ HCl\ 20^0\ Bé\ im\ Liter,$$

spült und entwickelt ebenfalls in kaltem oder lauwarmem Bade während 3/4 Stunden. Die Auflösung des Entwicklers wird in Wasser (Entwickler A, F konz. J), in Salzsäure (BS) oder noch in NaOH 38° Bé (ON) erhalten.

D. R. P. 745.751 der Imp. Chem. Ind. (15. 7. 1936, ausgegeben am 5. Mai 1944): Es wurde gefunden, dass Zelluloseester, z. B. Zelluloseazetat, -formiat, -propionat oder -butyrat, in Form von Fasern,

Garn, Wirk- oder Webwaren, Affinität für eine Reihe von Diazoimino- oder Triazenverbindungen besitzen, die durch Säurebehandlung Diazoniumverbindungen liefern und deshalb die Herstellung von Azofarbstoffen auf den Zellulosederivaten ermöglichen.

Zu diesem Zweck wird die Ware mit einer wässerigen, neutralen oder schwach alkalischen Lösung oder Aufschwemmung einer Diazoimino- oder Triazenverbindung behandelt, die in bekannter Weise durch Umsetzen eines diazotierten, primären, aromatischen Amins ohne wasserlöslichmachende Gruppen mit einem sekundären aliphatischen Amin, das OH-Gruppen, aber keine Sulfo- oder Karboxylgruppen enthalten darf, mit Ausnahme von sekundären, aliphatischen Aminen, die mehr als zwei Äthenoxygruppen enthalten, oder mit Cyanamid-, Cyanamidkarbonsäure oder zykloaliphatischen Stickstoffbasen erhalten werden (vgl. die *D. R. P. 525.399* und *526.879; franz. P. 777.401* und *brit. P. 429.618*). Die Ware wird gleichzeitig oder anschliessend mit einer Azokomponente behandelt. Dann wird der Farbstoff in einem säurehaltigen, wässerigen Bade, welches erforderlichenfalls die Azokomponente enthalten kann, auf der Faser entwickelt.

D. R. P. 641.277 von E. I. du Pont de Nemours, Wilmington (Delaware, USA.) vom 19. Dezember 1933, ausgegeben am 26. Januar 1937. Während die zum Färben von Azetatzellulose bereits vorgeschlagenen Nitroacridine eine verhältnismässig geringe Farbstärke aufweisen und auch wenig licht-, säure- und schweissecht sind, desgleichen auch das ebenfalls schon vorgeschlagene Aminoacridon nur eine unzureichende Lichtechtheit aufweist, wurde gefunden, dass sich das 1-Nitroacridon den genannten Verbindungen gegenüber durch erheblich grössere Farbstärke und bessere Echtheitseigenschaften auszeichnet.

Das Aufbringen des 1-Nitroacridons auf die Faser kann nach irgendeinem der bekannten Färbeverfahren für Azetatseide mit wasserunlöslichen oder wenig löslichen Farbstoffen erfolgen. Im allgemeinen bestehen diese Verfahren in der Herstellung einer wässerigen Farbstoffdispersion, sei es auf mechanische Weise, sei es mit Hilfe eines Emulgier- oder Dispergiermittels, Eintauchen der Faser in diese Dispersion und nachfolgendem Erwärmen auf eine nicht über dem Siedepunkt des Wassers liegende Temperatur.

Die Buntcellitazole kommen in erster Linie für überfärbeechte Effekte in Betracht, während Marineblau und Schwarz darüber hinaus vorteilhaft auch in der Stückfärberei Verwendung finden.

4. Färbeverfahren auf der Quellung der Faser beruhend.

Betreffs der Verfahren, welche auf Zusatz von Lösungsmitteln beruhen, seien vor allem die Forschungen Knoevenagels erwähnt, die in den Patenten von Knoll (*D. R. P. 198.008*, *199.559* vom Jahre

1907) festgelegt sind, sowie die Patente der A.G.F.A. (*D.R.P. 193.135*, 1905 und *franz. P. 383.636*). Man löst den Farbstoff in Methyl- oder Äthylalkohol, in Azeton oder in Eisessig auf und gibt diese Lösung dem Färbebad zu. Die Faser quillt rasch auf und adsorbiert eine grössere Menge Farbstoff. Die Zugabe von Anilin sowie von Seifenlösung erhöht die Affinität. Mittels dieser Methode hat Knoll Färbungen mit wenig- oder unlöslichen Farbstoffen erzeugt, namentlich mit Küpen- und Anthrazenfarbstoffen.

Nach dem *franz. P. 579.896*, 1924 der Rhodiaceta, um das Aufziehen von basischen Farbstoffen auf Azetatseide zu bewirken, gibt man dem Färbebade aromatische Sulfosäuren zu, welche eine oder mehrere Hydroxylgruppen enthalten.

Im *D.R.P. 228.867* von 1907 empfiehlt Donnersmark Hilfsmittel, wie Azetin oder Glykolester; nach Bayer & Cie. (*franz. P. 215.373*, 1924) werden Pyridin und seine Homologe angeführt.

Ein naheliegendes Verfahren wird von der Firma Kuhlmann vorgeschlagen, welche zu diesem Zwecke Pyridinderivate unter dem Namen Acétanol N und NT auf den Markt bringt.

Durch persönliche Versuche haben wir feststellen können, dass ein Zusatz von Resorzin eine sehr günstige Wirkung auf die Fixierung der basischen Farbstoffe auf Azetatseide hat (Tiba 1924, S. 27).

Das Verfahren der Rhodiaceta-P. Audry, in folgenden Patenten niedergelegt: *D. R. P. 687.062* (30. 12. 1937), *brit. P. 506.588* und *franz. P. 842.967*, wäre hier zu erwähnen.

Die Spezialfarbstoffe für Azetatzellulose sind, wie oben schon erwähnt, unlöslich in Wasser, jedoch löslich in gewissen organischen Lösungsmitteln. Diese organischen Lösungen, im Gegensatz zu den wässerigen Aufschlemmungen, sind also vollständig in der Lage, die Faser zu durchtränken, wodurch der Farbstoff, nachdem man das Lösungsmittel verflüchtigt hat, in der Faser selbst fixiert ist. Das Trockenfärben besteht also lediglich in einer Imprägnierung auf dem Foulard und einer nachträglichen Verdämpfung des Lösungsmittels, wobei praktisch eine augenblickliche Anfärbung der Faser stattfindet. Natürlich liegt der Erfolg dieses Verfahrens in der richtigen Auswahl des Lösungsmittels, das hier allein ausschlaggebend ist. Das Lösungsmittel soll einerseits ein hohes Lösungsvermögen für den verwendeten Farbstoff haben und andererseits ein gutes Eindringungsvermögen der Azetatfaser gegenüber besitzen.

P. Audry der Rhodiaceta hat das Verfahren der obenerwähnten Patente ausgearbeitet. Man verwendet ein Gemisch von Tetrahydrofurfuralkohol und einem flüchtigen Lösungsmittel. Nach Joly soll der Gebrauch von einem bestimmten Ester des Tetrahydrofurans oder eines seiner Homologen sehr interessante Ergebnisse erbracht haben, insbesondere beim Färben von Polyvinylfasern (*franz. P. 865.918* der Rhodiaceta und *canad. P. 394.253* der C.C.C.C.).

Tetrahydrofurfuralkohol ist ein ausgezeichnetes Lösungsmittel für Farbstoffe, die zum Färben von Zelluloseestern benutzt werden. Furfuralkohol selbst ist nicht brauchbar, weil er quellend wirkt und die Gebilde steif und unbrauchbar macht. Er lässt sich ohne weiteres mit Kohlenwasserstoffen, chlorierten Kohlenwasserstoffen, Estern, Ketonen, organischen Säuren sowie mit flüchtigen aliphatischen Alkoholen verdünnen. Im Patent wird folgendes Beispiel angegeben:

Ein Taffetas, bestehend aus Azetatzellulose, sowohl Kette als auch Schuss, wird auf einem Foulard mit einer Lösung von

5 g	1-Oxy-4,5,8-Triaminoanthrachinon
100 g	Tetrahydrofurfuralkohol
900 g	Tetrachlorkohlenstoff, gefärbt

Der Stoff färbt sich himmelblau an, indem er seinen weichen Griff behält.

In einem zweiten Beispiel, welches im *brit. P. 506.588* angegeben wird, behandelt man ein Satin aus Azetatseide und Naturseide auf dem Foulard in einem Färbebad bestehend aus

1—10 g	1,4,5,8-Tetraaminoanthrachinon
40 g	Cyanol FF
200 cm³	Tetrahydrofurfuralkohol
50 ,,	Äthylazetat
750 ,,	Benzol

Nach dem Färben wird auf 75% ausgequetscht und das Lösungsmittel verflüchtigt, indem man die Ware durch einen Dampfkessel führt.

Das *franz. P. 865.918* (31. 5. 1940), ebenfalls von der Rhodiaceta ausgegeben, ist eine Ergänzung zum *franz. P. 842.967*.

In derselben Gedankenfolge macht die Rhodiaceta in ihrer *Patentanmeldung 481.512*[1]) darauf aufmerksam, dass sehr interessante Ergebnisse erzielt worden sind mit Farbstofflösungen in einem Tetrahydrofuran von der allgemeinen Formel

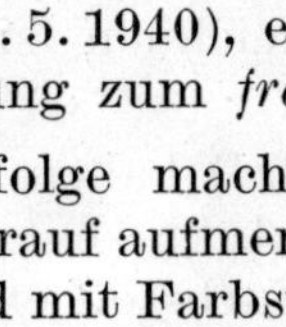

wo R_1, R_2, R_3, R_4, Wasserstoffatome oder Alkylreste bedeuten.

[1]) *Franz. P. 913.917* (angem. 20. April, 1942, ausgegeben 14. Juni 1945), Rhodiaceta. Textiles, 1947, Märzheft, S. 74, I. No. 222.

Nach diesem Verfahren findet die Färbung in organischem oder hydroorganischem Mittel fast augenblicklich statt. Diese Lösungen können ebenfalls nach erfolgter Verdünnung oder Dispersion in wässerigem Mittel verwendet werden. In gewissen Fällen kann das von der gefärbten Faser zurückgehaltene Lösungsmittel, dank seiner Flüchtigkeit, rasch entfernt werden.

Nach der provisorischen französischen *Patentanmeldung 467.370* vom 1. Juli 1943, von derselben Firma, besteht das Lösungsmittel aus Epoxy-2,6-Hexanol-1, das ein vorzügliches, bis heute unübertroffenes Farbstofflösungsmittel darstellt. Dank seines guten Lösungsvermögens kann in Gegenwart von viel Wasser gearbeitet werden.

Lösungsversuche bei 25° C von 1,4,5,8-Tetraaminoanthrachinon in verschiedenen Lösungsmitteln, haben zu den folgenden Ergebnissen geführt:

Äthylalkohol	Sättigung bei 0,25% Gw. %
Tetrahydrofuran	Sättigung bei 5,4 % Gw. %
Tetrahydrofurfuralkohol ..	Sättigung bei 10,9 % Gw. %
Epoxy-2-6 Hexanol-1 ...	Sättigung bei 16 % Gw. %

In *D.R.P. 711.328* (19.2.1938) schützt die I.G. Farbenindustrie ein Verfahren zur Herstellung von Azofarbstoffen auf Zelluloseestern und -äthern. Aminonaphtole, welche mindestens eine kupplungsfähige freie Stelle im Naphtalinring enthalten, werden auf die Zelluloseverbindungen aufgebracht oder in ihnen gelöst, worauf man diazotiert und durch Behandlung mit säureabstumpfenden oder alkalisch wirkenden Mitteln Selbstkuppelung bewirkt. Bei diesem Verfahren erübrigt sich also die Verwendung einer besonderen Kupplungskomponente, da das auf die Faser gebrachte Aminonaphtol gleichzeitig als Diazotierungs- und als Kupplungskomponente wirkt. Die so erhaltenen Färbungen zeichnen sich durch besondere Waschechtheit aus.

R. Clavel und T. Stanisz[1]) haben erkannt, dass die Azetatfaser Affinität für zahlreiche Produkte hat und dass diese Affinität mit der Gegenwart gewisser im Farbstoff enthaltenen Gruppen schwankt, unh zwar durch das Vorhandensein von Amino—NH_2, Imino=NH, Nitroso—NO, Isonitroso=NOH, Azylamino—NH—CO—R und Azogruppen—N=N— vergrössert, während durch die SO_3H-Gruppe vermindert wird.

Die Arbeiten dieser beiden Forscher sind in den *D.R.P. 182.830; brit. P. 176.535*, 1922, *187.964*, *191.553*, *194.840*, *199.554*, *204.179*, 1923, und in der R.G.M.C. 1923, S. 5, 105, 145, 167 sowie 1924, S. 94,

[2]) Dr. René Clavel und Dr. Th. Stanisz, Teinture de la soie artificielle à l'acétate, R.G.M.C. 1923, S. 145 und 167; 1924, S. 94, 158, 222; M.L.G. Lawrie, R.G.M.C. 1925, S. 227 und 260. J. Soc. D. and Col. 1920, S. 311; Briggs, J. Soc. D. and Col. 1921, S. 287.

161, 222; ebenso in den *franz. P. 542.892*, 1921, *567.919*, 1922 und im *amer. P. 1.448.432* niedergelegt.

Betreffs des Einflusses der Sulfogruppen, sind noch folgende Ausnahmen zu erwähnen: im *brit. P. 226.948* (Brit. Dyestuff Corp.-Frank), die Verwendung von p-Nitranilin-o-Sulfosäure, gemäss *amer. P.1.599.748* von Grasselli, die von Nitroarylazodiäthylanilin-m-Sulfosäuren.

Bayer (*D.R.P. 417.176*) empfiehlt die Verwendung der von der 2,6-Dinitroanilin-4-Sulfosäure ausgehenden Azofarbstoffe und die I.G. Farbenindustrie (*D.R.P. 441.325; brit. P. 245.790* und *258.611*) die Derivate der Sulfanilsäure, z. B. den gelben Farbstoff aus Sulfanilsäure ⟶ Phenol ⟵ m-Phenylendiamin usw.

Hall hat nachgewiesen, dass die Affinität der Farbstoffe für die Azetatseide in folgender Reihenfolge der in ihr enthaltenen Gruppen zunimmt: Sulfo, Arsen, Antimon und Karboxylgruppen (Journ. Text. Institute 1926, S. 104). Kartaschoff hat beobachtet, dass die Sulfogruppe im freien Zustand mehr Affinität zeigt als ihre Salze. Franck hat bereits erwähnt, dass die Wirkung der Sulfogruppe von ihrer Stellung im Farbstoffmolekül abhängt, und er fand, dass ihre Stellung in ortho oder peri zur Azogruppe die Affinität zur Azetatseidenfaser nicht beeinträchtigt.

Der günstige Einfluss der COOH-Gruppe wurde von Baddiley in anschaulicher Weise bewiesen. Es gelang tatsächlich diesem Forscher, durch Einführung der Karboxylgruppe in die Seitenkette einer basischen Verbindung von Azo- oder Anthrachinonderivaten, eine ganze Reihe löslicher Farbstoffe zu bilden, welche auf Azetatseide ziehen. (Siehe auch *brit. P. 202.157* und Sanderson, J. Soc. D. and Col. 1922, S. 163.)

In *brit. P.-Anmeldung 20.374* (20.10.1943) der Brit. Celanese Ltd. wird ein Verfahren zum Färben von Azetatkunstseide auf dem Foulard geschützt, dadurch gekennzeichnet, dass man alkohollösliche Farbstoffe in Gegenwart von Quellmitteln (Alkohol, Essigsäure, Alkalirhodanid) verwendet. Als Farbstoffe werden Direkt- und Säurefarbstoffe, Küpenschwefelsäureester, eventuell in Mischung mit Dispersionsfarbstoffen, vorgeschlagen.

Basische Farbstoffe.

Die Affinität für basische Farbstoffe ist stark ausgesprochen, und in gewissen Fällen kann man mit ihnen recht dunkle Färbungen erzeugen. Ein basischer Farbstoff färbt die Azetatfaser um so intensiver, je basischer er ist. Man beobachtet nämlich, dass die Triphenylmethanfarbstoffe (Fuchsin, Kristallviolett, Malachitgrün) dunkle Färbungen geben, während mit dem schwächer basischen Rhodamin nur mittlere Farbtöne erhältlich sind (neutralisierende Wirkung der elektronegativen COOH-Gruppen). Die sulfonierten Farbstoffe der Triphenylmethanreihe, wie Fuchsin S, Säureviolett und Alkaliblau, entbehren jeglicher Affinität. Wenn das Farbstoffmolekül nur eine Sulfogruppe enthält, kann es vorkommen, dass ihr negativer Einfluss durch eine aktive NH_2-Gruppe genügend ausgeglichen wird, und in diesem Fall kann der Farbstoff noch ausreichende Farbtöne geben (Metanilgelb, Toluylenbraun). Es ist bewiesen, dass der basische Farbstoff von kleiner Molekulargrösse und sehr basisch sein muss, um genügende Affinität zu besitzen. Clavel hat als erster festgestellt, dass ein ganz bestimmtes Verhältnis zwischen dem chemischen Aufbau des Farbstoffes und der Affinität zur Azetatfaser besteht; die beiden ausschlaggebenden Faktoren sind: der Basizitätsgrad des Farbstoffes und seine Molekulargrösse. Die Affinität kann andererseits bedeutend erhöht werden durch Zusatz gewisser Produkte, welche entweder eine Quellung der Faser vor dem Färben erzeugen oder eine Verminderung der Hydrolyse des Farbstoffes bewirken und hierdurch eine Vergrösserung des Dispersionsgrades seiner kolloidalen Lösung verhindern.

In diesem Sinne empfiehlt Clavel (*franz. P. 528.230*, 1920, *brit. P. 172.730*, 1922) die Zugabe neutraler Salze, wie Chlornatrium, Chlormagnesium oder Chlorzink. Um das eventuelle Ausfallen des Farbstoffes zu verhindern, ist es angezeigt, kolloidale Schutzmittel (Natriumsulforizinate, Leim, Gelatine) zuzusetzen. Bayer & Cie. geben dem Färbebad Nitrate, Chlorate oder Nitrite zu (*franz. P. 577.807*, 1924). Zu diesem Zwecke haben mehrere Firmen gewisse Produkte auf den Markt gebracht, so z. B. Celloxan (I. G.)[1], Azetan (Weiler-ter-Meer), Setacylsalz (Geigy) und die Beize für Azetatseide (B.A.S.F.).

Das *brit. P. 179.384*, 1922, von Burgess, Ledward & Cie. beruht ebenfalls auf Zugabe von Schutzkolloiden, und zwar wird die kolloidale Lösung des Farbstoffes in einem Bade erhalten, welches Gummi und ein Metallsalz, wie Stannat, Molybdat oder eine mehrbasische organische Säure enthält. (Siehe die Arbeiten von Sanderson, J. Soc. D. and Col. 1923, Juniheft und Lawrie, J. Soc. D. and Col. 1924, Märzheft.)

Gillet et Fils (*franz. P. 570.264*) tauchen die Azetatfaser längere Zeit (ungefähr 12 Stunden) in eine kalte Permanganatlösung (20 bis 40 g $KMnO_4$ pro Liter) ein. Die Faser wird darauf abgequetscht, gewaschen und bis zum vollständigen Verschwinden der braunen Färbung, in einer kalten Lösung von 15% Natriumbisulfit 36° Bé und 5—10% Salzsäure von 20° Bé eingetaucht, darauf wird sie gewaschen und mit basischen Farbstoffen gefärbt.

[1]) Celloxan entspricht einer Lösung von Dipiperidylnitrat und Zinknitrat. Dieses Produkt wird insbesondere für Astrazonfarbstoffe empfohlen.

Mario Michels (Vortrag vom 11. Dezember 1926, Mülhauser Sektion der Société Chimique de France) beweist, dass es nicht die Azetatzellulose ist, welche ein lösendes Vermögen für die basischen Farbstoffe hat, sondern die Sulfoazetatzellulose; so z. B. wird eine Faser, welche nur 0,2% Azetosulfat enthält, fast nicht durch basische Farbstoffe gefärbt, während sie bei 1,5% Azetosulfatgehalt sehr intensiv gefärbt wird.

Färbungen mit basischen Farbstoffen auf Azetatseide werden nach dem *franz. P. 824.110* (Ciba) durch eine Nachbehandlung mit sauren Hilfsmitteln, solche mit sauren Farbstoffen durch kationaktive Mittel (Aminophenyltrimethylammoniummethylsulfat) echter gemacht.

Beizenfarbstoffe.

Nach dem *brit. P. 240.293*, 1924, der Brit. Dyes Cie. kann man die Azetatseide mit Beizenfarbstoffen färben, wenn man die Faser mit Metallsalzen (Sulfocyanate, Salicylate, Benzoate) vorher beizt.

Die Gallocyanine, welche basische Gruppen enthalten, lassen sich wie die basischen Farbstoffe auffärben; die Gegenwart von Metallsalzen (besonders Kupfersalzen) ist aber in diesem Falle unbedingt zu vermeiden.

Durand-Huguenin empfiehlt laut *brit. P. 368.240* und *franz. P. 729.778* zum Drucken von Chromfarbstoffen, besonders von Modernviolett und Chromorhodin BB, einen Zusatz von Harnstoff, Guanidin oder ähnlicher Derivaten. Die Druckfarben enthalten kein Chromazetat (*amer. P. 1.848.589*, Durand-Hugenin-Werdenberg: Zugabe von 15% Harnstoff und Chromazetat).

Das *franz. P. 795.699* (Rhodiaceta) schützt die Herstellung von Azetatseide, mit Zugabe von polymeren Verbindungen, wie z. B. Polyvinylchlorazetat, auf welches man organische Basen (Pyridin) reagieren lässt. Das *brit. P. 455.849* der I. G. Farbenindustrie[1]) behandelt die gleiche Frage. Die basische Gruppe ist so fest an die Azetatzellulose gebunden, dass es unmöglich ist, sie weder aus wässerigen neutralen Lösungen noch durch Verseifen oder durch verdünnte Säuren abzusprengen. Diese Faser lässt sich mit sauren Chromfarbstoffen, wie Anthrazensäurebraun KE, Alizaringelb GGW, Brillantchromviolett SB, hervorragend echt färben. Dieses Verfahren ist von grossem Interesse für das Färben vom Mischfasern aus Wolle und Azetatseide.

Das Färben von mit hochpolymerisierten Verbindungen, z. B. Polyvinylchlorid, vorbehandelter Azetatseide, wird im *franz. P. 822.462* sowie *brit. P. 481.096* der I. G. Farbenindustrie weiterentwickelt.

---

[1]) Wengrafs Ber. 1936, Juliheft, S. 19; Dezemberheft, S. 25.

Die Arbeitsweise ist folgende: Man geht von einer 10% Polyvinylazetat enthaltenden Azetatzellulose aus, welche, laut *franz. P. 795.699*, mit Pyridin behandelt wurde, und färbt, zur Demonstration des Aufziehvermögens auf Mischfasern zu gleichen Teilen aus Wolle und Azetatseide bestehend, mit einem Chromfarbstoff, z. B. Anthrazensäurebraun KE. Dem Färbebad gibt man 10% Natriumsulfat und 4% Essigsäure 30% zu; die Temperatur wird auf 95° C gehalten. Nach ½ Stunde fügt man 2% Ameisensäure und 2% Kaliumbichromat zu und färbt noch 1 Stunde. Auf diese Weise erhält man auf beiden Fasern Färbungen von gleicher Farbtiefe.

Amer. P. 2.127.236 (I.G. Farbenindustrie-Schlack) und *brit. P. 459.594, 472.630* und *472.899* der Aceta empfehlen folgendes Verfahren:

Wenn man der Azetatzellulose vor dem Verspinnen Mischpolymerisationsprodukte sauren Charakters, wie z. B. solche, die von Maleinsäureanhydrid und Vinylchlorid abstammen, in die Faser einverleibt, so lässt sich diese Azetatseide nicht nur mit löslichen basischen Farbstoffen färben, sondern auch mit wasserunlöslichen Farbstoffen der Anthrachinonreihe, die aber als ihre Amino- oder Ammoniumverbindungen in wasserlösliche Form übergeführt werden. Diese stickstoffhaltigen Reste spielen keine Rolle für die Fixierung des Farbstoffes; sie bewirken nur die Wasserlöslichkeit und ermöglichen ein Reagieren mit den sauren Gruppen der Azetatseide.

Folgendes Beispiel illustriert dieses Verfahren: Ein Gewebe, bestehend aus 87,5% Azetatzellulosefäden und 12,5% eines verseiften Vinylpolymerisationsproduktes wird durch Orange II gefärbt, wenn man dem Färbebad Pyridin zusetzt.

Küpenfarbstoffe[1]).

Gemäss dem *franz. P. 528.230, 542.940* (Clavel) und *D.R.P. 415.937*, 1921, können Küpenfarbstoffe für das Färben von Azetatzellulose benützt werden, unter der Bedingung, dass die Küpe nicht zu alkalisch ist.

Laut dem *amer. P. 2.107.526* und *brit. P. 444.953* von Dreyfus (Celanese), wird die Azetatseide mit Küpenfarbstoffen in folgender Weise gefärbt: Die Faser wird mit einer konzentrierten Lösung des Leukoderivates eines Küpenfarbstoffes imprägniert; man trocknet darauf bei 60—70° C in einer luftfreien, kohlensäurehaltigen Atmosphäre und oxydiert das Leukoderivat. Dieses Verfahren soll eine rasche Adsorption des Farbstoffes erlauben. Immerhin wird es sich wahrscheinlich auch hier um einen Verseifungsprozess handeln. Die

[1]) Siehe Band I, Kap. I, S. 203 und ff., Küpenfärbeverfahren auf Azetatseide.

praktische Anwendung dieser Methode scheint aber aus technischen Gründen wohl kaum in Frage zu kommen. Derselbe Forscher empfiehlt im *amer. P. 2.049.431*, anstatt der üblichen Ätzalkalien Erdalkalihydroxyde oder im *amer. P. 2.058.574*, Mischungen von Ölemulsionen mit Alkalien für die Verseifungsbäder anzuwenden. Bei den letzteren zwei Veröffentlichungen bleibt auch die Möglichkeit offen, dass sie sich auf die Umwandlung von Triazetat in das azetonlösliche Diazetat beziehen.

Nach *amer. P. 2.182.963* der Celanese Corp. of Amerika-H. Dreyfus stellt man ein Färbebad her, indem man einen Küpenfarbstoff, z. B Cibablau 2 B, in einer organischen Base wie Pyridin löst. Der Farbstoff wird dann in wasserfreiem Mittel reduziert und der erhaltene Leukofarbstoff mit einem organischen Lösungsmittel (Gazolin) verdünnt. Man färbt die Ware in diesem Bade und oxydiert anschliessend den Farbstoff auf der Faser.

Mit Farbstoffen, die an sich eine geringe Affinität zur Azetatfaser zeigen, kann gemäss *amer. P. 2.080.254* (Célanèse) gefärbt werden, wenn man die Gewebe, nach dem Imprägnieren mit der Flotte, einer trockenen Erhitzung aussetzt. Ein Beispiel gibt an, dass man mit einer ammoniakalischen Indigoküpe tränkt und nach dem Abpressen auf eine Temperatur von 160° C erhitzt. Vermutlich soll hier eine kräftige Sublimation einsetzen.

Das *brit. P. 578.212* der Brit. Celanese Ltd. (The Dyer 1946, 96, S. 167) beschreibt ein neues Färbeverfahren von Azetatzellulose mit Küpenfarbstoffen. Nach diesem Verfahren wird die aus Azetatzellulose oder aus Zelluloseestern und -äthern hergestellte Ware bei 70° C mit einer wässerigen Küpenfarbstoffdispersion foulardiert und anschliessend getrocknet. Hierauf wird auf dem Jigger bei ca. 45° C mit Hydrosulfit und Soda während 20—30 Minuten reduziert, dann gespült, 20 Minuten mit Bichromat oxydiert, geseift und getrocknet. Patentgemäss soll keine Verseifung eintreten und eine gute Lichtechtheit der Küpenfärbung erzielt werden.

In Amer. Dyestuff Rep. 1940, 29, S. 50—60 und 68—71 erschien ein interessanter Artikel über das Färben von Azetatseide mit Indigosolen bzw. mit Soledonen der I.C.I. Ausser der ausführlichen Herstellungsmethoden und der Konstitution dieser Farbstoffe, gibt der Verfasser eine Übersicht über sämtliche patentierte Methoden, um die Überoxydation bei der Entwicklung zu verhüten. Hydrochinon soll, sowohl im Färbebad als in der Druckfarbe, von besonderem Vorteil sein. Als die Überoxydation verhütende Mittel werden auch Kupfer- und Ammoniumsulfocyanid, Thiodiäthylenglykol, Thioharnstoff, o- und p-Dihydroxy- oder auch o- und p-Hydroxyaminoverbindungen angegeben. Die Überoxydation kann auch verhütet werden, wenn man den Farbstoff anstatt im Dampf in einem Oxydationsbad entwickelt. Zum gleichen Zwecke kann man dem Oxydationsbade, in diesem Fall dem Nitritbade, Zinnsalz oder Titanochlorid zusetzen.

Die substantiven Farbstoffe.

Die substantiven Farbstoffe haben als Natriumsalze von Sulfosäuren zur Azetatseide gar keine Affinität und spielen daher zum Färben von Mischfasern eine grosse Rolle. Gemäss dem *franz. P. 569.080* Brit. Dyest. Corp.-J. Baddiley sind Sulfogruppen im Farbstoffmolekül mehr oder weniger von Nachteil, da sie die Affinität der Farbstoffe zur Azetatzellulose herabsetzen, während Karboxylgruppen die Affinität vergrössern. Die karboxylierten Aminoazofarbstoffe können demnach für die Färberei von Azetatzellulose Verwendung finden.

Gemäss dem *amer. P. 2.033.212* I. G. Farbenindustrie-Zabel kann das Färben von Mischfasern aus Baumwolle und Azetatseide mit direkten Farbstoffen, durch Zusatz von Natriumaminoazetat zum Färbebade, ohne Schädigung der Azetatseide, erfolgen, welche in diesem Falle von Alkali nicht verseift und vom direkten Farbstoff nicht gefärbt wird.

Das *franz. P. 713.908* (Lonza) besagt, dass die Affinität der substantiven Farbstoffe zur Azetatfaser durch Zusatz von Estern stickstoffhaltiger organischer Säuren, wie Cyanessigsäure, Nitro- und Aminobenzoesäuren, vergrössert wird.

Brit. P. 480.297 (Rhodiaceta): Diesem Patente nach wird die Affinität aller löslichen und besonders die der direkten Farbstoffe, ohne Verseifung der Faser, bedeutend erhöht, durch Zusatz von polymeren Verbindungen, welche einen primären, sekundären oder tertiären basischen Stickstoff, z. B. ein Polymer des β-Diäthylaminoäthyl-α-Methakrylates, enthalten. Diese Substanzen können entweder zur Spinnmasse oder auch direkt dem Färbebad zugesetzt werden.

Laut *franz. P. 841.192* der Ciba können die mindestens eine $-O-CH_2-CH_2-O-SO_3H$-Gruppe enthaltenden Farbstoffe zum Färben von Azetatseide verwendet werden.

Patentgemäss färbt man ein Azetatseidengewebe zuerst während einer halben Stunde bei 40—80° C, dann bei 80° C während einer Stunde in einem Bade, welches den Farbstoff in Form von Ammoniumsalz enthält, der durch Einwirkung der Diazoverbindung des Paranitranilins auf den 2-Amino-4-Methylphenyl-β-Hydroxyäthyläther erhalten wird und ausserdem noch 30 Teile Natriumsulfat auf 1000 Teile Wasser enthält.

Im *brit. P. 457.134* und *amer. P. 2.122.793* (Dreyfus-Celanese) wird die Azetatseide vor dem Färben mit wässerigen Lösungen von Titantetrachlorid oder anderen hydrolysierbaren Metallsalzen behandelt. Diese Vorbehandlung verleiht der Faser Affinität für die direkten Farbstoffe, wobei ausdrücklich gesagt wird, dass keine Mattierungswirkung eintritt. Da hierbei wirklich eine chemische Veränderung der Faser vor sich geht, kann man daraus entnehmen, dass ihr Schmelzpunkt stark erhöht wird.

Nach *franz. P. 883.142* (16. Juni 1942, ausgegeben am 15. März 1942; schweiz. Priorität 11. Juli 1941) der Ciba[1]) wird die Färbung mit Estergruppen enthaltenden wasserlöslichen Farbstoffen im Beisein von Verseifungsmitteln vorgenommen. Auf der Faser bildet sich ein unlöslicher Farbstoff. Patentgemäss werden beispielsweise 10 Teile des wasserlöslichen Farbstoffes folgender Formel

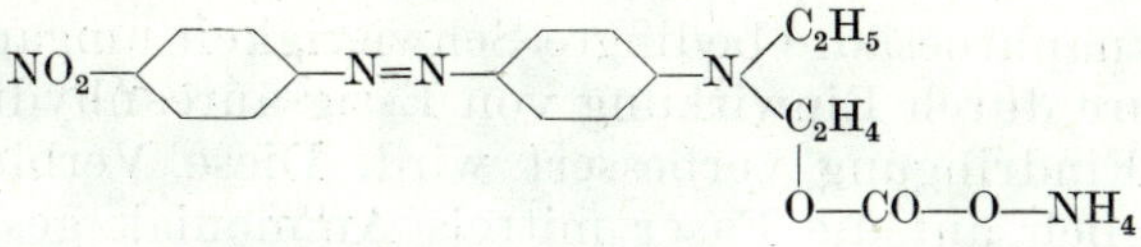

mit 0,5 Teilen Magnesiumhydroxyd und 9,5 Teilen Dextrin fein zerrieben. Dieser rote und homogene, pulverförmige Farbstoff wird unter ständigem Rühren mit 20—100mal seines Gewichts einer 0,1—0,3%-igen Natriumsalzlösung der N-Benzyl-ω-heptadezylbenzimidazoldisulfosäure vermengt (Ultravon). Diese Lösung wird dem Färbebad zugesetzt. Man erhält auf diese Weise eine satte scharlachrote Färbung. Nylonkunstseide, auf diesem Bade gefärbt, zeigt einen etwas blaueren Farbton.

Amer. P. 2.403.900 der Amer. Aniline Products bezieht sich auf das Färben von Azetatseide mit diazotierbaren Farbstoffen. Im allgemeinen verwendet man direkte Farbstoffe, welche diazotiert und mit β-Oxynaphtoesäure entwickelt werden. Wegen seiner geringen Löslichkeit ist die Anwendung der β-Oxynaphtoesäure mit einigen Schwierigkeiten verbunden. In der Praxis geht man so vor, dass man zuerst das wasserlösliche Natriumsalz dieser Säure herstellt, welches dem Bade zugesetzt wird, worauf man lezteres mit Milchsäure oder Ameisensäure auf pH 5—6 einstellt, um die Kupplung zu bewerkstelligen. Diese Arbeitsweise ist jedoch nicht einwandfrei, da sowohl ein Überschuss von Säure als auch ein solcher von Alkali von Nachteil ist. Die patentgemässe Neuerung besteht in der Herstellung eines wasserlöslichen Produktes, welches durch Einwirkung von β-Oxynaphtoesäure auf Natriumformiat entsteht. Vermutlich geht die Reaktion nach folgender Gleichung vor sich, wenn die Mischung dieser zwei Produkte unter ständigem Rühren in heisses Wasser gegossen wird:

[1]) Teintex, 1946, S. 166.

$$C_{10}H_6\langle{}^{OH}_{COOH} + HCOONa + O = C_{10}H_6\langle{}^{OH}_{COONa} + H_2O + CO_2$$

Der Sauerstoff, der in Reaktion tritt, wird der Luft entnommen. Man taucht die mit dem direkten und nachträglich diazotierten Farbstoff gefärbte Azetatseide in diese Lösung bei 35—45° C ein und steigert im Laufe einer halben Stunde die Temperatur auf 60° C.

Es sollen hier noch kurz einige ältere Verfahren erwähnt werden. Nach *brit. P. 543.901* (Brit. Celanese) verwendet man eine Aminonaphtoesäure. Im *amer. P. 2.048.796* empfiehlt die Brit. Celanese, das Färbegut mit dem Naphtol, der Farbstoffbase und Glukose gleichzeitig zu imprägnieren und nachträglich mit Essigsäure und Natriumnitrit zu diazotieren.

Laut *D. R. P. 609.475* (Aceta) wird die durch die geringe Löslichkeit der β-Oxynaphtoesäure bedingte Schwierigkeit umgangen, indem man diese Säure durch Einwirkung von Essigsäureanhydrid azyliert, wodurch die Eindringung verbessert wird. Diese Verbindung wird dann nachträglich auf die Faser mittels Ammoniak gespalten. Der wesentliche Unterschied dieses Verfahrens mit dem oben erwähnten besteht darin, dass das diazotierte Amin im letzten Arbeitsgang in Anwendung kommt.

Im *amer. P. 2.186.629* geben Eastman Kodak Co.-J. Dickey (Januar 1940) bekannt, dass auf Azetatseide gelbe bis rote Nuancen hergestellt werden können, wenn man Monoazofarbstoffe verwendet, die, ausgehend von Verbindungen wie Amidine und Sulfazone, erhalten werden, und die folgender allgemeiner Formel entsprechen:

$$R—N = N—R_1$$

wo R = aromatischer Rest der Benzolreihe.

R_1 = Sulfazonrest, der durch ein Kohlenstoffatom in 2-Stellung des Sulfazonrings mit der Azogruppe verbunden ist.

Die Naphtol AS-Farbstoffe[1]).

Röhling, in Mell. 1937, S. 644 und 1939, franz. Ausg., S. 63, beschreibt ein Färbeverfahren von Azetatzellulose mit Hilfe von Naphtolen und Basen. Es wird in einem einzigen Bad gefärbt; dieses enthält die Entwicklungsbase und das Naphtolat in leicht alkalischem Medium in Gegenwart von

5 g Leim
0,3 g Nekal BX extra
10 g Natriumsulfat kalz.
2 g Natriumnitrit
auf 1 Liter

[1]) Siehe dieses Werk, Band I, Kap. IV, S. 327; Joly, Teintex 1944, Aprilheft; Baron, Teintex 1945, Augustheft.

Die Dauer der Färbung beträgt 1 Stunde bei 60° C. Dann wird das Bad mit 5 cm³ konzentrierter Ameisensäure pro Liter angesäuert; dabei wird die salpetrige Säure in Freiheit gesetzt. Die Diazotierung vollzieht sich und die Kupplung der beiden Komponenten tritt sofort ein. Nach ca. 15—20 Minuten wird die Ware in einem alkalischen und reduzierenden Bad, welches 5 g Seife und 1 g Hydrosulfit im Liter enthält, behandelt, gespült und geseift.

Joly, von der Firma Rhodiaceta, bringt einige Verbesserungen, indem er mit einer äquimolekularen Mischung von Naphtolen und Basen bei 80° C anstatt 60° C ausfärbt. Zwecks Erhöhung der Reibechtheit und der Ausgiebigkeit der Färbung wird vor dem Färben und vor der Diazotierung kalt gespült.

Baron (Teintex 1945, Augustheft) hat bei der Anwendung von Naphtolkombinationen auf Azetatseide verschiedene Unregelmässigkeiten bemerkt, die er in einem Aufsatz beschreibt und woraus er einige sehr interessante Rückschlüsse zieht.

In dem *franz. P. 839.990* beschreibt die I. G. Farbenindustrie ein Verfahren zum Färben und Drucken von Azetatzellulose mittels unlöslichen Azofarbstoffen. Die zwei Kupplungskomponenten werden in Alkalien aufgelöst; es ist dabei wesentlich, dass die Base wasserunlöslich sein soll. Verschiedene Körper weisen diese Eigenschaft auf, so z. B. die alkylierten Arylamide der Sulfanilsäure:

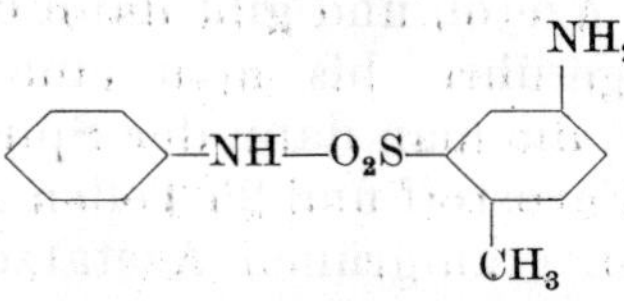

oder die arylsulfosauren Phenylendiamine

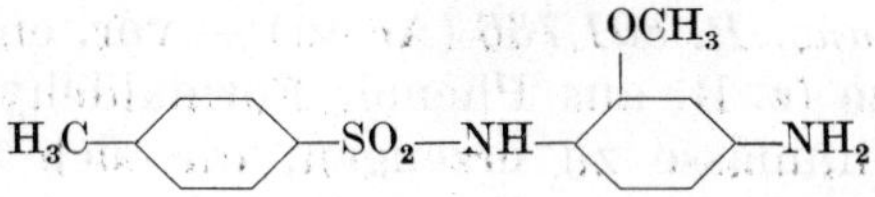

Die Diazotierung sowie die Entwicklung vollziehen sich in einer Lösung, die sowohl das Natriumnitrit als auch die Säure enthält oder indem man das Natriumnitrit der die beiden Kupplungskomponenten enthaltenden Mischung beimengt, druckt, trocknet und durch ein saures Bad geht.

Ein Verfahren zum Färben von Azetatseide mit Naphtolkombinationen wird im *amer. P. 2.255.130* beschrieben. Die Azetatseide wird mit einem geeigneten Amin (Base) imprägniert, letzteres nachträglich auf der Faser diazotiert und darauffolgend mit einer kupplungsfähigen Komponente, beispielsweise 2,3-Oxynaphtoesäurearylid gekuppelt. Die erhaltene Nuance weicht jedoch meistens von der eigentlichen Kombinationsnuance ziemlich ab. Diese letztere wird durch eine nachträgliche Behandlung erzeugt, darin bestehend, dass man die nach obigem Verfahren gefärbte Ware mit einer Paste folgender Zusammensetzung pflatscht:

4% Formaldehydzinksulfoxylat
4% Zitronensäure
10% Tragantschleim 6%
82% Wasser

Nach dem Pflatschen wird bei 100° C 10 Minuten gedämpft und hierauf wie üblich geseift.

Säurefarbstoffe.

Einige monosulfonierte Azofarbstoffe ziehen auf Azetatseide auf, so z. B. Resorzingelb, Orange I, Ponceau 4 BG und Roccelin; während stärker sulfonierte Farbstoffe, wie Palatinscharlach, wegen der dadurch bedingten Erhöhung ihres sauren Charakters, jede Affinität für diese Faser verlieren[1]).

Das *brit. P. 506.009* (Dreyfus) besagt, dass sulfonierte Azofarbstoffe oder deren Metallsalze, die ja wasserunlöslich sind und nur wenig Affinität zur Azetatzellulose besitzen, der Spinnlösung beigemischt werden können.

Man verreibt z. B. 1 Teil Diazoechtgrün GFL während mehreren Stunden mit 10 Teilen Azeton und gibt dann 0,5 Teile Azetylzellulose dazu; es wird weitergerührt, bis man eine homogene Farbstoffdispersion erhalten hat, die man dann der Spinnlösung in einem Verhältnis von 0,5 Teilen Farbstoff und 25 Teilen Azetylzellulose zusetzt. Man erhält somit einen grau-grünen Azetatzellulosefaden.

Eine Auffärbung mit den leuchtenden sauren Farbstoffen scheint von besonderem Interesse zu sein. Zu diesem Zwecke schlägt *brit. P. 455.602* — auch *franz. P. 801.736* (Aceta) — vor, entweder stickstoffhaltige Kunstharze (z. B. aus Phenol, Formaldehyd und Dimethylamin) in der Spinnmasse zu erzeugen, die sich dann mit sauren Farbstoffen ausfärben lassen (Alizarindirektblau A) oder dem Azetatfaden ein substitutionsfähiges Harz, wie das Chlorazetat des Polyvinylalkohols, einzuverleiben, welches sich dann im Färbeprozess mit einem zugefügten basischen Körper (Pyridin) verbindet.

Überraschend ist es jedenfalls auch, aus *D. R. P. 638.303* (Ciba) zu erfahren, dass eine Färbung der Azetatseide mit sauren und auch direkten Farbstoffen leicht möglich ist, wenn man sie in dem aus der Fabrikation herrührenden, frisch gequollenen Zustand mit der wässerigen Farbstofflösung in Berührung bringt, wogegen sie diese Affität bekanntlich nach dem Trocknen verliert.

---

[1]) Siehe auch *amer. P. 1.968.819, 1.968.855/856* (Rivat); Kap. XI dieses Werkes.

Ein anderes Verfahren ist im *franz. P. 745.039* (Dreyfus) beschrieben: Man behandelt die Faser vor dem Färben mit sauren Farbstoffen mit organischen Aminen, deren Einfluss auf die Azetatfaser bereits durch die Ciba festgestellt wurde.

Nach *amer. P. 2.292.433* der Celanese Corporation of America (eing. 2. Mai 1940, ausg. 11. September 1942) färbt man ein Wolle-Azetatmischgewebe mit Säurefarbstoffen in einem Bade, welches ausser aus Wasser noch aus einem organischen Lösungsmittel, das keine lösende Wirkung auf Azetatseide ausübt, sondern auf diese nur quellend einwirkt, besteht. Für dieses Verfahren kommen solche Säurefarbstoffe in Betracht, die aus wässeriger Lösung Azetatseide nur leicht anfärben. Dem Färbebad wird noch eine wasserlösliche, organische Säure zugesetzt.

Ein Verfahren, nach welchem Azetatseidenfärbungen mit Direkt-, Säure- und anderen Farbstoffen bei Gegenwart von Rhodaniden und Dampf ausgeführt werden können, ist im *brit. P. 588.100* der The United Turkey Red Co. Ltd. beschrieben (The Dyer 1947, 98, S. 136).

Farbstoffe, die nur eine geringe oder keine Affinität zur Azetatseide aufweisen, können trotzdem zum Färben dieser Faser verwendet werden, wenn man der Druckpaste bzw. dem Färbebad Rhodanide zusetzt und wenn nachträglich gedämpft wird. Das Dämpfen bewirkt sowohl eine grössere Ausgiebigkeit des Farbstoffes als auch eine Verbesserung der Reib- und Waschechtheit.

Die Menge des angewandten Ammoniumrhodanids soll in Druckfarben bzw. Färbebädern 10—25% (Gewicht) betragen. Natrium-, Kalium-, Barium- oder Kalziumrhodanid eignen sich weniger gut als das Ammoniumsalz. Zum Färben wird die Ware vorteilhaft in einer 20—25% Ammoniumrhodanid enthaltenden Flotte bei 20—25° C während 5—10 Minuten passiert, dann bei 80° C getrocknet und hierauf 15—20 Minuten gedämpft. Im Text wird eine Liste geeigneter, substantiver Farbstoffe angegeben, sowie Einzelheiten über das Verfahren bei Anwendung von Küpenfarben (ohne Alkali), von Chromdruckfarben (ohne Chrom), von Indigosolen, Rapidogenen oder Azofarbstoffen und Säurefarbstoffen. Erwähnenswert ist auch die Tatsache, dass nach diesem Verfahren gefärbte Azetatseide bessere mechanische Eigenschaften aufweist.

5. Verseifungsverfahren.

Durch vorsichtiges Behandeln der Azetatzellulose mit Alkalien gelingt es, eine feine oberflächliche Schicht in Hydrozellulose zu verseifen, welche grosse Affinität für basische und direkte Farbstoffe besitzt. Leider verliert die verseifte Schicht ihren ursprünglichen Glanz und ihre Reissfestigkeit.

Dieses Färbeverfahren wurde 1910 von Mork angegeben (*franz. P. 416.752*, 1910). Die British Dyes Ltd. (*brit. P.69.741*, 1921) empfiehlt die Verseifung mit 10—30%iger kaustischer Soda, auf das Gewicht der Ware berechnet, vorzunehmen. Man behandelt die Azetatfaser während 45 Minuten in einer 30%igen Natronlaugelösung. Es ist vorteilhaft, mit der Ware in ein warmes Bad einzugehen, um Unegalitäten zu vermeiden, welche durch allmähliches Erwärmen entstehen können.

Die Verseifung lässt sich durch Zugabe von gewissen Salzen, wie Natriumazetat, Silikate, Aluminate, Borate, Chlornatrium und Natriumsulfat, regeln. (*Brit. P. 175.486*, 1920; Brit. Celanese Co.)

Nach dem *franz. P. 512.649*, 1919, der Usines du Rhône, nimmt man die Verseifung mit einer mit Mineralsalzen konzentrierten Lösung unter Zusatz von Alkalien vor.

Man behandelt z. B. bei 50° C während 15—20 Minuten, 200 g Azetatkunstseide in 8 Liter einer 25%igen Chlornatriumlösung und 5% kaustischer Soda unter Zusatz von Bi- und Trinatriumphosphaten (*franz. P. 548.899*, 1921; *brit. P. 183.806* und *192.994*, 1923, der British Cellulose Ltd., ebenfalls *brit. P. 175.486*, 1919, *176.034*, 1920, *178.946*, 1922 und *195.920*, 1922).

Die B. A. S. F. erhielt sehr günstige Resultate durch Verseifen in Gegenwart von wasserlöslichen Aldehyden und Oxyaldehyden (*franz. P. 558.900*, 1922).

Man kann auch die Verseifung durch Temperaturerhöhung erreichen; Dreyfus färbt direktziehende Farbstoffe auf kochendem Bade; durch diese Behandlung jedoch verliert die Faser vollständig ihren Glanz. (*Brit. P. 196.952*, *196.953*, *196.954*, 1923, *197.281* und *franz. P. 543.121*, *557.639*, 1922.)

Aber schon eine geringe Verseifung wirkt ungünstig auf die Azetatfaser und entspricht deshalb keiner praktischen Lösung für den Färber. Aus diesem Grunde ist diese Arbeitsweise rasch aufgegeben worden, und man versuchte zunächst, durch besondere Auswahl der bekannten Farbstoffe und später durch Darstellung neuer Verbindungen (Ionamine, Duranole) oder durch Spezialfarbstoffe, welche in sehr fein dispergiertem Zustande auf die Faser aufziehen, zu einer besseren Lösung dieser Frage zu kommen.

Trotz aller nachteiligen Einflüsse fand die Verseifungsmethode in der Lyoner Gegend eine gewisse Zeit guten Anklang und wird noch gegenwärtig in mehreren Betrieben angewendet.

Es seien hier noch einige neue Patente über die Desazetylierung erwähnt.

Brit. P. 388.963 (Dreyfus): Dieses Patent empfiehlt für das Färben mit löslichen Farbstoffen eine vorherige oberflächliche Verseifung der Azetatseide in 80—90° C warmen Lösungen eines Gemisches von Salzen mehrbasischer Säuren, mit Ausnahme der Kieselsäure, ganz besonders mit Tri- und Diphosphaten.

Brit. P. 440.034: Ebenfalls vorausgehende Verseifung mittels Methylamin mit nachfolgender alkalischer Behandlung (auch *brit. P. 453.302*).

Amer. P. 2.049.431 (Dreyfus): Verseifen mittels Hydroxyden von Erdalkalien.

Brit. P. 455.622 (Aceta): Verseifen unter Zusatz von quaternären Ammoniumbasen, wie z. B. Dodezyltrimethylammoniumbromid.

Amer. P. 2.058.574 (Dreyfus): Zusatz von Ölemulsionen, um die Beschädigung der Faser durch die Verseifungsprodukte zu verringern.

Brit. P. 476.229 (Dreyfus): In diesem Patente wird gleichfalls empfohlen, vor dem Färben die Faser einer oberflächlichen Verseifung zu unterziehen. Als Verseifungsmittel wird eine 40—50° C warme 3—20 %ige wässerige Guanidinlösung angegeben. Die Behandlung wird solange fortgesetzt bis eine Abnahme von 20% des Säuregruppengehaltes erreicht wird.

Brit. P. 478.077 (Celanese): Nach einem älteren Patent, aus dem Jahre 1934 (*brit. P. 417.220*, Dreyfus) kann man das Färben von Azetatseide in Strangform, nach vorausgehender Verseifung mit organischen Basen (aliphatischen Aminen), vornehmen. Dieses Verfahren wird im *brit. P. 478.077* auf die Anwendung aromatischer Basen ausgedehnt. Es wird besonders hervorgehoben, dass der aliphatische Rest am Stickstoff der aromatischen Gruppe gebunden ist; als Beispiel wird Benzylamin, namentlich das Monobenzylamin sowie das Benzyltrimethylammoniumhydroxyd angegeben. Die Verseifung wird durch die Temperatur (30—90° C) und durch die Konzentration des Verseifungsmittels (3%) bedingt.

Diesem letzten Patent reihen sich das *brit. P. 493.782* (Dreyfus) sowie das *franz. P. 835.993* vom selben Autor an. In den vorliegenden Patenten benutzt man 3—6 %ige Lösungen von alkylierten Zyklohexylaminen bei einer Temperatur von 30—60° C und behandelt die Kunstseide, bis der gewünschte Verseifungsgrad erreicht ist.

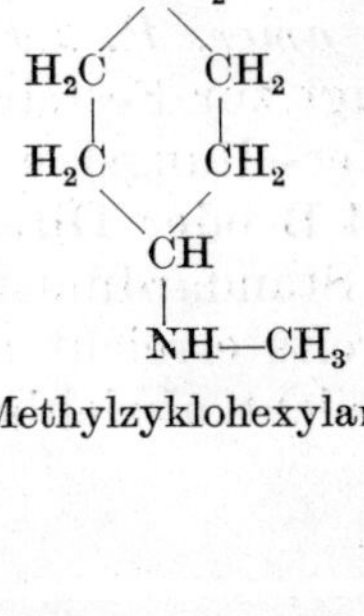

N-Methylzyklohexylamin

Durch Erhöhen der Temperatur, lässt sich die Konzentration der Lösung erniedrigen.

Der Vorteil dieser Arbeitsweise liegt — im Gegensatz zur Behandlung mit alkalischen Mitteln — darin, dass durch die Verseifung auf 15—20% und darüber, ja sogar bis zur vollständigen Verseifung aller Säureresten, keine Schwächung der Faser eintreten soll. Es wird noch empfohlen, dem Verseifungsbade gewisse Salze, wie Natriumazetat oder Natriumchlorid, zuzusetzen, um das Aufschwellen der Faser zu vermeiden.

Amer. P. 1.855.278 (I. G.): Man vermeidet eine zu energische Verseifung durch Zusetzen von hydroaromatischen Basen, bei welchen ein Stickstoffatom unmittelbar an einen Kohlenstoff des zyklischen Rings gebunden ist, wie z. B. das Hexahydroanilin.

Öst. P. 128.347 (Beck): Die Azetatseide wird mit 30—35% Formaldehydlösungen in Gegenwart von Alkoholen behandelt.

Interessant sind noch die *amer. P. 1.866.153*, *1.884.620*, *1.884.621* und *1.884.623* (Dreyfus-Celanese), sowie das *amer. P. 1.890.392* (Lilienfeld) zu erwähnen.

Amer. P. 2.112.275 (Dreyfus): Für anorganische Verseifungsreaktionen werden Phenolzusätze (Resorzin, Brenzkatechin u. dgl.) zur Ätzkalilauge empfohlen.

Amer. P. 2.112.303 (Platt-Celanese): Laut diesem Patente werden Mischgewebe aus Wolle und Azetatseide bei niedriger Temperatur (ca. 5° C) mit Alkalilauge in kurzer Zeit teilweise verseift, ohne dass die Wolle angegriffen wird.

Brit. P. 476.989, auch *franz. P. 818.271* von der Rhodiaceta: Mischungen von Soda und Borsäure erlauben eine milde, regelbare Verseifung, was ebenfalls für die Behandlung von Mischgeweben aus Wolle und Azetatseide von Wert ist.

Amer. P. 2.116.063 (Dreyfus): In diesem Patent empfiehlt Dreyfus das Vorimprägnieren der Faser mit Natriumazetat oder Natriumsilikat, worauf erst die eigentliche Verseifung erfolgt, die offenbar durch die angeführten Salze gemildert werden soll.

Auch dienen zum gleichen Zwecke Mischungen von Salzen mehrbasischer Säuren (*brit. P. 488.946*, Dreyfus), z. B. das Tri- und Dinatriumphosphat, die bei einer Temperatur von 80—90° C angewendet werden. Ähnlich ist die im *amer. P. 2.129.995* (Dreyfus) geschützte Erfindung. Der Autor schlägt zur Feststellung des erreichten Grades der Verseifung vor, der Verseifungslauge noch einen substantiven Farbstoff (Benzopurpurin 4 B oder Direktbraun M) zuzugeben, um beim Vergleich mit einem Standardmuster zu erkennen, ob der gewünschte Faserzustand bereits erreicht ist. Natürlich muss hier der Direktfarbstoff besonders leicht abziehbar sein.

Eine Reihe von Patenten der Celanese bzw. von Dreyfus, nämlich die *amer. P. 2.091.967* bis *972*, *2.092.004* bis *010* und *2.092.696*, haben die Durchführung der Verseifung mit organischen Basen statt mit gewöhnlichem Alkali zum Gegenstand, z. B. mit Methylamin, Äthylendiamin, Propylamin usw. Abänderungen liegen in der Verwendung der Phosphate dieser Basen und in der Mitverwendung von Katalysatoren vor. Wie schon an der bedeutenden Zahl der Veröffentlichungen ersichtlich ist, gibt es eine Menge abweichender Möglichkeiten.

Brit. P. 479.341 (Celanese): Vor dem Färben von vollständig verseifter Azetatkunstseide mit direkten Farbstoffen erscheint es vorteilhaft, die verseifte Faser einer Behandlung mit wasserlöslichen Stickstoffbasen, besonders Äthylendiamin, zu unterziehen.

Im *amer. P. 2.080.768* (Celanese) wird hingewiesen, die Verseifung mit Alkalien in Gegenwart von aminofettsauren Salzen vorzunehmen; es geht aus diesem Patente hervor, besonders an die auch sonst als Schutzkolloide bekannten Eiweissabbauprodukte zu denken.

Sofern man mit flüssigen Verseifungsmitteln behandelt, empfiehlt es sich, im Sinne des *amer. P. 2.067.905* (Celanese) die Badflüssigkeit mit einer dünnen Schicht von Paraffinöl zu bedecken; die Schutzschicht muss wohl das Verdunsten des Mittels (es kann sich auch um Lösungsmittel handeln) verhindern, doch darf der Azetatfaden von dieser dünnen Schicht nicht beeinflusst werden.

Das *brit. P. 473.004* (Celanese) empfiehlt, vor dem Verseifungsprozess das Garn in einem geschlossenen Befeuchtungsgefäss einzulagern.

Franz. P. 590.738, 1924 (Teinturerie de la Rize): Die Azetatseide wird während 15 Minuten bis 2 Stunden zwischen 50 und 70° C in einer Lösung behandelt, die Baryumhydroxyd und Baryumchlorid enthält. Man spült, säuert mit Essigsäure, geht wieder in reines Wasser ein und färbt dann mit substantiven Farbstoffen.

Das am 29. Mai 1936 beantragte *franz. P. 818.271* (Rhodiaceta, 29. Mai 1936, ausgegeben am 14. Juni 1937) benutzte zur Verseifung eine Mischung von Natriumkarbonat und Borsäure. Dieses Verfahren hat den Vorteil, dass man die Verseifung gut verfolgen kann.

Das *franz. P. 913.775* (28. 8. 45—3. 6. 46) der Ciba beschreibt ein Verseifungsverfahren von Fasern aus Zelluloseestern in Gegenwart von alkaliempfindlichen Fasern. Um die Beschädigung dieser Fasern zu verhüten, wird die Verseifung in einem wässerigen Bade vorgenommen, welches nur eine solche Menge von Erdalkalihydroxyden enthält, um ein genügendes Verseifen zu erzielen. Das Bad enthält ausserdem eine äquivalente Menge eines normalen Alkalisalzes. Die Behandlung findet bei 40° C statt.

Bei der teilweisen Verseifung von Zelluloseesternfasern, beispielsweise mit Alkalilaugen, ist der Verseifungsgrad nicht derselbe für die verschiedenen Schichten der Faser. Gewöhnlich bleibt das Innere der Faser unverändert, während die Oberfläche in regenerierte Zellulose umgewandelt wird. Wenn man infolgedessen eine nur oberflächlich verseifte Zelluloseesterfaser in Schwarz mit einem schwarzen Direktfarbstoff färbt, so kann nur ein Teil der Faser den Farbstoff aufnehmen. Laut *amer. P. 2.292.436* (niedergelegt am 3. August 1940, ausgegeben am 11. August 1942) ist es nun möglich, schwarze Nuancen auf teilweise verseiften Zelluloseestertextilien herzustellen, indem man auf der Faser, gleichzeitig oder separat, einen Farbstoff (oder ein Gemisch von Farbstoffen) für das Innere der Faser und ein Farbstoff für die veränderte Faseroberfläche bildet. Dieser letztere Farbstoff soll von solcher Natur und in solchen Mengen vorhanden sein, dass er in Abwesenheit des anderen Farbstoffes eine graue oder eine andere neutrale Nuance ergibt.

Man verwendet für das Innere der Faser vorzugsweise ein Farbstoff, welcher — in Abwesenheit des Oberflächenfarbstoffes — beispielsweise eine gelbe, orange, rote, blaue oder grüne Färbung ergeben würde.

Im Patent wird folgendes Beispiel angeführt: Man färbt in einem Seife enthaltenden Färbebade ein oberflächlich verseiftes Azetatseidegewebe (Azetylierungsgrad 45%) gleichzeitig mit 0,5% Aminoazobenzol (für das Faserinnere) und mit 2% Diazoechtgrün GFL (für die Faseroberfläche). Nach dem Färben wird gespült, diazotiert, gewaschen und anschliessend mit β-Naphtol entwickelt. Man erhält auf diese Weise eine Braunfärbung, die durch Überlagerung der Rotnuance des Faserinnern und der Graufärbung der Faseroberfläche entsteht.

Zum Schlusse sei noch das *amer. P. 2.144.202* der I. G. Farbenindustrie erwähnt, welches zur Beschleunigung und zum Egalisieren der Verseifung, der Natronlaugenlösung kleine Zusätze von Salzen von quaternären hochsubstituierten Ammoniumbasen, wie Dodezyltrimethylammoniumbromid, empfiehlt. Dank diesem Zusatze erhält man egalere Färbungen, selbst mit Farbstoffen, wie Benzobrillantblau 6 B.

Man kann eine örtliche Verseifung durch Aufdrucken einer alkalischen Farbe (Ätzalkali) erzeugen. Wenn man nun nach dem Fixieren und Waschen mit direkten Farbstoffen färbt, so zieht der Farbstoff nur auf die verseiften Stellen auf. Es lassen sich nach dieser Methode ganz besonders auf Mischgeweben aus Baumwolle und Azetatseide interessante Effekte erzielen.

Eine Kontrolle des Verseifungszustandes durch Benetzen mit einer Farbstofflösung (z. B. Xylenlichtgelb 2 G), welche an den verseiften Stellen leicht wieder entfernbare Färbungen hervorbringt, lässt sich Celanese im *amer. P. 2.096.154* schützen.

Es ist von Interesse, hier einige Einzelheiten aus der Praxis hervorzuheben, die sich auf das Verseifen von Azetatseidengeweben bzw. azetathaltigen Mischgeweben zur Herstellung von ätzbaren Fonds mit substantiven Farbstoffen beziehen.

Als Alkali benutzt man allgemein Natronlauge oder Soda oder auch beide zusammen. Zum Egalisieren setzt man Marseiller Seife oder Dextrin, teilweise auch Natriumazetat, zu. Die Angaben, welche aus der Praxis zugänglich gemacht wurden, weichen bezüglich der angewendeten Mengen an Alkali oder Egalisierungsmitteln, sowie der Temperaturen, Flottenlängen und Dauer der Behandlung ziemlich stark untereinander ab. Einheitliche Verseifungsvorschriften können auch nicht gegeben werden, da sich diese nach der Art der Azetatseide, nach der Gewebeart, ferner bei Mischgeweben nach dem Mischungsverhältnis der verschiedenen Faserarten zueinander und nach dem gewünschten Grad der Verseifung richten müssen. Der Verseifungsprozess wird im allgemeinen in der Weise kontrolliert, dass man den Grad der Verseifung bzw. deren Egalität empirisch durch Ausfärbung mit einem substantiven Farbstoff feststellt und im geeigneten Augenblick die Verseifung abbricht. Durch Änderung der physikalischen Bedingungen, wie Temperatur, Zeitdauer oder Alkalikonzentration des Verseifungsbades, lässt sich die Wirkung milder oder energischer gestalten. Zur Erzielung einer möglichst gleichmässigen Verseifung arbeitet man zweckmässig längere Zeit bei mittleren Temperaturen, da hohe Temperaturen wohl den Verseifungsprozess beschleunigen, jedoch leicht zu Unegalitäten Anlass geben. Bei hoher Temperatur lässt sich nur dann ein gleichmässig verseifter Fond erzielen, wenn man das Gewebe in breitem Zustand behandeln kann (auf dem Jigger oder Kontinuefärbemaschine). Dabei ist das Verfahren so durchzuführen, dass der Verseifungsprozess in möglichst kurzer Zeit vor sich geht. Im allgemeinen wird das Verseifen auf der Haspelkufe vorgenommen, soweit es sich dabei um leichte Azetatseidengewebe, z. B. Voile oder um Mischgewebe, handelt. Im Interesse einer guten Egalität verseift man auf der Haspelkufe in Flotten nicht unter 1:40, damit Alkali und Temperatur überall gleichmässig einwirken können. Sofern schwere Azetatseidengewebe (z. B. Atlas), die leicht zum Knittern neigen, verseift werden sollen, lassen sich diese nur in gespanntem Zustande gleichmässig verseifen, wie ja immer die Eigenart des Gewebes auch bei jeder anderen Nassbehandlung für die Behandlungsart ausschlaggebend ist. Beim Verseifen ist diese Vorsicht besonders notwendig.

Wesentlich für eine gleichmässige Verseifung ist auch eine sorgfältige Vorreinigung der Ware. Man arbeitet dabei zweckmässig mit

2 g	Igepon A oder T
2 cm^3	Laventin KB
2 cm^3	Ammoniak i/L. Flotte, ½—1 Stunde bei 75—80° C.

Da durch die Verseifung die Hitzeempfindlichkeit der Azetatseide (Mattwerden) stark vermindert worden ist, lassen sich zur besseren Ausnutzung der Farbstoffe ohne weiteres beim nachträglichen Färben höhere Temperaturen (ca. 90—95° C) anwenden, ohne dass der Glanz der Faser beeinträchtigt wird. Für Mischgewebe mit Wolle ist dieser Umstand besonders von Bedeutung.

Wir geben nachstehend einige mit den Verfahren der Praxis im Prinzip übereinstimmende Verseifungsvorschriften bekannt, die als Anhaltspunkte dienen können:

Reine Azetatseidengewebe (verwendet wurde ein Azetatseidenvoile):

4 cm^3	Natronlauge 40° Bé
15 g	Soda kalz.
6 g	Dextrin i/L. Flotte

Behandelt wird 1 Stunde bei ca. 55° C, Flottenlänge 1:40, darnach wird gut gespült, mit Essigsäure abgesäuert und abermals gespült.

Die Verseifung unter den vorgenannten Bedingungen ist weitgehend genug, um jeden beliebigen Farbton mit substantiven Farbstoffen erzielen zu können.

Mischgewebe aus Azetatseide mit Baumwolle bzw. Viskose (es wurden Mischgewebe verwendet, die etwa zu gleichen Teilen aus Azetatseide bzw. Viskose bestanden):

für helle Fonds:	3 g	Soda kalz.
	15 g	Natriumazetat i/L. Flotte, ½—¾ Std. bei 75° C
für dunkle Fonds:	4 cm^3	Natronlauge 40° Bé
	6 g	Dextrin
		oder
	3 cm^3	Natronlauge 40° Bé
	6 g	Dextrin
	10 g	Natriumazetat i/L. Flotte, 1 Std. bei 55° C, Flotte 1:40

Nach dem Verseifen wird, wie oben angegeben, nachbehandelt. Nach unseren Erfahrungen erhält man mit Natriumazetatzusatz die gleichmässigsten Ergebnisse.

Beim Verseifen derartiger Mischgewebe ist darauf zu achten, dass die Verseifung nur so weit erfolgen darf, bis die Affinität der verseiften Azetatseide zu den substantiven Farbstoffen mit derjenigen der Mischfaser (Baumwolle oder Viskose) übereinstimmt. Der Verseifungsgrad wird variieren, je nachdem, ob eine helle oder dunkle Färbung hergestellt werden soll, oder ob in dem Mischgewebe Azetatseide mit Viskose oder mit mercerisierter oder nichtmercerisierter Baumwolle zusammen verarbeitet ist.

Zu stark verseifte Azetatseide hat zu den substantiven Farbstoffen eine stärkere Affinität als Viskose oder Baumwolle. Es werden sich in diesem Falle keine guten Ton-in-Ton-Färbungen mehr erzielen lassen. Der Grad der Verseifung wird deshalb zweckmässig von Zeit zu Zeit durch Probefärbungen geprüft werden müssen.

Bei Mischungen aus Azetatseide und vegetabilischen Fasern wäre es theoretisch möglich, das Verseifen und Färben gleichzeitig in einem Bade vorzunehmen. Gegen eine derartige Arbeitsweise sprechen jedoch folgende praktischen Erfahrungen:

Während die Azetatseide verseift wird, also noch keine oder erst geringe Affinität zu substantiven Farbstoffen hat, färbt sich die Viskose bzw. Baumwolle bereits an. Um nun diesen Unterschied in der Anfärbung nachträglich auszugleichen, muss die Azetatseide bedeutend stärker verseift werden, als es nach dem Zweibadverfahren der Fall ist. Ferner hat sich dabei gezeigt, dass ungleiche Azetatseide (Material verschiedener Fabrikationen oder Provenienz) sich ungleich schnell verseift und dementsprechend mehr oder weniger substantiven Farbstoff aufnimmt. Die Färbung eines derartig fehlerhaften Gewebes hat das Aussehen, wie es von streifigfärbender Viskose her bekannt ist. Beim Verseifen und Färben in getrennten Bädern kommen derartige Materialfehler in weit geringerem Ausmass zum Ausdruck, wie sie übrigens beim Färben unverseifter Azetatseide gar nicht oder nur sehr wenig in Erscheinung treten.

Mischgewebe aus Azetatseide mit Wolle (es wurde zu der Prüfung ein Kreppgewebe benutzt, das in der Kette aus Azetatseide und im Schuss aus Wolle bestand):

3—4 cm^3	Natronlauge 40° Bé
2,5 g	Protektol farblos fest konz.
10 g	Natriumazetat i/L. Flotte, 1 Std. bei 60° C, Flotte 1:40

Nach dem Verseifen wird gespült, sorgfältig mit Essigsäure abgesäuert und abermals gut gespült.

Bei den auf diese Weise verseiften Azetatseidengeweben lassen sich Ätzfonds in jeder beliebigen Farbtiefe herstellen.

Mischgewebe aus Azetatseide mit unerschwerter Seide:

Hierfür gelten die gleichen Bedingungen, wie sie in dem Abschnitt über Mischgewebe aus Azetatseide mit Wolle angegeben sind.

Wie schon erwähnt, wird diese Färbemethode heute nur wenig angewendet, da viele Nachteile bemerkt worden sind (Wareneingang, Gewichtsverlust usw.). Man hat nur eine gewisse Zeit davon Gebrauch gemacht, z. B. für Ätzdruckartikel, solange man keine Azetatseidefarbstoffe kannte, die sich ätzen liessen.

Es scheint jedoch von Interesse zu sein, hier nochmals die unter dem Namen Fortisan bekannt gewordene Faser zu erwähnen, die eine sehr gestreckte und total verseifte Azetatzellulose darstellt, so dass es sich um eine regenerierte Zellulosefaser handelt. Die wertvollste Eigenschaft dieser Faser ist ihre hohe Zugfestigkeit (Silk Journal and Rayon World 1944, I, S. 34; siehe dieses Kap. S. 250).

Im J. Soc. D. and Col., 1946, 62, S. 168 wird von A. Mellor (Celanese) kurz über das Färben und Bedrucken von Fortisam berichtet.

Fortisan ist ein Spezialgewebe aus gestrecktem und verseiftem Azetatseidengarn, das bis anhin nur zur Herstellung von Fallschirmen gedient hatte, aber heute auch für Unterwäsche und Kleiderfutter verwendet wird. Für ätzbare Fonds beschreibt der Verfasser eingehend die Verseifungsmethode sowie das Färben mit ätzbaren direkten Farbstoffen, und das Färben mit ätzbaren Azetatseidenfarbstoffen. Detaillierte Rezepte für Ätzdruckpasten (Gebrauch von Bariumsulfoxylatformaldehyd) werden angegeben. Für die Herstellung von gasechten Färbungen kann man mit gewissen, in organischen Lösungsmitteln gelösten Säurefarbstoffen nach dem Foulardierverfahren arbeiten. Fortisan lässt sich ähnlich wie Zellwolle bedrucken, jedoch ist die Affinität zu Farbstoffen nur etwa halb so stark wie bei Baumwolle.

Verfahren zur Verbesserung der Echtheit der Färbungen.

Mehrere Arbeiten befassen sich mit dieser Aufgabe und heben die günstige Wirkung verschiedener Produkte, besonders die des Thioharnstoffes sowie der Alkyl- oder Arylharnstoffe, hervor.

Den *brit. P. 340.572*, *373.628*, *406.653*, *406.686* sowie *amer. P. 1.972.111*, *1.985.248* (Celanese) nach, wird die Lichtechtheit der dispergierten Farbstoffe, besonders der Anthrachinonderivate, durch Zusatz von Thioharnstoff verbessert. Man imprägniert das gefärbte Gewebe mit einer Thioharnstofflösung und — um den Effekt dauerhafter zu machen — dämpft man 20 Minuten bei 100° C[1]).

Die Veränderlichkeit der Azetatfärbungen am Licht oder beim Lagern soll laut *brit. P. 460.027* (Imp. Chem. Ind.-Bunbury-Giles) wesentlich verringert werden durch Behandlung des Gewebes mit Natriumthiosulfat, was jedenfalls auf eine Absorption schwefelhaltiger Zersetzungsprodukte zurückzuführen ist.

---

[1]) R.G.M.C. 1937, S. 507; Wengraf's Ber. 1935, Februarheft, S. 14; Bull. Féd. II. S. 99; I, S. 244.

Zur Egalisierung von Azetatfärbungen, die mit unlöslichen Farbstoffen hergestellt wurden, gibt das *brit. P. 468.863* (Rhodiaceta) fein verteilte unlösliche Körper, wie Kaolin, Silica-Gel u. dgl. dem Färbebad zu. Diese Substanzen, die wohl die Farbstoffe in Schwebe zu halten und vorübergehend zu adsorbieren bestimmt sind, sollen die Bildung der gefürchteten Quetschfalten verhindern. Ein durch die Flotte zirkulierender Luftstrom erhält diese in starker Bewegung.

Das *amer. P. 1.489.225* macht darauf aufmerksam, dass die Anilinderivate, z. B. das Dimethylanilin, die Eigenschaft besitzen, die aktiven Lichtstrahlen zu absorbieren und hierdurch die Lichtechtheit der Färbungen zu erhöhen.

Dem *brit. P. 243.341* der Brit. Celanese zufolge, wird die Lichtechtheit der Färbungen auf Azetatseide durch Nachbehandlung mit aliphatischen oder aromatischen Aminen, wie Anilin, alkylierten Aniline, alkylierten Phenylendiamine usw., erhöht.

Das *brit. P. 366.918* empfiehlt eine Nachbehandlung mit Derivaten, wie das Monostearylphenylendiamin-Trimethylammoniummethylsulfat.

Gemäss dem *brit. P. 355.726* (Celanese) wird die gefärbte Faser mit asymmetrischen aliphatischen Aminen, wie das Oleyläthylendiamin, nachbehandelt.

Nach dem *brit. P. 450.475* der I. G. Farbenindustrie wird die Lichtechtheit der Färbungen durch Behandeln der gefärbten Ware bei 50—60° C mit einer Lösung von Semikarbaziden, ganz besonders von Phenylthiosemikarbazid erhöht. (Wengraf's Ber. 1935, Septemberheft, S. 10.)

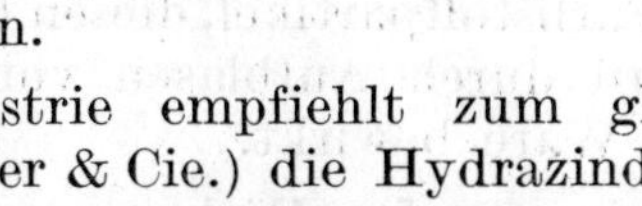

Das *amer. P. 2.008.902* (Celanese), (Wengraf's Ber. 1935, Augustheft) weist ebenfalls auf eine Verbesserung der Lichtechtheit hin, durch Behandeln mit dispergierten Lösungen von alkylierten Basen, z. B. Benzyläthylanilin.

I. G. Farbenindustrie empfiehlt zum gleichem Zwecke laut *D. R. P. 636.326* (Bayer & Cie.) die Hydrazinderivate, wie z. B. das aus der Isovaleriansäure und Phenylhydrazin erhaltene Produkt; durch diese Nachbehandlung wird der gefärbte Stoff ausserdem noch schwerentzündlich. (Wengraf's Ber. 1936, Novemberheft.)

Das Verfahren des *amer. P. 2.094.809* (Celanese), welches in einer Vorbehandlung mit substituierten aromatischen Basen (z. B. Azetylaminoverbindung des Dimethylanilins) besteht, soll der gefärbten Ware eine grössere Echtheit gegenüber der Lichteinwirkung geben und die Färbung besonders vor den in der Luft verteilten Rauchgasen schützen.

Die Licht- und Säureechtheit der mit den Anthrachinonderivaten gefärbten Azetatseide wird gemäss dem *amer. P. 2.148.655* (Celanese) durch Zugabe von Morpholin zum Färbebad verbessert.

Das Morpholin ist eine zyklische Verbindung folgender Formel:

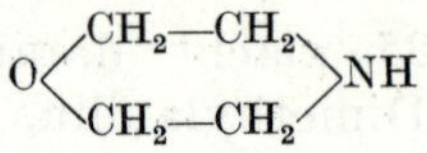

Es kann durch Deshydration des Diäthanolamins mittels konz. Schwefelsäure erhalten werden.

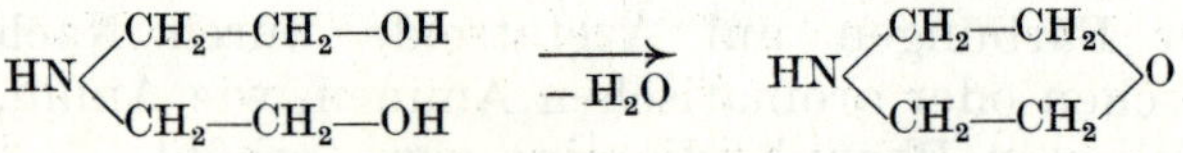

Morpholin ist wie Piperazin eine starke Base und befähigt, Substitutionsprodukte, wie z. B. Methylmorpholin, Äthanolmorpholin u. a. m. zu bilden.

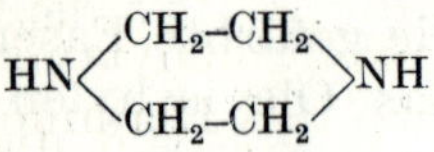

Piperazin

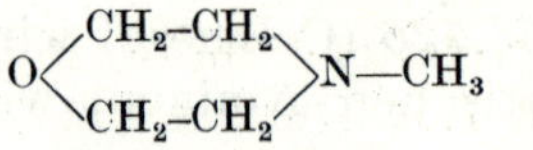

Methylmorpholin

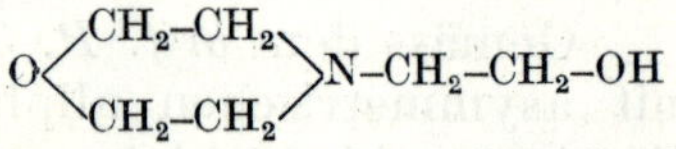

Morpholinäthanol (erhalten durch Deshydration von Triäthanolamin)

Das Patent zitiert ausser anderen Produkten das Phenylendimorpholin:

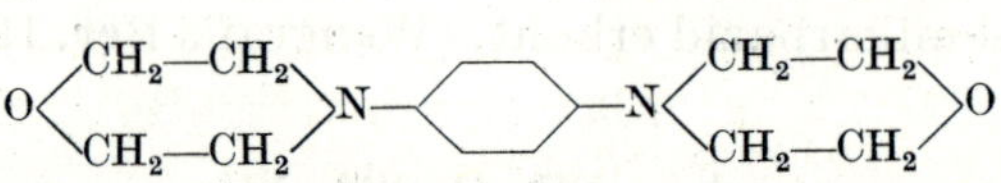

Ein eigenartiges Verfahren bringt *brit. P. 462.724* (Celanese) zur Verbesserung der Reibechtheit besonders dunkler Nuancen; die ungenügende Reibechtheit wird auf schlechte Dispersion des Farbstoffes, d. h. auf eine Flokulation grosser Molekularaggregate zurückgeführt. Es soll nun möglich sein, durch Sublimation der oberflächlich auf dem Gewebe fixierten Farbstoffpartikel, diesen Übelstand zu beheben. Diese Sublimation wird durch Aufblasen von 150—160^0 C heisser Luft auf die gefärbte Ware bewirkt.

Da die Mehrzahl der für das Färben von Azetatseide in Frage kommenden Farbstoffe sublimieren, kann dieses Verfahren eine ziemlich allgemeine Anwendung finden.

Franz. P. 834.420 der I. G. Farbenindustrie: Die Färbungen auf Azetatzellulose mittels löslicher Farbstoffe besitzen meistens nur ungenügende Echtheit. Durch Behandlung der Azetatseide mit organischen Basen, wie Stearylamin, Dodecylamin sowie Derivaten der zyklischen Aminen, z. B. das Aminonaphtalin oder auch Pyridinium- oder Phosphoniumverbindungen, soll die Echtheit verbessert werden. Diese Substanzen können entweder dem Färbebade selbst, oder nach dem Färben einem besonderen Nachbehandlungsbade zugesetzt werden.

Zum Zwecke der Verbesserung der Licht- und Schweissechtheiten der gefärbten, Azetatzellulose enthaltenden, Gewebe empfiehlt die Celanese Corp. of America im *amer. P. 2.187.365* die gefärbte Ware nach dem endgültigen Spülen mit Kalkmilch zu behandeln, welche auf der Faser verbleibt.

Schwarzfärben der Azetatseide[1]).

Schwarzfärbungen mit einem Gemisch basischer Farbstoffe (Cellutyl- oder Setacylschwarz R (Geigy). d. h. einer Mischung von Benzoblau R, Malachitgrün und Phenylenbraun) werden nach Clavel durch Zusatz von sulfonierten oder karboxylierten aromatischen Kohlenwasserstoffen (*franz. P. 573.416*, Geigy) oder von Quellmitteln, wie das Celloxan der I. G. (Zinknitrat), das Acetanol von Kuhlmann (Pyridinnitrat) wie auch von Zinkchlorid (*D. R. P. 355.533*, vgl. Tiba 1931, S. 387), bedeutend tiefer.

Clavel empfiehlt Diphenylschwarzbase, Paraaminodiphenylamin (*franz. P. 542.892; amer. P. 1.547.789* und *1.448.432*), 2,4-Diaminodiphenylamin (*brit. P. 258.699*) sowie 2,4-Dinitrodiphenylamin (*brit. P. 322.893)* zum Schwarzfärben der Azetatseide.

Nach Clavel hat Diphenylschwarz (p-Aminodiphenylamin), welches zwei aktive Gruppen enthält, gegenüber dem Anilinschwarz den Vorteil, daß es weder die Faser angreift, noch deren Glanz beeinträchtigt (*amer. P. 1.448.432*). Nachstehendes Beispiel wird von Clavel (R. G. M. C. 1923, S. 105), angegeben:

Für 10 kg Azetatzellulose stellt man folgende zwei Lösungen her:

Lösung I.

200 g Diphenylschwarzbase
250 cm^3 Milchsäure 50%
550 cm^3 Essigsäure 50%

auf 1250 cm^3 mit Wasser verdünnen.

Die Base wird heiss gelöst.

Lösung II.

125 g Aluminiumchlorid 30^0 Bé
125 g Chromchlorid 30^0 Bé
20 g Kupferchlorid 40^0 Bé
150 g Natriumchlorat in
69 g Wasser, gelöst

auf 1250 cm^3 mit Wasser einstellen.

---

[1]) J.-P. Sisley, Tiba 1931, S. 17 und 387.

Die Menge der Diphenylschwarzbase entspricht 12% des Gewichts der zu färbenden Ware.

Für 1 kg Azetatzellulose besteht das Färbebad aus:

730 cm³ Lösung I
730 cm³ Lösung II

welche Mischung mit Wasser auf 4,5—6,5 Liter verdünnt wird.

Die Färbung wird in kaltem Bade ausgeführt, indem man die Ware zuerst 2—3 Minuten in der Flotte bewegt und sie dann ½ Stunde eingetaucht lässt. Hierauf spült man längere Zeit in kaltem Wasser und quetscht aus.

Die Oxydation erfolgt dann in einer auf 80° C erhitzten Kammer, wobei die Ware im Laufe einer Stunde mehrmals bewegt wird. Die so behandelte Ware wird dann bei 50—60° C geseift, gespült und getrocknet.

Im *amer. P. 1.547.789* beschreibt Clavel ein Verfahren zum Färben von Azetatseide mit Diphenylschwarz, welches jeden technischen Ansprüchen gerecht wird. Man färbt die Azetatseide in Gegenwart von einer oder mehreren aliphatischen Karbonsäuren, mit oder ohne gelösten Chloriden bzw. Schutzkolloiden.

Beispiel: Man stellt folgende Stammlösungen her:

Stammlösung Nr. 1.

200 g Diphenylschwarzbase }
250 cm³ Milchsäure 50% } Auflösen und auf
550 cm³ Essigsäure 50% }

1200 cm³ mit Wasser verdünnen.

Stammlösung Nr. 2.

125 g Ammoniumchlorid 30° Bé
125 g Chromchlorid 30°
20 g Kupferchlorid 40° Bé
150 g Natriumchlorat gelöst in
60 cm³ Wasser

1 250 cm³

Zusammensetzung des Färbebades für 1 kg Azetatseide.

750 cm³ Stammlösung Nr. 1
750 cm³ Stammlösung Nr. 2
mit Wasser auf

4—6 Liter verdünnen.

Gefärbt, getrocknet und oxydiert wird wie in den oben beschriebenen Verfahren von Clavel. Die Ware wird alsdann bei 50—60° C geseift, hierauf zuerst zweimal in weichem, dann einmal im kalkhaltigen Wasser gespült, gesäuert, gespült und getrocknet.

Dem *brit. P. 507.748* der Imp. Chem. Ind.-Gruble-Schaw (20. 6. 1939) nach, lässt sich Azetatseide mit 1-Amino-4-p-Nitranilinanthrachinon-2-Sulfosäure oder mit einem ihrer Salze, dunkelschwarz färben. Nach einem im Patent vermerkten Beispiel wird die Azetatfaser vor dem Färben in einer verdünnten Seifen- oder Ammoniaklösung behandelt, in kaltem Wasser gewaschen und dann erst in das Färbebad eingeführt. Man wärmt leicht an, steigert dann die Temperatur auf 80° C, setzt Natriumchlorid zu und färbt während 45 Minuten bei 80° C, wäscht und trocknet.

Da die Anwendung von Anilinschwarz auf Azetatseide sowohl im Direktdruck, in der Unifärberei, wie auch für den Reservedruckartikel einem wirklichen Bedürfnis entspricht, wurde diese Frage von zahlreichen Forschern eingehend untersucht[1]).

Ein Schnellverfahren zum Färben von Schwarznuancen auf Azetatkunstseide und Nylon wird von den Services des Recherches de la Société Rhodiaceta in Teintex 1946, Märzheft, S. 68 beschrieben.

Dieses Verfahren wurde in Frankreich ausgearbeitet, da dort β-Oxynaphtoesäure während einer Zeit nicht mehr erhältlich war. Man verwendete anstatt β-Oxynaphtoesäure Naphtole in Verbindung mit Cibacetdiazoschwarz GN. Als Naphtol wird beispielsweise das Naphtazol D von Francolor angegeben. Das Färbebad wird mit Gelatin, Invadin N und Albatex PO beschickt, welchem man alsdann das mit Sprit und Natronlauge gelöste Naphtol und schliesslich das emulgierte Cibacetdiazoschwarz GN zusetzt. Man geht mit der Ware bei 40° C ein und steigert die Temperatur im Laufe von 2 Stunden auf 80° C, worauf man spült und alsdann in einem ameisensauren Bade mit Natriumnitrit diazotiert. Schliesslich spült man in einem Bad mit Seife und Natriumhydrosulfit.

Mit den neuen, im *brit. P. 550.839* beschriebenen Farbstoffen, welche auf Kunstseide gefärbt, diazotiert und mit einem Anilinderivat gekuppelt werden, ist es möglich, auf Azetatseide marineblaue bis schwarze Färbungen herzustellen, welche sich wieder vollständig abziehen lassen, ohne dass das Weiss der Faser wesentlich beeinflusst wird. Es ist vorauszusehen, dass man in Zukunft immer mehr von den in der Spinnmasse gefärbten Azetatseidengarnen Gebrauch machen wird. Es ist infolgedessen für die Hersteller von besonderer Wichtigkeit, ihrer Kundschaft Garne anbieten zu können, die in standardisierten Nuancen gefärbt sind. Für diesen Zweck wurden spezielle Farbstoffe hergestellt, von denen einige dadurch gekennzeichnet sind, dass sie in ihrem Molekül einen höheren Fettsäurerest enthalten. Das *brit. P. 550.657* beschreibt Anthrachinonfarbstoffe, die — wenn sie in üblicher Weise aufgefärbt werden — nur

---

[1]) Siehe diesbezüglich Anilinschwarz auf Azetatseide, Kap. VIII, S. 229 u. ff.

geringe Affinität für Azetatseide aufweisen, aber, der Azetatspinnmasse zugesetzt, erlauben, grün- bis blaugefärbte, gasechte Garne herzustellen. Im *brit. P. 548.902* wird ebenfalls der chemische Aufbau von Arylazofarbstoffen angegeben, deren Nuancen sich fast auf die ganze Farbenskala verteilt und die sich besonders für die Herstellung von in der Spinnmasse gefärbten Azetatkunstseiden eignen. Die mit diesen Farbstoffen erhaltenen Färbungen sind hervorragend licht- und gasecht.

In Silk and Rayon 1946, 20, S. 856 wird ebenfalls das Problem der Herstellung von schönen Schwarzfärbungen auf Azetatkunstseide behandelt.

Auf Azetatseide sind Schwarznuancen mit Diazofarbstoffen am schwierigsten zu erzeugen. Die Ursache hierfür liegt in der Tatsache, dass die Diazotierung auf dieser Faser oft etwas verschiedener verläuft als auf Viskose oder Baumwolle; auch erfordert die Kupplung mit der wasserunlöslichen β-Oxynaphtoesäure eine gewisse Erfahrung. Beim Kuppeln ist ein leichtes Erwärmen oft von Vorteil. Das Färben von Anilinschwarz auf Azetatkunstseide ist wegen derer geringen Quellbarkeit oft mit Schwierigkeiten verbunden, welche jedoch durch Zusatz zum Färbebad von geeigneten Quellmitteln behoben werden können.

Schwarzfärbungen auf Kunstseidenmischgeweben werden in einem Artikel in Silk and Rayon 1946, 20, S. 1246 ausführlich beschrieben. Zur Herstellung von Schwarznuancen auf Azetat-Viskosekunstseidenmischgeweben werden meist Diazotierungsfarbstoffe verwendet; bei Schwarzeffekten ist es einfacher, die Azetatkunstseide zu reservieren als die Viskose. Beim Färben von Schwefelfarbstoffen kann durch Zusatz von Glukose (ca. doppelt so viel als Na_2S) und durch das Färben bei 50—60° C eine Verseifung der Azetatkunstseide vermieden werden, so dass eine vollständige Reserve der Azetatkunstseide erreicht wird. Daneben kommt noch das Färben mit Ammoniak und Hydrosulfit oder dasjenige mit Ammoniumsulfid in Frage. Beim Färben der Azetatkunstseide muss zur Erzielung einer guten Reserve der Viskose eine Reinigung mit Seife oder ein schwaches Chloren folgen.

Druck auf Azetatkunstseide[1]).

In welchem Umfange Azetatkunstseidegewebe in der Druckerei zur Ausrüstung gelangen, lässt sich nicht mit Sicherheit feststellen. Lediglich nach rohen Schätzungen kann man wohl sagen, dass viel-

[1]) Text. Col. 1936, Märzheft, S. 193, R.G.M.C. 1937, S. 155; A. Schneevoigt, Das Bedrucken von Azetatseide, Mell. 1926, S. 354 und 945; Dr. Gmelin, Druck auf Azetatseide und azetatseidehaltigen Mischgeweben, Mell. 1928, S. 225; H. Gürtler, Die Entwicklung der Azetatseidenfärberei und -drucken, Mell. 1933, S. 406.

leicht nur 5 bis höchstens 10% der Azetatkunstseidegewebe für Druckartikel verarbeitet werden und unter diesen Druckartikeln wohl nur 10% auf den Direktdruck, der Rest auf den Ätzdruck entfallen. Dass der Druckartikel mengenmässig so weit hinter dem ausgesprochenen Färbartikel zurücksteht, hat seinen Grund hauptsächlich in dem gegenüber anderen Kunstseiden bzw. sonstigen Faserarten stark abweichenden färberischen Verhalten der Azetatkunstseide und den damit zusammenhängenden mannigfachen koloristischen Schwierigkeiten, namentlich bei den stärker bevorzugten Azetatkunstseidemischgeweben, und zwar in gleichem Maße beim Direktdruck- wie beim Ätzdruckartikel. Abgesehen davon steht einer stärkeren Verwendung von Azetatkunstseidegeweben in der Druckerei vielfach auch der hohe Preis der hier in Betracht kommenden Farbstoffe im Wege, der bei den für Druckartikel herangezogenen, fast durchweg billigeren Geweben stärker ins Gewicht fällt als bei den meist hochwertigeren Stoffen der Färberei.

Man bedient sich in der Praxis von allen für Azetatkunstseide geschaffenen Spezialfarbstoffen fast ausschliesslich der Celliton- und Cellitonecht- bzw. Cellitonätzfarbstoffe (Cibacet-, Setacyl-, Artisil-, Acétoquinonfarbstoffe, soweit es sich um die zwar nur wenig verarbeiteten reinen Azetatkunstseidegewebe bzw. um solche Mischgewebe handelt, bei denen die Azetatkunstseide oben liegt (z. B. Satins). Dagegen werden sie für den Druck auf kreppartigen Mischgeweben nur selten benutzt, weil sie z. B. in Azetat-Viskosekunstseidegeweben nur die Azetatkunstseide wasserecht anzufärben vermögen. Einige Druckereien drucken sie in solchen Fällen zusammen mit ausgewählten substantiven Farbstoffen von guter Wasserechtheit bzw. bei Mischgeweben mit Seide oder Wolle auch in Verbindung mit Säurefarbstoffen. Für den Direktdruck eignen sich nur diejenigen Celliton- und Cellitonechtfarbstoffe bzw. Cellitonätzfarbstoffe, die bei der guten Fixierung erforderlichen halbstündigen Dämpfzeit im geschlossenen Kessel unter normalen Dampfbedingungen nicht sublimieren. Die meisten Farbstoffe der obengenannten Klassen erfüllen diese Forderung. Ausgesprochen schlecht in dieser Beziehung und damit für Direktdruck unbrauchbar sind nur Cellitongelb 3 G, Cellitonorange R, Cellitonrosa R und Cellitonechtrosa B, während Cellitonorange GR, Cellitonechtrosa RF, Cellitonechtschwarz GN und BTN sowie Cellitonechtviolett 6 B, Cellitonechtmarineblau BR, Cellitonblau G, Cellitonechtblau B und Cellitonechtschwarz B mehr oder weniger zum Sublimieren neigen[1]), aber bei nicht zu trockenem und nicht zu hoch gespanntem Dampf noch mitverwendet werden können. Die Gefahr des Sublimierens, die unter besonders ungünstigen Dampfverhältnissen in gewissem Umfange

[1]) Es sei erwähnt, dass gewisse Cibacetfarbstoffe ebenfalls diesen Nachteil aufweisen.

auch bei den sonst sublimierechten Farbstoffen auftreten kann, scheidet auch für die weniger sublimierechten, vorhin genannten Marken praktisch ganz aus, wenn man die Fixierung in dem nicht unter Überdruck stehenden Schnelldämpfer anstatt im geschlossenen Kesseldämpfer vornimmt. Allerdings ist bei den meisten Farbstoffen zur vollständigen Ausfixierung eine mehrmalige Dämpfpassage erforderlich. Einige Marken, wie Cellitonbrillantgelb FF, Cellitonorange GR, Cellitonrot R, Cellitonechtrot GG, Cellitonechtviolett 6B, Cellitonechtmarineblau BR und GTN, Cellitonechtbraun 3R und 5R, Cellitonechtschwarz BTN und GN, liefern schon nach 1—2mal 5 Minuten langem Dämpfen im Schnelldämpfer Drucke, die etwa 80—90% der Ausgiebigkeit der während einer Stunde im Dämpfkessel gedämpften Drucke aufweisen, während sich Cellitongelb 5G, Cellitonechtgelb RR, Cellitonechtscharlach R, Cellitonechtrosa RF, Cellitonechtrubin B und 3B sowie Cellitonechtrotviolett RN in dieser Dämpfzeit immerhin noch mit einer Ausgiebigkeit von 70—80% fixieren.

Die Cellit- und Cellitechtfarbstoffe werden für Direktdruck nicht oder höchstens nur in verschwindendem Maße gebraucht. Es sind zwar eine Reihe saurer sowie einige Chrombeizenfarbstoffe ohne weiteres für den Direktdruck geeignet, doch besteht weder für sie noch für Säure- oder Chromfarbstoffe bei der an sich geringen Bedeutung des Direktdruckes auf Azetatkunstseidegewebe ein Bedürfnis.

Cellitazole kommen für den Direktdruck überhaupt nicht in Frage. Es gibt zwar ein von der I. G. Farbenindustrie in Ludwigshafen vor Jahren ausgearbeitetes Druckverfahren für diese Spezialprodukte, das jedoch niemals praktische Bedeutung erlangt hat.

Azetatseidengewebe haben in neuester Zeit eine zunehmende Bedeutung für Druckartikel erlangt. In einer Reihe europäischer Länder wurden in verstärktem Masse hochmoderne Druckartikel auf Geweben aus Azetatkunstseide bzw. azetatseidehaltigen Mischgeweben herausgebracht, bei denen einerseits Cibacet bzw. Acétoquinone-, Celliton-Farbstoffe und andererseits für sehr lebhafte Töne die Astrazonfarbstoffe Verwendung fanden.

Zur Herstellung der Druckfarben seien folgende neuere Verfahren angegeben.

Dem *brit. P. 401.735* der I. G. Farbenindustrie nach, wird die Farbtiefe des Druckes durch Vorpräparieren der Ware mit dem Natriumsalz der Tetrahydronaphtalinsulfosäure erhöht. Zum selben Zweck empfiehlt *brit. P. 401.665* der Imp. Chem. Ind. die Anwendung von Glyzerinester, z. B. das Ditolyldibenzylglyzerin, während *franz. P. 703.625*, *schweiz. P. 165.485* und *brit. P. 415.742* den Zusatz von 5% Triäthanolamin zur Druckfarbe empfehlen.

Zum Anteigen der Farbstoffe werden Derivate des Glykols oder des Diäthylenglykols[1]) verwendet (Eutinctol NB, Kuhlmann; Solutène DG, Francolor; Fibrit D der I.G. Farbenindustrie, Hystabol D von Böhme-Fettchemie, Solentwickler GA der I.G., Developsol GA von Durand-Huguenin).

Das Fliessen der Drucke wird durch Vorpräparieren der Ware mit einer Aluminiumazetatlösung verhindert (*amer. P. 1.822.453*). Die Zugabe zur Druckfarbe von Lösungsmitteln, wie Äthyllaktat, Diazetonalkohol oder Äthyl- und Butyltartrat, bewirkt eine Quellung und eine damit verbundene teilweise Lösung der Faser (*brit. P. 375.313, amer. P. 1.968.819, 1.968.855, 1.968.856* sowie *franz. P. 729.778*, Celanese- Rivaț). Laut *brit. P. 375.313* wird Benzylalkohol als Quellmittel der Druckfarbe zugesetzt.

Als Beispiel einer Druckfarbe wird folgendes Rezept angegeben:

10 g	Farbstoff (basischer Farbstoff)
60 g	Thiodiäthylenglykol
160 g	Wasser
200 g	Äthyllaktat
570 g	Gummiwasser
1000 g	

Dass ebenfalls das Monoformin des Glykols, das Diäthylenglykol und das Thiodiäthylenglykol laut *D.R.P. 547.348* der I.G. Farbenindustrie gute Quell- und Lösungsmittel für Azetatseide sind, wurde bereits im Kapitel über die Färberei erwähnt.

Glyecin A (Solutène CI von Francolor, Lyogen TB von Sandoz, Lyoprint G von Ciba, Dehapan GB von Durand & Huguenin) gilt als das beste Lösungs- und Dispergiermittel im Azetatkunstseidendruck. Solentwickler GA (Developsol GA von D. H.) ist als Ersatz für Glyecin A gut geeignet.

A. Schneevoigt[2]) fand, dass beim Drucken von Cellitonechtfarben ein Zusatz von 50 g Ludigol zur Druckfarbe die Ausgiebigkeit erhöht. Die Gleichmässigkeit wird in Gegenwart von Monopolseifen bedeutend besser, und ein Zusatz von 50 g Aluminiumazetat 10° Bé erhöht die Schärfe der Druckkonturen.
Beispiel:

80—100 g	Celliton- und Cellitonechtfarbstoff
20— 30 g	Glyecin A
500 g	Gummiwasser 1:1
200 g	Britishgum 1:1
200—170 g	Wasser
1000 g	

[1]) Siehe Lösungsmitteltabellen, Kap. XIV, sowie Bd. I, Kap. I, S. 226—227.
[2]) Mell. 1926, S. 354 und 945.

Nach dem Drucken und Trocknen wird 20—30 Minuten ohne Druck gedämpft, gewaschen, kalt geseift, gespült und getrocknet.

H. Dreyfus (Celanese) macht im *franz. P. 601.861*, 1911 (R.G.M.C. 1927, S. 318) aufmerksam, dass in Gegenwart von Quellmitteln das Eindringen des Farbstoffes in die Faser wesentlich verbessert wird.

Beispiel: Man nimmt

40 g einer Paste, bestehend aus
2,4 g Dinitrobenzol-1-Azodimethylanilin, das man mit
12 cm^3 Wasser und
24 g Natriumrizinat 70% gut verreibt.

Das ganze wird bis zur vollständigen Dispersion aufgewärmt. Hierauf setzt man

5 g Natriumkarbonat
20 g Ammoniumsulfocyanid
40 g Wasser und
395 g geröstete Stärke zu.

1500 g

Es ist festgestellt worden, dass man gewisse Cibacet- oder Acétoquinonfarbstoffe nur in Gegenwart von Quellmitteln drucken muss, andere dagegen dermassen fein dispergiert sind, dass man sie ohne Zusatz irgendwelcher Hilfsmittel drucken kann.

Im *brit. P. 387.343* schützt die Celanese ein Verfahren zur Herstellung von Buntdrucken auf Azetatseide, welches darin besteht, dass man örtlich Quell- und Lösungsmittel aufdruckt und dadurch Farbstoffe, die sonst keine Affinität zu dieser Faser haben, fixieren kann. Das *brit. P. 466.803* derselben Firma nimmt Bezug auf dieses Verfahren und ergänzt es noch durch Dämpfen derartiger Drucke. Wenn man z. B. Chrysophenin G, Xylenblau AS und sonstige wasserlösliche Farbstoffe auf die Faser druckt und hierauf mit einer Druckfarbe überdruckt, die Äthyllaktat, Glyecin A und ähnliche Quellmittel enthält, so ist nach dem Dämpfen der Farbstoff nur an den Überfallstellen befestigt.

Gute Fixierung gewöhnlicher Azetatfarbstoffe erreicht man gemäss dem *amer. P. 2.079.109* (Dreyfus) durch Zusatz zur Druckfarbe von Dimethylendioxyd oder seiner Abkömmlinge, z. B. Dimethyldimethylendioxyd, welche gute Lösungsmittel für Azetatzellulose sind und sie demgemäss rasch zum Quellen bringen:

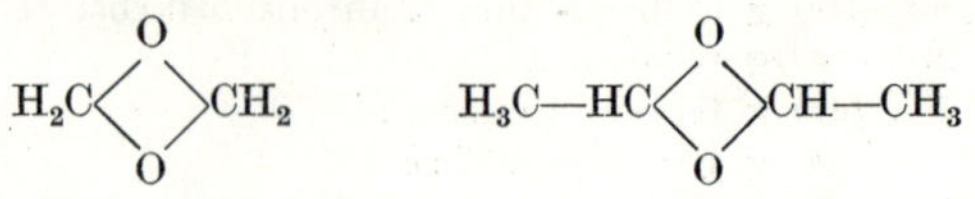

Im gleichen Sinne sollen *brit. P. 465.136*, Imp. Chem. Ind. Azetatdrucke durch Alkyl- oder Arylsulfanilate, z. B. dibenzylsulfanilsaures Natron, verstärkt werden.

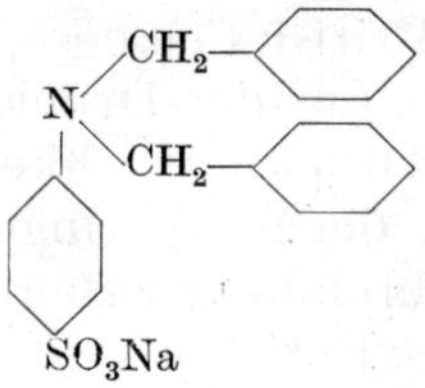

Für Mattdrucke auf Azetatseide wird im *amer. P. 2.070.467* von Du Pont der β-Naphtyläther des Äthylenglykols empfohlen.

Dem *franz. P. 779.844* sowie *brit. P. 433.106* zufolge empfiehlt Ciba für Azetatseidendruckfarben sowohl die Anwendung von Chromkomplexfarbstoffen, wie Neolan- oder Palatinechtfarbstoffe, als auch von Farbstoffen, welche Derivate des Triarylmethans, des Anthrachinons und des Resorzins sind; doch dürfen diese Farbstoffe keine lösende Gruppen (SO_3H, COOH) enthalten. Ihre Dispersion im Verdickungsmittel wird mittels Sulforizinaten, Triäthanolamin, Glyzerin oder Alkohol bewirkt[1]).

Druck mit substantiven und sauren Farbstoffen.

Nach dem *amer. P. 2.291.052* (niedergelegt am 9. Juli 1904, ausgegeben am 28. Juli 1942) von du Pont de Nemours bedruckt man die Azetatzellulose mit substantiven und sauren Farbstoffen, deren wässerige und verdickte Druckpaste ausserdem noch mit einer hydrotropen Substanz und mit Zinksulfocyanid beschickt ist. Als hydrotrope Substanz verwendet man Harnstoff, Thioharnstoff, die löslichen Metallsalze der Alkylschwefel- oder -sulfosäuren, die gegebenenfalls mit OH, $—NO_2$ oder einem Halogen substituiert sind oder die löslichen Metallsalze der Aryl-, Alkyl- oder Aralkylglykolsäuren.

Die Kombination von hydrotropen Substanzen mit Zinksulfocyanid erlaubt es, lebhaftere, gasechte und beim Dämpfen nicht sublimierbare Drucke zu erzielen.

Im Patent wird folgende Zusammensetzung der Druckpaste angegeben:

3 T.	Direktfarbstoff — C. I. 814
15 T.	Harnstoff
10 T.	Zinksulfocyanid
12 T.	Wasser
60 T.	Verdickung (englischer Gummi 50%)
100 T.	

An Stelle von Harnstoff kann man auch p-toluolsulfosaures Natrium, n-butylschwefelsaures Natrium, methylpentanolphtalsaures Kalium verwenden.

[1]) Anilinschwarz-Diphenylschwarz auf Azetatseide, siehe Kap. VIII.

Das *brit. P. 579.718* (British Celanese, ausgegeben am 13. August 1946) bezieht sich ebenfalls auf das Drucken von Azetatseide mittels sauren Farbstoffen. Die Druckmöglichkeiten für Azetatseide sind ziemlich beschränkt wegen der nur geringen Echtheit gewisser Farbstoffe gegenüber den Verbrennungsgasen und wegen dem niederen Sublimationspunkt anderer Farbstoffe, die sich während des Dämpfens verflüchtigen. Die Küpenfarbstoffe werden in stark alkalischen Druckpasten gedruckt, die ihrerseits die Azetatseide stark beeinflussen. Es wäre wünschenswert, die sauren Farbstoffe wegen ihrer Farbenprächtigkeit für den Azetatseidendruck verwenden zu können, jedoch konnte bis anhin nur eine geringe Fixierung bewirkt werden. Es wurde jedoch festgestellt, dass durch Quellung der Faser deren Affinität zu den sauren Farbstoffen bedeutend zunimmt. Die Druckpaste enthält als hauptsächliches Quellmittel Natriumsulfocyanid oder ein anderes anorganisches Sulfocyanid und einen in Alkohol und Essigsäure gelösten sauren Farbstoff (Xylenwalkblau GL). Man dämpft die gedruckte und getrocknete Ware bei 110° C, wäscht und seift. Die Druckeffekte sind licht- und säureecht.

Es ist bekannt, dass die Affinität der Fasern zu den Säurefarbstoffen erhöht wird, wenn man ihnen Kunstharze einverleibt. Diese Tatsache wird für Azetatseide in dem *brit. P. 455.602* von der Acéta geschützt.

Im *brit. P. 466.803* gibt die British Celanese bekannt, dass im allgemeinen wasserlösliche Farbstoffe, beispielsweise das Xylenblau AS, für den Druck von Azetatseide verwendet werden können, wenn man den Druckpasten Quellmittel wie Äthyllaktat zusetzt, oder wenn man die erhaltenen Drucke mit einem Quellmittel überdruckt, wobei man in letzterem Falle an den Überfallstellen dunklere Effekte erhält.

Das Fixieren von Azetatseidenfarbstoffen auf Azetatseide, Polyamiden oder Polyvinylverbindungen durch nachträgliche Behandlung mit Lösungsmitteldämpfen beschreibt die British Celanese Ltd. im *amer. P. 2.273.305* (Teintex 1947, S. 58).

Auf ein Azetatseidengewebe wird an verschiedenen Stellen eine Druckpaste folgender Zusammensetzung aufgetragen:

40 g	Tragant
2000 g	Wasser
4 g	Dimethylaminoanthrachinon
2044 g	

Hierauf wird das Gewebe der Einwirkung von Dichloräthylendämpfen ausgesetzt, die ein Lösen des Dimethylaminoanthrachinons bewirkt, welches sich auf die nicht bedruckten Stellen verteilt. Hierauf behandelt man die Ware während 30 Minuten bei 45—50° C in einem Bade, welches pro Liter mit ca. 0,25 g Hydrosulfit beschickt ist. Nach dem Trocknen erhält man Druckeffekte von verschiedenen Blautönen.

Ein interessantes Druckverfahren für Azetatseide beschreibt die British Celanese Ltd. in *brit. Patentanmeldung 20.373* (20. 10. 43). Nach diesem Verfahren wird das aus Zelluloseazetat oder anderen Zellulosederivaten bestehende Gewebe mit einer Druckfarbe bedruckt, welche zusammengesetzt ist aus einem Säurefarbstoff einem niedrigen aliphatischen Alkohol, einem Verdickungsmittel, einem organischen Quellmittel für die in Betracht kommende Faser und einer niedrigen aliphatischen Säure. Die besten Resultate werden gewöhnlich erhalten, wenn die Druckfarbe 30—60% Alkohol enthält. Die Druckpaste soll 2—4% der Säure, beispielsweise Essigsäure, enthalten. Natriumrhodanid (6—10%) hat sich ganz besonders als Quellmittel bewährt. Als Verdickungsmittel eignet sich Tragant, Supertexgum und Gummi arabicum. Nach dem Drucken wird die Ware sofort, ohne Zwischentrocknung (?) in kaltem Wasser (25—30° C) gewaschen und dann getrocknet.

Neues auf dem Gebiete der Buntbemusterung von Azetatseide mittels Säurefarbstoffe, bringt die British Celanese Ltd. im *brit. P. 579.718* (The Dyer 1946, 96, S. 410). Nach diesem Verfahren können licht- und waschechte reine Nuancen im Druck mit diesen Farbstoffen ohne nachträgliches Dämpfen erhalten werden. Die Druckpaste besteht aus Farbstoff, Alkohol, Monokarbonsäure, Natriumsulfocyanid, Verdickungsmittel und Wasser. Nach dem Drucken wird die Ware sofort gewaschen, leicht geseift und getrocknet. Wahrscheinlich ist dieses Verfahren mit demjenigen der bereits obenerwähnten *brit. Patentanmeldung 20.373* (20. 10. 1943) identisch.

Nach dem im *amer. P. 2.248.048* von J. Allan und J. A. Wainwright beschriebenen Verfahren ist es möglich, Drucke und Pflatschfärbungen von Azetatseide und anderen Zelluloseestern und Zelluloseäthern mittels wasserunlöslichen und wasserlöslichen Azetatseidenfarbstoffe und anderer Wollfarbstoffe herzustellen, ohne dass ein Dämpfen und eine Nassbehandlung erforderlich sind. Die Druckfarbe enthält ausser dem Farbstoff und Wasser noch ein hochsiedendes (150—200° C) Lösungsmittel oder Quellmittel für Azetatseide und, als Verdickungsmittel, eine hochviskose wässerige Lösung eines Zellulosederivates, beispielsweise Hydroxyäthylzellulose. Nach dem Drucken oder Pflatschen wird zur Fertigstellung nur getrocknet.

Druck mit Küpenfarbstoffen.

Von den übrigen Farbstoffgruppen spielen die Küpenfarbstoffe im Direktdruck von Azetatkunstseidegeweben vielleicht überhaupt die grösste Rolle, weil sie — im Gegensatz zu den Celliton-,

Cellitonecht- bzw. Cellitonätzfarbstoffen — vor allem viel allgemeiner, d. h. nicht nur auf reinen Azetatkunstseidegeweben, sondern auf Mischgeweben ohne Rücksicht auf ihre Bindung, ja selbst, wie in der Praxis festgestellt wurde, auf Mischgeweben von Azetatkunstseide mit Wolle oder Seide, angewendet werden können. Ausserdem sind sie im allgemeinen auch echter als die Azetatseidefarbstoffe; allerdings ist diese Tatsache bei den meist doch nur kurzlebigen Modeartikeln nicht von ausschlaggebender Bedeutung. Die Küpenfarbstoffe werden besonders in Nordamerika, wo die Azetatkunstseide eine grössere Bedeutung als in Europa hat, für den Direktdruck auf Azetatkunstseidegeweben gern gebraucht. Von den Küpenfarbstoffen werden für den Direktdruck vor allem solche Marken bevorzugt, die sich bereits mit geringeren Mengen Alkali (Pottasche oder Soda) fixieren. Dabei nimmt man die in Wirklichkeit nur geringe, durch das in der Druckfarbe enthaltene Verdickungsmittel offenbar noch gebremste Verseifung der Azetatkunstseide gern mit in Kauf. In manchen Fällen, z. B. bei glatten Azetatkunstseidegeweben oder Mattgeweben wird sogar zur Verbesserung der Druck- und Aufnahmefähigkeit des Stoffes absichtlich eine leichte Verseifung des ganzen Gewebes vor dem Druck, stellenweise schon beim Entschlichtungsprozess, vorgenommen.

Das Drucken der Azetatzellulose mittels Küpenfarbstoffe kann ohne Schwierigkeiten durchgeführt werden. Verschiedene Druckformeln von der Rhodiaceta können als Beispiel erwähnt werden. Die Farbe wird wie folgt angesetzt:

20 g	Farbstoff
100 g	Diäthylenglykol
160 g	Wasser
20 g	Natriumhydrosulfit
600 g	Senegalgummi 1:1
20 g	Natriumkarbonat kalz.
40 g	Natronlauge 36° Bé
40 g	Redol C oder Rongalit C extra
1000 g	

Der Farbstoff wird reduziert, indem man die Farbe auf 50° C erhitzt. Erst nach dem Abkühlen wird das Rongalit zugegeben. Nach dem Drucken wird ½ Stunde bei 100° C gedämpft, hierauf in einem Bad, welches 1 g/Liter Natriumperborat + 1 cm³/Liter Ammoniak 20% enthält, oxydiert. Man seift bei 80° C während 30 Minuten mit entweder 5 g/Liter Seife oder 0,25 g/Liter Igepon T extra.

Für dieses Verfahren eignen sich beispielsweise folgende Farbstoffe:

Orange Héliane RF (Algolorange R)
Indanthrenbrillantrosa R
Indanthrenbrillantgrün B
Indanthrenschwarz für Druck B L suprafix

Druckvorschrift der I. G. Farbenindustrie

80—250 g Küpenfarbstoff in Teig
170—0 g Wasser
750—750 g Stammansatz I, II, III, IV

Stammansatz:	I g	II g	III g	IV g
Industriegummi 1:2 . .	330	330	330	330
Tragantschleim 6% . .	220	220	220	220
Glyzerin	—	—	50	—
Glyecin A	—	—	—	50
Pottasche	100	50	50	50
Soda kalz.	—	50	50	50
Rongalit C	120	120	120	120
Kaolin 1:1	80	80	80	80
Monopoldrucköl PM . .	20	20	20	20
Wasser	130	130	80	80
	1000	1000	1000	1000

Nach dem Drucken und Trocknen wird 2 mal 5 Minuten im Schnelldämpfer gedämpft, dann mit 2 g Natriumperborat und 5 cm^3 Essigsäure 30% pro Liter bei 40—50° C oxydiert, dann geseift, gewaschen und getrocknet.

Druck mit Indigosolen.

Die Indigosole finden im Direktdruck von Azetatkunstseidengeweben praktisch keine oder nur eine kaum nennenswerte Verwendung, trotzdem sich mit ihnen auf Mischgeweben recht interessante Effekte, z. B. Zweifarbendrucke, erzeugen lassen.

Die nach dem Dämpfverfahren gedruckten Indigosole geben unzureichende Ergebnisse; hingegen ist das Nitritvefahren sehr vorteilhaft, wenn man die Farbstoffe in stark sodaalkalischer Farbe druckt. Durch mannigfaltige Versuche wurde festgesetzt, dass die Karbonatalkalinität günstiger ist als die kaustische; auch hat sich Kaliumkarbonat als bestes Alkalisalz erwiesen. Um eine gute Farbstoffdurchdringung zu erzielen, ist es unbedingt nötig, der Druckfarbe ein Quellmittel, wie z. B. Glyecin A, zuzusetzen.

Mit Hilfe der folgenden Druckformel hat die Rhodiaceta gute Ergebnisse beim Drucken von Azetatzellulose erzielt:

100 g Indigolfarbstoff
50 g Cibantinlöser II
205 g Wasser von 70° C
100 g Tetrahydrofurfuralkohol
500 g Senegalgummiverdickung 1:1
40 g Natriumnitrit
5 g Ammoniak 20%

1000 g

70 g	Indigosolfarbstoff in
50 g	Thiodiäthylenglykol (Glyecin A)
140 g	warmem Wasser auflösen und in
600 g	Senegalgummiverdickung
60 g	Natriumnitrit
80 g	Kaliumkarbonat zugeben.
1000 g	

Es wird während 20 Minuten bei 100° C gedämpft und 5 Minuten bei 75° C in einem Bad von 20 cm³/Liter konzentrierter Schwefelsäure entwickelt, hierauf wird neutralisiert und geseift. Um eine gute Ausbeute des Farbstoffes in der Praxis zu erzielen, ist das Dämpfen unerlässlich.

Die Farbstoffe, die sich für das obenerwähnte Verfahren am besten eignen, sind:

Indigosolgelb IGK	Cibantingelb GK
Indigosolorange HR	Cibantinorange R
Indigosol O4B	Cibantinblau 2 B
Indigosolgrün IB	Cibantinbrillantgrün BF
Indigosolgrau IBL	Cibantingrau BL

Druck mir Rapidogenfarbstoffen.

Rapidecht-, Rapidogen- und Rapidazolfarbstoffe haben bisher auf Azetatkunstseidegeweben keine befriedigenden Drucke ergeben; sie scheiden also einstweilen aus, desgleichen auch die Naphtole und Echtbasen bzw. Echtfärbesalze der Naphtol AS-Reihe.

Die Rapidogenfarbstoffe werden nach folgendem Rezept gedruckt:

80 g	Farbstoff
50 g	Thiodiäthylenglykol
20 g	Natriumsulforizinat
25 g	Natronlauge 36° Bé
125 g	Wasser 50° C
700 g	arabischer Gummi 1:1
1000 g	

Man dämpft bei 100° C während einer halben Stunde und entwickelt 4 Minuten bei 75° C in einem Bad von folgender Zusammensetzung:

10 cm³	Schwefelsäure 66° Bé
5 cm³	Ameisensäure 80%
2 g	Natriumbichromat
10 g	Natriumsulfat
pro Liter	

Die Rapidechtfarbstoffe können auch nach folgendem Rezept verwendet werden:

70 g	Rapidechtfarbstoff
30 g	Natriumsulforizinat
30 g	Thiodiäthylenglykol
40 g	Natronlauge 38° Bé
200 g	Wasser
600 g	Gummiverdickung
30 g	neutrales Alkalichromat
1000 g	

4 Minuten dämpfen und in einem Bad, das 30 cm³ Ameisensäure 36° Bé und 50 cm³ Natriumsulfat im Liter enthält, während 3 Minuten bei 80° C entwickeln.

Nach der deutschen *Patentschrift 450.538* (Klasse 8n, Gruppe I, ausgegeben am 19. Januar 1929) der I. G Farbenindustrie-A. Schneevoigt ist es möglich, die Entwicklungsfarbstoffe für den Druck auf Azetatseide mit ausgezeichnetem Erfolg zu verwenden, wenn man der Druckfarbe Lösungsmittel einverleibt, die sowohl die aromatische Base als auch den Entwickler lösen. Laut Patentangaben kommen insbesondere Thiodiäthylenglykol, Zyklohexyldiäthanolamin und Triäthanolamin als Lösungsmittel in Betracht.

Die Druckfarbe wird in der Weise hergestellt, dass man die beiden Farbstoffkomponenten, im geeigneten Verhältnis zueinander, in dem Lösungsmittel löst und dieser Mischung das Verdickungsmittel zusetzt, welches die nötige Menge Natriumnitrit enthält. In einer derartigen, neutralen Druckpaste reagieren die zwei Komponenten nicht miteinander. Man druckt die Paste auf Azetatseide auf, trocknet und nimmt anschliessend die Ware durch ein Säurebad, wobei die Diazotierung und Kupplung auf der Faser gleichzeitig erfolgen.

Bei der Erzeugung des Farbstoffes aus p-Nitranilin + β-Oxynaphtoesäure ist es vorteilhaft, vor dem Entwickeln 5 Minuten im Schnelldämpfer zu dämpfen. In diesem Falle wird der Druckpaste kein Natriumnitrit zugesetzt. Die Entwicklung erfolgt nachträglich in einem angesäuerten Nitritbad. Diese Arbeitsweise ist der bekannten, getrennt arbeitenden Methode in der Färberei vollkommen ebenbürtig und lässt sich bei allen anderen Faserarten anwenden.

Druck mit basischen Farbstoffen.

Basische Farbstoffe werden — und zwar vorzugsweise in Frankreich — im Druck auf reinen Azetatkunstseidegeweben und besonders auf Mischgeweben verwendet. Sie lassen sich mit Celloxan bzw. Beize für Azetatkunstseide und Tannin auf der Azetatkunstseide und der Mischfaser gleichmässig und waschecht fixieren und liefern vor allem auch auf Mattgeweben, auf denen die Farben immer schwächer erscheinen, von allen anderen verwendbaren Farbstoffen die ausgiebigsten Drucke. Für den Druck nach diesem Verfahren eignet sich nur eine gewisse Anzahl der basischen Farbstoffe. Bemerkenswert ist, dass einige basische Farbstoffe, wie beispielsweise Diamantgrün GX und Rhodamin B extra, die mit Celloxan oder Beize für Azetatkunstseide auf der Azetatkunstseide fixiert sind, eine wesentlich bessere Licht- und Waschechtheit besitzen als mit Tannin auf Baumwolle fixierte Drucke.

Druck mit Oremafarbstoffen[1]).

Diese neue Farbstoffklasse hat sich als sehr gut geeignet für den Azetatseidendruck erwiesen. Die Vor- und Nachteile der Oremafarbstoffe gegenüber den Cibacetfarbstoffen beim Druck von Azetatseide können wie folgt zusammengefasst werden:

1. Die Oremafarbstoffe sublimieren nicht, während Cibacetfarbstoffe, von einigen Ausnahmen abgesehen, beim Dämpfen sublimieren.

2. Die Lichtechtheit der Oremadrucke ist im allgemeinen wesentlich besser als die der Cibacetfarbstoffe.

3. Die Waschechtheit der Oremadrucke ist im allgemeinen ebenfalls bedeutend besser als die der Cibacetfarbstoffe.

4. Oremafarbstoffe, die an sich Pigmentcharakter besitzen, erzeugen auf glänzenden Faserstoffen matte Effekte, während mit Cibacetfarbstoffen gedruckt, die Ware ihren Glanz beibehält.

5. Die Reibechtheit der auf Azetatseide gedruckten Oremafarbstoffe ist im allgemeinen etwas schlechter als die der Cibacetfarbstoffe.

6. Beim Druck mit Oremafarbstoffen wird die Geschmeidigkeit der Azetatseide sehr beeinträchtigt, jedoch ist es möglich, diesen Übelstand zu beheben, indem man die Ware durch eine Appretbrechmaschine nimmt.

Ein Druckverfahren für Zelluloseazetatseide mittels schwerlöslichen bzw. unlöslichen Farbstoffe wird im *amer. P. 2.235.165* (Celanese Corp. Amer.) beschrieben. Die mit den obengenannten Farbstoffen bedruckte Azetatzellulose wird 20—60 Minuten bei 88—100° C, vorteilhafter zwischen 94 und 97° C, in einer mit Wasserdampf gesättigten Luftatmosphäre, gedämpft.

Man erhält somit Drucke, bei welchen der Farbstoff gut in die Azetatfaser eingedrungen ist.

Man hat festgestellt, dass sich Druckfarben mit dispergierten Farbstoffen für den Filmdruck nicht eignen, da sie nicht genügend

[1]) Siehe Kap. XII.

in das Gewebe eindringen. Nach dem *amer. P. 1.929.573* der Celanese ist es für diesen Fall vorzuziehen, den Farbstoff in einem geeigneten Lösungsmittel zu lösen und mit Tragantschleim zu verdicken. Das Lösungsmittel erzeugt gleichzeitig eine günstige Quellung der Faser.

Es ist naheliegend, die Azetatgewebe durch Verseifungsprozesse örtlich zu verändern und daraus Mehrfarbeneffekte zu gewinnen. So macht das *amer. P. 2.108.803* (Celanese) den Vorschlag, zuerst eine schwache Laugenlösung im Druck aufzutragen, also gewissermassen die Stellen vorzuverseifen und dann mit stärkerer Lauge zu überdrucken oder im ganzen zu behandeln. Ebenso ergeben sich gemäss *amer. P. 2.115.374* (Celanese) durch Vordruck einer alkalischen Britishgumverdickung und Überdruck mit einer normalen Indigosoldruckfarbe bei der Ausfertigung neben tiefen Tönen (auf den laugebehandelten Stellen) lichtere Farbpartien. Ebenfalls von der Celanese stammt das *amer. P. 2.133.470*, wonach man einen beliebigen Farbstoff vordruckt und mit einem Quellmittel, wie Glyecin A, verdickt mit Colloresin, überdruckt; nach kurzem Dämpfen hat das Quellmittel auf die Faser so weit gewirkt, dass sie den Farbstoff aufnimmt, während er sich vom übrigen Teil des Gewebes leicht entfernen lässt.

Im *brit. P. 273.011* beschreibt Whinfield ein Verfahren, welches es ermöglicht, durch örtliche Verseifung Druckeffekte zu erzielen. Man bedruckt den Stoff mit Britishgum verdickter Natronlauge. Die nicht verseiften Stellen werden durch Eintauchen der Ware in ein Lösungsmittel (Azeton) entfernt.

Während Anilinschwarz keine brauchbaren Ergebnisse liefert, erhält man mit Diphenylschwarz dagegen sehr schöne, tiefe Schwarzdrucke auf reinen Azetatkunstseidengeweben und vor allem auch auf Mischgeweben mit Viskose oder Seide, die vor den mit den basischen Schwarzmischungen Druckschwarz VX oder Kohlschwarz BTX erzielbaren Schwarzdrucken den Vorzug der höheren Echtheit besitzen, gegenüber den Cellitonechtschwarzmarken nicht nur ungleich tiefer und schöner, sondern auch ganz wesentlich sublimierechter sind.

Azetatkunstseidenkreppgewebe[1]) werden häufiger im Filmdruck als im Walzendruck ausgerüstet. Bindung und Kreppmaterial verursachen beim gewöhnlichen Walzendruck Schwierigkeiten. Azetatkunstseide ist glänzend und glatt. Diese Eigenschaft überträgt sich auch auf die Gewebe, wodurch diese beim Mattieren und durch Behandlung mit Weichmachungsmitteln noch erhöht wird, so dass derartige Gewebe beim Passieren der Druckwalzen auf der Maschine zum Verrutschen neigen. Ein anderer Faktor, welcher die Ursache

---

[1]) Azetatkunstseidenkreppgewebe, Rayon 1940, Bd. 9, S. 103—104 und Bd. 10, S. 68—69.

zu Schwierigkeiten bildet, ist die durch Bindung und Quellung bedingte Elastizität derartiger Kreppwaren, welche beim Passieren von einer Druckwalze zur anderen mehr oder weniger verzogen werden, so dass das Muster mangelhaft rapportiert. Diese Erscheinung tritt besonders dann ein, wenn die Ware aus Azetatkunstseidenkette und Naturseidenschuss besteht. Weil die meisten Azetatkunstseidenfarbstoffe auch von der Naturseide fixiert werden, bilden derartige Kreppgewebe, von koloristischen Gesichtspunkten aus betrachtet, keine Schwierigkeiten. Anders jedoch verhalten sich Gewebe, die mit Azetatkunstseidenkette und Viskosekunstseidenschuss gearbeitet sind. Die Viskosekunstseide besitzt keine Affinität zu den Azetatkunstseidenfarbstoffen. Beim Waschen derartiger Gewebe nach dem Druck werden die Farbstoffe von den Viskosekunstseiden heruntergelöst, wodurch die Gefahr besteht, dass die unbedruckten Grundgewebestellen angefärbt oder angeschmutzt werden. Die eingangs erwähnten Schwierigkeiten werden durch den Krepponierungsgrad des Gewebes bedingt, welcher aus zwei Faktoren besteht: erstens aus der Drehungszahl der Garne und zweitens aus deren Quellungsgrad bei Behandlung mit den Krepponierbädern. Die geeignetste Methode zur Verminderung der Elastizität ist durch eine Reduzierung der Krepponierung, unter Kontrolle aller massgebenden Faktoren ausführbar. Am zweckmässigsten jedoch ist es, die Azetatkunstseidenkreppgewebe in äusserst gespanntem Zustande auf der Walzendruckmaschine zu drucken. Hierbei sind der Pressdruck der Walzen, die Walzengravur, die Art des zu druckenden Musters, die Viskosität der Druckfarben, das Aufkleben der Druckware auf die Mitläufer und der Gebrauch glatter oder Gummiwalzen, kontrollierbare Faktoren, von welchen ein störungsfreies Bedrucken von Azetatkunstseidenkreppgeweben abhängt und bei Berücksichtigung derselben zuverlässige Resultate erhalten werden können.

Durch die neuerdings durchgeführte Streckung der Azetatseidenfaser in Wasserdampfatmosphäre auf das Zehnfache ihrer ursprünglichen Länge und anschliessendes Zwirnen können schöne Kreppeffekte erreicht werden, wobei die Zugabe zur Krepplösung von Quellmitteln und Netzmitteln die Wirkung erhöht. (The Dyer 1946, 95, S. 515.)

Druck mit Astrazon- und Solacetfarbstoffen[1]).

Bei den einerseits von der I.G. Farbenindustrie und andererseits von der I.C.I. auf den Markt gebrachten Farbstoffen handelt es sich um wasserlösliche Farbträger, die sich durch ihre Lebhaftigkeit, gute Lichtechtheit, sowie durch ihre ausgezeichneten Echtheiten

[1]) Dr. G. Bernardy, Astrazonfarbstoffe für den Druck auf Azetatkunstseide, Mell. 1939, Nr. 4.

beim Waschen in Wasser und in Salzwasser auszeichnen. Die meist vielfarbigen Ausmusterungen mit Astrazonfarbstoffen zeigen uns eine Farbenfreudigkeit, eine Brillanz, die sich ganz speziell bei künstlicher Beleuchtung auswirken (Abendkleider).

Die Anwendung der Astrazonfarbstoffe im einzelnen ist sehr einfach. Die allgemeine Druckformel lautet etwa wie folgt:

20— 60 g	Farbstoff
250—210 g	Wasser
30— 50 g	Glyecin A
670—650 g	Senegalgummiverdickung
30— 30 g	Celloxan
1000 g	

Genau wie für die Cellitonfarbstoffe ist Glyecin A (Solutène CI, Dehapan GB) ein ausgezeichnetes Lösungsmittel, kann aber auch durch Solentwickler GA (Solutène DG) ersetzt werden. Die Fixierung wird am besten durch ½—1stündiges Dämpfen ohne Druck mit nicht zu feuchtem Dampf erhalten und eine anschliessende, 10 Minuten lange Nachbehandlung in einer Lösung von 3—5 g Katanol WL im Liter bei etwa 25—30° C; danach wird gut gespült. Die Nachbehandlung mit Katanol WL ist zur Erzielung einer guten Nassechtheit unbedingt erforderlich.

Die I. G. Farbenindustrie hat eine Methode ausgearbeitet, nach welcher wunderbare Matteffekte mittels Astrazonfarbstoffen auf Azetatseide hergestellt werden können. Hierfür wird nach folgenden Druckvorschriften gearbeitet:

Mattstamm:

1000 g	Kronos Titanoxyd
3700 g	Senegalgummi 1:1
100 g	Igepal C
10 g	Setamol WS
100 g	Terpentin
	werden gut vermahlen und
1000 g	Opalogen A
100 g	Hexamethylentetramin
200 g	Palatinol C
500 g	Soromin WF 2:1
	zugesetzt
6710 g	Stammansatz

Allgemeine Druckvorschrift.

2—10 g	Astrazonfarbstoff
	werden mit einem Gemisch von
20 g	Glyecin A
50 g	Sprit
50 g	Wasser
	evtl. unter Anwärmen gelöst und in
670 g	Mattstamm eingerührt,
80—100 g	Eialbumin 1:1
80— 60 g	Appretan B, vorher gut vermischt zugesetzt und mit
80— 40 g	Wasser auf
1 kg	eingestellt

Nach dem Drucken und Trocknen wird 30 Minuten im Kessel mit nicht zu feuchtem Dampf ohne Überdruck gedämpft, gespült und bei 35—40° C schwach geseift, gespült und getrocknet.

Halbtondruckreserven unter Astrazonfarbenüberdruck auf Azetatkunstseide werden nach der I. G. Farbenindustrie mit folgenden Druckpasten erhalten:

Vordruckreserve:
600 g Industriegummi 1:2
100 g Titanweiss 1:1
70 g Wasser
150 g Setamol WS 1:2
20 g Glyecin A
20 g Solentwickler GA
40 g Alkohol
1000 g

Überdruckfarbe:
20 g Farbstoff werden mit einem Gemisch aus
20 g Glyecin A
20 g Solentwickler GA
40 g Alkohol angeteigt und mit
200 g Wasser 100° C übergossen.

Die so erhaltene Lösung wird in die auf über 70° C erwärmte, folgende Verdickung:

500 g Industriegummi 1:2
50 g Setamol WS 1:9
20 g Igepal C 1:9
80 g Wasser, eingerührt und nach dem Abkühlen noch
60 g Celloxan 1:1
1000 g

eingegossen.

Nach dem Drucken wird 45 Minuten unter Druck gedämpft, geseift, gespült und 10 Minuten bei 35° C mit 5 g Katanol WL 1:1 nachbehandelt, gespült und getrocknet.

Durch Vordruck von Colloresin V extra-Verdickung können dabei volle Halbtoneffekte erhalten werden; es erwies sich jedoch, zur Erzielung gleichmässigerer Effekte, als günstiger, neben Colloresin V extra-Verdickung noch „Kronos“, Titandioxyd und Setamol WS zu verwenden Die sonst für Halbtoneffekte gebräuchlichen Druckereihilfsmittel lieferten keine brauchbaren Ergebnisse.

Zur Erzielung von Halbtoneffekten unter Astrazondrucken wird von der I. G. Farbenindustrie nachstehende Vorschrift empfohlen:

Vordruckreserve:
600 g Colloresin V extra 15:85
150 g Wasser
100 g „Kronos“ Titandioxyd 1:1
150 g Setamol WS 1:2
1000 g

Überdruckfarbe:

z. B.	20 g	Astrazonfarbstoff mit
	50 g	Wasser kalt
	30 g	Glyecin A
	20 g	Alkohol verrühren und kurze Zeit stehen lassen; dann
	300 g	Wasser (heiss) beifügen und darin den Farbstoff gut lösen; hierauf
	500 g	Colloresin V extra 15:85 oder Industriegummiverdickung 1:2 mit
	10 g	Setamol WS 1:5 versetzt, einrühren. Zum Schluss fügt man noch
	60 g	Celloxan 1:1 bei.
	1000 g	

Nach dem Drucken und Trocknen wird ½ Stunde mit nicht zu feuchtem Dampf gedämpft, 5—10 Minuten durch 3 g Katanol WL und L behandelt, geseift, gespült und getrocknet.

Fliessdruck auf Azetatkunstseide mit Astrazonfarbstoffen[1]).

Ausser für Direkt- und Mattdrucke haben die Astrazonfarbstoffe nun auch für sogenannte Fliessdrucke eine neue Anwendung gefunden. Fliessdrucke, auch Nacré genannt, wurden bisher fast ausschliesslich auf Reinseide ausgeführt und stellen Effekte dar, welche den im Fondantdruck oder nach dem Orbisverfahren (Tschekonin'sches Verfahren) erzeugten in gewissem Masse ähneln, für sich aber besonders durch die feinen Farbübergänge und die daraus entstehenden vielen Mischtöne charakteristisch sind. Der Fliessdruck wird mit Filmschablonen, unter Verwendung dünner Druckfarben, mit besonderen Verdickungsmitteln und unter Zusatz von kapillaritätserhöhenden Hilfsmitteln ausgeführt. Nachdem für diese Druckart die Farbstoffe in echter Lösung in der Fliessdruckfarbe enthalten sein müssen, eignen sich hier die Astrozonfarbstoffe besonders gut.

Die koloristische Anwendung des Fliessdruckes ist sehr mannigfaltig. Selten wird der Fliessdruck allein als Muster verwendet, am üblichsten sind Kombinationen mit scharf stehenden Farben (für solche kommen Cellitonechtfarbstoffe und Mattweiss in Frage), wobei der Fliessdruck in das scharf stehende Muster eingepasst sein kann und bis an die Ränder des Vordruckes fliesst oder über diese hinweggeht und so die stehenden Farben unter Hervorrufung weiterer Mischfarben antönt.

Zur praktischen Ausführung des Fliessdruckes werden die stehenden Farben (verdickt mit Colloresin V extra oder Britishgum) zumeist vorgedruckt und direkt oder nach zwischengeschalteter Fixierung dieser Vordrucke durch Dämpfen und Waschen mit den Fliessfarben überdruckt. Wichtig ist dabei zur Erzielung eines guten Fliesseffektes, dass die Ware zum Druck auf die wasserdichte Druckdecke des Tisches direkt aufgeklebt wird.

[1]) Dr. G. Bernardy, Die Astrazonfarbstoffe, Mell. 1939, Nr. 4.

Druckvorschrift für Fliessdruckfarben.

2— 10 g	Astrazonfarbstoff
60 g	Alkohol denat.
30 g	Solentwickler GA
308—300 g	heisses Wasser,
	einrühren in
300 g	Cellappret trocken 1:9 oder
	Colloresin DK 40:1000;
	Nach dem Abkühlen setzt man zu:
30 g	Humectol CX
240 g	Emulphor O 1:5
10 g	Setamol WS 1:2
20 g	Ammoniumrhodanid 1:1
1000 g	

Nach dem Aufdruck wird getrocknet, 30 Minuten in nicht zu feuchtem Dampf gedämpft, danach 5—10 Minuten in einem Bade mit 3 g Katanol WL im Liter behandelt, gespült und getrocknet.

Im Anschluss hieran sollen noch einige Spezialausführungen von Direktdruckartikeln auf Azetatkunstseide besprochen werden, die zwar keine grosse praktische Bedeutung erlangt haben, aber doch wegen ihrer Technik und Schönheit Interesse bieten.

Da ist zunächst der Jaspé-Artikel zu nennen, der vor etwa 1—2 Jahren zuerst in Frankreich aufgetaucht ist und im Handdruck hergestellt wurde. Es handelt sich hierbei um Aufdrucke von geeigneten substantiven Farbstoffen auf Mischgewebe aus mattierter oder nicht mattierter Azetatkunstseide, die im Faden in gewissen kurzen Abständen verseift wurde und mit Viskose durchschossen ist. Dadurch, dass die substantiven Farbstoffe ausser auf den Viskoseschuss nur auf die verseiften Stellen der Azetatkunstseide ziehen, die unverseiften Stellen jedoch weiss lassen, entstehen auf diese Weise kettdruckartige Effekte, deren Eigenart durch Aufdruck einer Rongalitätze noch gesteigert wird. Die für diesen Artikel gebräuchlichen Gewebe werden von der Rhodiaceta unter den Bezeichnungen Zebrane echt matt und Zebrhode glänzend in den Handel gebracht. Es hat nicht an Versuchen gefehlt, Jaspé-Drucke im Maschinendruck nachzubilden. Diese Arbeiten, die u. a. bei deutschen und schweizerischen Firmen aufgenommen wurden, sind jedoch über die Vormusterungen nicht hinausgekommen, da sich der Artikel inzwischen bereits überlebt hat.

Länger bekannt als der Jaspé-Artikel sind Mattdrucke auf Azetatkunstseide bzw. solchen Mischgeweben, bei denen die Azetatkunstseide an der Oberfläche liegt (z. B. Satins). Es muss aber auch hier gleich erwähnt werden, dass der Mattdruckartikel niemals einen grösseren Umfang angenommen hat und eigentlich nur gelegentlich, und dann lediglich in kleinen Partien ausgeführt wird. Der Matteffekt wird mit Hilfe von Opalogen A, d. h. mit Harnstoff, bei Dampftemperatur erhalten, wobei lediglich eine Strukturänderung der Faser, also keinerlei chemische Veränderung eintritt. Man druckt z. B. Opalogen A zweckmässig zusammen mit Kaolin und etwas Milchsäure auf, trocknet und dämpft. Durch Zusatz von geringen Mengen eines vorher gelösten Indigosol- oder basischen Farbstoffes erhält man gefärbte Mattdrucke auf glänzenden Azetatkunstseidegeweben. Nach einem anderen Verfahren klotzt man die glänzende Ware mit einer Opalogen A-Lösung, trocknet, überdruckt darauf mit einer Glyecin A-haltigen Gummiverdickung, die die Mattierung des Gewebes an der bedruckten Stelle verhindert, dämpft im Kessel und wäscht schliesslich mit Wasser die aufgedruckte Verdickung aus. Auf diese Weise entstehen sehr schöne ungefärbte oder, falls der Gummiverdickung noch Celliton- oder Cellitonechtfarbstoffe zugesetzt werden, hübsche, gefärbte Glanzeffekte auf mattiertem Grund.

Schliesslich sei der Vollständigkeit halber an dieser Stelle noch der Bronzedruck[1]) auf Azetatkunstseidegeweben erwähnt, der jedoch ebenfalls nur eine geringe Bedeutung besitzt. Als Befestigungsmittel für die Bronzen hat sich beim Drucken auf der Maschine Kasarakofferglanz NN sehr gut bewährt. Serikoselösungen kommen für diesen Zweck natürlich nicht in Frage, da das als Lösungsmittel für die Serikose verwendete Serikosol N auch die Azetatkunstseide lösen würde.

Ätzen von Färbungen auf Azetatseide.

Der Ätzdruck beansprucht, wie eingangs schon erwähnt, im Vergleich zum Direktdruck einen ungleich grösseren Anteil von dem an sich nur mengenmässig kleinen Azetatseiden-Druckartikel. Was die hierfür zur Verwendung kommenden Farbstoffe angeht, so ist heute die Lage so, dass, soweit die Azetatkunstseide unverseift gefärbt wird — diese Forderung wird neuerdings wieder stärker erhoben —, die Cellitonätz- bzw. die ätzbaren Celliton- und Cellitonechtfarbstoffe für sich allein bei reinen Azetatkunstseidengeweben bzw. in Verbindung mit ätzbaren substantiven oder Säurefarbstoffen bei Mischgeweben zum Färben von Ätzböden verwendet werden. Dagegen treten die Cellit- und Cellitechtfarbstoffe vollständig in den Hintergrund. Lediglich Cellitechtgelb GGN, das mit dem basischen Tannocyanin B zu sehr lebhaften, allerdings wenig echten, weiss ätzbaren Grüntönen kombiniert werden kann, verdient einige Beachtung; alle anderen Marken dieses sowieso auf dem Aussterbeetat stehenden Sortiments einschliesslich des ätzbaren Cellitblau R

[1]) Siehe dieses Werk, Kap. XII.

können ohne weiteres entbehrt werden. Ebenso haben sich auch die für den reinen Färbeartikel wichtigeren Cellitazole trotz der guten Ätzbarkeit der meisten Kombinationen im Azetatseideätzartikel nicht in nennenswertem Maße einführen können, und zwar hauptsächlich wegen ihrer zu umständlichen Färbeweise, die beim Färben von Mischgeweben durch das Nachdecken der Mischfasern noch weiter kompliziert wird. Die wichtigsten, den Drucker am meisten interessierenden Cellitazolkombinationen, nämlich Marineblau aus Cellitazol B mit Entwickler ON und Schwarz aus Cellitazol AZN und Entwickler ON befriedigen bezüglich ihrer Weissätzbarkeit nicht. Die Blaukombination ist nur in verhältnismässig heller Färbung weiss ätzbar, während bei der Schwarzkombination die zwar gut herauskommenden Weisseffekte sich bereits nach kurzem Lagern bräunen.

Neben der unverseiften Azetatkunstseide wird aber heute noch mehr als bekannt ist oder darüber gesprochen wird, verseifte Azetatkunstseide gefärbt, und zwar mit ätzbaren, gewöhnlichen, substantiven bzw. Diazotierungs- und Kupplungsfarbstoffen.

Für unverseifte Azetatkunstseide werden fast ausschliesslich die ätzbaren Celliton- und Cellitonechtfarbstoffe bzw. das Cellitonätzsortiment zur Herstellung der Ätzböden verwendet. Das im Jahre 1935 aufgestellte Cellitonätzsortiment enthält bekanntlich alle bis dahin bekannten ätzbaren Celliton- und Cellitonechtfarbstoffe und ist seit seiner Ausgabe noch durch eine Reihe, wegen ihrer guten Lichtechtheit und schönen Farbtöne, wertvoller Farbstoffe bereichert worden. Es sind dies auch als Cellitonechtfarbstoffe für die Färberei im Handel befindlichen Marken Cellitonätzscharlach RL, Cellitonätzrot BBL, GGL, Cellitonätzrubin 3BL und Cellitonätzbraun 5RL. Ausserdem gehören zum Cellitonätzsortiment noch zwei, ausschliesslich für Ätzzwecke ausgegebene Farbstoffe, nämlich Cellitonätzblau 3R und Cellitonätzviolett B.

Einer durchgreifenden Belebung und Ausweitung des Azetatseideätzartikels stehen hauptsächlich zwei Tatsachen im Wege, nämlich der hohe Preis der mit Cellitonfarbstoffen hergestellten Färbungen und die koloristischen Schwierigkeiten, die sich weniger bei den Weissätzen als vielmehr beim Buntätzdruck sowohl auf reinen Azetatkunstseidegeweben mit glatter Oberfläche als auch auf Mischgeweben aus Azetatkunstseide und Viskose und insbesondere auf den Seide und Wolle enthaltenden Mischgeweben ergeben. Beim Drucken besteht gegen Decrolin lösl. konz., das bisher fast ausschliesslich als Ätzmittel in Frage kam, eine gewisse Abneigung, und zwar deswegen, weil die naturgemäss sauer reagierende Ätzfarbe eine recht begrenzte Haltbarkeit besitzt und nach kurzer Aufbewahrung auch leicht in die Walzengravüren einsetzt. Mit frischer Ätze erhält man anstandslos gute Weisseffekte, und zwar sowohl auf glänzenden Azetatkunstseidengeweben als auch im allgemeinen ebenso gut auf spinn- oder stückmattierten Geweben sowie auf Mischgeweben aus Azetatkunstseide mit Viskose, Wolle oder Seide. Es hat sich hierbei ein Zusatz von Glyecin A zu den Ätzfarben, wie er auch in den Ätzvorschriften der I. G. Farbenindustrie angegeben ist, als sehr günstig erwiesen, weil Glyecin A nicht nur netzend, sondern auch quellend auf die Azetatkunstseide wirkt und somit den Ätzvorgang erleichtert. Gerade beim Bedrucken von Mischgeweben mit Viskosekunstseide hat sich Glyecin A besonders gut bewährt, da ohne Glyecin A die unterschiedliche Netzbarkeit der beiden Fasern unangenehm in Erscheinung tritt, indem die Viskose das Ätzmittel glatt aufnimmt und die Azetatkunstseide der Kette, selbst bei Verwendung höherer Decrolinmengen, nur unvollkommen geätzt wird.

Von den für das Färben der Azetatseide benutzten Farbstoffen sind viele durch Reduktion ätzbar. Es ist aber eine bekannte Tatsache, dass zahlreiche Farbstoffe, die, auf Baumwolle gefärbt, gut ätzbar sind, sich auf Azetatseide schlecht oder gar nicht mehr ätzen lassen. Die Ausnahme physikalischen Ursprungs beruht auf der sehr schweren Netzbarkeit der Azetatzellulose, die Paneth darauf zurückführt, dass — im Gegensatz von Baumwolle — der Azetatseide jegliche Mizellenzwischenräume fehlen, die osmotische und kapillarische Wirkungen begünstigen.

Das Ätzen wird also dadurch erschwert, weil der Farbstoff, der dank seiner Löslichkeit in die Faser eingedrungen ist, von dieser so umhüllt ist, dass die Ätzfarbe, welche in der Azetatzellulose unlöslich ist, ihn nicht oder nur schwer erreichen kann.

Die British Dyes Cie. (*brit. P. 262.254*, *franz. P. 622.394*; siehe *D.R.P. 461.753* der I. G. Farbenindustrie, R. G. M. C. 1933, S. 460), kam auf den Gedanken, durch Aufquellen der Faser ihre intermizellaren Zwischenräume zu vergrössern und hierdurch ein besseres Eindringen der Ätzfarben zu bewirken. Dieser Zweck wird teilweise durch Zugabe gewisser Salze, wie z. B. Kalziumcyanid, zur Druckfarbe erreicht, jedoch lassen sich nach diesem Verfahren kaum einwandfreie Ätzdrucke herstellen.

Du Pont de Nemours (*amer. P. 1.981.907* und *brit. P. 401.350*)[1]) empfehlen den Zusatz von Zinksulfocyanid und Diäthylenglykol und geben folgendes Rezept an:

250 g	Natriumformaldehydsulfoxylat
100 g	Zinksulfocyanid
150 g	Diäthylenglykol
500 g	Tragantschleim
1000 g	

[1]) Wengraf's Ber. 1936, Februarheft; Bull. Föd. I, S. 526; siehe auch *brit. P. 402.037*, Celanese.

Das *franz. P. 765.960* der Rhodiaceta, obwohl es durch die Erscheinung der blauen Azofarbstoffe an Wichtigkeit eingebüsst hat, war einst doch sehr von Bedeutung, da es gestattete, Weissätzen auf mit blauen Anthrachinonfarbstoffen gefärbten Azetatfasern zu erzielen. Diese Druckfarbe ist durch das ihr einverleibte Magnesiumoxyd charakterisiert, das eine viel geringere Desazetylierungsgefahr für Azetatzellulose bedeutet als bei gleicher kaustischer oder Sodaalkalinität.

Man stellt z. B. die folgende Druckfarbe her:

170 g	Leukotrop W
150 g	Thiodiäthylenglykol
160 g	Wasser
140 g	Zinkformaldehydsulfoxylat
30 g	Magnesiumoxyd
50 g	Rhodamin B
300 g	arabischer Gummi 1:1
1000 g	

Man trocknet, dämpft während 30 Minuten ohne Druck und spült.

Die I. G. Farbenindustrie (*D. R. P. 461.753*, Mell. XV, Maiheft, S. 213) schützt die Anwendung des löslichen Zinkformaldehydsulfoxylates und gibt nachstehende Druckfarbe an:

200 g	Decrolin konz. fest
135 g	Wasser
500 g	Gummiwasser
100 g	Titandioxyd Teig 1:1
30 g	Azetin
30 g	Glyecin A
5 g	Formol 40%
1000 g	

Buntätzen mit Küpenfarbstoffen auf Färbungen mit Azetatkunstseidenfarbstoffen (Cellitonätzfarbstoffe) können nach folgender Druckvorschrift erhalten werden:

100 g	Küpenfarbstoff in Teig
30 g	Glyzerin
30 g	Glyecin A
280—240 g	Wasser
250 g	Industriegummi 1:2
250 g	Tragantverdickung 6%
60—100 g	Decrolin löslich konz.
1000 g	

Nach dem Drucken und Trocknen wird 5 Minuten im Schnelldämpfer vor- und 15 Minuten im Kessel ohne Druck nachgedämpft. Die Ware bleibt dann über Nacht liegen. Hierauf wird in einem mit 20 g Natriumbichromat und 5 cm³ Essigsäure 8⁰ Bé beschickten Bade bei 50—60⁰ geseift und schliesslich gewaschen und getrocknet.

Ein sehr ähnliches Verfahren wurde von der Firma Kuhlmann patentiert (siehe auch *amer. P. 1.944.372* von Celanese-Rivat; R. G. M. C. 1933, S. 54). Diesem Patent gemäss wird der Druckfarbe ausser dem Zinkformaldehydsulfoxylat noch Dimethylphenylbenzylammoniumchlorhydrat und ein Lösungsmittel, wie Alkohol, Phenol oder Thiodiäthylenglykol, zugegeben.

Es ist bekannt, dass man in den meisten Fällen keine reinen Weisseffekte auf gefärbter Azetatseide mittels Natrium-, Kalium- oder Zinksulfoxylat erhält, ohne dass man der Druckpaste ein Quellmittel und einen Katalysator zusetzt. Die Erdalkalisulfoxylate ihrerseits fliessen über den Rand der Druckstellen hinaus und bewirken so die gefürchteten, ungefärbten Konturen (Halo-Effekt). Anthrachinon, das ein guter Reduktionskatalysator ist, lässt sich nur schwer von der Faser entfernen und neigt zur Oxydation, so dass die weissgeätzten Stellen gelb- oder braunstichig werden. Hydrochinon, das ebenfalls ein guter Katalysator ist, greift in manchen Fällen die Azetatseide an. Nach dem *amer. P. 2.409.980* (ausgegeben am 22. Oktober 1946) der Eastman Kodak Co. werden diese Nachteile verhütet, wenn man der Druckpaste Salicylsäure oder eines ihrer Salze oder ein Quellmittel wie Triäthylenglykol, Propylenglykol oder Kalziumsulfocyanid zusetzt. Die Druckpaste ist beispielsweise aus Natriumformaldehydsulfoxylat, Thiodiäthylenglykol, Salicylsäure und Industriegummi zusammengesetzt. Das Verhältnis des Sulfoxylates zur Salicylsäure ist ungefähr 6:1. Im Patent wird als Beispiel der Ätzdruck auf einer hellbraun gefärbten Azetatseide angeführt. Nach einem 3—6 Minuten langen Dämpfen bei 100° C, einem Waschen und Seifen erhält man weisse Ätzstellen, während bei Abwesenheit von Salicylsäure nur orange-braune Ätzeffekte erzielt werden[1]).

Es scheint also, dass die Salicylsäure eine Quellung der Azetatfaser verursacht und die quellende Wirkung des Thiodiäthylenglykols steigert. Im *amer. P. 1.944.372* werden als Quellmittel Phenole vorgeschlagen.

Laut *amer. P. 1.931.108* erhöht der Zusatz von Guanidin und Thiocyanat bedeutend die Ätzwirkung, während nach dem *amer. P. 1.957.491*, *1.957.492* und *1.997.494* (Celanese) der Ersatz des Natriumformaldehydsulfoxylates durch seine Barium-, Magnesium- oder Kalziumsalze empfohlen wird. (Bull. Föd. I, S. 256 und II, S. 113.)

Das *amer. P. 2.096.797* (Celanese) weicht von obigem Patent nur darin ab, dass der Druckfarbe noch Zinn- oder Titanchlorid zugegeben wird, in der Absicht, in der Druckfarbe die entsprechenden Formaldehydsulfoxylatsalze zu bilden, welche weniger löslich sind.

L. Diserens beweist in einer interessanten Arbeit, dass die gewöhnlichen Rongalitätzen sich ebenfalls sehr gut zum Ätzen von Azetat-

[1]) Text. Rundschau 1948, S. 142.

färbungen eignen, vorausgesetzt, dass man ihnen gewisse Produkte einverleibt, welche sowohl das Eindringen des Sulfoxylats in die Faser begünstigen, als auch die Quellung der Faser hervorrufen. Dieser Doppelzweck wird z. B. durch Resorzin oder Pyrokatechin erfüllt. Der Verfasser gibt als Beispiel folgendes Rezept an[1]):

200 g	Hydrosulfit NF
640 g	Gummiwasser
100 g	Resorzin
30 g	Anthrachinonpaste 30%
30 g	Leukotrop W
1000 g	

Leider schwächt eine Ätzfarbe mit 100 g Resorzin die Azetatfaser.

Als weitere Quellmittel werden im *brit. P. 373.653* Triazetin, in den *amer. P. 1.957.492* und *1.957.494* sowie im *brit. P. 400.643* Diäthylenglykol und dessen Äther angegeben.

Färbungen mit Anthrachinonfarbstoffen auf Azetatkunstseide waren als nicht ätzbar bekannt. Nach *amer. P. 2.316.277* der Celanese Corp. of America ist es möglich, auf mit Anthrachinonfarbstoffen hellgefärbter bzw. hellblaugefärbter Azetatseide bemerkenswerte Ätzen herzustellen. Patentgemäss verwendet man gewöhnliche Ätzmittel wie Zink- oder Natriumsulfoxylatformaldehyd enthaltende Druckpasten. Färbungen mit 0,025 % Anthrachinonfarbstoffen werden beispielsweise mit folgender Ätzfarbe bedruckt:

5 g	Hydrosulfit R konz.
20 g	Titanoxyd 1:1
20 g	Eialbumin 1:1
45 g	Tragantschleim 6%
10 g	Wasser
100 g	

Nach dem Drucken und Trocknen wird gespült und geseift. Buntätzen mit Küpenfarbstoffen auf hellgefärbtem Fond lassen sich ebenfalls erzeugen.

Das *amer. P. 2.289.461* (niedergelegt am 13. Februar 1940, ausgegeben am 14. Juli 1942)[2]) der Celanese Corporation of America bezieht sich auf die Erzeugung von Weissätzen auf Azetatseide, welche mit speziellen marineblauen, schwarzen und dunkelbraunen Farbstoffen gefärbt ist.

Laut *franz. P. 912.483* der Rhodiaceta (niedergelegt am 19. Juli 1943, ausgegeben am 29. April 1946) verwendet man Epoxy-2,6-hexanol-1 zum Lösen von wasserunlöslichen Farbstoffen. Patentgemäss bedruckt man ein aus Superpolyamiden bestehendes Gewebe mit einer gesättigten Lösung von 1,4,5,8-Tetraminoanthrachinon in Epoxy-2,6-

[1]) Bull. Mulh., 1929, Maiheft, S. 354 und 945.

[2]) Teintex, 1946, S. 367.

hexanol-1, welche unter ständigem Rühren in Gummiarabicum-Verdickung eingegossen wurde.

Ein von der Ciba patentiertes Verfahren[1]) arbeitet nach folgender Vorschrift:

60 g	Senegalgummilösung 1:1
20 g	Zinkformaldehydsulfoxylat
20 g	Weinsäurelösung 50%
100 g	

Diese Ätzfarbe hat den grossen Nachteil, sich rasch unter Schwefeldioxydentwicklung und Zinkausscheidung zu zersetzen und somit seine Ätzwirkung vollständig zu verlieren. Wenn man jedoch die Weinsäure erst im Moment des Druckes zugibt, so lassen sich reine weisse Ätzeffekte durch ein 7 Minuten langes Dämpfen erhalten. Leider ist diese Arbeitsweise kaum praktisch ausführbar.

Das *amer. P. 1.991.886* (Celanese) patentiert folgendes Verfahren: Die Ware wird zunächst mit dispergierten Farbstoffen gefärbt, hierauf wird sie mittels einer alkoholischen Lösung kaustischer Soda oberflächlich verseift. Diese Vorbehandlung erlaubt der Ätzdruckfarbe, leichter in die Faser einzudringen und so den Farbstoff zu zerstören. (Wengraf's Ber. 1935, März, S. 17; Bull. Föd. II, S. 240.)

Wrathal, Allan und Wainright (*brit. P. 497.397*) beschreiben nachstehende Arbeitsweise: Die gefärbte Azetatseide wird mit einer Zinkformaldehydsulfoxylatätze bedruckt und gedämpft; hierauf wird sie in einer ein Oxydationsmittel, ein Waschmittel (Gardinol) und ein Absorptionsmittel, z. B. Magnesiumhydroxyd, enthaltenden Flotte behandelt. Dieses letzte Produkt soll die Beseitigung des residuellen Reduktionsprodukte erleichtern.

Das Ätzen von Färbungen auf Mischgeweben aus Wolle und Azetatkunstseide ist eingehend in einer Arbeit von Lanzer beschrieben (Mell. 1936, französische Ausgabe, S. 121).

Eine eigenartige, von den beschriebenen Verfahren ganz abweichende Methode, ist im *franz. P. 805.937* sowie *amer. P. 1.912.008* dargelegt. Sie beruht in der Anwendung von in organischen Lösungsmitteln (besonders Butyl-, Amyl- oder Zelluloseazetate) und in Wasser löslichen Reduktionsmitteln, an Stelle des in Azetatzellulose unlöslichen Natriumformaldehydsulfoxylates. Solche Körper sind Kondensationsprodukte von Natriumformaldehydsulfoxylat mit organischen Basen, Anilin, Xylidin usw., d. h. Salze von Anilinmethylen-ω-Sulfinsäuren.

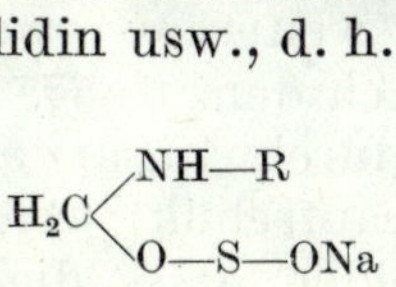

[1]) *Franz. P. 625.481* (30. November 1926).

Es sind energische Reduktionsmittel, welche sich äusserst gut für das Ätzen von Azetatseidenfärbungen eignen und eine elegante und rationelle Lösung dieses schwierigen Ätzproblems darstellen. Im Grunde genommen ist diese Methode nichts anderes als die Anwendung eines löslichen, farblosen ionaminähnlichen Produktes.

Persönliche Untersuchungen haben andererseits bewiesen, dass auch Triäthanolaminformaldehydsulfoxylat ein sehr gutes Ätzmittel für Färbungen auf Azetatfaser ist.

Dem *brit. P. 396.736*, 1932, sowie dem *franz. P. 749.364*, 1933, der British Celanese Ltd. (Erfinder Olpin und Ellis) nach, ist es unerlässlich, um den Azetatfaserangriff durch Ätzfarben, die Säure enthalten oder Säure in Freiheit setzen (z. B. $SnCl_2$) oder Ätzfarben, die Zinnsalze enthalten, zu mildern, der Druckfarbe aminierte organische Stoffe, wie z. B. Harnstoff, Dimethylolharnstoff und ganz besonders Triäthanolamin, zuzugeben.

Im *amer. P. 1.954.622* wird folgendes Rezept angegeben:

20% Zinnchlorür
1% Zitronensäure
1—7% Ammoniumsulfocyanid

und eine entsprechende Menge Verdickungsmittel.

Obigen Patenten sehr ähnlich sind die *brit. P. 400.248* und *400.643* sowie die *franz. P. 725.074*, *749.364*, *749.365* der Celanese (Dreyfus), welche besonders den Zusatz von Diäthylenglykol empfehlen.

Dem *amer. P. 2.022.413* (Celanese) nach, wirkt ein Zusatz von Zinnchlorür zur Natriumformaldehydsulfoxylatätze günstig.

Das *amer. P. 2.096.797* (Celanese) ist in seinem Inhalte dem früher besprochenen *amer. P. 1.957.491* äusserst ähnlich; der einzige Unterschied beruht auf dem Zusatz von Zinn- oder Titanchlorid zur Rongalitätze, in der Absicht, die entsprechenden unlöslichen Salze zu bilden. Es ist auffallend, dass ein so winziger Unterschied Gegenstand eines Patentanspruches und dessen Erteilung werden konnte.

Das *franz. P. 666.463*, 1928, gibt Oxydationsmittel (Natriumchlorat und Ammoniumferrocyanid) zum Ätzen von Färbungen auf Azetatseide an.

Fette Wachsreserven, wie sie auf Naturseide üblich sind, können auf Azetatseide nicht ohne weiteres verwendet werden, da sie nicht in die Faser eindringen. Nach dem *franz. P. 768.307* (Tournon) lässt sich diese Schwierigkeit durch Zusatz von Lösungen chlorierter Kohlenwasserstoffe (Chlorkautschuk) überwinden. Es ist selbstverständlich, dabei zu vermeiden, dass die Azetatfaser durch solche Lösungsmittel angegriffen wird.

Die Deutsche Azetat-Kunstseiden A. G. „Rhodiaceta" in Freiburg im Breisgau schützt durch *D. R. P. 710.745* (5. 10. 1937) ein Verfahren zur Herstellung von Ätzmustern auf Mischgeweben und Fasergemischen, die Azetatzellulosefasern und Fasern aus natürlicher oder regenerierter Zellulose oder Seide enthalten. Die Ware wird mit Kupferoxydammoniaklösungen bei Temperaturen von -10^{0} C und darunter behandelt. Dabei bildet sich mit der Zellulose eine lösliche Additionsverbindung, so dass man auf diese Weise durch Herauslösen der Zellulose aus Mischgeweben diese in der verschiedensten Art bemustern kann. Auch Naturseide wird unter gleichen Bedingungen herausgelöst. Durch die Einhaltung der niedrigen Temperatur wird nicht nur jede Schädigung des Zelluloseazetats vermieden, sondern die Lösungsgeschwindigkeit sogar noch erhöht.

Das *franz. P. 647.865* der Rhodiaceta beschreibt ein Verfahren, nach welchem sich mit Hilfe von Tierkohle Azetatfaserfärbungen abziehen lassen. Abgesehen von seiner Originalität ist dieses Verfahren von unbestreitbarem theoretischem Interesse, da es sich, wie früher schon erwähnt, beim Färben von Azetatzellulose mit speziellen Azetatseidenfarbstoffen, lediglich um eine Lösung des Farbstoffes in der Faser selbst handelt. Wenn die Faser selbst eine chemische Affinität dem Farbstoff gegenüber besitzen würde, könnte man ihn nicht mit Hilfe von oberflächlich aktiven Produkten, wie beispielsweise mit Tierkohle, abziehen.

Abziehversuche von Azetatfaserfärbungen in Gegenwart von Tierkohle haben zu sehr guten Ergebnissen geführt. Folgendes Beispiel wird im obengenannten Patente erwähnt:

Ein Satin, bestehend aus Azetatzellulose, wird mit Duranolviolett 2R gefärbt. Man druckt dann auf die Satinseide folgende Farbe:

30 g	Dimethylanilin
15 g	Tierkohle
80 g	Gelose
825 g	Wasser
50 g	Glyzerin
1000 g	

Nach dem Drucken wird getrocknet, eine halbe Stunde gedämpft. Nach dem Waschen erscheinen die bedruckten Stellen weiss.

Buntätzdruck.

Schwieriger als bei dem verhältnismässig einfachen Weissätzartikel liegen die Verhältnisse beim Buntätzdruck auf Azetatkunstseidegeweben, der bisher nur wenig befriedigende Ergebnisse und daher im grossen kaum eine nennenswerte Produktion aufzuweisen hatte. Die Schwierigkeiten liegen weniger in der Auswahl der Farbstoffe als in den Druckansätzen, in der Fixierung der Farbstoffe und vor allem in der Art der Vorfärbung. Am besten gelingen die Buntätzen auf reinen Azetatkunstseidengeweben, recht gut auch noch auf Azetat-Viskose-Mischgeweben, während auf den Mischgeweben aus Azetatkunstseide und Seide oder Wolle trotz der Weissätzbarkeit der einzelnen zum Färben verwendeten Farbstoffe und trotz aller möglichen Kniffe aus bisher ungeklärten Gründen fast keine Buntätze klar und lebhaft erhalten werden kann.

Als Buntätzfarbstoffe kommt eine Reihe basischer Farbstoffe, einige wenige ätzbeständige Cellitonfarbstoffe und ein kleines Sortiment von Küpenfarbstoffen sowie die Indigosolfarbstoffe in Betracht.

Die basischen Farbstoffe, von denen die rongalitbeständigen Marken auch durch Decrolin lösl. konz. nicht zerstört werden, werden unter Mitverwendung von Glyecin A und Celloxan mit Decrolin lösl. konz. auf reinen Azetatkunstseidefärbungen bzw. unter weiterem Zusatz von Tannin-Alkohol auf Azetat-Viskose-Färbungen aufgedruckt und liefern nach etwa 20 Minuten langer Dämpfzeit, gutem Spülen und Oxydieren reine, lebhafte, allerdings wenig echte Buntätzen. Für die am meisten interessierenden Rotätzen, die bei der kurzlebigen Taftmode im Sommer 1939 eine gewisse Rolle spielten, sind entgegen den Erfahrungen beim Baumwoll- oder Kunstseideätzdruck Kombinationen aus Rhodamin 6 GDN extra mit Euchrysin RRDX wegen ihrer grösseren Fülle und Lebhaftigkeit sowie guten Wasserechtheit viel besser geeignet als solche aus Rhodamin B extra und Euchrysin RRDX bzw. Rhodulinorange NO.

Von den Cellitonfarbstoffen sind nur drei Marken, nämlich

Cellitonbrillantgelb FF
Cellitonorange R und
Cellitonrosa R

decrolinbeständig, von denen jedoch Cellitonorange R und Cellitonrosa R beim Dämpfen sehr stark sublimieren. Auch wenn man unter besonderen Vorsichtsmassregeln dämpft, erhält man nach gewissen Erfahrungen mit diesen beiden Farbstoffen so schwankende Ergebnisse, dass man von einer praktischen Verwendbarkeit schon nicht mehr reden kann. Die Cellitonfarbstoffe scheiden also für den Buntätzdruck sozusagen ganz aus, zumal sie ja auch nur für die wenig gangbaren reinen Azetatkunstseidengewebe, nicht jedoch für Mischgewebe, in Frage kommen.

Dagegen lassen sich mit Küpenfarbstoffen sehr brauchbare echte Ätzeffekte auf Azetatkunstseidegeweben erzeugen. Hier ist man zu Ergebnissen gekommen, die die Lösung dieses Problems wesentlich näher gebracht haben und in ihrem weiteren Ausbau dem Ätzdruck auf Azetatkunstseide vielleicht einen neuen Impuls geben.

Nach der früheren Methode wurde das zum Ätzen von Azetatkunstseide am besten geeignete Decrolin lösl. konz., da es in den pottasche- bzw. sodahaltigen Küpenätzfarben durch Umsetzung mit dem Alkalikarbonat unter Kohlensäureentwicklung die Druckfarbe zum Drucken unbrauchbar gemacht hätte, durch das gewöhnliche unlösliche Decrolin ersetzt. Diese an sich gut haltbaren Druckfarben liessen sich jedoch bei dem hohen Anteil des unlöslichen Decrolins auf der Maschine kaum drucken, denn sie setzten nach kurzem Lauf in die Gravuren ein. Ausserdem erhielt man, auch wenn man die Buntätzen im Film- oder Handdruck ausführte, nach diesem Verfahren wenig scharf stehende, nur trübe und oft ganz unansehnliche Ätzeffekte. Bei dem neuen Ätzverfahren, das sich an ein Verfahren der British Celanese anlehnt und sowohl auf reinen Azetatkunstseidegeweben als auch auf Mischgeweben anwendbar ist, werden die Küpenfarbstoffe, unter Verzicht auf das Alkalikarbonat, lediglich mit Rongalit C in Verbindung mit dem im Dampf Weinsäure abspaltenden Solentwickler D, bei einigen wenigen Küpenfarbstoffen nur mit Decrolin lösl. konz., also in allen Fällen in sauer werdender bzw. von Anfang an saurer Druckfarbe angewendet. Damit ist zunächst einmal die Vorbedingung gegeben, unter der sich die Azetatkunstseide überhaupt ätzen lässt, nämlich mit einem sauer reagierenden Reduktionsmittel, andererseits vollzieht sich die Reduktion und Fixierung des Küpenfarbstoffes im sauren statt im sonst beim Direkt- und Ätzdruck üblichen alkalischen Medium, d. h. es ziehen die freien Küpensäuren und nicht deren Alkalisalze auf die Azetatkunstseidefaser auf. Es lag von vorneherein auf der Hand, dass unter diesen Umständen ganz andersartige Ergebnisse herauskommen müssen, und vor allem, dass nur eine beschränkte Auswahl von Küpenfarbstoffen sich für dieses Verfahren eignen werden. In der Tat erhält man bei der Durchprüfung aller Küpenfarbstoffsortimente nur mit den folgenden Farbstoffen schöne Buntätzen:

Indanthrendruckgelb GOK suprafix dopp.
Indanthrengoldgelb RK suprafix dopp.
Indanthrenscharlach B suprafix
Indanthrendruckrosa FFB Teig
Algolrot 5B Teig
Helindonviolett BBN Pulver
Indanthrendruckviolett BBF Teig
Hydrondruckblau 3R Teig
Brillantindigo BASF Teig B fein
Brillantindigo BASF Teig 4B fein (Cibablau 2 B)
Brillantindigo BR Pulver
Indanthrenbrillantgrün FFB Teig fein konz.
Algolbrillantgrün BK Teig
Helindongrün B Pulver
Indanthrendruckschwarz BL suprafix (für Grau)

Von diesen Farbstoffen werden nur Indanthrendruckgelb GOK Suprafix dopp., Helindonviolett BBN Pulver, Indanthrendruckviolett BBF Teig und die Brillantindigo-Marken vorteilhafter mit Decrolin lösl. konz., dagegen alle anderen Farbstoffe am besten mit Rongalit C gedruckt. Man beobachtet bei diesem Verfahren, dass manche Farbstoffe unter den veränderten Reduktions- und Fixationsbedingungen gewisse Farbtonverschiebungen erleiden, die sich nicht nur auf der Azetatkunstseide, sondern bei Azetat-Viskose-Mischgeweben in gleicher Weise auch auf der Viskose zeigen. So fallen Indanthrendruckgelb GOK Suprafix dopp. und Indanthrengoldgelb RK suprafix dopp. im Vergleich zu dem normalen Farbton wesentlich grünstichiger, Algolrot 5B Teig blaustichiger, Indanthrendruckviolett BBF Teig ziemlich rotstichiger aus. Natürlich kann man die verschiedenen Farbstoffe auch untereinander zu noch fehlenden Farbtönen kombinieren. Man erhält z. B. aus Indanthrendruckgelb GOK suprafix dopp. und Indanthrenscharlach B suprafix klare Orangetöne, aus Indanthrenscharlach B suprafix und Algolrot 5B Teig volle schöne Scharlach- und Rottöne und schliesslich durch Mischen von Algolbrillantgrün BX Teig und Indanthrendruckgelb GOK suprafix dopp. gelbstichige Grün- und Lindtöne. Der Arbeitsprozess spielt sich in der Weise ab, dass die mit den Ätzfarben bedruckten Stücke, je nach der Tiefe der Vorfärbung, 1—2 mal 5 Minuten im Schnelldämpfer, gegebenenfalls anschliessend noch 10 Minuten im Kessel gedämpft, dann gut gespült, mit Wasserstoffsuperoxyd und Ammoniak oxydiert und schliesslich nach gutem Seifen und Spülen fertiggestellt werden[1]).

Eine sehr interessante Erfindung wurde in den Laboratorien der Rhodiaceta in Lyon gemacht. Es handelt sich um ein Verfahren, welches Buntätzen mit reduzierten Küpenfarbstoffen und Zinksulfoxylatformaldehyd ohne Alkalien gestattet. Die Azetatzellulose wird mit leicht ätzbaren Azetatfarbstoffen gefärbt, indem man sorgfältig jede Farbstoffüberschüsse im Färbebad vermeidet. Folgende Farbstoffe können benutzt werden:

Jaune Acétoquinone N4J	Kuhlmann-Francolor
Rouge Acétoquinone NLJ	Kuhlmann-Francolor
Cellitonechtrubin B	I. G. Farbenindustrie
Cellitonechtorange 5 R	I. G. Farbenindustrie
Cellitonätzblau 3 R	I. G. Farbenindustrie
Dispersolechtorange A	I. C. I.
Dispersolechtrot RS	I. C. I.
Cibacetrot GR	Ciba
Artisildirektätzblau 2 R supra . . .	Geigy
Setacyldirektviolett 2 R	Geigy

[1]) Die genauen Druck- und Nachbehandlungsvorschriften sind in dem von den Farbwerken Höchst ausgegebenen Gelegenheitskärtchen S 5060: Buntätzen mit Küpenfarbstoffen auf Azetatkunstseide-Viskose-Mischgeweben, beschrieben.

Man druckt folgende Ätzfarbe:

150 g	Zinkformaldehydsulfoxylat (Decrolin lösl. konz. I. G.; Rédoline soluble, Jouy en Josas; Hydrosulfite Z wasserlöslich, Hydrosulfit SZS, Décolorant NS, Kuhlmann, Redol Z, Jouy en Josas)
5 g	Hydrochinon
200 g	Wasser
100 g	Diäthylenglykol
545 g	Gummiwasser 1:1
1000 g	

trocknet, dämpft eine halbe Stunde und wäscht.

Buntätzen können mit Küpenfarbstoffen, die man ohne jeglichen Zusatz der Weissätzfarbe beimengt, hergestellt werden.

Buntätzfarbe:

150 g	Zinkformaldehydsulfoxylat
150—100 g	Wasser
50—125 g	Farbstoff
50—100 g	Diäthylenglykol
600—525 g	Gummiwasser 1:1
1000 g	

Man dämpft eine halbe Stunde ohne Druck, wäscht und entwickelt in einem Wasserstoffsuperoxyd enthaltenden Bad.

Zum Buntätzen von Färbungen auf Azetatseide, schützt die Celanese (*amer. P. 2.017.120*) die Anwendung von Küpenfarbstoffen in Form ihrer unlöslichen Salze. Zu diesem Zwecke empfiehlt sie an Stelle der Natriumenolate, die unlöslichen Zink-, Blei-, Kadmium-, Aluminium-, Zinn- oder Eisenenolate, welche durch Fällung der Küpe mit den Salzen dieser Metalle entstehen, zu verwenden und druckt sie unter Zusatz von Zinkformaldehydsulfoxylat.

Die Anwendung der Indigosolfarbstoffe zur Herstellung von Buntätzeffekten auf Azetatkunstseidegeweben bietet kaum Schwierigkeiten, da diese Farbstoffe auch in saurer Ätze leicht auf die Azetatkunstseide ziehen. Man verrührt die mit Glyecin A, etwas Solutionssalz B und Wasser gelösten Farbstoffe mit Decrolin lösl. konz., dämpft die bedruckten Stücke 5 Minuten im Schnelldämpfer und 20 Minuten ohne Überdruck im Dämpfkessel, behandelt dann kalt mit Natriumnitrit oder Bichromat und Salzsäure so lange nach, bis die Buntätzen vollständig oxydiert sind, und stellt danach fertig. Auch dieses schon länger bekannte, einfache Verfahren, das sich weniger aus technischen als aus preislichen Gründen bisher in der Praxis nicht hat einführen können, ist in einem neueren Gelegenheitskärtchen der Branchendruckerei Höchst S. 5057: Buntätzen mit Indigosolfarbstoffen auf Azetatkunstseide-Viskose-Mischgewebe näher ausgeführt und in einer grösseren Anzahl Muster veranschaulicht.

Allan und Wainright (*brit. P. 495.403*) empfehlen für Indigosolbuntätzen von Azetatfärbungen nach folgendem Verfahren zu arbeiten. Die z. B. mit Celliton Ätzblau 3 R gefärbte Ware wird mit einer Indigosolgrün AB, Zinkformaldehydsulfoxylat, Glyecin A und Tragantschleim enthaltenden Ätzfarbe bedruckt, getrocknet, gedämpft und nach 24 stündigem Liegenlassen in einer mit Schwefelsäure angesäuerten Bichromatlösung 1—2 Minuten bei 50° C entwickelt.

Das Ätzen der Azetatfärbungen ist heute praktisch noch nicht durchführbar. Es fehlen in der Hauptsache marineblaue und schwarze, in Weiss ätzbare Farbstoffe sowie ein leicht ätzbares direktziehendes, graustichiges Blau mit guter Abendfarbe und ein gut ätzbarer Schwarzfarbstoff.

Alle Mitteilungen über den Ätzdruck auf unverseifter Azetatkunstseide lassen zwar erkennen, in welcher Weise die koloristischen Schwierigkeiten, die sich der praktischen Ausführung des Ätzartikels in den Weg stellen, zu überwinden sind. Wenn sich trotzdem bisher der Ätzdruck auf unverseifter Azetatkunstseide nicht über ein gewisses, kleines Volumen hinaus entwickelt hat, ja in vielen Fällen schon bei der Musterung stecken blieb, so lag das ausser der komplizierten, durch örtliche Verhältnisse zudem manchmal noch erschwerten Arbeitsweise, wie schon früher erwähnt, vielfach ausschlaggebend auch an dem ungleich höheren Preis der mit Cellitonfarbstoffen hergestellten Färbungen auf unverseifter Azetatkunstseide gegenüber einer mit substantiven bzw. Diazotierungs- und Kupplungsfarbstoffen ausgeführten Färbung aus Viskosekunstseide. Diese unumstössliche Tatsache hat viel namhafte Firmen dazu gebracht, der Azetatkunstseide durch eine oberflächliche Verseifung mit Alkali die Färbeeigenschaften der Viskose zu verleihen. Damit hat man nicht nur eine wesentliche Verbilligung der Färbung erreicht, sondern auch die Möglichkeit erhalten, alle Farbtöne, namentlich die Standardtöne und auch das mit Cellitonätzfarbstoffen nicht erzielbare tiefe Schwarz mit den erwähnten substantiven Farbstoffen in guter Abendfarbe und Ätzbarkeit zu erhalten. Ausserdem wird auch der ganze Ätzdruck auf diese Weise ganz bedeutend vereinfacht, da man für diese Färbungen die gleichen Weiss- und Buntätzfarben, wie sie zum Ätzen von Viskosefärbungen dienen, verwenden kann. Die Verseifung der Azetatkunstseide, die — wie gesagt — auch heute noch recht viel vorgenommen wird, verläuft in grossen Betrieben auf Grund festgelegter empirischer Erfahrungen sowie danebengehender chemischer Kontrolle der Bäder und des Azetylierungsgrades auf allen Azetatkunstseidengeweben sehr betriebssicher und wird meist bis zu einer Abnahme des Essigsäuregehaltes der Azetatkunstseide um 10—15% durchgeführt. Vornehmlich werden Mischgewebe, auch solche, die Wolle und Seide enthalten, verseift, um dem Drucker die Auswahl der Farbstoffe zu erleichtern. Übrigens verhalten sich die verschiedenen Azetatkunstseidearten des Handels auch beim Verseifen verschieden, worauf man in der Praxis Rücksicht nimmt. Matte Azetatkunstseide leidet wegen der durch das eingelagerte Pigment aufgelockerten Struktur unter gleichen Arbeitsbedingungen leichter und mehr als glänzende.

Den geschilderten, für den Praktiker nicht unwichtigen Vorteilen der Verseifung stehen aber auch erhebliche Nachteile der verseiften gegenüber der unverseiften Azetatkunstseide gegenüber, die selbst bei einwandfreier Verseifung nicht zu beseitigen sind. Die Azetatkunstseide verliert ihre Fülle und zeigt eine ziemliche Verschlechterung ihrer Trocken- und Nassfestigkeit. Durch den Titerschwund erscheinen die Gewebe nach der Verseifung weniger dicht; die Faser hat sowohl an Substanz als auch an Gewicht eingebüsst. Wird etwa durch Ausserachtlassung der notwendigen Vorsicht bzw. Kontrolle die Verseifung zu weit getrieben, so wird die Azetatkunstseidefaser stark geschädigt und daher im Werte bedeutend herabgesetzt; sie färbt sich dann auch z. B. in Mischgeweben viel stärker an als etwa Viskosekunstseide, so dass kaum fadengleiche Färbungen in solchen Geweben erzielt werden können. Wenn dagegen zu schwach verseift ist, so ist die Azetatkunstseide nicht genügend aufnahmefähig für substantive Farbstoffe und es resultieren ebenfalls ungleiche Färbungen auf Mischgeweben. Immerhin kann man aber doch nicht sagen, dass sachgemäss und in den angegebenen Grenzen verseifte Azetatkunstseide kein vollwertiges Material darstellt; denn sie ist der gewöhnlichen Viskosekunstseide in ihrer physikalischen Eigenschaft bezüglich Weichheit, Fülle, Griff und selbst noch in der Nassfestigkeit überlegen.

Das *brit. P. 550.839* empfiehlt Farbstoffe, die für das Färben von Azetatzellulose angewendet werden können. Diese Farbstoffe werden diazotiert und gekuppelt und ergeben blaue und schwarze Färbungen, die sich zu einem befriedigenden Weiss ätzen lassen.

Ein Verfahren zum Aufhellen von Färbungen mit Azetatseidefarbstoffen auf Azetatseide und Nylon wird in den *franz. P. 894.715* und *D.R.P. 742.424* von der I.G. Farbenindustrie beschrieben. Es ist bekannt, dass die Färbungen auf Nylon sich durch Oxydation- und Reduktionsmittel schwerer abziehen lassen als von der Azetatseide. Ausserdem wird der Ton verändert. Die üblichen Egalisier- und Textilhilfsmittel wirken ungenügend. Laut Patentangaben hat es sich nun gezeigt, dass man eine starke Aufhellung erhält, wenn man das gefärbte Gewebe einer Behandlung mit den Einwirkungsprodukten von Äthylenoxyd auf Oktodezylalkohol unter Mitwirkung einer Fettsäureverbindung, wie z. B. Stearylbiguanid, während $\frac{1}{4}$—1 Stunde bei 80—95^0 C unterzieht.

Ausbrennartikel (Dévorantartikel, Dévorage),

Diese Artikel, ebenfalls unter dem Namen broderies chimiques bekannt, haben trotz der nicht allzugrossen erworbenen Wichtigkeit doch eine gewisse Aufmerksamkeit auf sich gezogen, was auf die mannigfaltigen und sehr dekorativ erhaltenen Effekte zurückzuführen ist. Sie haben nicht nur bei Samtstoffen, sondern auch als Nachahmung von Broderien usw. Absatz gefunden. Diese Effekte können auf einer ganzen Reihe von Mischgarnen, welche Naturseide, Viskosekunstseide und Azetatkunstseide enthalten, erhalten werden.

In diesem Kapitel soll aber lediglich auf die Ausbrennmöglichkeiten aufmerksam gemacht werden, die auf Stoffen, welche Azetatzellulose enthalten, ausgeführt werden.

a) Ausbrennung der Zellulose unter Reserve der Azetatzellulose und der animalischen Fasern.

b) Ausbrennung der Azetatzellulose unter Reserve der Zellulose sowie der animalischen Fasern.

c) Ausbrennung der Azetatzellulose, sowie der Zellulosefasern unter Reserve der animalischen Fasern.

A. Ausbrennen der Zellulosefasern (natürliche und regenerierte) unter Reserve der Azetatzellulose[1]).

Wenn es sich um die chemische Entfernung von Baumwolle handelt, ist Aluminiumchlorid wohl das am meisten angewendete Reagenz. Die Druckpaste besteht in diesem Falle aus 80—90 g kristallisiertem Aluminiumchlorid und aus Johannisbrotkernmehlverdickung. Man druckt, trocknet bei 60° C und karbonisiert während 10 Minuten bei 110—115° C in einer Trockenanlage. Es tritt dabei eine vollständige Zerstörung der Zellulosefasern ein, die anschliessend in Form von feinem Staub ausgeklopft werden können. Durch Aufdrucken einer Aluminiumchlorid enthaltenden Paste auf einen Samtstoff, bei welchem der Samt aus regenerierter Zellulose und der Untergrund aus Naturseide besteht, zerfällt die Zellulose an den bedruckten Stellen nach dem Dämpfen, wodurch eine Nachahmung von broschiertem Samt erzielt wird.

Folgendes Rezept führt zu ausgezeichneten Ergebnissen:

15 g	Aluminiumsulfat oder -chlorid
245 g	Wasser
40 g	Glyzerin
30 g	Gummiarabicumverdickung 1:1
670 g	Tragantverdickung 60‰
1000 g	

[1]) Impression dévorante, Teintex, 1939, Juliheft, S. 417.

Ein im *franz. P. 861.365* beschriebenes, sehr elegantes und einfach anzuwendendes Verfahren wurde von der I. G. Farbenindustrie ausgearbeitet, die die Beobachtung gemacht hat, dass die n-Dibutylnaphtalin-1-sulfosäure, im Verkauf unter dem Namen Serodit D (welches mit dem Leonil SBS identisch ist) bekannt, ohne Schwierigkeiten die Viskosekunstseide zerstört, die Azetatzellulose aber unverändert lässt. (Teintex 1941, Nr. 1 und 3, S. 82.)

Serodit D ist der chemischen Zusammensetzung nach dem Nekal BX sehr nahe verwandt, welches dem diisobutylnaphtalinsulfosauren Natrium entspricht, während Serodit D das n-Dibutylderivat darstellt.

Das Patent nennt folgendes Beispiel:

150 g	2-Butyl-6,8-Naphtalindisulfosäure
250 g	Wasser
600 g	Gummiverdickung
1000 g	

Die Ausbrenneffekte können mit Hilfe von NaOH 38° Bé reserviert werden.

Druckfarbe:	710 g	Colloresin DK 4%
	15 g	Glyzerin
	160 g	Wasser
	110 g	Serodit D
	5 g	Etingal A
	1000 g	

Serodit D kann zum Ausbrennen der Viskosekunstseide aus Mischgeweben mit Azetatkunstseide oder mit Naturseide sowohl im Maschinen- als auch im Filmdruck Verwendung finden.

Zum Ansatz der Ätzpaste wird Serodit D mit Wasser gelöst, etwas Glyecin A beigefügt und mit Colloresin DK 4% oder mit Tragant-Industriegummi verdickt. Als Netz- oder Schaumverhütungsmittel dienen unter anderen Etingal A oder Depanol A. Das Karbonisieren der Viskosekunstseide ist durch einfaches Dämpfen in den üblichen, kontinuierlich arbeitenden Schnelldämpfern durchführbar.

Man kann neben Serodit-Ausbrennpaste Buntdrucke[1]) mit Indanthren- und Algolfarbstoffen nach dem Pottasche-Rongalit C-Verfahren drucken, wobei dann durch das Dämpfen die Viskosekunstseidefäden an den mit Serodit D bedruckten Stellen entfernt und an den benachbarten unveränderten Stellen des Gewebes die Indanthrenfarbstoffe fixiert werden.

---

[1]) Betreffs Serodit-D-Verfahren, siehe Mell. 1937, S. 98; 1938, S. 84; 1940, S. 47, 367, 657; R.G.M.C. 1940, S. 26 und 158.

Für die Ausmusterung der Ausbrennartikel ist es weiterhin von Wichtigkeit, dass der Seroditätzpaste selbst Farbstoffe verschiedener Klassen beigefügt werden können, um die karbonisierbeständigen Anteile des Gewebes aus Azetat- bzw. Naturseide bunt zu illuminieren. Für diese Arbeitsweise sind, wenn es sich um Azetatkunstseide handelt, sowohl die Cellitonecht-, Astrazon- als auch die Indigosolfarbstoffe geeignet. Zum Beispiel:

15— 80 g	Cellitonechtfarbstoff
20— 50 g	Glyecin A
380—265 g	Wasser
500 g	Colloresin DK 4%
80—100 g	Serodit D
5 g	Etingal A bzw. 20 g Depanol
1000 g	

Es muss darauf aufmerksam gemacht werden, dass die beim Drucken verwendeten Baumwollmitläufer bei möglichst niedriger Temperatur und so schnell wie möglich gewaschen werden sollen.

B. Ausbrennen der Azetatzellulose unter Reserve der Zellulose sowie der animalischen Fasern.

Die ersten Verfahren beruhen auf der Auflösung der Azetatzellulose mittels Quell- und Lösungsmittel. Das *amer. P. 1.818.505* (16. 12. 1927, 11. 8. 1931) der Celanese verwendet eine Mischung von Diäthylphtalat und Azeton mit etwas Schwefelsäure. Das *brit. P. 360.932* (14. 7. 1930, 16. 11. 1931) der Celanese benutzt Mischungen bestehend aus einer organischen Flüssigkeit und einem anorganischen Salz, welches quellend oder lösend wirkt, z. B. Azeton und Kalziumrhodanid.

Diese Verfahren erlauben jedoch nicht, vergleichbare Ergebnisse mit karbonisierter Zellulose mittels Aluminiumchlorid zu erzielen. Die Azetatzellulose wird in Wirklichkeit auch nicht dermassen zerstört, sondern wird nur zu einem Kollodiumteig umgewandelt, der an den andern Fasern so stark anhaftet, dass er praktisch nicht mehr entfernbar ist. Die bedruckten Stellen werden dabei steif und bruchfähig, was ein sehr bedauernswertes Übel darstellt.

Das Verfahren der Rhodiaceta, welches im *franz. P. 788.592*, *D.R.P. 632.067*, *brit. P. 439.124*, *belg. P. 423.718* (siehe Mell. 1938, S. 84, R. G. M. C. 1940, S. 158) geschildert ist, beruht auf dem Druck von Benzoylperoxyd auf Mischgarn, bestehend aus Kunstseide, Baumwolle und Azetatkunstseide. Die organischen Peroxyde unter Hitzeeinwirkung zerstören bei ihrem Zerfall vollständig die Azetatzellulose, die durch Bürsten, Waschen oder Ausklopfen entfernt werden kann. Die tierischen sowie die Zellulosefasern werden durch organische Peroxyde nicht angegriffen.

Das Benzoylperoxyd findet man im Handel unter dem Namen Lucidol von der Lucidol Comp. Buffalo (R. G. M. C. 1940, S. 158).

Die Druckfarbe wird wie folgt angesetzt:

200 g	Benzoylperoxyd (Rhône-Poulenc; Soc. des Huiles, Goudrons et Dérivés, Paris) und
200 g	Devoral (Benzylazetat, Rhône-Poulenc) werden sorgfältig angeteigt
50 g	Ammoniumsulforizinat oder Avirol AH extra
550 g	Britishgum-Tragantverdickung
1000 g	

Nach dem Drucken wird bei 110—115 C während einer Viertelstunde getrocknet, dann anschliessend die Azetatzellulose durch Klopfen entfernt.

Falls man besonders empfindliche Stoffe zu behandeln hat, ist es angebracht, einen Teil des Devorals durch Tetrahydrofurfuralkohol zu ersetzen. Die Arbeitsweise wäre die Folgende: Man druckt, trocknet an der Luft, dämpft während 20 Minuten ohne Druck mit einem so hoch wie möglich überhitzten Dampf, wäscht bei 30° C während ½ Stunde in einer Lösung, welche 5 g/Liter Seife enthält, trocknet im Trockenschrank und entfernt ohne Schwierigkeiten die chemisch zerstörte Azetatzellulose durch Schlagen.

Was die Anwendung dieses Verfahrens im Filmdruck anbelangt, wäre zu erwähnen, dass die üblichen Schablonenlacke beim Drucken mit Benzylazetat und Benzoylperoxyd sehr bald aufgelöst bzw. zerstört werden. Es wird empfohlen, die Chromgelatine mit folgendem Lack zu decken:

6 T.	Serikose LC extra
1 T.	Palatinöl O
13 T.	Serikosol N
80 T.	Azeton
100 Teile	

Das *franz. P. 837.331* der Rhodiaceta-Mouchiroud, das ein Zusatz zum *franz. P. 788.592* darstellt, beschreibt ein Verfahren, nach welchem man durch örtliche Zerstörung der Azetatzellulose auf Mischgeweben schöne Dekorationseffekte erzeugen kann. Zu diesem Zwecke druckt man z. B. auf einen aus Natur- und Azetatseide gewobenen Samt organische Peroxyde, wie Benzoylperoxyde, auf. Da jedoch diese Produkte sehr teuer und leicht zersetzlich sind, schlagen die Erfinder vor, sie durch Substanzen zu ersetzen, welche, der Druckfarbe zugesetzt, in dieser selbst solche organische Peroxyde bilden.

Sie geben als Beispiel folgende Arbeitsweise an: Essigsäureanhydrid und Bariumperoxyd werden in Benzylessigsäureester gelöst, mittels Sulforizinaten emulgiert und hierauf verdickt. Man druckt diese Farbe auf das Mischgewebe auf, bei welchem der Untergrund aus Naturseide und die Samthaare aus Azetatzellulose bestehen, trocknet scharf und entfernt die zerstörte Azetatzellulose durch Schlagen.

Beispiel:

254 g	Essigsäureanhydrid
286 g	Bariumperoxyd
200 g	Benzylessigsäureester
50 g	Natriumsulforizinat
210 g	Britishgumverdickung
1000 g	

Es ist interessant, hier auch ein Verfahren zur Erzielung von Webeeffekten auf Kunstseide zu erwähnen, welches Gegenstand des *D.R.P. 444.893* (Heberlein & Cie, AG. in Wattwil) ist. Ein Mischgarn, bestehend aus Baumwolle und Azetatkunstseide wird nach dem Reservedruck mit Lösungsmitteln für nicht reservierte Azetatzellulose behandelt. Als Schutzmittel können z. B. Leim- oder Gummilacklösungen benützt werden.

Man kann auch Reserven anwenden, die die Azetatzellulose chemisch verändern, so z. B. Natriumkarbonat, Natronlauge, was zu einer Desazetylierung der Azetatfaser führt, wobei die reine, unlösliche Zellulose regeneriert wird. Die alkalische Reserve kann nach dem Dämpfen durch einfaches Waschen entfernt werden und die dabei nicht umgesetzte Azetatzellulose mit Hilfe eines Lösungsmittels aufgelöst werden.

Das *amer. P. 2.267.790* bezieht sich auf ein Verfahren zur Erzeugung von Druckeffekten auf Geweben aus Zelluloseazetat und anderen Zellulosederivaten und Baumwolle, regenerierte Zellulose, Wolle oder Seide.

Die Druckfarbe enthält neben einem Verdickungsmittel noch

28—30 T. Essigsäure oder Azeton
10—13 T. Wasser und
18—23 T. Benzylalkohol

Vorteilhaft ist noch ein Zusatz von Kieselguhr. Nach dem Aufdrucken wird 20 Minuten gedämpft, gründlich getrocknet und durch Reiben und Klopfen das amorphe Zellulosazetat entfernt.

C. Ausbrennen der Azetatzellulose sowie der Zellulosefasern unter Reserve der animalischen Fasern.

Das gleichzeitige Ausbrennen der Zellulosefasern und der Azetatseide wird nach dem *franz. P. 790.493* von Péchiney[1]) mit

[1]) Société des Produits Chimiques et Electrométallurgiques d'Alais, Froges et Camargue, à Chaddes (Haute-Savoie).

Hilfe des von dieser Firma hergestellten Aluminiumperchlorats erhalten. Die Druckfarbe wird wie folgt angesetzt:

25	g	Aluminiumperchlorat
640	g	Wasser
80	g	Glyzerin
10	g	Printogen
30	g	Gummiverdickung 1:1
215	g	Tragantschleim 6%
1000	g	

Man druckt, trocknet, geht durch einen Trockenschrank und bürstet. Dabei wird die Viskose sowie die Azetatzellulose vollständig zerstört; die animalischen Fasern werden dagegen nicht angegriffen.

Aluminiumperchlorat kommt in den Handel als 40%ige Lösung.

Dieses Salz ist in bezug auf Explosion nicht gefährlich und unempfindlich gegen Schlag. Es ist jedoch in Mischung mit brennbaren Materialien äusserst gefährlich. Da die mit diesem Salz bedruckte Ware sehr entzündbar ist, muss sie während der ganzen Behandlung überwacht und vor dem Trocknen gründlich gespült werden.

Name	Erzeugerfirma	Zusammensetzung
Celloxan Setacylsalz Acetan	I. G. Geigy Weiler-ter-Meer	Zinknitrat enthaltende Produkte Dipiperidylnitrat + Zinknitrat.
Acétanol N Acétanol NT	Kuhlmann Kuhlmann	Pyridin und Pyridinnitrat enthaltende Produkte.
Débacétol	Lab. Zundel, Joliet & Co., à Gennevilliers	
Beize für Azetatseide	I. G. Farbenindustrie	Natriumphenolat.
Sandozol N und NE	Sandoz	Braunes Öl, in alkalischen Flotten nicht beständig.
Entwickler OFS und OFSN	Geigy	
Dévoral	Rhône-Poulenc	Benzylazetat
Perchlorate d'Aluminium	Péchiney	Al $(ClO_4)_3$ 40%.
Serodit D	I. G. Farbenindustrie	n-Dibutylnaphtalinsulfosäure.
Lucidol	Lucidol Comp. Buffalo Rhône-Poulenc	Benzoylperoxyd.
Tetrahydrofurfuralkohol	Böhme-Fettchemie Distillerie desDeux-Sèvres	

Literatur	Verwendungsgebiete
	Quellmittel, welche für das Färben mit basischen Farbstoffen verwendet werden. Celloxan wird für Astrazonfarbstoffe empfohlen.
	Quellmittel, welche für das Färben mit basischen Farbstoffen verwendet werden.
	Zusatzmittel zu den gebräuchlichen Azetatseidenätzen (erzeugt reine Weissätzen).
A. Schneevoigt, Mell. 1926, S. 354.	Zusatz zum Färbebade für Azetatfasern.
	Netz- und Egalisiermittel beim Färben von Azetatseide.
	Entwickler für Diazotierungsfarbstoffe auf Azetatseide, besonders zum Erzeugen eines schönen Schwarzes.
	Ausbrennartikel. Spezielles Produkt zur Herstellung von gut dispergierten Benzoylperoxyd-Suspensionen.
Franz. P. 790.493, Péchiney.	Ausbrennartikel.
Franz. P. 861.365, I. G. Farbenindustrie.	Ausbrennartikel.
R.G.M.C. 1940, S. 158. *Franz. P. 837.331*, Rhodiaceta-Mouchiroud; *Franz. P. 788.592*, Rhodiaceta; *D.R.P. 632.067; brit. P. 439.124; belg. P. 423.718.*	Ausbrennartikel.
Brit. P. 506.588; franz. P. 865.918, 842.967, Rhodiaceta.	Quell- und Lösungsmittel für Azetatseide.

X. KAPITEL.

Färben und Bedrucken synthetischer Fasern[1]) und von Glasfasern.

Als synthetische Fasern sollen einerseits die Superpolyamidfasern, die man unter dem Namen Nylon (U.S.A.), Perlon LT (I. G. Farbenindustrie), Silon (Bata, Prag), Steelon oder Furon (Ielena Gora, Schlesien) und die Polyurethane (Perlon U der I. G.

[1]) *Amer. P. 2.071.250/252/253, 2.130.947/948, 2.149.273; brit. P. 461.236/237, 474.999, 487.734, 495.790; franz. P. 828.848, 833.755, 833.756, 845.691.* Rhodiaceta, *franz. P. 912.519, 917.717* (eing. 14. November 1945; ausg. 12. November 1946), *917.735.* Du Pont, *918.942, 918.951, 918.974.*

Literatur:

Chem. Ztg. 1939, S. 71; Nature 1939, Bd. 67, S. 396.

W. von Berjen, Rayon and Mell. Text. Monthly 1939, S. 53; 1938, S. 664.

Seide und Kunstseide 1939, S. 3; Silk Journal 1938, S. 18.

E. Clayton, J. Soc. D. and Col. 1939, S. 32. J. G. Grundy, The Clayton Aniline Co. Ltd., England, J. Soc. D. and Col. 1944, 60, August, S. 205.

The Dyer 1938, S. 446; Dr. Kollk, Polyamide in R. Houwink, Chem. und Techn. der Kunststoffe, Bd. 2, Leipzig, 1942.

G. S. J. White, J. Soc. D. and Col. 1939, Bd. 55, S. 409—412, Färben von Nylonfasern. G. Lobosg, Brit. Nylon-Spinners Ltd., Nylon yarn and its possibilities, Rayon Text. Monthly 1943, 24, Dezember, S. 637/639 und 1944, 25, Januar, S. 66/68 und Februar, S. 55/57.

Siehe in diesem Werke: Einleitung, S. 18/20.

Seide und Kunstseide, 1939, März, S. 102 (Weltzien).

Silk Journal and Rayon World 1944, Januarheft, S. 34.

Revue des Produits Chimiques 1941, Bd. 44, S. 113.

La Technique moderne, 1933, S. 313 und 993; 1934, S. 40; 1943, Bd. 35, S. 137.

La Revue de Chimie Industrielle 1941, Bd. 50, S. 10; Teintex 1941, Bd. 6, S. 273 (Rhodiaceta); 1942, Bd. 7, S. 219, 341; 1943, Bd. 8, S. 83 und 203 (Mouchiroud).

Industrie Textile 1942, Bd. 59, S. 248, 263 und 1943, Bd. 60, S. 12 und 31.

Kunststoffe 1940, Bd. 30, S. 97, 109, 224; 1941, Bd. 31, S. 162, 222; 1942, Bd. 32, S. 40, 35, 58, 110, 205, 210; 1943, Bd. 33, S. 40.

Kunststoff-Technik 1942, Bd. 12, S. 47; British Plastics 1940, Bd. 11, S. 400.

Kolloid Zeitschrift 1943, Bd. 98, S. 222.

Z. K. S. 1942, Bd. 47, S. 135; Bd. 48, S. 128.

Amer. Dyest Rep. 1939, Bd. 28, S. 582/590, Übersicht über das Färben von Nylonfasern.

K. Hase und H. Kiessig, Kaiser Wilhelm Inst. f. Chemie, Berlin, Naturwissenschaften, 1943, Bd. 31, S. 171.

Prof. E. Elöd und Dr. Th. Schachowskoy, Über die Einwirkung von Säuren und Farbsäuren auf Superpolyamide, Mell. 1943, S. 437—440 und Mell. 1944, Juliheft, S. 237.

W. Weltzien, Mitteilungen der Textilforschungsanstalt Krefeld E. V., Bd. XVI, Nr. 7, August, 1940.

Farbenindustrie), andererseits die Fasern, die sich von Vinylderivaten ableiten, bezeichnet werden[1]).

In dieser letzteren Kategorie kann man wieder die folgenden Typen unterscheiden:

Polyvinylchloride (Vertreter: Rhofil der Rhodiaceta, Lyon).
Hochchlorierte Polyvinylchloride (Pe-Ce-Faser).
Mischpolymerisate von Vinylchloriden (Vinyarn oder Vinyon).

Die Superpolyamidfasern.

Die Erfindung der Superpolyamide ist dem seither verstorbenen Amerikaner W. H. Carothers zu verdanken, dem es in einer Reihe bemerkenswerter Arbeiten gelang, die Bildung linearer Makromoleküle herbeizuführen. Dies geschah durch die Vereinigung kleiner Moleküle zu grossen unter Wasserabspaltung. So wurde die Erzeugung einer vollsynthetischen Faser zustandegebracht, die von der amerikanischen Firma E. I. du Pont de Nemours in Wilmington unter dem Namen Nylon in den Handel gebracht wurde.

Carothers hatte um das Jahr 1930 begonnen, die Polykondensate von hohem Molekulargewicht zu studieren. Daraus ergaben sich Beobachtungen betreffend die gehäufte Kondensation von Molekülen ein- und desselben Körpers und daraus wieder besonders interessante Resultate bei Bearbeitungen der Amide als Ausgangsstoffe.

R. Herbst, D. F. Z. 1941, 77, S. 201.
A. Hall, Nylon and other synthetic polymer fibres, Silk Journal and Rayon World, 1947 20, Nr. 274, S. 42, 57.
Muhr, Nylon, die neue vollsynthetische Faser, Fachorgan S.V.F., 1946, 1, S. 2.
Synfel, The Story of Modern Textile Fibres, Silk Journal and Rayon World, 1943, 17, S. 26, 88, 240, 502, 562, 684.
Chaix, Les fibres artificielles et les fibres synthétiques, Le Monde de la Maille, 1946, 56, S. 10.
P. Joly, Teintex, 1946, 11, S. 315.
Driesch, Synthetische Fasern, ihre Grundlagen, Herstellung und Eigenschaften, Mell. 1947, 28, S. 73.
Koester, Synthetic Fibres and their Dyeing, Amer. Dyest. Rep. 1947, 36, S. 189 und Mell. 1947, 28, S. 200.
Dr. P. Wengraf, Review of Nylon Patents, Rayon Textile Monthly, 1947, 28, Januarheft.
G. Champetier, La Chimie macromoléculaire et les Textiles, Textiles 1947, Dezemberheft, S. 116.
G. Chaix, Teintex 1946, S. 149—161. J. B. Speakman und A. K. Saville, Some physical properties of Nylon, Text. Manuf. 1946, 72, S. 343.

[1]) Die vom Kasein abgeleiteten Kunstfasern, die wollähnliche Eigenschaften aufweisen, so *Lanital*, *Tiolan* usw., werden im Kapitel XI behandelt. Dasselbe gilt für Kunstfasern auf Basis regenerierter Zellulose (Kunstseide oder Zellwolle), denen man durch Einführung von Aminresten wollähnliche Eigenschaften verleiht. Sie sind in der Textiltechnik als „animalisierte Fasern“ bekannt. Sie wurden in der Einleitung erwähnt und sollen ausführlicher im Kapitel XI besprochen werden.

Die erste Fabrik wurde in Seaford, Delaware, erbaut und begann im Jahre 1939 mit der Erzeugung. Die Nylon-Produktion der Vereinigten Staaten Amerikas ist derzeit sehr beträchtlich und soll etwa 20000 kg täglich betragen. Es wird angegeben, dass die Vereinigten Staaten auf eine Jahresproduktion von 7000 Tonnen rechneten. Diese Zahlen dürften aber wegen der Kriegsverhältnisse nicht mehr den Tatsachen entsprechen, da sie auf eine normale Friedensentwicklung abgestimmt waren. Tatsächlich wurde Nylon während des Krieges fast zur Gänze für Armeebedürfnisse in Anspruch genommen und auch viele Monate nach Kriegsende war es nicht für den Zivilbedarf erhältlich.

Die amerikanische Firma hat die Patentrechte der Société Rhodiaceta in Lyon abgetreten, welche derzeit diese Faser in Frankreich erzeugt (siehe Bd. I, S. 18). Gegen Ende des Jahres 1939 wurde eine Versuchsanlage errichtet, welche seit 1941 eine Faser herstellt, die durchaus der in den Vereinigten Staaten erzeugten ebenbürtig ist.

Nylon ist das Kondensationsprodukt einer Dikarbonsäure, die Adipinsäure $HOOC—(CH_2)_4—COOH$ und einer organischen Base, des Hexamethylendiamins $H_2N—(CH_2)_6—NH_2$.

Die in dieser Reaktion gebildeten Moleküle reagieren wieder aufeinander und bilden ein polymeres Produkt, dessen Formel eine offene Kette der Zusammensetzung:

$$\cdots —NH—(CH_2)_6—NH—CO—(CH_2)_4—CO—NH—(CH_2)_6—NH—CO— \cdots$$

ist.

Diese Polykondensate unterscheiden sich von den Vinylpolymerisaten, von denen später die Rede sein wird, durch die Reaktion mittels welcher jede dieser beiden Gruppen gebildet wird. Man steht im Falle des Nylons vor einer Polykondensation im vollsten Sinne des Wortes; die Polyamide verkuppeln sich miteinander unter Abspaltung einer Substanz (im allgemeinen ist es Wasser). Im Gegensatz dazu findet bei der zweiten Gruppe eine Polymerisation statt, in der der Endkörper durch fortschreitende Aufspaltung der Doppelbindungen und ohne irgendeine Abspaltung einer andern Substanz gebildet wird.

Diese ausserordentlichen Arbeiten der amerikanischen Forscher wurden von der I. G. Farbenindustrie A. G. weiterentwickelt, welche in zahlreichen Erfindungen neue Wege für die fabrikmässige Erzeugung der Polyamide fand.

So besteht eine andere Methode zur Erzeugung der Superpolyamide in der Verarbeitung der ε-Aminokarbonsäuren als Ausgangsmaterial, nämlich der Körper der Formel

$$H_2N—(CH_2)_x—COOH, \text{ wo } x = 5.$$

Es ist somit die NH_2-Gruppe an einem Ende der Kette und die COOH-Gruppe am anderen und dazwischen sind mehrere Methylengruppen $-\underset{|}{C}H_2$. Hier tritt der Fall ein, dass sich das Superpolyamid durch Selbstkondensation bildet, d. h. es entsteht aus **einem einzigen Ausgangsmaterial**, nämlich durch die Wechselwirkung der Moleküle untereinander, indem die Aminogruppe eines Moleküls mit der Karboxylgruppe des Nachbarmoleküls reagiert.

Im Nachstehenden soll ein Beispiel einer Selbstkondensation gegeben werden.

Ausgangsmaterial die ε-Aminokapronsäure:

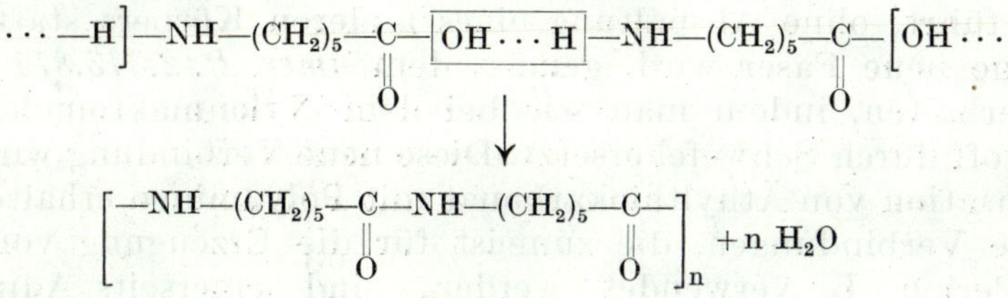

Perlon L

Eine völlig neue Richtung haben die deutschen Entwicklungsarbeiten auf diesem Gebiete auch durch das Studium gewisser Anlagerungsreaktionen erschlossen. Diese Reaktionen gestatten die Synthese von linearen Kondensationsmakromolekülen auf rein additivem Wege.

Wenn man z. B. von den Isocyanaten ausgeht, kann man durch die Anlagerung von Alkoholen mit endständigen OH-Gruppen zu linearen Makromolekülen gelangen, in denen der Karbamidsäurerest die einzelnen Kohlenstoffketten miteinander verknüpft.

Die so erhaltenen Kondensate werden als Polyurethane (**Perlon U** der I. G. Farbenindustrie) bezeichnet. **Perlon U** wird aus Hexamethylendiisocyanat und 1,4-Butandiol gebildet.

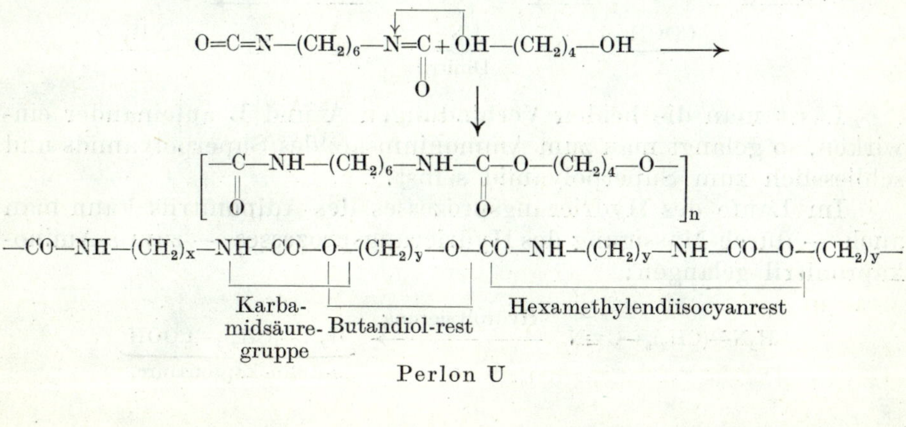

Perlon U

Die Superpolyamide, welche das Endprodukt darstellen, haben somit die folgende chemische Strukturformel:

$$\cdots NH{-}(CH_2)_x{-}CO{-}NH{-}(CH_2)_x{-}CO{-}NH{-}(CH_2)_x{-}CO\cdots$$

Die Reaktionen vollziehen sich unter Wasserabspaltung; doch kann man auch als Ausgangsmaterial anstatt der ε-Aminokapronsäure, dessen Lactam, welches als das innere Anhydrid aufzufassen ist

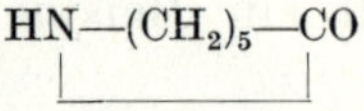

wählen. In diesem Falle findet die Reaktion, die zu dem Polymerkörper führt, ohne Abspaltung eines anderen Körpers statt.

Eine neue Faser wird, gemäss dem *amer. P. 2.313.871* von Du Pont, erhalten, indem man wie bei dem Nylonmakromolekül den Sauerstoff durch Schwefel ersetzt. Diese neue Verbindung wird durch Kondensation von Äthylthiokarbonat mit Polyaminen erhalten.

Die Verbindungen, die zumeist für die Erzeugung von Nylon oder Perlon L verwendet werden, sind einerseits Adipinsäure $HOOC{-}(CH_2)_4{-}COOH$ und Hexamethylendiamin $H_2N{-}(CH_2)_6{-}NH_2$, andererseits im Selbstkondensationsvorgang, ε-Aminokapronsäure oder dessen Lactam. Alle diese Verbindungen weisen 6 Kohlenstoffatome auf.

Bei der Herstellung dieser Körper geht man vom Benzol aus:

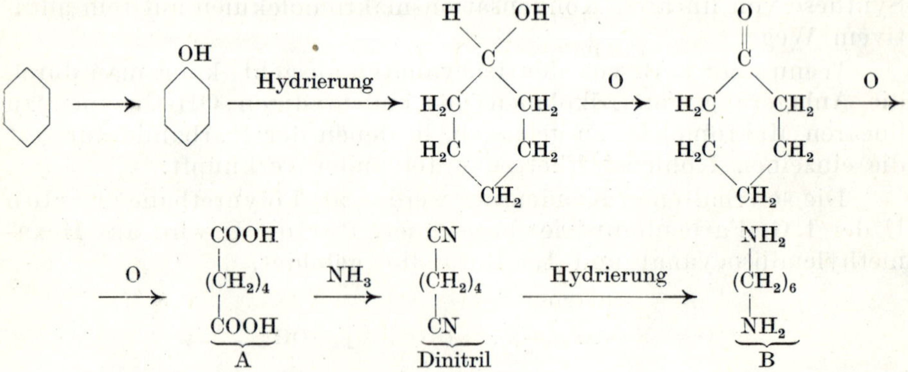

Lässt man die beiden Verbindungen A und B aufeinander einwirken, so gelangt man zum Ammoniumsalz des Superpolyamids und schliesslich zum Superpolyamid selbst.

Im Laufe des Hydrierungsprozesses des Adiponitrils kann man auch — durch Mässigung des Hydrierungsprozesses — zum ε-Aminokapronitril gelangen:

$$H_2N{-}(CH_2)_5{-}C{\equiv}N \xrightarrow{\text{Hydrolysierung}} \underbrace{H_2N{-}(CH_2)_5{-}COOH}_{\varepsilon\text{-Aminokapronsäure,}}$$

welche durch Autokondensation zur Bildung von Superpolyamiden befähigt ist.

Eine andere Methode zur Erzeugung der Ausgangsprodukte besteht darin, Azetylen auf Formaldehyd einwirken zu lassen. Man kommt bei dieser Reaktion zuerst zum Butindiol:

$$HO—CH_2—C \equiv C—CH_2OH,$$

durch Hydrierung zum Butandiol:

$$HO—CH_2—CH_2—CH_2—CH_2—OH$$

von hier aus zum chlorierten Produkt

$$Cl—CH_2—CH_2—CH_2—CH_2—Cl$$

und durch Behandlung mit NaCN zum Adiponitril:

$$NC—CH_2—CH_2—CH_2—CH_2—CN$$

Die Erzeugung wird in Autoklaven unter Druck und bei erhöhter Temperatur bewerkstelligt.

Die Firma Du Pont de Nemours hat ein neues Verfahren zur Herstellung von Nylon ausgearbeitet. Dieses Verfahren beruht auf Verwendung von sekundären landwirtschaftlichen Erzeugnissen, wie Maisähren, Baumwollkapseln, Hafer- oder Reisspreu (Textile Age 1947, 11, April, S. 136). Aus diesen Produkten wird Furfurol gewonnen, welches zu Adiponitril verarbeitet wird. Letzteres dient, wie bekannt, zur Herstellung von Nylon.

Das Molekulargewicht derjenigen Superpolyamide, die industriell verwertet werden, bewegt sich zwischen 10000 und 20000.

Wenn man, zur Herstellung von polyamidartigen Produkten, von Substanzen ausgeht, die in ihrem Molekül Schwefel enthalten, so ist es möglich, schwefelhaltige Makromoleküle herzustellen, die sich, infolge ihrer Löslichkeit in den organischen Lösungsmitteln, zur Erzeugung von Fasern eignen (Silk and Rayon, 1946, S. 1369—1375).

Die Gespinste, die aus Polyamiden aufgebaut sind, besitzen Eigenschaften, die in ihrer Gesamtheit bemerkenswert sind und die sicherlich mit keinem — sei es natürliches, sei es künstliches — Textilmaterial verglichen werden können. (Silk Journal and Rayon World, Januar 1944, S. 34[1]).)

Zufolge einer Information seitens der Rhodiaceta in Lyon erreicht die Nylonfaser eine Festigkeit von 5—5,5 g je Denier im Trockenzustande. 85% dieser Zugfestigkeit bleiben im nassen Zustande erhalten. Die Bruchdehnung kann zwischen 15—25% und die Elastizität zwischen 8—10% variieren. Der Schmelzpunkt des Nylons

[1]) Siehe diesbezüglich: Du Pont, Die Eigenschaften des Nylons, Rayon Textile Monthly, 1944, 25, April, S. 51—53.

liegt bei 260° C (er schwankt zwischen 160 und 270° C, je nach dem Ausgangsmaterial). Die Faser brennt nicht, aber sie schmilzt und entwickelt dabei einen leichten, sellerieähnlichen Geruch.

Sie ist äusserst widerstandsfähig gegen Kälteeinfluss und gegen Mikroorganismen. Ihre Dichte liegt zwischen 1,1—1,4 und sie ist somit geringer als diejenige irgendeines anderen Textilstoffes. Nylon ist sehr wenig hygroskopisch; die Faser quillt nicht im Wasser und weist im übrigen bei normaler Temperatur eine bemerkenswerte Unempfindlichkeit gegenüber chemischen Mitteln, sowohl Säuren als Alkalien, den üblichen Lösungsmitteln wie aliphatischen oder aromatischen Kohlenwasserstoffen, auch gechlorten Produkten dieser Gruppe, Äthern, Estern, Alkoholen, Ketonen usw. auf.

Die Superpolyamide lösen sich kaum in anderen Mitteln als in Phenolen, konzentrierten Mineralsäuren, in Ameisensäure, Eisessig und Formamid.

Schliesslich ist Nylon auch wegen seiner isolierenden und dielektrischen Eigenschaften sehr bemerkenswert[1]).

Behandelt man Nylon mit Formaldehyd in Gegenwart eines Katalysators (Phosphorsäure)[2]), so wird es in Alkohol und chlorierten Lösungsmitteln löslich und lässt sich zu Filmen und Überzügen verarbeiten. Durch Kopolymerisation von Nylon mit Phenol-Formaldehydharzen erhält man Nylonderivate mit veränderten physikalischen Eigenschaften[3]). Die so erhaltenen Produkte eignen sich in erster Linie für die Erzeugung von Borsten, können aber auch in Emulsionsform für die Beschichtung von Geweben verwendet werden.

Obwohl im allgemeinen für die Nylonfasern Geschmeidigkeit und Biegsamkeit verlangt wird, ist in manchen Fällen auch eine gewisse Steifheit und etwas mechanische Widerstandsfähigkeit erwünscht. Diese Eigenschaften werden den Nylonfasern, laut *brit. P. 576.102*, dadurch verliehen, dass man sie mit einem Phenol-Formaldehyd-Vorkondensationsprodukt imprägniert, welches durch nachfolgendes Erhitzen auf 120° C unlöslich gemacht wird[4]).

Im *brit. P. 576.102*[5]) der Imp. Chem. Ind. wird die Behandlung von Nylon mit Phenol-Formaldehyd geschützt.

Durch Imprägnierung von Nylon mit Phenolen (oder mit substituierten Phenolen wie Kresol) und Formaldehyd werden dessen Eigenschaften verbessert. Als Lösungsmittel, das Nylon nicht auflösen darf,

---

[1]) Siehe den Aufsatz über den Einfluss trockener Hitze auf Nylongewebe in Amer. Dyest. Rep. 1944, 14, Januarheft, S. 42.

[2]) Fibres 1946, 7, S. 283.

[3]) Fibres 1946, 7, S. 283; Silk and Rayon 1943, 17, S. 677 und 716.

[4]) Silk and Rayon, 1946, S. 1367, siehe weiter unten, S. 373, *brit. P. 570.602* von Courtaulds Ltd.

[5]) The Dyer, 1946, 95, S. 597.

kommt verdünnte Natronlauge, Methyl- oder Äthylalkohol oder Azeton in Betracht. Zwecks Durchführung der Reaktion wird die imprägnierte Ware anschliessend erhitzt und „konditioniert", d.h. mit Dampf oder Wasser bei Kochtemperatur behandelt, um sie zu fixieren. Hierdurch wird eine grössere Stabilität und Steifheit der Faser, auch in nassem Zustand, erreicht.

Nylon hat mannigfache Verwendung in der Industrie und im Haushalt gefunden, so zum Beispiel in der Erzeugung von Filtertüchern, Strumpfgarnen, Nähzwirnen, Posamentriegarnen usw. Nylongebilde von Rosshaarstärke dienen für Zwecke der Fischerei, der Bürstenerzeugung, für Violinbogen, Tennisschläger, chirurgische, nicht resorbierbare Fäden und dergleichen.

Nylon-Kreppgewebe konnten, gemäss *amer. P. 2.290.253*, aus reinen Nylongarnen oder solchen, gemischt mit anderen Fasern, erzeugt werden; das *brit. P. 555.809* gibt einige andere Typen an, erhältlich durch Verwendung von zwei verschiedenen Nylonfasern: die eine, die sich erheblich beim Eintauchen in heisses Wasser (bei Kochtemperatur) verkürzt, und die andere hingegen unverändert bleibt. (Siehe auch im *amer. P. 2.288.685* die Zugabe von Proteinkörpern zum heissen Seifenbad, welches zum Krepponieren verwendet wird.)

Eine Verbesserung in der Herstellung der Nylongespinste, Folien usw. wird von British Nylon Spinners Ltd. im *brit. P. 555.130* beschrieben. Beim Verspinnen der Polyamidschmelzmasse (welche als Ausgangsmaterial mit einem maximalen Feuchtigkeitsgrad von 0,2% gelagert wird) arbeitet man in Gegenwart eines inerten Gases (Stickstoff). Mit einer im Patent beschriebenen Vorrichtung kann, bei genügend hoher Temperatur und geeigneter Zirkulation von Stickstoff, die Feuchtigkeit während des Verspinnens noch weiter herabgedrückt werden.

Für Fäden und Garne, die für Isolierzwecke Verwendung finden sollen, wird ein Gespinst ohne Drehung gewünscht. Das *brit. P. 571.566* der British Nylon Spinners Ltd. verwirklicht dies in der Weise, dass das gestreckte Garn auf einer im entgegengesetzten Sinne zur Garndrehung so rasch rotierenden Spule aufgewunden wird, dass das aufgewundene Garn drehungsfrei ist.

Wollähnliche Fasern aus Kunstseide oder Azetatseide werden im allgemeinen hergestellt, indem man physikalische Veränderungen auf der Faser vornimmt, z.B. Überdrehen und Dämpfen. Laut *schweiz. P. 239.736* von Heberlein wird der durch Überdrehen und Dämpfen erzielte wollähnliche Effekt durch Anwendung von wasserlöslichen, nicht flüchtigen Quellungsmitteln verbessert. Solche Quellungsmittel sind beispielsweise Dioxan, Monoazetin, Äthylglykol, Glykolmonoazetat und Monoäthyläthylenglykol. Im Patent wird folgendes Beispiel angegeben: Die Quellung der Azetatseide erfolgt in einer Lösung von 150 cm³ Glykolmonoazetat pro Liter Wasser, der man noch 1 g eines bekannten Netzmittels, wie z.B. Invadin BL konz. zusetzt. Diese Lösung wirkt auf Azetatzellulose nur quellend, aber nicht lösend.

Gekräuselte, wollähnliche Nylonfasern können nach *brit. P. 514.821* von Du Pont de Nemours hergestellt werden. Die gewünschte Kräuselung erhält man, indem man das bereits kalt gestreckte Garn, das vorteilhaft kurz vorgenetzt wurde, einer höheren Temperatur (in Luft, Öl oder Dampf) aussetzt. Im Patent wird die Behandlung mit „conversion“ bezeichnet. Zur Erzeugung der Kräuselung kann man auch so vorgehen, dass man die Nylonspinnmasse von bestimmter Viskosität bei Temperaturen spinnt, die mindestens 30° C über dem Schmelzpunkt der Masse liegen, anschliessend in einem leicht quellenden Mittel wie Wasser netzt und schliesslich ohne Spannung trocknet. Um möglichst hohe Kräuselung zu erzielen, soll nur eine teilweise Kaltstreckung vorgenommen werden.

Bei der Verarbeitung von Polyamiden zu Fasern oder Filmen ist deren Steifheit eine unerwünschte Eigenschaft. Dieser Nachteil wird nach *brit. P. 568.977* von Du Pont de Nemours durch Mischpolymerisation mit niederschmelzenden Polyamiden behoben. Als Mischpolymere eignen sich Verbindungen mit tertiären Aminogruppen. Das Endprodukt kann bis zu 50% der niedrigschmelzenden Komponente enthalten, die im Molekül eingebaut ist und zugleich als Weichmacher fungiert.

Das handelsübliche, nach dem Kaltstreckverfahren hergestellte Nylongarn besitzt ausgesprochene Elastizitätseigenschaften. Diese können, laut *brit. P. 582.517* der I.C.I., verbessert werden, indem man das Fasergut einer Behandlung mit Formaldehyd und ein- oder mehrwertigen Alkoholen im Beisein eines sauren Katalysators bei ca. 60—70° C unterwirft. Hierbei tritt wahrscheinlich Verätherung der Amidogruppe des Nylon ein. Je nach den Arbeitsbedingungen kann durch diese Behandlung die Elastizität von 10% auf 100% erhöht werden. Letztere ist der Menge des gebundenen Formaldehyds proportional.

Dieses Verfahren wird in *brit. P. 582.518* derselben Firma weiter modifiziert. Es wird hervorgehoben, dass die Einführung von Methylolgruppen ein teilweises Lösen des Nylons verursacht, wodurch die Festigkeit der Faser beeinträchtigt wird. Patentgemäss sollen diese Nachteile teilweise oder ganz behoben werden, indem man vor der Formalin-Alkohol-Behandlung Querbrücken in das Makromolekül einbaut. Dies kann dadurch geschehen, dass man in der Ware vorerst eine Formaldehyd-Diisocyanat- (oder Derivat-) Behandlung vornimmt, wobei das Nylon in m-Kresol unlöslich wird, und dann anschliessend die Verätherung mit Formaldehyd-Alkohol vollzieht.

Zum Verweben oder Verwirken eignen sich bekanntlich frisch gesponnene, ungestreckte Nylongarne nicht, weil dieselben zu stark dehnbar sind. Im *brit. P. 582.520* ist nun ein Verfahren beschrieben, nach welchem die Dehnbarkeit von Nylongarn durch eine Behandlung mit Formaldehyd und einem Alkohol wesentlich vermindert werden kann. Als Alkohole kommen besonders Äthyl- und Methylalkohol in Betracht. Patentgemäss imprägniert man vorerst das Nylongarn mit der Lösung eines sauren Katalysators, trocknet und setzt anschliessend die Ware der Wirkung von Alkohol-Formaldehyd-Dämpfen aus.

Eine Modifikation der in *brit. P. 582.517*, *582.518*, *582.520* beschriebenen Verfahren betreffend Orientierung und Schrumpfen von Nylon wird von Lewis und Loasby im *brit. P. 582.522* geschützt. Nach diesem Patent verwendet man an Stelle des ungestreckten, also nicht orientierten Nylons ein Polyamid, welches zuerst gestreckt und mit Quell- oder Lösemitteln geschrumpft (desorientiert) wird. Solche Mittel sind beispielsweise Phenol und seine Derivate, organische Säuren, Schwefelsäure usw. Nach dem Schrumpfen behandelt man in bekannter Weise mit Formaldehyd-Methanol-Dämpfen.

Es ist möglich, die Eigenschaften des Nylons zu verbessern, dank der im Makromolekül befindlichen Amidogruppen, die mit Formaldehyd unter Bildung von N-Methylolgruppen reagieren[1]).

Durch Einwirkung von Formaldehyd können die Nylonmoleküle auch durch Methylenbindung miteinander brückenartig verbunden werden. Die Formaldehydbehandlung ergibt ein verbessertes Nylon von erhöhter Dehnbarkeit. Lässt man auf Nylon ein wasserabstossendes Formaldehydderivat einwirken, so wird die Faser selbst auch hydrophob. Durch Verbindung von Dimethylolharnstoff mit Nylon wird eine Widerstandssteigerung der Faser gegenüber ultravioletten Strahlen erzielt. Nimmt man die Polykondensation von Adipinsäure mit Hexamethylendiamin in Gegenwart von Glykol vor, so entsteht ein Interpolymer, welches der Faser, ausser einer erhöhten Knickfestigkeit, noch Löslichkeit in gewissen organischen Lösungsmitteln verleiht. Hierbei wird der Schmelzpunkt des Polyamids herabgesetzt, was erklärlicherweise von Nachteil ist. Jedoch kann man die Eigenschaften der glykolhaltigen Faser durch eine Formaldehydbehandlung, wie sie bei gewöhnlichem Nylon üblich ist, verbessern. Die Formaldehydbehandlung von Nylon kann in saurem oder alkalischem Mittel vorgenommen werden. In letzterem Falle ist die Reaktion besser kontrollierbar.

---

[1]) Dr. A. J. Hall, Use of formaldehyde for modifying Nylon, Silk Journal and Rayon World, 1947, Nr. 275, S. 30—32, und Nr. 277, S. 55—59.

Im *franz. P. 912.463* (25. 3. 1939, 29. 4. 1946) schützt die Rhodiaceta ein Verfahren, nach welchem die Hygroskopizität der Polyamide erhöht und das Eindringen atmosphärischer Feuchtigkeit und der wässerigen Lösungen in die Faser erleichtert werden können. Dieses Verfahren beruht auf der Einwirkung von Quellmitteln auf die synthetische Faser.

Das Brüchigwerden von Polyamid- oder Polyurethanfasern beim Färben kann nach *franz. P. 899.211* der I. G. Farbenindustrie verhindert werden, wenn man dem Färbebad Aldehyde oder aldehydbildende Körper zusetzt.

In einigen im Jahre 1946 erschienenen Veröffentlichungen über Nylon[1]) werden die Entwicklung, Bedeutung und Herstellung, sowie Einzelheiten über die mechanischen Eigenschaften und das Verhalten gegenüber chemischen und physikalischen Einflüssen näher beschrieben.

Nylon besitzt neben seiner grossen Reissfestigkeit noch eine bemerkenswerte Widerstandsfähigkeit gegenüber chemischen Mitteln, ein grosses Absorptionsvermögen und Thermoplastizität. Phenole, Mineralsäuren, Chloralhydrat und Formamide quellen die Nylonfaser nur in konzentrierten Lösungen. Während diese neue Faser von Reduktionsmitteln nicht verändert wird, ist sie gegen Oxydationsmittel, insbesondere Superoxyden, weniger widerstandsfähig, wodurch das Bleichen von Nylon-Naturseide-Mischgeweben mit einigen Schwierigkeiten verbunden ist. Da die Nylonfaser, im Gegensatz zu den Naturfasern, ein einheitliches Produkt darstellt und infolgedessen frei von Verunreinigungen, Inkrustationen und Pigmenteinlagerungen ist, gestalten sich die Reinigungs- und Waschprozesse bedeutend einfacher. Für diese Behandlungen kommen meistens schwach alkalische Bäder mit synthetischen Waschmitteln zur Anwendung. Zum Bleichen von Nylon allein verwendet man vorteilhaft Kaliumpermanganat in alkalischer Flotte und insbesondere Natriumchlorit. Hypochlorite haben nur einen geringen Bleicheffekt.

Nylon absorbiert Rost und namentlich Kupfersalze, wodurch es eine gelbliche Färbung annimmt. Die Eigenschaft der Thermoplastizität macht es möglich, Permanent-Ciré- und Gaufrage-Effekte herzustellen, führt aber auch zu Schwierigkeiten in der Ausrüstung infolge Cassurenbildung. Um diesen Nachteil auszuschalten, muss die Ware in breitem Zustande durch heisses Wasser oder Dampf fixiert werden. Nachfolgende Heissbehandlungen dürfen nur bei Temperaturen erfolgen, die mindestens 20° C unter der Fixierungstemperatur liegen.

---

[1]) R. Joly, Teintex 1946, 11, S. 315, Nylon und die Probleme, welche diese Faser an die Ausrüster stellt; Muhr. Fachorgan S.V.F., 1946, 1, S. 2, und Fachorgan S.V.F. 1946, 1, S. 25.

Beim Schlichten stösst man auf Schwierigkeiten, da die meisten Schlichtmittel nicht auf der Nylonfaser haften bleiben. Um dieses Übel zu beheben, hat man versucht, den Schlichten Quellmittel einzuverleiben. Leinöl allein würde einen genügenden Schlichteffekt geben, jedoch nimmt die Faser eine gelbliche Färbung an, die fast nicht mehr zu entfernen ist. Die Aufladung mit statischer Elektrizität kann durch Vorbehandlung mit geeigneten antielektrischen Mitteln verhütet werden. Ähnlich wie das Schlichten ist auch das Appretieren der Nylonware mit einigen Schwierigkeiten verbunden, weil die Appreturmittel nicht anhaften, Nachteil, den man durch Zusatz von Quellmitteln zu beheben versuchte.

Trockene Hitze bewirkt auf Nylon eine Schrumpfung[1]), welche gleichzeitig fixiert wird. Die fixierte Form ist desto beständiger, je höher die Temperatur und je länger die Hitzebehandlung ist. Zu starke Erhitzung führt zu einer Gelbfärbung der Faser und zu einer Verminderung der Reissfestigkeit und Elastizität. Hitzebehandeltes Nylon zeigt zum Teil verminderte Affinität gegenüber den Farbstoffen.

Das Färben der Nylonfaser[2]).

Das Färben von Fasern, die in wässerigen Lösungen nur wenig quellen, stellte die Techniker vor grosse Probleme. Da solche Textilfasern nicht quellen und sich nur schwer netzen lassen, weisen sie eine nur ungenügende Erweiterung der intramolekularen Zwischenräume auf, so dass die Farbstoffpartikel des Bades nicht entsprechend in die Faser eindiffundieren können.

So wie die Azetatfaser hat auch die Nylonfaser die Eigenschaft, Substanzen zu fixieren, die eine oder mehrere Aminoreste aufweisen; diese Farbstoffe werden in Form einer kolloidalen Dispersion oder einer feinen Suspension aus dem wässerigen Färbebad absorbiert.

Da aber Nylon selbst Polyamidcharakter besitzt, hat es eine chemische Affinität auch für saure Farbstoffe und selbst für gewisse neutrale Farbstoffe. Endlich können auch Naphtole, die bekanntlich für das Färben der Azetatzellulose Verwendung finden, da sie sich wie unlösliche Farbstoffe verhalten, auch für die Nylonfärberei gebraucht werden.

---

[1]) A. W. Etchells, Amer. Dyest. Rep. 1946, 35, S. 38.

[2]) J. Corbière, Les fibres textiles gonflant peu dans l'eau, Chimie et Industrie 1943, Bd. 50, N⁰ 4, S. 94; Whittaker, J. Soc. D. and Col. 1943, Bd. 59, S. 69; Arthur W. Etchells, Amer. Dyest. Rep. 1945, 15, Januar, S. 29. Aufsatz: A Survey of the Dyeing of the synthetic Fibers. N. J. Boulton, Some Experiments of the Dyeing of Nylon Yarn, J. Soc. D. and Col. 62, Nr. 3, S. 65. A. K. Saville, Some aspects of Nylon Dyeing, Amer. Dyest. Rep. 1946, 35, S. 51; The Dyer, 1946, 96, S. 28. P. J. Choquette, The Dyeing of Nylon and Nylon blends, Rayon Text. Monthly, 1947, 27, S. 75.

Dr. R. Wittwer, La teinture du Nylon, Vortrag gehalten am XX. Kongress der A. C. I. T., 1947.

Die Polyamidfaser verhält sich in färberischer Hinsicht sehr verschieden gegenüber den einzelnen Farbstoffklassen. Die Säurefarbstoffe besitzen bedeutend kleinere Affinität als für Wolle, obwohl die Echtheitseigenschaften meist besser sind. Die Direktfarbstoffe ziehen im allgemeinen schlecht auf und werden auf schwach saurem Bade gefärbt. Beim Färben von Zellulose- oder Viskose-Nylon-Mischgeweben mit Direktfarbstoffen ist es möglich, durch Zusatz bekannter Reservierungsmittel, wie Erional L oder Thiotan RS, zum Färbebad die Nylonfaser zu reservieren.

Azetatfarbstoffe werden wie auf Azetatseide angewendet, jedoch kann die Färbung bei höheren Temperaturen (sogar bei Kochtemperatur) vorgenommen werden, da man bei Nylon keine Veränderung der Faserkonstitution, wie es bei Azetatseide der Fall ist, befürchten muss. Jedoch sind die erhaltenen Nuancen in bezug auf Licht- und Waschechtheit denjenigen auf Azetatseide unterlegen, aber den Verbrennungsgasen gegenüber nicht empfindlich. Nylonfärbungen mit Azetatseidenfarbstoffen sind gegen Chloreinwirkung sehr widerstandsfähig. In Mischgeweben mit Azetatkunstseide ist es deshalb möglich, den Farbstoff von der Azetatkunstseide abzuziehen, während die Nylonfärbung kaum angegriffen wird. Nylon kann mit Naphtholfarbstoffen auf dieselbe Weise wie Azetatseide gefärbt werden. Beim Färben mit Chromfarbstoffen kann man entweder nach dem Synchromat- oder nach dem Nachchromierungsverfahren arbeiten. Küpenfarbstoffe und Indigosole kommen ebenfalls für das Färben von Nylon in Betracht, jedoch ist die Lichtechtheit der mit diesen Farbstoffen erhaltenen Nuancen schlechter als auf Zellulosefasern. Weniger interessant sind die Schwefelfarbstoffe, da sie nur ungenügend licht- und reibechte Färbungen ergeben.

Für das Färben von Nylon ist eine entsprechende Vorbereitung erforderlich. Die Faser erfährt unter dem Einfluss gewisser Reagenzien eine erhebliche Veränderung durch Quellung. Es handelt sich hier insbesondere um wässerige Lösungen gewisser Salze organischer Säuren, des Phenols usw.; diese Eigenschaft ist um so interessanter, als sie die Affinität des Nylons für Farbstoffe erhöht und verändert. Eine Reihe von Vorbehandlungsverfahren bilden den Gegenstand verschiedener Patente.

Gemäss dem *brit. P. 557.939* und *558.586* (Courtaulds-Welcock) behandelt man mit einer wässerigen Peroxyd-, Kaliumpermanganat-, Natrium- oder Kaliumperboratlösung, mit verdünnter Salpetersäure oder mit einer Säure vor, die einen kleineren pH-Wert als 3 aufweist.

Das zweitgenannte Patent schreibt eine Vorbehandlung in einem wässerigen Bade, das maximal 70% eines Lösungsmittels für Nylon enthalten soll, bei einer Temperatur von mindestens 65° C vor.

Die *brit. P. 556.925* und *550.724* (ebenfalls von Courtaulds) empfehlen: das eine wässerige Metallsalzlösungen, das andere Heisswasser unter Druck, bei Temperaturen über 100° C, zur Vorbehandlung.

Eine merkwürdige Eigenschaft des Nylons besteht darin, dass es dauernd in seiner Ausdehnung und Form durch irgendeine feuchte Heissbehandlung fixiert wird[1]). Dank seiner natürlichen Elastizität kann der Faden im allgemeinen, sofern er einer zusätzlichen Deformierung ausgesetzt wurde, die Gestalt, unter der er seinerzeit fixiert wurde, wieder annehmen. Damit aber die Rückkehr zum Normalzustande wieder eintreten kann, ist es erforderlich, dass der derart deformierte Faden nicht mehr einer so energischen feuchten Heissbehandlung unterworfen wird, als es die war, die zu seiner vormaligen Fixation führte. Diese erstmalige Formgebung, die von seiten der amerikanischen Erfinder als Pre-bearing bezeichnet wird, kann in folgender Weise durchgeführt werden:

Man arbeitet
bei 80° C, wenn der Färbeprozess bei 60° C,
bei 95—100° C, wenn der Färbeprozess bei 80° C vollzogen wird,
und bei 115—120° C, wenn der Färbeprozess 100° C erfordert,
wie das beim Färben saurer Farbstoffe der Fall ist.

Es ist zu bemerken, dass diese Vorbehandlungen im Falle von Mischgeweben nur dann stattfinden können, wenn sie sich mit dem Charakter der mit Nylon zusammen verarbeiteten Fasern vertragen.

Bei der Verarbeitung von Azetatseide, von Nylon und Vinyon können sich ferner während des Färbe- oder Druckvorganges unerwünschte Falten bilden, die im nachfolgenden Ausfertigungsprozess nicht mehr zu entfernen sind.

Gemäss dem *brit. P. 549.369* kann man dieses Übelstandes Herr werden, indem man das Gewebe mässig spannt und dabei stark einige Sekunden auf höhere Temperaturen (250—300° F) erwärmt. Es soll hinzugefügt werden, dass Nylongewebe hinsichtlich ihrer Eigenschaften (Festigkeit, Griff) verbessert werden können, wenn man sie über eine Oberfläche zieht, die eine Temperatur besitzt, die nahe derjenigen des Schmelzpunktes der Faser liegt (siehe *brit. P. 553.236*).

In einer Artikelreihe beschreibt Synfel in Silk and Rayon, 1943, 17, S. 26, 88, 240, 502, 562 und 684, die Geschichte des Nylons und der Azetatseide. Diese Veröffentlichungen behandeln eingehend den Spinnprozess der Nylonfaser, ihre Vorbehandlung, ihre physikalischen und färberischen Eigenschaften und das Färben mit Azetatseidenfarbstof-

[1]) Philadelphia Section, Some affects of dry heat upon the properties of Nylon fabrics, Amer. Dyest. Rep. 1946, 35, S. 33—42.

fen. Ferner werden hier Einzelheiten über den Druck von Nylon mit direkten, Azetat-, Chrom-, Neolan- und Küpen-Farbstoffen sowie über das Färben von Nylonwirkwaren, über das Mattieren und über die Zukunftsaussichten dieser neuen Fasern gegeben. Schliesslich finden wir hier noch eine Abhandlung über Azetatseide bezüglich ihrer chemischen Konstitution, Synthese und Abbau und ihrer physikalischen und färberischen Eigenschaften, sowie über Spezialfarbstoffe für Azetatseide, die Eigenschaften der Färbungen, über Streckspinn-Azetatseide und über die Eigenschaften von Azetatseidengeweben.

In einer weiteren Reihe von Artikeln wird ebenfalls das Färben von Nylon besprochen[1]).

Zum Färben von Nylon eignen sich die Azetatseidenfarbstoffe besonders gut. Hierfür soll speziell ausgewählten Typen der dispergierten Marken der Vorzug gegeben werden. Im Gegensatz zur Azetatseide sind Färbungen mit Azetatseidenfarbstoffen auf Nylon gas- und wassertropfecht. Die Lichtechtheit ist in manchen Fällen geringer als auf Azetatseide und bei dunklen Tönen oft mangelhaft. Bei manchen Färbungen mit diesen Farbstoffen ist ebenfalls die Tonverschiebung gegenüber denjenigen auf Azetatseide zu berücksichtigen.

Direktfarbstoffe ergeben, bei richtiger Auswahl, waschechtere Färbungen als auf Viskose. Die Lichtechtheit ist in manchen Fällen ausgezeichnet. Bei Herabsetzung des pH-Wertes der Färbeflotte wird im allgemeinen die Affinität der direkten Farbstoffe erhöht.

Mit besonders ausgewählten Säurefarbstoffen kann man gut waschechte Färbungen erzielen.

Die Aufnahmefähigkeit der Nylonfaser für die substantiven und sauren Farbstoffe wird, ähnlich wie bei der Wolle, durch die im Makromolekül befindlichen freien Amino- und Karboxylgruppen bedingt. Das Farbsäureverbindungsvermögen steigt rasch mit zunehmender Azidität der Färbeflotte, ist aber auch von der chemischen Konstitution des Farbstoffes abhängig. Beim Färben mit mehreren sauren Farbstoffen zugleich stösst man auf Schwierigkeiten, weil die einzelnen Komponenten verschieden auf die Faser aufziehen. Da die Bindung Farbstoff–Faser im allgemeinen sehr fest ist, so ist ein Ausegalisieren unegaler Färbung sehr schwierig oder fast unmöglich.

Zum Färben von Nylon mit unlöslichen Azofarbstoffen wird die Ware in einem Bad, welches Naphthol und Base enthält, während 20 Minuten bei 160° F behandelt, dann gespült, bei 70° C diazotiert, abermals gespült, neutralisiert, gewaschen und geseift. Die Lichtechtheit der erzeugten Färbungen ist vielfach ungenügend.

[1]) A. K. Saville, Amer. Dyest. Rep. 1946, 35, S. 51; P. J. Choquette, Rayon Textile Monthly 1947, Nr. 1; Koester, Mell. 1947, 28, S. 200.

Wie man den verschiedenen Veröffentlichungen entnehmen kann, dürfte in Zukunft das Färben von Zellulose-Polyamid-Mischgeweben eine gewisse Bedeutung erlangen.

Wie schon vorerwähnt, besitzt Nylon ebensowohl physikalische als auch chemische Affinität für die verschiedensten Farbstoffklassen.

1. Dispergierte Farbstoffe.

(Spezialfarbstoffe für Azetatseide, wie Acétoquinone-, Celliton-, Cibacet-, Setacyl-, Artisil-Farbstoffe usw.)

Dispergierte Farbstoffe können für Nylon beliebig nach Wahl verwendet werden. Ihre Anwendung ist derjenigen für Azetatseide analog.

Bis zum heutigen Tage konnte die beste Lichtechtheit auf Nylonfaser nur durch sachverständige Auswahl der Azetatseidenfarbstoffe erhalten werden. Jedoch lässt die Waschechtheit dieser Färbungen zu wünschen übrig. Die in der Atmosphäre enthaltenen Gase, welche ganz besonders die blauen und violetten Färbungen auf Azetatseide beeinflussen, üben auf Färbungen mit denselben Farbstoffen auf Nylonfaser praktisch keine Einwirkung aus. Dies erklärt sich dadurch, dass diese Faser als Schutzmittel gegen diese Einflüsse wirkt.

Der Farbstoff wird mit einem Dispergiermittel angeteigt, mit Wasser verdünnt und bei 60—80° gefärbt. Der Vorgang beruht, ebenso wie bei der Azetatseide, auf der Bildung einer festen Lösung. Doch muss hervorgehoben werden, dass bei gewissen Farbstoffen die Farbtöne erstaunlich verschieden auf Nylon ausfallen. So gibt zum Beispiel 1-Amino-4-Oxyanthrachinon auf Azetatkunstseide ein bläuliches Rot (Johannisbeerrot), auf Nylon hingegen ein Violett, das demjenigen Ton entspricht, der bei der Kombination von 1-Amino-4-Oxyanthrachinon mit Alkali als Alkalisalz des Farbstoffes entsteht.

Daraus könnte man schliessen, dass sich Nylon wie ein Lösungsmittel basischen Charakters, Azetatfaser wie ein Lösungsmittel neutralen Charakters verhält, welches die der freien Base eigentümliche Farbe unverändert lässt.

Im allgemeinen kann man behaupten, dass Nylon die Farbtöne nach dem blauen Teil des Spektrums hin verschiebt. Daraus ergeben sich selbstverständlich wesentliche Differenzen hinsichtlich der erzielten Echtheiten. Dieselben Produkte weisen verschiedene Echtheiten auf Nylon und auf Azetatseide auf[1]). Die violetten Töne fallen blauer auf Nylon aus, die Orangetöne röter, doch sind immerhin eine ganze

[1]) Teintex 1941, Bd. 6, Oktober, S. 273; J. G. Grundy, J. Soc. D. and Col. 1944, 66, August, S. 205—210.

Reihe Farbstoffe auf dem Markt, die ähnliche Töne auf beiden Fasergattungen liefern und die man somit für die Färberei von Mischgeweben verwenden kann.

Francolor hat eine Serie von Farbstoffen für Nylon ausgearbeitet und diesen Produkten den Namen Colorants Nyloquinone gegeben. Die Farbskala umfasst zehn Typen, insbesondere ist das Diazoschwarz Nyloquinone, das, mit dem Entwickler ON ausgefertigt, ein schönes, tiefes und echtes Schwarz liefert, hervorzuheben.

Es wurde beobachtet, dass die Glykolreste enthaltenden Farbstoffe in Wasser leichter dispergierbar sind. Diese Farbstoffe eignen sich besonders gut zum Färben von Nylon und Polyvinylfasern. In diesem Sinne hat die I. G. Farbenindustrie Aminoanthrachinonfarbstoffe vorgeschlagen, in welchen der auf dem Stickstoff gebundene Benzolrest in Parastellung durch —OH substituiert ist.

Ciba hat gemäss dem *franz. P. 898.141* (angemeldet am 17. September 1943, erteilt am 26. Juni 1944) festgestellt, dass die den dreiwertigen Radikal Methin (C_2H_3) enthaltenden Farbstoffen, die man durch Reaktion von Cyanessigsäurearyliden mit Dialkylaminobenzaldehyden erhält (*franz. P. 831.461* vom 30. Dezember 1937), eine überraschende Affinität für die Nylonfaser (auch für Perlon U-Superpolyurethanfaser) besitzen. Man erhält so sehr schöne gelbe Töne, wenn man aus Seifendispersionen färbt.

Man verwendet beispielsweise das o-Anisidid der Cyanessigsäure mit dem N-(Äthyl-β-Methoxyäthyl)-p-Aminobenzaldehyd.

Einzelne Verbesserungen der landläufigen Färbemethoden, die in der letzten Zeit für die Nylonfärberei vorgeschlagen wurden, sollen hier hervorgehoben werden.

So kann man gemäss *amer. P. 2.220.129*, 1940 (du Pont) mit Vorteil die wasserunlöslichen Azetatfarbstoffe verwenden, wenn man die gefärbten Fasern in wässerigen Lösungen von Dispergiermitteln bei erhöhter Temperatur (200° F) behandelt. Hier sollen besonders Seifen, Türkischrotöl, Dispergine NB oder Diasterol NS (Francolor), Setamol WS (I. G.) Lyokol O (Sandoz), (Kondensate von Naphtalinsulfosäure mit Formaldehyd), erwähnt werden.

Vickerstaff studierte (siehe J. Soc. D. and Col. 1943, Bd. 59, Maiheft, S. 92—101) sehr eingehend die Färberei der Nylonfaser mit Farbstoffen vom Typus der Dispersol- oder Duranolfarbstoffe.

Im *franz. P. 881.124* der I. G. Farbenindustrie A.G. (siehe die deutsche Patentanmeldung *I. 69.685*, *D. R. P. 736.021*) ist die Möglichkeit der Anfärbung von Superpolyamidgebilden mit in Wasser unlöslichen, aber in organischen Lösungsmitteln löslichen Farbstoffen angegeben worden, wie sie allgemein für Zelluloseester- oder Zelluloseätherfasern angewendet werden. Man hat aber feststellen können, dass einzelne Substanzen, die keine Affinität für die Zelluloseester oder -äther besitzen, sich sehr wohl zum Färben von Superpolyamiden eignen. Dies trifft besonders für die Ester der Perylenmonokarbonsäure und der -dikarbonsäure zu, die in wässeriger Dispersion bei einer Temperatur von etwa 100° C angewendet werden. Hier ist der Zusatz von Seifen oder anderen Dispergiermitteln, wie Setamol WS (I. G. Farbenindustrie), Diastersol NDS und Dispergine NB (Francolor) (siehe oben), besonders vorteilhaft. Man erhält gelbe, sehr lichtechte und waschechte Färbungen, die bei Tageslicht eine grüngelbe Fluoreszenz aufweisen.

Gemäss dem *franz. P. 880.580* (Deutsche Patentanmeldung *67.824*) der I. G. Farbenindustrie kann man die Superpolyamidfasern mit Hilfe wässeriger Suspensionen von solchen Farbstoffen färben, die zwar keine Sulfogruppe, aber eine Sulfamidogruppe enthalten. Überdies gibt die I. G. Farbenindustrie auch in den *franz. P. 880.401*, *belg. P. 445.080* und in der deutschen Patentanmeldung *69.387* an, dass man vom Grünen ins Blaue übergehende Töne mittels wässeriger Dispersionen von α,α'-Diphenylaminoanthrachinonen erhält, die Oxy-, Alkoxy-, Amino- und Alkylaminogruppen aufweisen. Die Töne sind hinreichend wasch- und lichtecht.

Vickerstaff hat in J. Soc. D. and Col. 1943, Bd. 59, S. 192, eine Methode angegeben, um die Menge Farbstoff zu bestimmen, die von Nylon aufgenommen wurde. Sie beruht darauf, dass man das gefärbte Nylon in o-Chlorphenol auflöst und diese gefärbte Lösung mit einer Originallösung von Nylon kolorimetrisch vergleicht.

Nylon kann bei gewöhnlicher Temperatur mit Azetat-, sauren und sogar direkten Farbstoffen gefärbt werden. (Notiz der Rhodiaceta in Teintex 1945, S. 15.)

Das Färben von Nylonstrümpfen ist ebenso wichtig wie schwierig. Man arbeitet hier mit Azetatfarbstoffen. Vor der eigentlichen Färbeoperation ist es notwendig, die Strümpfe vorzuformen oder zu fixieren. Diese Arbeit findet unter Pressung statt und hat zum Zweck, Bruchstellen im späteren Färbeprozess zu verhüten. Diese Vorarbeit wird unter Aufziehen und Aufspannen auf Formen durchgeführt, die den gewünschten Fertigmassen entsprechen.

Man arbeitet bei einem Druck von ½—1 kg während 5 Minuten. Da im allgemeinen die Strümpfe unterhalb der Kochtemperatur gefärbt werden, erscheint ein Dämpfen durch 5 Minuten unter einem Druck von 600—800 g ausreichend. Hernach zieht man die Strümpfe von den Formen ab und bringt sie für 1 Stunde in ein 80° C warmes Salzsäurebad (5 g HCl 19° Bé im Liter), spült mit ammoniakhaltigem Wasser und geht in ein Reinigungsbad (1 Stunde bei 80° C), das per Liter 2 g Seife oder ½ g Igepon oder Igepal C enthält. Die Azetatfarbstoffe werden mit einer warmen konzentrierten Seifenlösung angeteigt. Man geht bei 60° C ein, erhöht die Temperatur innert 15 Minuten auf 80° C und färbt 1 Stunde bei 80° C unter Zusatz von Ammoniumsulfocyanid. Nach dem Färben spült man in weichem Wasser.

Auf die Vorbehandlung von Strümpfen in der angegebenen Art beziehen sich die *brit. P. 551.438* und *547.034*, welche empfehlen, die Strümpfe während eines Dampfprozesses auf entsprechenden Formen aufgespannt zu halten. Das *brit. P. 549.005* beschreibt einen Apparat, der zu dieser Vorbehandlung angewendet werden soll. Gemäss *franz. P. 833.755* verwendet man für diese Strumpfveredlung Formen aus Aluminium.

Von grosser Wichtigkeit wird wahrscheinlich auch die Frage des Färbens der Nähzwirne aus Nylon-Azetatfaser sein. Der Faden wird in einem Reinigungsbad von 5 g Seife im Liter bei 60° C vorbehandelt. Er wird mit Azetatfarbstoffen gefärbt, wobei sich Nylon im allgemeinen etwas langsamer anfärbt als Azetatseide. Die folgenden Farbstoffe haben sich hierbei gut bewährt:

Acetochinongelb 4 J	Francolor
Cibacetgelb GGR	Ciba
Cellitongelb ätzbar G	I. G.
Cellitonechtrosa RP und FF3B . . .	I. G.
Acetochinonblau F und J	Francolor
Cibacetblau BRF	Ciba
Cellitonbrillantgrün 3G	I. G.
Artisildirektblaugrün BP	Sandoz

Rhodiaceta gibt im *D. R. P. 738.763* die folgenden Einzelheiten für das Färben von Nylon an:

Die Nylonfasern werden bei einer Temperatur über 100° C mit Lösungen oder Dispersionen von Farbstoffen oder Mischungen von Farbstoffen in solchen organischen Lösungsmitteln gefärbt, deren Siedepunkt über 100° C liegt. Nach dem Färben spült man mit Lösungsmitteln oder mit Wasser. Als Farbstoffe kommen Fettfarbstoffe, Lackfarbstoffe, Schwefel- und Küpenfarbstoffe in Betracht, die für diesen Zweck empfohlen werden.

Diese Methode bildet auch den Gegenstand des *schweiz. P. 230.891* derselben Firma (angemeldet am 6. Februar 1942, erteilt am 15. Februar 1944). Hier bemerkt der Erfinder, dass die Textilien, die mindestens zum Teil aus Superpolyamiden bestehen müssen, praktisch in einem einzigen kurzen Arbeitsgang durch blosses Passieren durch die auf 100° C oder darüber erwärmte Lösung gefärbt werden können. Gemäss der Erfindung besteht das Bad aus einer Lösung oder Dispersion des Farbstoffes in einem organischen Lösungsmittel, dessen Siedepunkt über 100° C liegt (z. B. Diäthylenglykol oder Triäthylenglykol, Mono-, Di- oder Triäthanolamin, Formamid, Pyridin).

Es genügt, das Farbbad zum Sieden zu erhitzen und die Materialien für eine kurze Zeit darin zu halten.

Das Patent gibt das nachfolgende Beispiel an: Man bereitet eine Lösung von Naphtalingrün V (Farbstofftabellen Schultz Nr. 777) in Tetrahydrofurfuralkohol. Ein Geflecht, das aus Superpolyamidfasern besteht, wird kontinuierlich durch ein Bad gezogen, das auf 150° C erwärmt ist, dann in fliessendem Wasser gespült und leicht geseift.

Andere Beispiele beziehen sich auf Indigosolfarbstoffe, unreduzierte Anthrachinonfarbstoffe, Küpenfarbstoffe usw.

Das Färben mit unlöslichen Azofarbstoffen wird durch das nachstehende Beispiel erläutert:

Das Bad besteht aus 100 T. Äthylenglykol
0,3 T. o-Chloranilinchlorhydrat
0,2 T. β-Naphtalid der 2-3-Oxynaphtoesäure

Man klotzt in diesem Bad bei 130° C. Das Gewebe besteht in Kette und Schuss aus Nylonfasern. Darauf entwickelt man in einer Lösung, die

5 g Ameisensäure und
2 g Natriumnitrit pro Liter

enthält. Das Bad wird auf 40° C gehalten. Man spült und trocknet.

Ein Verfahren zum Färben von Superpolyamidfasern mit Farbstoffen in organischen Lösungsmitteln gelöst oder dispergiert, in Gegenwart von Chloral, bildet den Gegenstand des *franz. P. 919.325* (eing. 5. September 1945, ausg. 25. November 1946) der Rhodiaceta. Der Vorteil dieses Verfahrens besteht darin, dass mit geeigneten Farbstoffen nach kurzer Färbedauer satte und echte, insbesondere reibechte Färbungen erzielt werden können. Im Patent wird folgendes Beispiel angegeben: das aus Superpolyamidfasern bestehende Färbegut wird kontinuierlich durch eine Lösung von 0,25% 1,4,5,8-Tetraaminoanthrachinon in einem Gemisch von 10 Gewichtsteilen Chloralhydrat und 90 Gewichtsteilen Äthylazetat genommen. Durch einfaches Trocknen erhält man eine blaue, reibechte Färbung.

Im *D. R. P. 742.424* der I. G. Farbenindustrie (angemeldet am 28. Mai 1942, erteilt am 14. Oktober 1943, bekanntgegeben am 4. Februar 1944) wird ein Verfahren zum Avivieren von Färbungen mit Azetatseidenfarbstoffen auf Geweben aus Superpolyamiden, Superpolyurethanen oder aus Azetatzellulose beschrieben. Man behandelt die Ware bei höheren Temperaturen in Bädern, welche mit Äther beschickt sind, die durch Einwirkung von Äthylenoxyd auf eine oder mehrere

Gruppen (?)[1]) enthaltenden (mit Ausnahme einer aliphatischen Monohydroxylgruppe niederen Molekulargewichts) organischen Verbindungen oder auf Kohlehydrate erhalten werden.

Man kann wässerige Emulsionen verwenden, welche, ausser diesen Äthern, noch Fettsäurederivate höheren Molekulargewichts enthalten. Folgendes Beispiel wird im Patent angeführt:

5 g eines aus polymerisiertem ε-Kaprolaktam bestehenden Gewebes werden mit einem wasserunlöslichen gelben Azetatseidenfarbstoff der Formel

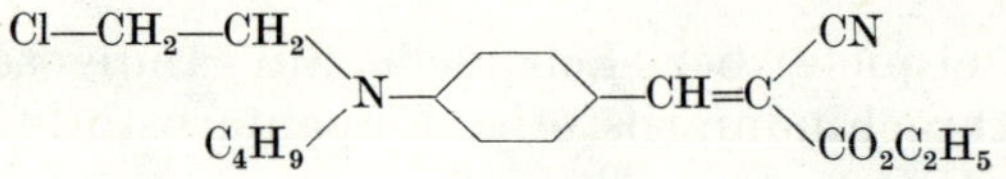

vorgefärbt und nachträglich, zu Aufhellungszwecken, in ein 50° C warmes Bad gebracht, bestehend aus einer Emulsion, die auf 500 Liter Wasser 1250 g eines Gemisches folgender Zusammensetzung enthält:

2 Teile Stearyldiguanidin

1 Teil eines Produktes, erhalten durch Einwirkung von 20 Mol Äthylenoxyd auf 1 Mol Oktodezylalkohol (Peregal O).

Man steigert allmählich die Temperatur auf 90—95° C und behandelt weiter durch ¼—1 Stunde, bis eine genügende Aufhellung erzielt ist. Dann wird nochmals in heissem Wasser gespült oder heiss geseift.

Wie aus einem kurzen Bericht in Teintex, 1947, 8, S. 271, hervorgeht, sollen mit Dispersionsfarbstoffen unter Zusatz von Chloral bei nur geringer Färbedauer tiefe und reibechte Färbungen erzeugt werden können.

Färben von Geflechten und Rosshaar aus Nylonsubstanz, speziell für Fischereizwecke.

1. Nylongeflechte, die für Fischereizwecke bestimmt sind, können sowohl mit Azetatfarbstoffen als auch mit sauren Farbstoffen gefärbt werden. Man reinigt die Geflechte in einem Seifenbad von 5 g/Liter. bei 70° C während einer Stunde. Anstatt der Seife kann man auch das von der Soc. des Produits Victrix[2]) in den Handel gebrachte Victrix SN oder ähnliche Produkte verwenden. Man färbt in folgender Weise:

Grün mit sauren Farbstoffen (Aquamaringrün):

1,8 %	Alizarinechtgrün G	(Ciba)
3 %	Foulacidgrüngelb R	(Ciba)
0,02%	Polarrot B	(Geigy)

---

[1]) Chimie et Industrie, Bd. 56, Nr. 2, August 1946, S. 131.

[2]) Société des Produits Victrix, 32, avenue de Muret, in Toulouse (Frankreich).

Eine Stunde kochend, unter Beisatz von 3% Schwefelsäure und 20% Glaubersalz, färben.

Grün mit Azetatfarbstoffen (Aquamaringrün):

3%	Cellitonechtblau FFB	(I. G. Farbenindustrie)
3%	Acetochinongelb N 4 J	(Kuhlmann)

Gefärbt wird durch 1½ Stunden bei 80 ⁰ C unter Zusatz von 5 g Seife im Liter.

Lichtechtheit und Salzwasserechtheit der obigen sauren und Azetatfarbstoffe sind gut.

2. Das Färben von Rosshaar aus Nylonsubstanz für Fischereizwecke ist identisch mit dem obigen Verfahren. Nach der Vorreinigung kann man mit sauren oder Azetatfarbstoffen färben.

Aquamaringrün mit sauren Farbstoffen: Eine Spur Alizarinechtgrün G (Ciba) oder besser noch etwas Wollechtgrün B (Ciba) (letzteres wegen seiner etwas blaustichigeren Nuance vorzuziehen) genügt.

Blau mit sauren Farbstoffen:

0,17 %	Echtwollblau GL	(I. G. Farbenindustrie)
0,05 %	Polargelb R	(Geigy)
0,025%	Polarrot B	(Geigy)

Es ist empfehlenswert, bei 70⁰ C in neutralem, nur mit 20% Glaubersalz beschicktem Bade einzugehen, um gute Egalisierung zu erreichen. Man steigert die Badtemperatur und setzt allmählich 5% Essigsäure zu.

Grau mit Azetatfarbstoffen:

0,3 %	Cellitonechtblau FFB	(I. G. Farbenindustrie)
0,22%	Cellitonechtrosa RF	(I. G. Farbenindustrie)
0,2 %	Acetochinongelb N 4 J	(Kuhlmann)

2. Das Färben von Nylon mit Säure- und Direktfarbstoffen[1]).

Mit Absicht sind diese beiden Farbstoffklassen in einem Abschnitt vereinigt. Unerwarteterweise lässt sich nämlich Nylon besser als Azetatseide mit Direktfarbstoffen so gut im sauren als im neutralen Bade anfärben. So werden diese wie saure Farbstoffe behandelt. Die Färbungen fallen ziemlich egal aus, obwohl sie diesbezüglich den Azetatfarbstoffärbungen nicht ebenbürtig sind. Die Wasch- und Lichtechtheit ist im allgemeinen gut.

[1]) C. M. Whittaker, The Textile Manufacturer 1940, Bd. 66, S. 323; E. Elöd und Th. Schachowskoy, Über die Einwirkung von Säuren und Farbsäuren auf Superpolyamide, Mell. 1942, S. 437—440 und Mell. 1944, Juliheft, S. 237, 2. Mitteilung; C. M. Whittaker, J. Soc. D. and Col. 1943, 59, April, S. 69—74; P. H. Stott, Amer. Dyest. Rep. 1940, S. 646—650.

Zahlreiche Vorschläge gehen dahin, die Affinität der Faser für direkte Farbstoffe zu erhöhen, d. h. die Echtheiten der mit diesen Farbstoffen erzielten Färbungen zu verbessern.

Nach dem *amer. P. 2.347.143*, 1944 (Courtaulds) büsst Nylon ganz allgemein durch einen Trockenvorgang unter Anwendung entsprechender Hitze (100—150° C) etwas an Affinität für alle Farbstoffklassen ein. Hierbei sind die Azetatfarbstoffe inbegriffen. Mathieson Alkali Works-Dubeau geben im *amer. P. 2.260.367*, 1941 an, dass die Anfärbbarkeit von Nylon durch Behandlung mit Alkalichloriten erhöht wird (siehe diesbezüglich *amer. P. 2.276.030*, 1942, von Mathieson Alcali Works über die Chloritbehandlung in alkalischer Lösung). Hinsichtlich der Anwendung von Direktfarbstoffen wird empfohlen, das Färbebad für Nylon mit etwas Essigsäure zu beschicken.

Eine grosse Anzahl von Direktfarbstoffen fixiert sich schlecht auf dieser Faser. Um diesen Übelstand zu beheben, hat Whittaker[1]) vorgeschlagen, entweder vor dem Färben oder während desselben mit β-Naphtollösung zu behandeln. Ein ähnlicher Effekt kann durch Zusatz von 2—3 % Essigsäure zum Färbebad oder endlich durch einen Dämpfprozess bei höherer Temperatur, dem man das Nylon unterwirft, erzielt werden. Dagegen hat es sich herausgestellt, dass das Vorhandensein von organischen, sulfonierten Verbindungen in den warmen Behandlungsbädern für die Anwendung direkter Farbstoffe nicht günstig ist.

Gemäss *brit. P. 547.844* der I. G. Farbenindustrie wird für einen ähnlichen Zweck der Zusatz von verschiedenen aromatischen Produkten zum sauren Färbebad (z. B. Phenol, Diphenylguanidin, Azetanilid, Kresol, Sulfanilsäure) empfohlen.

Um der Nylonfaser eine grössere Affinität zu den substantiven Farbstoffen zu verleihen, wird im *brit. P. 550.724* vorgeschlagen, die Faser vor dem Färben mit Wasser unter Druck bei Temperaturen über 100° C vorzubehandeln.

Das *brit. P. 553.872* und das *amer. P. 2.371.536*, 1945, von Courtaulds geben an, dass das Färben mit sauren Farbstoffen auch durch die Verwendung kationaktiver Hilfsmittel, sogenannter saurer Seifen, wie des Cetyltrimethylammoniumiodids oder des Sulfats des unsymmetrischen Monostearyldiäthylendiamins (Sapamin) gefördert wird, wobei ein zu starker Zusatz das Anfärben verhindert. Dagegen sind auch hier Beisätze von organischen sulfonierten Verbindungen nicht zu empfehlen.

Gemäss dem *brit. P. 558.586*, 1944, Courtaulds wird die Affinität von Nylon zu Direktfarbstoffen durch Zusatz niedrigmolekularer

[1]) The dyeing of Nylon with direct cotton, azoic and vat dyes, Textile Manufacturer 1943, S. 822, J. Soc. D. and Col. 1943, 59, April, S. 69—74.

wasserlöslicher Alkohole, z. B. N-Butylalkohol, erhöht. In den Rahmen dieser Erfindung fallen nur Mittel, die Nylon nicht lösen.

Elmore Louis Martin von E.I. du Pont de Nemours schützt durch *amer. P. 2.359.867* (Oktober 1944) die Beobachtung, dass Polyamide, welche aus einer Mischung von Hexamethylendiamin und Adipinsäure und anderen primären Diaminen, die wenigstens 2 Sauerstoffatome enthalten, erhalten werden, eine merklich verbesserte Affinität für Küpen-, saure und direkte Farbstoffe aufweisen.

Als Beispiel für solche primäre Amine werden

Triglykoldiamin $H_2N—CH_2—CH_2—O—CH_2—CH_2—O—CH_2—CH_2—NH_2$

oder

Tetraglykoldiamin $H_2N—(CH_2)_2—O—(CH_2)_2—O—(CH_2)_2—O—(CH_2)_2—NH_2$

genannt. Druckversuche wurden mit mehreren Farbstoffen verschiedener Klassen ausgeführt, welche die Möglichkeit ihrer Anwendung auf Nylon ergaben.

Andere Vorschläge zielen dahin, die Echtheit der erhaltenen Färbungen zu erhöhen. Hier sind die Patente: *franz. P. 887.016* und *D.R.P. 740.009* der I.G. Farbenindustrie zu nennen, die eine Nachbehandlung mit Kupfersalzen empfehlen. Es wird bei 80—96° C in Anwesenheit von Ammoniumsalzen niederer aliphatischer Säuren gefärbt, um die Bäder ausreichend zu erschöpfen. Hiernach behandelt man mit Kochsalzlösungen, die mittels einer schwachen organischen Säure, die ungefähr 5% Naphtalindisulfosäure enthält, angesäuert sind. Am Schlusse wird geseift, gespült und getrocknet.

I.G. Farbenindustrie gibt im *franz. P. 880.207* an, dass eine Nachbehandlung mit solchen Körpern zur Erhöhung der Echtheit zu empfehlen ist, die Metallverbindungen zu substituieren imstande sind z. B. mit den Fluoriden, Sulfaten oder Bichromaten des Kaliums oder mit Kupfer-, Kobalt-, Nickel-, Eisen- und Mangansalzen.

Prof. Dr. E. Elöd und Dr. Th. Schachowskoy zeigten in einer Arbeit über die Einwirkung von Säuren und Farbsäuren auf Superpolyamide (Mell. 1942, S. 437—440, und Mell. 1944, S. 237), dass diese Produkte, die Superpolyamide, zwar eine starke Erhöhung der Farbsäureaufnahme mit steigender Wasserstoffionenkonzentration zeigen, dass sie jedoch, im Gegensatz zu den Proteinen, kein Maximum durchlaufen.

E. Elöd und Th. Schachowskoy[1]) haben bewiesen, dass nicht die grössere Molekulargrösse der Nylonfaser für ihr verschiedenes Verhalten gegenüber den Proteinen bzw. Polypeptiden beim Färben verantwortlich ist. Diese Forscher haben gefunden, dass die färberischen Eigenschaften der Kunstfaser durch Säureabbau nicht wesentlich ver-

[1]) Mell. 1944, S. 309.

ändert werden. Man kann infolgedessen annehmen, dass das färberische Verhalten von Nylon nur durch solche Gruppen bedingt wird, die nicht im Abbau des Moleküls beteiligt sind.

Die Quellung der Superpolyamide in Wasser zeigt keine wesentliche Abhängigkeit von dem pH-Wert des Quellungsmediums. Also unterscheiden sich auch hierin die Superpolyamide von den Eiweissstoffen.

Die Untersuchung der Wasserstoffionenbindung der Superpolyamide in Abhängigkeit vom pH-Wert der Lösung hat ergeben, dass analog zu der Farbsäureaufnahme auch ihre Säurebindungsfähigkeit bis zu derjenigen einer 2 n-HCl-Lösung ansteigt, ohne ein Maximum zu durchlaufen. Man muss hier annehmen, dass bei diesen Wechselwirkungen nicht nur die NH^+-Gruppen massgebend sind, sondern dass auch andere Bindungsmöglichkeiten berücksichtigt werden müssen. Neben anderen adsorptiven Erscheinungen können sich die NH-Gruppen bei höheren Wasserstoffionenkonzentrationen auch säure- bzw. farbsäurebindend betätigen.

Ein Verfahren, nach welchem das Aufziehen von substantiven Farbstoffen (Siriusrot LB, Chicagoblau 6 B, usw.) auf Polyamid- oder Polyurethanfasern reguliert werden kann, ist im *franz. P. 905.121* (beantragt am 16. April 1944, erteilt am 3. April 1945, veröffentlicht am 26. November 1945) beschrieben.

Das Verfahren besteht darin, dass man auf diese Fasern vor oder während des Färbens Säuren von hohem Molekulargewicht einwirken lässt, die mit den Superpolymeren wasserfeste Verbindungen eingehen. Solche Säuren sind beispielsweise Aralkylphenylsulfosäuren, Naphtalinsulfosäuren und deren Reaktionsprodukte mit Formaldehyd sowie Benzidinsulfosäuren usw.

Diese Sulfosäuren ziehen wie Farbstoffe auf die Superpolyamidfasern auf. Auf der Faser fixiert, verhindern sie, den Reservemitteln ähnlich, das Aufziehen der Farbstoffe. Durch Anwendung dieses Verfahrens kann man beim Färben von Zellulose-Superpolyamidfasern entweder das Anfärben der Zellulose ganz verhüten oder eine gleichmässige Färbung der Mischfaser erzielen.

Laut *franz. P. 882.821* (beantragt am 1. Juni 1942, erteilt am 8. März 1943, veröffentlicht am 16. Juni 1943) der I. G. Farbenindustrie, können Zellulose-Polyamidmischfasern mit direkten Farbstoffen im Einbadverfahren, bei zunehmender Temperatur und abnehmendem pH-Wert gefärbt werden. Beispiel: Man färbt die Mischfaser in einem Bad, bestehend aus 500 Liter weichem Wasser, 200 g Chloramingelb M und 2000—3000 g Glaubersalz bei 40° C, steigert die Temperatur auf 80° C, stellt das Bad mit Ameisensäure auf pH 6, färbt ¼ Stunde bei dieser Temperatur und behandelt dann die Ware weiter durch ½ bis ¾ Stunden bei allmählicher Abkühlung des Bades.

Ist die Polyamidfaser nur wenig säureaufnahmefähig, so wird die Färbeflotte mit Ameisensäure auf pH 5 eingestellt. Man färbt in diesem Fall während 1 Stunde bei ca. 90° C.

Nylonfasern, welche ein wasserunlösliches Formaldehyd-Cyanamid-Kondensationsprodukt oder ein Derivat dieses Produktes enthalten, können, laut *brit. P. 570.602* von Courtaulds Ltd.[1]), in saurem Bade mit direkten Farbstoffen bei grösserer Ausbeute gefärbt werden. Das unlösliche Kondensationsprodukt kann der Nylonfaser einverleibt werden, entweder durch Behandlung derselben mit einer Formaldehyd und Cyanamid (oder Derivate) enthaltenden wässerigen Lösung, oder mit dem wasserlöslichen Vorkondensationsprodukt und nachfolgendem Erhitzen, wobei das unlösliche Kunstharz in der Faser niedergeschlagen wird.

Als Derivate von Cyanamid kann man verwenden: Dicyandiamid, Melamin, Guanidin, Biguanid, Dicyandiamidin oder die alkyl-, oxyalkyl- oder arylsubstituierten Guanidine, Biguanidide oder Dicyandiamine.

Diese Verbindungen können in Form ihrer Salze zur Zubereitung der Imprägnierungslösung verwendet werden. Die Behandlung wird vorteilhaft auf dem Foulard vorgenommen. Dieser wird mit einer Lösung beschickt, welche pro Liter Flüssigkeit nicht mehr als 20 g der Cyanamid-Formaldehyd-Verbindung enthält. (Mit konzentrierteren Lösungen würden infolge vorzeitiger Fällung des Farbstoff-Cyanamid-Formaldehyd-Komplexes unegalere Färbungen erhalten werden.)

Nylonfasern können nach diesem Verfahren auf saurem Bade mit direkten Farbstoffen gefärbt werden. Jedoch ist es vorteilhaft, solche Farbstoffe anzuwenden, die nur langsam auf unbehandelte Nylonfasern aufziehen (Chlorazolechtrosa BKS, Colour Index Nr. 353 und Chlorazolschwarz BHS, Colour Index Nr. 401). Die so erhaltenen Färbungen sind hervorragend wasch- und lichtecht. Die behandelten Nylongewebe verlieren mehr oder weniger ihren harten Griff.

Im Patent wird folgendes Beispiel angegeben: Ein Nylongewebe wird bei Zimmertemperatur in einer wässerigen Lösung folgender Zusammensetzung foulardiert: 10 g 1,3-Diphenylguanidin (in 10 cm^3 40 %iger Essigsäure gelöst) und 50 g Formaldehyd 40 % pro Liter; hierauf wird bis auf 70 % des Warengewichtes ausgequetscht, dann getrocknet und schliesslich auf 140° C erhitzt. Man färbt anschliessend 1 kg des so behandelten Nylongewebes bei 90° C in einem Färbebad, das auf 50 Liter Flotte 2 % Chlorazolrosa BKS und 7,5 % Essigsäure 80 % (auf das Warengewicht berechnet) enthält. Man färbt während einer Stunde bei dieser Temperatur. Unter diesen Bedingungen erhält

[1]) Siehe weiter oben, *brit. P. 576.102.*

man, im Vergleich mit unbehandelter Nylonfaser, bedeutend tiefere und waschechtere Rosafärbungen. Im übrigen erhält das Gewebe einen weniger fetten Griff.

Ein Färbeklotzverfahren für Nylon mit säure- oder wasserunlöslichen Azetatkunstseidenfarbstoffen wird im *brit. P. 584.758* von der British Celanese Ltd. geschützt. Patentgemäss klotzt man das Gewebe mit dem Farbstoffe, welcher in einem Gemisch von

55—66% Alkohol
2— 7% Phenol
43—27% Wasser, eventuell unter Zusatz von Essigsäure

gelöst ist.

Über das Reservieren von Nylon beim Färben von Nylon-Zellulose-Mischfasern mit Direktfarbstoffen erschien eine kurze Notiz in Teintex 1946, 11, S. 18. Diese Veröffentlichung enthält eine Liste der Direktfarbstoffe, die Nylon sehr gut reservieren, und eine Aufstellung derjenigen Produkte, die für die Reservierung kleiner Effekte noch genügen. Angeführt werden die Produkte von Ciba, Sandoz, Geigy, Francolor und I. G. Farbenindustrie. Zum Reservieren von Nylon bzw. Azetatkunstseide soll man, wie besonders hervorgehoben wird, die Qualität 10 der Cibaprodukte verwenden.

Nach Angaben der Société Rhodiaceta verwendet man vorteilhaft Körper vom Typus Albatex WS zum Reservieren von Nylon[1]).

Einige sehr interessante Versuche über das Färben von Nylongarn werden von N. J. Boulton in J. Soc. D. and Col. 62, Nr. 3, S. 65 beschrieben. Aus angesäuertem Färbebad färben Direktfarbstoffe Nylon so gut wie dieselben Farbstoffe aus neutraler Flotte auf Viskose. In vermindertem Masse als Wolle hat Nylon auch die Fähigkeit, Säure zu binden. Färbungen mit direkten und einigen Säurefarbstoffen zeigen Dichroismus in polarisiertem Licht. Die Ursache hierfür ist wahrscheinlich darin zu suchen, dass Nylon einerseits ähnlich wie Wolle salzbildend auf den Farbstoff wirkt und andererseits durch die Betätigung von Restvalenzen, ähnlich wie bei Zellulose, den Farbstoff bindet. Bei der Belichtung bewirken Direktfarbstoffe keinen merklichen, Küpenfarbstoffe dagegen einen starken Abbau der Nylonfaser, welcher bedeutend rascher ist als bei den Zellulosefasern. Zu gleicher Zeit mit dem Abbau geht ein Ausbleichen der Färbung einher, das sowohl in Gegenwart als auch in Abwesenheit von Sauerstoff stattfindet. Für den lichtbedingten Zerfall der Faser ist jedoch eine sauerstoffhaltige Atmosphäre notwendig.

Im gleichen Aufsatz werden Färbungen mit sauren, direkten, Azetatseiden- und Chromfarbstoffen auf Nylon bezüglich ihrer Licht- und

[1]) Fachorgan S.V.F. 1946, 1, S. 34.

Waschechtheiten mit solchen auf Viskose, Zellulose, Azetatkunstseide und Wolle verglichen. Der Verfasser gibt schliesslich noch Anleitungen für die zweckmässigste Verwendung der verschiedenen Farbstoffklassen.

3. Färben von Nylon mit Farbstoffen der Naphtolgruppe und mit unlöslichen Azofarbstoffen.

Bei Anwendung der üblichen Färbemethoden (d. h. Naphtolpräparation und Entwicklung) kommt man nicht zu befriedigenden Ergebnissen. Dagegen erzielte man sehr gute Färbungen durch gleichzeitiges Aufziehenlassen von Naphtol und Base in einem Bade, und darauffolgendes Diazotieren und Kuppeln, entweder im Färbebad selbst oder in einem zweiten, getrennten Entwicklungsbad.

Somit ist die Technik der Anwendung der Naphtole auf Nylon derjenigen verwandt, die bei Azetatzellulose angewendet wird. Auch hier sind die Farbtöne der gleichen Kombinationen verschieden, je nach der Faser, auf der sie aufgefärbt werden; das gleiche gilt von den Echtheiten.

Für das Färben von Nylon kann man zwei verschiedene Verfahren anwenden, je nachdem man ein Einbad- oder ein Zweibadverfahren anwendet.

a) Einbadverfahren[1]): Dieses Verfahren ist von Rohling in seiner Anwendung auf Azetatseide in Melliands Textilberichte 1937, S. 644 und 1939, Januarheft, S. 63 beschrieben und von J.-P. Sisley in seinem Vortrag auf der Tagung der Société de Chimie Industrielle in Rouen am 7. Juni 1941 (Ersatzfasern und deren Färbung — Fibres de remplacement et leur teinture) neuerlich behandelt worden; das Verfahren ist gleicherweise anwendbar für das Färben von Nylon, und es mag am Platze sein, es hier wieder in Erinnerung zu rufen[1]).

1. Badansatz. Das Naphtol und die Base werden vorerst mit denaturiertem Spiritus so fein als möglich angeteigt (2 Teile Spiritus auf 1 Teil Naphtol). Man verrührt gut und wenn eine gleichmässige Dispersion erreicht ist, setzt man unter ständigem Rühren Natronlauge 36° Bé zu; dann gibt man ebensoviel Wasser als Lauge zu und erwärmt schnell auf 70° C. Die optimale Laugenmenge hängt von der angewandten Farbstoffmenge und -kombination ab und muss jedesmal durch einen Vorversuch ermittelt werden. Man beschickt das Färbebad, das im Liter

0,15 g Lauge 36° Bé
0,30 g eines Netzmittels
5 g Gelatine
2 g Natriumnitrit

[1]) Siehe diesbezüglich: Die neuesten Fortschritte in der Anwendung der Farbstoffe, 2. Auflage, 1. Bd., Kap. IV, S. 337.

enthält, mit der oben genannten Mischung, die man durch ein Sieb zugibt.

Unter den zahllosen Netzmitteln, die im Handel erhältlich sind, haben sich am besten Invadin N (Ciba) und Nekal BX (I.G. Farbenindustrie) bewährt.

2. Färbeprozess. Die Badlänge ist 1:30 (aufs Warengewicht berechnet). Die vorgereinigte und entschlichtete Nylonfaser wird zuerst bei 65° C durch ¼ Stunde behandelt; danach setzt man 10 g pro Liter Glaubersalz zu und lässt ¼ Stunde abkühlen. Hierauf färbt man 1 Stunde bei 65° C, wobei man 5 cm^3 80%ige Ameisensäure pro Liter zugibt. Man kühlt auf 55° C ab und erhält diese Temperatur durch ¼ Stunde. Es findet Diazotierung der Base und Kupplung mit Naphtol auf der Faser in einem einzigen Arbeitsgang statt. Darauf spült man und seift eine Stunde nahezu bei Kochtemperatur in einem Bad, das 5 g Seife und 1 g Natriumhydrosulfit im Liter enthält. Hierauf spült man bei 80° C, dann in kaltem Wasser.

b) Zweibadverfahren: Die Methode unterscheidet sich von der eben erwähnten nur dadurch, dass man zum Diazotieren und Entwickeln ein neues Bad anwendet. Man beschickt also das Färbebad wie vorher, aber ohne Nitritzusatz. Nach dem Färben spült man kalt ¼ Stunde, diazotiert und kuppelt im selben Bad während einer halben Stunde bei 55—60° C. Dieses Bad enthält:

2 g Natriumnitrit und
5 cm^3 Ameisensäure 80% im Liter

Hernach spült man bei normaler Temperatur und seift eine Stunde im nahezu kochenden Bad, das im Liter 5 g Seife und 1 g Natriumhydrosulfit enthält. Man spült erst bei 80° C und dann kalt. Dieses Verfahren gestattet das Arbeiten auf laufendem Bade. Überdies entsteht, wenn man auf diese Weise arbeitet, der Farbstoff unmittelbar in der Faser, während bei der Einbadmethode ein Teil des Farbstoffes im Farbbade gebildet wird. Dieser Teil lagert sich oberflächlich darauf ab und haftet daran, trotz der nachfolgenden Seifenbehandlung, wodurch die Reibechtheit vermindert wird.

Ein Färbeverfahren, das von Stott im Oktoberheft des Amer. Dyest. Rep. 1939 behandelt wurde und den Gegenstand des *franz. P. 882.436* (eing. 29. Mai 1942, ausg. 2. Juni 1943) der I. G. Farbenindustrie bildet, wird in nachstehender Weise ausgeführt:

Naphtol wird mit der entsprechenden Menge Base, die nötig ist, um die Kupplung herbeizuführen, mit einem Lösungsmittel (z. B.

---

[1]) *Franz. P. 882.436* (eing. 29. Mai 1942; ausg. 1. März 1943) der I. G. Farbenindustrie.

Alkohol, Thiodiäthylenglykol = Glyecin A der I. G. Farbenindustrie oder auch Tetrahydrofurfuralkohol = Hystabol D von Böhme) und Lauge angeteigt. Man erwärmt eine kurze Zeit und giesst die klare Lösung in das Färbebad, das Lauge enthält, um die hydrolytische Spaltung des Naphtolates in der wässerigen Lösung zu verhüten. Es ist überdies vorteilhaft, noch ein Netzmittel oder ein Schutzkolloid, z. B. Setamol WS der I. G. Farbenindustrie, Diastersol NDS, Dispergine NDS der Firma Kuhlmann-Francolor, zuzusetzen, das einem Kondensationsprodukt der β-Naphtalinsulfosäure mit Formaldehyd entspricht. Diese Substanz enthält also das Natriumsalz der Dinaphtylmethandisulfosäure (siehe Bd. I, Kap. I, S. 232), dem die Formel

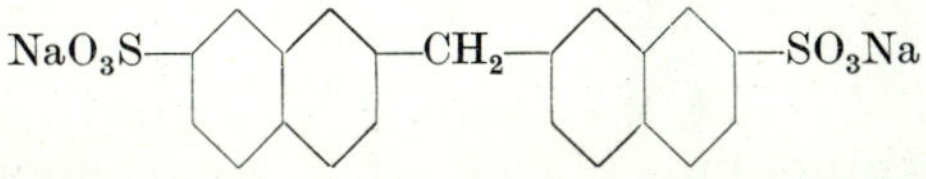

zukommt.

Es wird bei 60—90° C gefärbt, das Naphtol und die Base werden durch Salzzusatz ausgezogen und auf die Faser übertragen. Die Entwicklung erfolgt in einer Nitrit-Ameisensäurelösung. Die Echtheiten dieser Färbung sind im allgemeinen als gut zu bezeichnen.

4. Das Färben der Nylonfaser mit Küpen- und Indigosolfarbstoffen.

Reduzierte Küpenfarbstoffe haben unter den allgemein üblichen Färbebedingungen nur eine geringe Affinität zur Nylonfaser. Doch wurde beobachtet, dass die Küpenfarbstoffe sich nach den allgemein angewendeten Druckverfahren gut fixieren lassen. Diese Beobachtung dürfte zum *franz. P. 884.445* der I. G. Farbenindustrie geführt haben, welches das Färben von Küpenfarbstoffen bei Kochtemperatur oder bei Temperaturen nicht weit vom Siedepunkt empfiehlt. In der Tat zeigen Färbeversuche mit Solanthrenblau RSN-Pulver oder Solanthrenbrillantgrün B extra konz. (Feinpulver), die bei Temperaturen von 60°, 80°, 90° und 95° C in Gegenwart von Natriumhydrosulfit durchgeführt wurden, dass die beste Ausnützung des Küpenfarbstoffes auf Nylon bei einer Temperatur von 90—100° C stattfindet. Arbeitet man bei Siedetemperatur, so ist als Reduktionsmittel Natriumformaldehydsulfoxylat (Rongalit C extra, Rongeol von Francolor) anzuwenden. Bei Färbetemperaturen zwischen 90—95° C könnte die Anwendung eines stabilisierten Hydrosulfits (z. B. des Glukosekondensates) von Vorteil sein.

Die Küpenfarbstoffe sind auf Nylon weniger lichtecht als auf Baumwolle, ja die meisten Farbstoffe dieser Gruppe geben auf

Nylon so lichtunechte Färbungen, dass man sie kaum mehr überhaupt als echtfärbig bezeichnen kann.

Das *franz. P. 884.445* der I. G. Farbenindustrie gibt an, dass beispielsweise eine solche Küpenfärbung auf Nylonfaser nahe der Kochtemperatur in folgender Weise ausgeführt werden kann:

Das Färbebad enthält im Liter

8	T.	Indanthrenblau RS
15,5	T.	NaOH 35%
4	T.	Natriumhydrosulfit

Es wird ungefähr 30 Minuten bei Kochtemperatur gefärbt und gespült.

Gemäss *brit. P. 534.085* (Imp. Chem. Ind.) erhält man tiefe Töne mit Anthrachinonküpenfarbstoffen, wenn man als Reduktionsmittel Natriumformaldehydsulfoxylat verwendet und bei 90—95° C färbt.

Ein Verfahren zum Färben von Superpolyamidharzen in der Masse wird von der Rhodiaceta im *franz. P. 912.478* (beantragt am 10. April 1943, erteilt am 29. April 1946, veröffentlicht am 9. August 1946) beschrieben. Dieses Verfahren besteht darin, dass man in einem Lösungsmittel für Polyamide, beispielsweise Schwefelsäure 45%, das Polymer und den Farbstoff gut vermischt und diese beiden Substanzen nachträglich zur gleichen Zeit in einer Flüssigkeit ausfällt, die weder für den Farbstoff noch für das Polyamid Lösungsvermögen besitzt. Die Fällungsflüssigkeit ist mit dem angewendeten Lösungsmittel mischbar.

Als Fällungsflüssigkeiten verwendet man vorteilhaft halogenierte Kohlenwasserstoffe, Ester, Ketone, hydroxylierte Derivate und insbesondere Wasser.

Beispiel: Man löst 600 Teile grobstückiges Polyhexamethylenadipamid in 5000—6000 Teilen Schwefelsäure 45% und filtriert die Lösung durch ein Polyvinylgewebe. Andererseits löst man 0,6 Teile Indanthrenblau 5 G in 50 Teilen Schwefelsäure 93% auf, worauf man beide Lösungen mischt. Die so erhaltene Mischung wird zusammen mit 4000 Teilen Wasser, unter ständigem Rühren, in 1200 Teilen Schwefelsäure 25% eingegossen. Hierbei fällt ein pulverförmiges Produkt aus, das man abdekantiert und mit Wasser gründlich wäscht. Nach dem Trocknen erhält man eine pulverförmige, hellblaue Masse, in welcher der Farbstoff sehr gleichmässig verteilt ist. Diese Masse kann, beispielsweise im Spritzprozess, zur Erzeugung von dunkelblau gefärbten Gegenständen verwendet werden.

Die Lichtechtheit von Färbungen oder Drucken mit Küpenfarbstoffen bzw. mit Estern der Leukoküpenfarbstoffe auf Superpolyamide oder Superpolyurethane kann laut *franz. P. 908.609* (eing. am 4. Januar 1945, erteilt am 1. Oktober 1945, veröffentlicht am 15. April 1946) von Durand-Huguenin verbessert werden, wenn man die gefärbte oder gedruckte Ware nach der üblichen Fertigstellung noch einem nachträglichen Dämpfen, eventuell unter 1—2 Atm. Druck, unterwirft. Beispiel: Man färbt ein Superpolyamidgewebe mit 0,75% des Küpenfarbstoffes 5,5'-Dichlor-7,7'-Dimethylthioindigo. Nach dem üblichen Seifen bei annähernd Kochtemperatur, wird gespült, getrocknet und dann während 40 Minuten unter 2 Atm. Überdruck gedämpft. Auf diese Weise erzielt man eine rotviolette Färbung von guter Lichtechtheit. Ohne nachfolgendes Dämpfen ist die erhaltene Nuance blaustichiger und wesentlich weniger lichtecht.

Gemäss dem *franz. P. 898.527* (Durand & Huguenin) erfolgt die Entwicklung der Färbung mit solchen Oxydationsmitteln wie Natrium- oder Kaliumferricyanid und mit Permanganat in alkalischem oder neutralem Bade. Die in diesem Patent in den einzelnen Beispielen aufgezählten Farbstoffe sind Ester der Leuko-Küpenfarbstoffe. Diese, die Indigosole, können auf Nylon nach einem ähnlichen Verfahren gefärbt werden, wie es für Wolle ausgearbeitet wurde. Es besteht darin, dass man eine Stunde bei 100° C mit 4% Ammoniumsulfat und 4% 10%iger Essigsäure färbt und während einer Stunde bei einer Temperatur, die zwischen 35° C und 85° C liegen kann, mit 1% Ammoniumrhodanid, 1% Natriumchromat und 10 g im Liter Schwefelsäure 66° Bé entwickelt. Die auf diese Weise erhaltenen Färbungen sind gut wasch- und chlorecht, aber von ungenügender Lichtechtheit.

Schwefelfarbstoffe können nach einem, im *franz. P. 906.232* (beantragt am 2. August 1944, erteilt am 7. Mai 1945, veröffentlicht am 27. Dezember 1945), von der I. G. Farbenindustrie geschützten Verfahren gefärbt werden.

Nach diesem Verfahren ist es möglich, auf Polyamid- oder Polyurethanfasern satte Färbungen zu erzeugen, indem man das Färbebad auf einem pH kleiner als 11, vorzugsweise zwischen 5 und 11, hält. Am geeignetsten hierfür ist es, den Schwefelfarbstoff nicht wie üblich mit Natriumsulfid in Lösung zu bringen, sondern mit einer wässerigen Alkalilauge und Natriumhyposulfit, worauf man die Lösung durch Zusatz einer organischen Säure auf den gewünschten pH einstellt. Man kann auch zuvor den Schwefelfarbstoff mittels Ammoniak und Natriumhyposulfit auflösen. Durch dieses Verfahren ist es also möglich, sich zum Färben von Polyamid- oder Polyurethanfaser ebenfalls die billigen Schwefelfarbstoffe nützbar zu machen und sehr wasserechte Färbungen zu erzielen.

5. Färben mit Chromfarbstoffen[1]).

Die weiteste Anwendung für das Färben von Nylon finden die Azetatfarbstoffe besonders in der Strumpffärberei und allgemein in jenen Fällen, wo gute Egalisierfähigkeit verlangt wird.

Diese Farbstoffe haben jedoch für gewisse Zwecke ungenügende Echtheitseigenschaften, besonders wenn von der Ware Widerstandsfähigkeit gegen Waschlaugen, gegen Abkochung, Entschlichtung, kochende Behandlung oder Walkvorgänge erwartet wird. Man hat somit bei allen jenen Färbeartikeln, bei denen die Echtheit eine grössere Rolle spielt als die Gleichmässigkeit der Färbung, ein Interesse an der Anwendung chromierbarer Färbungen auf Nylon, mit Rücksicht auf den verhältnismässig niederen Preis und die einfache Anwendbarkeit der Farbstoffe dieser Gruppe.

Im allgemeinen unterscheidet sich die Färberei der Nylonfaser mit Chromierfarbstoffen nur wenig von derjenigen der Wolle. Nachchromieren ist hier besser als Vorbeize mit Chromsalzen oder Anwendung dieser Salze im Färbebade selbst. Man erhält im erstgenannten Falle bessere Farbausbeuten und besser durchdringende Färbungen.

Die Tiefe der Färbungen ist um so vollkommener, je mehr man sich beim Färben der Temperatur von 100° C nähert. Es gibt keine allgemeine Regel, es sei denn die, dass Essigsäure beim Färben der Schwefelsäure vorzuziehen ist; mit Essigsäure fallen die Nuancen lebhafter und reiner aus.

Chromfarbstoffe lassen sich weniger leicht auf Nylonsubstrat als auf Wollsubstrat chromieren; um eine volle Entwicklung zu erzielen, muss man in unmittelbarer Nähe der Kochtemperatur arbeiten.

Zur Erhöhung der Echtheit der Färbungen ist es ferner wichtig, nach dem Chromieren einen Seifprozess bei 80° C einzuschalten. Die Seifenbehandlung verändert auf Nylon nicht den Farbton in gleicher Weise, wie es etwa bei der Wolle der Fall ist, und die Reinheit und die Echtheit der Färbung werden dabei erheblich verbessert. Insbesondere ist aber die Reibechtheit ausgezeichnet (zufolge Forschungsarbeiten der Soc. Rhodiaceta in Lyon).

Es wird in folgender Weise gefärbt: Das Färbebad wird mit dem Farbstoff beschickt, der vorher mit 10 % Glaubersalz und 1,5 % Essigsäure 8° Bé zusammen aufgelöst wurde. Man geht mit der Ware bei 60° C ein und erwärmt innert einer halben Stunde auf 95° C. Es wird

[1]) G. S. J. White (J. Soc. D. and Col. 1939, 55, 409—412) hat in einer ausführlichen Studie die verschiedenen Farbstoffarten auf ihre Verwendungsmöglichkeiten für das Färben auf Nylonfaserarten geprüft. Die Ausführungen erstrecken sich auf das Färben mit sauren Wollfarbstoffen, Beizen- und Chromfarbstoffen.

eine halbe Stunde bei dieser Temperatur gefärbt, dann werden 5% Essigsäure 8° Bé (oder 3% Schwefelsäure 66° Bé) nachgesetzt. Man färbt eine weitere halbe Stunde bei 100° C, lässt dann auf 60° C abkühlen und setzt 80—100% Natriumbichromat vom Farbstoffgewicht zu, erwärmt innert einer Viertelstunde auf 100° C und chromiert ½ Stunde bei dieser Temperatur. Zum Abschluss wird die Ware erst lauwarm, dann kalt gespült, geseift und wieder gespült.

Zahlreiche Versuche wurden zum Färben der Nylonfaser mit licht- und waschechteren als die bisher angewendeten Farbstoffe unternommen. Du Pont de Nemours arbeitete ein neues Verfahren für die Anwendung von Chromfarbstoffen aus. Man foulardiert die Ware mit einer ammoniakalischen Lösung von Chromacylschwarz W, Pontachromorange RL oder Pontachromgelb R und Schellack; letzteres dient als Quellmittel für die Faser und als Bindemittel für die Farbstoffe. Hierauf wird das Gewebe in der Hotflue ohne Ausquetschen getrocknet und im Schnelldämpfer bei 101—102° C gedämpft und dann auf dem Jigger bei Kochtemperatur in einer Lösung von Bichromat und Essigsäure behandelt.

Nach diesem Verfahren soll man gut durchgefärbte Ware von genügender Licht- und bei 85° C ausgezeichneter Waschechtheit erhalten. Obwohl man auf diese Weise sehr gute Resultate erzielt, benötigt dieses Verfahren einwandfreie Apparate, fachmännische und ständige Überwachung während des ganzen Arbeitsganges, da fehlerhafte Stücke nicht mehr gutzumachen sind.

Nachstehend seien noch einige interessante Patente erwähnt, die sich auf die Veredelung der Nylonfaser mit Azofarbstoffen beziehen. Sie sind Eigentum der I. G. Farbenindustrie und haben Verfahren zum Gegenstand, die auf eine allgemeine Echtheitsverbesserung mit Hilfe von Metallsalzen abzielen, die anschliessend an den Färbeprozess verwendet werden.

Das *franz. P. 870.239* (I. G.) hat die Erzeugung echter blauer und schwarzer Töne zum Gegenstande, die man mittels sekundärer Diazofarbstoffe der allgemeinen Formel:

$$\text{A—B—C—N}\begin{matrix}\diagup \text{x} \\ \diagdown \text{y}\end{matrix}$$

erhält. Hierbei ist

A = Rest eines Amino-5-Hydroxynaphtalins.
B = ein Aminrest der Benzol- oder Naphtalinreihe, der keine OH-Gruppe besitzt und in Parastellung (zum Aminorest) gekuppelt ist.
C = Rest einer Aminohydroxynaphtalinsulfosäure der am Naphtolrest gekuppelt ist.
x = H oder Alkyl.
y = Aryl- oder Azylrest.

Der fertiggebildete Farbstoff muss mindestens zwei löslichmachende Gruppen enthalten. Zum Entwickeln der Färbungen, die auf diese Weise erhalten werden, verwendet man wasserlösliche Diazoverbindungen, die wenigstens eine Nitrogruppe aber keinen Sulfosäurerest und keine Karboxylgruppe enthalten dürfen. Diese Färbungen werden vor, während oder nach dem Färbeprozess mit einer Verbindung behandelt, die Metall abgibt.

Ferner kann man gemäss dem *franz. P. 864.941* (I.G. Farbenindustrie) zu echten Färbungen gelangen, wenn man auf die Faser Monoazofarbstoffe aufbringt, die der allgemeinen Formel

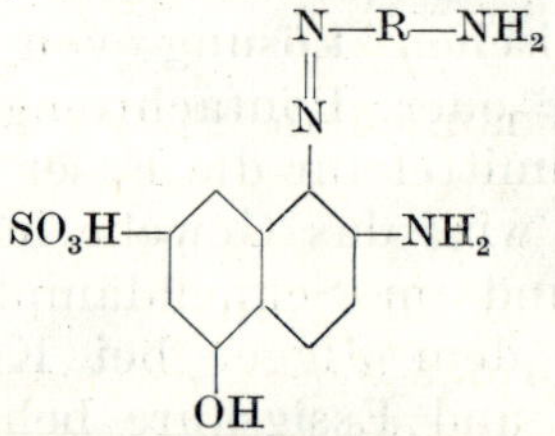

Hierbei ist R = aromatischer Rest.

entsprechen. Man behandelt mit Verbindungen nach, die Metall abzugeben imstande sind.

Durand & Hugenin beschreiben im *D.R.P. 740.000* vom 17. Juli 1941 (ausgegeben am 15. Mai 1944) und im *franz. P. 890.004* ein Färbeverfahren, das mit Farbstoffen der Gallocyaninreihe in deren Leukoform ausgeführt wird. Die Entwicklung erfolgt in einem angesäuerten Bichromatbade. Es hat sich gezeigt, dass die wasserlöslichen Gallocyaninfarbstoffe, die sich von einem am Stickstoff methylierten Anilin, wie Mono- und Dimethylaminobenzol, sowie von Gallussäure ableiten, sich in ganz hervorragender Weise zum Färben von Polyamidfasern eignen. Der Farbstoff wird in Form seiner Leukoverbindung in alkalischer Küpe auf die Faser gebracht und die Färbung in einem Bade, das ein Salz der Chromsäure und eine Säure enthält, entwickelt. Als Beispiel wird der Farbstoff aus Nitrosodimethylanilin + Gallussäure genannt.

In einem Artikel, erschienen im American Dyestuff Reporter 1939, S. 582—590, wird eine kurze Übersicht über die verschiedenen Färbemethoden für Nylon, sowie über die hierfür in Betracht kommenden Farbstoffklassen, gegeben. Durand-Huguenin stellt nun fest, dass die Farbstoffe der Gallocyaninklasse in dieser Zusammenfassung nicht erwähnt werden, obwohl dieselben laut *amer. P. 2.411.249* entsprechend dem *franz. P. 890.004* (veröffentlicht am 19. November 1946), besonders vorteilhaft zum Färben von Nylon verwendet werden können. Am geeignetsten sind die eine Sulfogruppe enthaltenden Gallocyanine. Im allgemeinen werden diese Farbstoffe auf Metallbeizen fixiert. Patentgemäss färbt man die Faser mit dem Farbstoff in Form seines Leukoderivates, worauf die Entwicklung in einem Chromat und Säure enthaltenden Oxydationsbad vorgenommen wird.

Die löslichen Gallocyaninfarbstoffe können auch in unreduziertem Zustand gefärbt werden. In diesem Falle färbt man auf neutralem oder nur schwach essigsaurem Bade und entwickelt anschliessend mit Bichromat und Säure.

Folgendes Beispiel ist im Patent angegeben: Der Gallocyaninfarbstoff, hergestellt aus Nitrosodimethylanilin und Gallussäure, wird mit Natronlauge 36° Bé angeteigt. Diese Lösung setzt man dem Färbebad, das mit Hydrosulfit beschickt ist, zu. Man geht mit dem Färbegut bei 40° C ein, steigert allmählich die Temperatur im Laufe einer halben Stunde auf 90° C, die während weiteren ¾ Stunden erhalten bleibt. Nach dem Färben wird die Ware gespült und in einem Bad entwickelt, das pro Liter 1,5 g Kaliumbichromat und 0,2 g Ameisensäure enthält[1]). Schon lange bevor das Nylon ausgearbeitet und auf dem Weltmarkt erschienen war, hatte die Firma Durand-Huguenin im *D. R. P. 526.193* die Leukoderivate der Gallocyaninfarbstoffe zum Färben der meisten bekannten Textilfasern vorgeschlagen.

Chromfarbstoffe lassen sich bekanntlich auf Nylon nach den üblichen Färbeverfahren nicht vollständig entwickeln. Um stärkere Färbungen zu erhalten, schlägt Geigy im *amer. P. 2.421.131* vor, auf saurem Bade zu färben, in einem frischen Bad mit Bichromat zu imprägnieren und anschliessend die Entwicklung durch Dämpfen unter Druck vorzunehmen. Die Echtheitseigenschaften der Färbungen werden nach diesem Verfahren jedoch nicht merklich verändert.

6. Färben mit basischen Farbstoffen[2]).

Diese Farbstoffklasse hat weniger Affinität zu Nylon als zu Wolle und Seide. Im allgemeinen haben die basischen Farbstoffe nur eine sehr beschränkte Verwendung beim Färben der Nylonfaser gefunden.

Färben von chirurgischer Nähseide aus Nylon.

Das Färben chirurgischer Nähseide muss mit solchen Farbstoffen ausgeführt werden, die widerstandsfähig gegen Sterilisation sind. Um ferner die Bildung nekrotischer Gewebe im Körper des Patienten zu vermeiden, müssen die Farbstoffe auch reibecht sein.

[1]) Siehe Saville, Amer. Dyest. Rep. 1946, 35, S. 51; Boulton, J. Soc. D. and Col. 1946, Märzheft, S. 65 und 77. *D. R. P. 526.193* von Durand-Huguenin über die Verwendung von Leukogallocyaninfarbstoffen beim Färben der Textilfasern.

[2]) Whattam, Text. Manuf. 1940, Bd. 66, Augustheft, S. 323.

Die nachstehenden basischen Farbstoffe, die für die Kaltfärberei von chirurgischer Nähseide aus Catgut (crins de Florence) verwendet werden, sind auch für die entsprechenden chirurgischen Seiden aus Nylonfaser geeignet:

Methylviolett B	Ciba
Methylenblau	St. Clair
Malachitgrün J3NS	Saint Denis
Chrysoidin GS	Sandoz
Fuchsin N	Kuhlmann

Die Fäden werden eine Stunde mit 0,5 % Seife behandelt (70° C). Statt der Seife kann man besser ein Ersatzprodukt Victrix 2 N[1]) verwenden. Gefärbt wird eine Stunde bei 80° C mit 2 % Farbstoff und 0,02 % Essigsäure, dann mit 5 g/Liter Seife bei 30° C eine halbe Stunde geseift. Die Reibechtheiten sind sehr gut. Grün und Violett werden im Sterilisierungsvorgang (20 Minuten bei 120—125° C in feuchter Wärme) bedeutend lichter; die anderen Farben widerstehen besser.

Gewisse Naturfarbstoffe, die auch zum Färben von Nahrungsmitteln Anwendung finden, können auch zum Färben von chirurgischen Nähseiden gebraucht werden. Es sind das beispielsweise die Marken:

Alizarin S extra	St. Clair
Kreuzbeerenextrakt 30° Bé . .	St. Clair
Vert végétal 49	St. Clair
Indigotin extra 30%	St. Clair

Die vorgereinigten Fäden werden durch eine Stunde bei 80° C mit 20 % Farbstoff gefärbt und eine halbe Stunde bei 50° C in einer 0,5 %igen Seifenlösung geseift. Die Reibechtheiten sind gut. Auch hier werden die blauen und grünen Färbungen im Sterilisationsvorgang lichter, während die übrigen widerstandsfähiger sind.

Färben von Nylon enthaltenden Mischgeweben.

Das Färben von Mischtextilien, die Nylon enthalten, erfordert viel Sorgfalt; doch können hier besonders interessante Effekte zustandekommen.

a) Mischung von Azetatseide und Nylon. Wie schon oben erwähnt, geben eine Anzahl von Azetatfarbstoffen ähnliche Töne auf Azetatseide (Rhodia) wie auf Nylon. Immerhin fällt Nylon beim Färben dunkler Töne in solchen Mischgeweben regelmässig etwas lichter aus als die Azetatseide. Daher muss man die Nylonfaser etwas mit sauren Farbstoffen nachnuancieren. In diesem Fall vermeidet

[1]) Erzeugt von der Société des Produits Victrix, 32, avenue de Muret, Toulouse.

man das Anteigen der Farbstoffe mit solchen Mitteln, die — so wie etwa Seife — mit Säuren unlösliche Verbindungen abscheiden; doch dispergiert man sie mit kleinen Mengen von säurebeständigen Hilfsmitteln der Fettalkoholsulfonatgruppe in weichem Wasser. Will man hingegen die Nylonfaser färben und die Azetatfaser reservieren, so muss man hierfür solche saure und direkte Farbstoffe wählen, die die Azetatfaser ungefärbt lassen.

b) Mischung Nylon-Naturseide. Die einheitliche Färbung derartiger Mischungen bietet ziemlich grosse Schwierigkeiten, da sogar bei sauren Farbstoffen, die eine starke Affinität für Nylon haben, die Aufziehgeschwindigkeit auf Nylon im allgemeinen geringer ist als diejenige auf Naturseide. Immerhin erhöht ein Vordämpfen bei 1,5 bis 2 kg Überdruck oder eine Behandlung mit einer wässerigen Chlorkalziumlösung bei 115^0 C diese Aufziehgeschwindigkeit wesentlich, wodurch die einheitliche Anfärbbarkeit der beiden Fasern verbessert wird.

c) Mischungen Wolle-Nylon. Die Färbung derartiger Mischungen mit sauren Farbstoffen wird durch den Zusatz aromatischer Säuren zum Färbebad gefördert (*amer. P. 2.325.972* der General Aniline and Film Co).

d) Mischungen von Zellulosefasern und Nylon. Gemäss *franz. P. 882.821* und deutscher Patentanmeldung *69.799* der I. G. Farbenindustrie erhält man in folgender Weise eine einheitliche Färbung beim Färben mit substantiven oder Azofarbstoffen: Man färbt den Zelluloseanteil in neutralem Bade und bei niederer Temperatur, worauf man die Temperatur steigert und das Bad ansäuert, um den Nylonanteil anzufärben.

Das Bedrucken der Nylongewebe[1]).

In der Literatur findet man nur wenige Angaben, die das Bedrucken von Nylon betreffen. Die meisten Farbstoffe wurden ausprobiert, doch nur wenige haben scheinbar brauchbare Resultate ergeben.

Es muss vorerst festgestellt werden, dass, im Gegensatz zu dem färberischen Verhalten der Faser, die Küpenfarbstoffe im Druck auf Nylon befriedigend fixiert werden, wenn man die normalen Druckformeln gebraucht, die für Baumwolle und Kunstseide üblich sind. Daraus könnte auf eine allgemeine Anwendbarkeit der Küpenfarbstoffe im Nylondruck geschlossen werden.

Des weiteren können auch gewisse Azetatseidenfarbstoffe zum Bedrucken der Nylongewebe verwendet werden.

[1]) Siehe hierzu Amer. Dyest. Rep., 1942, 61, S. 232—238.

Druckvorschrift für saure Farbstoffe.

30 g	Brillantwalkrot 3 BL
50 g	Solutène CI (Francolor)
220 g	heisses Wasser
700 g	Industriegummilösung 1:2
1000 g	

Nach dem Drucken eine Stunde unter Druck dämpfen.

Im Vergleich mit dem Druck derselben Farbe auf Naturseide ist das Resultat ziemlich befriedigend. Eine weitere Druckfarbe, die Brillantcyanin BLI und Weinsäure enthält, gibt ausgezeichnete Resultate. Die Druckeffekte widerstehen sehr gut einer halbstündigen Behandlung bei 50° C in einem Seifenbad, das mit 5 g Seife pro Liter Flotte beschickt ist.

Druck von basischen Farbstoffen.

Druckfarbe ohne Tanninzusatz:	20 g	Rhodamin 6 GH extra conc.
	50 g	Glyecin A
	280 g	kochendes Wasser
	650 g	Industriegummilösung 1:2
	1000 g	

Nach dem Drucken eine Stunde dämpfen.

Die besten Resultate sowohl in Bezug auf Lebhaftigkeit als auch auf Farbtiefe, werden auf Nylonfaser mit basischen Farbstoffen erhalten. Der Druck hält sehr gut eine Behandlung bei 50° C mit einer Seifenlösung von 5 g pro Liter aus. Die Tannin enthaltenden basischen Farben geben ebenfalls gute Resultate.

Drucken von Indigosolen auf Nylon, nach dem Nitritverfahren.

Druckfarbe:	70 g	Indigosolrosa IR extra
	50 g	Glyecin A
	20 g	Soda
	200 g	kochendes Wasser
	60 g	Natriumnitrit
	600 g	Gummiverdickung
	1000 g	

Um ein gutes Resultat zu erhalten, ist es unbedingt notwendig, vor dem Entwickeln in Schwefelsäure 40 Minuten zu dämpfen. Eine Dämpfdauer von 7 Minuten ist nicht ausreichend, der Farbenausfall wird viel zu schwach.

Nach dem Natriumchloratverfahren und Ammoniumchloratverfahren ist der Ausfall weniger gut als nach dem Nitritverfahren.

Was das Drucken mit Rapidogenfarbstoffen anbetrifft, scheint (nach den ersten Versuchen) die Diazogruppe des Rapidogens ebenfalls mit dem Nylon zu kuppeln, da man ganz andere Farbtöne erzielt, als man erhalten sollte; so gibt beispielsweise Rapidogenbordeaux R eine braune Nuance auf Nylon.

Der Inhalt des *franz. P. 882.436* der I. G. Farbenindustrie ist wert, festgehalten zu werden. Hier wird das folgende Ausführungsbeispiel gegeben:

153 T. 1-Amino-2-Methyl-5-Nitrobenzol werden gemahlen und gemischt mit
293 T. 1-(2′, 3′-Hydroxynaphtylamino)-2-Methoxybenzol
207 T. Natriumnitrit und
2 T. Natronlauge 38° Bé

Zum Aufdruck verwendet man die nachstehende Paste:

80 g	obiger Mischung
380 g	Wasser
30 g	Türkischrotöl
50 g	Glyzerin
30 g	Natronlauge 38° Bé
430 g	Stärke-Tragantverdickung
1000 g	

Nach dem Trocknen des Druckes behandelt man 5 Minuten in gesättigtem Dampf, 2 Minuten in einer 10%igen Ameisensäure, die 5 g $NaNO_2$ per Liter enthält, spült warm und trocknet.

Ein sehr interessantes Druckverfahren für Nylon mit substantiven und sauren Farbstoffen, sowie mit Neolanfarbstoffen, wurde von der Ciba ausgearbeitet. Das Prinzip dieses Verfahrens beruht auf der gleichzeitigen Verwendung von Quellmitteln, welche das Eindringen des Farbstoffes in die Faser erleichtern und von Substanzen, die beim nachträglichen Dämpfen, infolge Freiwerdens gewisser Agenzien, die Quellung aufheben, wodurch der aufgezogene Farbstoff in der Faser eingeschlossen wird. Stückware kann ebenfalls nach diesem Verfahren auf dem Foulard gefärbt werden.

Man druckt eine Druckpaste folgender Zusammensetzung auf:

30 g	Farbstoff
50 g	Resorzin
370 g	Wasser
450 g	Gummiverdickung
20 g	Silvatol I
80 g	Ammoniumtartrat 20° Bé
1000 g	

Nach dem Trocknen dämpft man ½—1 Stunde bei 108° C unter ¼ Atm. Überdruck, spült, seift mit 3 g Seife pro Liter während 10 Minuten bei 40° C, spült abermals und trocknet.

Der Küpenfarbstoffdruck auf Nylon wird in einem Artikel in The Dyer. 1946, 96, S. 173 beschrieben. Küpenfarbstoffe lassen sich auf Nylon nur schlecht färben. Mit diesen Farbstoffen können jedoch, bei Zusatz geeigneter Quellmittel, ausgiebige Drucke erzielt werden, die aber, ausser in Blau und Grün, nur schlechte Lichtechtheit aufweisen. Dieser Nachteil kann teilweise durch ein zweites längeres Dämpfen unter Druck behoben werden, wobei dann allerdings die Reibechtheit herabgesetzt wird. Als Ursache hierfür nimmt man an, dass durch das längere Dämpfen eine Agglomeration der fein verteilten Farbstoffpartikelchen stattfindet.

Über die neue Entwicklung im Druck von Nylon wird in Amer. Dyest. Rep. 1946, 35, S. 309 von Meunier kurz berichtet. Saure Farbstoffe druckt man in Gegenwart von Harnstoff und Glykolsäure. Küpenfarbstoffe werden als Pigmente gedruckt, dann gedämpft, durch ein Natronlauge-Hydrosulfitbad genommen und schliesslich abermals 10 Sekunden gedämpft.

Weissreserven erzielt man durch:

1. Aufdrucken der Weissreserve und des Küpenfarbstoffes;
2. schnelles Dämpfen;
3. Trocknen;
4. Passieren im reduzierten Küpenfärbebad;
5. Dämpfen während 10 Sekunden.

Drucke auf Superpolyamiden können laut *franz. P. 912.483* der Rhodiaceta mit organischen Lösungen von Azetatseidenfarbstoffen hergestellt werden. Als Lösungsmittel für die Farbstoffe verwendet man solche, die nicht in Wasser löslich sind, z.B. Epoxy-2,6-Hexanol-1. Patentgemäss bedruckt man ein Superpolyamidgewebe mit einer Druckfarbe, die durch Einrühren einer gesättigten Lösung von 1,4,5,8-Tetraaminoanthrachinon in Epoxy-2,6-Hexanol-1 und Gummi arabicumverdickung, hergestellt wird.

Zum Bedrucken von Nylon-, Wollen-, Seiden- und anderen Geweben verwendet man laut *amer. P. 2.353.411* (beantragt am 2. September 1942, erteilt am 11. Juli 1944) von Du Pont de Nemours Druckfarben von spezieller Zusammensetzung.

Man druckt patentgemäss eine Druckpaste, welche ausser einem sauren Metallbeizenfarbstoff, noch ein Äthanolamin, vorzugsweise Triäthanolamin, enthält. Die Druckfarbe wird im allgemeinen mit 5—15% Äthanolamin beschickt, so dass sie alkalisch reagiert (pH = 8—10,5). Die Druckpaste bietet folgende Vorteile:

1. grössere Löslichkeit der Farbstoffe;
2. besseres Eindringen des Farbstoffes in das Gewebe;
3. beschleunigtes Fixieren und folglich kürzeres Dämpfen;
4. lebhaftere Drucke.

Die stickstoffhaltigen Fasern, wie Nylon und Naturseide, und im weiteren Sinne die Wolle, neigen unter Lichteinwirkung leicht zum Weichwerden. Dieser Nachteil wird teilweise behoben, wenn als Metallbeizen Kupfer- oder Nickelsalze oder ein Gemisch derselben verwendet werden.

Beispiel: Man bedruckt Nylon, Naturseide oder Wolle mit einer Druckpaste folgender Zusammensetzung:

2	Teile Pontachromechtrot E konz. (Colour Index 652)
15	Teile Triäthanolamin
15,5	Teile Wasser
1,5	Teile Kupferchlorid
66	Teile Verdickung
100 Teile	

Die bedruckte Ware wird getrocknet, durch 45 Minuten gedämpft, geseift, gespült und getrocknet. Der erhaltene rote Druckeffekt ist durch gute Licht- und Waschechtheit ausgezeichnet.

Ein Verfahren zur Erzeugung lokaler Matteffekte auf Nylon wird von Hardacre im *brit. P. 574.785* und in The Dyer 1946, 95, S. 313 beschrieben. Man bedruckt oder foulardiert das Gewebe mit anorganischen Metallsalzen (z.B. Kalziumchlorid) in einfachen aliphatischen Alkoholen (Methyl- oder Äthylalkohol) gelöst.

II. Vinylpolymerisate[1]).

Die Bezeichnung Vinylpolymerisate umfasst ganz allgemein die Reihe organischer Verbindungen, die in ihrem Molekül die Gruppe $CH_2{=}CH{-}$ enthalten, deren freie Valenz durch irgendein einwertiges Atom oder Radikal (H, Halogen, Karboxyl) abgesättigt sein kann, so dass man zu Vinylhalogeniden, Vinylalkoholverbindungen oder Vinylestern gelangt.

Die Vinylpolymerisate, die durch Zusammentritt einer wechselnden, aber immer grossen Anzahl von obigen Elementarmolekülen (etwa 10000) zu einem sogenannten Makromolekül entstehen, unterscheiden sich von andern synthetischen, hochmolekularen Gebilden, durch ihre Farblosigkeit, ihre Lichtbeständigkeit und vor allem durch ihren thermoplastischen Charakter.

Regnault hat als erster die Herstellung von Vinylchlorid beschrieben und die Fabrikation der Polymerisate wurde im Jahre 1912 durch Ostrowilensky in der Firma Bogatyr in Russland, in Deutschland von der Firma Griesheim-Elektron fabrikmässig durchgeführt.

[1]) Chatard, Etablissements Kuhlmann, Conférence présentée à la Société Industrielle de Mulhouse en avril 1938, Annuaire de l'Assoc. des anc. élèves de l'Ecole supérieuer de Chimie, 1938.

Um dieselbe Zeit erkannte man die Rolle, die die Peroxyd-Katalysatoren in dieser Reaktion spielen.

Diese Produkte entwickelten sich ungemein rasch, was sowohl auf wirtschaftliche als auf technische Gründe zurückzuführen ist. Zu den letzteren ist die verbesserte Erzeugungsmöglichkeit von Azetylen zu zählen. Hierdurch kam 1920 Polyvinylazetat auf den Markt und in rascher Folge erschienen die kautschukartigen Vinylchloridpolymeren, die von Goodrich erzeugt wurden, ebenso wie die auf Polyvinylchloridbasis hergestellten Mischpolymerisate, die von Carbide and Carbon Chem. Corp. (USA.) und von der I. G. Farbenindustrie in Deutschland ausgearbeitet wurden.

Der Entstehungsvorgang der in Rede stehenden Vinylderivate ist ungemein einfach. Er unterscheidet sich von demjenigen, der der Bildung anderer hochmolekularer Verbindungen (Bakelit, Pollopas, Glyptal) zugrunde liegt, dadurch, dass die Reaktion eben eine Polymerisation und nicht eine Kondensation ist, und dass sie ausschliesslich auf der Aufspaltung der doppelten Bindung und der gegenseitigen Absättigung der freien Valenzen untereinander beruht.

Betrachtet man eine monomere Vinylverbindung der schematischen Zusammensetzung $CH_2{=}CH{-}R$, so wird diese zufolge des Einflusses verschiedener Katalysatoren durch Aufspaltung der doppelten Bindung die „aktivierte“ Form erhalten:

$$-CH_2-\underset{\displaystyle R}{\underset{|}{CH}}-$$

Zwei derartige aktivierte Moleküle treten zusammen, um ein doppeltes aktiviertes Molekül zu ergeben, das die nachstehende Zusammensetzung hat:

$$-CH_2-\underset{\displaystyle R}{\underset{|}{CH}}-CH_2-\underset{\displaystyle R}{\underset{|}{CH}}-$$

Dieser Polymerisationsprozess schreitet weiter fort und führt zu einer langen Kette, die offen ist und in der, wie gesagt, die Anzahl der Elemente sehr bedeutend sein kann.

Zwei grosse Gruppen können in der Vielfalt der Vinylpolymerisationsverbindungen unterschieden werden:

a) Die einheitlichen Polymerisate, die durch Polymerisation einer einzigen Vinylverbindung entstehen. Deren bestbekannteste Vertreter sind die Produkte *Rhofil* der Société Rhodiaceta und die *Pe-Ce-Faser* der I. G. Farbenindustrie, eine hoch chlorierte Polyvinylchloridfaser.

$$-CH_2-\underset{\displaystyle Cl}{\underset{|}{CH}}-CH_2-\underset{\displaystyle Cl}{\underset{|}{CH}}-CH_2-\underset{\displaystyle Cl}{\underset{|}{CH}}-CH_2-\underset{\displaystyle Cl}{\underset{|}{CH}}-$$

Der Nachteil dieses Produktes besteht in seiner nur geringen Löslichkeit. Beim Verspinnen dieser Substanz, macht man sich ihre thermoplatischen Eigenschaften zu Nutze. Neuerdings wurde jedoch gefunden, dass Polyvinylchlorid sich in einem Azeton-Schwefelkohlenstoff-Gemisch leicht löst, so dass man jetzt auch in diesem Fall das klassische Spinnverfahren für Azetatzellulose anwenden kann. Hierdurch wird die Erzeugung von Polyvinylfasern selbstverständlich bedeutend erleichtert (Rhofil).

b) Die Mischpolymerisate, die durch gemeinsame Polymerisation zweier verschiedener Vinylmonomeren entstehen. Hierher gehören Vinyarn und Vinyon der Carbide and Carbon Chem. Corp. Sie sind Vinyl-Chlorid-Azetat-Mischpolymerisate, denen die allgemeine Formel

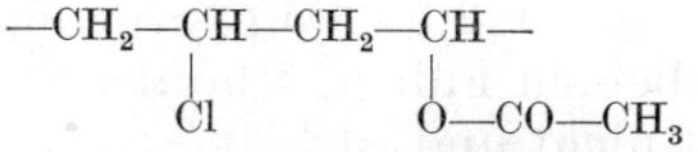

zukommt.

Diese Formel beruht auf einem Verhältnis Chlorid:Azetat = 1:1. Tatsächlich kann es aber der Fall sein, dass mehrere Vinylchloridmonomere einander in der Kette folgen, bevor man zu einer Vinylazetat-Einheit gelangt.

Diese Erzeugnisse umfassen, was die bekanntesten Vertreter der Gruppe betrifft, Verbindungen, die 65—88 % Vinylchlorid enthalten. Die Anwesenheit dieses Komponenten verbessert die Widerstandsfähigkeit des Mischpolymerisats gegenüber Wasser und den Mangel an Festigkeit, der den ungemischten Polyvinylazetaten eigentümlich ist. Umgekehrt verbessert ein Gehalt an Vinylazetat die sonst sehr geringen Löslichkeiten der reinen Polyvinylchloride. Diese Fasergattungen sind sicherlich zu einer weitgehenden Verwendung auf industriellem Gebiet berufen, wenn man ihre Eigenschaften, insbesondere die Unempfindlichkeit gegen chemische Einflüsse in Betracht zieht. Allerdings ist ihre Verwendbarkeit, zufolge ihres thermoplastischen Charakters auf bestimmte Temperaturen eingeschränkt.

Als Ausgangsprodukt für die Herstellung der Kunstfaser Vinyarn dienen, nach Angaben des *franz. P. 842.532* der Carb. Carb. Chem. Corp., Mischpolymerisate, welche aus 80—95 % Polyvinylchlorid, die kleine Mengen Polyvinylazetat enthalten, bestehen. Die Spinnmasse lässt sich in Azeton-Wassermischungen dispergieren. Die Vinyarnfaser widersteht der Wirkung der ultravioletten Strahlen, des Wassers, der Alkalien sowie der Mineralsäuren und ist gegen Bakterien beständig. Im Gegensatz zu Nylon ist sie jedoch stark thermoplastisch.

Laut *franz. P. 832.347* von Carlier erhält man Kunstfasern, indem man von einer Spinnmasse ausgeht, welche aus Polymerisationsprodukten von Polyvinylalkohol und Kasein bestehen. Man gibt der Spinnmasse Leim, Gelatine oder eine Lösung von Alginaten zu, die katalytisch wirken. Ausserdem empfiehlt das Patent die Zugabe von Fetten und Ölen (Fischöle).

Das *franz. P. 823.645* der I. G. Farbenindustrie beschreibt die Herstellung von Kunstfasern, ausgehend von Polyvinylderivaten, welche durch Polymerisation von Polyvinylchlorid erhalten werden.

a) Die einheitlichen Polymerisate.

Rhofil der Rhodiaceta[1]) und Pe-Ce-Faser der I.G. Farbenindustrie.

Rhofil, ein nicht überchloriertes Polyvinylchlorid, ist durch zahlreiche Patente der Rhodiaceta geschützt. Die Faser besitzt eine besonders hohe Zähigkeit. Die Trocken- und Nassreissfestigkeit der Faser bewegt sich zwischen 2,5—3,5 g pro denier bei einer Bruchdehnung von 12 % in beiden Fällen. Rhofil ist absolut unempfindlich gegen Wasser; es fault nicht und ist keinem Schimmelbildungsprozess unterworfen. Es widersteht ferner vollkommen dem Angriff von Alkalien, Säuren, Oxydations- und Reduktionsmitteln. Um diese bemerkenswerten Eigenschaften der Rhofilfaser zu beweisen, wurden Muster eines solchen Gewebes mit nachstehenden Flüssigkeiten in dauernde Berührung gebracht:

Konzentrierte Salpetersäure
Schwefelsäure 66° Bé
Natriumhypochloritlösung (Eau de Javel) konz. 47% akt. Cl.
Natronlauge 36° Bé
Kalilauge 50%

Nach zweijähriger Berührung mit diesen Reagentien waren die Gewebe in ihren mechanischen Eigenschaften unverändert geblieben.

Rhofil schmilzt nicht unter dem Einfluss der Wärme, jedoch bei 80° C im trockenen und bei 70° C im nassen Zustand tritt ein Schrumpfprozess ein. Wenn Rhofil zu Geweben verarbeitet ist, kann je nach der Bindung des Gewebes eine Schrumpfung bis zu 20—25 % in Kette und Schuss bei erhöhter Temperatur eintreten.

Die Rhodiaceta hat die Arbeitsbedingungen erforscht, unter denen man bewusst diesen Schrumpfprozess durchführen kann, um ihn derartig zu leiten, dass bestimmte Veränderungen der Eigenschaften erzielt werden.

Die Schrumpfung, somit eine Verringerung der Faserlänge, verleiht dem Gewebe eine verbesserte Widerstandsfähigkeit gegen Abnützung durch Reibung, so dass es für warme Behandlungen geeigneter wird.

[1]) *Franz. P. 913.924* (eing. 24. August 1942, ausg. 11. Juni 1946); *913.952* (eing. 10. März 1942, ausg. 11. Juni 1946), *913.925* der Rhodiaceta.

Organische Lösungsmittel wirken auf Rhofil in verschiedener Weise ein: Einzelne Lösungsmittel haben gar keine Wirkung, so z.B. Alkohol, Tetrachlorkohlenstoff, Amylazetat, Dekalin. Andere dagegen üben eine quellende und schrumpfende Wirkung aus, und diese Erscheinungen treten jeweils bei ganz bestimmten Temperaturen ein. Zu dieser Gruppe gehören beispielsweise Toluol, Trichloräthylen, Azeton, Chloroform.

Da Rhofil ein sehr schlechter Elektrizitätsleiter ist, ist dessen Verwendung als Isolierungsmaterial gegeben.

Aus dieser kurzen Übersicht der physikalischen und chemischen Eigenschaften der Rhofilfaser, die ungefähr dieselben sind wie diejenigen aller anderen Vinylfasern, kann man leicht schliessen, welche Bedeutung dieses Material in der Industrie, besonders bei der Herstellung von Filtertüchern und von Schutzbekleidungen haben muss. Insbesondere die Widerstandsfähigkeit gegen Fäulniserreger und die Wasserfestigkeit (Unempfindlichkeit gegen Meerwasser) geben Rhofil für die Segeltucherzeugung und die Kabelherstellung sehr grosse Bedeutung. Fügt man zu seiner ursprünglichen Undurchdringlichkeit noch eine wasserabstossende Imprägnierung zu, so kann man ein erstklassiges Material für Zelte und Bodenbelag erhalten.

Die Pe-Ce-Faser der I. G. Farbenindustrie besteht aus Polyvinylchlorid. Sie hat gute Festigkeitseigenschaften und ist gegen Oxydations- und Reduktionsmittel beständig.

Sie löst sich aber in verschiedenen organischen Lösungsmitteln und wird bei 70° C weich.

b) Die Mischpolymerisate.

Vinyon von Carbide and Carbon Chem. Corp.[1])

Vinyongarn wird durch Verspinnen eines Mischpolymerisats von Vinylchlorid-Azetat erhalten; das Verhältnis ist 88% Chlorid und 12% Azetat. Der Polymerisationsprozess findet in einem Autoklaven unter Zusatz von 0,18% Diazetylsuperoxyd (berechnet auf das Gesamtgewicht des Vinylpolymerisatgemisches) als Katalysator statt.

Das Vinylpolymerisat, das man zum Spinnen benützt, soll ein Molekulargewicht zwischen 15000—17000 haben. Im allgemeinen steigen mit dem Molekulargewicht auch die Zähigkeit und die sonstigen Festigkeitseigenschaften; doch ist es nötig, bei einem gewissen maximalen Molekulargewicht stehen zu bleiben, da Polymerisate von zu

[1]) Nach Silk und Rayon World, 1944, Aprilheft, S. 438. *Vinyon* wird aus einer Vinylharz-Azetonlösung gesponnen. *Vinyon E* ist eine Abart des Vinyons, mit besonders hoher Elastizität; siehe Int. Text. 1945, Dezemberheft, und Silk and Rayon 1944, 18, S. 261. *Franz. P. 913.923* (eing. 18. August 1942, ausg. 11. Juni 1946) der Rhodiaceta.

hohem Molekulargewicht nebst anderen Eigenschaften auch die der Löslichkeit in Azeton verlieren, welches für die Herstellung der Spinnlösungen verwendet wird.

Die Kunstfasern, welche durch Spinnen von Polyvinylharzlösungen unter Zug hergestellt werden, besitzen den Nachteil, sich beim Erwärmen auf Temperaturen, die ihrem Erweichungspunkte nahe liegen, zusammenzuziehen. Diesem Übelstand wird nach *franz. P. 837.215* der I. G. Farbenindustrie abgeholfen, wenn man sie einer Spannung unterwirft und sie in diesem Zustand der Einwirkung der Wärme aussetzt. Diese Behandlung kann entweder in einem Trockenkasten oder in kochendem Wasser vorgenommen werden.

Zur Erzeugung eines entsprechenden Vinylpolymerisationsproduktes, das sich zum Verspinnen eignet, wird die folgende Vorschrift gegeben:

68% Vinylchlorid
17% Vinylazetat
15% Azeton
und 0,15% Diazetylperoxyd als Katalysator,
(berechnet auf das Gesamtgewicht der Vinylverbindungen).

Die Masse wird in einen Autoklaven eingebracht, der mit Bleidichtungen und einem Rührwerk versehen ist. Man erhält das Gemisch bei einer Temperatur von 30° C und rührt 70 Stunden. Während dieser Zeit werden fortwährend kleine Zusätze von Azeton zugegeben, um die Masse so weit flüssig zu erhalten, dass der Rührvorgang keine Störung erleidet.

In dieser Reaktion treten die Vinylchlorid- und Vinylazetatteilchen von geringem Molekulargewicht zu grösseren Molekulargebilden zusammen. Die Reaktion wird unterbrochen, wenn es sich ergibt, dass das Polymerisat ein genügend hohes Molekulargewicht erreicht hat. Das Produkt enthält nebst dem Hauptanteil von Vinylmischpolymerisat noch einen kleinen Prozentsatz von unveränderten monomeren Vinylchlorid und -azetat und ein wenig Azeton. Es wird mit Azeton verdünnt und getrocknet. (Siehe *brit. P. 475.635*).

Die Erzeugung des Vinylharzes folgt der Vorschrift des *amer. P. 1.990.685*; doch ist zur Faserherstellung eine absolut homogene Lösung erforderlich. Das Rohkondensat besteht aus einem Gemisch von Harzen verschiedenen Molekulargewichts und man muss, um ein gleichförmiges Material zu erhalten und auf das gewünschte Molekulargewicht von 15000—17000 verarbeiten zu können, die Harze von geringem Molekulargewicht vorerst abtrennen. Das geschieht durch einen Vorgang fraktionierter Fällung, die im *brit. P. 426.744* beschrieben ist. Zu diesem Zwecke löst man das pulverisierte trockene

Polymerisationsprodukt in Azeton auf und filtriert es, um die unlöslichen Verunreinigungen zu entfernen. Hierauf verdünnt man mit einer Mischung von 75% Azeton und 25% Wasser, wobei die Harze höheren Molekulargewichts gefällt werden, während die niedermolekularen Produkte in Lösung bleiben. Die gefällten Harze enthalten einen verhältnismässig weit höheren Anteil an hochmolekularem Polymerisationsprodukt.

Die reinigende Abscheidewirkung dieses Fraktions-Fällungsvorganges kann durch Waschen des gefällten Harzes mit einer Mischung von 70% Azeton und 30% Isopropanol noch verbessert werden, welche die niedermolekularen und anderen löslichen Verunreinigungen vollends entfernt. Schliesslich wird das gefällte Harz mit einer Mischung von Wasser und Isopropanol gewaschen und auf diese Weise kann das erhaltene hochmolekulare Polymerisat getrocknet und auf Fasern verarbeitet werden.

Eine andere Methode zur Herstellung von Vinylpolymerisaten ist im *brit. P. 437.773* zu finden; sie besteht darin, dass man in einem stählernen Autoklaven ein Gemisch von 79% Vinylchlorid und 21% Vinylazetat bei 30° C durch 80—100 Stunden rührt. Das Endprodukt wird ebenfalls durch fraktionierte Fällung gereinigt. Sollen die Fasern nicht starke Verschiedenheiten in ihrer Zusammensetzung aufweisen, so ist es nötig, dass das derart gereinigte Rohpolymerisationsprodukt von konstanter Zusammensetzung ist.

Aus dem nach obiger Methode hergestellten Endprodukt wird eine 25%ige viskose Lösung bereitet, welche im Trockenspinnverfahren auf Fäden verarbeitet wird. Diese Fäden werden etwa 200% gestreckt, um die nötige Widerstandsfähigkeit und Dehnung zu erhalten; sie werden gezwirnt, allenfalls mattiert[1]).

Die 25%ige Lösung des feinen Polymerisatpulvers in Azeton (dieses soll weniger als 0,6% Wasser enthalten) wird bei 50° C in einem Knetapparat, der mit einer Rückflusskühlung versehen ist, hergestellt, so dass keine wesentliche Verflüchtigung des Azetons stattfinden kann. Die Lösung wird durch Rahmenfilterpressen gedrückt, wobei man zwei oder mehrere Lagen eines besonderen Baumwollgewebes als Filtermembran verwendet. Diese Vinylharzlösung ist sehr dickflüssig und bedarf eines erhöhten Druckes (250—350 lbs auf den Quadratzoll) für den Filtervorgang, wobei eine Temperatur von 50° C durchwegs eingehalten werden muss, weil sonst die viskose Lösung überhaupt nicht durch das Filter durchzubringen wäre.

Auch bewirkt ein Wassergehalt von über 0,6% im Azeton eine derart gesteigerte Viskosität, dass die Filtrierung unmöglich wird. Die hier sich ergebende Lösung ist bei Raumtemperatur eine plastische

---

[1]) *Brit. P. 426.777, 437.773, 475.635, 518.555, 518.710*; *amer. P. 1.990.685.*

Masse, geht aber bei 50° C in einen klaren, langsam fliessenden Sirup über. Lufteinschlüsse im Innern der Masse werden durch Erhalten derselben durch 2 Tage auf 50° C beseitigt, worauf dieselbe zum Verspinnen geeignet ist.

Der Spinnvorgang schliesst sich dem üblichen Kunstseiden-Trockenspinnverfahren an. Die Spinnlösung wird durch eine Pumpe, dann durch eine Filterkerze und schliesslich durch Spinndüsen getrieben, die in bestimmten Fällen 40 Bohrungen von je 0,06 mm Durchmesser aufweisen.

Die austretende Spinnmasse geht durch eine Trockenzelle von 8 Zoll Durchmesser und 16 Fuss Länge, die von einem auf 80° C gehaltenen Luftstrom durchzogen wird. Der Luftstrom tritt am oberen Ende der Zelle ein, während Wasser sie in entgegengesetzter Richtung durchströmt. Die von oben nach unten laufenden Fäden verfestigen sich bei Verflüchtigung des Lösungsmittels. Am unteren Teil der Spinnzelle werden die einzelnen Fäden zum Gespinst vereinigt, das dann auf eine Spule aufgewickelt und einer Endbehandlung unterworfen wird. So können Fäden von einem Einzelgewicht von 2,5 bis 3 deniers mit einer Geschwindigkeit von 250 m in der Minute gesponnen werden.

Die frisch ausgesponnenen Fäden müssen auf etwa 200% gestreckt werden, um die notwendige Widerstandsfähigkeit und Dehnung zu erlangen. Hierin unterscheidet sich der Erzeugungsprozess von dem der älteren Methoden zur Herstellung von Viskose und Azetatseide.

Der Streckvorgang[1]).

Die meisten Fasern können erheblich gestreckt werden, wenn sie sich in gelatinösem oder plastischem Zustand befinden. So z. B. kann Viskose im Augenblick der Herstellung mit starker Schwefelsäure plastifiziert werden und daraufhin um ungefähr 100% gestreckt werden. Dies ist die Grundlage des Lilienfeld'schen Streckspinnverfahrens zur Verbesserung der Viskosequalität, welches vor 10—15 Jahren grosses Interesse erregte. Auch Wolle kann, unter bestimmten Bedingungen (ein Dämpfprozess unter besonderen Voraussetzungen), um 100% gestreckt werden.

Ganz allgemein können alle Fasergattungen zum Zwecke der Erhöhung ihrer elastischen Dehnbarkeit derartigen Behandlungen unterworfen werden; doch ist bei keiner dieser Fasern eine Verstreckung über 20% ohne eine spezielle Vorbehandlung möglich. In diesem Sinne unterscheiden sich die Vinyongespinste, die leicht auf

[1]) R. H. Souther, Practical effect of stretching synthetic garns, Amer. Dyest. Rep. 1946, 35, S. 26.

200% gestreckt werden können, und zwar ohne jede Vorbehandlung, worin ihnen die Nylonfaser ähnlich ist.

Unmittelbar nach dieser Streckung haben die Vinyonfasern die Tendenz, ihre ursprüngliche Länge wieder einzunehmen. Diese Tendenz wird aber praktisch ausgeschaltet, wenn man sie auf einer Temperatur von ungefähr 70° C während mehreren Stunden erhält.

Es ist mit einer durchschnittlichen Kontraktion von 10% zu rechnen, während die erste Streckung bis zu 200% betragen kann.

Im allgemeinen wird dieser Streckprozess durchgeführt, während die Vinyonfasern noch feucht sind, weil das Wasser sozusagen als Gleitmittel wirkt; doch fördert selbst das warme Wasser nicht wesentlich die Streckbarkeit der Gespinste.

Nach dem Verspinnen haben die Vinyonfasern eine geringe Elastizität und eine grosse Dehnbarkeit, Eigenschaften, die für die meisten textilen Verwendungen ungünstig sind. Dagegen erhalten die Gespinste nach der Verstreckung auf 200% eine sehr bedeutende Elastizität und eine geringe Dehnbarkeit. Immerhin ist es nötig, einen Mittelweg zu finden, um sowohl Elastizität als auch Dehnbarkeit in den für eine Textilfaser bestimmten Ausmassen zu erhalten.

Vor dem Verstrecken ist die Elastizitätsgrenze für Vinyonfasern 0,83 g per denier und die Dehnbarkeit beträgt mehr als 120. Wird derselbe Faden auf 90% verstreckt, so ist seine Elastizität bis auf 2 g per denier gestiegen und seine Dehnbarkeit auf 35% verringert worden. Durch eine weitere Verstreckung bis auf 180% wächst der elastische Widerstand bis zu 3,4 g per denier und die Dehnbarkeit sinkt auf 11%.

In Amer. Dyest. Rep. 1946, 35, S. 26 beschreibt R. H. Souther die praktische Wirkung des Streckens von synthetischen Fasern.

Wird Kunstseidengarn in Wasser getaucht und unter Belastung getrocknet, so geht die Dehnung zurück. So hat ein Garn mit 21,7% Dehnung ohne Vorstreckung, nach der Vorstreckung um 3% seiner Länge nur noch 14,9% Dehnung gezeigt. Durch eingehende Prüfung dieser Verhältnisse wurde festgestellt, dass Garne, die noch 15% Totaldehnung behalten, allen mechanischen Beanspruchungen standhalten können.

In der Erzeugung der Vinyonfäden ist es zu empfehlen, den frisch ausgesponnenen, noch nicht verstreckten Faden auf Spulen ungefähr 12 Stunden hindurch aufgewickelt zu halten. Hält man diese Spulen durch 2—3 Stunden unter 65° C warmem Wasser, so kann die Dauer des Prozesses wesentlich abgekürzt werden, da sich die Substanz in einem Zwischenstadium befindet, wobei der Faden genügend fixiert ist, um später entsprechend weiterbehandelt zu werden.

Torsionsprozess.

Ob nun der Faden während des Fabrikationsvorganges befeuchtet wurde oder nicht, ist es unbedingt notwendig, ihn einem Zwirnungsvorgang zu unterziehen. Das auf der Oberfläche des Einzelfadens befindliche Flüssigkeitshäutchen dient dazu, die Faser gleitfähig zu machen und gleichzeitig die Gefahr der Bildung statischer Elektrizität hintanzuhalten, welche der Vinyonfaden durch Reibung der Spulen aneinander sowie fast in allen mechanischen Arbeitsvorgängen erhält, wodurch ein entsprechendes Verzwirnen, Doublieren usw. erschwert wird.

Die beste Arbeitsweise besteht darin, den Spulenkörper in Wasser zu tauchen und dem Faden auf der Ringzwirnmaschine (Duplex Standard) eine kleine Drehung (6 Touren auf den Zoll) zu geben. Diese Drehung ist nötig, um den Faden widerstandsfähig zu machen, so dass er auf etwa 140% gestreckt werden kann.

Die Streckung wird in der Weise bewirkt, dass man den gezwirnten Faden in feuchtem Zustand von der im Wasser befindlichen Spule abzieht, ihn während einigen Minuten um einen Zylinder laufen lässt und ihn endlich auf eine andere Spule von gleicher Dimension wie die erste auflaufen lässt. Die Rotationsgeschwindigkeit der zweiten Spule ist bedeutend höher als die der ersten, und so wird der Faden gestreckt. Derzeit gilt es für angebracht, nur um etwa 100% zu strecken.

Die Spule, welche den gestreckten Faden aufgenommen hat, wird nun während 2 Stunden unter Wasser, das auf 65° C gehalten wird, belassen, wodurch die Faser in ihrer nunmehrigen Länge fixiert ist. Hierauf wird er neuerdings in derselben Weise einer neuen Streckung unterworfen, so dass die Gesamtstreckung dann 140% beträgt. Dieser letzte Streckungsvorgang kann mit einer Geschwindigkeit von 150 m in der Minute durchgeführt werden. Der in dieser Weise erzeugte Vinyonfaden hat eine Nasselastizität von 2,75 g/denier und eine Dehnung von 16%. Diese Werte sind sehr günstig, wenn man sie mit denjenigen der übrigen Textilfasern vergleicht.

Die Mehrzahl der augenblicklich auf dem Markt befindlichen Azetatseiden hat eine Trockenelastizität von weniger als 2 g/denier, welche noch im feuchten Zustand auf ungefähr die Hälfte heruntergeht.

Die nach dem obigen Verfahren erzeugten Vinyonfäden besitzen vollen Glanz. Um spinnmattierte Fasern herzustellen, muss man ein Pigment wie Titandioxyd der Spinnlösung einverleiben.

Die chemischen Eigenschaften von Vinyon oder Vinyarn sind denen des Rhofil ausserordentlich ähnlich. Die charakteristische Eigenschaft dieser Fasern ist einerseits deren Unempfindlichkeit gegen chemische Agentien und andererseits deren Undurchdringlichkeit, oder deren Widerstand gegen das Eindringen von Flüssigkeiten, sowie deren Widerstandsfähigkeit gegen Fäulnis. Eine dem Vinyon eigentümliche Eigenschaft ist dessen verhältnismässig niedriger Schmelzpunkt und die Schrumpfung, die es unter dem Einfluss der Hitze erleidet.

Ebenso wie Rhofil dient Vinyon zur Erzeugung von Filtertüchern; aber zweifellos liegt seine Zukunft in der Verwendung als Material für Bekleidungsstoffe.

Kunstharze erhalten durch Polymerisation von Monomeren, welche eine oder mehrere $CH_2{=}C{<}$ Gruppen pro Molekül enthalten, wie Methacrylate, Vinylazetat usw. können, laut *franz. P. 916.786* (beantragt am 3. November 1945, erteilt am 26. August 1946, veröffentlicht am 16. Dezember 1946), der I.C.I. gefärbt werden, indem man den Monomeren vor der Polymerisation gefärbte Verbindungen, der Metalle der Gruppen 6 A, 7 A, und 8 des periodischen Systems der Elemente mit organischen Derivaten, die —CO—CHR—CO— (R = H oder Alkyl)-Gruppen enthalten, einverleibt. Als solche Verbindungen, die unter der Bezeichnung cheliforme Verbindungen bekannt sind, kommen beispielsweise Chrom- oder Eisenazetylazeton oder Eisenbenzylazeton in Betracht. Die Polymerisation kann in Gegenwart von Katalysatoren, wie Uranylazetat oder -nitrat durch Belichten beschleunigt werden, unter der Bedingung, dass die aktivierenden Strahlen nicht durch die übrigen Ingredienzen absorbiert werden.

Nach dem, ebenfalls von der I.C.I. stammenden, *franz. P. 916.787* (beantragt am 3. November 1945, erteilt am 26. August 1946, veröffentlicht am 16. Dezember 1946), verwendet man gefärbte kupfercheliforme Verbindungen der β-Diketone, beispielsweise das Kupferazetylazeton, folgender Formel:

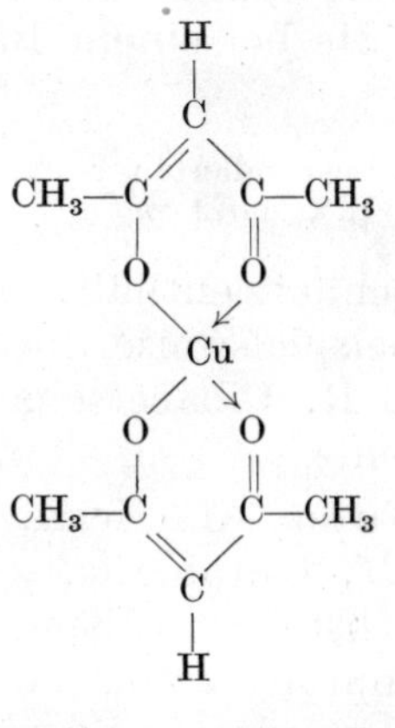

Da diese Verbindungen die Polymerisation nur bei höheren Temperaturen unterbinden, ist es angebracht, bei 70° C nach diesem Verfahren zu arbeiten.

Das Färben der Vinylpolymerisate[1]).

Das Färben dieser Fasern ist ein schwieriges Problem mit Rücksicht auf den wasserabstossenden Charakter. Die ersten Arbeiten galten der Ermittlung der Bedingungen, unter welchen man die Farbstofflösung in den Faserkern eindringen lassen könnte, um eine Färbung im Sinne des Wortes und nicht bloss eine oberflächliche Befestigung der Farbstoffpartikel auf der Faser zu erzielen. So kommt man zwangsläufig dazu, eine Vorbehandlung der Faser mit einer Quellung hervorrufenden Substanzen anzustreben.

Nach Etchells wird im allgemeinen das o-Hydroxydiphenyl als Quellmittel beim Färben des Nylons angewendet. Wegen der grossen Empfindlichkeit des Vinyon gegen Wärme, namentlich gegen Temperaturen von über 65° C (150° F) ist es unerlässlich, besondere Vorsichtsmassregeln beim Arbeiten mit Vinyon oder beim Trocknen zu treffen. Im Gegensatz hierzu kann V i n y o n E, welche eine elastische Faser ist, sehr leicht mit Farbstoffen für Azetatseide in Gegenwart von einem Fettalkoholsulfonat als Dispergiermittel gefärbt werden. Es benötigt keiner besonderen Vorsichtsmassregeln, da es viel weniger gegen hohe Temperaturen empfindlich ist als Vinyon. Man kann sie, ohne sie zu schädigen, mehrere Stunden lang kochen.

In diesem Sinne wird, gemäss der *amer. P. 2.306.880* und *2.328.903* (Heymann-American Viscose Co.) empfohlen, Vinylpolymere mit unlöslichen Azetatzellulosefarbstoffen zu färben und das Eindringen dieser Farbstoffe durch den Zusatz kleiner Mengen von Benzophenon, Kampfer, α- oder β-Naphtol, β-Naphtylamin, Diphenyl, Phenanthren, Natriumäthylendibenzoat und andere mehr zu fördern.

Als Beispiel diene eine Färbevorschrift für ein Vinylazetatchlorid-Mischpolymerisat, die bei einem Badvolumen 1:30 in einem Bad ausgeführt wird, das

1,5% suspendierten Farbstoff
5 % β-Naphtol

auf das Garngewicht gerechnet, enthält. Man färbt bei 60° C durch eine Stunde. Man kann beispielsweise die folgenden Farbstoffe verwenden: Cibacetorange 2 R, Cibacetscharlach G, Violet Acele B, Yellow Acele 3 G (Du Pont).

Heymann von der Firma American. Viscose Co. empfiehlt im Amer. Dyst. Rep. 1941, *27*, Oktoberheft, zum Färben von Vinyon mit wasserunlöslichen Farbstoffen (dispergierten Azetatfarbstoffen) ein Zusatz von Methylisopropylketon oder von Phtalsäurediester. Die Faser quillt, und es wurde nachgewiesen, dass Dissoziations-

[1]) Koester, Amer. Dyest. Rep. 1947, 36, S. 189. J. A. Woodruff, The Dyeing of Vinyon, Amer. Dyest. Rep. 1946, 35, S. 194.

prozesse, hervorgerufen durch etwaige Anwesenheit von Wasser, keinen Anteil an den Färbeprozessen der Faser haben.

Als Fortsetzung des schon früher veröffentlichten, am 27. Dezember 1939 beantragten *amer. P. 2.328.903*, wird in *amer. P. 2.270.706* (eing. 11. März 1940, ausg. 20. Januar 1942) von der Amer. Viscose Corporation eine neue Liste von in den Polyvinylderivaten bis zu 2% und mehr löslichen organischen Verbindungen bekanntgegeben. Durch Zusatz dieser Verbindungen zu den Farbstoffsuspensionen (unlösliche Anthrachinon- oder Azofarbstoffe) wird deren Eindringen in die Faser wesentlich erhöht. Unter anderen werden im Patent folgende Produkte angegeben: p-Chlorthymol, β-Naphtonitril, p-Chlorbenzaldehyd, 2,4-Dimethoxybenzaldehyd, Benzalazeton, Anisolazeton, Benzoylazetophenon, 1-Oxy-2-Azetophenon, Diphenyltriketon, Dibenzylsuccinat, Diphenylphtalat usw.

Es ist bekannt, dass die wasserlöslichen Farbstoffe, welche man in dispergiertem Zustande zum Färben von Azetatkunstseide verwendet, sich ebenfalls zum Färben von Nylon eignen (die unlängst Du Pont und Courtaulds erteilten *amer. P. 2.347.106*, *2.347.143*, *2.371.536* beschreiben das Färben von Nylon mit direkten Farbstoffen). Laut *amer. P. 2.394.688/89* der American Viscose Corporation wurde nun gefunden, dass Vinyon ebenfalls mit Cibacet-, Acele-, Celliton-, Phenacyl-, Artisil- usw. Farbstoffen gefärbt werden kann, wenn man dem Färbebad wasserunlösliche, aber in der Polyvinylfaser mehr als 2%ig lösliche organische Verbindungen zusetzt, die ein Quellen der Faser verursachen. Als Quellmittel kommen beispielsweise Diphenyl, Naphtalin, Naphtol, aromatische Ketone usw. in Betracht.

Wie schon aus *amer. P. 2.394.688* und *brit. P. 545.117* (6. 11. 1940) bekannt ist, wird beim Färben von Vinylchloridazetatfasern die Verwendung von festen, wasserunlöslichen organischen Substanzen, welche mindestens 2%ig im Vinylpolymer löslich sind, von Heymann als Quellmittel vorgeschlagen. In Betracht kommen beispielsweise Kohlenwasserstoffe, Phenole, Ketone, Amine, Aldehyde und Alkohole. Farbstoff und Quellmittel werden gegebenenfalls mit einem Dispergiermittel im Färbebad fein verteilt.

Eine Modifikation des im *amer. P. 2.394.688* beschriebenen Verfahrens zum Färben von Vinylpolymeren, bringt Heymann im *amer. P. 2.306.880*. Nach dem Verfahren verwendet man als Quellmittel substituierte Alkohole, wie Diphenylkarbinol, Phenylbenzylkarbinol, Fluorenylalkohol.

Ein etwas älteres Verfahren zum Färben von Vinyon ist im *amer. P. 2.359.735*, 1944 der Amer. Cyanamid Co. beschrieben. Hierbei verwendet man öllösliche Azofarbstoffe, die mit Plastifizierungsmitteln (Amylphtalat) angeteigt werden. Die entstehende Farbstoffpaste wird dann in Gegenwart von Schutzkolloiden (wie z. B. Ammoniumkaseinat) emulgiert.

Die American Cyanamid Company schützt im *amer. P. 2.257.076* (beantragt am 13. Dezember 1939, erteilt am 13. September 1941) ein Verfahren zum Färben von Vinyon mittels Küpen- oder Schwefelfarbstoffen. Patentgemäss färbt man die Ware in einem Bade, welches ausser dem reduzierten Farbstoff noch eine von Ammoniak und Alkalimetallen freie, stickstoffhaltige starke Base enthält. Um eine gute Dispersion des Farbstoffes und der Hilfsmittel zu bewerkstelligen, setzt man noch Emulgier- oder Netzmittel hinzu.

Beispiel: 5 Teile Vinyongarn werden in einem Bade gefärbt, das folgendermassen zusammengesetzt ist: Man reduziert 0,05 Teile Indigo (C.I. 1177) mit 0,5 Teilen Äthylendiamin und 1,5 Teilen Natriumhydrosulfit bei 58° C unter Zusatz von 0,15 Teilen o-Toluidin, 0,5 Teilen einer 10 %igen Lösung von Ammoniumlinoleat und 150 Teilen Wasser. Man färbt die Ware in diesem Bade während einer Stunde bei 65° C. Hierauf wird in einer essigsauren Natriumperboratlösung oxydiert, dann gespült und getrocknet. Man erhält auf diese Weise eine echte blaue Färbung.

Das *franz. P. 884.813* (I. G. Farbenindustrie) empfiehlt für einen ähnlichen Prozess den Zusatz von Diphenylamin zum Färbebad.

Ein Ausführungsbeispiel, das in diesem Patent enthalten ist, besagt: Man schmilzt 45 g Diphenylamin mit 45 g eines Kondensationsproduktes aus Äthylenoxyd und Oktodezylalkohol, somit ein Erzeugnis aus der Klasse der Peregal PO- oder Emulphorgruppe.

Man löst das geschmolzene Gemisch in 90 cm³ Eisessig auf und emulgiert die Lösung, wobei man eine Mischung von 67,5 cm³ Salzsäure 20° Bé und 130 cm³ Wasser zugibt. Man setzt diese Emulsion zu einem Quantum von 30 Liter Wasser, gibt 120 g Natriumazetat zu und behandelt in diesem Färbebad bei einem Badverhältnis von 1:30 (Rhofil- oder PeCe-Faser : Flüssigkeit), bei 60° C während 1 ½ Stunden. Weiter setzt man eine feine Dispersion von 40 g eines Azofarbstoffes, der nach der Formel des Patents hergestellt wird, oder vorteilhafter eine Dispersion eines Azetatzellulosefarbstoffes zu. Die Ergebnisse dieser Methode werden als befriedigend und die erhaltenen Färbungen als reibecht bezeichnet.

I. G. Farbenindustrie teilt im *belg. P. 446.726* und in zwei deutschen *Patentanmeldungen 70.231 und 70344*, die dem *franz. P. 884.813* entsprechen, ergänzende Einzelheiten betreffend die Verwertung gewisser sekundärer oder tertiärer Amine, die zum mindesten einen aromatischen Rest an der Aminogruppe tragen müssen, mit. Man löst zum Beispiel 36 g N,N′-Diphenylenäthylendiamin mit 15 g Schwefelsäure in lauwarmem Wasser auf, gibt 20 g des Äthylenoxyd-Oktodezylalkoholkondensates (Peregal O) zu, verdünnt auf ungefähr 30 Liter und stellt den p_H mittels Natriumazetat auf 5,6 ein. In diesem Bade behandelt man 1 kg Fasermaterial (aus Polyvinylchloridpolymerisat) durch ungefähr eine Stunde bei 60° C, dann setzt man eine feinverteilte Suspension eines Azetatseidefarbstoffes zu und behandelt durch eine weitere Stunde bei 60° C, wonach man spült. Die Fasern, die derart vorbehandelt wurden, sind normal gefärbt, und der weiche Griff ist erhalten geblieben.

Da die Vinylfaser, ähnlich wie Nylon, einen starken Widerstand gegen das Eindringen von Wasser oder wässerigen Lösungen entgegensetzt, versuchte man, sie mit Hilfe von organischen Lösungsmitteln zu färben.

Einige weitere Patente beziehen sich auf die Lösung dieses Problems. Es wird am Platze sein, hier einige davon anzuführen, die interessante Ergebnisse geliefert haben:

Das *franz. P. 881.852* der I. G. Farbenindustrie bezieht sich insbesondere auf das Färben der überchlorierten Fasern, so der PeCe-Faser; es empfiehlt nebst dem Zusatz schwerlöslicher und unlöslicher Farbstoffe zum Färbebad noch die Beigabe von Mitteln, die lösend auf das zu färbende Material einwirken, so z. B. Azeton oder Zyklohexanol und überdies dispergierende synthetische Mittel, welche nebst alkylierten Naphtalinsulfsäuren oder Polyäthylenoxydderivaten noch hochsiedende Lösungsmittel wie Laventin KB (ebenfalls der I. G. Farbenindustrie) enthalten.

Gemäss dem *D.R.P. 739.759* (I. G. Farbenindustrie), welches mit dem *franz. P. 881.852* identisch zu sein scheint, kann man für die Färbung von Polyvinylfasern unlösliche Azetatfarbstoffe bestimmter Zusammensetzung oder Naphtholfarbstoffe verwenden, sofern man dem Färbebad ein Quellmittel, wie z. B. eine Mischung von Alkohol–Azeton–Wasser, zusetzt. Diese Färbemethode ist der ursprünglichen Färbetechnik der Celanesenseiden (Patent von H. Dreyfus), nämlich Färbung der Azetatseide unter Zusatz von Quellmitteln, nachgebildet.

Im *canad. P. 394.253* der Carbide and Carbon Chem. Corp. wird von einer Tränkung der Faser mit der Lösung eines Farbstoffes in einem Gemisch eines Lösers (Azeton oder Dichloräthylen) und eines Nichtlösers gesprochen. Diese Behandlung soll bei Temperaturen stattfinden, welche unterhalb des Erweichungspunktes des Fasermaterials liegen.

Rhodiaceta[1]) beschreibt in ihrem *franz. P. 865.918* (Audry) einen Färbeprozess für Vinylfasern mit Hilfe einer organischen Farbstoff-

[1]) Siehe Corbière, Les fibres textiles gonflant peu dans l'eau, le mécanisme de leur teinture, Chimie et Industrie 1943, Oktoberheft, S. 94.

lösung bei Raumtemperatur. Die Verwendung einer gewissen Menge von Tetrahydrofuran oder eines seiner Homologen, zugleich mit der organischen Farbstofflösung, ergibt besonders interessante Resultate mit Rücksicht auf die gute Durchdringungsfähigkeit dieser Lösungsmittel, die bis in das Innere der Polyvinylfasern diffundieren. Dieses Kaltfärbeverfahren schliesst Verhärtungen der Faser oder Deformationen von vorneherein aus.

Ein zweites Patent der Rhodiaceta, das *franz. P. 901.624* (angemeldet am 11. August 1944, erteilt am 13. November 1944, veröffentlicht am 1. August 1945) bezieht sich speziell auf die Rhofilfaser, und zwar auf das Färben der nicht hochchlorierten Polyvinylchloridfasern in wässerigem Bade. Es wird unter Zusatz von Mitteln gefärbt, die zwar Lösungsmittel für die verwendeten Farbstoffe, aber nicht für die Polyvinylverbindungen sind. Das Patent führt das folgende Ausführungsbeispiel an:

Man behandelt die Strähne aus Polyvinylchloridfasern in einem wässerigen Färbebad, das die nachstehenden Zusätze enthält:

1 g	1-Aminoanthrachinon
25 cm^3	Azeton
25 cm^3	Dispergiermittel (Laventin BL)
per Liter	

Es wird eine Stunde hindurch bei 55° C behandelt.

Der Zusatz von Dispergiermitteln scheint zweckentsprechend zu sein.

Die I. G. Farbenindustrie empfiehlt im *franz. P. 896.780* zum Zwecke der Färbung der Vinylpolymeren eine Behandlung bei Temperaturen über 50° C in Bädern, die einerseits wässerige Dispersionen der wasserunlöslichen oder schwerlöslichen Farbstoffe, die für die Esterzellulosen in Verwendung sind, enthalten, und andererseits wässerige Dispersionen von Ketonen, Ketonalkoholen oder Karbaminverbindungen, die mindestens einen aromatischen Rest besitzen.

Demselben Gedankengang entspringt das *franz. P. 896.735* sowie das *D. R. P. 742.644* derselben Firma, welches eine Färbemethode für die PeCe-Faser beschreibt, wonach man mit wässerigen Dispersionen wasserunlöslicher oder schwerlöslicher Farbstoffe in Gegenwart von Dispersionen von Äthern, Thioäthern oder Dithioäthern in Wasser arbeitet.

Gemäss einem Beispiel, das in der Patentschrift enthalten ist, behandelt man während einer Stunde bei 70° C 1 kg Polyvinylchlorid (überchloriert) mit

20 g einer Dispersion des 1-Amino-4-Zyklohexylaminoanthrachinon-2-Karbonsäureamids
20 g 2-Methoxypropenylbenzol
40 g des Kondensationsproduktes von ein Molekül Isoheptylphenol mit 20 Mol Äthylenoxyd in 20 Liter Wasser.

Man spült und trocknet und erhält einen blauen Farbton.

Im Falle, dass man bei hoher Temperatur färbt, soll, nach *franz. P. 923.188*, der Rhodiaceta die Verwendung von Quellmitteln überflüssig sein. Dieses Verfahren[1]) ist also als ein normales Färbeverfahren zu betrachten, so wie es für die geläufigen Fasern angewendet wird.

Das *franz. P. 857.179* der I. G. Farbenindustrie beschreibt einen anderen Färbeprozess für Polyvinylazetatfasern mit organischen Farbstoffen in wässerigem Medium. Es handelt sich hier hauptsächlich um substantive, basische oder Aminoanthrachinonfarbstoffe, mit denen man bei 80—90° C in Gegenwart von Seife als Egalisiermittel färbt.

Die deutsche *Patentanmeldung J. 63.808* derselben Firma behandelt die Anwendung von wasserunlöslichen Azetatfarbstoffen nicht auf Polyvinylfasern, sondern auf feinst verteilten Polymerisationsprodukten.

Das *belg. P. 452.885* derselben Firma gibt die Möglichkeit an, in einem wässerigen Bade bei erhöhter Temperatur mit Azofarbstoffen oder Azomethinfarbstoffen, die einen Metallkomplex, aber keine löslichmachende Gruppe enthalten, zu färben.

Die I. G. Farbenindustrie schützt im *franz. P. 819.189* ein Verfahren zum Färben von Vinylpolymeren. Patentgemäss behandelt man die Faser mit einer wässerigen Dispersion eines Azometallkomplexfarbstoffes, der keine Affinität zu Zelluloseestern besitzt, in Gegenwart von N-Äthylphenyläthylkarbamat und des Reaktionsproduktes von Äthylenoxyd auf Dodezylalkohol (Peregal O).

Das Färben von Vinylpolymeren und insbesondere von Mischpolymerisaten des Vinyontypus mit Küpen- und Schwefelfarbstoffen bildet den Gegenstand des *amer. P. 2.257.076* der Am. Cyanamid Co. Es wird in Gegenwart von starken, organischen Basen, wie z. B. des Äthylendiamins oder quaternärer Ammoniumverbindungen gefärbt, die hier an die Stelle der Natronlauge treten. Man setzt ebenfalls Quellmittel, wie Amine oder Phenol (*amer. Patentanmeldung Nr. 309.608* vom 16. Dezember 1939, Kienle und Petke), Emulgiermittel wie z. B. Ammoniumsalze der organischen Säuren (Ammoniumkaseinat oder -linoleat) oder Netzmittel, wie das unter dem Namen Aerosol OT oder Deceresol OT im Handel bekannte Netzmittel der Amer. Cyan-

[1]) Teintex 1947, 12, S. 391.

amid & Chem. Co., einen Dioctylester (Dicetylester) des Natriumsulfosuccinats, zu[2]).

Ein weiteres Verfahren zum Färben von Vinylpolymeren wird von der Am. Cyanamid im *brit. P. 568.037* beschrieben. Hier werden Benzol- bzw. -Naphtalinkerne und eine NH_2-Gruppe enthaltende Azofarbstoffe vorgeschlagen, welche durch mehr oder weniger lange aliphatische Ketten veräthert sind. Als Farbstoffe kommen beispielsweise Cibacetscharlach BR und Cibacetrot B in Betracht.

Das Färben soll in Gegenwart von Quellmitteln (Phtalate) vorgenommen werden.

Das *franz. P. 885.297* der I.C.I. (beantragt am 13. März 1941, erteilt am 24. Mai 1943, veröffentlicht am 9. September 1943) beschreibt ein Verfahren zum Färben von polymerem Methylmethacrylat mit wässerigen Lösungen oder Dispersionen von basischen Farbstoffen, in Gegenwart von Butanol. Man erhält hierbei satte lichtechte Färbungen.

Man kann beispielsweise folgende Farbstoffe verwenden: Methylaminoanthrachinon, 1-Amino-4-Oxyanthrachinon, der Farbstoff, der durch Kondensation äquimolekularer Mengen von Nitroso-3-Diäthylaminoanisol mit 3-Diäthylaminophenol erhalten wird, 2-p-Azobenzol-1-Naphtol-4-Sulfosäure usw. Dem Färbebad wird vorteilhaft Natriumchlorid zugesetzt.

Fasern, wie Glasfasern oder Polyvinylfasern (Vinyon- oder Pe-Ce-Faser), die keine Affinität zu den Farbstoffen besitzen, können nach einem von der Ciba im *franz. P. 908.599* (beantragt am 3. Januar 1945, erteilt am 1. Oktober 1945, veröffentlicht am 12. April 1946) geschützten Verfahren mit wasserlöslichen Farbstoffen gefärbt werden. Hierfür wird die Ware mit einem Kondensationsprodukt von Formaldehyd mit einer Verbindung der Harnstoffgruppe vorbehandelt. Als Harnstoffderivate kommen solche in Betracht, deren verschiedene Elemente Atomgewichte unter 16 besitzen und die in ihrem Molekül

---

[2]) Aerosole bzw. Deceresole sind Produkte der American Cyanamid and Chemical Corp., New York.

Verschiedene Marken befinden sich im Handel:

Deceresol AY = Diamylester des Natriumsulfosuccinats (*amer. P. 2.028.091*).

Deceresol MA = Dihexylester des Natriumsulfosuccinats.

Deceresol OT = Dicetylester des Natriumsulfosuccinats

$$\begin{array}{c}C_8H_{17}\text{—O—}\underset{\underset{\textstyle O}{\|}}{C}\text{—}CH_2\text{—}\underset{\underset{\textstyle NaSO_3}{|}}{CH}\text{—}\underset{\underset{\textstyle O}{\|}}{C}\text{—O—}C_8H_{17}\end{array}$$

Literatur: Amer. Dyest. Rep. 1941; R.G.M.C. 1939, S. 232; Caryl und Ericks, Ind. Eng. Chem. 1939, 31, Nr. 1, S. 44.

Diese Produkte sind den aktivsten, bis heute bekannten Netzmitteln gleichzustellen und wirken schon in sehr grosser Verdünnung. Die Aerosole sind nur wenig säureempfindlich, sollen aber nur in alkalischen Lösungen, deren p_H kleiner als 9 ist, verwendet werden. andernfalls man eine Hydrolyse des Produktes befürchten muss.

im Vergleich zu den Kohlenstoffatomen weniger Sauerstoff enthalten als Harnstoff. Folgende Kondensationsprodukte kommen beispielsweise znr Anwendung: Dicyandiamidin, Guanidin oder Melamin-Formol.

Die chemischen Grundlagen zum Färben von Pe-Ce-Fasern werden von Kirst in Mell. 1947, 28, S. 23 näher beschrieben.

Die Pe-Ce-Faser besteht bekannterweise aus nachchloriertem Polyvinylchlorid, und da sie keine reaktionsfähigen Gruppen enthält, ist ihre färberische Behandlung mit Schwierigkeiten verbunden. Mit Azetatseiden- und einzelnen fettlöslichen Farbstoffen können schwache Färbungen erzielt werden. Dunklere Färbungen können mit einer Reihe von Azetatseidenfarbstoffen sowie mit dispergierten wasserunlöslichen Chromkomplexen in Gegenwart von Eulysin PC (Äthylphenylkarbaminsäureäthylester) erhalten werden. Hierbei entstehen jedoch nur Oberflächenfärbungen. Die Färbungen mit Azetatseidenfarbstoffen sind jedoch in Bezug auf Lichtechtheit denjenigen auf Azetatkunstseide unterlegen.

J. A. Woodruff veröffentlichte im Amer. Dyest. Rep. 1946, S. 194 bis 197 und S. 204 eine sehr interessante Studie über das Färben von Vinyon. Der Verfasser erwähnt eingangs, dass man zum Färben dieser Faser zuerst dispergierte Azetatseidenfarbstoffe in Gegenwart wasserlöslicher Quellmittel, wie Methylisobutylazeton oder wasserunlöslicher Agenzien, verwendet.

Reibechtere und seifenechtere Färbungen werden mit sauren und direkten Farbstoffen im Beisein von Lösungsmitteln erhalten.

Die für das Färben von Vinyon in Betracht kommenden Farbstoffe können, je nach der Art ihres Aufziehens in drei Kategorien eingeteilt werden:

1. Farbstoffe, die in Vinyon löslich sind;
2. Farbstoffe, die weniger als 0,01 %ig in Vinyon, aber in vinyonlöslichen Zusatz- oder Lösungsmitteln löslich sind.
3. Farbstoffe, die infolge ihres polarstrukturellen Aufbaues Affinität für Vinyon besitzen (Rosanilinbase, Colour Index Nr. 677).

Aus vorliegender Studie ergeben sich folgende Charakteristiken für die verschiedenen Farbstoffklassen:

Azetatseidenfarbstoffe: In Gegenwart von Quellungsmitteln (o-Hydroxydiphenylphtalat) ergeben diese Farbstoffe egale Färbungen von nur mangelhafter Licht-, Reib- und Waschechtheit. Auf wässeriger Flotte erzielt man nur wenig waschechte helle Färbungen.

Direkte Baumwollfarbstoffe: Diese Farbstoffe, die zum grossen Teil in die Kategorie 2 einzureihen sind, werden in Äthylcellosolve gelöst angewendet. Sie ziehen nur schwach aus wässeriger Flotte auf Vinyon auf, selbst wenn das Färbebad mit einem Quellungsmittel versetzt wird. Die Lichtechtheit der Färbungen ist sehr verschieden gegenüber derjenigen auf Baumwolle oder Viskosekunstseide.

Saure Farbstoffe: In Gegenwart von Methylcellosolve verwendet, erhält man mit diesen Farbstoffen Färbungen, die nach dem Spülen gut waschecht sind.

Küpenfarbstoffe: Auf wässerigem Bade besitzen diese Farbstoffe in Pigmentform oder in reduziertem Zustande nur sehr schwache Affinität. Sie können jedoch als Leukofarbstoffe, unter Zusatz eines Quellungsmittels, verwendet werden.

Unlösliche Azofarbstoffe: Man färbt zuerst mit den zwei Kupplungskomponenten und entwickelt durch eine Behandlung mit Essigsäure und Natriumnitrit.

Basische Farbstoffe (Kategorie 2 und 3): Die basischen Farbstoffe werden auf wässeriger Flotte verwendet, unter Zusatz eines Quellungsmittels, durch welches erhöhte Wasch- und Reibechtheit erzielt wird. Die Lichtechtheit ist jedoch sehr niedrig. Mit den in organischen Lösungsmitteln gelösten basischen Farbstoffen können sehr wasch- und reibechte Färbungen erzielt werden.

Die Amer. Cyanamid Co. hat spezielle Farbstoffe für Vinyon unter dem Namen Calcovinfarbstoffe auf den Markt gebracht, die sehr waschechte Färbungen ergeben.

Der Druck auf Vinylpolymerisaten.

Die bisher erzielten Ergebnisse berechtigen nicht zu der Ansicht, dass das Problem des Drucks auf Polyvinylfasern als gelöst angesehen werden könnte. Im Gegenteil, man findet in der Literatur Patente wie das *franz. P. 890.261* von Lange & Cie., die sich mehr durch Originalität als durch praktische Anwendbarkeit auszeichnen. In diesem Patent wird ein Druckverfahren empfohlen, wonach man auf Textilmaterial drucken soll, das mit dünnen Lagen von thermoplastischen Polymerisationsprodukten bedeckt ist, z. B. mit Vinylpolymerisaten.

Es wird auf eine provisorische Schicht (Papier oder dergleichen) mit Druckfarben gedruckt, die nachträglich durch Wärme- oder Druckwirkung umgedruckt werden. Darauf wird die provisorische Substratschicht entfernt.

Wie schon eingangs bemerkt, liegt das grosse Hindernis der Aufbringung von Farbstoffen auf Polyvinylfasern in der Undurchdringlichkeit, d. h. in der mangelnden Absorptionsfähigkeit des Materials. In allen diesbezüglichen Arbeiten wurde getrachtet, eine oberflächliche Quellung der Faser herbeizuführen, um diese Schwierigkeit zu umgehen, so dass dadurch die Farbstoffteilchen in die Masse eindringen könnten. Es ist von vorneherein zu bezweifeln, dass diese Art der Lösung eine weitgehende, praktische Anwendung in der

Industrie finden könnte; es sei denn in ganz speziellen Fällen. Diese Schwierigkeit wird wohl durch Färben der Faser in der Spinnmasse behoben, wobei man leicht Farbtöne von normaler Tiefe und guter Echtheit erlangt; doch ist die Farbenskala derzeit nicht sehr mannigfaltig, wenn man diesen Prozess anwendet.

Immerhin ist das Produkt — und zwar gerade wegen seiner geringen chemischen Reaktivität — so interessant, dass ihm zweifellos eine grosse Zukunft beschieden ist. Im Zusammenhang mit der zu erwartenden Entwicklung werden dann auch sicherlich in nächster Zeit neue praktische Verfahren auftauchen, die eine Verarbeitung und Veredelung unter normalen Bedingungen gestatten werden.

Das Bedrucken von Vinylfilmen wird von Robbins in J. Soc. D. and Col. 1947, 63, S. 197, kurz behandelt.

In diesem Artikel sind die drei Hauptmethoden für das Drucken von Vinylfolien beschrieben, nämlich Tiefdruck inklusiv Textildruckmaschine und die Druckmaschinen für Film- und Papierdruck, die Filmdruck- und die Überdruckmethode. Im Tiefdruck und Filmdruck verwendet man Tinten, welche durch Dispergieren geeigneter organischer oder anorganischer Pigmente in Kunstharz, gelöst in einem Lösungsmittel von Ketontyp, hergestellt werden. Ferner werden zwei Verfahren beschrieben: ein Verfahren zum Bedrucken von Vinylfolien mit reliefartigen Oberflächen und ein Verfahren zur Erzeugung von Matt- und Glanzeffekten mit speziellen Druckfarben. Folien für die Verpackungsindustrie bedruckt man mit einfachen Farben auf der Papierdruckmaschine. Weiter bringt die Veröffentlichung Einzelheiten für die Vorbehandlung der Raster für den Rasterdruck; die Tinte wird entweder durch Streichrakel oder Zerstäuber aufgetragen. Mit der Überdruckmethode erzielt man bessere Details als mit der kostspieligen Kupferwalze.

Neuere synthetische Fasern.

Auf dem Gebiet der Textilfaserforschung ist unsere gegenwärtige Zeitepoche durch die grossen Anstrengungen gekennzeichnet, die darauf hinzielen, zu immer neuen Textilfasern zu gelangen.

Dieses Bestreben hat seine Ursache darin, dass einerseits die meisten hochkultivierten Nationen sich aus ökonomischen Gründen veranlasst sehen, ihren Bedarf an Textilien immer mehr aus eigenen Mitteln, ohne Zuhilfenahme des Imports, zu bestreiten und andererseits darin, dass, infolge der raschen Entwicklung der Technik, an die Textilien, in Bezug auf ihre Eigenschaften, immer grössere Ansprüche gestellt werden. Obwohl die Forschungen sich erst im Anfangsstadium befinden, haben sie doch schon zu sensationellen Ergebnissen geführt. Begriffe wie Nylon oder Polyvinylfasern dürften nicht nur jedem Techniker, sondern wohl auch manchem Laien geläufig sein.

Um nun den Leser dieses Werkes mit den neuesten in den letzten Jahren ausgearbeiteten, vollsynthetischen Fasern bekannt zu machen, geben wir anschliessend eine kurze Übersicht über dieses Gebiet.

In den letzten Jahren sind Arbeiten über folgende neue Textilien in der Fachliteratur erschienen:

a) Alginatfasern
b) Terylen
c) Acrylonitril
d) Saran
e) Polythene
f) Polystyrolmischpolymerisate
g) Silikonharze

Alginatfasern.

Die Alginsäure oder Polymannuronsäure, aus Riementangen (Laminaria) gewonnen, besitzt seitliche Karboxylfunktionen, die mit Alkali- oder Erdalkalimetallen Salzverbindungen eingehen

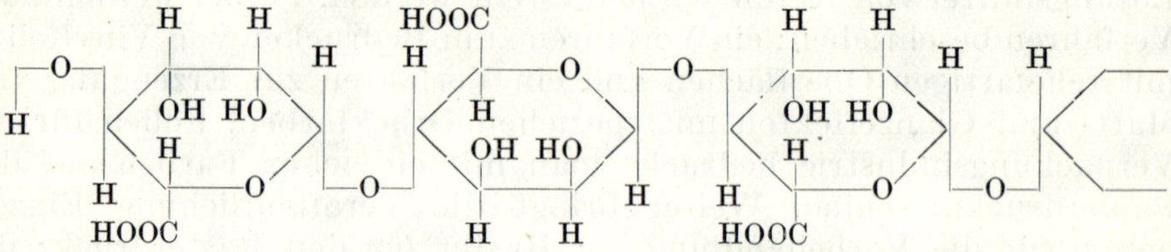

Natriumalginatlösungen können versponnen werden, und die erhaltenen Fasern ergeben Röntgenogramme, die auf eine gewisse Orientierung schliessen lassen.

Mit dem zweiwertigen Kalzium findet die Salzbildung zwischen zwei, auf zwei benachbarten Ketten befindlichen Karboxylgruppen, statt, unter Bildung einer Zwischenketten-Salzbildung, die den Fasern eine genügende Kohäsion verleiht, um dieselben zu Textilgeweben verwenden zu können.

Eine solche Kunstfaser ist jedoch gegen Wassereinwirkung sehr empfindlich und löst sich rasch in alkalischen Lösungen auf, Nachteile, die diese Faser nur auf spezielle Anwendungsmöglichkeiten beschränken.

Die Alginatkunstseiden bilden den Gegenstand verschiedener Arbeiten von J. B. Speakman[1]).

[1]) Text. Manuf. 1940, 792, S. 464; Mell. 1942, S. 297, *brit. P. 575.611, 578.016;* The Dyer 1946, 95, S. 106; The Dyer 1946, 96, S. 406; Fibres 1946; Text. World 1945, 95, S. 113.

Das Ausgangsprodukt für die Herstellung dieser neuen Faser ist die Alginsäure (von Standfort im Jahre 1889 isoliert), welche durch Einwirkung von Natriumkarbonatlösung auf Seetang, in Form von Natriumalginat, gewonnen wird.

Die hierbei erhaltene viskose Masse wird versponnen und am Düsenausgang mittels Kalziumchlorid als Kalziumalginat fadenförmig ausgefällt[1]).

Verbesserungen der neuen Alginatfaser werden in einer grossen Anzahl Arbeiten und Patenten vorgeschlagen.

Nach *brit. P. 572.798* wird die Herstellung von Filmen und Kunstfasern aus Alginat verbessert, wenn man als Fällungsbad eine Säure-Formaldehyd-Lösung verwendet. Gebilde aus Alginat, wie Fasern, Folien, Filme, können laut *brit. P. 576.101*[2]) gegen Deformierung durch Feuchtigkeit dadurch geschützt werden, dass man sie beispielsweise einer Kunstharzbehandlung (z. B. Harnstoff-Formaldehyd) unterwirft und anschliessend in gewohnter Weise härtet. Die Widerstandsfähigkeit von Alginatfasern kann erhöht werden, wenn man sie, wie im *brit. P. 578.016*[3]) beschrieben, mit animalischen oder vegetabilischen Proteinen (Leim, Gelatine, Kasein, Albumin) behandelt und letztere durch Einwirkung von Formaldehyd, Chromsalzen oder synthetischen oder natürlichen tannierenden Substanzen auf der Faser ausfällt.

Alkalifeste Alginatfasern erhält man nach *brit. P. 575.611*[4]) durch Imprägnieren mit Harnstoff-Formaldehyd und anschliessende Polymerisierung bei 100° C. Als Katalysatore verwendet man Phosphate, Tartrate, Zitrate oder Ammoniumsulfat. Bei Anwesenheit von Alginsäure ist der Zusatz eines Katalysators überflüssig.

In der Praxis werden Alginatkunstseiden hergestellt, die in alkalischen Lösungen löslich oder unlöslich sind. Alginatfasern, bestehend aus Kalziumalginat oder aus Alginsäure, sind löslich, während solche aus Beryllium- oder Chromalginat oder aus mit Formaldehyd behandelter Alginsäure unlöslich sind[5]).

Nach *brit. P. 573.058* ist es möglich, in der Wirkerei und in der Weberei lösliche Alginatfasern zu verwenden und die fertigen Waren durch eine Behandlung mit einem geeigneten Metallsalz unlöslich zu machen. Um die Kunstseide aus Kalziumalginat in eine solche aus Chrom- oder Berylliumalginat zu verwandeln, wird sie vorerst in einer Salzsäurelösung vorbehandelt. Schwefelsäure kommt hierfür

[1]) Page, Chem. Abstr. 1943, 37, S. 733; Science Counselor, 8, S. 109 und 124; Silk and Rayon 1946, 20, S. 734.

[2]) S. E. Lawton, F. C. Wood, The Dyer 1946, 95, S. 504.

[3]) Creath, I.C.I., The Dyer 1946, 96, S. 166.

[4]) Cefoil Ltd., The Dyer 1946, 95, S. 406.

[5]) Silk and Rayon 1946, 20, S. 916, Alginics acides rayons.

nicht in Betracht, da sie Kalziumsulfat in der Faser niederschlagen würde. Die überschüssige Säure und das Kalziumsalz wird dann durch Spülen entfernt.

Das so erhaltene Gewebe ist in Wasser unlöslich, in alkalischen Lösungen hingegen löslich. Um diesen Nachteil zu beheben, wird das Gewebe anschliessend mit Lösungen von Chrom- oder Berylliumsalzen behandelt. Diese Behandlung kann nach einem der zwei folgenden Verfahren geschehen:

Das Gewebe wird ohne Zwischentrocknung während 15 Minuten in eine 5%ige Lösung von basischem Berylliumazetat eingetaucht (Flottenverhältnis 1:100). Nach dem Waschen enthält das Gewebe 5% Beryllium und ist in alkalischen Lösungen von kleineren p_H-Werten als 1 unlöslich.

Will man zum Unlöslichmachen Chromsalze verwenden, so taucht man das Gewebe während 4 Stunden in eine verdünnte Lösung von basischem Chromsulfat (Flottenverhältnis 1:25). Die gewaschene Ware enthält 3—4% Chrom.

Soll mit Formaldehyd unlöslich gemacht werden, so muss man das Kalziumalginat vorerst in Alginsäure umwandeln. Dies geschieht indem man das Gewebe in eine auf p_H 3,5 eingestellte und 20% Formaldehyd + 5% Ammoniumchlorid enthaltende Lösung eintaucht. Hierauf wird das Gewebe durch eine Kalander genommen und dann während mindestens 90 Minuten bei 97° C erhitzt.

Alginsäurekunstseide kann auch durch einstündige Behandlung mit gasförmigem Formaldehyd unlöslich gemacht werden.

In einem in Fibres 1946[1]) erschienenen Artikel vergleicht Tseng die verschiedenen Alginatfasern. Aus dieser Arbeit geht hervor, dass die Alginatfasern in Form von Al-, Cr- oder Be-Salzen erhöhte Beständigkeit gegenüber feuchter Atmosphäre besitzen. Ausser einer besseren Lagerfähigkeit wird zum Teil auch die Alkalibeständigkeit erhöht. Die Aluminiumalginatfaser wird erst nach einstündiger Behandlung gelöst, während Chrom- und Berylliumderivate gegenüber alkalischen Lösungen noch beständiger sind.

Die aus Seetang von Courtaulds hergestellte alkalilösliche Alginatfaser erlaubt es, in der Weberei und im Druck verschiedenartige Effekte zu erzielen. Mischgewebe aus Alginatfaser und Fibrolane (eine von Courtaulds auf den Markt gebrachte Kaseinfaser) können ebenfalls zu sehr interessanten Druck- und Webereiartikeln verarbeitet werden[2]).

[1]) Text. World, 1945, 95, S. 113.

[2]) Siehe auch Johnson & Speakman, J. Soc. D. and Col., 1946, April.

Im allgemeinen ist die Affinität der Alginatfaser zu Direkt-, Säure- und Beizenfarbstoffen nur gering. Laut *brit. P. 572.778*[1]) von Courtaulds kann man dunkle Färbungen mit diesen Farbstoffen erzielen, wenn man vorerst das Färbegut mit einem Cyanamid-Formaldehyd-Kondensationsprodukt in schwach saurem Mittel vorbehandelt. Durch Zusatz von einem Kupfersalz zum Kondensationsprodukt wird verhütet, dass die Lichtechtheit der Färbungen beeinträchtigt wird.

Nach einem durch *franz. P. 913.423* (eing. 17. 8. 1945, ausgeg. 27. 5. 1946) von Courtaulds geschütztes Verfahren ist es möglich, ohne Ölzusatz zum Spinnbad, Alginatfasern zu erhalten, die sich nicht miteinander verkleben. Patentgemäss spinnt man die Alginatlösung in einer Lösung von Kalziumchlorid + 0,01—0,1 % eines kationaktiven Produktes (Cetylpyridiniumchlorid) + 0,1—5 % Essigsäure.

Terylen[2]).

Sehr interessante Resultate bei der Herstellung von synthetischen Fasern wurden unter Verwendung von aromatischen Dikarbonsäuren erzielt.

Es ist bekannt, dass Phtalsäureanhydrid mit Polyalkoholen reagiert unter Bildung von makromolekularen Estern, deren bekannteste Vertreter die Glyptalharze, erhalten durch Einwirkung von Phtalsäureanhydrid auf Glyzerol, sind. Verwendet man Terephtalsäure oder Paraphtalsäure an Stelle von Orthophtalsäure, so erhält man lineare Makromoleküle, die sich sehr gut für die Erzeugung von Textilien eigen. Eine neue synthetische Faser, das Terylen, wurde von der Calico Printers Association erhalten. Diese Faser besteht aus einem Polyester der Terephtalsäure mit Äthylenglykol. Bei oberflächlicher Betrachtung könnte es scheinen, dass der Unterschied zwischen der Ortho- und der Paraphtalsäure, der lediglich in einer anderen Stellung der Karboxylresten zueinander besteht, nur von geringer Bedeutung ist.

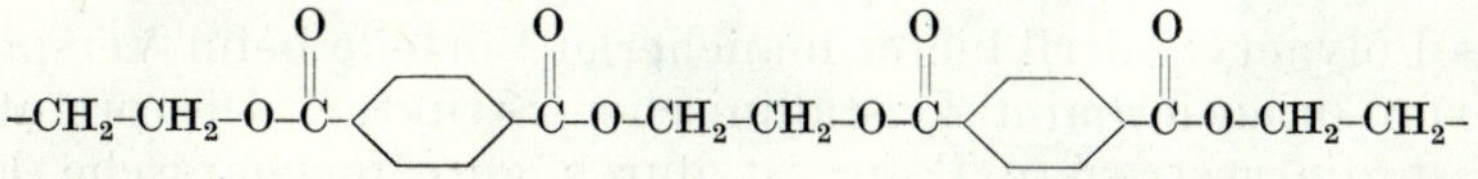

Jedoch ist zu bemerken, dass mit Paraphtalsäure, infolge ihres symmetrischen Aufbaues, lineare und gestreckte Makromoleküle erhalten werden können, während sich mit Orthophtalsäure nur ungeordnete makromolekulare Gebilde erzeugen lassen.

---

1) The Dyer 1946, 95, S. 75.

2) *Brit. P. 578.079* und *579.462;* The Dyer, 1946, 96, S. 356. Schwz. Text. Ztg. 1946, S. 1314; Nord Industriel 1946, S. 357.

J. R. Winfried[1]) versuchte festzustellen, in welcher Weise die Eigenschaften der Faser beeinflusst werden, wenn man die normale aliphatische Säure durch eine aromatische Säure ersetzt. Aus den Arbeiten dieses Forschers geht klar hervor, dass hierdurch die Kohäsion der Moleküle wesentlich erhöht wird.

Das durch Kondensation von Terephtalsäure mit Äthylenglykol erhaltene Terylen ist ein hochschmelzbares, zu reissfesten Fasern spinn- und streckbares Superpolymer. Wie bei Nylon, so erhält man auch mit Terylen vorerst nur Fasern von geringer mechanischer Widerstandsfähigkeit, welche jedoch durch Streckung auf ihren maximalen Wert gebracht werden können.

Die Faser ist gut licht-, hitze- (bis zu 200° C), bakterien- und säurebeständig. Die Widerstandsfähigkeit gegenüber Bleichmitteln, selbst bei Kochtemperatur, ist ausgezeichnet. Durch Alkalilaugen wird Terylen nur wenig angegriffen. In einer Atmosphäre von 65% relativer Feuchtigkeit absorbiert Terylen nur 1% Wasser. Eine Quellung der Faser findet nur bei Eintauchen in Wasser statt.

Nach den bis heute bekanntgewordenen Einzelheiten dürfte die Herstellung und das Färben dieser neuen Faser kaum das Stadium von Laboratoriumsversuchen überschritten haben.

c) Acrylonitril[2])[3])[4]).

Eine neue Klasse synthetischer Fasern, auf Basis von Acrylonitril, wurde von der I. G. Farbenindustrie ausgearbeitet.

Acrylonitril, das der schematischen Formel $CH_2 = CH{-}CN$ entspricht, ist eine leicht flüchtige Flüssigkeit, die in Gegenwart von peroxydartigen Katalysatoren zu langkettigen Molekülen sich polymerisiert. Mit Hilfe gewisser Salze oder mit Lösungsmitteln kann man diese neuartigen Polymerisate lösen. Verschiedene Verfahren zum Spinnen von Polyacrylonitril sind in den *brit. P. 461.675*, *581.526*, *583.939*, *584.066*, *584.548*, *585.368* beschrieben.

Das Polyacrylonitril bietet mancherlei Vorteile beim Verspinnen. Es ist von orientierbarer kristallinischer Struktur. Die orientierte, das heisst die gestreckte Faser ist durch gute mechanische Eigenschaften gekennzeichnet. Polymerisiertes Acrylonitril schmelzt nicht und ist gegenüber Wärme, Licht und Chemikalien sehr beständig. Seine Affinität zu den Farbstoffen ist jedoch nur gering.

---

[1]) K. Turner, Terylen, the new synthetic fiber, Text. Rec. 1946, 64, S. 36.

[2]) Acrylonitrile, eine neue Klasse von synthetischen Fasern, Textile World, 1947, 97, März S. 101.

[3]) Silk and Rayon 1947, 21, S. 825.

[4]) Silk and Rayon 1947, 21, S. 1532.

Auf dem Gebiet der vollsynthetischen Fasern finden die Acrylonitrilpolymerisate immer mehr Interesse. Unter der Bezeichnung Vinyon N wurde von der Carbide and Carbon Chem. Corp. ein Mischpolymerisat aus Vinylchlorid und Acrylonitril in den Handel gebracht. Die Amer. Viscose Corp. hat Fasern entwickelt, die aus Mischpolymerisaten von Acrylonitril und Acrylsäureestern bestehen. Das Gebiet der reinen Acrylonitrilpolymerisate wird hauptsächlich von Du Pont bearbeitet.

d) Saran[1]).

Saran ist eine neue Harzfaser, die man wohl in dieselbe Klasse wie Vinyon einreihen kann, da sie einem Polyvinylidenchlorid entspricht. Es ist ein lineares, polymeres Produkt und zufolge seiner Zusammensetzung aus gradlinigen Kettenmolekülen kann es zur Erzeugung grober Textilfasern dienen. Es besitzt eine grosse Widerstandsfähigkeit gegenüber gewissen chemischen Mitteln.

Velon[2]) ist ebenfalls ein Kunstharz auf Basis von Polyvinylidenchlorid.

e) Polythene[3]).

Neuartige, feste Kondensationsprodukte, Polythene benannt, können laut *brit. P. 471.590* und *472.051* durch Polymerisation von Äthylen unter sehr hohem Druck, bei 200—400° C in Gegenwart von Sauerstoff hergestellt werden. Diese Produkte sind thermoplastisch und sehr elastisch und lassen sich zur Herstellung von Kunstfasern sowie als Appreturmittel verwenden. Sie werden von Salzen und Salpetersäure kaum angegriffen.

f) Polystyrolmischpolymerisate[4]).

Mit Polystyrol und Farbstoffen mit polymerisierbaren Doppelbindungen besteht die Möglichkeit, farbechte Mischpolymerisate zu erhalten. Da der Farbstoff selbst im Makromolekül des Kunstharzes eingebaut ist, lässt er sich weder durch Lösungsmittel entfernen, noch durch Hitze zerstören.

Silikone (Silikonharze)[5])

Den bedeutenden Aufschwung der Chemie der organischen Siliziumverbindungen ist Prof. F. S. Kipping zu danken, nachdem dieser Forscher bewies, dass dieses Element, dem Kohlenstoff ähnlich, op-

---

1) Saran wird von der U. S. Firestone Tyre and Rubber Co. sowie von der Dow Chem. Co. fabriziert. Siehe Silk Journ. and Rayon World 1944, Januarheft, S. 44.

2) Chem. Abstr. 1944, 38, S. 6570; Plastics Chicago I, S. 34 und 96.

3) Silk and Rayon 1944, 18, S. 1110.

4) Penn, Chem. Abstr. 1946, 40, S. 5953; India a. Rubber 1946, 110, S. 501.

5) M. Gregger R. R., Silicones, Food for imagination, The Dyer 1946, 96, S. 547-549.

tisch aktiv ist. Die organischen Verbindungen des Siliziums werden mit Hilfe der Grignard'schen Reaktion hergestellt. Giesst man eine ätherische Lösung von Organomagnesiumchlorid in eine wasserfreie Lösung von Siliziumtetrachlorid, so findet folgende Reaktion statt:

$$SiCl_4 + 2RMgCl \longrightarrow R_2SiCl_2 + 2\,MgCl_2$$

Die Verbindung R_2SiCl_2, die aus dem Reaktionsgemisch durch Destillation gewonnen wird, dient als Ausgangsprodukt zur Herstellung von Silikonen. Mit Wasser zersetzt sich das Organosiliziumchlorid unter Abspaltung von Chlorwasserstoff (Hydrolyse).

$$R_2SiCl_2 + 2\,H_2O \longrightarrow R_2Si(OH)_2 + 2\,HCl$$

Letzteres, nur wenig beständiges Produkt, führt unter Wasserabspaltung und gleichzeitiger Polymerisation zu einem makromolekularen Gebilde folgender schematischer Formel.

$$—O—SiR_2—O—SiR_2—$$

Die flüssigen Polymere sind dem raffinierten Petroleum ähnlich und enthalten ca. 80% Silizium. Ihr Gefrierpunkt liegt bei -40^0 F bis 100^0 F. Die Abhängigkeit der Viskosität von der Temperatur ist für diese Verbindungen bedeutend kleiner als für die jeder anderen Flüssigkeit. Bei gewissen Silikonen ist eine Änderung der Viskosität zwischen 40^0 C und 400^0 C überhaupt nicht feststellbar. Sie widerstehen der Oxydation und besitzen schaumverhütende Eigenschaften.

Man kann diese Flüssigkeiten in fettähnliche hydrophobe Substanzen umwandeln.

Infolge ihrer nur geringen Tendenz zum Flüssigwerden, ihren guten dielektrischen und wasserabstossenden Eigenschaften eignen sich die festen Silikone besonders gut zu Isolierzwecken bei höheren Temperaturen.

Die Oxydierbarkeit der Silikone nimmt im allgemeinen mit der Zahl der Kohlenstoffatome des organischen Restes zu.

Die Firnisse oder Lacke auf Basis von Silikonen sind nicht brüchig und sehr dauerhaft.

Ein unter dem Namen Silastic bekanntes, kautschukähnliches Produkt ist kältebeständig und wird von Mineralölen nicht angegriffen. Da das Makromolekül keine doppelte Bindungen aufweist, widersteht Silastic der Oxydation sowie der Einwirkung von Ozon. Aus demselben Grunde ist Silastic auch nicht mit Schwefel vulkanisierbar.

Verfahren zur Herstellung von Silikonharzen sind in den *brit. P. 561.226* und *561.136* beschrieben.

Die Polymerisation von Alkylsiliziumverbindungen erfolgt durch chemische und oxydative, von Arylsiliziumverbindungen durch saure

Behandlung. Eine Äthylphenylsiliziumverbindung wird durch Erhitzen auf 200—300° C, unter gleichzeitigem Einblasen von Luft, polymerisiert. Hierbei gebildetes Azetaldehyd deutet auf die Oxydation von freien Äthylresten hin. Im Laufe der Reaktion steigt die Viskosität infolge Bildung von hochmolekularen Substanzen. Nach mehrstündigem Erhitzen erhält man eine stark viskose, klebrige Masse, die in organischen Lösungsmitteln, wie z. B. Toluol, löslich ist.

Durch zu langes Erhitzen erhält man ein hartes, biegsames, nicht schmelzbares und in Lösungsmitteln unlösliches Harz.

Ein Überzug von Silikonen auf Glasgewebe verleiht letzterem eine erhöhte Knickwiderstandsfähigkeit. Der Überzug selbst haftet sehr gut an der Faser an.

Diese Silikonharze sind praktisch nicht entflammbar und hinterlassen bei thermischer Zersetzung keinen kohlenartigen Rückstand. Die elastischen Eigenschaften sind hervorragend. In Bezug auf ihre färberischen Eigenschaften ist bis heute nichts näheres bekannt geworden. Polymerisierte Organosiliziumverbindungen auf Basis von Diäthoxydimethylsilizium können ebenfalls laut *brit. P. 572.231* hergestellt werden. Im *brit. P. 563.995* ist die Herstellung von thermoplastischen Silikonharzen beschrieben. Diese thermoplastischen Silikonharze sind weisse, durchsichtige, harte, biegsame und glasartige Produkte, die sich insbesondere zur Herstellung von Textilfasern eignen. Diese Kunstharze werden jedoch vorläufig nur in beschränktem Masse hergestellt, scheinen aber zukünftig an Bedeutung zu gewinnen.

Die Glasfaser[1]).

Die Glasfasererzeugung geht auf die Mitte des 18. Jahrhunderts zurück und wird einem italienischen Arbeiter zugeschrieben, dessen Name nicht überliefert ist. Er war in Murano mit der Herstellung von Glasperlen (Cellane) beschäftigt.

Bis in die letzten Jahre hat man jedoch die Verwendung der Glasfaser für Gewebeerzeugung nicht ins Auge gefasst; doch wurden sie in Form von Watte (Glaswatte) als Filtermasse verwendet, ferner als Isoliermaterial gegen Wärme und Kälte, als Material für Feuerschutz und Luftschutzzwecke, zur Herstellung von Glasfaser-

[1]) Dr. Freytag, Mell. 1944, Februarheft, S. 37; Dr. Freytag und P. A. Koch, Glastechnische Ber. 1943, Bd. 21, Nr. 1, S. 7; H. Maurach und H. Freytag, Glastechnische Ber. 1942, Bd. 20, Nr. 4, S. 99—102; Klepzig Text. Zeitschr. 1942, Nr. 1, 2, S. 49 und 51; Mell. 1942, S. 352, 512. Text. Col., 1944, S. 682. L'Industrie Textile 1939, S. 113, 217, 523; 1938, S. 320, 373, 426 und 527; 1942, S. 230; 1943, S. 217 und 1944, S. 12.

Page, Fiberglas, a new basic material, Chem. Abstr. 1943, 37, S. 753; Science Counselor 8, S. 109 u. 124. G. Slayer, Amer. Dyest. Rep. 1946, 34, S. 189/193.

matten für Frühbeetkästen usw. Es ist erstaunlich, dass man aus der flüssigen Glasmasse Fäden von einer Feinheit bis zu 0,002 mm Durchmesser ziehen kann. Bekannt war diese Tatsache schon längere Zeit hindurch; aber erst in den letzten Jahren wurde sie zur Grundlage der industriellen Erzeugung von Glasfasern, wie Glasgespinst, Glaswatte und Glaswolle[1]).

Derzeit sind vier verschiedene Herstellungsmethoden für Glasfasern bekannt, die sämtliche als Ausgangsmaterial fertiges Glas verschiedener Zusammensetzung benützen. Es sind dies:

1. Das Düsenziehverfahren (Trommelverfahren, Glasgespinstfabrik — Gosslerverfahren). Das Glas wird in Platingefässen bei 1200° C geschmolzen und in diesem Zustand durch Düsen getrieben. Die Fäden werden in einem Bündel auf einer Walze gesammelt und bilden einen endlosen, langen, seidenartigen, biegsamen Glasfaden von 0,01—0,03 mm Gesamtdicke.

2. Das Düsenblasverfahren, das dem vorigen ähnlich ist. Die Glasfäden passieren die Düsen und werden mit Hilfe von gespanntem Dampf ausgezogen.

3. Das Stabziehverfahren. Das Glas wird in Form von Stäben von 1 m Länge und ½ cm Durchmesser verarbeitet. Die Maschine besteht:

a) aus vier vertikal angeordneten Trögen, die nebeneinander befestigt sind;

b) aus vier Reihen von Bunsenbrennern;

c) aus Trommeln im Durchmesser von 80 cm.

Die Verarbeitung vollzieht sich derart, dass die Brenner die unteren Enden der Glasstäbe erhitzen und zum Schmelzen bringen. Es bildet sich ein Glastropfen, der auf die Trommel fällt, die sich mit grosser Geschwindigkeit dreht. Dieser Tropfen erzeugt den Faden, der sich von dem geschmolzenen Glastropfen – soweit er nicht in Fadenform übergegangen ist — ablöst und um die Trommel wickelt, während der tropfenähnliche Rest durch die Fliehkraft abgetrennt wird.

Dieses Verfahren wurde im grossen während der Zeit der deutschen Besetzung 1943—1944 in Mülhausen durch die Glasfasergesellschaft Düsseldorf in einer Fabrik ausgeführt, die nach der Befreiung des Elsass im Februar 1945 von der Manufacture des Glaces de St-Gobain erworben wurde.

---

[1]) Die jährliche Produktion der drei grössten Betriebe in Deutschland, nämlich der Gerresheimer Glashüttenwerke, die Glasgespinstfabrik Oskar Gossler und von W. Schüller betrug 1944 ca. 12000 Tonnen, wovon elf für Isolierzwecke verwendet wurden (Silk and Rayon World 1946, 20, S. 734).

Die von diesem Werk hergestellte Faser ist ziemlich grob, und das fertige Produkt hat niemals einen geringeren Durchmesser als 9 μ. Sie stellt ein kontinuierliches Gespinst dar.

4. Das Schleuderverfahren der Glaswattegesellschaft Berg-Gladbach bei Köln. Das Prinzip dieses Verfahrens besteht darin, dass man einen Strom von geschmolzenem Glas auf eine hocherhitzte, raschrotierende Scheibe aus keramischem Material auftropfen lässt. Die Glasmasse breitet sich auf dieser Scheibe in Form eines dünnen Überzuges aus. Unter dem Einfluss der Zentrifugalkraft lösen sich von diesem Film kleine Tröpfchen los, die durch Zugwirkung in Fäden verwandelt werden. Dieses Verfahren liefert Glaswolle (Glaswatte), die nur als Isoliermaterial zu verwenden ist.

In Frankreich hat sich der oben erwähnte Betrieb von St. Gobain besonders für die fabrikationsmässige Erzeugung eines Textilfadens aus Glas, der für die Weiterverarbeitung auf Glasgewebe geeignet sein sollte, interessiert. Die Firma hat in ihrem Webereiversuchsbetrieb in Chauny eine Glasfaser entwickelt, die erfolgreich als Material für die Verwebung verwendet werden konnte.

Die Firma St. Gobain erzeugt derzeit zwei Faserqualitäten:

Silionne, gesponnen in Form von ununterbrochenen Fasern von 6—8 μ Dicke, und

Verranne, gesponnen in Form von ununterbrochenen Fasern von 10 μ Dicke.

Verranne wird in einer streckbaren und einer nicht streckbaren Qualität erzeugt. Silionne, das in einem mechanischen Streckspinnprozess hergestellt wird, ist aus etwa 100 Elementarfasern zu je 6—8 μ zusammengesetzt. Beispielsweiser Titer: 150 = 150000 m pro kg Faden.

Der Verrannefaden wird mittels komprimierter Luft verstreckt. Er ist aus einzelnen Elementarfasern, die zusammen ein Bündel von einem bestimmten Titer ausmachen, zusammengesetzt. Der derzeitige Titer ist 3 (= 3000 m auf 1 kg), doch dürfte er auf 4, 6, 8 μ und vielleicht noch darüber hinaus gesteigert werden können. Der Durchmesser der Streckspinnqualität ist 6—9 μ für den Einzelfaden, derjenige der ungestreckten Sorte 1—13 μ.

Als Rohmaterial für diese Fasern kommt Kies, Kalk, Alkalien, Magnesiumsalze und Borax in Betracht[1]). Die Verhältnisse dieser Komponenten wechseln je nach den Aufgaben, die dem fertigen Faden zukommen, z. B. muss die Elastizität oder die Verwendung (Filtertücher u. dgl.) in Betracht gezogen werden. Die Mischung

[1]) Siehe Fibres 1945, 6, S. 169. Es wird der Einfluss von verschiedenen Zusätzen, wie Borax, Magnesium, Zink usw. auf die Eigenschaften der Glasfaser erwähnt.

wird bei hoher Temperatur geschmolzen und zur Erleichterung der Verspinnungsvorgänge in Form von Kugeln gebracht. Die Spinndüsen sind aus Platin hergestellt und durch elektrischen Strom zu heizen.

Die Silionne-Fasern können nicht verknotet werden; aber man kann sie durch Verkleben mit einem Zelluloseklebstoff, der in wenigen Sekunden trocknet, miteinander verbinden. Die Stapellänge der einzelnen Faserelemente der Verranne — das ist die auf Stapel geschnittene Faser — kann zwischen 10 und 60 cm betragen.

Unter dem Mikroskop erscheint der Faden in Form von sehr glatten, runden Stäbchen. Die Fäden sind widerstandsfähig gegen Verstreckung (Reissfestigkeit 200 kg/mm^2), aber wenig biegsam.

Die Vorteile der Silionne-Faser sind deren Unverbrennbarkeit, ihr Widerstand gegen hohe Temperaturen (650^0 C), ihre absolute Widerstandsfähigkeit gegen Fäulnis, ihre elektrische Isolationsfähigkeit und ihre verhältnismässig grosse Dichte, daher geringe „Sperrigkeit". Dagegen besitzt sie den Nachteil, nicht elastisch zu sein.

Die Glasfasergewebe haben natürlich ihre Vorteile und ihre Nachteile. Man kann einerseits die Vorteile der Unverbrennbarkeit, der absoluten Widerstandsfähigkeit gegen jede Art von Fäulnis sowie gegen das Abscheuern, aber andererseits die Nachteile des leichten Brechens der Fasern und den Mangel an Affinität zu allen Farbstoffklassen geltend machen[1]).

Die Glasgewebe haben eine Zukunft in ihrer Ausnützung für Innenausstattung wie Vorhänge, Stores, Wandverkleidungen usw., für Lederimitation, Möbelstoffe, Buchbinderstoffe, ferner für Filtrierstoffe für saure Flüssigkeiten, für Diaphragmen in elektrischen Akkumulatoren und dergleichen mehr. Dagegen dürften sie für Bekleidungszwecke wenig geeignet sein.

Um ein Verfilzen der Fäden und ihre gegenseitige Abnützung durch Reibung in der Handhabung beim Spinnvorgang sowie in den Ausfertigungsoperationen zu verhüten, pflegt man die Fasern mit oberflächlichen Schichten von Harzen, Wachsen, Stärke usw. zu bedecken. Man erhält hierdurch gute Resultate im trockenen Zustand, während die Faser im nassen Zustand nur einen Bruchteil ihrer ursprünglichen Festigkeit behauptet.

Die Firma St. Gobain hat eine Konditionierung der Faser ausgearbeitet, welche es gestattet, unter den günstigsten Bedingungen die Fäden zu glätten und ein Abscheuern der Einzelfasern zu vermeiden.

---

[1]) H. Freytag, Faserforschung 1941, Bd. 15, Nr. 3, S. 114, 132; H. Freytag, Klepzigs Textilzeitschrift 1942, Bd. 45, Nr. 1/2, S. 49, 51; H. Freytag und P. A. Koch, Glastechnische Berichte 1943, Bd. 21, Nr. 1, S. 7, 13.

Das Konditionierungmittel besteht aus einer Lösung oder einer Dispersion einer kationaktiven Substanz, welche in wässeriger Lösung ein elektropositives Radikal aufweist, die Stickstoff, Phosphor oder Schwefel in Verbindung mit einer aus mindestens 8 Kohlenstoffatomen bestehenden Kette enthält. Die Verbindung mit dem Anion wird durch direkte Bindung mit einem Kohlenstoffatom hergestellt. Die allgemeine Formel ist:

$(R)_n—Z—X$, wobei X . . . Anion
Z . . . N, P oder S
R . . . H oder eine Kohlenstoffkette von über 8 C
n . . . 4 für Z = N oder P
oder 3 für Z = S bedeutet.

Diese Verbindungen müssen noch bis zu einer Konzentration von 1% in Wasser löslich oder dispergierbar sein.

Als Beispiele seien Monozetylaminochlorhydrat oder Monostearylaminochlorhydrat genannt. Man kann diese Substanzen zusammen mit Bindemitteln wie Harz, Gummi, Stärke usw., anwenden. Im Falle der Behandlung mit einem solchen kationaktiven Produkt, allein oder in Verbindung mit einem Harz oder Stärke usw., bildet sich eine Schicht, die vollkommen der Feuchtigkeit widerstehen kann und dabei die Möglichkeit einer normalen Färbung gibt. Der Überzug erhält der Faser ihren Glanz, ohne dass diese klebrig wird.

Die Behandlung mit einem Gleitmittel (Schmälzmittel) hat den Zweck:

1. die Bildung statischer Elektrizität zu vermeiden und die Verstreckung zu erleichtern;

2. die Fasern mit einem fettartigen Überzug zu umgeben, um die Deformation der Faser zu vermeiden und sie gegen Stoss und Druck zu schützen;

3. die Fasern biegsam zu gestalten, damit sie nicht durch die Torsion und Aufwicklung auf die Spulen leiden.

Das Schmälzmittel besteht zumeist aus Mineralöl, das durch ein Emulgiermittel in 70—80% Wasser verteilt wird. Diese Emulsion soll am besten nur eine geringe Viskosität (15—20) haben. Am besten eignen sich Vaselinöl und Paraffin zur Herstellung derartiger flüssiger Emulsionen. Um ein Verdunsten des Wassers hintanzuhalten, wodurch die Faser austrocknen und klebrig werden könnte, muss man für eine genügende Beständigkeit der Emulsion Sorge tragen. Die besten Ergebnisse erzielt man mit

75% Wasser
20% Öl
5% Emulgator

Der Emulgator muss so beschaffen sein, dass er sehr beständige Emulsionen bewirkt, die weder auftrocknen noch klebrig sind.

Ein sehr gutes Gleitmittel ist Nopco[1]), ein amerikanisches Erzeugnis der Nat. Oil Prod., das nicht ranzig wird. Man kann auch ein gutes Gleitmittel durch Vermischung eines Alkoholsulfonats mit Dextrin erhalten. Diese Mischung dient zur Emulgierung niedrigschmelzender Vaselinsorten (Mineralfette), welche weder ranzig werden noch vergilben. Dank dieser Vorpräparierung, die in Form eines sehr zähe haftenden Firnisses die Faser umkleidet, kann man färbige Fäden erzeugen, die gut reibecht und sogar hinreichend waschecht sind. Diese Art des färbigen Überzuges wurde im Jahre 1940 ausgearbeitet, wobei man eine Vorpräparation aus Polyvinylchlorazetat, in Trichloräthylen gelöst, anwendete, die mit einem für Azetylzellulosefirnisse geeigneten Farbstoff angefärbt war. Die erhaltenen Resultate sind sehr bemerkenswert. Zur Erhöhung der mechanischen Widerstandsfähigkeit der Gewebe verwendet man Lithium- und Strontiumoxyd.

Färben und Druck von Geweben aus Glasfäden[2]).

Im Falle der Glasfasergewebe hat man es mit einem Material zu tun, das keinerlei Verwandtschaft zu Farbstoffen hat. Die Aufbringung von Farbstoffen, sei es in der Färberei, sei es im Druck, stellt den Techniker vor ein sehr schwieriges Problem, für dessen Lösung zwei Wege möglich sind:

1. Man könnte der Glasfaser durch Aufbringung gewisser Stoffe eine Affinität für bestimmte Farbstoffklassen verleihen. Solche Stoffe wären etwa: Harnstoff-Formaldehyd-, Melamin-Formaldehyd-, Phenolformaldehydkondensate, Vinylpolymerisate, Zelluloseäther (Typus Tylose, Ceglin) oder Ester der Zellulose sowie auch Kautschuk und Proteinsubstanzen usw.

Diese Auflagerung müsste mehr oder weniger fest an der Unterlage haften und seinerseits die Eigenschaft der Affinität für die Farbstoffe bieten. Der Fehler all der Verfahren, die auf dieser Grundlage beruhen, liegt darin, dass eine nur geringe Reibechtheit erzielbar ist, was daraus hervorgeht, dass eben doch nur eine oberflächliche Schicht in rein mechanischer Weise auf einer, noch überdies sehr glatten, Faserunterlage befestigt ist.

---

[1]) Nopco der Nat. Oil Prod. siehe Amer. Dyest. Rep. 1944 (4. Dezember) und 1945 (3. Dezember). Das Produkt entspricht dem *amer. P. 2.173.085* (Re-Issue 21350) und schützt verschiedene Amide, die durch Kondensation von Alkylolamine mit Fettsäuren entstehen. Im Handel sind verschiedene Marken zu finden: Nopco 1056, Nopco X, 1179, R usw.

[2]) R. Borezee, La teinture des fibres de verre, Teintex 1946, XI, S. 92; siehe auch Fibres 1945, 6, S. 169. Für das Färben wird auf *brit. P. 559.229* von John Stanning and Son Ltd. verwiesen.

2. Man müsste die Farbstoffe durch eine Fällungsreaktion irgendwelcher Substanzen, die auf der Faser niedergeschlagen werden und ihrerseits mit dem Farbstoff zu fixieren sind, ermöglichen. Diese Verfahrensweise scheint Färbungen von grösserer Reibechtheit zu liefern, und die Auswahl der für eine derartige Methode geeigneten Stoffe ist grösser. Hierher gehört zum Beispiel die Verwendung von Albumin, von Akrylpolymerisaten usw.

Bis jetzt sind ziemlich wenige Patente erschienen, die auf das Färben und den Druck der Glasfasern Bezug haben.

Ausser dem Färben in der Spinnmasse kann die Glasfaser noch mit Hilfe folgender drei Verfahren gefärbt werden.

A) Überzug der Glasfaser mit färbbaren Filmen.

1. Überzug mit Zellulosederivaten.
   a) Verfahren der I. G. Farbenindustrie, *franz. P. 895.584*, *895.761.*
2. Überzug mit Kondensationsprodukten:
   a) Verfahren der Ciba, *franz. P. 908.599.*
   b) Verfahren der Firma St-Gobain, *franz. P. 870.050*, *870.051*, *belg. P. 443.885.*
   c) Verfahren von Scheurer, Lauth & Cie., *franz. P. 922.913.*
3. Umhüllung mit Proteinsubstanzen:
   a) Verfahren von Francolor (Gelatine).
   b) Verfahren von Durand-Huguenin (Albumin).
4. Umhüllung mit Polyvinylderivaten:
   Verfahren von Scheurer, Lauth & Cie. (Polyvinylalkohol).

B) Direktes Färben der Glasfaser.

1. Färben mit Hilfe von Produkten, die für die Glasfaser eine Affinität besitzen (*franz. P. 840.755*, St-Gobain, *amer. P. 2.243.738).*
2. Färben durch Aktivieren der Faseroberfläche.
   Verfahren von Freytag.
   Verfahren von St-Gobain, *franz. P. 880.335; belg. P. 446.257*, *D.R.P. 737.618*, *738.145.*
3. Färben durch Niederschlag von organischen oder anorganischen gefärbten Substanzen auf die Faser, *franz. P. 840.755*, *880.760.*

A) Überzug der Glasfasern mit färbbaren Filmen.

1) Überzug mit Zellulosederivaten.

A 1a. I. G. Farbenindustrie schlug einen Färbeprozess mittels Äthylzellulose als Träger der Färbung vor.

Diese Verfahrensweise ist in den *franz. P. 895.584* (17. 6. 1943) und *895.761* (22. 6. 1943, bekanntgemacht am 2. 2. 1945) der I. G.

Farbenindustrie beschrieben. Gemäss dem erstgenannten Patent kommt man zu einer Färbung (oder zu einem Druck) von Glasfasern, indem man dieselben mit einem Überzug von in Wasser unlöslichen Zelluloseäthern versieht. Das zweitgenannte Patent bezieht sich auf einen färbigen Überzug von Glasfasern, der in der Weise zustandekommt, dass man wasserlösliche Zelluloseäther aufbringt, denen man Farbstoffe beimischt, welche mit Metallsalzen (z. B. Tonerdesalzen) unter Bildung von unlöslichen oder schwerlöslichen Salzen oder Farbstofflacken reagieren. Man fällt somit nach dem Trocknen sowohl die Zelluloseäther selbst, als die Farbstoffe mittels Metallsalzen.

Das *franz. P. 895.584* nennt unter anderen das folgende Beispiel: Man bereitet eine Lösung von 50 g niedrig methylierter Zellulose und 50 g eines Indigosolfarbstoffes (genannt wird der Schwefelsäureester des Leukoküpenfarbstoffes gemäss *D. R. P. 436.828*), indem man vorerst den Zelluloseäther in seinem neunfachen Gewicht Wasser quellen lässt und unter Rühren die Lösung des Farbstoffes zufügt, der mit dem Rest des Wassers und 135 cm³ Natronlauge 38° Bé gelöst worden war. Nach einiger Zeit ist die Lösung anwendungsbereit. Man taucht während kurzer Zeit das Glasgewebe in diese dickflüssige Lösung ein und quetscht dann zwischen zwei Zylinderwalzen ab oder man rakelt den Überschuss mittels einer Rakel ab. Man trocknet das derartig behandelte Gewebe und bringt dasselbe dann in ein Entwicklungsbad, das

50 cm³	Schwefelsäure 66° Bé
50 g	Natriumsulfat, wasserfrei, und
1 g	Natriumnitrit
im Liter	

enthält. Der Indigosolfarbstoff verwandelt sich durch diese Behandlung in den unlöslichen Küpenfarbstoff, und zur gleichen Zeit wird der alkalilösliche Zelluloseäther unlöslich niedergeschlagen. Man bekommt im Falle dieses Beispiels eine grüne Färbung, die licht- und wasserecht ist.

Dasselbe Ergebnis erhält man, wenn man gleich von Anfang an der Zelluloseätherlösung 7 g Natriumnitrit zusetzt, das als Oxydationsmittel für den Schwelsäureester des Leukoküpenfarbstoffes dient, welches in der sauren Fällungsflüssigkeit wirkt. In diesem Falle kann man natürlich das Nitrit in der Fällungsflüssigkeit weglassen.

Dem *franz. P. 895.761* kann man den folgenden, aufschlussreichen Arbeitsvorgang entnehmen:

Man löst 25 g Natriumzelluloseglykolat auf und fügt 20 g einer Lösung eines Trisazofarbstoffes[1]), in Wasser gelöst, zu. Man stellt

[1]) Es wird hier der Farbstoff aus Anilindisulfosäure → 2-5-Amino-1-Naphtalinsulfosäure-7-Amino-1-Naphtalin → Phenylamino-2-Oxy-5-Naphtalinsulfosäure-7- angeführt.

diese Lösung mit Wasser auf einen Liter und behandelt damit ein Glasgewebe, wonach man abquetscht oder abrakelt (siehe oben). Hierauf trocknet man das Gewebe und behandelt es in der Kälte eine halbe Stunde hindurch mit 20 g im Liter eines basischen Gels, aus Aluminiumchlorid hergestellt. Dann spült man und trocknet. Man erhält im Falle des hier vorliegenden Beispiels einen blauen Ton, der wasser- und lichtbeständig ist.

Naphtol-, Küpen- und Indigosolfärbungen können auf Glasfasern mit Hilfe von alkalilöslicher Tylose laut *D.R.P. 747.512* ausgeführt werden[1]).

Nach einem anderen Verfahren verwendet man wasserlösliche Tylose zusammen mit Farbstoffen, die durch Umsetzung mit Metallsalzen (insbesondere Aluminiumsalze) Farblacke bilden. Eine Variante dieses Verfahrens[2]) besteht in der Verwendung von wasserunlöslichen Zelluloseäthern, wasserlöslichen Zelluloseätherderivaten und Metallsalzen, Solidogenen und Metallsalzen als Vorbeize für das Färben mit substantiven oder anderen Farbstoffen.

Bemerkenswerterweise tritt schon bei der Behandlung mit verdünnter Säure und bei niedriger Temperatur eine starke Faserschädigung ein. Essigsäure greift die Faser am wenigsten an. Alkalibehandlungen verursachen überraschenderweise nur eine geringe Faserschädigung. Durch Säurevorbehandlung (am wirkungsvollsten ist Salzsäure) wird die Anfärbbarkeit der Glasfaser durch basische Farbstoffe stark erhöht, aber allerdings auf Kosten beträchtlicher Festigkeitsverluste.

2) Überzug mit Kondensationsprodukten.

A 2a. Das Verfahren, das von Ciba angewendet wird und Gegenstand des *franz. P. 908.599* (angem. 3. Januar 1945, bekanntgemacht 12. April 1946) ist, besteht in den folgenden Vorgängen:

1. Entschlichten: Man behandelt das Gewebe eine halbe Stunde hindurch in einem Seifenbad oder in einem Bade, das 2,5 g Ultravon W im Liter enthält, bei 25—30° C. Es ist bei feinen Geweben insbesondere ratsam, diese Temperatur nicht zu überschreiten. Hierauf wird mit lauwarmem Wasser und endlich mit Kondenswasser, das etwas Ameisensäure enthält, gespült und getrocknet.

2. Der Färbeprozess: Man behandelt erst das Gewebe auf dem Jigger mit 10 g Lyofix SB konz. und 2 cm³ Ammoniak per Liter vor, gibt 3—4 Züge bei Raumtemperatur. Hierauf trocknet man entweder vorher oder man behandelt das Gewebe direkt in diesem Bade. Der eigentliche Färbeprozess findet bei 75° C durch 5 Minuten statt;

---

[1]) Gund, Mell. 1946, 27, S. 232.
[2]) Gund, Mell. 1946, 27, S. 267.

das Bad enthält beispielsweise 5 g Farbstoff im Liter ohne irgendeinen Hilfsmittelzusatz. Nach dem Färben spült man energisch in kaltem Wasser. Die Färbung kann durch Wiederholung der Lyofix-Vorbehandlung und der Färbebadpassage noch vertieft werden. Die Vorentschlichtung ist nicht unbedingt nötig; doch sind die Färbungen, wenn sie auch etwas lichter ausfallen, doch reibechter. Die nachstehenden Farbstoffe werden hier empfohlen:

a) Saure Farbstoffe:

Kitonechtgelb AE
Kitonlichtrot 4BLN
Brillantkitonrot B
Wollgrün
Lanasolgrün G
Benzylviolett 5BN

b) Direktfarbstoffe:

Direktechtorange SE
Direktechtscharlach SE
Direktbraun M
Direkthimmelblau grünlich
Baumwollblau N
Melantherin BH

c) Chlorantinlichtfarbstoffe:

Chlorantinlichtgelb 5 GLL
Chlorantinlichtrot 6 BLL
Chlorantinlichtblau GLL
Chlorantinlichtbraun BRLL
Chlorantinlichtbraun 8 GLL

d) Neolanfarbstoffe:

Neolangelb GR
Neolanorange R
Neolanrosa B und G
Neolanviolettbraun B
Neolangrün BL conc.
Neolanblau B
Neolanschwarz WA extra N

A 2b. Die *franz. P. 870.050*, *870.051* sowie das *belg. P. 443.885* (St. Gobain) hat einen Farbenauftragsprozess zum Gegenstande, wonach man den Farbstoff mit der Glasfaser durch ein synthetisches Harz (ein Polyvinylderivat) verbindet.

Man verwendet ebenfalls Lösungen oder Emulsionen von Kunstharzen, Kautschuk oder Chlorkautschuk, welche als Bindemittel für den Farbstoff dienen.

Nach einer Variante dieses Verfahrens wird das Glasgewebe vorerst mit einer Harzschicht überzogen, welche nachträglich in wässerigem Mittel, mit geeigneten Farbstoffen (z. B. Cibacet-, Cellitonecht-, Acétoquinonefarbstoffe) gefärbt wird.

In einem anderen Patent, das der Manufacture des Glaces de St-Gobain gehört, nämlich im *franz. P. 870.050* (23. 10. 1940) schlägt Ch. Maginot vor, der Faser selbst ein Fixiermittel aus Bindemittel und Farbstoff einzuverleiben, so dass bei der Verbindung der Fäden untereinander diese Fasern mit dem farbgebenden Körper ein einheitliches Gebilde darstellen.

Färbung und Farbstoffauftrag auf Glasfasern wird in einem Originalaufsatz Teinture et Coloration des Filés de Verre in der französischen Zeitschrift Industrie Textile, 1942, S. 230, behandelt. Das Verfahren ist auf der Aufbringung von organischen Substanzen, zum Beispiel Polyvinylverbindungen, die ein Häutchen um die Faser erzeugen, basiert. Man trägt auf die Fäden, Bänder, Gewebe usw. einen Farbstoff auf, der mit einer plastischen Masse verbunden ist, die aus künstlichen oder natürlichen Harzen besteht. Diese Masse dient als verbindende Unterlage für den Farbstoff, den es bindet und ihn beständig auf der mineralischen Faser festhält. Die Aufbringung dieses Bindemittels kann mittels Tauchverfahren, durch Kalander- oder Pflatschprozesse eventuell auch mittels Spritzpistole, durchgeführt werden. Es kann Polyvinylazetat[1]) oder -chlorid enthalten, oder auch Polystyrole, Alginat, Kautschuk, Lack oder irgendein anderes Harz, das eine beständige Färbung gewährleistet, ohne den Glanz des Glasmaterials zu stören.

Herstellung des Bindemittels: Hochchloriertes Polyvinylchlorid wird 10%ig in einer Mischung von 2 Volumteilen Zyklohexanon und einem Volumteil Monochlorbenzol (oder 2 Teilen Isophoron und 1 Teil Monochlorbenzol) gelöst, und dieser Lösung wird ein darin löslicher Farbstoff zugefügt. Dieses Bindemittel erlaubt, auf Glasfasergeweben sehr lebhafte, gleichförmige und beständige Farbtöne zu erzeugen.

Fügt man dagegen der Glasmasse Pigmente zu, so sind diese äusserst unregelmässig in der Masse verteilt, die Fasern sind überdies merklich ungleichmässig im Durchmesser, in ihrer Zusammensetzung und natürlich auch in der Färbung. Des weiteren sind die erhaltenen Farbtöne immer sehr blass.

Man hat fernerhin den Vorschlag gemacht, während der Fadenbildung auf der Faser einen organischen umkleidenden Überzug anzubringen, z. B. einen solchen aus Kunstharz oder Kautschuk. Hierdurch sollte der Widerstand des Fadens gegen Zug und Reibung erhöht werden. Diese Behandlung erfolgt also vor der Färbung. Am besten trägt man den farbigen Überzug auf die Glas-

[1]) Beispielsweise Vibatex K, Ciba.

faser vor der Verstreckung auf. Beispiel für einen derartigen Überzug: In einem Gemisch 9:1 von Trichloräthylen und Perchloräthylen wird Chlorkautschuk zu einer 10%igen Lösung aufgelöst. Ein Farbstoff, der in diesen Lösungsmitteln löslich ist, wird dazugefügt.

Die Firma St. Gobain hat im *franz. P. 892.009* (beantragt am 8. März 1943, erteilt am 3. Januar 1944, veröffentlicht am 27. März 1944) ein Verfahren patentiert, nach welchem die Glasfaser mit einer Schicht überzogen wird bestehend aus Phenolformaldehydkondensationsprodukten und kationaktiven organischen Verbindungen, vom Typus Azylammoniumbromid mit einer Kohlenstoffkette von 12 bis 22 Kohlenstoffatomen, oder aus primären, sekundären oder tertiären aminierten Derivaten mit mindestens einer NH_2-Gruppe und einem langkettigen organischen Rest. Der filmartige Überzug ist wasserunempfindlich, hält die üblichen Binde- und Imprägnierungsmittel wie Harze, Wachse usw. zurück und lässt sich leicht anfärben.

Patentgemäss behandelt man die Glasfaser beispielsweise in einem Gemisch folgender Zusammensetzung:

6,72%	Phenol-Formaldehyd-Kondensationsprodukt
2,81%	Öl
0,46%	Monostearylaminazetat
0,19%	Essigsäure
0,99%	Ammoniumchlorid
88,83%	Wasser.
100 %	

A 2c. Verfahren von Scheurer, Lauth & Co. L. Diserens in Thann.

Nach diesem Verfahren *(franz. P 922.913)* erhält man reibechtere Färbungen oder Drucke mit Farbstoffen, welche auf der Faser mittels synthetischer Harze oder Zellulosederivate fixiert sind. Das Prinzip dieser Methode besteht darin, dass man das gefärbte oder bedruckte Textilgut mit einer Schutzhülle umgibt, welche den Färbungen oder den Druckeffekten eine bemerkenswerte Reib- und Scheuerfestigkeit verleiht.

Zu diesem Zweck wird die Faser mit Emulsionen synthetischer Harze (Kondensationsprodukte, Vinylpolymerisate, Proteine, usw.) behandelt. Im Patent ist folgendes Beispiel angegeben:

Nachdem das Textilgut nach einem für solche Fasern geeigneten Verfahren gefärbt worden ist und nachdem die Färbung nach einer üblichen Methode fixiert wurde, klotzt man die Ware mit einer wässerigen Lösung, die 10—20% eines Harnstoffformaldehyd- oder Melamin-Formaldehydkondensationsproduktes oder irgendeines polymeren Kunstharzes enthält. Hieraus wird getrocknet und zum Zwecke der Fixierung, während einigen Minuten, in einer geeigneten Apparatur auf 120—160° C erhitzt. Der faserumhüllende Film beeinträchtigt in keiner Weise die Lebhaftigkeit der Färbung, welche aber in Bezug auf Reib- und Waschechtheit wesentlich verbessert wird.

3) Umhüllung mit Proteinsubstanzen.

A 3 a) Verfahren von Francolor.

Nach diesem Verfahren verwendet man als Farbstoffträger Proteine, wie Kasein, Albumin oder Gelatine. Kasein scheint für diesen Zweck besonders gut geeignet zu sein, da die hiermit behandelte Ware in ihrem Griff am wenigsten beeinflusst wird.

Das Prinzip des Verfahrens von Francolor besteht in einer Imprägnierung des Glasgewebes mit einer alkalischen Lösung von Kasein, das nachträglich durch Einwirkung von Formaldehyd oder von Chromsalzen unlöslich gemacht wird. Man quillt das Kasein in kochendem Wasser, worauf man die so erhaltene gelatinöse Masse durch Zusatz von formaldehydhaltigem Ammoniak, löst.

Die Imprägnierungslösung hat beispielsweise folgende Zusammensetzung:

10 l Kasein werden mit
50 l kochendem Wasser übergossen und nach Abkühlung setzt man
29 l kaltes Wasser, welches
10 l Ammoniak 22° Bé und
1 l Formaldehyd 40% enthält, zu.
100 Liter

Um eine vollständige Lösung zu erhalten ist es zweckmässig, dieselbe während einer Nacht stehen zu lassen, worauf die unlöslichen Teile und die Unreinigkeiten durch Abdekantieren entfernt werden.

Man foulardiert das entschlichtete Glasgewebe in dieser Lösung, quetscht aus und trocknet bei 60° C. Je nach der gewünschten Farbtiefe muss dieser Arbeitsgang so vorgenommen werden, dass das Glasgewebe 1—5 Gewichtsprozent trockenes Kasein enthält.

Während dem Trocknen wird das Kasein durch die Einwirkung von Formaldehyd unlöslich. Das so vorbehandelte Glasgewebe lässt sich mit direkten oder sauren Farbstoffen färben. Die Wasser- und Reibechtheiten der Färbungen sind im allgemeinen ziemlich gut.

Saure Farbstoffe färbt man auf essigsaurer Flotte (1 g Essigsäure 80%/Liter), während einer halben Stunde bei 90—96° C. Die nur geringe Waschechtheit solcher Färbungen kann wesentlich erhöht werden, wenn man die Essigsäure in der Färbeflotte durch 5 g Chromalaun ersetzt.

Im Vergleich mit den sauren Farbstoffen, ergeben die Direktfarbstoffe bedeutend wasserechte Färbungen. Die Indigosolfarbstoffe scheinen für dieses Verfahren besonders geeignet zu sein.

Zum Färben mit Naphtolfarbstoffen pflatscht man das Glasgewebe mit folgender Lösung:

7,5	l	Kasein
64,0	l	Wasser
2,1	l	Natronlauge 40° Bé. Nach vollständigem Lösen setzt man
2	kg	Naphtazol A
21,6	l	Wasser und
2,8	l	Natronlauge 40° Bé/100 l zu.

Nach dem Trocknen wird durch Pflatschen mit einer diazotierten Base der Farbstoff entwickelt.

Küpenfarbstoffdrucke kann man ebenfalls mit gutem Erfolg nach dem Verfahren von Francolor herstellen. Der Griff der Ware ist um so härter, je mehr Kasein auf der Faser fixiert ist. Diesen Übelstand kann man teilweise beheben, wenn man entweder dem Imprägnierungsbade Weichmachungsmittel zusetzt (Edunine ASG) oder die fertige Ware mit hygroskopischen Agenzien nachbehandelt (Glyzerin, Glykole, usw.).

A 3 b). Verfahren von Durand-Huguenin (1946).

Obwohl dieses Verfahren speziell für den Druck von Perchromfarbstoffen ausgearbeitet wurde, kann es ebenfalls für das Färben mit diesen Farbstoffen verwendet werden.

Das Prinzip beruht auf der Verwendung einer Druckfarbe bestehend aus Perchromfarbstoff, Chromazetat als Metallbeize und aus gelöstem Albumin. Letzteres wird während dem Dämpfen durch Chrombeize unlöslich gemacht und fixiert den Farbstoff auf die Glasfaser.

Man imprägniert das Gewebe mit einem Bad folgender Zusammensetzung:

30	g	Perchromgrün G
610	g	Wasser
100	g	Universalgummiverdickung 5%ig
200	g	Eialbumin 1:2
20	g	Ammoniumsulfat
40	g	Chromat DH 1:2
1000	g	

Man quetscht die imprägnierte Ware auf dem Foulard aus, trocknet, dämpft während 8 Minuten, behandelt bei 40° C in einer Gardinollösung, spült in laufendem Wasser und lässt abtropfen.

4) Umhüllung mit Polyvinylderivaten.

A 4 a) Verfahren von Scheurer, Lauth & Co., in Thann.

Das Verfahren von Scheurer, Lauth & Co. in Thann bringt eine Verbesserung der Arbeitsweise der Firma Durand-Huguenin, sowohl hinsichtlich des Griffes des Gewebes, als auch in bezug auf die Möglichkeit, diese Fixierungsmethode auf sämtliche Farbstoffklassen ausdehnen zu können.

Die Neuerung besteht in der Verwendung von Polyvinylalkohol an Stelle von Albumin. Man imprägniert oder druckt die Ware mit einem Bad bzw. mit einer Druckfarbe, bestehend aus Farbstoff, Polyvinylalkohol und Chromazetat, trocknet und dämpft während 8 Minuten. Das Polyvinylalkohol wird hierbei durch Einwirkung des Chromsalzes unlöslich und fixiert den Farbstoff auf die Glasfaser.

Sowohl hinsichtlich der vorzüglichen Wasch- und Reibechtheiten als auch der ausgedehnten Farbenpalette der herstellbaren Drucke oder Färbeeffekte, ist dieses Verfahren ohne Zweifel allen bisher bekannten Arbeitsmethoden bei weitem überlegen. Die Waschechtheit und der Glanz der Faser wird in keiner Weise beeinträchtigt.

B. Direktes Färben der Glasfaser.

1. Färben mit Produkten, die für die Glasfaser eine Affinität besitzen.

Es empfiehlt sich, hier das *franz. P. 840.755* (St. Gobain, 16.7.1938) sowie das *amer. P. 2.243.738* und das *brit. P. 516.826* zu erwähnen, die ein Verfahren betreffen das darauf abzielt, die chemische Zusammensetzung der Glasfaser in der Art zu verändern, dass man diese Fasern mit Lösungen ionisierter Salze des Mg, Ca, Zn oder Al behandelt, die von dem faserbildenden Material aufgenommen werden. Diese Aufnahme, ein Absorptionsvorgang, ist vermutlich auf Basenaustausch oder Ersatz der Alkaliionen der Glasmassen, durch Metallionen der Flüssigkeit zu erklären. So z. B. taucht man Glasfasern, die aus einem natriumkalziumhaltigen Glas angefertigt sind und die einen Alkaligehalt von 16,7% besitzen, eine ganze Woche lang in eine wässerige 5%ige Zinkchloridlösung. Am Ende dieses Zeitraumes ergibt die Analyse, dass die Fasern nunmehr 4,11% Alkali und 5,26% ZnO enthalten.

2. Färben durch Aktivieren der Faseroberfläche.

Das Verfahren wurde in Deutschland von Freytag und in Frankreich von der Firma St. Gobain ausgearbeitet, scheint jedoch in der Praxis zu keinen interessanten Ergebnissen geführt zu haben.

Es beruht auf der Erzeugung, auf der Faser, eines Häutchens aus kolloidaler Kieselsäure, das die Farbstoffe zu adsorbieren vermag.

D.R.P. 737.618, 738.145, franz. P. 880.335 der Deutschen Glas Technischen Gesellschaft (beantragt 19. März 1942, erteilt 28. Dezember 1942, veröffentlicht 23. März 1943, deutsche Priorität 19. März 1941) und *belg. P. 446.257* beschreiben ein Beizverfahren, nach welchem die Glasfaser zuerst einer Behandlung mit Flussäure, dann einer solchen mit Alkali bei Zimmertemperatur unterworfen wird. Beispiel: man behandelt die Glasseide in einer 7 %igen Flussäurelösung 40 %, eventuell unter Zusatz von 0,2 g Borsäure/100 cm^3 Lösung während 20 Sekunden, worauf man die Ware ohne Zwischentrocknung 2 Sekunden lang in eine 1 n-KOH-Lösung eintaucht. Nach einem gründlichen Spülen färbt man mit einer 0,4 %igen Lösung von Oxaminrot während 5 Minuten bei 70° C. Man erhält auf diese Weise eine dunkelrote Färbung.

Ausser den Schwierigkeiten, denen man in der Praxis bei der Verwendung von Flussäure begegnet, verliert die Glasfaser ihre Reissfestigkeit und ihren Glanz. Im übrigen sind die erhaltenen Färbungen nicht waschecht[1]).

Im nämlichen Gedankengang hat die Firma St. Gobain vorgeschlagen, die Wirkung von hochgespanntem Wasserdampf für denselben Zweck nutzbar zu machen. Jedoch scheinen diese Versuche zu keinem verwendbaren Ergebnisse geführt zu haben.

Ein weiteres Verfahren zum Färben von Glasfasern mit aktivierter Faseroberfläche wird in F. I. A. T. Report Nr. 981, H. M. Stationery Office (Text. Manufacturer, August 1947, 73, Nr. 872, S. 381)[2]) beschrieben. Der Prozess besteht in einer Vorbehandlung des Glasgewebes in einer 0,3—0,5 %igen Natriumhydroxydlösung unter Zusatz von Igepal C, bei 60° C. Nach dieser Behandlung wird gewaschen, eventuell getrocknet und dann in üblicher Weise mit substantiven Farbstoffen gefärbt. Eine Flussäurebehandlung erhöht ebenfalls die Färbbarkeit. Nach Rudolf Lang, dem Erfinder dieses Verfahrens scheinen die Naphtol AS-Farbstoffe besonders geeignet zu sein. Die Lichtechtheit der erhaltenen einheitlichen Färbungen ist ungefähr dieselbe wie auf den organischen Textilien. Der Färbevorgang besteht nach Lang aus einer physikalischen Adsorption und einer chemischen Bindung des Farbstoffes mit den Silikaten des Glases.

3. Färben durch Niederschlag von organischen oder anorganischen gefärbten Substanzen auf die Faser.

Laut *franz. P. 880.760* (beantragt 1. April 1942, erteilt 2. Januar 1943, veröffentlicht 5 April 1943) von E. Manny und W. Berthot, ist es möglich, die Glasfasern mit Schwefel- oder Küpenfarbstoffen zu färben, wenn man diese Farbstoffe in reduziertem Zustande anwendet und sie dann nachträglich durch Oxydation auf der Faser ausfällt. Da diese Farbstoffe jedoch keine Affinität zur Glasfaser besitzen und sich also auch nicht fest auf derselben fixieren, werden

[1]) Siehe auch das *amer. P. 2.394.493* des Owens Corning Fiberglas Corp. (5. 2. 1946.)
[2]) Mell. 1948, März, S. 111.

sie schon durch ein leichtes Spülen vollständig abgezogen. Man erhält nach diesem Verfahren helle Färbungen.

Druck auf Glasfasergewebe.

Über Druckvorgänge auf Glasfasergeweben findet man in der Patentliteratur sozusagen keinerlei Hinweise[1]).

Anscheinend kann man Pigmentfarbstoffe, die mittels Kunstharze oder sonstiger Kondensationsprodukte fixiert werden, zum Druck auf diesen Geweben heranziehen, und darin liegt möglicherweise die Lösung dieses so schwierigen Problems[2]).

Leider haben Drucke, sei es, dass sie mit den Pigmentfarben Impralac von Francolor oder mit den Oremafarben der Ciba hergestellt sind, eine ungenügende Reibechtheit.

Die für den Druck von Glasfasergeweben in Betracht kommenden Verfahren sind:

1. Drucken von Glasgeweben, welche mit Zellulosederivaten (Äthylzellulose) überzogen sind.

(Verfahren der I. G. Farbenindustrie, *franz. P. 895.584, 895.761*).

Nach *franz. P. 895.584* (beantragt 17. Juni 1943, erteilt 3. April 1944, veröffentlicht 29. Januar 1945) der I. G. Farbenindustrie, bedruckt man die Glasgewebe, nachdem dieselben mit einer wasserunlöslichen Zelluloseätherschicht überzogen wurden. Patentgemäss ist es auch möglich, den Farbstoff zusammen mit dem Bindemittel auf das Gewebe zu bringen. Man verwendet Indigosol-, Rapidogen- sowie Rapidechtfarbstoffe.

Beispiel: 50 g schwach methylierte Zellulose, in 450 cm³ Wasser gequollen, versetzt man mit einer Lösung von 50 g eines Gemisches von Nitrosamin des 1-Amino-2-Methyl-4-Chlorbenzol und Azetoazetylamin-4-Chlor-2,5-Dimethoxybenzol, 20 cm³ Äthylalkohol, 135 cm³ Natronlauge 38° Bé und 343 cm³ Wasser. Man bedruckt das Gewebe mit dieser Farbe, trocknet und entwickelt den Farbstoff durch kurze Passage in einem 95—100° C warmen Bade, welches mit 10 cm³ Eisessig, 5 cm³ Ameisensäure 85 %ig und 25 g kalz. Natriumsulfat beschickt ist. Dann wird gespült und getrocknet. Man erhält auf diese Weise gelbe Druckeffekte von sehr guter Wasch- und Lichtechtheit. Die Reibechtheit hingegen ist ungenügend.

[1]) Siehe Teintex, 1946 Septemberheft, S. 115. Siehe auch Fibres 1945, 6, S. 169 wo das Verfahren von Johnson Matthey Ltd., welches glasartige Glasuren verwendet, erwähnt ist.

[2]) Siehe hierzu Kapitel XII.

2. Drucken mit synthetischen Harzen (Lyofix SB konz.).

Dieses Verfahren, obwohl von der Ciba speziell zum Färben von Glasfasern vorgeschlagen, kann ebenfalls zum Drucken dienen. Als Kunstharze kommen Melamin-Formaldehydkondensationsprodukte oder ähnliche (Lyofix SB konz.) in Betracht, welche durch Pflatschen auf das Gewebe abgelagert werden. Das so behandelte Glasgewebe kann dann die verschiedensten Farbstoffe fixieren.

Druckeffekte, die nach diesem Verfahren erzeugt werden, sind nur sehr wenig reibecht.

In der Praxis jedoch sind es speziell die Oremafarben der Ciba, die die grössten Vorteile, sowohl in Bezug auf Farbenpalette als auch auf Lichtechtheit bieten.

Für ihre Fixierung benötigen diese Farben eine 4-minutige Behandlung bei 160° C, wozu eine spezielle Apparatur erforderlich ist. Die Oremafarben eignen sich für den Film- und Rouleaudruck, aber für die mit ihnen hergestellten Drucke besteht der Nachteil einer ungenügenden Reibechtheit weiter.

60 g	Oremascharlach G Teig
500 g	Oremafixierer
440 g	Oremaverdickung
1000 g	

Nach dem Trocknen erhitzt man die Ware kontinuierlich auf 160° C, wäscht und trocknet.

Die Impralacfarben von Francolor erzielen ebenfalls interessante Resultate. Es ist jedoch hervorzuheben, dass sich diese Farben nur für den Walzendruck eignen. Ihre Anwendung im Filmdruck ist ausgeschlossen. Die Drucke sind gut koch-, aber schlecht reibecht.

Ein neues Verfahren, welches Gegenstand des *franz. P. 922.913* (1948) ist und aus den Forschungslaboratorien der Firma Scheurer, Lauth & Co. in Thann (Erfinder L. Diserens) hervorgeht, erlaubt den grossen Nachteil einer ungenügenden Reibechtheit der nach den oben zitierten Verfahren hergestellten Drucke vollständig zu verhüten und auf Glasgeweben Drucke herzustellen, die durch hervorragende Koch-, Reib- und Lichtechtheit gekennzeichnet sind.

Wie schon oben erwähnt druckt man die verschiedenen Farben, nach den Verfahren der I. G. Farbenindustrie oder der Ciba, oder die Oremafarben (Ciba), bzw. Impralacfarben (Francolor), worauf man die bedruckte Ware nach der Fixierung mit einem Film aus synthetischem Harz überzieht. Beispiel: Man druckt folgende Farbe:

50 g	Oremabrillantblau BLL Teig
500 g	Oremafixierer
450 g	Oremaverdickung
1000 g	

Die bedruckte und getrocknete Ware wird anschliessend, zum Zwecke der Fixierung, in einem Kontinueapparat bei 160° C behandelt. Man pflatscht alsdann mit einer 10%igen Lyofixlösung, trocknet, erhitzt während 5 Minuten auf 140° C, wäscht, trocknet und nimmt, zum Weichmachen, durch eine Brechmaschine. Auf diese Weise erhält man Druckeffekte von ausserordentlicher Wasch- und Reibechtheit.

Verfahren von Francolor.

Die Firma Francolor hat ein Verfahren ausgearbeitet, nach welchem man die Glasfaser mit einer Kaseinhülle umgibt, wodurch allerdings, wie schon früher erwähnt (siehe das Färben der Glasfasergeweben), die Faser einen harten Griff erhält.

Verfahren von Durand-Huguenin in Basel.

Eine wesentliche Verbesserung im Drucken von Glasgeweben konnte von der Firma Durand-Huguenin mit den Perchromfarbstoffen erzielt werden. Als Bindemittel setzt man der Druckfarbe, welche den Perchromfarbstoff und Chromazetat enthält, Albumin zu. Während dem Dämpfen wird das Albumin an den bedruckten Stellen unlöslich und fixiert den Farbstoff in Form eines dreifachen Lackes: Farbstoff-Chromoxyd-Albumin auf das Glasgewebe.

Beispiel: Man druckt eine Druckpaste folgender Zusammensetzung:

30 g	Perchromgrün G
50 g	Dehapan GB (Thiodiäthylenglykol)
110 g	Wasser
500 g	Lichenverdickung
10 g	Ammoniak
200 g	Blutalbumin 1:2
30 g	Ammoniumrhodanat
60 g	Chromat DH 1:2
10 g	Alkohol
1000 g	

Vor dem Bedrucken wäscht man das Gewebe entweder in heissem Wasser, oder in einer verdünnten Fettalkoholsulfonatlösung, um die grösstenteils aus Talk bestehende Schlichte von der Faser zu entfernen, spült, lässt abtropfen und trocknet. Die bedruckte Ware wird dann im Kontinuedämpfer 8 Minuten gedämpft, dann 5 Minuten in einer Lösung von Gardinol bei 40° C behandelt und schliesslich gespült. Mit Gelatine erzielt man, im Vergleich mit Albumin, eine noch bessere Fixierung der Farbstoffe.

Verfahren von Scheurer, Lauth & Co., in Thann.

Dieses neue Verfahren brachte, sowohl in Bezug auf den Griff der Ware, als auch hinsichtlich der Reibechtheit der erzielten Druckeffekte, eine wesentliche Verbesserung. Auch können sämtliche Farbstoffklassen nach dieser Arbeitsmethode gedruckt werden. Im Vergleich mit allen bis heute bekanntgewordenen Verfahren, erlaubt dasjenige von Scheurer, Lauth & Co. ohne Zweifel die besten Ergebnisse beim Drucken der Glasfaser zu erzielen. Es beruht auf der Verwendung von Polyvinylalkohol als Bindemittel, welches beim Dämpfen durch das in der Druckfarbe befindliche Chromazetat ausgefällt wird.

Folgende Beispiele sind im Patent angegeben:

1	2	3	4	5	
10 g					Chloraminbrillantblau 8 B
	22 g				Astraphloxin
		10 g			Xylenbrillantcyanin G
			12 g		Novochrombrillantrot RR
				16 g	Perchromgrün G
180 g	180 g	180 g	180 g	180 g	heisses Wasser lösen
480 g	—	480 g	478 g	474 g	Lichenverdickung
200 g	668 g	200 g	200 g	200 g	15%ige Polyvinylalkohollösung (Rhodoviol HS 100)
130 g	130 g	130 g	130 g	130 g	Chromazetat 20° Bé
		1000 g			

Da die basischen Farbstoffe durch die Lichenverdickung ausgefällt werden, ersetzt man dieselbe durch Universalgummi (Durand-Huguenin) oder durch Polyvinylalkohol.

Die bedruckte und getrocknete Ware wird 8 Minuten im Schnelldämpfer gedämpft, anschliessend in einem Bade mit 5 g Gardinol/Liter bei 40° C geseift, worauf man abtropfen lässt, auf einem Spannrahmen trocknet und aufrollt.

Nach diesem Verfahren kann man schöne und lebhafte Matteffekte auf Glasgeweben herstellen. Hierfür verwendet man eine Mattdruckpaste folgender Zusammensetzung:

200 g	Titanoxyd 1:1
200 g	15%ige Polyvinylalkohollösung
200 g	Verdickung (Universalgummi oder Lichen)
25 g	Chromat DH 1:10
375 g	Wasser
1000 g	

Man druckt, trocknet, dämpft 8 Minuten im Schnelldämpfer, wäscht, trocknet und nimmt die Ware auf eine Brechmaschine.

XI. KAPITEL.

Fortschritte in der Anwendung der sauren Farbstoffe.

Die sauren Farbstoffe, welche für die animalische Faser Verwendung finden, sind zumeist Alkalisalze von sulfonierten oder karboxylierten Mono-, Di- oder Polyazoderivaten.

Die sauren Azofarbstoffe in Form von Metallkomplexen, welche im Handel unter den Namen *Palatinechtfarbstoffe* (I. G. Farbenindustrie), *Neolane* (Ciba), *Inochromfarbstoffe* (Kuhlmann-Francolor), *Fenopalfarbstoffe* (G. D. C., New-York) bekannt sind, enthalten in ihrem Molekül ein oder mehrere Atome eines Schwermetalls, besonders Chrom. Sie zeichnen sich durch ihre hervorragenden, den gewöhnlichen Farbstoffen weit überlegenen Echtheitseigenschaften aus und haben eine bedeutende Anwendung im Druck und besonders in der Färberei der Wolle, der Naturseide und des Leders gefunden. Sie werden in stark saurem Bade gefärbt und geben ohne jegliche Nachbehandlung ihren endgültigen Farbton.

Eine grosse Anzahl anderer saurer Farbstoffe, welche auf tierische Faser direkt aufziehen, leiten sich vom Xanthen

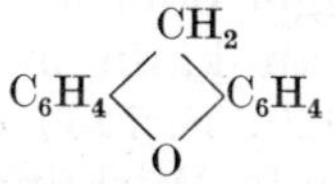

ab; zu ihnen gehören Phtaleïne, Eosine und sulfonierte Rhodamine.

Andere saure Farbstoffe sind Chinolin-, Pyrazolon- und Di- oder Triphenylmethanderivate; diesen schliessen sich die sauren Anthrachinonfarbstoffe an.

Das Gebiet der Wollfarbstoffe konnte wesentlich erweitert werden, indem man beispielsweise den Indolkern der Triphenylmethanfarbstoffe durch einen Benzolkern ersetzte[1]). Durch Einführung schwefelhaltiger Substituenten erzielte man bei manchen Farbstoffen erhöhte Lichtechtheit (Alizarincyaningrün 3 G W).

Die von der Oxytrimellitinsäure abgeleiteten Chromoxanfarbstoffe sind durch gute Echtheitseigenschaften gekennzeichnet.

Neuere Untersuchungen über Kaltfärber für Wolle führten zur Entdeckung der *Igelanfarbstoffe*.

---

[1]) Teintex 1947, 12 S. 3/11.

Die Anwendung der sauren Farbstoffe in der Druckerei.

Die Anwendung der sauren Farbstoffe auf Wolle bietet keine besonderen Schwierigkeiten und die Herstellung der Druckfarben ist im allgemeinen einfach. Sie werden meist auf gechlorte Wolle gedruckt; nur in sehr wenigen Fällen wird das Vorchloren unterlassen[1].

Als vorbereitende Behandlungen der Wolle müssen die folgenden genannt werden:

a) Gassenge: Es soll immerhin erwähnt werden, dass es nicht üblich ist, Wollmousselline der Gassenge zu unterwerfen.

b) Krabben: Dieser Arbeitsprozess besteht darin, dass das Gewebe unter Spannung breit durch kochendes Wasser (auf dem Foulard) genommen wird, worauf man es, immer noch unter Spannung, im kalten Wasser aufrollt.

c) Entfetten: Man behandelt in einer Hemmerkufe in Wasser, dem man Ammoniak zusetzt; das genügt im allgemeinen für Wollmousseline, aber man kann ebensogut Seifenbäder oder solche, die Igepon T, Gardinol usw. enthalten, anwenden.

d) Bleiche.

e) Chloren (siehe L. Diserens: Neue Verfahren in der Technik der Veredlung der Textilfasern, Bd. I, Kap. II, S. 246—257). Dieser Vorgang ist äusserst wichtig für den Druck der Wolle, da die Fixierung der Farbstoffe davon abhängt.

Man chlort auf dem Jigger oder auf einem anderen Apparat, der Breitbehandlung zulässt. Man kann auch mit Hilfe von Aktivin (siehe Feibelmann, Mell. 1929, S. 724) chloren; dieses Produkt übt tatsächlich eine faserschonende Wirkung aus. (Siehe Wigener, Mell. 1926, S. 466 und Armour, Amer. Dyest. Rep. 1928, S. 819.)

Nach Kollmann (Mell. 1932, S. 141) kann man die Affinität der Wolle für Farbstoffe mittels Wasserstoffsuperoxyds erhöhen. Um die Lebhaftigkeit der Farbtöne zu verbessern, gibt man nach dem Chloren eine Nachbehandlung in einem Bad von zinnsaurem Natrium von 3—5° Bé.

Die Azofarbstoffe, welche besonders gegen reduzierende Einflüsse empfindlich sind, müssen in Gegenwart eines Oxydationsmittels, beispielsweise Natriumchlorat, aufgedruckt werden, um der Reduktionswirkung der Wollfaser, namentlich bei ungechlorter Wolle, zu begegnen. In gewissen Fällen fügt man der Druckfarbe Weinsäure oder Oxalsäure zu; für Farbstoffe, welche durch Säuren nieder-

[1] Justin Mueller, Impression sur laine non chlorée, R.G.M.C. 1935, S. 467; Tiba 1935, S. 258; Justin Mueller, Contribution à l'étude du chlorage de la laine, R.G.M.C. 1937, S. 78; D. F. Z. 1936, S. 174.

geschlagen werden, verwendet man Ammoniumsalze von organischen Säuren (oxalsaures oder zitronensaures Ammonium).

Man erhält auf diese Weise ein langsameres Aufziehen und ein besseres Egalisieren des Farbstoffes. Man verwendet Essigsäure hauptsächlich bei Eosinfarbstoffen und Ameisensäure bei sauren Farbstoffen.

Beispiel einer Druckfarbe:

5— 50 g	Säurefarbstoff in der entsprechenden Menge heissen Wassers, unter Zusatz von
10— 40 g	Glyzerin gelöst, mit
980—880 g	Britishgumverdickung verdickt. Nach dem Aufkochen wird der Farbe
5— 30 g	Oxalsäure oder Weinsäure zugefügt.
1000 g	

Verdickungsmittel. Die gebräuchlichsten Verdickungsmittel für Wolldruckfarben sind Gummisorten: Britishgum, Johannisbrotkernmehlabkochungen und Tragantverdickung.

Soc. Ital. De Angeli-L. Paulus empfehlen die Anwendung eines emulgierten Verdickungsmittels, das durch eine mechanische Behandlung schwerlöslicher Gummisorten erhalten wird. (*Öst. P. 104.377*, 1931.)

Pfeffer und Gmelin wendeten mit zufriedenstellendem Erfolg das Colloresin DK der I. G. Farbenindustrie als Verdickungsmittel an, und zwar besonders für Farben, die Chromsalze enthalten[1]).

Es muss hier als besonders interessant die Verwendung der Sulfitablauge[2]) und des Johannisbrotkernmehls hervorgehoben werden[3]).

Lösungsmittel. Die Ausbeute und das Egalisieren der Druckfarben kann durch Zugabe geeigneter Lösungsmittel beträchtlich verbessert werden. Das Glyzerin erhöht die Affinität der Farbstoffe und dient zugleich als hygroskopisches Mittel. Häufig werden Alkohol, Resorzin, gewisse Ester (Äthyltartrat), Glykolderivate (Glykol, Diäthylenglykol) verwendet. Die Ätheroxyde des Äthylenglykols und Diäthylenglykols (*brit. P. 301.824*, 1928, R. G. M. C. 1935, S. 143; *brit. P. 134.723* von Böhme-Fettchemie) werden als Lösungs- und Durchdringungsmittel für schwerlösliche Farbstoffe anempfohlen.

Die Anwendung von Glyecin A (Thiodiäthylenglykol) in Wolldruckfarben ist im *D.R.P. 339.690*, 1919, im *D.R.P. 350.552*, 1919

[1]) Mell. 1928, S. 166; 1927, S. 1047; Kerth. Mell. 1937, S. 378.

[2]) Mell. 1931, S. 783.

[3]) Kästner, *D.R.P. 578.776*, 1929; Tagliani, Mell. 1930, S. 302, 383 und 458. Siehe auch dieses Werk, 1. Teil, Kap. I, S. 83. – *Brit. P. 444.838*; *öst. P. 150.992*; *franz. P. 838.904*, Durand-Huguenin; *D.R.P. 719.786* (5. August 1934) der Diamalt A. G., München. Vgl. ebenfalls dieses Werk, Kap. XV.

und im *franz. P. 521.256.* 1920 von Meister, Lucius und Brüning beschrieben.

I. G. Farbenindustrie empfahl laut *D.R.P. 433.153*, 1924 und *435.092*, 1925, Methylformamid und Formamid als Zusätze.

Freiberger schlägt laut *D.R.P. 393.791* und *578.916* sowie *franz. P. 518.833* die Verwendung heterozyklischer Basen, vorzugsweise das Pyridin, als Lösungs- und Durchdringungsmittel für saure und substantive Farbstoffe vor. Das Pyridin besitzt zwar keine Netzwirkung, erhöht jedoch die Dispersion der Farbstoffe und dient zugleich als Lösungsmittel. Das Freiberger'sche Verfahren wurde mit ausgezeichnetem Erfolg sowohl im Druck als auch zum Färben angewendet. (Röstel, Leipz. Mon. f. Text. Ind. 1926, S. 315; Sisley, R.G.M.C. 1935, S. 192; Perndanner und Hackl, Mell. 1926, S. 310; Mell. 1929 Nr. 4; R.G.M.C. 1930, Januarheft, S. 40).

Man findet im Handel eine gewisse Anzahl Pyridinpräparate, von denen eines der ältesten das Tetracarnit ist. (Landolt, Mell. 1928, S. 759.)

Geigy und Lüttin (*brit. P. 205.166*, 1922) empfehlen Zusätze von Essigsäure, Monochloressigsäure bzw. Milchsäure zu den Druckfarben.

Nach Haller und Henkel ist der Zusatz von pflanzlichen Ölen, wie Olivenöl oder Rizinusöl und selbst von bestimmten Mineralölen, zu den Druckfarben vorteilhaft. Die Farben werden geschmeidiger. (Mell. 1927, S. 1021).

Böhme schützt in *franz. P. 641.629*, *654.108*, *654.624; brit. P. 291.070*, *291.096*, 1927/28 und *392.070* die Verwendung von Pyridin zusammen mit den Natriumsalzen der Isopropyl- oder Dibutyl-Naphtalinsulfosäure (Novocarnit); die Netzwirkung der Derivate von der Art des Nekals wird durch Zugabe von Pyridin stark erhöht.

Nach dem *D.R.P. 578.916* von Böhme-Fettchemie bewirkt ein Zusatz von Pyridin zu den Druckfarben oder den Färbebädern lebhaftere Farbtöne; dieses Patent, welches nur eine Wiederholung der Freiberger'schen Methode ist, empfiehlt die Anwendung von Pyridin und seiner Homologen für den Wolldruck mit sauren oder mit direkten Farbstoffen.

H. Perndanner und J. Hackl (Mell. 1926, S. 310; R. G.M.C. 1930, S. 40; Mell. 1929, Nr. 4) bemerken, dass gewisse saure und direkte Farbstoffe, welche sich für den Wolldruck wenig eignen, in Gegenwart von Pyridin mit guter Ausbeute anwendbar sind, so z. B. das Alizarinviridin FF, das Victoriamarineblau LB und das Anthracyanin RL. Das Pyridin in Mischung mit Sulforizinaten (Oleocarnit) und mit sulfonierten Fettalkoholen (Oxycarnit) wurde von Böhme als Zusatz zu Druckfarben von sauren Farbstoffen empfohlen.

Harnstoff als Lösungsmittel[1]). Die Zugabe von Harnstoff, Guanidin und ähnlichen Derivaten zur Druckfarbe beim Bedrucken tierischer Faser mit sauren Wollfarbstoffen begünstigt einerseits ihre Ausbeute, andererseits ihre Faserdurchdringung und ihre Reibechtheit. Die Harnstoffzugabe zu Wolldruckfarben spielt ebenfalls — wie bereits erwähnt — eine wichtige Rolle für die Fixierung der Chromfarbstoffe durch kurzes Dämpfen.

In *D.R.P. 623.939; brit. P. 412.391 und franz. P. 755.351*/1933[2]) empfiehlt Durand-Huguenin den Harnstoff enthaltenden Druckpasten mit sauren Wollfarbstoffen leicht dissoziierbare Ammoniumsalze aliphatischer Säuren, wie z. B. Ammoniumoxalat, zuzusetzen. Die Erfinderfirma arbeitet mit 4% und mehr dieser Salzen. Die Fixierung der Säurefarbstoffe wird schon durch ein achtminutiges, anstatt einstündiges Dämpfen bewirkt. Durand-Huguenin hat diesbezüglich unter dem Namen Fixierer WDHL ein Hilfsmittel auf den Markt gebracht, welches einer Mischung von Ammoniumoxalat + Harnstoff + Dextrin entspricht und als Zusatz zu Wolldruckfarben mit Chromfarbstoffen empfohlen wird.

Beispiel:	
	30 g Chromocitronin R
	60 g Harnstoff
	170 g warmes Wasser, lösen und nach Erkalten zu
	600 g Tragantverdickung 6%ig
	50 g Ammoniumoxalat
	90 g Chromazetat 20° Bé zugeben.
	1000 g

Nach dem Drucken trocknen, 8 Minuten dämpfen und waschen.

Im *D.R.P. 607.791*, 1932, Holtmann, wird die günstige Wirkung von Harnstoff auf den Naturseidedruck ausgedehnt. (Siehe auch Holtmann, *D.R.P. 577.832;* R.G.M.C. 1935, S. 273.)

Der Zusatz von Harnstoff, der als Dispergiermittel eine vorteilhafte Wirkung hat, bildet gleichfalls den Gegenstand des *D.R.P. 600.968*, 1931 der I.G. Farbenindustrie, sowie des *D.R.P. 601.860*, 1933 und des *franz. P. 769.171*, 1934, beide von Durand-Huguenin (vgl. Gerber in Mell. 1937, S. 527).

In mehreren Patenten (*D.R.P. 608.541; franz. P. 763.510 (763.520?); brit. P. 418.262; schweiz. P. 166.758* und *166.759*, 1932) behandelt Ciba die gleiche Frage und empfiehlt ebenfalls die Anwendung von Harnstoff, Thioharnstoff und Guanidin für den Wolldruck mit Chrom enthaltenden Farbstoffen (Neolane), um leuchtendere und

[1]) *D.R.P. 577.832*, 1932; *öst. P. 135.330* und *135.671; franz. P. 738.806; brit. P. 398.944;* Holtmann, Charlottenburg, Tiba 1933, S. 383 und 947; R.G.M.C. 1934, S. 111; Bull. Föd. I., S. 408 und 525).

[2]) Wengr. Ber. 1934, Augustheft, S. 16; R. G. M. C. 1934, S. 243.

dunklere Farbtöne zu erhalten und um das Ausbluten beim Waschen zu vermeiden (R. G. M. C 1934, S. 478). Dass Harnstoff und seine Substitutionsprodukte stark dispergierende und hydrotrope Eigenschaften haben, ist durch die Arbeiten von Durand-Huguenin in Basel und I. G. Farbenindustrie bereits bekannt (siehe Kap. I und VI).

Nach Ciba wird eine Echtheitserhöhung im Druck mit Neolanfarbstoffen auf regenerierter Zellulose und auf tierischer Faser durch einen Zusatz von 10% Harnstoff zur Druckfarbe erreicht.

Beispiel:	80 g	Farbstoff
	520 g	Wasser
	300 g	Britishgum Pulver
	100 g	Harnstoff
	1000 g	

Nach dem Drucken wird die Ware getrocknet, eine Stunde gedämpft und gewaschen.

Nach den *schweiz. P. 166.758* und *166.759* sowie *D.R.P. 608.541*, (R. G. M. C., 1935, S. 316; Wengr. Ber. 1935, Februarheft; Bull. Föd. II., S. 112) beschränkt sich das Verfahren der Ciba nicht nur auf die Anwendung von Harnstoff, sondern es dehnt sich auf alle Körper folgender Konstitutionen aus:

$$R\begin{cases} NH_2 \\ X \\ Y \end{cases} \quad \text{wo } X = O, \text{ NH oder S und } Y = \text{NH oder } -NH-CO-NH_2$$

Das Verfahren, welches im *franz. P. 769.171*, 1931 von Durand-Huguenin besprochen wird und bereits im Kapitel über Chromfarbstoffe erwähnt wurde (Bd. I, Kap. V), eignet sich ebenfalls für die Neolanfarbstoffe. Es sei hier nur daran erinnert, dass es sich um einen Zusatz zu den Druckfarben von Harnstoff, Phenol und einem hochsiedenden Alkohol (Furfuralkohol) handelt (R. G. M. C. 1935, S. 104; Wengr. Ber. 1935, Februarheft, S. 16).

Ciba beschreibt in den Patenten: *franz. P. 780.574*, 1934 (R. G. M. C. 1935, S. 437), *franz. P. 771.270*, 1934 (Wengr. Ber. 1935 Juliheft), sowie Zusatzanmeldung *44.949*, 1934 (R. G. M. C. 1935, S. 436); *schweiz. P. 171.327* (Wengr. Ber. 1935 Märzheft, S. 19) die günstige Wirkung auf die Ausbeute der Druckfarben durch Zugabe solcher dispergierenden aminierten Substanzen, welche die Fähigkeit besitzen, mit den Sulfogruppen der sauren Farbstoffe zu reagieren. Diese Dispergiermittel bestehen aus Stickstoffbasen, die mit mindestens einem aliphatischen Radikal von 8 C substituiert sind.

Die Zugabe dieser Produkte zur Druckfarbe ermöglicht recht interessante Resultate, namentlich auf Kammgarn und beim Vigoureuxdruck. Man druckt auf ungechlorte Wollfaser eine Farbe, welche ausser Britishgum als Verdickungsmittel und dem sauren Farbstoff noch 5—10% asymmetrisches Monooleyldiäthyläthylendiaminchlorhydrat enthält.

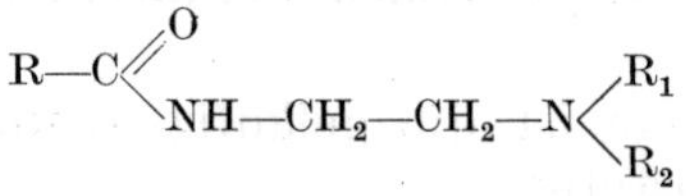

Es handelt sich folglich um Sapamine (siehe Kap. VI: Die direkten Farbstoffe), also um substituierte Amide der Fettsäuren. Der Zusatz solcher Körper erlaubt es auch, auf nicht gechlorter Wolle satte Töne mit sauren Farbstoffen, wie Ponceau, Säuregrün u. a. m., zu erhalten.

Folgendes Beispiel wird im Patent angegeben:

Man druckt auf nicht gechlorte Wollmousseline eine Druckfarbe bestehend aus:

45 g Ponceau 6 R
395 g Wasser
475 g Britishgum Pulver
75 g Glyzerin
10 g asym. Monooleyldiäthyläthylendiaminochlorhydrat

1000 g

Das *brit. P. 439.675* der I. G. Farbenindustrie behandelt das Vorpräparieren der Wolle mit Sulfonium- oder Phosphoniumderivaten. (Diese Verfahren werden im folgenden Abschnitt dieses Kapitels über Färberei mit sauren Farbstoffen besprochen.)

Freiberger[1]) empfiehlt im *öst. P. 135.671,* den Druckfarben Abbauprodukte der Proteine (20 g pro kg) zuzugeben. Diese Produkte werden durch Behandeln von Kasein mit kochender Natronlauge und darauffolgende Neutralisation mit Essigsäure oder durch Einwirkung verdünnter Schwefelsäure auf Leim erhalten.

Die I. G. Farbenindustrie empfiehlt die Verwendung von Triäthanolamin für den direkten Druck von Wolle und Naturseide mit Küpenfarbstoffen. Andererseits erlaubt auch Triäthanolamin ein leichteres Auflösen gewisser schwer wasserlöslicher saurer Farbstoffe, woraus hervorzugehen scheint, dass die Triäthanolaminsalze schwer löslicher Farbstoffe leichter löslich sind als ihre entsprechenden Natronsalze.

Zuletzt sei noch das *amer. P. 1.886.412* von Martin erwähnt, nach welchem das Fixieren der sauren Wollfarbstoffe selbst in der Kälte ohne Dämpfen möglich ist, wenn man den Druckfarben eine grosse Menge (bis zu 200 g pro kg) Ameisensäure zugibt.

[1]) Wengr. Ber. 1934 und Bull. Föd. I, S. 525; Perndanner, Mell. 1925, S. 32.

Das Färben mit Säurefarbstoffen[1]).

Das direkte Färben der Wolle kann auf stark saurem, schwach saurem, neutralem oder schwach alkalischem Bade vorgenommen werden[2]).

Die erste Methode ist die geläufigste und eignet sich für die meisten sauren Farbstoffe.

Beim Färben tierischer Fasern mit sauren Farbstoffen spielen Adsorption und Diffusion selbstverständlich auch eine Rolle, daneben tritt aber zwischen den basischen Aminogruppen dieser Fasern und den sauren Gruppen der Farbstoffe eine chemische Bindung ein.

Um das Aufziehen der Farbstoffe zu erleichtern, setzt man der Flotte Schwefelsäure oder Natriumbisulfat, in gewissen Fällen Essigsäure, Ameisensäure, Milchsäure[3]) oder auch essigsaures bzw. oxalsaures Ammonium zu.

Zum Färben von gut egalisierenden Farbstoffen setzt man der Farbflotte 3—4% Schwefelsäure, bezogen auf das Gewicht des Färbegutes, und ausserdem 10—20% Glaubersalz zu, um das Aufziehen des Farbstoffes zu regeln. Oxalsäure bewirkt einen harten Griff.

Man geht mit der Ware bei 60° C ein, erwärmt langsam bis zum Kochen und färbt 1—1½ Stunden bei Kochtemperatur.

Wie schon erwähnt, kann man ebenfalls in Gegenwart von Ammoniumazetat färben, jedoch ist es nach Kapff besser (*D. R. P. 559.419;* Bull. Föd. I., S. 406), die Anwendung dieses Salzes zu unterlassen, wegen seines Nachteils, Ammoniak, welches den Farbton beeinträchtigen kann, in Freiheit zu setzen. Es wäre deshalb ratsamer, der Flotte Natriumformiat zuzusetzen und während des Färbens nach und nach die nötige Menge Schwefelsäure und Natriumbisulfat zuzugeben, um die Ameisensäure in Freiheit zu setzen.

---

[1]) Bezüglich der Wollschutzmittel, die für die Wollfärberei in Betracht kommen, wie z. B. Eiweissabbauprodukte oder Sulfitablauge, siehe: Neue Verfahren in der Technik der Veredlung der Textilfasern, Bd. 1, Kap. II, S. 323.

[2]) F. Townend und G. G. Simpson, Recent advances in wool dyeing, the relation of dyeing properties to dyestuff constitution, J. Soc. D. and Col. 1946, 62, S. 47—52. J. B. Speakman and G. H. Elliot, The combination of wool with acids and acid dyes, Amer. Dyest. Rep. 1946, 35, S. 454. J. B. Speakman, Some relationships between the constitution, properties and use of wool, Textile Recorder, 1946, 63, Nr. 754, S. 47—49 und Nr. 755, S. 49—52.

Ein kleines Büchlein von C. L. Bird beschreibt die Theorie der Wollfärberei, erwähnt kurz die verschiedenen Operationen der Vorappretur, um dann auf die für Wollfärberei in Frage kommenden Farbstoffklassen überzugehen. Dabei werden die verschiedenen Farbstoffklassen sowohl vom chemischen als auch vom applikationstechnischen Standpunkt aus beleuchtet. Anschließend folgt ein Abschnitt über Halbwollfärberei. Für die Wollveredlung wichtige Textilhilfsprodukte, wobei natürlich hauptsächlich die englischen berücksichtigt sind, werden ebenfalls kurz beschrieben.

[3]) Bourgignon, Tiba 1926, S. 789; Grove-Palmer. R. G. M. C. 1928; S. 263.

Mathews (R. G. M. C. 1931, S. 417: L'acide formique dans l'industrie textile) hatte bereits 1920 angegeben, dass Ameisensäure gute Resultate für das Färben mit sauren Farbstoffen gibt. Zum Ausziehen der Färbebäder ist jedoch gegen Ende des Färbeprozesses die Zugabe von 1—2 % Schwefelsäure notwendig. Dieses Verfahren eignet sich besonders für schlecht egalisierende Farbstoffe; man verfährt in diesem Fall folgendermassen: Man fügt dem Färbebade 5 % Ameisensäure und 20 % Glaubersalz zu, geht mit der Ware bei 50° C ein, erhöht die Temperatur langsam bis zum Kochen, färbt ½ Stunde kochend, gibt 3 % Schwefelsäure zu und färbt noch mindestens 1 Stunde weiter.

Georgiewicz einerseits und Hall anderseits (The Chem. Techn. of Textile Fibres 1920, S. 189 und Text. Col. 1921, 43, S. 741) haben bewiesen, dass die Schwefelsäure für die Wollfaser schädlicher ist als die Ameisensäure, denn die animalische Faser verliert mehr an Gewicht durch die Behandlung mit der Mineralsäure. Die Ameisensäure erleichtert mehr das Ausziehen des Färbebades als die Essigsäure und erzeugt keinen harten Griff der Ware.

Laut *amer. P. 2.346.473*, 1944 (M. A. Dahlen und H. F. Clapham) erzielt man beim Färben der Wolle mit metallfreien Säurefarbstoffen auf glykolsäurehaltigem Färbbad, ein sehr gutes Ausziehen des Farbstoffes, ohne dass die Wollfaser schädlich beeinflusst wird, wie es mit Schwefelsäure der Fall ist.

Im *austr. P. 121.131*[1]) wird die Anwendung von Orthophosphorsäure bzw. Monoammoniumphosphat an Stelle der üblichen Schwefelsäure zum Wollfärben mit Säure-, Chrom- oder Metallkomplexfarbstoffen vorgeschlagen. Dadurch soll ein langsameres Aufziehen der Farbstoffe stattfinden und auch eine bessere Egalität und Durchfärbung erzielt werden. Ausser der geringen Azidität besitzt Phosphorsäure gegenüber Schwefelsäure noch den Vorteil, die Farbstoffe, die Faser und die Metallteile der Färbeapparatur weniger anzugreifen.

Diese Vorteile der Phosphorsäure sind auch in einer in englischer Sprache erschienenen Artikelserie von Edgar J. Noble hervorgehoben. Nach diesem Forscher entsprechen beim Färben

1333 g Phosphorsäure 75% =
2—3000 g Essigsäure 60%
1000 g Schwefelsäure 66° Bé
1010 g Ameisensäure 90%

Aus Versuchen der Ciba geht jedoch hervor, dass Phosphorsäure der Schwefelsäure beim Färben von Wolle nicht überlegen ist.

[1]) Teintex 1947, 12, S. 239. Noble, bekannt gemacht am 27. Februar 1946.

Die chromhaltigen Wollfarbstoffe benötigen zur vollständigen Entwicklung mehr Schwefelsäure und längere Kochzeit als saure Wollfarbstoffe[1]).

Zwecks egaler Ausfärbung benötigen diese Farbstoffe eine Säuremenge von 6—12%, bezogen auf das Warengewicht.

Während das Aufziehvermögen der gewöhnlichen sauren Farbstoffe bei zunehmender Wasserstoffionenkonzentration wächst und gleichzeitig das Egalisierungsvermögen abnimmt, kann man gerade die umgekehrte Erscheinung bei den Neolanfarbstoffen beobachten. (Anacker, Mell. 1936, Bd. 17, S. 332.) Diese Erscheinung ist auf die Gegenwart von Chromsalzen zurückzuführen.

Eine Reihe von Erfindungen der Ciba bezieht sich darauf, die Neolanfarben nicht auf stark sauren Bädern, sondern schonender zu färben.

Im *D.R.P. 550.930* und im *brit. P. 364.148* erwähnt Ciba, dass das Färben mit chromhaltigen Farbstoffen (Neolane) auf einem mit organischer Säure (H—COOH) angesäuerten Bade begonnen werden kann, dem man nach einer gewissen Färbezeit Schwefelsäure zusetzt. Bezüglich der Neolanfarbstoffe sind noch weitere Verbesserungen in dem *öst. P. 132.003* und *amer. P. 1.903.884* derselben Firma beschrieben.

Die relativ hohe Schwefelsäurekonzentration, welche zum Auffärben der chromhaltigen Farbstoffe (8—10% gegenüber 4% für gewöhnliche saure Farbstoffe) notwendig ist, bietet besonders für das Färben von Mischfasern ernste Nachteile. Die Untersuchungen hierüber führten zu Färbemethoden, die es erlauben, mit geringeren Schwefelsäuremengen zu färben. In diesem Sinne beschreiben das *D.R.P. 592.362*, 1932, welches ein Zusatzpatent zum *D.R.P. 550.930* ist, ebenso *D.R.P. 596.727*, 1932; R.G.M.C. 1934, S. 361, 403, 441; *brit. P. 365.118*, *408.497* und *franz. P. 760.812*, ein Verfahren, nach welchem die Mineralsäure teilweise durch Ameisensäure ersetzt wird, an deren Stelle man auch aromatische Säuren, z.B. Naphtalinsulfonsäuren, Amino- oder Hydroxynaphtalinsäuren, Karbonsäuren, Karboxylsulfosäuren, Benzylsulfanilsäuren und Sulfaminsäuren anwenden kann.

Das *franz. P. 760.812*, Ciba führt als Beispiel folgende Färbung mit einem sauren chromhaltigen Farbstoff an: Färben unter Zusatz von 1,5% Benzolsulfosäure während ½ Stunde bei 60° C., Erhitzen auf Kochtemperatur, Zugabe von 4% Schwefelsäure und 1—1½ Stunde bei dieser Temperatur weiterfärben.

Da das Färben mit Schwefelsäure und Ameisensäure zu unegalen Färbungen führt, wird in *D.R.P. 604.401*, *607.750; brit.*

[2]) Siehe Kramrisch., Neolan dyes, The Dyer 1947, 97, S. 78—79.

P. 411.474; amer. P. 2.040.796 von der I. G. Farbenindustrie Haynn-Rittinghausen ein Zusatz gewisser Schutzkolloide (protalbin- oder lysalbinsaures Natrium) als Mittel zur Herabsetzung des Säuregehaltes vorgeschlagen. (Wengr. Ber., 1934, Novemberheft; 1936, Februar- und Junihefte). Solche Schutzmittel sind Stärke, Leim, Dextrin, Abbauprodukte des Albumins (protalbinsaures oder lysalbinsaures Natrium), sowie die Reaktionsprodukte von Äthylenoxyd auf die höheren Fettalkohole.

Nach *D.R.P. 604.401* und *607.750* der I. G. Farbenindustrie-Haynn wird an Stelle der obengenannten Verbindungen die Anwendung von synthetisch dargestellten Produkten, welche die Eigenschaften von Schutzkolloiden haben, empfohlen; als solche kommen in Betracht die Polyglykoläther höherer Alkohole, ferner die Kondensationsprodukte von Äthylenoxyd mit höheren Fettalkoholen (Dodezylalkohol), zu welchen das Palatinechtsalz O gehören dürfte[1]).

Palatinechtsalz O der I. G. Farbenindustrie A.G. ist das Anlagerungsprodukt von Äthylenoxyd an einen höhermolekularen Fettalkohol von der allgemeinen Formel

$$C_n H_{2n+1} (OC_2H_4)_x OH$$

Die Anzahl der Äthylenoxydreste ist hoch, nämlich 10—20 Mol. auf 1 Mol. Fettalkohol.

Das nichtionogene Produkt besitzt keinerlei Affinität zur Wollfaser; seine egalisierende Wirkung bewirkt eine Veränderung des Dispersionsgrades der Chromkomplexfarbstoffteilchen, und zwar durch eine Vergrösserung derselben[2]).

Zufolge *brit. P. 439.675* der I. G. Farbenindustrie (Wengr. Ber. Februarheft 1936) kann das Färben mit chromhaltigen Farbstoffen und mit gewissen anderen sauren Farbstoffen (Säureviolett 6 BN) bei niederer Temperatur und mit kleineren Säuremengen vorgenommen werden, wenn man die Wollfaser vor dem Färben mit Lösungen von hochmolekularen Phosphonium- oder Sulfoniumderivaten behandelt, z. B. mit Triäthyldodezylphosphoniumbromid oder Äthylmethylcetylsulfoniumbromid.

---

[1]) Literatur über Palatinechtsalz O: Valkó, Mell. 1937, Bd. 18, S. 642; Rudolph, Z. f. ges. Text. Ind. 1932, Bd. 35, S. 611; Schöller, Mell. 1934, Bd. 15, S. 357; Gurlt, Mell. 1935, Bd. 16, S. 47; Haynn, Mell. 1935, Bd. 16, S. 286; Nüsslein, Mell. 1935, Bd. 16, S. 325; Jackel, Mell. 1935, Bd. 16, S. 443, 513; Günarf, Mell. 1935, Bd. 16, S. 443, 410; Demisch, Mell. 1936, Bd. 17, S. 232; Anacker, Mell. 1936, Bd. 17, S. 332; Hasse, Mell. 1937, Bd. 18, S. 456; Nicolai, Mell, 1935, Bd. 16, S. 709; Valkó, Trans. Faraday Soc. 1935, 31, S. 230, 254. Patente: *D.R.P. 604.401, 607.750, brit.* P. *411.474, amer. P. 2.040.796.*

[2]) Ein ähnliches Produckt ist Neolansalz P der Ciba.

Gemäss *D.R.P. 550.929* der I.G. Farbenindustrie lässt sich Wolle mit schwer egalisierenden Farbstoffen bei Temperaturen von 50—70° C in Gegenwart von Schwefelsäureestern aliphatischer oder aromatischer Derivaten egal färben; als Beispiel wird der Schwefelsäureester des Cetylalkohols angeführt.

Die I. G. Farbenindustrie empfiehlt zum gleichen Zwecke im *D.R.P. 529.859*, 1926 die Anwendung von Ammoniumderivaten, welche eine oder mehrere Alkyloxygruppen enthalten, z. B. das Zyklohexylmonoäthanolamin.

Im *D.R.P. 657.065* beschreibt Ciba folgendes Färbeverfahren für chromhaltige Farbstoffe (Neolane): Das Färbebad, welchem Schwefelsäure und Natriumsulfat zugesetzt sind, wird auf 90° C erwärmt; hierauf wird die Wolle eingefahren und erst dann die Farbstofflösung portionsweise zugegeben. Dieses Verfahren weicht von den üblichen insofern ab, als einerseits der Stoff in das saure auf 90° erwärmte Bad eingetragen wird und andererseits der Farbstoff in mehreren Malen zugegeben wird; es eignet sich besonders für die dunkelblauen Farbstoffe, welche durch Kuppeln von diazotierten Aminonaphtalinsulfosäuren mit Oxynaphtalinen entstehen.

Im *franz. P. 762.985*, 1933 (R. G. M. C. 1934, S. 478) empfiehlt Ciba, dem Färbebade Harnstoff oder Guanidin zuzusetzen, um ein besonders gutes Ausziehen zu bewirken und dunklere sowie egalere Färbungen zu erhalten; in diesem Falle wird trotzdem mit weniger Säure gefärbt.

Interessant ist auch, zu erwähnen, dass nach dem *öst. P. 135.674* der I.G. Farbenindustrie der Angriff der metallenen Färbeapparate durch Säuren und Zugabe kleiner Mengen eines organischen Sulfoxydes, z. B. Benzylsulfoxyd und eines Netzmittels verringert wird.

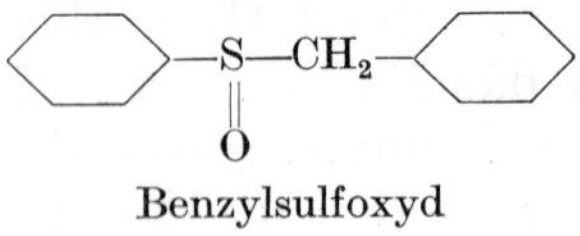

Benzylsulfoxyd

Wie bereits in diesem Kapitel bei der Beschreibung der Druckverfahren (*D.R.P. 643.549; franz. P. 771.270; brit. P. 376.918;* Zusatzanmeldung *44.949* zum *franz. P. 771.270; schweiz. P. 171.327; brit. P. 442.901; franz. P. 780.574*) dargelegt wurde, geben die chromhaltigen Farbstoffe, auf essigsaurem Bade gefärbt, lebhaftere und dunklere Töne, wenn man der Farbflotte kleine Mengen solcher aminierter Substanzen zugibt, welche dispergierende Eigenschaften besitzen und ein basisches Stickstoffatom enthalten, an welchem ein aliphatischer oder zykloaliphatischer Rest von hohem Molekulargewicht (mindestens 8 Kohlenstoffatome) gebunden ist; solche Verbindungen werden durch Einwirkung eines Sulfates einer quaternären Ammoniumbase auf ein Derivat von der Art der Sapamine gebildet. Die Patente führen folgende Verbindungen als Beispiel an:

Das Chlorhydrat des Dimethyloktodezylamins oder des Diäthylcetylamines

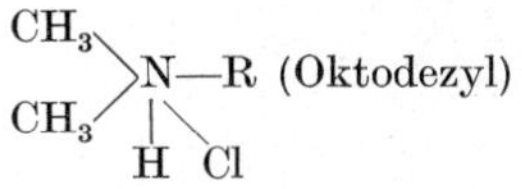

die Derivate, welche durch Einwirkung von Fettsäurechloriden auf substituierte asymmetrische Amine entstehen (Sapamine)

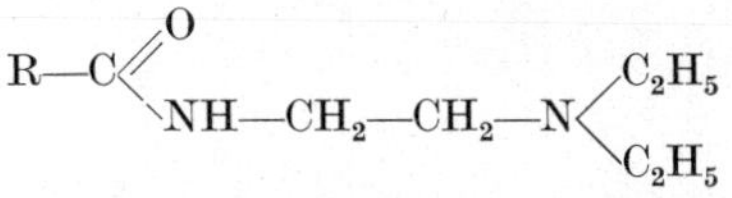

oder Körper wie das Trimethylammoniumsulfat des Monostearyl-p-Phenylendiamins, des Monooleyl-p-Phenylendiamins oder des Monooleyläthylendiamins und ebenfalls die Derivate des Imidazols. Diese basischen Verbindungen sind imstande, mit den $—SO_3H$- und —COOH-Gruppen der sauren Farbstoffe schwer lösliche Salze zu bilden.

Egalere Färbungen auf Wolle werden laut *franz. P. 913.715* (beantragt 25. August 1945, erteilt 3. Juni. 1946) von Everest und Wallwork, durch Zusatz kleiner Mengen kationaktiver Substanzen zum Färbebad erhalten.

Um das Ausfällen des Farbstoffes im Färbebade zu vermeiden, sollen nur geringe Mengen dieser dispergierenden Mittel zugesetzt werden. Mit dieser Ansicht steht jedoch das *D.R.P. 643.549* im Widerspruch, da es die Zugabe von viel grösseren Mengen dieser Produkte, und zwar 1—10%, empfiehlt. Der Vorteil dieses Zusatzes soll sowohl in der Verbesserung der Waschechtheit gewisser wenig waschechter Farbstoffe, wie Chinolingelb, Kitonblau usw. als auch in der Möglichkeit, sogar auf ungechlorter Wolle, vollere Farbtöne zu erhalten, liegen.

Nach den *brit. P. 433.230* und *436.790* sowie *436.863* ist es möglich, die Schwefelsäuremenge und folglich den Angriff der Wolle zu vermindern, wenn man die Färbung mit chromhaltigen Farbstoffen in Gegenwart von quaternären Ammoniumbasen, welche mit Alkyl- oder Arylgruppen substituiert sind, vornimmt; dieser Zusatz soll höchstens 1% betragen. Laut. *brit. P. 439.890* können diese Produkte auch für das Färben der gewöhnlichen sauren Farbstoffe auf essigsaurem Bade verwendet werden. (Wengr. Ber. 1936, Februarheft).

in saurer Lösung auf die Faser auf. Die Faser erhält so einen erheblichen Schutz gegen Schädigungen durch starke Säuren, sowohl beim Abziehen als auch beim Färben[1]).

Beim Färben von tierischen Fasern auf saurem Bade mit sauren Farbstoffen unter Mitverwendung von Basen und Schutzkolloiden (Eiweißspaltprodukte) werden leicht Farbstoffschmieren erhalten.

Nach einer Anmeldung von der Chem. Fabrik Grünau (8 m 1/03 C. 51.449 vom 4. März 1943) werden diese Schmieren nicht erhalten, wenn man dem Färbebade einfache heterozyklische Basen zugibt (Pyridin, Chinolin usw.). Die Färbeflotte soll z. B. neben dem Farbstoff und der Säure noch 3% hochmolekulare Eiweißspaltprodukte und 1,5% Pyridin enthalten.

Es soll hier auch erwähnt werden, dass verschiedene andere Hilfsmittel als Zusätze zu Färbebädern empfohlen wurden; vor allem handelt es sich hier um die Produkte: Leonil S und O-Lösung, Igepon T, Gardinol, Tetracarnit, Nekal BX, Oleocarnit und Eulysin A (I.G. Farbenindustrie).

Diese Produkte bieten den Vorteil, die Auflösung der als schwerlöslich bekannten Farbstoffe zu erleichtern und so eine bessere Durchdringung zu ermöglichen.

Bei sehr rasch ziehenden Farbstoffen wirken Invadin BL konz. und Invadin N stark zurückhaltend auf das Aufziehen im Färbebad. Man verwendet von den genannten Produkten 1—3%, berechnet auf das Gewicht der Wolle.

Die Chemische Fabrik Grünau hat sich anderer Arbeitsmethoden bedient und eine Reihe von Derivaten auf Basis von Eiweissabbauprodukten entwickelt, zu denen beispielsweise das Egalisal gehört (siehe Z. f. ges. Text.-Ind. 1934, S. 444; vgl. auch Benosert, *D.R.P. 361.038*, 1920 und *D.R.P. 330.133*)[2]). Die Wirkung dieser Erzeugnisse scheint darauf zu beruhen, dass sich die Wolle auf einem alten Bade, das Wollgelatine und Eiweissabbauprodukte enthält, besser färben lässt als auf frischen Bädern.

Im Amer. Dyest. Rep. 1947, 36, S. 45 stellen Millson, Watkins und Royer fest, dass die Reibechtheit der Wollfärbungen weniger vom Farbstoff selbst abhängt als von der Art der Vorappretur, der Färberei und der Nachappretur. Durch mikroskopische Untersuchungen wurde bewiesen, dass bei abreibbaren Wollfärbungen der Farbstoff in den meisten Fällen an der Aussenseite der Faser sitzt. Im ersten Stadium des Aufziehens, das heisst unterhalb der Kochtemperatur, hat der Farbstoff die grösste Neigung zum Abreiben, ein

[1]) Mell. 1933, S. 78; Z. f. ges. Text. Ind., Klepzig 1939, S. 619.

[2]) *Lamepon A* (Grünau); *Lanasan CL* und *FB*, *Protepon A* (Protex). Siehe Kap. I und XV dieses Werkes.

Nachteil, der nach längerem Kochen wesentlich verbessert wird. Der abreibbare Farbstoff befindet sich zum Teil an den Begrenzungsstellen der Schuppen, geht aber beim Kochen langsam in Lösung. Beim Färben auf stark saurem Bade mit Farbstoffen, die nur kleine Säuremengen benötigen, erhält man oberflächliche Färbungen von nur geringer Reibechtheit. Bekanntlich kann dieser Nachteil durch Verwendung von Ammoniumsalzen schwacher Säuren bzw. neutralen Bädern behoben werden. Spinnöle in der Wolle verursachen ebenfalls abreibbare Färbungen.

Paterson (Text. Col. 1937, Oktoberheft) hat die Substanzen, welche die Affinität der animalischen Faser für saure Farbstoffe erhöhen, einem eingehenden Studium unterzogen und empfiehlt die Anwendung von Pyridiniumbasen von hohem Molekulargewicht, z. B. das Oktodezylpyridiniumbromid:

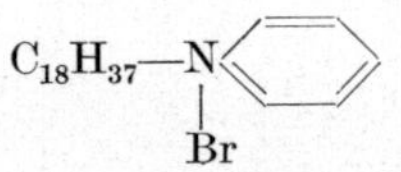

oder von Merkaptanderivaten und heterozyklischen Derivaten, welche durch Einwirkung von Alkylenoxyden (Äthylenoxyd) oder Äthylendiaminen auf albuminoide Substanzen entstehen. Da durch die Gegenwart dieser Körper die Temperatur des Färbebades erniedrigt werden kann, wäre die Möglichkeit gegeben, die sauren Farbstoffe auch für das Färben von Leder und Pelzwaren zu verwenden.

Das *brit. P. 488.783* (Aceta) beschreibt folgendes Verfahren, um die Affinität der Wollfaser für saure Farbstoffe zu erhöhen und hierdurch echtere Färbungen zu bewirken. Die Faser, welche als amphoteres Kolloid anzusehen ist, wird mit Derivaten behandelt, welche mit den sauren oder basischen Gruppen der Faser reagieren können; diese Derivate müssen mindestens einen Arylrest enthalten. Als Beispiel werden besonders die Isocyanate angeführt und hauptsächlich folgende Verbindung:

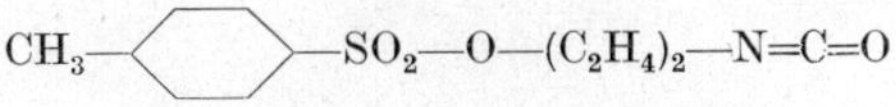

Toluolsulfoäthoxyisocyanat

Durch *amer. P. 2.133.288* schützt die National Aniline and Chemical Co., Inc. ein Färbeverfahren, welches ein besseres Egalisieren von sauren Farbstoffen auf der tierischen Faser bezweckt. Man färbt in einem sauren Bad unter Zusatz eines Alkylphenolsulfonats mit einem höheren Alkylradikal, das einen Alkylkohlenwasserstoffrest mit mindestens 12 Kohlenstoffatomen enthält.

Zum Schluss sei noch das *D.R.P. 663.569* Ciba erwähnt, laut welchem gewisse Kondensationsprodukte von Phenolen mit wasser-

Schluss zu, dass das Chrom ein mechanisches Hindernis in der Entfaltung der Peptidketten bildet.

In vielen Fällen können die beim Färben von Wolle mit Beizenfarbstoffen gewöhnlich verwendeten Mengen an Chrombeizmitteln erheblich reduziert werden, ohne dass die Nüance und die Farbechtheit beeinflusst werden. Chromsäure verleiht der Wolle eine wenig lichtechte gelbe Färbung, die besonders in Graunüancen bei Belichtung einen raschen Tonumschlag verursacht[1]).

Brit. P. 526.390 (Albertini-Callebaut). Das Verfahren ist dadurch gekennzeichnet, dass man die Wolle, um eine gleichmässige Färbung im Innern sowie an der Oberfläche zu erhalten, in einem geschlossenen Gefäss mit dem Färbebad behandelt und dass man dann die Ware, nach der Imprägnierung und nach Entfernung des Überschusses, auf eine Temperatur erwärmt, die gleich hoch oder höher ist als die Siedetemperatur der Färbeflotte. (Dieses Patent ist mit dem *belg. P. 438.310* identisch).

Gemäss *brit. P. 526.760* (Milnsbridge Chem. Works) färbt man Wolle in Flockenform oder aber Wolle, die dem Sonnenlicht ausgesetzt war, oder auch Mischungen gewöhnlicher Wolle mit chloriertem oder karbonisiertem Material, sei es in Form von Garn oder Geweben, mit chromierbaren Farbstoffen oder sauren Azofarbstoffmetallkomplexen, mit Bädern, die minimale Mengen (etwa 0,4 g per Liter) eines kationaktiven Hilfsmittels, allenfalls im Beisein von Pyridin, enthalten. Auf diese Weise kann man die normale Färbedauer herabsetzen, auch die Temperatur verringern und dennoch vollkommen egale Färbungen erhalten. Die genannten Hilfsmittel können dem Bade vor dem Farbstoffzusatz, vorteilhafter jedoch während des Färbeprozesses, beigegeben werden.

In einer sehr eingehenden Arbeit, die im J. Soc. D. and Col. 1939, 55, S. 529—549 erschienen ist, untersuchten Goodall und Hobday die Bedeutung der Temperatur in der Wollfärberei.

In einem interessanten Artikel, erschienen im Fachorgan SVF 1946, 1, S. 9 und 1946, 1, S. 34 behandelt Townend die durch Strukturveränderungen der Wolle verursachten Fehler beim Färben der Wolle und die Mittel diese Fehler zu vermeiden. Beim Karbonisieren (Bildung von Sulfaminsäuren aus den basischen Gruppen und der Schwefelsäure), beim Behandeln mit Wasserstoffsuperoxyd (Bildung von Sulfosäuren) und beim Schwefeln erleidet die Wolle eine Affinitätsverminderung zu den Farbstoffen. Hingegen tritt bei Alkalibehandlung, beim Krabben und Nassdekatieren, beim Belichten und durch Antischrumpfbehandlung, eine Affinitätserhöhung ein. Diese Nachteile können durch richtige Auswahl der Farbstoffe, durch Ver-

[1]) Rendall, Chem. Abstr. 1943, 37, S. 1043; Tect. J. Australia 17, S. 274.

wendung von geeigneten Hilfsprodukten, durch Abziehen und Wiederauffärben und durch Vorbehandlung der Wolle mit Wasserstoffsuperoxyd behoben werden. Um egale Färbungen auf verschieden ziehenden Wollen zu erhalten, ist es im allgemeinen vorteilhaft, die Ware vor oder nach dem Chlorieren einer Vorbehandlung mit Wasserstoffsuperoxyd zu unterziehen.

Unter dem Titel: Theorie und Praxis in der Wollfärberei zeigt F. L. Goodall[1]) an einem Beispiel, dass Polargelb R auf Wolle bei einer Temperatur von 20° C unegal aufzieht, während dieser Farbstoff bei Temperaturen von 80° oder 100° C ausegalisiert. Er verhält sich bei niedriger Temperatur wie ein kolloidaler Farbstoff, der schnell auf die Faser zieht, aber keine richtige Färbung ermöglicht. Bei Kochtemperaturen verhält sich Polargelb R wie ein saurer Egalisierfarbstoff. Die Färbungen wurden mit 3% Polargelb R und 3% Essigsäure 40% erstellt. Die Wirkung der Säure besteht darin, dass das Aufziehen des Farbstoffes vom p_H abhängig ist. Je stärker die Säure ist, desto schneller zieht der Farbstoff auf.

In Amer. Dyest. Rep. 1947, 36, S. 425, findet man eine Studie über Wollfärberei von Royer, Millson, Amick.

Wenn ein Wollfliess mit gewissen Farbstoffen gefärbt wird, so erhält man ungleichmässig gefärbte Fasern. Die Spitzen sind stark angefärbt, die Wurzelenden aber nur schwach oder umgekehrt. Farbstoffe, die die Spitzen stärker anfärben, werden nach einem Vorschlag von v. Bergen positive Farbstoffe genannt, die die Spitze schwächer anfärbenden negative Farbstoffe. An Hand von Mikrophotographien wird gezeigt, dass die Wollfaserspitzen ihre Schuppenstruktur verloren haben, die Wurzelenden nicht. Die Spitzen sind durch die Einflüsse der Witterung wie Sonne, Regen usw. geschädigt worden. Dies wird durch mikroskopische Schnitte bewiesen, indem das Wurzelende der gleichen Faser nicht, die Spitzen stark angefärbt wurden. Die Durchdringung der Faser beim Färben ist somit von der Schuppenschicht abhängig. Die Epidermis kann auch künstlich geborsten werden, wonach sich die Faser an der geborstenen Stelle anfärbt. Beim Färben von Calcochrome Blue-Black conc. unter Zusatz von 10% $MgSO_4$ und 3% NH_4OH (p_H 8—9) ergab sich die überraschende Tatsache, dass die Farbenausbeute stark verbessert werden konnte gegenüber dem Metachromverfahren. Es wurde nun gefunden, dass der weitere Zusatz von Calcometsalt eine weitere Verbesserung der Farbenausbeute bringen kann. Beim Calcometprozess wird mit der günstigsten Bichromatmenge in Gegenwart von Magnesiumsulfat und Ammoniak, sowie Calcometsalt gefärbt und Farbtöne erhalten, die dem Vor- oder Nachchromierungsverfahren

[1]) Amer. Dyest. Rep. 1947, 36, S. 380.

Gewicht der Wolle, bringt den Farbstoff zugleich hinein, dann färbt man eine Stunde kochend.

Die L. [illegible] patentierten im D. R. P. [illegible] ein Verfahren, nach welchem die [illegible] Farbstoffe behandelt wird, und zwar [illegible] Zwecke [illegible] Farbstoffe [illegible] Mengen [illegible] z. B. [illegible] D. R. P. [illegible] Wirkung [illegible] deutend [illegible].

Das Färben von Wollmischgespinsten.

Die größte Schwierigkeit beim Färben dieser Mischgespinste liegt darin, [illegible] Fasern übereinstimmende Färbungen zu erhalten. [illegible] Zellulose [illegible] um die Wollfaser und die [illegible] Farbstoffe zu [illegible]. Die [illegible] wirkt sich aber auf das Material [illegible] Zusatz [illegible] von Albert [illegible] Das Verfahren der [illegible] Farbstoffe [illegible] durch [illegible] Färbungen [illegible] und einen [illegible] Griff der Ware [illegible] Acetat [illegible] Zusatz von Ultravon W [illegible] welches [illegible] sehr gut [illegible].

Die [illegible] von Ultravon W [illegible] zu erhalten.

Durch eine Nachbehandlung mit Ultravon W [illegible] der [illegible] werden.

Auf [illegible] Farben [illegible] welche [illegible] Zellulose und tierische Fasern enthalten. Das Verfahren [illegible] der Wolle [illegible]:

$$R \cdot X + NH_3$$

[illegible]

$$R \cdot NH_2 + [illegible]$$

Dann färbt man in [illegible].

Gewicht der Ware, hierauf der Farbstoff zugegeben; dann färbt man eine Stunde kochend.

Die I. G. Farbenindustrie-Rabe patentiert im *D. R. P. 651.102* ein Verfahren, nach welchem die Eisenempfindlichkeit sauer ziehender Farbstoffe behoben wird, und zwar durch Zugabe entweder zur sauren Färbeflotte oder zum Nachchromierungsbade von geringfügigen Mengen saurer Pyrophosphate, z. B. saures Natriumpyrophosphat $Na_2H_2P_2O_7$, dessen Wirkung der des Metaphosphats bedeutend überlegen ist.

Das Färben von Wollmischgespinsten.

Die grösste Schwierigkeit beim Färben dieser Mischgespinste liegt darin, auf beiden Faserarten übereinstimmende Färbungen zu erhalten. Bei Vorhandensein raschziehender Zellulosekunstfasern ist oft längeres Kochen notwendig, um die Wollfaser auf die genügende Farbtiefe zu bringen. Die längere Kochdauer wirkt sich aber auf das Material ungünstig aus. Hier leistet ein Zusatz (0,25 bis 1 g/) von Albatex PO sehr gute Dienste. Das Aufziehen des substantiven Farbstoffanteiles auf die Zellulosefasern wird verlangsamt und dadurch eine viel gleichmässigere Anfärbung beider Faserstoffgruppen erzielt. Bei herabgesetzter Kochzeit erhält man eine ruhige Färbung und einen hervorragenden Griff der Ware. Mischungen von Wolle mit Azetatkunstfasern lassen sich auch mit Zusatz von Ultravon W färben, welches die Azetatkunstseidenfarbstoffe sehr gut dispergiert.

Das hohe Farbstoffdispergiervermögen von Ultravon W leistet auch da gute Dienste, wo es darum geht, besser reibechte Färbungen zu erhalten.

Durch eine Nachbehandlung mit Ultravon W werden die lose auf der Faser sitzenden Farbstoffpartikelchen entfernt, ausserdem erhält die Ware einen weichen, elastischen Griff.

Verfahren zum Färben von Mischgeweben: *amer. P. 2.121.337* (Gen. Aniline Works). Das Patent schützt einen Färbeprozess für gemischte Textilfasern- oder -gewebe, welche regenerierte Zellulose und tierische Fasern enthalten. Das Verfahren besteht in der Behandlung der Ware mit einem Amidin der folgenden allgemeinen Konstitution:

$$\mathrm{R{-}X{-}\underset{\underset{\displaystyle NH}{\|}}{C}{-}NH_2}$$

wo R = Alkylrest mit mindestens 10 Kohlenstoffatomen

$$\mathrm{x = {-}NH{-}\underset{\underset{\displaystyle NH}{\|}}{C}{-}NH{-}\underset{\underset{\displaystyle NH}{\|}}{C}{-}NH}$$

Dann färbt man in Gegenwart einer Chrombeize.

Das Färben von Mischgeweben aus Zellwolle-Wolle mit Mischungen von substantiven und sauren Farbstoffen bietet manchmal gewisse Schwierigkeiten, die unter dem Namen „Verkochen der Färbung" allgemein bekannt sind. Diese Erscheinung wird auf die Anwesenheit von Spaltprodukten der Wollproteinsubstanzen zurückgeführt, die eine reduzierende Wirkung auf die direkten Farbstoffe ausüben. In diesem Falle entstehen Tonverschiedenheiten. Laut Veröffentlichungen der I. G. Farbenindustrie kann dieser lästigen Erscheinung durch Anwendung von Vegansalz A (einer Mischung von Ammonsulfat und Harnstoff) abgeholfen werden.

Im *D. R. P. 695.630* (11. 10. 46) der I. G. Farbenindustrie ist ein Verfahren beschrieben, nach welchem Mischgewebe aus tierischen Fasern und Zellulosefasern, die mit chromierbaren substantiven Farbstoffen allein oder in Mischung mit Wollfarbstoffen unter Mitverwendung von Chromaten gefärbt sind, nachträglich mit Lösungen von Salzen des dreiwertigen Chroms behandelt werden. In Betracht kommen hierfür besonders Chromsulfat, -fluorid, -formiat, -azetat, -oxalat und deren Gemische. Man erhält hierbei Färbungen von wesentlich verbesserter Wasserechtheit, Wasch-, Walk-, Seewasser- und Schweissechtheit. Farbstoffe mit Salizylsäuregruppen ergeben besonders interessante Resultate.

Nach *amer. P. 2.325.972* (Gener. Anil. Works) können auf Mischgeweben aus Wolle (oder animalisierter Zellulose) und Polyamidfasern, egale Färbungen mit Säurefarbstoffen erzielt werden, wenn man dem Färbebad solche organische Säuren oder deren Salze zusetzt, die Affinität für genannte Fasern, nicht aber für die Farbstoffe (?) besitzen. Hierdurch wird die Farbstoffaufnahme durch die Polyamidfaser verzögert bzw. zugunsten der übrigen vorhandenen Fasern verschoben. Als organische Säuren kommen in Betracht: Salizylsäure, hochmolekulare aliphatische Säuren wie Oleylmethylaminomethansulfosäuren, Ester hochmolekularer Alkohole, usw.

Nach *D. R. P. 742.921* (beantragt 31. Januar 1942, erteilt 28. Oktober 1943, veröffentlicht 9. März 1944) verwendet man zum Färben von Mischgeweben aus Zellulose- und animalischen Fasern, Farbstoffe, welche o, o'-Dioxyazogruppen enthalten und die durch Kuppeln von 1 Mol. 2-Amino-5-Oxynaphtalinsulfosäure mit 1 Mol. eines o-Oxydiazoniumderivates der Benzolreihe, oder 1 Mol. einer eine Oxy- und eine Karboxylgruppe enthaltenden Diazoniumverbindung, erhalten werden. Die hiermit erhaltene Färbung behandelt man nachträglich mit einer Mischung von Kobaltsalzen und Wasserstoffsuperoxyd oder Persulfaten bzw. Perboraten. Verfahrensgemäss erhält man egale Färbungen von sehr guter Nass- und Lichtechtheit[1]).

---

[1]) Siehe auch *D. R. P. 742.646* (beantragt 18. 3. 42, erteilt 21. 10. 43, veröffentlicht 2. 3. 44.)

kann. Bei Färbungen mit einem Farbstoff, wie z. B. Säureorange 2 G, welcher sich in Lösung (molekulare Dispersion) befindet, bildet sich das Gleichgewicht zwischen dem abziehbaren Farbstoff und dem Farbstoff, welcher sich noch im Bade befindet, elfmal schneller bei einer Temperatur von 80° C als bei einer solchen von 0° C, während mit einem Farbstoff, welcher sich in kolloidaler Dispersion befindet, wie z. B. Polargelb R, die Menge des abgezogenen Farbstoffes bei niederer Temperatur geringer als bei hoher Temperatur ist, jedoch bleibt in beiden Fällen das Verhältnis kleiner als für Säureorange 2 G.

Gemäss *franz. P. 852.030* der I. G. Farbenindustrie vom 22. Januar 1940 ist die Echtheit von gewissen sauren Wollfarbstoffen in deren Anwendung auf künstlichen oder natürlichen animalisierten Textilfasern erheblich geringer als die gleicher Farbstoffe, wenn diese auf Wolle gefärbt sind.

Unter animalisierten Fasern sind insbesondere Zellulosefasern oder Zellulosederivatfasern, die einem Animalisierungsprozess unterworfen wurden, zu verstehen. Man kann diesem Mangel jedoch abhelfen und die Lichtechtheit der Färbungen auf animalisierten Fasern wesentlich erhöhen, wenn man diesen Fasern organische, nicht basische Verbindungen mit Kohlenstoffketten von 10—30 C zusetzt, welche Verbindungen Schwefelsäurereste enthalten müssen.

Zu diesem Zweck verwendet man die Sulfosäuren oder Sulfosäureester aliphatischer oder aromatischer Verbindungen, so z. B. der hochmolekularen aliphatischen Alkohole, ferner alkylierte oder aralkylierte Naphtalinsulfosäuren, Naphtolsulfosäuren usw. Ganz besonders haben sich hier die Sulfosäuren der Polyhalogenopolyhydroxytriphenylmethane bewährt.

Ein Beispiel, das zur Erklärung der Methode dient, ist das folgende: Viskosefasern, welche nach dem Verspinnen durch Behandlung mit 4% eines Kondensates von festem Trichloroparaffin und einem Polyäthylenpolyamin animalisiert sind (die Kondensation ist im *franz. P. 778.985* vom 28. September 1934 beschrieben) werden zusammen mit Wolle mit 2% eines sauren Farbstoffes gefärbt. Es stellte sich heraus, dass die Färbungen auf animalisierter Faser bei weitem unechter sind als diejenigen auf Wolle. Die Echtheit kann jedoch wesentlich verbessert werden, wenn man das gefärbte Material in einem Spülbad nachbehandelt, das in 1 Liter 0,6 g der 3,5,3′,5′-Tetrachlor-2,2′-Dihydroxytriphenylmethan-2-Sulfosäure und 0,2 cm^3 Essigsäure 30% enthält. Die derart nachbehandelten Färbungen erhalten hierdurch eine Lichtechtheit, die nunmehr derjenigen der mitgefärbten Wolle gleichkommt. Auch kann eine weit bessere Egalisierung festgestellt werden.

Abziehen von Wollfärbungen[1]).

Zum Abziehen der Färbungen benutzt man lösliches basisches Zinkformaldehydsulfoxylat in Gegenwart von Schutzmitteln wie Zucker, Sulfitablauge, Albuminabbauprodukte usw. Nach dem *D.R.P. 601.103* und *601.196* auch *brit. P. 409.336* der I.G. Farbenindustrie wird die Schutzwirkung dieser Substanzen durch Zusatz von Metallsalzen, deren Oxyde schwache Basen sind wie $MgSO_4$, $Mg(NO_3)_2$, gesteigert; man wendet auch Sulfitablaugen zusammen mit Metalloxyden (z. B. MgO, ZnO usw.) an. Die Faser wird ebenfalls geschont, wenn man dem Abziehbade Natriumsalze der Aminosäuren, z. B. aminoessigsaures Natrium, zusetzt. Diese Substanzen wurden bereits gelegentlich der Anwendung der Küpenfarbstoffe in der Wollfärberei erwähnt.

Das *D.R.P. 591.476*, 1932 der I.G. Farbenindustrie betont besonders, dass der Zusatz von 2—5% aminoessigsaurem Natrium zu einer Druckfarbe, welche den Küpenfarbstoff, Rongalit und Kaliumkarbonat enthält, den Angriff der Faser vermindert. Die Aminoessigsäure kann durch aromatische Aminosäuren, wie Aminosalizylsäure u. a. m. ersetzt werden.

Im *öst. P. 135.671* macht Freiberger auf die interessante Wirkung der Eiweissabbauprodukte aufmerksam, welche durch Einwirkung von Natronlauge auf Kasein bei hoher Temperatur oder von verdünnter Schwefelsäure auf Knochenleim erhalten werden. Dieser Forscher erhielt auf diese Weise ein Produkt, welches unter dem Namen Perkolloid als Zusatz (20 g/kg) zur Druckfarbe empfohlen wurde (ähnliche Produkte: Sirrix O und O O von Sandoz).

Diese Derivate sollen die Wollfaser vor dem Angriff durch Rongalitätzfarben schützen, was auch tatsächlich der Fall ist, aber leider nur in geringem Masse (10—15% weniger Angriff als ohne diesen Zusatz). Hingegen bewirkt ein Zusatz dieser Körper in Druckfarben eine bessere Farbstoffausbeute und vermindert das schlechte Egalisieren, welches sonst bei unregelmässigem Chloren oder ungenügender Feuchtigkeit beim Dämpfen leicht hervortreten kann.

Einen ähnlichen Einfluss haben auch wasserlösliche sulfonierte Phosphatide, wie sie nach dem *D.R.P. 660.736*, *691.229* und *691.486* von Stockhausen erhalten werden.

Schon im Jahre 1936 hat Seidel eine Reihe von Textilhilfsmitteln beschrieben, die aus aromatischen Aminen durch Behandlung mit langkettigen Azyl- oder Alkylhalogeniden in Gegenwart von Pyridin hergestellt wurden.

---

[1]) Siehe Kap. I, S. 109, 211 und Kap. IV, S. 392. *D.R.P. 583.533*; *brit. P. 394.632*; *amer. P. 1.990.852*; *franz. P. 753.141*; *schweiz. P. 167.489* der I. G. Farbenindustrie; R.G.M.C. 1934, S. 154, 227 und 361; Bull. Föd. Band I, S. 514.

In den Ber. d. deutschen Chem. Ges. 1939 (72) Bd. 1, S. 45, kommen Seidel und Brösamle auf diese Arbeiten zurück und stellen fest, dass hierbei nicht immer die Alkylgruppe an den Aminostickstoff angelagert wird, sondern dass nebenbei z. B. Oktodezylpyridiniumbromid sich bildet, welches die Wasserlöslichkeit des ganzen Komplexes erhöht.

Wenn man als Amin, anstatt der farblosen Verbindungen, gefärbte Körper anwendet, so erhält man wohl echte, aber im Verhältnis zu den ursprünglichen Färbungen schwächere Farbtöne.

Dies brachte die Verfasser auf den Gedanken, schon vorhandene Ausfärbungen aufzuhellen, also abzuziehen.

Es wird hier als Grund der Aufhellung eine komplexe Anlagerung und dadurch eine Farbstoffveränderung angenommen. Die Lissolaminen der Imp. Chem. Ind. sind nämlich ganz analoge Verbindungen; auch sie dienen schon ohne Reduktionsmittelzusatz zum Abziehen von Färbungen.

Ätzdruck auf Wollfärbungen.

Die gewöhnlich angewendeten Ätzfarben auf Wollfärbungen sind Rongalitätzen. Um den gelben Ton der Wolle zu verdecken, wird der Druckfarbe ein weisses Pigment zugegeben, welches mit Albumin fixiert wird. Als Pigment verwendet man Zinkoxyd, Titanoxyd oder Lithopon. (*D. R. P. 166.717*, M. L. B.; Fischer's Berichte 1906, S. 439.)

M. Battegay (Bull. Mulh. 1919, S. 103) empfiehlt die Anwendung von Bariumwolframat. Es sei diesbezüglich daran erinnert, dass dieses Salz von A. Scheurer (Bull. Mulh. 1899, S. 220 und 1921, S. 69) bereits 1899 für Matteffekte (Opalinartikel) und als Beize für basische Farben in Reservefarben unter Anilinschwarz verwendet wurde.

Bessere Weisseffekte auf geätzten Wollgeweben erhält man durch Nachbehandlung mit optischen Bleichmitteln wie Uvitex WS der Ciba.

Der hauptsächlichste Nachteil der Rongalitätzen liegt im Angriff der Wollfaser, welcher durch die Zersetzung des Sulfoxylates, in Sulfit und Schwefelnatrium, während des Dämpfens hervorgerufen wird (Tiba, 1934, Februarheft, S. 137). Es scheint möglich, diesen Angriff durch Zusatz zur Druckfarbe von zweiwertigen, ein weisses, unlösliches Sulfid bildenden Metallsalzen, zu vermindern.

Das Zinksulfat scheint für diesen Zweck besonders geeignet; leider wird die Druckfarbe durch diesen Zusatz unbeständig (Haller, Tiba 1934, S. 23 und 137).

Das Äthyltartrat wurde von der I. G Farbenindustrie empfohlen; es ist jedoch nur von geringer Wirkung.

Nach dem *D.R.P. 591.476* und *schweiz. P. 167.489* der I.G. Farbenindustrie soll aminoessigsaures Natrium den Faserangriff um 30% herabsetzen. Gewisse Ammoniumsalze, z. B. Ammoniumzitrat (R.G.M.C. 1933, S. 21) können in gewissen Fällen einen günstigen Einfluss auf das Ätzweiss ausüben.

Die Ciba macht darauf aufmerksam, dass der Faserangriff durch die Zersetzungsprodukte des Rongalits zum Teil vermieden wird, wenn man der Druckfarbe Salze der Monochlor- oder Monobromessigsäuren sowie der Chloropropionsäure zugibt, deren Halogen ersetzbar ist und während des Dämpfens mit den gebildeten Alkalisalzen, Na_2SO_3, Na_2S, in Reaktion treten kann, wodurch Salze entstehen, welche keine schädliche Wirkung auf die Wolle ausüben. Als Beispiel wird folgende Ätzfarbe angeführt:

150 T.	Rongalit
70 T.	Zinkoxyd
100 T.	Glyzerin
100 T.	Monochloressigsaures Natrium
100 T.	Harnstoff
480 T.	Britishgumverdickung
1000 T.	

Der Faserangriff wird mit solchen Ätzen um etwa 20—25% verringert. Es wurde festgestellt, dass ebenfalls Harnstoff, Thiodiäthylenglykol oder Glyzerin von günstiger Wirkung sind. (*D.R.P. 621.578*, 1933; *franz. P. 780.588*, 1934; *amer. P. 2.024.038; brit. P. 429.469; schweiz. P. 172.047;* R.G.M.C. 1935, S. 437; R.G.M.C. 1936, S. 483; Wengr. Ber. 1935, Märzheft, S. 17 und 1936, Januarheft, S. 19.)

Als praktisches Ergebnis dieser Arbeiten brachte die Ciba das Albatex L in den Handel, welches wahrscheinlich Natriummonochlorazetat ist.

Die Abbauprodukte der Eiweisskörper, besonders des Kaseins, als Schutzmittel, wurden bereits oben für das Abziehen der Wollfärbungen erwähnt; sie können zum gleichen Zwecke den Ätzfarben zugegeben werden (Perkolloid von Freiberger, Egalisal von Protex). Dieselbe Frage behandelt das *D.R.P. 623.739* von Landshoff und Meyer (R.G.M.C. 1936, S. 514; Wengr. Ber. 1936, Januarheft, S. 19), welches ebenfalls den Zusatz von Albuminabbauprodukten, namentlich der Salze der Protalbin- und Lysalbinsäure, empfiehlt. Jedoch scheinen diese Substanzen, zumal als Schutzmittel in Ätzfarben, von geringer Wirkung zu sein; in keinem Fall war es hiermit möglich, den Faserangriff um mehr als 10% herabzusetzen.

Ein neueres Verfahren (Débalane N von Laboratoires Zundel, Joliet & Cie. in Gennevilliers), welches sehr interessante Resultate zu geben scheint, stützt sich auf die Verwendung von organischen Substanzen, welche amphoter sind. Nach den Angaben hierüber soll es mit Hilfe dieses Produktes möglich sein, den Faserangriff durch Rongalitätzen vollständig aufzuheben und sogar grosse Flächen ohne jegliche Faserschwächung zu ätzen.

Im *amer. P. 2.005.182* der Celanese wird ein Zusatz von Harnstoff, Anilin und substituiertem Harnstoff zu Zinnsalzätzen auf Naturseide und Mischfasern empfohlen. Diese Substanzen sollen die Faser während des Dämpfens gegen den schädlichen Einfluss der Ätze schützen.

Es ist bekannt, dass SO_2 abscheidende Substanzen während des Dämpfens eine Verringerung der Faserfestigkeit erzeugen, die sich insbesondere beim Ätzen von Wollfärbungen unangenehm bemerkbar macht. Diesen Nachteil kann man laut *brit. P. 589.193* (The Dyer 1947, 4, S. 179) dadurch vermindern, dass man die Wolle vor oder während des Färbens mit Formaldehyd oder formaldehydabgebenden Substanzen behandelt. Formaldehydabgebende Substanzen sind: Methylol, Hexamin, Mono- oder Dimethylolharnstoff. Beispiel: 100 g Wollgewebe wurde während einer Stunde kochend gefärbt in einem Färbebad von 5 Liter, enthaltend:

2 g Neolanblau GG
4—5 cm^3 konz. Schwefelsäure (8—10 % auf das Materialgewicht berechnet)
100 cm^3 Formaldehyd 40%.

Dann wird gespült, neutralisiert, gespült, getrocknet und mit einer Kalziumsulfoxylatformaldehyd und Tragantverdickung enthaltenden Ätzfarbe bedruckt, schliesslich gedämpft, gespült und getrocknet. Die Reissfestigkeit derart geätzter Wollware ist bedeutend besser, als bei solcher, die nicht vorbehandelt wurde.

Die Immunisierung der Wollfasern[1]).

Die ersten sich auf die Immunisation der Wolle beziehenden Arbeiten, welche zu einer technischen Verwendung führten, stammen aus dem Jahr 1900[2])

Das Becke- und Beil'sche Verfahren[3]) besteht in der Behandlung der Wolle in einer Tanninlösung und darauffolgendem Fixieren des

[1]) Siehe diesbezüglich das Werk: Neue Verfahren in der Praxis der Veredlung der Textilfasern, Bd. I, Kap. II, S. 319; Freedland und Robertson, The Dyer 1934, Bd. 71, S. 395.

[2]) E. Sack, Vortrag gehalten gelegentlich des XII. Kongresses der A.C.I.T., veröffentlicht in einem Ergänzungsdruck zum November-Dezemberheft 1929, S. 18 der Revue de l'A.C.I.T.

[3]) Becke und Beil, *D. R. P. 137.947*, 1900.

Gerbstoffes mittels Metallsalze, namentlich mit Zinn- oder Antimonsalzen. Das betreffende Patent führt folgendes Beispiel an: einstündige Behandlung bei Siedetemperatur mit 10% Tannin, berechnet auf das Gewicht der Wolle, halbstündiges Fixieren in einem 1% Oxalsäure und 5% Brechweinstein enthaltenden Bad, Spülen unter Zusatz von Stannochlorid zum Spülbad.

Dieses Verfahren eignet sich ebensogut für weisse als für gefärbte Wolle. Die Wollfaser verliert teilweise oder vollständig ihre Affinität zu sauren und zu Chromierungsfarbstoffen, dagegen nimmt ihre Affinität zu basischen Farbstoffen merklich zu.

Trotz seiner einfachen und leichten Ausführung fand dieses Verfahren, wegen der geringen Beständigkeit der reservierenden Wirkung, welche einer Behandlung in einem Schwefelsäurebad bei Kochtemperatur nicht widersteht, keine besondere technische Verwertung, weil das Überfärben nur in Gegenwart von organischen Säuren bei Temperaturen von höchstens 80° C möglich ist und unter diesen Bedingungen das Ausziehen des Färbebades und eine gleichmässige Färbung nicht erreicht wird.

Bayer & Co[1]). in Leverkusen schlugen vor, um die Wolle für die Aufnahme von Farbstoffen unempfänglich zu machen, entweder Aldehyde bzw. ihre Kondensationsprodukte oder organische Sulfosäuren auch Sulfoverbindungen von Fettsäuren, ferner Seifen zusammen mit Zinnsalzen auf die Faser niederzuschlagen.

Ein weiteres Verfahren, welches auf der Behandlung der tierischen Faser mit Kondensationsprodukten aus Phenolen mit Aldehyden beruht, wurde 1919 von Cassella empfohlen.

1922 veröffentlichte Cassella ein Verfahren, welches sich auf die Tanninreservemethode von Becke und Beil stützt. Der Unterschied der neuen Arbeitsweise liegt darin, dass die Wolle mit einer grösseren Menge Tannin in Gegenwart von Essigsäure behandelt und das Tannin mit Zinnsalz in Gegenwart von Chromazetat fixiert wird.

Cassella brachte ein Produkt unter der Bezeichnung Reserve C für Wolle (Réserve pour laine N von Kuhlmann-Francolor) in den Handel. Die Anwendung bestand darin, die Wolle in 60—80% dieser mit Wasser verdünnten Reserve bei Kochtemperatur während einer Stunde zu behandeln und sie nach dem Spülen während 34 Stunden in ein zweites Bad, welches 2% Zinnsalz, 10% Chromazetatlösung 20° Bé und 10% Essigsäure 6° Bé enthält, einzulegen. Die nach diesem neuen Verfahren erhaltenen Effekte sind viel besser und beständiger als diejenigen, welche man mit der Methode von Becke und Beil erhält. Um weisse Reserveeffekte zu erhalten, ist jedoch diese Reserve nicht genügend stark und bleibt hinter der Wirkung der

[1]) *D. R. P. 337.887*/1915 und *D. R. P. 340.454*/1915.

Azetylierungsmethode weit zurück. Aus diesem Grunde ist letztere für die Herstellung gewisser Artikel unentbehrlich.

Nach dem *D.R.P. 395.773*, 1923, und *brit. P. 204.008*, 1923, beide von Cassella, kann statt Tannin auch esterifiziertes Tannin verwendet werden.

Die Ciba schützt im *D.R.P. 629.368* und im *franz. P. 797.276* ein Immunisierungsverfahren, welches in einer Behandlung der Wollgarne mit Hypobromitlösungen besteht. Die dabei auftretende Gelbfärbung der Faser wird mit Bisulfit zerstört. Solche Garne sind gegen saure Wollfarbstoffe (Tartrazin, Kitonrot u. a. m.) immun. Das Verfahren bietet ausserdem den Vorteil, dass vorgefärbte und dann erst immunisierte Garne überfärbeecht sind.

Nach dem *D.R.P. 626.785*, ebenfalls von der Ciba, erhält man zwar nicht vollständige Immuneffekte, aber doch bedeutend abgeschwächte Färbungen durch Behandlung von Wollfaser mit Kondensationsprodukten von aromatischen Sulfosäuren mit Benzoin. Die Darstellung derartiger Produkte beschreibt die Ciba in den *D.R.P. 517.498* sowie im Zusatzpatent *D.R.P. 582.380.* Nach dem ersteren Patent entstehen solche Kondensationsprodukte durch Einwirkung von benzolsulfosaurem Natrium auf Benzoin, nach dem Zusatzpatent durch Sulfonierung eines Gemisches von Naphtalin, Benzoin und einem Alkohol (Butylalkohol).

Es ist das Verdienst der Firma Cassella, gefunden zu haben, dass Wolle durch Azetylierung immunisiert werden kann (1922). Nach Angaben dieser Firma behandelt man die Wollfaser mit einer Mischung von Eisessig und Essigsäureanhydrid in Gegenwart von Substanzen wie Mineralsäuren oder Salzen dieser Säuren mit schwachen Alkalien; die Firma erhielt hierfür die *D.R.P. 380.994* und *384.103.*

Die nach dem Azetylierungsverfahren bewirkte Immunisation ist bedeutend besser als diejenige, welche nach dem Becke-Beil-Tanninverfahren erhalten wird. Die reservierte Wolle bleibt nach dem Färben auf schwefelsaurem Bade rein weiss und widersteht den Operationen der Bleiche. Dieses Verfahren hat jedoch den Übelstand, eine besondere Apparatur zu benötigen.

Diese Apparatur[1]) wird laut *franz. P. 661.210* von Kuhlmann aus Steingut hergestellt und ist derart aufgebaut, dass die Zirkulation des Eisessigs und des Essigsäureanhydrids möglich ist, ohne dass die Wolle dabei in Bewegung kommt, da sie andernfalls verfilzt würde. Zur Behandlung von 1 kg Wolle braucht man 1 Liter Essigsäure-

[1]) Diese Apparatur wird von den Deutschen Steinzeugwarenfabriken für Kanalisation und Chemische Industrie, Friedrichsfeld in Baden, hergestellt. I. G. Farbenindustrie, Ratgeber für das Färben der Wolle.

anhydrid, 4 Liter Eisessig, 76 cm^3 100 %ige Schwefelsäure und 80 cm^3 Dimethylanilin. Die Azetylierung wird bei 58° C in 4—5 Stunden ausgeführt[1]).

Der Azetylierungsprozess, auch Gunay-Verfahren genannt, stützt sich auf die Neutralisation der basischen Gruppen der Wolle, welche ein Eiweisskörper ist, deren charakteristischster Bestandteil eine sulfonierte Aminosäure, das Cystin ist.

$$\underset{\displaystyle NH_2}{\overset{}{HOOC—\underset{|}{CH}}}—CH_2—S—S—CH_2—\underset{\displaystyle NH_2}{\underset{|}{CH}}—COOH \quad \text{(Cystin)}$$

Nach E. Fischer gehört das Cystin zu den Molekularkomplexen von sehr hohem Molekulargewicht; es wird folglich leicht angegriffen.

Im *amer. P. 2.148.804* beschreibt Bayer die Herstellung von reservierenden Beizen für Wolle, welche auch als Tanninersatz verwendbar sind. Solche Substanzen werden durch Kondensation von 1,7-Naphtalindisulfosäure mit Fettalkoholen erhalten. Die erhaltenen Produkte werden dann mit Formaldehyd oder mit Benzylchlorid nochmals kondensiert.

Die Ciba empfiehlt in den *franz. P. 791.071* und *791.460* die Verwendung von Halogenverbindungen des Phosphors, Arsens oder Antimons, z. B. Phosphortrichlorid in neutraler Lösung oder auch von Cyanchlorid in Chlorbenzollösung. Dieses Produkt von der Formel CNCl kommt fast immer im polymerisierten Zustand als Cyanurchlorid $C_3N_3Cl_3$ vor. Eine alkalische Behandlung ist sofort nach dem Degummieren unbedingt notwendig.

Die Firma gibt folgenden Fabrikationsvorgang an: 15 Teile Wolle werden angefeuchtet und während 2 Minuten in einer 18 %igen auf 10—15° C abgekühlten Natronlauge behandelt, von der überschüssigen Lauge durch Abpressen befreit und sofort in eine Lösung von 10 % Cyanurchlorid in Chlorbenzol eingelegt. In dieser Lösung wird die Ware eine Stunde behandelt. Die Temperatur steigt ziemlich rasch auf 40° C. Hierauf wird das Wollgarn ausgequetscht, geseift und gewaschen. Man kann auch nach der Immunisation mit geeigneten Lösungsmitteln, z. B. mit Chlorbenzol, und hierauffolgend mit Alkohol auswaschen und trocknen.

In der Praxis ist eine vollständige Immunisation nur zum Erhalten von Weisseffekten in Mischungen von immunisiertem und nicht immunisiertem Garn erforderlich. Für zweifarbige Effekte auf Wolle- und Baumwollmischungen oder Wolle-Viskosegemisch usw. verwendet man Tannin oder Tanninersatzmittel, deren Zusatz zum Färbebad eine ganze Anzahl Benzidinfarbstoffe am Aufziehen der

[1]) J. Niederhauser, Tika 1923, S. 21.

Wolle verhindert. Man erhält so reinere Farbtöne auf Wolle und sattere Baumwollfärbungen, d. h. bessere zweifarbige Effekte.

Die unter verschiedenen Namen, wie Katanol W und SL (I. G. Farbenindustrie), Depsoline NRL (Kuhlmann), Erional L und CL (Geigy), Thiotan RS (Sandoz), Mordant S.A.P.C. Albatex WS (Ciba) und andere im Handel vorkommenden Tanninersatzmarken eignen sich um in beliebigen Farbtönen vorgefärbte Wolle vor dem Überfärben mit Baumwollfarbstoffen zu reservieren.

Man färbt das Mischgewebe auf zwei Bädern, d. h. man färbt zuerst die Wolle auf saurem Bade, spült und färbt nun die Baumwolle mit entsprechenden Baumwollfarbstoffen unter gleichzeitigem Zusatz des Reservierungsmittels. Beim Färben auf neutralem Bade in Gegenwart von Natriumsulfat verhindert ein Zusatz dieser Reservierungsmittel das Aufziehen der Baumwollfarbstoffe auf die Wolle und hilft zugleich tiefere Färbungen auf Baumwolle zu erhalten.

Die Produkte, welche das Anfärben der Wolle mit direkten Farbstoffen in Mischtextilien verhindern, sind einerseits die Thiophenole, welche durch Sulfurierung des Phenols und seiner Homologen entstehen (*D.R.P. 400.242*, *406.675*, *409.782*, *409.783; franz. P. 615.786*, *658.364; brit. P. 348.530*, *382.423*, *390.931* und Zusatzanmeldung *37.391* von der Ciba), andererseits Kondensationsprodukte von Benzylchlorid mit sulfoniertem Naphtalin (Katanol WL und WRL; *D.R.P. 436.881* und Zusatzanmeldung *F. 56.545*, *Gruppe 23*, *Kl. 120; franz. P. 588.933* der I. G. Farbenindustrie), oder auch Kondensationsprodukte von Formaldehyd mit Naphtalinsulfosäure (Setamol WS der I. G. Farbenindustrie).

Nach den Arbeiten von Stiasny (*D.R.P. 282.313*, 1913, von Bayer; *amer. P. 1.982.619; brit. P. 388.936* von Geigy, Wengr. Ber. 1935, Januarheft) erhält man analoge Produkte durch Erhitzen von Phenolen mit Formaldehyd in leicht saurer Lösung und nachträgliches Sulfonieren, oder ungekehrt, indem man von einer Phenolsulfosäure ausgeht, welche man mit Formol kondensiert. Ein ähnliches Produkt lässt sich auch erhalten, wenn man 10 Teile Naphtalin während 6 Stunden bei 150° C mit 10 Teilen Schwefelsäure von 66° Bé behandelt, hierauf auf 100° C abkühlt, 4,3 Teile Formaldehyd 30%ig zufügt und teilweise mit kaustischer Soda neutralisiert (Neradol).

Durch Einwirkung von löslichen Zinnsalzen auf die oben beschriebenen Thiophenole erhält man Produkte, welche die natürliche Seide und die Azetatseide in Mischgeweben während des Färbens mit Küpenfarbstoffen weiss reservieren (*D.R.P. 562.277; brit. P. 360.378*, *362.501*, *393.011* der I.G. Farbenindustrie und *franz. P. 730.541;* Bull. Föd. Bd. II, S. 127).

Nach der I. G. Farbenindustrie[1]) lassen sich ebenfalls Körper anwenden, die ähnliche Eigenschaften wie die Thiophenole besitzen. Solche Verbindungen werden erhalten, indem man von Aminosulfo- oder Aminokarbonsäuren ausgeht, in welchen die Wasserstoffatome der NH_2-Gruppe durch Alkyl- oder Arylgruppen ersetzt werden, z. B.

$$Cl_2{=}C_6H_3{-}SO_2{-}NH{-}\underset{\displaystyle SO_3H}{\underset{|}{C_6H_3}}{-}\underset{\displaystyle SO_3H}{\underset{|}{C_6H_3}}{-}NH{-}SO_2{-}C_6H_3{=}Cl_2$$

D.R.P. 544.796, 566.268, 545.349, 552.005; schweiz. P. 153.194, 153.824 von der I. G. Farbenindustrie; *brit. P. 365.534, 374.928, 375.885, 382.333* von Sandoz; *brit. P. 379.314* von der Imp. Chem. Ind.; *öst. P. 132.712, 134.281, 136.004* von Sandoz.

Das *amer. P. 1.902.450* der I. G. Farbenindustrie-Huismann-Schweitzer schützt neuartige Produkte mit sehr langer Kette, welche aus substituierten Amiden von Arylsulfosäuren oder Arylkarbonsäuren bestehen.

Diese Körper sind wasserlöslich; als Beispiele werden Derivate genannt, in welchen die Wasserstoffatome der Amidogruppe durch Aryl- oder Aralkylreste substituiert sind (vgl. obiges *D. R. P. 544.796*) oder auch Derivate von Di- oder Trioxytriphenylmethan sowie Schwefelsäureester hochsubstituierter aliphatischer Alkohole.

Ciba bereitet Kondensationsprodukte aus Phenolen, Kresolen oder Naphtolen mit Benzoin (*D.R.P. 617.644; franz. P. 749.012* und *658.364;* Bull. Föd. Bd. II, S. 226; R.G.M.C. 1938, S. 45). Das letzte Patent entspricht wahrscheinlich dem unter dem Handelsnamen Albatex WS bekannte Produkt, welches durch Kondensation von 2 Molekülen Benzaldehyd erhalten wird und folgender Formel entspricht:

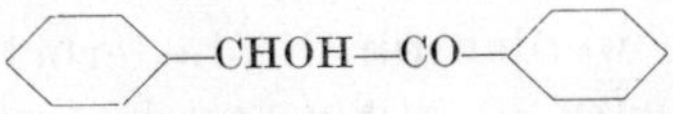

Diese Verbindungen sind nicht nur Beizen für basische Farbstoffe oder Reservemittel für Wolle, sondern sie üben auch eine egalisierende Wirkung beim Färben mit sauren Farbstoffen aus und werden angewendet, um die Echtheit der Färbungen gegen saures Walken zu verbessern.

Albatex WS ist ein wirksames Reservierungsmittel für Wolle und Seide gegenüber Direktfarbstoffen. Dieses Produkt kommt auch dann zur Anwendung, wenn Halbwolle zweifarbig gefärbt werden muss. Man färbt die Wolle mit geeigneten Säurefarbstoffen vor, welche die Zellulosefasern reservieren, und färbt diese nachher auf einem frischen Bad unter Zusatz von Albatex WS mit Direktfarbstoffen.

[1]) *Franz. P. 692.890*/1930; vergleiche auch *schweiz. P. 153.194*/1930; *D. R. P. 537.768*/1929, *541.629*/1929; *brit. P. 304.712*/1929.

Laut *D. R. P. 626.785*, 1930 von der Ciba, vermindern die Kondensationsprodukte aus Benzoin mit sulfonierten aromatischen Kohlenwasserstoffen die Affinität der Faser zu sauren Farbstoffen[1]).

Dieselbe Firma stellt im *D. R. P. 629.368*, 1934 und im *franz. P. 797.276*, 1935 fest, dass die tierischen Fasern durch Vorbehandlung mit Natriumhypobromit gegen solche Farbstoffe, die in neutralem oder saurem Bade aufziehen, immunisiert werden und gibt folgendes Rezept als Beispiel an: Man löst bei 0° C 2,2 cm³ Brom in 1 Liter $^1/_{10}$ n-Natronlauge auf und taucht die Wolle während ½ Stunde bei 15° C in diese Lösung ein. Die Wolle, welche durch diese Behandlung eine braune Farbe angenommen hat, wird gespült, durch eine verdünnte Bisulfitlösung gezogen, geseift und gewaschen. Wenn man so vorbehandelte Wolle mit gewöhnlicher Wolle mischt und mit sauren Farbstoffen färbt, erhält man auf beiden Fasern Färbungen verschiedener Intensität. Nach dem *amer. P. 1.982.619* von Geigy-Bucherer kommen die wasserlöslichen Kondensationsprodukte aus Harnstoff und Formaldehyd ebenfalls für das Immunisieren der Wolle in Frage.

Die I. G. Farbenindustrie beschreibt im *brit. P. 482.524* die Bereitung aromatischer, hochmolekularer Verbindungen, die als Polysulfonamide, welche einen sulfonierten oder karboxylierten Kern enthalten, angesprochen werden können:

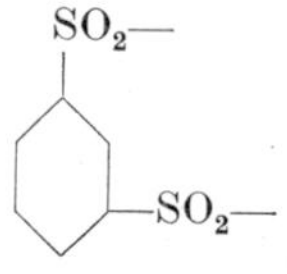

oder

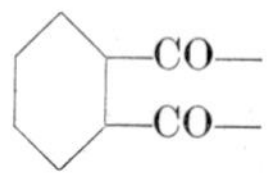

An jede dieser Sulfo- oder Karboxylgruppen sind langkettige aromatische Sulfamide gebunden.

Die Verbindungen werden für die Lederbehandlung, als Tanninersatzmittel, als Wollbeize an Stelle von Katanol W und endlich als Reservemittel für Wolle während des Färbens mit direkten Farbstoffen empfohlen; sie widerstehen der Wirkung von Salzlösungen und des Lichtes besser als die bis jetzt gebräuchlichen Produkte.

Ein ähnliches Verfahren wurde von Geigy ausgearbeitet und im *franz. P. 838.318* festgelegt; durch Kondensation von aromatischen Aldehydsulfosäuren mit aromatischen Kohlenwasserstoffen erhält man Verbindungen, die der Konstitution:

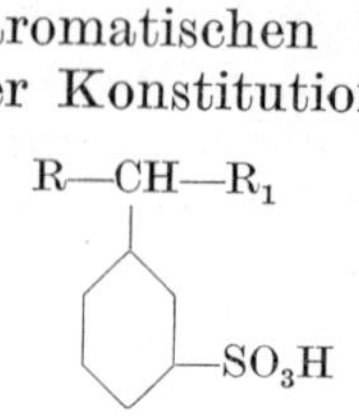

[1]) Siehe auch *D. R. P. 517.498* und *582.380*.

entsprechen und welche die Wolle während des Färbens mit substantiven Farbstoffen reservieren. Als Beispiel wird folgende Arbeitsweise angegeben: Naphtalin wird in Gegenwart von Eisessig als Katalysator mit Schwefelsäure behandelt; dem erhaltenen Sulfonierungsprodukt gibt man Benzaldehyddisulfosäure zu, bis kein freies Aldehyd mehr anwesend ist. Man bewirkt hierauf die Kondensation mit einer anderen aromatischen Verbindung, z. B. mit Butylkresol. Auf diese Weise erhält man nach Neutralisation ein wasserlösliches Produkt, welches die Fähigkeit besitzt, die Wolle während des Färbens mit substantiven Farbstoffen zu reservieren.

Das *amer. P. 2.087.284* der I. G. Farbenindustrie schützt ein Verfahren, um in Mischfasern das zu starke Anfärben der tierischen Faser mit direkten Farbstoffen zu vermeiden. Dies wird erreicht, wenn man dem Färbebade einen sauren Schwefelsäureester eines Körpers, welcher eine Kette von mehr als 8 Kohlenstoffatomen mit Doppelbindung, aber ohne —COOH-Gruppen enthält, zugibt. Die Ausgangsprodukte für die Bereitung dieser Substanzen werden durch Oxydation einer Mischung verschiedener Fraktionen von Mineralölen erhalten. In Gegenwart solcher Substanzen, die von gleicher Wirkung wie Katanol W sind, ziehen die Farbstoffe nicht auf die Wolle auf.

Gemäss *schweiz. P. 203.314—24* (Geigy) vom 1. Juni 1939 kann man Wollreservierungsmittel, die in substantiven Färbebädern angewendet werden, erhalten, wenn man ein Mol. Benzaldehyd-2-Sulfosäure mit einem Mol. Naphtalin und einem Mol. Diisobutylphenol kondensiert. Das Kondensationsprodukt wird dann in sein Natriumsalz umgewandelt und damit neutralisiert. Gemäss dem *schweiz. P. 203.315* wird das Diisobutylphenol durch 1-Methyl-2-Hydroxy-5-tert.Butylbenzol ersetzt.

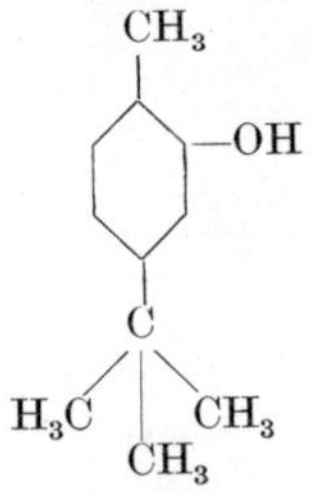

Lipson und Speakman beschreiben in Nature 1946, Nr. 157, S. 736, ein Verfahren zum Immunisieren der Wolle gegen Säurefarbstoffe, das darin besteht, dass man ein Säuremonomer in der Faser polymerisiert. Folgendes Beispiel ist angegeben: Man taucht während 2 Stunden 2 g Wollflanell in eine 0,2%ige Ferroammoniumsulfatlösung bei 25° C, quetscht aus, trocknet und behandelt anschliessend in einer 125 cm^3 einer 0,5 cm^3 Wasserstoffsuperoxyd 6%

enthaltenden Methacrylsäurelösung, steigert im Laufe von 20 Minuten bis zur Siedetemperatur, welche während ¼ Stunde beibehalten wird. Nach dem Waschen erhält man eine immunisierte Wolle, die sich mit Polarrot G in Gegenwart von Glaubersalz nicht anfärben lässt.

Fixieren der sauren Farbstoffe auf Zellulosefasern.

Eine grosse Anzahl von Patenten beziehen sich auf diese Frage. Obwohl dieselben nur von relativer Wichtigkeit sind, können sie trotzdem in gewissen Fällen zu interessanten Anwendungen führen.

Diesbezüglich sei zunächst das *D. R. P. 264.137* sowie das *franz. P. 452.677* aus dem Jahre 1913 der Firma E. Zundel in Moskau erwähnt, welches seinerzeit eine grosse Polemik hervorrief, jedoch zu keinem praktisch interessanten Ergebnis führte. Dieses Verfahren stützte sich auf die Anwendung von Kondensationsprodukten aus Phenol mit Formaldehyd und eignete sich ebensogut für saure Farbstoffe wie für die Eosine und basische Farbstoffe[1]).

An diese Patente lehnt sich das *D. R. P. 433.152* der I. G. Farbenindustrie an, welches die Verwendung von Kondensationsprodukten aus Harnstoff und Aldehyden empfiehlt. In den *schweiz. P. 166.758, 166.759* und in den *franz. P. 768.282, 765.745* von der Ciba, sowie im *franz. P. 713.283* von St. Denis wird die gleiche Frage behandelt. Ihrerseits schlägt die Ciba die Anwendung von primären Kondensationsprodukten des Formols mit Substanzen wie Dicyandiamid, Guanylharnstoff, Biuret oder Cyanursäure, welche der Zellulosefaser eine starke Affinität für basische und saure Farbstoffe verleihen (Wengr. Ber. 1936, Januarheft, S. 17) vor, während St. Denis lösliche Kondensationsprodukte von primären Aminen mit aliphatischen Aldehyden empfiehlt:

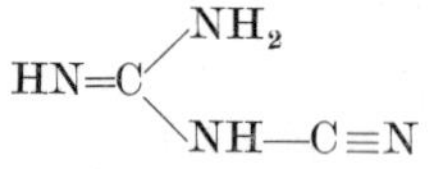
Dicyandiamid

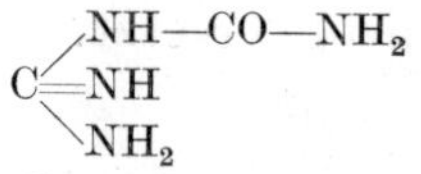
Guanylharnstoff

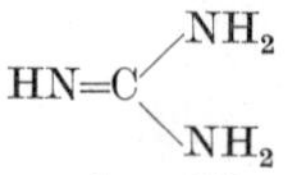
Guanidin

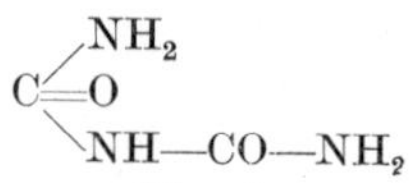
Biuret

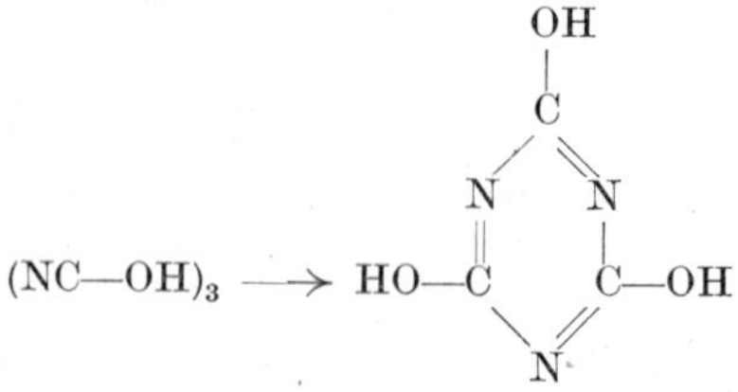
Cyanursäure

[1]) R. G. M. C. 1913, S. 182, 190, 245, 279.

In den *brit. P. 433.143* und *433.210*, welche wahrscheinlich dem *franz. P. 768.282* entsprechen, beschreibt die Ciba ein Verfahren, nach welchem man Harnstoffformaldehydkondensationsprodukte verwendet, um die Affinität der Zellulose zu gewissen Säurefarbstoffen zu erhöhen.

Folgende Beispiele sind in den Patenten angeführt:

30 g Guanidinkarbonat werden in Wasser und in
60 g Formol 37%ig gelöst.

Man imprägniert die Faser, quetscht sie aus und erhitzt während 2 Minuten auf 165° C, seift und spült. Das auf diese Weise imprägnierte Gewebe kann mit einem Säurefarbstoff, wie z. B. Benzylgrün B, in ameisensaurer Flotte bei 55° C, während 30 Minuten gefärbt werden.

Nach einer zweiten Arbeitsweise imprägniert man das Gewebe in einer Lösung von

12,3 g Harnstoff
16 g Formaldehyd 37%ig
110 g Wasser
1,8 g Weinsäure

Die imprägnierte Ware wird ausgequetscht, auf 130° erhitzt, gespült und mit einem Säurefarbstoff gefärbt.

Das *D.R.P. 646.529* und das *franz. P. 769.307* (Ciba) bringen folgende interessante Einzelheiten über dieses Verfahren: es wäre möglich, verschiedene Kunstharze zu bilden, und zwar solche, welche die sauren Farbstoffe und andere, welche die basischen Farbstoffe fixieren, je nachdem den Imprägnierflüssigkeiten organische Basen (Triäthanolamin) oder aliphatische Säuren (Weinsäure) zugesetzt werden (R.G.M.C. 1938, S. 345). Die Patente führen als Beispiel ein Kondensationsprodukt an, welches in Gegenwart eines Amins gebildet wird und die Fähigkeit besitzt, Farbstoffe wie Orange II oder Kitonrot G auf die Zellulosefaser zu fixieren, während dasselbe Kunstharz in Gegenwart von Weinsäure die Affinität der pflanzlichen Faser für basische Farbstoffe (z B. Rhodamine 6 G) steigert.

An diese Arbeiten lehnt sich das Verfahren von Rivat (1934) an, welches den Gegenstand des *franz. P. 794.272* bildet; es befasst sich ebenfalls mit dem Fixieren saurer Farbstoffe auf Zellulosefaser mittels Kondensationsprodukten von Harnstoff mit Formol. Es behandelt zweifellos dieselbe Frage und fällt besonders mit dem älteren *D.R.P. 433.152* der I.G. Farbenindustrie zusammen.

Folgendes Beispiel wird angegeben: Die Faser wird mit einer Lösung von Thioharnstoff, Formol und Ameisensäure imprägniert, bei 80° getrocknet und gefärbt. Nach der *Zusatzanmeldung 46.535* zum *franz. P. 794.272* (R. G. M. C. 1937, S. 293) lässt sich das Verfahren in der Färberei oder im Druck anwenden; man färbt oder druckt einen sauren oder basischen Farbstoff auf pflanzliche Faser, trocknet und überdruckt mit einer Farbe, welche Harnstoff, Formaldehyd und Ameisensäure enthält, hierauf erhitzt man während 1—2 Stunden auf 110° C, um das Kunstharz zu bilden und wäscht in heissem Wasser. Wenn man nun stark seift, widersteht die Farbe dieser Behandlung nur an den überdruckten Stellen; diese Methode erlaubt mannigfaltige Effekte herzustellen.

Das *amer. P. 2.093.651* von Widmer-Pierce, welches sich so eng an die obigen anschliesst, dass kaum etwas Neues zu erfahren ist, stützt sich ebenfalls auf ein Vorimprägnieren der Zellulosefaser mit einer polymerisierbaren Substanz — in diesem Falle Dimethylolharnstoff — mit darauffolgendem Trocknen und Kondensieren der Kunstharze durch heisses Kalandern. Die so behandelte Faser lässt sich mit sauren Farbstoffen, z. B. Kitonechtrot 4 BL, echt färben. Dieses Verfahren soll für direkten Druck und für Reserven geeignet sein; für den letzteren Fall wird vermerkt, dass die Alkalien das Fixieren der Farbstoffe verhindern, während Amine, z. B. das Methylamin, die Ausbeute verbessern (Wengr. Ber. 1937, Dezemberheft, S. 13).

Ebenfalls an die Eigenschaft eingelagerter Kunstharze saure Farbstoffe zu fixieren, knüpft das *franz. P. 822.312* (Barzaghi) an. Hier erscheint allenfalls als patentfähiges Moment die Auswahl des speziellen Kondensationsproduktes, welches aus einer aromatischen Base (Chloranilin oder p-Toluidin) und Formaldehyd gebildet wird (Büll. Föd. Bd. III, S. 439).

Ein interessantes, von der Ciba ausgearbeitetes Verfahren soll hier angeführt werden. Es wird im Pigmentdruck angewendet (siehe Kap. XII; Oremafarben); doch kann es ebensogut mit Erfolg zur Fixierung saurer Farbstoffe auf Zellulosefasern (Baumwolle, Kunstseide) herangezogen werden.

Das Verfahren verwendet an Stelle der Formaldehyd-Harnstoff-Verbindungen Derivate, die sich aus der Reaktion von Aldehyden auf Aminotriazine und insbesondere von Formaldehyd auf 2,4,6-Triamino-1,3,5-Triazin (Melamin) ergeben. Diese Reaktionsprodukte haben die Eigenschaft, nicht nur Pigmente, sondern auch lösliche Farbstoffe zu fixieren.

Die deutsche Patentanmeldung *8 m G 94.263 K* (beantragt am 30. Januar 1936, erteilt am 25. März 1943 Ciba-Basel, Erfinder Dr. G. Widmer, Dr. Robert Haller, Dr. A. Landolt, Arthur Schürch) gibt das folgende Beispiel:

Eine wasserlösliche Formaldehydkondensationsverbindung des 2,4,6-Triamino-1,3,5-Triazins wird wie folgt hergestellt:

630 T. 2,4,6-Triamino-1,3,5-Triazin, werden mit
1700 T. neutraler 32%iger, wässeriger Formollösung
unter Umrühren auf dem kochenden Wasserbade gelöst. Sobald völlige Lösung eingetreten ist, lässt man die Lösung abkühlen und stehen (Lösung A). Nach 1—2 Tagen ist das Ganze fest geworden. Die weisse Masse wird in erbsengrosse Stücke zerkleinert, in strömender Luft von 40° C getrocknet und dann gepulvert. Dieses Pulver (B), welches die Methylolverbindung des verwendeten Triazins darstellt, löst sich in heissem Wasser klar auf.

Die Druckpaste wird folgendermassen hergestellt:

150 T.	Pulver B in
180 T.	Wasser heiss gelöst und sofort abgekühlt. Dann
295 T.	Tragantverdickung 6%
220 T.	Wasser
25 T.	25%ige Ammoniaklösung hinzufügen. Hierauf
20 T.	Orange R in
60 T.	Alkohol gelöst, eingetragen.
	Vor Gebrauch wird noch eine Lösung von
25 T.	NH_4CNS gelöst in
25 T.	Wasser zugegeben.
1000 T.	

Die Druckpaste wird wie üblich auf weissen Baumwollstoff aufgedruckt, die bedruckte Ware 5 Minuten im Schnelldämpfer gedämpft, dann gewaschen, geseift und gespült.

Ein Verfahren, das in der Firma Scheurer-Lauth, Thann (Erfinder Dr. L. Diserens) ausgearbeitet wurde, gestattet die Fixierung von sauren Farbstoffen auf Baumwolle, wobei die Druckstellen durch Kalandrierung glänzend gemacht werden. (Siehe *franz. P. 860.698* Scheurer-Lauth und L. Diserens, in Kap. XII.)

Das Verfahren beruht auf folgendem Prinzip:

Man bedruckt ein Baumwollgewebe mit einer Druckfarbe, die mit einem Harnstoff-Formaldehyd-Vorkondensationsprodukt (beispielsweise Dimethylolharnstoff, Lyofix A usw.) und einem Katalysator (z. B. Ammoniumsalze organischer Säuren wie Ammoniumazetat) beschickt ist. Als Verdickungsmittel kann man Stärke, Colloresin DK oder V, und als Farbstoffe dispergierte Küpenfarbstoffe, Direkt- oder Säurefarbstoffe verwenden. Die bedruckte Ware wird bei niedriger Temperatur getrocknet, um eine vorzeitige Polymerisation zu verhüten, dann auf einer bis auf 140—160° C erhitzten Kalander glaciert und schliesslich während einigen Minuten auf einem Spannrahmen bei 100° C kontinuierlich behandelt.

Das Kunstharz, welches sich im Laufe dieser Behandlung an den bedruckten Stellen bildet, fixiert den erhaltenen Glanzeffekt gleichzeitig mit dem Farbstoff. Der an den nichtbedruckten Stellen durch Heisskalandern entstehende Glanzeffekt entfernt man anschliessend durch eine Nassbehandlung. Man erhält auf diese Weise bunte, glänzende Druckeffekte.

Druckfarbe

150 g Dimethylolharnstoff 53%
530 g heisses Wasser.
Die abgekühlte Lösung giesst man unter ständigem Rühren in
300 g Colloresin DK 10%. Vor dem Gebrauch setzt man
20 g Ammoniumsulfocyanid oder -formiat und, je nach der gewünschten Nuance und Farbtiefe, eine Säurefarbstofflösung zu.

Nach dem Drucken wird leicht getrocknet, heiss kalandert, über eine Trockentrommel genommen, mit Wasser foulardiert, getrocknet und appretiert.

Ein weiterer Weg, um Zellulosefasern für saure Farbstoffe aufnahmefähig zu machen, erscheint durch das *öst. P. 152.808* von der I. G. Farbenindustrie gegeben: Die Behandlung findet in diesem Falle mit Körpern statt, die neben einem quaternären Stickstoffatom eine oder mehrere Karboxylgruppen und mindestens einen Fettrest von 8 Kohlenstoffatomen und darüber aufweisen. Hauptsächlich sind darunter die hochsubstituierten Betaine gemeint.

Ein Verfahren, welches im *franz. P. 840.009* (I.C.I.) dargelegt ist, beschreibt einen besonderen Fall der bereits bekannten Methoden, um die Affinität der sauren Farbstoffe für tierische Faser durch Kunstharz zu verschärfen. Der Stoff wird in einem Bade behandelt, welches einerseits unlösliche, leicht dissoziierbare Basen, andererseits solche Körper enthält, die imstande sind, in der Wärme Formol in Freiheit zu setzen, z. B. das Kondensationsprodukt aus Formaldehyd mit Ureidoäthylenpyridiniumchlorid:

$$\underset{\displaystyle\underset{\displaystyle Cl}{|}}{C_5H_5{-}N}{-}CH_2{-}CH_2{-}NH{-}CO{-}NH_2$$

Nach dem Imprägnieren wird vorsichtig bei niedriger Temperatur getrocknet und hierauf längere Zeit auf 120° C erhitzt.

Laut *D. R. P. 542.778* der I.G. Farbenindustrie-Voss-Schumacher-Müller lassen sich die Zellulosefasern mit sauren Farbstoffen färben, wenn man sie mit wasserlöslichen Kunstharzen, welche durch Reaktion von halogenierten Polyvinylester auf tertiäre Amine entstehen, vorbehandelt. Es bildet sich z. B. durch Einwirkung des Polyvinylchlorazetats auf Pyridin eine aminierte Polyvinylbase. Ein mit diesem Derivat vorgebeizter Stoff färbt sich schon bei 30—40° C auf saurem Bade in einer Stunde mit sauren Farbstoffen an und man erhält satte und wasserechte Färbungen.

Die hochsubstituierten Ammonium-, Sulfonium- oder Phosphoniumverbindungen sind gemäss dem *D. R. P. 642.048*, dem *brit. P. 436.592*, sowie dem *amer. P. 2.094.082* der Imp. Chem. Ind. geeignet, auf pflanzlichen Faserstoffen nicht nur saure, sondern auch gewisse saure Chromfarbstoffe, z. B. Solochrombraun MG, zu befestigen.

Überraschenderweise sollen sich sogar die Chromfarbstoffe in diesem Falle echter fixieren als die gewöhnlichen sauren Farbstoffe, wobei man vielleicht daran denken kann, dass eine Umlagerung des Zellulosemoleküls stattfindet (Bull Föd. Bd. III, S. 298).

Nach dem *franz. P. 809.215* der I. G. Farbenindustrie wird die Affinität der Zellulosefaser für saure Farbstoffe ebenfalls durch Vorbehandlung der Faser mit Kondensationsprodukten von tertiären Aminen mit Monochloressigsäure, z. B. das Stearylbetain, verstärkt:

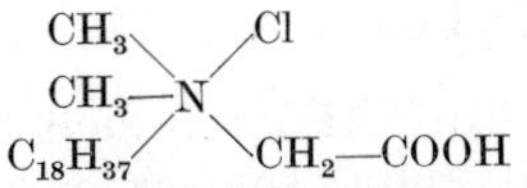

Oktodezyldimethylchloraminoessigsäure

Diese Verbindung soll die Fähigkeit besitzen, seine stickstoffhaltige Gruppe abzutreten. Dieses Verfahren ist besonders für das Färben von Mischfasern von Bedeutung, weil es das Aufziehen der sauren Farbstoffe sowohl auf die tierische als auf die pflanzliche Faser erleichtert, wodurch ein gutes Egalisieren erreicht wird.

Die Zellulosefaser wird für saure Farbstoffe aufnahmefähig, wenn man sie zufolge *franz P. 809.377* der I. G. Farbenindustrie mit Produkten von grossem Molekulargewicht vorbehandelt, welche eine oder mehrere Ammonium-, Sulfonium- oder Phosphonium-Gruppen enthalten, und zwar ist es vorteilhaft, wenn das Molekül mindestens eine Gruppe von mehr als 7 Kohlenstoffatomen besitzt.

Solche Produkte entsprechen folgender Formel:

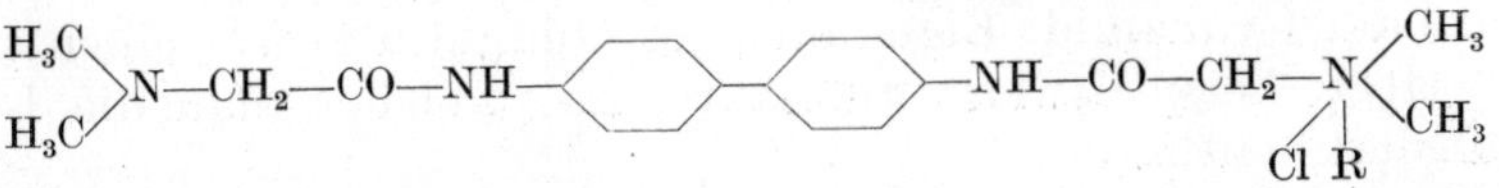

Diese Körper werden durch Behandeln von Dichlorazetamidbenzidin mit einem aliphatischen Amin:

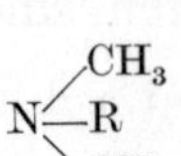

erhalten.

R bedeutet ein Radikal von hohem Molekulargewicht, z. B. den Dodezyl- oder Palmitylrest. Man beizt die Viskosefaser mit einer

Lösung, welche 1 g pro Liter dieser Substanz enthält, trocknet ohne zu waschen und färbt mit sauren Farbstoffen (R. G. M. C. 1938, S. 103).

Asymmetrisch substituierte Diamine, wie die bekannten Sapamine, ferner Abkömmlinge der schon genannten Imidazole, im allgemeinen an Stickstoffatome gebundene höhere aliphatische oder zykloaliphatische Reste, treten, wie aus dem *D. R. P. 643.549* von Ciba hervorgeht, mit sauren Farbstoffen zu schwerlöslichen Verbindungen zusammen und können deshalb als Fixiermittel für diese Farbstoffe dienen. Für Färbungen soll man derartige Hilfsmittel nur in sehr geringen Mengen verwenden, weil sonst Fällungen eintreten. Dagegen kann man beim Drucken vorteilhaft mit sehr grossen Mengen dieser Körper arbeiten (1—10% vom Gewicht der Druckfarbe) und auf diese Weise sonst waschunechte Farbstoffe, wie Kristallponceau, Kitonreinblau u. a. m., sogar auf ungechlorter Wolle echt fixieren (Bull. Féd. Band III, S. 312).

Die Metachromfarbstoffe fixieren sich laut *D. R. P. 814.914* der I. G. Farbenindustrie auf Zellulosefaser, wenn man diese vorher mit Basen von hohem Molekulargewicht, welche Affinität für Zellulose besitzen, vorbehandelt. Die Arbeitsweise ist folgende: Ein Mischgewebe aus Wolle und Viskose wird während 1—2 Stunden in einer 1%igen Lösung einer quaternären Base vorbehandelt. Eine solche Base wird durch Reaktion von Polyglyzerinchlorhydrin auf Oktodezyl-Dimethylanilin erhalten. Nach diesem Beizen wird abgequetscht, gewaschen und 1½ Stunde lang kochend auf einem Bade gefärbt, welches 3% Metachromfarbstoff (Metachrombordeaux) und 3% Metachrombeize enthält.

Die Affinität der sauren Farbstoffe zu vegetabilischen Fasern kann laut *brit. P. 510.516* (Courtaulds Ltd.-T. H. Morton) bedeutend erhöht werden, wenn man das Garn oder das Gewebe mit einer Lösung behandelt, welche ausser einem Harnstoff-Formaldehyd- oder Thioharnstoff-Formaldehyd-Vorkondensationsprodukt, noch Dicyandiamid oder Cyanamid, Biguanid oder Guanidin sowie einen sauren Katalysator, beispielsweise Salzsäure, mit welcher man die Lösung neutralisiert, enthält.

Nach der Imprägnierung wird die Kondensation bei höherer Temperatur vorgenommen und anschliessend mit sauren Farbstoffen gefärbt. Die erzielten Färbungen sind genügend waschecht.

Mac Gregor, Courtaulds Ltd. schützen durch *amer. P. 2.417.312*[1]) ein Verfahren zum Färben von Zellulose mit Säurefarbstoffen-Guanidinsalzen. Nach diesem Verfahren erhöht man die Affinität der Zellulose zu Säure-, Chrom-, Azetatseiden- und Direktfarbstoffen

[1]) Siehe: Amer. Dyest. Rep. 1946, 36, S. 367.

dadurch, dass man das Färbegut mit einer wässerigen Lösung von Formaldehyd und einem Guanidinsalz und einer ungesättigten Ölsäure (z. B. Guanidinmethacrylat) imprägniert und die beiden Komponenten durch eine Hitzebehandlung auf der Faser kondensiert.

Das *brit. P. 514.867* (I.C.I. Reynolds-Rose) beschreibt ebenfalls ein Verfahren, nach welchem die Affinität der sauren Farbstoffe zu vegetabilischen Fasern, sowie die Waschechtheit der substantiven Färbungen erhöht werden kann. Nach diesem Verfahren verwendet man Äther von quaternären Diammoniumderivaten folgender allgemeiner Formel:

$$y—Z_1—A—CH_2—O—CH_2—Z_2—X$$

wo Z_1 und Z_2 zwei gleiche oder verschiedene tertiäre Aminreste sind.
x und y = Säurerest.
A = zweiwertiger aliphatischer Kohlenwasserstoffrest.

Diese Verbindungen werden durch Einwirkung von einem Dihalogenalkyläther auf ein Amin ($Z_1 = Z_2$) oder auf zwei Amine erhalten.

Man erwärmt beispielsweise während 3 Stunden bei 100° C ein Gemisch von 2-Chloräthylchlormethyläther und Pyridin. Es entsteht auf diese Weise das dichlorierte Pyridoäthylpyridomethyläther.

Beispiel einer Färbung mit sauren Farbstoffen: Das Viskosekunstseidengewebe wird mit einer 5%igen Lösung des oben beschriebenen Derivates imprägniert, ausgeschleudert, bei 50° C getrocknet und während 20 Minuten einer Temperatur von 140° C ausgesetzt. Das auf diese Weise vorpräparierte Gewebe hat eine äusserst ausgesprochene Affinität zu sauren Farbstoffen.

Es ist bekannt, dass man als Fixiermittel in Druckfarben Harnstoff-Formaldehyd-Kondensationsprodukte oder Polyvinylalkohol verwenden kann. Im *D.R.P. 750.397* (22. 1. 1945)[1]) wird nun vorgeschlagen, den Polyvinylalkohol enthaltenden Druckfarben einen Überschuss von Formaldehyd zuzusetzen, um einen unlöslichen Harz an den Druckstellen zu erhalten. Das Patent führt unter anderen folgendes Beispiel an:

100 g Farbstoff in Teig 20%ig
50 g Wasser
100 g Tragantschleim 6%
300 g Harnstoff-Formaldehyd 1:2
400 g Polyvinylalkohol-Formaldehyd 3:1
50 g Glykolsäure

1000 g

[1]) Siehe auch *D.R.P. 749.390*, I. G. Farbenindustrie-Nüsslein.

Mit diesen Farben erzielt man bedeutend waschechtere Drucke als mit Druckfarben, die Vorkondensationsprodukte, aber keine Polyvinyl-Formaldehydharze enthalten.

Die Polyvinylalkohol-Formaldehyd-Kondensationsprodukte werden auch von der I. G. Farbenindustrie zum Knitterfestmachen (*brit. P. 431.124* und *431.703/4*) und von Nobel als Schlichtemittel (*brit. P. 430.136*) verwendet.

Mischgewebe aus Zellulose (oder Viskose) und Wolle (oder Kaseinfasern) können laut *amer. P. 2.391.942* (1. 1. 1946) von Du Pont de Nemours mit Säurefarbstoffen gefärbt werden, wenn man die Ware vorerst mit Formaldehyd (3—15 Gewichts-%) und einem Salz eines tertiären Oxyalkylamins (3—30 Gewichts-%) imprägniert, dann bei niedriger Temperatur trocknet und schliesslich auf 80°—100° erhitzt[1]). Nach Patentangaben ist die Imprägnierungsflotte beispielsweise wie folgt zusammengesetzt:

5 %	Formaldehyd
10 %	Triäthanolaminchlorhydrat
0,2%	Ammoniumchlorid
84,8%	Wasser
100 %	

Man vermutet, dass die Zellulosefaser oberflächlich in eine Verbindung übergeführt wurde, die der folgenden allgemeinen Formel entspricht:

$$\underbrace{\text{Zellulose—O—}CH_2O}_{\text{Formaldehydrest}}\text{—}\underbrace{(C_2H_4)\text{—}N{=}(C_2H_4O)_2\cdot HCl}_{\text{Triäthanolaminrest}}$$

Die so behandelten Mischgewebe besitzen Affinität zu Säure-, Chrom- und Direktfarbstoffen.

Laut *amer. P. 2.264.490* (beantragt 31. Dezember 1937, erteilt 2. Dezember 1941) verleiht man natürlichen oder regenerierten Zellulosefasern Affinität zu Säurefarbstoffen, durch eine Behandlung mit Äthern, welche 1 Atom basischen Stickstoff und einen aliphatischen oder zyklischen Rest mit mindestens 4 Kohlenstoffatomen, enthalten.

Nach *franz. P. 882.688*[2]) der Ciba kann man auf einfache Art wasserlösliche Farbstoffe auf Textilien fixieren, indem man der Druckfarbe eine Menge von mindestens 180 g Harnstoff/kg und einen Katalysator, wie z. B. Ameisensäure, Milchsäure, Ammoniumphosphat usw. einverleibt. Man bedruckt beispielsweise ein baum-

[1]) Über Animalisierung von Viskose durch Zusatz von basischen, stickstoffhaltigen Substanzen zur Spinnmasse siehe: *amer. P. 2.097.120* der I. G. Farbenindustrie (Äthylendiamin); *amer. P. 2.243.630* von Röhm und Haas (Pyrrol, Polyamine + Formaldehyd); *amer. P. 2.121.337* der Gener. Aniline (Guanidine).

[2]) Siehe dieses Werk, Kap. VI, S. 11.

wollenes Gewebe mit einer Druckfarbe, welche folgendermassen zusammengesetzt ist:

30 g	Rhodamine acide 3 R
220 g	Wasser
200 g	Harnstoff
500 g	Verdickung auf Basis von Zellulosemethyläther
50 g	Ammoniummonophosphat in 20%iger Lösung
1000 g	

Nach dem Trocknen wird in formaldehydhaltigem Dampf gedämpft. Man erzielt auf diese Weise sehr lebhafte Drucke, die durch eine gute Waschfestigkeit gekennzeichnet sind.

Saure Farbstoffe können für Azetatzellulose nach folgendem Verfahren, welches in den *amer. P. 1.968.819* (Dreyfus), *1.968.855* und *1.968.856* (Rivat) beschrieben wird, Verwendung finden: Der Farbstoff wird in einem nicht flüchtigen Lösungsmittel, Äthyllaktat, welches die Faser während des Färbens zum Aufquellen bringt, gelöst, wodurch der Farbstoff fixiert wird.

Die Ammonium-, Sulfonium- oder Phosphonium-Basen, welche bereits öfters erwähnt wurden, finden ebenfalls Anwendung, um der Azetatzellulose Affinität für saure Farbstoffe zu verleihen. Das *franz. P. 788.985* der Aceta, welches die gleichen Verfahren behandelt, empfiehlt eine Vorbehandlung mit quaternären Ammoniumverbindungen und darauffolgendes Färben der Kunstseide mit sauren wasserlöslichen Farbstoffen[1]).

Druckverfahren mit Harnstoff[2]).

Dieses Verfahren eignet sich sowohl für direkte Farbstoffe als auch für Säurefarbstoffe, für den Druck von kunstseidenen oder Zellwollenen Geweben auf Basis von Viskose.

Der aussergewöhnliche Erfolg, den es insbesonders in den lyoner Druckereien zu verzeichnen hatte, ist darauf zurückzuführen, dass die Möglichkeit gegeben ist, eine ausgedehnte Farbenpalette zu erhalten, deren Farbenpracht und Lebhaftigkeit bei weitem diejenigen der basischen Farbstoffe übertrifft. Mit diesem Verfahren war es auch möglich, auf Kunstseidengeweben Drucke herzustellen, die in Bezug auf Schönheit denjenigen auf Naturseide kaum nachstehen.

In Bd. II, Kapitel VI, S. 3, wurde schon eine ausführliche Dokumentation über das Druckverfahren mit Harnstoff für Direktfarbstoffe gegeben, deren Palette durch gewisse Säurefarbstoffe, ins-

[1]) Siehe dieses Werk, Kap. IX, S. 290.

[2]) Siehe auch Dr. R. Franzoso, Das Bedrucken von Viskoseseide mit Säurefarbstoffen im Filmdruck, Mell. 1943, Augustheft.

besondere in den Blau-, Grün- und lebhaften Rottönen, vorteilhaft erweitert werden kann.

Diese neue Arbeitsweise scheint aus den Arbeiten der Ciba hervorgegangen zu sein, welche in den *D. R. P. 633.046; brit. P. 420.729; franz. P. 765.745*[1]) sowie in den *schweiz. P. 166.758* und *166.759* (R. G. M. C. 1937, S. 340; Wengr. Ber. 1936, Januarheft, S. 17) ein Verfahren schützt, nach welchem die sauren Farbstoffe, hauptsächlich solche, die keine Gruppen enthalten, die mit Metallsalzen Lacke bilden (also nicht die chromhaltigen Farbstoffe), mittels Harnstoff auf die vegetabilische Faser fixiert werden können. Besonders werden folgende Farbstoffe empfohlen: Brillantalizarinblau R (Ciba), Xylenbrillantcyanin G (Sandoz), Echtbrillantblau NJ, Brillantwalkgrün NB und Walkorange NS (Kuhlmann).

Die Druckfarbe enthält einen Farbstoff, welcher in Wasser, eventuell unter Zusatz von Lösungsmitteln wie Tetracarnit (Pyridin), Diäthylenglykol, Thiodiäthylenglykol (Glyecin A) oder Alkylolaminen (Lyoprint DA) gelöst ist, ein Verdickungsmittel, Harnstoff und unter Umständen auch Natriumchlorat oder nitrobenzolsulfosaures Natrium (Ludigol, Albatex BD), um den Säurefarbstoff gegen Reduktionseinflüsse zu schützen.

Man druckt auf Viskosecrêpe eine Farbe folgender Zusammensetzung auf:

Druckvorschrift I

20 g	Farbstoff
40 g	Tetracarnit
215 g	Wasser
600 g	Britishgumverdickung
100 g	Harnstoff
20 g	Trinatriumphosphat
5 g	Natriumchlorat oder Ludigol
1000 g	

Druckvorschrift II

20 g	Säurefarbstoff
70 g	Diäthylenglykol
300 g	Wasser 100° C
100 g	Harnstoff
20 g	Trinatriumphosphat
5 g	Natriumchlorat
485 g	Gummiverdickung
1000 g	

Nach dem Drucken fixiert man durch einstündiges Dämpfen. Die nach dieser Weise aufgedruckten Farbstoffe sind ziemlich gut waschecht und halten sogar ein schwaches Seifen aus.

[1]) Wengraf's Ber. 1936, Januarheft, S. 17; Tiba 1935, März, S. 203.

Liste der Säurefarbstoffe, die sich für das Druckverfahren mit Harnstoff eignen.

Tuchechtgelb 2G, 5G	Ciba
Sulfaminbrillantrot 6B konz.	Sandoz
Violet foulon S4B	Francolor
Violet formyle NS4B	Francolor
Xylenbrillantcyanin G konz.	Sandoz
Brillantcyanin 6B	Ciba
Benzylgrün B	Ciba
Xylenechtgrün 6B und G konz. . .	Sandoz
Xylenbrillantcyanin 6B konz.	Sandoz
Xylenwalkgelb 6G konz.	Sandoz
Xylenwalkviolett R	Sandoz

Im *amer. P. 2.321.501* (beantragt 25. Oktober 1940, erteilt 8. Juni 1943) von E. I. Du Pont de Nemours ist ein Verfahren beschrieben, nach welchem es möglich ist, mit Säure- und Direktfarbstoffen, durch Zusatz von hydrotropen Substanzen im Verhältnis von 3,2 T für 3 T Farbstoff, seifenechte Drucke auf Viskosekunstseide zu erhalten.

Die Druckfarbe enthält den Farbstoff, Gummiverdickung, Wasser und die üblichen Ingredienzen. Als hydrotrope Substanzen kommen in Betracht: die Alkalisalze der aliphatischen Sulfosäuren mit 3—12 Kohlenstoffatomen, der Benzylthioglykolsäure, der Alkylglykolsäuren, in denen der Alkylrest aus 1—12 C besteht, der Benzol- und Naphtalinsulfosäuren und ihrer Substitutionsderivaten usw.

Beispiel: Man druckt auf ein Viskosekunstseidegewebe eine Druckfarbe folgender Zusammensetzung:

3	T Säurefarbstoff (C. I. 319)
7,5	T Natriumbenzylthioglykolat
19,5	T Wasser
70	T Gummiverdickung
100	T.

Man trocknet, dämpft 45 Minuten, seift leicht (3—5 Minuten bei 110—120° F) spült und trocknet. Der erzielte, lebhafte Violettdruck ist seifenecht.

W. Meitner[1]) hat das Druckverfahren mit Säurefarbstoffen auf Viskose einer eingehenden Untersuchung unterzogen. Dieses Verfahren ergibt gute Resultate hinsichtlich der Intensität der erhaltenen Drucke, deren Echtheit derjenigen der basischen Farbstoffe überlegen ist. Die Ursache dafür, dass nur eine beschränkte Anzahl von

[1]) W. Meitner, The mechanism of the printing of acide dyes on cellulose-material, J. Soc. D. and Col. 1945, 62, S. 33.

Säurefarbstoffen nach dieser neuen Druckmethode verwendet werden kann, ist darin zu suchen, dass die Fixierung des Säurefarbstoffes auf das Zellulosematerial direkt von der Grösse der Farbstoffpartikelchen und der intermizellen Zwischenräumen abhängt.

Kleine Farbstoffpartikel dringen in die Faser ein, ohne sich zu fixieren; zu grosse Teilchen hingegen können nicht in die Zwischenräume eindringen.

Der Verfasser zieht hieraus den Schluss, dass die Farbe während des Dämpfens verschieden grosse Partikeln enthalten soll (sogenannte polydispergierte Lösungen) und dass die Dimension der Faserporen der verschiedenen Grösse der Farbstoffpartikeln entsprechen soll. Demzufolge wäre also Harnstoff für die Fixierung der Säurefarbstoffe nicht unbedingt notwendig; während ein Zusatz von Tanninsäure zur Druckfarbe eine Verengerung der Faserporen und eine Vergrösserung der Farbstoffpartikeln zur Folge hätte. Diese Beobachtung könnte erlauben, das Druckverfahren mit Harnstoff auf eine grössere Anzahl saurer Farbstoffe auszudehnen.

Zahlreiche Arbeiten wurden ausgeführt, um zu versuchen, die Fixierung der Säure- und Direktfarbstoffe durch ein kurzes Dämpfen von 8 Minuten oder durch ein zweimaliges Dämpfen von je 4 Minuten im Schnelldämpfer zu bewerkstelligen. Es wurde festgestellt, dass zum Beispiel in Gegenwart gewisser organischer Lösungsmittel, insbesondere von Diäthylmonoäthanolamin, welches dem Lyoprint DA der Ciba oder dem Rapidogenentwickler N der I. G. Farbenindustrie entspricht, oder auch von hydrotropen Substanzen (Harnstoff) in ziemlich grossen Mengen der Druckpaste zugesetzt, es möglich ist, durch ein Dämpfen von 2 mal 6 Minuten, eine genügende Fixierung zu erhalten. Die Waschechtheit der erzielten Drucke lässt jedoch zu wünschen übrig und ist geringer als diejenige nach langer Dämpfdauer.

Die Hilfsprodukte für die Färberei und Druckerei der Wolle können in folgende Klassen eingeteilt werden:

1. Durchdringungs-, Egalisierungs-, Anteigungs- und Lösungsmittel:
   a) Natriumalkylnaphtalinsulfonate;
   b) Lösungsmittel, die sich vom Pyridin ableiten;
   c) Lösungsmittel bestehend aus Derivaten mehrwertiger Alkohole.
2. Schutz- und Egalisierungsmittel (Verbindungen, welche sich von Sulfitablauge oder Eiweissabbauprodukten ableiten).
3. Schutzmittel gegen die schädliche Wirkung von Rongalitätzen.
4. Reservemittel.

Es handelt sich hier um Produkte, die das Auffärben der Wolle eventuell von Naturseide in Mischgeweben verhindern. Die hauptsächlichsten hierfür in Betracht kommenden Handelsprodukte sind die Thiophenole, welche durch Sulfurierung des Phenols und nachträgliches Löslichmachen durch Sulfonierung oder durch Zusatz von Natriumsulfit, erhalten werden. Diese Produkte bildeten den Gegenstand zahlreicher Arbeiten, und eine gewisse Zahl dieser Reservemittel wurden von der I. G. Farbenindustrie, der Ciba, von Sandoz usw. in den Handel gebracht.

Name	Herkunft	Zusammensetzung
		Durchdringungs-
Nekal A, BX, BX extra	I. G.	Natrium Alkylnaphtalinsulfonate (Isopropyl, Dipropyl oder Dibutyl). 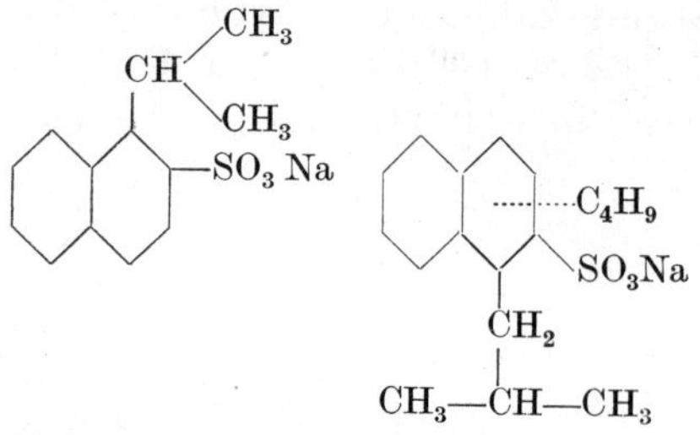 Weisses, wasserlösliches, hygroskopisches Pulver von neutraler Reaktion. Leonil S = benzylnaphtalinsulfosaures Natrium (Benzylrest in α-Stellung).
Leonil SB, S, SBS	I. G. 1928	
Invadin D, N	Ciba	
Invadin BL extra konz.	Ciba	
Resoline NF, B	Sandoz	
Brécolane N, NT, N extra und NVX	Kuhlmann-Francolor	
Brécolane NCK extra conc., NS, NTS	Kuhlmann	
Coptal BX	Francolor	
Adjuvine poudre	S.P.C.M.C. Mulhouse	
Perminal W, NF	I.C.I.	
Betan R 80	Dehydag	
Humectine SD	St-Denis	
Dionyl PW	S.A.P.I.C.	
Persulfonal	S.A.P.I.C.	
Actinol A, L, H	Fournier	
Alkanol B, SA, MG	Du Pont	
Naccosol A	N.A.C.	
Novonacco	N.A.C.	
Saltetra	A.C.N.A. Italien	
Amoa BN extra und DM	Amoa chem. Co.	
Tinovatin N	Geigy	
Aerosol AS, OS	Amer. Cyanamid a. Chem. Corp.	Isopropylnaphtalinsulfosaures Natrium.
Deceresol AS, BS		
Emogil PS und PG	Progil	
Arosin N und 841	Böhme-Fettchemie	
Oranit (versch. Marken)	Milch-Oranienburg	
Noval TB 4	Sodag	Auf Basis von butylnaphtalinsulfosaurem Natrium.
Noval ISN 3	Sodag	
Lanitol RS	Arkansas	
		Lösungsmittel, welche Pyridin
Molescal B	I. G.	Produkte, welche als Basis heterozyklische Verbindungen (Pyridin und seine Homologen) haben.
Tetracarnit	Böhme 1916	
Tetracarnit	Stockhausen	Hellbraune, wasserlösliche Flüssigkeit von alkalischer Reaktion.
Tetracarnit	Buch-Landauer	
Tetracarnit	Sandoz	
Pyridit L u. SC 25	Rudolph, Zittau	

Literatur	Verwendungsgebiete
mittel	
D.R.P. 336.558, 1917; *brit. P. 248.814*, 1924, Pott. Sisley, R.G. M.C. 1930, Februar- und Märzheft. Landolt, Mell. 1930, S. 610. Tiba 1926, S. 1289 und 1421. Dr. Ruperti, Mell. 1926, Novemberheft, S. 935. Noll, Tiba, 1928, Märzheft. Hasse, Mell. 1937, Bd. 18, S. 456 und 481. Mell. 1937, Bd. 18, S. 532. Mell. 1934, Bd. 15, S. 528. Siehe weitere Literaturangaben in Diserens, Neue Verfahren in der Technik der Veredlung der Textilfasern, Teil II, Bd. I., Kap. II, S. 172—175 und dieses Werk, Bd. III, Kap. XV.	Netz-, Durchdringungs- und Egalisierungsmittel für saure Farbstoffe, sowie für die Chromfarbstoffe. Wird in der Färberei der Wolle, der Woll-, Haar- und Hutfilze als Netzmittel verwendet. Marke BX extra findet als Netzmittel beim Abkochen, Beuchen, Bleichen und auch beim Färben von Indanthren- und Naphtol AS-Farbstoffen Verwendung. Es ist ein gutes Kaltnetzmittel. Leonil O in Lösung (1936) kommt in Frage als Zusatz beim Färben von Halbwolle und Wollstra mit Säure-, Chromier- und Metachromfarbstoffen, auch von kalkempfindlichen substantiven Farbstoffen.
als Grundlage haben.	
Freiberger, *D.R.P. 393.791*, 1917. *Franz. P. 518.833, 578.916* (Böhme). H. Perndanner, Mell. 1926, S. 310; Mell. 1929, Bd. X, S. 310; Mell. 1929, Nr. 4. Landolt, Mell. 1928, S. 759.	Lösungsmittel für saure und direkte Farbstoffe, nicht anwendbar für basische Farbstoffe. Zum Anteigen der Farbstoffe verwendet. Egalisier- und Durchdringungsmittel, wird in der Filzfärberei und in der Hutfabrikation verwendet. Als Dispergier- und Durchdringungsmittel in der Färberei (1—2 g pro Liter Farbflotte oder 0,5—1,0% vom Warengewicht) und Druckerei (30—50 g pro kg Druckfarbe) verwendet.

Name	Herkunft	Zusammensetzung
Pyridol PT	Zschimmer	
Newalol TT	Zschimmer	
Eutinctol N	Kuhlmann	
Isocarneol	S.A.P.I.C.	
Moïtol PX	Mazure	
Humectine TR	St-Denis	
Tymonine	Ch. Monnet	
Tetracit	Pabianice	
Diatex BN	Beissier	
Débésol AL	Lab. Zundel, Joliet et Co, Gennevilliers	
Novocarnit	Böhme-Fettchemie 1925	Mischung von heterozyklischen Verbindungen mit den Natriumsalzen der Alkylnaphtalinsulfosäuren: Pyridinisobutylnaphtalinsaures Natrium. Dunkelbraune, wasserlösliche Flüssigkeit von alkalischer Reaktion.
Eucarnit	Böhme-Fettchemie 1925	
Inferol O 15	A.-Th. Böhme	Hochsulfoniertes Ölprodukt. In kaltem und warmem Wasser löslich, beständig gegen Kalk, Magnesia, Säuren, Alkalien und Bittersalz.
Oleocarnit	Böhme-Fettchemie 1928	Produkte, welche als Grundbestandteile Pyridin und ein Natrium- oder Ammoniumsalz einer sulfonierten aliphatischen Säure enthalten. Rotbraune, wasserlösliche Flüssigkeit von alkalischer Reaktion.
Sulfocarnit NE	Sandoz	
Oxycarnit L 50	Böhme-Fettchemie 1928	Produkte, welche als Grundlage Pyridin und aliphatische Alkoholsulfonate haben. (Sulfonierter Laurylalkohol.)
Oxycarnit L 65	Böhme-Fettchemie 1930	
Oxycarnit BR	Böhme-Fettchemie 1930	
Oxycarnol T	Böhme-Fettchemie	Gardinol WA + Pyridin.
Oxycarnol O	Böhme-Fettchemie	

Literatur	Verwendungsgebiete
S. Freiberger, Mell. 1924, Bd. 5, 667. Auerbach, Mell. 1926, Bd. 7, S. 681. Kind und Auerbach, Mell. 1926, Bd. 7, S. 775. Ruperti, Mell. 1925, Bd. 7, S. 936. Landolt, Mell. 1928, S. 759.	Auch für Zellwolle und Mischgewebe geeignet.
Franz. P. 641.629, 654.624, 654.108. *Brit. P. 291.070, 291.096*, 1927. Kling, Mell. 1928, S. 48.	Netzmittel, begünstigt die Auflösung und das Egalisieren der Farbstoffe. Gleiche Verwendung wie Tetracarnit. Wird besonders für das Färben von Kreuzspulen und als Zusatz zu Druckfarben: 30—50 g pro kg und im Färbebade: 1—2 g pro Liter oder 0,5—1% vom Warengewicht, empfohlen. Netz- und Egalisiermittel für die Färberei von Wollen. Bewirkt auch Faserschutz.
D.R.P. 578.916 (Böhme). Mell. 1929, S. 310.	Netz-, Dispergier- und Lösungsmittel. Wird in der Färberei und im Druck verwendet, begünstigt das Egalisieren und das Auflösen der sauren Farbstoffe. Gleiche Verwendung wie die obigen Hilfsmittel.
Mell. 1934, S. 516. Mell. 1937, S. 336. Gardinol WA = Natriumsalz des sauren Schwefelsäureesters des Laurylalkohols.	Egalisier- und Durchdringungsmittel. Wird im Druck und in der Färberei als Lösungs-, Egalisierungs- und Durchdringungsmittel angewandt. Erlaubt bessere Ausbeute der Farbstoffe. Zusatz zu den Druckfarben: 30—40 g pro kg; zum Färbebad 0,1—1% vom Warengewicht. Speziell für Zellwolle- und Mischmaterial geeignet.

Name	Herkunft	Zusammensetzung
		Lösungsmittel, welche als Grundlage
Glyecin WD Glyecin J	I. G. I. G.	Ähnliche Konstitution wie Glyecin A.
Glyecin A Gommaline (Décolant) Kromfix Solvent Lyogen TG Lyoprint G Dehapan GB Leukosolve LD, ER, EMK Brécolane NCI Solutène CI Tinosollöser A Tinosollöser B	I. G. Sandoz C. C. C. C. Sandoz Ciba D. H. Sopura Kuhlmann Francolor Geigy Geigy	Thiodiäthylenglykol (R.G.M.C.) 1936, Oktoberheft. Braune, wasserlösliche Flüssigkeit von reizendem Geruch. Darf nicht mit Salzsäure in Berührung kommen, wegen der Gefahr der Bildung von Giftgasen. Tinosollöser A = Thiodiäthylenglycol + Harnstoff.
Fibrit D Hystabol D Eutinctol NB Durit O Carbitol Hystabol F Cibantinlöser O	I. G. Böhme-Fettchemie Kuhlmann Carb. Carb. Chem. Comp., New York C. C. C. C. Böhme-Fettchemie Ciba	Lösungsmittel, welches als Grundlage Glykol oder Polyglykol sowie deren Äther hat. GardinolWA + Tetrahydrofurfuralkohol.
Débésol A und ALL	Lab. Zundel & Joliet, Gennevilliers	Organisches Lösungsmittel, welches als Grundlage mehrwertige Oxyäther und substituierte Amine hat.
Transferin J Transferin N Transferin W	A.-Th. Böhme	Pyridinfreies Lösungsmittel.
		Schutz- und Egalisierungs-
Protectol I Pulver u. I. Pulver dopp. konz. Protectol II Pulver u. II. Pulver dopp. konz.	I. G. Farbenindustrie I. G. Farbenindustrie	Produkt, welches als Grundlage Sulfitablauge hat.

Literatur	Verwendungsgebiete
mehrwertige Alkohole haben.	
Hasse, Mell. 1937, S. 518, D. Frb. Ztg. 1939, Bd. 70, S. 87.	Lösungsmittel für saure und Chromfarbstoffe. Zusatz in Druckfarben; verbessert das Egalisieren und die Ausbeute, erlaubt Verkürzung der Dämpfdauer.
Seide und Kunstseide 1936, S. 434, 502, 524; 1937, S. 39, 78, 349. Hasse, Mell. 1937, S. 456. Schneevoigt, Mell. 1937, S. 919. Siehe dieses Werk Bd. I., Kap. I, S. 226; Kap. III, S. 300; Bd. II, Kap. VI, S. 110 und Bd. III, Kap. XIV.	Ausgezeichnetes Lösungsmittel für Indigosole, saure und basische Farbstoffe.
Brit. P. 301.284 (Böhme). Hasse, Mell. 1937, S. 456. Siehe dieses Werk, Bd. I, Kap. III; S. 300; Bd. II, Kap. VI, S. 110 und Bd. III, Kap. XIV.	Ausgezeichnetes Lösungsmittel für saure, basische und Indigosolfarbstoffe. Zusatz zu Druckfarben als Anteigemittel der Farbstoffe. Zusatz zu den Farbbädern, besonders zum Färben auf Spulen, Kettenbäumen und für schwere Stoffe. Lösungsmittel.
	Ausgezeichnetes Lösungsmittel für saure Farbstoffe.
	Marke N und W besonders für das Färben mit Wollfarbstoffen geeignet.
Mittel (Färberei).	
Siehe dieses Werk, Bd. I Kapitel I, S. 218 und Diserens, Neue Verfahren, Teil II, Bd. I, Kap. II, S. 338.	Netz-, Eindringungs- und Egalisierungsmittel. Wollschutzmittel gegen Alkalien und beim Färben der Wolle mit Küpenfarbstoffen. Wird für den Druck und für das Färben der Wolle angewendet.

Name	Herkunft	Zusammensetzung
Dekol Cellex Pulver Levana u. Levana WN Unisol N extra Unisol NDL Perunisol Protégine I Prestofen	I. G. Farbenindustrie Ciba Sandoz Kuhlmann Kuhlmann Francolor Pfeiffer, Mulhouse G. D. C.	Produkt, welches als Grundlage Sulfitablauge hat.
Marasperse C	Marathon Corp. Rotschild (U.S.A.)	Kalziumlignosulfonat
Marasperse N		Natriumlignosulfonat
Marasperse CB		Teilweise desulfoniertes Natriumlignosulfonat (Lösung 3%, p_H 9)
Anthomine	Arkansas	
Atefix K	Böhme-Fettchemie	Albuminabbauprodukte (Natriumlysalbinat) + Sulforizinat.
Atefix KTR	Böhme-Fettchemie	Albuminabbauprodukte + Sulforizinat.
Diffusil NS	A.-Th. Böhme, Dresden	
Egalisal	Grünau	Erhalten durch Abbau von Kasein, mittelst 3% Na_2CO_3 bei 100° während 2 Stunden.
Nutrilan	Grünau 1918	Erhalten durch Abbau von Kasein, mittelst 3% Na_2CO_3 bei 100° während 2 Stunden.
Metasal K u. F	Grünau	Albuminabbauprodukt + Sulforizinat.
Cardosal	Grünau	Albuminabbauprodukt + Sulforizinat.
Perkosal	Grünau	Albuminabbauprodukt + Sulforizinat.
Cupalit	Grünau	Produkt auf Basis von hydrolisiertem Kasein.
Adosal L	Grünau	Kondensationsprodukt der Fettsäuren mit den abgebauten Proteinkörpern.
Lanosan	Sandoz	
Perkolloid B, F, KG	Holtmann	Braune, wasserlösliche, neutrale Lösung, beständig gegen Säuren und Alkalien.
Algepon	Arkansas	
Sirrix O u. OO	Sandoz	
Débalane N	Lab. Zundel & Joliet, Gennevilliers	Organische Verbindung von amphoterem Charakter, schwach gefärbte Flüssigkeit.
Albatex L	Ciba	Monochloressigsaures Natrium

Literatur	Verwendungsgebiete
Siehe dieses Werk, Bd. I, Kapitel I, S. 218 und Diserens, Neue Verfahren, Teil II, Bd. I, Kapitel II, S. 338.	Netz-, Eindringungs- und Egalisierungsmittel. Wollschutzmittel gegen Alkalien und beim Färben der Wolle mit Küpenfarbstoffen. Wird für den Druck und für das Färben der Wolle angewendet.
Eine Lösung von 3% Marasperse C hat einen p_H-Wert von 7.	Dispergiermittel, besonders für Küpenfarbstoffe angewendet.
	Egalisiermittel für Farbbäder.
Franz. P. 786.391; öst. P. 135.771. R.G.M.C. 1936, S. 125. Bull. Föd. VI, S. 525 (Perkolloid). Franke, Mell. 1929, S. 623. Hartmann, Z. f. ges. Text. Ind. 1934, Bd. 37, S. 444. Diserens, Neue Verfahren, Teil II, Bd. I, Kap. II, S. 338.	Wollschutzmittel gegen Alkalien. Zusatz zu Wollätzfarben, aber nur von geringer Wirkung gegen Faserangriff. Findet im Wolldruck Verwendung zur Verbesserung des Egalisierens, ermöglicht das Dämpfen ohne vorheriges Anfeuchten. Zusatz zum Anilinschwarzbad, zur Verminderung des Faserangriffs. Egalisiermittel für das Färben der Wolle mit Küpenfarbstoffen. Zum Reinigen und Waschen von Wolle.
	Zusatz zu Ätzfarben für Wolle; 30—50 g pro kg; verhindert den Angriff durch die Zersetzungsprodukte des Rongalits fast vollständig.
Stammpatente: *Franz. P. 780.588*, 1934, *schweiz. P. 172.047;* Tiba 1935. S. 735; *R.G.M.C.* 1935, S. 447; Wengr. Ber. 1935, Märzheft, S. 17.	Zusatz zu Ätzfärben auf Wolle; 30—40 g pro kg. Verminderung des Faserangriffs um 20—30%.

Name	Herkunft	Zusammensetzung
Fixierer WDHL	D. H.	Ammoniumoxalat + Harnstoff + Dextrin, schwer wasserlösliches Produkt.
Sel Inochrome N	Kuhlmann	Derivat von aliphatischen Aminen.
Palatinechtsalz O	I. G.	Einwirkungsprodukt von Äthylenoxyd auf Dodezylalkohol. Allgemeine Formel: $C_nH_{2n+1}(OC_2H_4)_xOH$
Neolansalz II Neolansalz P	Ciba (1934) Ciba	
Lamepon A Lamepon A Protepon A	Grünau Chem. Marketting Co. Protex	Polypeptidoleylamid Eiweissabspalt-Fettsäurekondensationsprodukt, vom Typus der Oleyllysalbinsäure.
Egalisiersalz W	Geigy	Mischung von Fettsäurenderivaten mit anorganischen Salzen. Weisses Pulver.
Lanasan CL u. FB	Sandoz	Kondensationsprodukt von Fettsäuren mit Eiweissabbauprodukten.
Vegansalz A	I. G. Farbenindustrie (1937)	Mischung von Ammoniumsulfat und Harnstoff.
Irgasalz AP	Geigy	Mischung von schwefelsaurem und phosphorsaurem Ammonium.

Literatur	Verwendungsgebiete
Brit. P. 412.391; franz. P. 755.531, D. H. 1933; R.G.M.C. 1934, S. 243; Wengr. Ber. 1934, Augustheft.	Zusatz zu Wolldruckfarben aus Chromfarbstoffen; erlaubt das Fixieren der Chromfarbstoffe durch kurzes Dämpfen von 8 Minuten im Schnelldämpfer.
Franz. P. 771.270, 1934 und Zusatzpatent *44.949.*	Egalisiermittel; wirkt seifenähnlich in saurem Mittel. Verbessert die Reibechtheit von Färbungen auf tierischer Faser. Erlaubt das Auffärben der chromhaltigen Farbstoffe in schwach saurem Bade. Erleichtert das Aufziehen des Färbebades.
D.R.P. 604.401; 607.750; brit. P. 411.474; amer. P. 2.040.796; Siehe S. 257.	Durchdringungsmittel. Wirkt egalisierend beim Färben mit chromhaltigen Farbstoffen.
Franz. P. 771.270; brit. P. 439.890, 433.230, 436.790, 436.863; öst. P. 148.458, 151.282.	Egalisierungsmittel, die gestatten, die zum Färben von Neolanfarbstoffen notwendige Säuremenge herabzusetzen.
Gelbbraunes, dickflüssiges Öl. Reagiert schwach alkalisch. Von hoher Reinigungs-, Dispergier-, Ätz- und Emulgierfähigkeit. Siehe Diserens, Neue Verfahren in der Veredlung der Textilfasern, T. II, Bd. I, Kap. IV, S. 338, 542 und dieses Werk, Bd. I, Kap. I, S. 237.	Waschmittel. Egalisier- und Durchdringungsmittel für das Färben von Wolle mit Küpenfarbstoffen.
	Zusatz zum Wollfärbebade, 3—5% vom Gewicht der Ware zum Egalisieren der Färbung mit Säure- und Chromierfarbstoffen.
	Schutzmittel für Wolle in alkalischem Mittel.
Mell. 1937, 18, S. 642.	Zum Färben von Mischgarn und Geweben aus Wolle und Zellwolle oder Baumwolle, in sehr hartem Wasser mit direkten, lichtechten Farbstoffen.
	Zusatz beim Färben von Halbwolle mit lichtechten Direktfarbstoffen. Verhindert in der Halbwollfärberei das Verkochen von substantiven Farbstoffen und neutralziehenden Wollfarbstoffen, sowie das Abziehen von Farbstoffen von Zellwolle bei längerem Kochen.

Name	Herkunft	Zusammensetzung
Irgalin S	Geigy	
Formollaktin	Baumheier	Hellbraune Flüssigkeit, in Wasser löslich.
Liquid Solution Salt GV	I.C.I.	Braune Flüssigkeit.
Solution Salt SV	I.C.I.	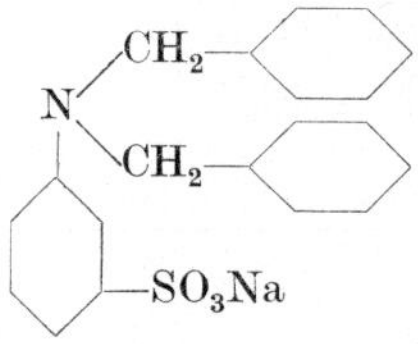 Dibenzylsulfanilsaures Natrium. Rötlichgelbes Pulver. Löslich in Wasser.
Pentazikon X	Baumheier	
Rucolin SF 26	Rudolph	In Wasser gut löslich. Sehr gut kalkbeständig.
Prästabitöl V	Stockhausen	Alkalisalz von Fettschwefelsäureester.
Prästabitöl 316	Stockhausen	Sulfonierte Phosphatide.

Hilfsmittel, die das Auffärben von Wolle und

Name	Herkunft	Zusammensetzung
Albatex WS	Ciba	Kondensationsprodukt einer Alkylnaphtalinsulfosäure mit Benzoin. Phenolkondensationsprodukt.

Literatur	Verwendungsgebiete
	Zum Entbasten von Seidenstrümpfen und Trikotagen, gleichzeitig mit dem Färben im gleichen Bade.
	Zusatz beim Färben mit Chromfarbstoffen auf Wolle. Verbessert die Gleichmässigkeit der Färbung.
	Erhöht die Farbstärke beim Druck mit den meisten sauren Farbstoffen auf Seide und Wolle. Die Löslichkeit mancher saurer Farbstoffe wird verbessert. Zusatz zu Druckfarben von sauren Farbstoffen.
	Zusatz zu den Druckfarben von sauren Farbstoffen auf Wolle und Seide. Verbessert die Löslichkeit und die Ausgiebigkeit.
	Zusatz zu Färbebäder von Palatinecht- und Neolanfarbstoffen. Die Menge von Schwefelsäure kann dabei um 50—70% vermindert werden, wodurch eine Schonung der Faser erreicht wird.
	Egalisiermittel für die Färberei von Wolle und Halbwolle (Garn, Kammgarn, Stoffe, Apparatfärberei). Auch für die Hut- und Filzfabrikation in Frage kommend.
D.R.P. 561.715, 614.702.	Faserschutzmittel für Wolle, sowie Netz- und Egalisiermittel beim Abziehen und Färben.
D.R.P.660.736,691.229,691.486.	

Naturseide in Mischgeweben verhindern

Literatur	Verwendungsgebiete
Franz. P. 658.364 und Zus. Anm. *37.391,* Ciba.	Reserviert die Wolle beim Färben mit direkten Farbstoffen.

Name	Herkunft	Zusammensetzung
Katanol W, WL WL konz. Thiotan RS Erional L Erional CL Depsolin NRL Resistone K Albatex WS	I. G. Farbenindustrie Sandoz Geigy } Geigy } Kuhlmann Glover Ciba	Thiophenole, welche durch Natriumsulfit, Sulfitformaldehyd oder durch Sulfonierung löslich gemacht werden. Löslich in Essigsäure. Sulfosäure eines Phenolkondensationsproduktes, graues Pulver.
Katanol WL	I. G. Farbenindustrie	Kondensationsprodukt aus Benzylchlorid mit sulfoniertem Naphtalin, wahrscheinlich disubstituierte Verbindung: 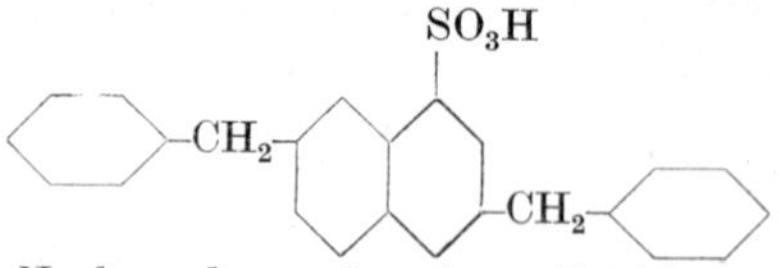 Nach anderen Angaben: Trichlorbenzylphenolsulfosäure
Katanol WRL	I. G. Farbenindustrie	Geschwefelter Phenolderivat. Hellrötliches Pulver, in heissem Wasser löslich.
Setamol WS Setamol K Dispergine NDS Tamol N u. NNO Lyokol O	I. G. Farbenindustrie I. G. Farbenindustrie Francolor Calco Chem. Co. Sandoz	Kondensationsprodukt von Formaldehyd mit Naphtalinsulfosäure.
Wollreserve CB Réserve pour Laine N, NS	I. G. Farbenindustrie Kuhlmann	
Katanol SL u. SLN	I. G. Farbenindustrie	Sehr leicht in Wasser klar löslich. Sodazusatz nicht erforderlich.

Literatur	Verwendungsgebiete
D.R.P.348.530,400.212,400.242, 406.675, 409.783, 409.785, 446.219 der I. G. Farbenindustrie. *Franz. P. 658.364* und Zus. Anm. *37.391*, Ciba. Mell. 1939, S. 280; Brandenburger, Z. f. ges. Text. Ind. 1936, Bd. 39, S. 353. Über Katanole: Günther, Mell, 1922, Bd. 3, S. 209. Fischer, Mell. 1924, Bd. 5, S. 119. Gaillard, Mell. 1924, Bd. 5, S. 608. Rudolph, D.F.Z. 1925, Bd. 61, S. 107. D.F.Z. 1925, Bd. 61, S. 1456, 1564. Mell. 1928, Bd. 9, S. 700; Mell. 1929, Bd. 10, S. 148. Lieparoff, Mell. 1930, Bd. 11, S. 855. Mell. 1930, 11, S. 231.	Reserviert die tierische Faser, besonders Wolle, während des Färbens von Mischfasern aus Baumwolle-Wolle oder Naturseide. Erlaubt sehr reine zweifärbige Effekte zu erhalten. Verbessert die Lichtechtheit der Färbungen.
D.R.P. 436.881 und *Zusatz P. 56.545*, Gruppe 23, Kl. 120. *Franz. P. 588.933*, I.G. – Anmeldg. *D.R.P.F. 28.059*, Gruppe 23, Kl. 120, Mell. 1930, S. 610. Siehe Kap. VII, S. 148. Rabe, Mell. 1935, S. 47; Nüsslein, Mell. 1935, Bd. 52, S. 325; Z. f. ges. Text. Ind. 1932, S. 261; Hasse, Mell. 1937, S. 456.	Gleiche Verwendung wie Katanol W, gibt eine reinere und lichtechtere Reserve. Bis zu 70° C anwendbar. Schutzmittel in der Halbwolle- und Zellwolle-Wolle-Mischgewebe Färberei, um die tierische Faser vor zu starker Aufnahme der substantiven Farbstoffe zu schützen. Marke SL; über 70° C anwendbar.
	Reserviert die Wolle beim Färben mit direkten Farbstoffen.
D.R.P. 292.531; Friedländer, Bd. 12, S. 600. *D.R.P. A.B.74.976* (BASF), Frdl., Bd. 12, S. 222; Dietrich, Mell. 1935, S. 502; Mell. 1928, S. 279; 1932, S. 220; D.F.Z. 1929, S. 1231.	Gleiche Verwendung wie Katanol W. Setamol K verhindert das Anfärben von hellen Seideneffekten. Setamol WS ist bei hellen Seidenfärbungen unvermeidlich.
Z. f. ges. Text. Ind. 1933, S. 349, Mell. 1935, S. 410; Mell. 1936, S. 133. Justin Müller, Text. Mercury 1935, S. 63, Mell. 1936, Bd. 2, S. 642.	Wird beim Überfärben von mit Buntreserven bedruckter Mischfaser verwendet. Reservieren von weissen oder farbigen Effekten aus Wolle und Seide in Buntgeweben, die in Stück gefärbt werden sollen.
Nüsslein, Mell. 1935, S. 52, 325; Schaaf, Z. f. ges. Text. Ind. 1935, S. 457; Jochum, Z. f. ges. Text. Ind. 1936, S. 427 und 439.	Zusatz beim Decken der Baumwolle und Kunstseide für Färbungen auf Halbwolle und Halbseide. Bei der Kleiderfärberei. Beim Färben von Halbwolle bleibt die Wolle praktisch ungefärbt bei 50—60°.

Durch Animalisierung veränderte Zellulosefasern[1]).

Hier scheint der Platz zu sein, um die interessanten neueren Forschungen zu erwähnen, welche dazu führten, stickstoff- oder schwefelhaltige Fasern herzustellen, welche eine starke Affinität für Säurefarbstoffe aufweisen. (Animalisieren der Baumwolle[2]).)

Die Animalisierung hat den Zweck, den Zellulosefasern hinreichende Affinität für Säure- und saure Chromfarbstoffe zu verleihen. Diese Affinität ist von besonderem Interesse für Mischfabrikate aus Wolle-Zellwolle.

Das Animalisierungsproblem wurde also besonders wichtig, als es die Verarbeitung von Zellulosefasern mit Wolle nötig machte, einheitliche Färbungen — womöglich in einem Arbeitsgang — herzustellen.

Die Animalisierung kann im Stadium der Erzeugung der Zellwolle oder in einem Nachbehandlungsvorgang durchgeführt werden. Ganz allgemein besteht der Leitgedanke aller dieser Arbeiten darin, der Kunstfaser durch verschiedene Mittel eine grössere oder geringere Menge organisch gebundenen Stickstoff in Form von Amino- oder Amidogruppen einzuverleiben.

Die Arbeiten über die Animalisierung erfolgten nach den drei folgenden fundamentalen Richtlinien:

1. Animalisierung von Zellulosefasern durch Zugabe von Proteinen zu den Spinnmassen. Diese Methode führte jedoch nicht zu sehr befriedigenden Ergebnissen.

2. Animalisierung durch Nachbehandlung der Baumwolle (Amidieren der Baumwolle) oder der fertigen Viskosefaser mit basischen Verbindungen.

Dieser Gedankengang führte zur Nutzbarmachung der einfachen Amine, der Polyamide, der quaternären Ammoniumbasen mit langer Fettkette, der Kondensate von Aminen mit Aldehyden, der Alkylenimine und ganz besonders zur Verwertung der Reaktionsprodukte der Amine mit Alkylenoxyden (Vistralana XT der I. G. Farbenindustrie.)

3. Animalisierung durch Verwendung von Kunstharzen. (Harnstoff-Formaldehyd, in neuerer Zeit Dicyandiamid-, Guanidin- und Melaminharze.)

Hier wurden Aminoplaste, ebenso wie stickstoffhaltige Vinylpolymerisate (Artilana von Schoeltins & Co. in Berlin), als Fasermaterial studiert.

---

[1]) Siehe M. Mouchiroud, Vortrag vom 14. März 1944 in der Maison de Chimie (Paris), Teintex 1944, S. 129; Chaix, Les fibres artificielles et les fibres synthetiques, Le Monde de la Maille, 1946, 56, p. 10.

[2]) Siehe Bd. 1 dieses Werkes, Einführung Seite 15.

Das künftige Problem ist, noch geeignetere Kunstharze zu finden oder aber Proteinfasern mit besseren Nassfestigkeiten herzustellen[1]).

So erschienen verschiedene neue Fasermaterialien, die aus regenerierten und animalisierten bzw. proteinhaltigen Zellulosefasern bestehen. Man unterscheidet hier verschiedene Gruppen; die wichtigsten unter ihnen sind[2]):

1. Fasern, die in der Spinnmasse Proteinsubstanzen enthalten (Kasein, Gelatine usw.).

Die Handelsmarken sind folgende:

Vistra PX	I. G. Farbenindustrie
Seresa und Fibre L Supramine	Comptoir des Textiles artificiels (Frankreich)
Cisalfa	Cisa-Rayon, Rom (Italien)
Fibramine	Fabelta (Belgien)
Lacisana, Cisalfa	Cisa-Rayon, Rom (Italien)

2. Animalisierte Fasern, die durch Einwirkung organischer Amine auf die Viskose hergestellt werden.

Vertreter dieser Klasse:

Vistralana XT der I. G. Farbenindustrie. Eine Viskose-Kunstseide, der ein Äthyleniminpolymer einverleibt ist (*brit. P. 493.509*). Vistralana XT ist eine der Wolle sehr nahe kommende Faser, die eine grosse Affinität für die sauren Farbstoffe besitzt.

3. Artilana der Schoeltins & Co., Berlin. Zellwolle, die nach dem Verfahren von Prof. Ubbelohde erhalten wird; sie enthält ein Harz auf Formaldehydbasis (*franz. P. 834.968*).

4. Rayolanda von Courtaulds (England). Es ist eine Viskosefaser, die im Augenblick ihrer Bildung mit einem Bestandteil eines

[1]) The Dyer, 1945, 94, S. 401.

[2]) Eine interessante Klassifikation der künstlichen und synthetischen, auf dem Markt befindlichen wollähnlichen Kunstfasern erschien in J. Soc. D. and Col, 1939, S. 167 (Vortrag von H. A. Thomas). Siehe auch Mell. 1941, S. 263—264.

Folgende Kunstfasern sind zur Zeit zu unterscheiden: Reine Proteinfasern, Tiolan (deutsch), Casein fibre (engl.), Lanital (ital.), Lactofil (holl.).

Regenerierte Zellulosen, die Kasein schon in der Spinnmasse enthalten: Cisalfa und Lacisana (ital.), Fibramin (belg.).

Animalisierte mit Harzen in der Spinnmasse hergestellte Produkte: Artilana und Vistralan (deutsch), Rayolanda (engl.).

Rein synthetische Fasern: Nylon (U.S.A. du Pont de Nemours), Vinyarn (U.S.A., Carb. Carb. Chem. Corp.), Igelit (deutsch).

Physikalisch veränderte Zellwollen: Vistra XT und Lanusa (deutsch), Fibra (engl.).

künstlichen basischen Harzes behandelt wird. Die Faser besitzt eine starke Affinität für die sauren Farbstoffe, sowie für die Indigosole.

5. Slovina Svit Prosvit	Svit A. G. – Bata-Konzern in Batizovce (Tschekoslowakei); es ist ein Zellulosexanthogenat, vermischt mit einem Kunstharz und mit Infusorienerde.

1. Animalisierung durch Einführung von Proteinen zu den Spinnmassen.

Begreiflicherweise war der erste Weg, der da betreten wurde, die Verwendung von Proteinen. Die ersten Versuche gehen auf das Jahr 1898 zurück (Vistra XT der I. G.; Cisalfa der C.I.S.A.-Rayon, Rom; Fabelta, Belgien). Man verwendete die verschiedenartigsten Proteine: das Zein, das aus Mais gewonnen wird, in den Vereinigten Staaten von Amerika, das Sojaprotein in Japan, das Fischeiweiss in Deutschland.

Die Sojafaser wurde von Ford Motor Co. beobachtet. Man geht von dem Protein des Sojabohnenmehls aus. Die Faser hat einen dem Lanital oder Aralac ähnlichen Charakter. In gleicher Weise wurde für Azetylzellulose das natürliche stickstoffhaltige makromolekulare Derivat, das Chitosan oder Chitin, das aus den Schalen der Hummern oder anderer Krustentiere gewonnen wird, herangezogen.

Die *brit. P. 458.815* und *458.816* (du Pont) und das parallele *amer. P. 2.099.363* beschreiben die Verwertung des Chitins eines im Tierreiche weit verbreiteten Stoffes. Es ist ein Hauptbestandteil der Schalen der Krustentiere (Krabben, Hummern, Langusten). Die Festigkeit wird durch dicke Einlagerungen kalkhaltiger Schichten noch erhöht. Die Gewinnung des Chitins in reinem Zustand verlangt daher eine Reihe von Behandlungen.

Webster gab einen Gewinnungsprozess an, der in einer Behandlung mit 5%iger Essigsäure in der Kälte, dann in einer dreistündigen Behandlung mit 5%iger Salzsäure, ebenfalls in der Kälte bestand. Damit wird die Kalkschicht herausgelöst, während die Farbstoffe mit Alkohol extrahiert werden. Den Schluss macht ein 5 Stunden dauernder Neutralisierungsvorgang mit konzentrierter Pottaschelösung, dann wird gewaschen und getrocknet[1]).

Das Chitin ist ein Azetaminoderivat eines Kohlenwasserstoffes. Durch den Desazetylierungsvorgang erhält man ein polymeres

[1]) Vgl. hierzu das *brit. P. 458.939* von du Pont, überdies eine sehr ausführliche Arbeit in Silk Journal and Rayon World, Manchester 1938, März- und Aprilheft, ferner Rev. Gen. Mat. Col. 1938, S. 248.

Siehe auch die *amer. P. 2.040.879* und *2.040.880* (Du Pont).

primäres Amin, das sich mit Säuren zu Salzen verbindet, von denen einige wasserlöslich sind.

Das *brit. P. 458.815* von du Pont beschreibt den Vorgang der Emulgierung des desazetylierten Chitins für wasserabstossende und permanente Appreturen. Die löslichen Salze des desazetylierten Chitins werden so wie die Zelluloseäther zur Herstellung von Filmen verwendet. Man löst das desazetylierte Chitin in Essigsäure und Wasser auf und erhält eine viskose Flüssigkeit, die nach dem Verdampfen des Lösungsmittels einen widerstandsfähigen Film zurücklässt.

Die Verwendung des desazetylierten Chitins als Emulsions- und Dispergierungsmittel bildet den Gegenstand des *brit. P. 458.816* von du Pont.

Man kann damit Dispersionen von Titandioxyd herstellen, die für Faser- und Gewebemattierungen verwendet werden können.

Gemäss dem *brit. P. 458.817* erhält man beständige Paraffinemulsionen, indem man 20 Teile geschmolzenes Paraffin mit einer 3%igen Lösung von desazetyliertem Chitin vermischt; es ist dabei wesentlich, bis auf 60° C zu erwärmen und energisch zu rühren.

Durch Verspinnen von desazetyliertem Chitin erhält man eine Kunstfaser, die ähnliche Eigenschaften hat wie Naturseide Eine sehr interessante Untersuchung über die Konstitution des Chitins wurde von Kurt Meyer und H. Wehrlich durchgeführt (Helv. Chim. Acta, 1937).

Das Patent der Viking Comp sieht die Verwendung des Chitins für die Erzeugung von Fäden, Films usw. vor.

Ein Beispiel für die Zubereitung einer alkalischen Chitindispersion soll hier gegeben werden: 300 g Chitin werden mit 6 Liter Natronlauge 35—50% bei 25° C während 2 Stunden behandelt. Man entfernt den Laugenüberschuss und erhält ein Produkt von etwa dem dreifachen Gewicht des Ausgangsmaterials. Man zerteilt die Masse und verrührt sie mit 3—3 ½ kg Eis während einer halben Stunde.

Eine Affinitätssteigerung der Äther- oder Esterzellulosen zu den Direkt- oder Säurefarbstoffen wird laut *amer. P. 2.277.486* (beantragt 1. 11. 1938, erteilt 24. 3. 1942) von Du Pont de Nemours dadurch erreicht, dass man den Spinnmassen aralkylierte Derivate von natürlichen hochmolekularen Produkten, welche basischen Stickstoff enthalten, also Proteine, Gelatine, Albumine, Desazetylierungsprodukte von Chitin, zusetzt.

Beispiel: 9 g des benzylierten Derivates von desazetyliertem Chitin werden in 36 g Essigsäure gelöst und mit einer Lösung von 171 g Azetylzellulose in 610 g Essigsäure vermischt. Man spinnt diese Masse nach dem Naßspinnverfahren und erhält auf diese Weise einen Faden, welcher sich mit den üblichen Wollfarbstoffen färben lässt.

2. Animalisierung der Zellulosefaser durch Nachbehandlung mit basischen Verbindungen.

Arbeiten von Karrer und Wehrli beziehen sich auf das Amidieren der Baumwolle[1]) durch Behandlung von immunisierter Baumwolle, welche durch partielle Ätherifizierung der Zellulose mittels p-Toluolsulfochlorid erhalten wird. Mit Ammoniak bzw. mit primären oder sekundären Aminen bewirkt man die Amidierung ohne Schwierigkeit, und zwar schon in der Kälte, vorausgesetzt, dass man die ammoniakalische Lösung genügend lang (während mehrerer Wochen) einwirken lässt; in der Wärme (bei 100° C) ist die Reaktion in weniger als einer Stunde beendigt. Die amidierte Baumwolle besitzt eine sehr grosse Affinität für saure Farbstoffe, und solche Färbungen sind ziemlich wasch- und seifenecht.

Im Laufe der letzten Jahre wurden mehrere neue Methoden ausgearbeitet. Das Äthylenimin hat sich schon laut früherer Publikationen der I. G. als Stickstoffanlagerungsmittel an Zellulose bewährt. Nach dem *D. R. P. 662.335* (I. G. Fink-Stahn) geht diese Anlagerung durch Erhitzen in einem geschlossenen Gefäss mit dem dampfförmigen Imin unter Absorption glatt vor sich.

Das Verfahren der I. G. Farbenindustrie, welches Gegenstand des *D. R. P. 644.925;* des *brit. P. 460.590;* des *franz. P. 808.310* und des *amer. P. 2.097.120* ist, gibt einen Weg an, um die Anlagerung von Stickstoff an die Zellulosen in neuartiger Weise durchzuführen; die Xanthogenatlösung wird in einem neutralen Bade ausgesponnen und das noch nicht zur Zellulose regenerierte Produkt mit Äthylenimin, in flüssiger oder gasförmiger Form, bei einer Temperatur von 70—100° C behandelt.

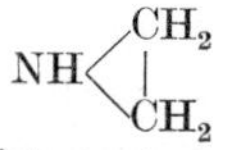

Äthylenimin

Es bildet sich auf diese Weise eine komplexe Zelluloseverbindung, welche Stickstoff und Schwefel enthält und einem Mercaptothiazolidinzelluloseäther entspricht. Diese neue Faser hat einen Stickstoffgehalt von 1,6—2,5% und zeigt eine ausgesprochene Affinität für saure Farbstoffe (*brit. P. 476.431; franz. P. 793.179* der I. G.). Die Polymerisationsprodukte des Äthylenimins, welche im *brit. P. 461.354* erwähnt sind, lassen sich laut *brit. P. 461.666* für die Animalisierung der Zellulosefasern anwenden.

Eine weitere Variante bringt das *brit. P. 491.565* (I. G.), wobei man zuerst die Imine auf die Zellulose wirken lässt und dann erst mit CS_2 in Reaktion bringt.

[1]) Helv. Chim. Acta, Bd. IX, 1926; *D. R. P.* Anm. *93.550, IV, 18 m* vom 26. März 1925; R. G. M. C. 1926. Septemberheft.
Helv. Chim. Acta, 1926, Bd. 4, S. 591; Tiba 1926, S. 955.

Gemäss dem *schweiz. P. 204.208* der I. G. Farbenindustrie A. G. ist es empfehlenswert, die Animalisierung der Zellulosefasern mit Hilfe einer Suspension von Äthylenimin in einem Verdickungsmittel, das Latekoll genannt wird, durchzuführen. Man kann dieses Mittel durch Zusatz von Schwefelkohlenstoff in eine Emulsion umwandeln. Solche Emulsionen können unmittelbar der Spinnmasse (Viskose, Kuprammoniaklösung) zugesetzt werden. Kunstseidenfäden, die auf diese Weise erhalten werden, sind äusserlich der gewöhnlichen Kunstseide ganz ähnlich; sie besitzen aber eine ausgesprochene Affinität für saure und chromierbare saure Farbstoffe.

Im Sinne des *D.R.P. 676.197* (I. G. Farbenindustrie A. G-Esselmann) stellen die Reaktionsprodukte des Äthylenimins mit Schwefelkohlenstoff harzartige, in Wasser, in Säuren und Alkalien unlösliche Massen dar. Möglicherweise entspricht das Verfahren der Herstellungsmethode der Vistralana XT-Faser der I. G. Farbenindustrie A. G.

Das *D.R.P. 662.335* ist ähnlich dem vorigen. Man erhält eine Affinität der Zellulosefasern für saure Farbstoffe durch Einführung von Stickstoffresten in den Zellulosekomplex, wozu man Äthylenimin verwendet. Man erwärmt die Viskose und trocknet durch 4 Stunden in einem Autoklaven bei 100° C in einer Äthylenimin enthaltenden Atmosphäre.

Die Anwendung von Äthylenimin bildete bereits den Gegenstand früherer Patente: *D.R.P. 644.925; brit. P. 460.590; franz. P. 808.310; amer. P. 2.097.120*, ebenso die *brit. P. 461.466* und *476.431.*

Hier wäre noch das *schweiz. P. 193.353* (I. G.) zu nennen, dessen Zweck es ist, die beim Verdampfen wässeriger Lösungen des Äthylenimins stattfindende Polymerisation durch Zusätze von Säuren oder chlorsubstituierten organischen Verbindungen zu beschleunigen, wobei die Anwendung gleichfalls auf dem Gebiete der Animalisierung der Zellulosefasern liegt (Bull. Föd. III, S. 491).

Nach dem im *franz. P. 789.331* und *öst. P. 149.168* der I. G. Farbenindustrie festgelegten Verfahren fixiert man auf die Zellulose primäre, sekundäre oder tertiäre Amine, welche mindestens ein 8 Kohlenstoffatome enthaltendes Radikal besitzen, z. B. Stearylaminoazetat, Isopropyldodezylaminlaktat oder N-Dodezyl-1,3-Propylendiaminformiat. Man löst diese Substanzen in formolhaltigem Wasser auf, behandelt die zu animalisierende Faser einige Zeit in dieser Lösung, schleudert aus und trocknet bei 90° C.

In den *amer. P. 2.131.120* und *2.131.121* der I. G. Farbenindustrie-Schlack wird empfohlen, in die Spinnmasse einer Alkyl- oder Azidylzellulose Alkylenoxyde, die schon einen basischen Rest tragen, z. B. das Epoxypropyltriäthylammoniumchlorid folgender Formel:

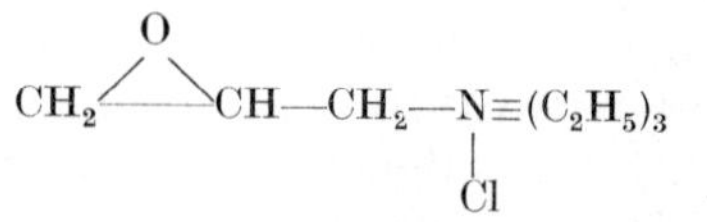

zuzusetzen, um eine echte Färbung mit sauren Farbstoffen zu bewirken, während die *amer. P. 2.131.145* und *2.131.146* derselben Firma eine Reaktion des Wollmoleküls mit derartigen Alkylenoxyden, aber auch mit sonstigen alkylierenden Mitteln, wie. z. B. mit Alkylchloriden, voraussetzen.

Man behandelt die Wolle in einer Propylenoxydlösung, wodurch die Affinität für die sauren Farbstoffe, wie Alizarindirektblau A, erhöht wird, während sie für einen basischen Farbstoff wie Methylviolett beträchtlich erniedrigt wird.

Es wurde festgestellt, dass die Alkylierungsmittel wie z. B. die Alkylhalide, Äthylbromid, Äthylenjodid sowie die Diazoparaffine wie das Diazomethan

$$CH_2 = N{\equiv}N$$

denselben Effekt ergaben. Man nimmt im allgemeinen an, dass bei Diazomethan, welcher ein besonders energisches Alkylierungsmittel ist, der Alkylrest sich an den Endstickstoff anlagert.

Durch Einwirkung von Aldehyden und Pyridinchlorid auf Zellulose in einem indifferenten Lösungsmittel (Chloroform) kann, gemäss den *amer. P. 2.120.267; D.R.P. 641.206* und *öst. P. 149.168* (I. G-Schirm) eine Anlagerung der Stickstoffreste erreicht werden, wobei neue Fasersubstanzen erhöhter Anfärbbarkeit entstehen.

Ein weiteres Verfahren, um saure Farbstoffe auf Azidyl- oder Alkylreste der Zellulose zu fixieren, wird im *brit. P. 465.105* von der Aceta beschrieben. Es besteht in der Einwirkung von Äthylenoxyderivaten, welche mit organischen Basen substituiert sind, z. B. das Propenpiperidinoxyd, auf in einem geeigneten Lösungsmittel gelöste Azetatzellulose. Das gleiche Patent erwähnt, dass man ähnliche Produkte durch Einwirkung dieser Äthylenoxyderivate auf mit Alkalien vorbehandelter Viskose oder auf Kunstharzlösungen sowie auf Stärke erhält.

Nach dem *franz. P. 807.984* der I. G. Farbenindustrie wird die Animalisierung bewirkt, indem man auf die Zellulosefaser stickstoffhaltige Reste durch Einwirkung von Polyaminen fixiert; die so behandelte Faser lässt sich mit sauren Farbstoffen echt anfärben.

Polyaminderivate, welche sich für diese Reaktion eignen, werden durch Einwirkung von halogenierten Alkylaminen auf organische

Basen — mit Ausnahme der tertiären Amine — erhalten, wie z. B. das Produkt, welches durch Reaktion von Diäthylchloräthylamin auf Stearylamin entsteht:

$$\begin{matrix} C_2H_5 \\ C_2H_5 \end{matrix} \!\!> N—CH_2—CH_2—Cl + H_2N—R$$

$$R = \text{Stearyl } C_{17}H_{35}$$

Eine Viskoseseide von guter Affinität für saure Farbstoffe wird nach dem *brit. P. 466.098* der I. G. Farbenindustrie erhalten, wenn man der Spinnmasse komplexe Verbindungen, welche durch Einwirkung von Ammoniak oder von löslichen Aminen, z. B. Äthylenimin, auf albuminoide Substanzen (Leimpulver, Lederabfälle) entstehen, zusetzt.

Andere Methoden zur Erhöhung der Affinität von Zellulosematerial gegenüber Säurefarbstoffen, beruhen auf der Einführung von Stickstoff in das Zellulosemolekül, beispielsweise durch eine Behandlung mit Alkylenamin. Das *öst. P. 159.297* bringt nun ein verbessertes Verfahren, wonach man die Faser zuerst mit einer Äthylenaminlösung imprägniert und sie dann der Einwirkung von Schwefelwasserstoffgas aussetzt. Es entsteht dabei eine gelbe Verbindung in der Faser. Nach Patentangaben soll die Affinität für Säurefarbstoffe gut sein und die gelbliche Farbtönung kann nach dem Färben durch Waschen entfernt werden.

Nach den *brit. P. 466.099* und *466*.157 erhält man eine mit Säurefarbstoffen anfärbbare Zellulosefaser durch Einwirkung von Körper der allgemeinen Formel:

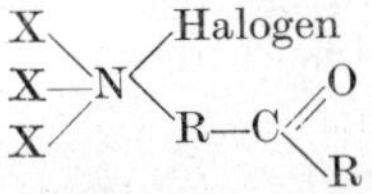

Als Beispiel führen die Patente das Produkt an, welches durch Reaktion von Betain auf Methylstearylamin entsteht:

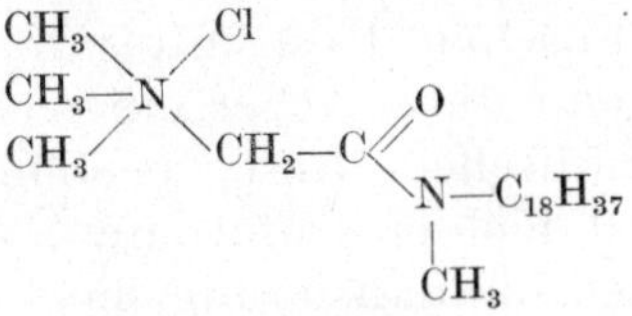

Es muss hierbei vermerkt werden, dass das Pyridin nicht hierfür in Frage kommt und dass der Zusatz zur Spinnmasse von heterozyklischen Basen, namentlich von Pyridin, Gegenstand des *brit. P. 370.860* (Ciba) ist.

Im Sinne eines Verfahrenes, das im *brit. P. 485.920* beschrieben ist, verwendet man in gleicher Weise eines dieser Produkte, die zum

Animalisieren dienen, wie z. B. die polymerisierten Äthylenimine und basische Kondensationsverbindungen, wie dasjenige, das bei der Einwirkung von Ammoniak auf Polyepichlorhydrin entsteht, welches man dem Spinnbad zusetzen kann; man kann auch damit die schon gebildete Faser imprägnieren. Hierauf behandelt man das Material in einer Metallsalzlösung, hauptsächlich einer solchen eines Chrom-Eisen, Nickel- oder Kobaltsalzes. Vornehmlich dieser Nachbehandlung soll die Zellulosefaser ihre Verwandtschaft zu sauren Stoffen, wie den Palatinechtfarben, den Supranol- und Anthralanfarben verdanken, die eine Färbung ermöglichen, welche derjenigen der tierischen Faser gleichkommt.

Auch Fettderivate des Isatinsäureanhydrids kann man nach den Patenten der I. G. (*brit P. 458.684* bzw. *franz. P. 803.506)* auf die Zellulose einwirken lassen und hierdurch eine Stickstoffanlagerung hervorrufen.

Saure Farbstoffe können für Azetatzellulose nach folgendem Verfahren, welches in den *amer. P. 1.968.819* (Dreyfus), *1.968.855* und *1.968.856* (Rivat) beschrieben wird, Verwendung finden: Der Farbstoff wird in einem flüchtigen Lösungsmittel (Äthyllaktat), welches die Faser während des Färbens zum Aufquellen bringt, gelöst, wodurch der Farbstoff fixiert wird.

Die Ammonium-, Sulfonium- oder Phosphoniumbasen, welche bereits öfters erwähnt wurden, finden ebenfalls Anwendung, um der Azetatzellulose Affinität für saure Farbstoffe zu verleihen. Das *franz. P. 788.985* der Aceta, welches die gleichen Verfahren behandelt, empfiehlt eine Vorbehandlung mit quaternären Ammoniumverbindungen und darauffolgendes Färben der Kunstseide mit sauren, wasserlöslichen Farbstoffen.

Laut *amer. P. 2.264.490* (beantragt 31. Dezember 1937, erteilt 2. Dezember 1941) von Heberlein Patent Corporation verleiht man Zellulosematerial Affinität zu Säurefarbstoffen durch eine Behandlung mit Äthern, welche ein basisches Stickstoffatom und einen aliphatischen oder zyklischen Rest mit mindestens 4 Kohlenstoffatomen, enthalten. Wenn diese Äther einen aliphatischen, aliphatoaromatischen oder zyklischen Rest, bestehend aus einer unverzweigten Kette von 10 Kohlenstoffatomen, enthalten, so verleihen sie der Faser, ausser der Animalisierung, noch permanente wasserabstossende Eigenschaften.

Diese Äther verwendet man im allgemeinen in Form ihrer wasserlöslichen quaternären Ammoniumverbindung.

Im *brit. P. 500.110* der Imp. Chem. Ind. werden Kondensate von Formaldehyd mit substituierten Ammoniumverbindungen empfohlen, die einerseits nichtaliphatische hochmolekulare Gruppen und andererseits Reste wie $-CO-NH_2$, $-NH-CO-NH_2$ oder $-O-CO-NH_2$ enthalten. So z. B. wird das Kondensationsprodukt erwähnt das bei der Einwirkung von Formaldehyd auf β-Ureidoäthylenpyridiniumchlorid:

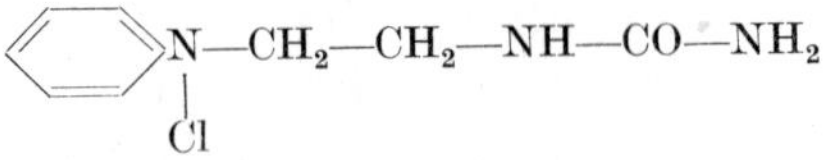

entsteht. Die Reaktion geht in Gegenwart von Ammoniumphosphat vor sich, welches als Katalysator wirkt. Nach der Imprägnierung trocknet man und erwärmt auf 120° C.

Dem *franz. P. 838.151* der I.G. Farbenindustrie A.G. kann man die Beobachtung entnehmen, dass die Färbungen auf Zellulosefasern, die mittels Polyalkyleniminen oder -aminen erhalten wurden, viel an Waschechtheit zu wünschen übrig lassen. Es wurde nun gefunden, dass man die Ergebnisse in dieser Hinsicht verbessern kann, wenn man die Fasern anschliessend mit einer Substanz imprägniert, die als Beize für basische Farbstoffe dienen kann, wie z. B. mit Tannin oder mit dessen Ersatzprodukten, die sich von sulfurierten Phenolen ableiten, wie dem Katanol, dem Thiotan usw. Die Patentschrift nennt Farbstoffe wie Wollechtblau BL, Supramin- und Supranolfarben, Anthranolrot BBT usw.

Das *franz. P. 840.709* der I. G. Farbenindustrie A.G. beschreibt einen Vorgang, demgemäss man den Zellulosefasern Affinität für saure Farbstoffe durch eine Behandlung mit Verbindungen verleiht, die durch Copolymerisation von Äthylenimin oder seiner Derivate oder seiner Polymeren mit Isocyanaten oder aromatischen Isothiocyanaten unter dem Einfluss der Wärme oder chemischer Agentien (Säuren oder Alkalien) zustandekommen. Die Reaktion kann in Gegenwart von Lösungsmitteln, wie Chlorkohlenwasserstoffen, aromatischen Aminen oder hydrierten Ketonen (Zyklohexanon) vor sich gehen.

So wird das folgende Beispiel angeführt: Man verwendet ein Produkt, das durch die Reaktion von Äthylenimin oder deren Polymeren auf Phenyl- oder Benzylisocyanat oder auf die entsprechenden Isothiocyanate gebildet wird.

Die I. G. Farbenindustrie beschreibt im *D. R. P. 744.178*, ausgegeben am 21. Januar 1944, ein Verfahren, wonach man die Fasern mit Harnstoffderivaten des Typus:

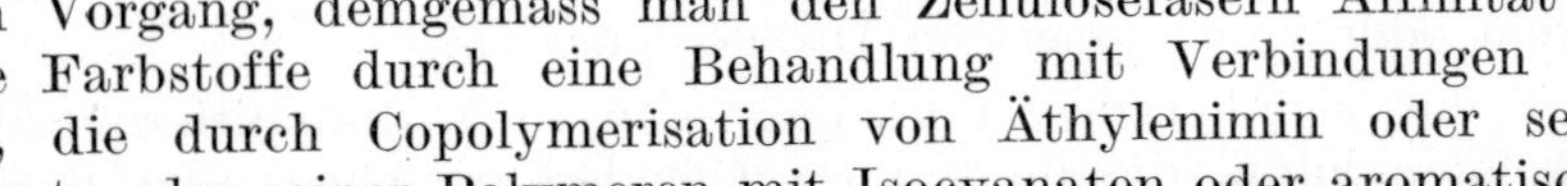

wo R_1 und R_2 aliphatische oder isozyklische Reste bedeuten, behandelt.

Nach der Imprägnierung nimmt man die Polymerisation vor. Die Fasern bekommen Affinität für Farbstoffe und können sowohl gefärbt als bedruckt werden. Es handelt sich hier hauptsächlich um Glas- oder Nylonfasern. Dieses Verfahren ist älteren Methoden überlegen, die auf der Behandlung der Fasern mit Kondensationsprodukten von Aminotriazinen und Formaldehyd beruhen, weil die erzielte Echtheit weit höher ist (vgl. das *brit. P. 500.110*, das sich auf die Kondensate von Formaldehyd mit Karbamylmethylpyridinium bezieht). So wird z. B. ein Baumwollgewebe mit einer verdickten Lösung eines Kondensates von Hexamethylendiisocyanat und Äthylenimin behandelt, 8 Minuten bei 140° C getrocknet und mit einem sauren Farbstoff gefärbt.

Dem *franz. P. 859.260* der I.G. Farbenindustrie A.G. (eingereicht am 22. August 1939, veröffentlicht am 14. Dezember 1940) kann man entnehmen, dass man die Verwandtschaft der Zellulose für saure Wollfarbstoffe dadurch erhöhen kann, dass man die erstere mit basischen Körpern in innige Berührung bringt. So z. B. sind hier Animalisierungsmittel Verbindungen mit hohem Schmelzpunkt, die basische Gruppen, vornehmlich Stickstoffreste, enthalten. Der hohe Schmelzpunkt ist durch das Vorhandensein hochmolekularer aliphatischer Reste (mit hohem Schmelzpunkt) oder niedrigmolekularer basischer Polymerisationsprodukte bedingt. Diese Animalisierungsmittel werden entweder auf die Fasern selbst aufgebracht oder man setzt sie den Spinnlösungen in Form von Lösungen in organischen Mitteln oder von wässerigen Dispersionen zu.

Es hat sich herausgestellt, dass man auch Animalisierungsmittel verwenden kann, die dank ihres Gehaltes an einer oder mehrerer Sulfamidgruppen im Molekül in alkalischen Medien löslich sind. So ist es möglich, Viskosefasern herzustellen, deren Spinnlösungen in homogener Verteilung das Animalisierungsmittel enthalten. Das bedeutet eine Vereinfachung der Erzeugung animalisierter Fasern, da die Herstellung besonderer Lösungen oder Dispersionen des betreffenden Mittels nicht mehr notwendig ist und die Anwendung desselben keinen zusätzlichen Arbeitsvorgang erfordert. Die Animalisierungsmittel selbst sind verschiedener chemischer Natur und im allgemeinen basische Verbindungen von hohem Molekulargewicht, die an sich wasserunlöslich sind, aber eine oder mehrere Sulfamidogruppen besitzen, die die Löslichkeit in Natronlauge bewirken. Man kann hier als Beispiel die Reaktionsprodukte von aliphatischen Polyamiden mit Arylsulfoäthylenimiden, die Reaktionsprodukte von Chlorparaffinsulfochloriden mit Ammoniak oder Äthylendiamin (*amer. P. 2.046.090*), die Kondensationsprodukte von Chlorbenzyl-p-Sulfochloriden mit Di- oder Polyamiden usw. anführen. In der Patentschrift findet sich das folgende Beispiel: 7,5 % eines Reaktionsproduktes von

Polyäthylenimid mit Benzolsulfoäthylenimid werden in einer kleinen Menge Natronlauge aufgelöst und in einer Viskosespinnlösung verteilt. Die Lösung wird nach bekannten Verfahrensweisen auf Zellwolle verarbeitet, und die Fasern besitzen eine gute Affinität für saure Wollfarbstoffe.

Julius Ruppert Zink, Königsberg i. Pr., patentiert im *D. R. P. 703.051* (8. 12. 1936) ein Verfahren zum Färben von Wolle oder Gemischen von Wolle mit Zellulosefasern, deren färberische Eigenschaften durch Witterungseinflüsse verändert worden sind, mit sauren Farbstoffen. Um den Schwierigkeiten, die sich beim Färben von Altwolle und mehr oder weniger abgetragener oder verschossener Kleidung mit sauren Farbstoffen ergeben, zu begegnen und derartiger Ware ein gleichmässiges Färbevermögen zu erteilen, werden diese vor dem Färben mit hochmolekularen Aminen, Ammonium-, Phosphonium- oder Sulfoniumbasen oder deren Salzen behandelt, wie sie zur Verbesserung der Echtheitseigenschaften von Färbungen auf Textilstoffen, die saure Gruppen erhalten, gebräuchlich sind. Auch unbehandelte, getragene Wolle kann zusammen mit, wie vorstehend vorbehandelter, getragener Wolle mit sauren Farbstoffen umgefärbt werden.

Das *D. R. P. 690.193* (10. 6. 1934) von Hermann Baumheier, Weinböhla, Bez. Dresden, beschreibt ein Verfahren zum Färben von Faserstoffen in saurer Flotte. Bei diesem Färben, besonders von Wolle, treten je nach dem Härtegrad des Wassers Schwierigkeiten auf. Abgesehen von der mangelnden Egalität der Färbungen bekommt das Färbegut durch die aus dem Wasser herrührenden Ausscheidungen einen schlechten Griff und ein schlechtes Aussehen. Diese Schwierigkeiten lassen sich vermeiden, wenn man der Flotte neben Essigsäure oder Ameisensäure noch eine Säuremischung hinzusetzt, die aus einem Gemisch von ungefähr je zwei Gewichtsteilen Schwefelsäure und Phosphorsäure, zusammen mit ungefähr je drei Gewichtsteilen Salzsäure und Milchsäure, neben einem Gewichtsteil Kochsalz besteht.

Das *D. R. P. 690.004* (11. 2. 1937) von Richard Haynn, Königstein im Taunus, bezieht sich auf ein Verfahren zum Färben von Faserstoffgemischen aus Zellwolle, aus Zellulosekunstseide und tierischen Fasern. Die Ware wird mit Diazotierungsfarbstoffen und Chromkomplexverbindungen organischer Farbstoffe im gleichen Bade in Arbeitsflotten gefärbt, welche eine organische Säure enthalten, worauf dann in frischem Bad diazotiert und wie üblich entwickelt wird. Das Verfahren findet besonders vorteilhaft Anwendung für die schweren Herrenstoffe aus Wolle und Zellwolle, die nunmehr in organisch sauren Bädern ohne Schwierigkeiten gefärbt werden können.

Gemäss *amer. P. 2.122.801* der I. G. Farbenindustrie A.G. erhält man Fasern mit Stickstoff- und mit Schwefelgehalt, indem man die Viskose in einem Bade fällt, das Natriumsulfat, schwach sauer eingestellt, enthält. Man erhält so einen Xanthogenatfaden. Dieses Gebilde ist schwefelhaltig und von grosser Reaktionsfähigkeit und verbindet sich leicht mit Iminen, wobei ätherartige Körper entstehen, denen man die Konstitution von Merkaptothiazolidinen zuschreibt:

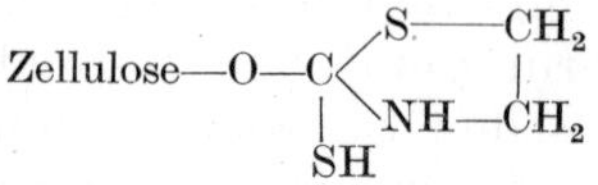

Diese neuen Fasern sollen eine erhebliche Affinität für saure Farbstoffe aufweisen.

Das *brit. P. 486.527* (Dreyfus) beschreibt eine Möglichkeit, stickstoffhaltige Zellulosederivate zu erhalten, die eine erhöhte Affinität für saure Farbstoffe besitzen, indem man auf Zellulose Ammoniak oder eine organische Base einwirken lässt, wobei man als Kontaktsubstanz einen metallischen Katalysator, wie z. B. Mangansalz (-Sulfat) oder Kupersalze, Oxyde oder endlich die elementaren Metalle verwendet, sofern diese in sehr fein verteilter Form vorliegen.

Gemäss dem *amer. P. 2.120.267* der I. G. Farbenindustrie erhält man eine neue stickstoffhaltige Faser, indem man auf die Zellulose in Gegenwart von Aldehyden oder Ketonen stickstoffhaltige Verbindungen wirken lässt. So wird beispielsweise durch die Einwirkung von Pyridin und Formaldehyd in einem neutralen Mittel (organische Lösungsmittel) eine Faser erhalten, die eine erhöhte Verwandtschaft zu direkten, sauren und sauren Chromfarbstoffen aufweist.

In Beispielen werden Färbungen mit Diaminfarbstoffen, mit sauren Farbstoffen (Alizarinsaphirol B und Orange II) und mit sauren Chromfarbstoffen (Eriochromrot B) genannt. Der Reaktionsvorgang kann durch folgende Gleichung ausgedrückt werden:

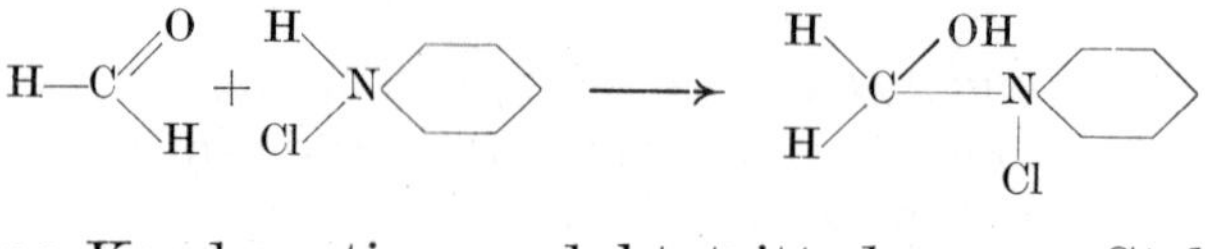

und in dieses Kondensationsprodukt tritt dann an Stelle der OH-Gruppe die O-Zellulosegruppe ein.

Das *brit. P. 496.944* der I. G. Farbenindustrie A.G spricht von einer Verbesserung der Wasserechtheit der sauren Färbungen, besonders auf animalisierten Zellulosefasern; diese Verbesserung wird dadurch erreicht, dass man die Fasern — sei es in der Spinnmasse, sei es nachträglich — einer der bekannten Behandlungen mit Polyalkylenaminen, Guanidinderivaten oder dgl. unterwirft und diese Behandlung mit einer solchen mit farblosen Beizen für basische Farbstoffe (Tannin, Katanol) kombiniert. Hierauf färbt man in saurem Bad aus. Man nimmt an, dass gefärbte, unlösliche komplexe Lackverbindungen entstehen.

3. Animalisierung durch Einführung von Kunstharzen.

Das *franz. P. 821.002* von Moy-Buret spricht von Viskosefasern, die eine Affinität für saure Farbstoffe besitzen. Man kennt frühere Patente, so die Verfahren der Cal. Printer's Association und der Ciba (*franz. P. 768.282; schweiz. P. 166.758* und *166.759; franz. P. 765.745; D.R.P. 646.529* usw.) welche die Erhöhung der Affinität der Zellulosefasern für saure Farbstoffe vermittels Einlagerung von Harnstoff-Formaldehydkondensaten beschreiben. Von diesem Gedankengang ausgehend, haben die beiden Verfasser des obengenannten Patents vorgeschlagen, eine Viskosefaser mit erhöhter Affinität für saure Farbstoffe zu erzeugen, indem sie der Spinnmasse Vorkondensate von Harnstoff + Formaldehyd oder eventuell Phenol + Formaldehyd zusetzten. Nach dem Verspinnen und der Entschweflung erhält man eine Faser, die eine erhöhte Verwandtschaft zu sauren und basischen Farbstoffen zeigt, wobei die letzteren lichtechter sind als dieselben Farbstoffe, die auf Tannin gefällt sind.

Es bliebe noch aufzuklären, in welchem Augenblick sich hier die Endkondensate bilden.

Gemäss dem *franz. P. 834.924* kann man zwecks Animalisierung der Kunstfasern der Spinnmasse Substanzen zusetzen, die durch nachherige Kondensation kunstharzartige Produkte liefern können. Hierfür entsprechen die Phenol-Aldehydkondensate kaum, da sie leicht in alkalischem Medium bräunliche Missfärbungen annehmen. Dagegen kann man Kondensate aus Harnstoff-Phenol-Formaldehyd verwenden.

Das *franz. P. 834.966* von Ubbelohde beschreibt ein dem vorigen ähnliches Verfahren. Die Affinität zu sauren Farbstoffen wird durch Vermischung der Spinnmasse mit synthetischen Harzen, die sich aus drei Komponenten zusammensetzen, erhöht. Die besten Ergebnisse erzielt man, wenn man in zwei Stufen arbeitet: man kondensiert z. B. zuerst Phenol und Formaldehyd in alkalischer Lösung (Bakelit A); dieses Produkt wird mit Phtalsäureanhydrid + Glyzerin weiterkondensiert usw.

Gemäss dem *öst. P. 152.159* (Aceta) erhält man interessante Ergebnisse, wenn man der Spinnmasse hochmolekulare, freie Säurereste enthaltende Substanzen zusetzt. So wird das folgende Beispie erwähnt: Man führt in eine Spinnmasse, die aus Azetatzellulose, gelöst in Azeton, besteht, ein Polymerisat aus Maleinsäureanhydrid und Vinylchlorid ein. Nach der Ausflockung der Verbindung beim 75°igen Wasser bekommt man eine Faser, die sich mit basischen Farbstoffen färben lässt. Die Beschreibung macht verschiedene Abänderungen bekannt, auch die Möglichkeit, mit Hilfe kationaktiver Mittel nachzumattieren.

Rayolanda und Fibro (Courtaulds).

Eine Kunstseide, die ähnliche Eigenschaften wie die Wolle hat und die im Handel unter dem Namen Rayolanda[1]) bekannt ist, ist eine Viskose, die einen verhältnismässig geringen Anteil eines synthetischen Harzes enthält, das wahrscheinlich durch Kondensation von Dicyandiamid und Formaldehyd erhalten wird, dem man ein Harnstoff-Formaldehydharz zufügt. Diese Kunstseide ist gekennzeichnet durch ihren basischen Charakter, weshalb man sie mit sauren Farbstoffen anfärben kann. Diese Eigenschaft macht ihre Verwendung in Mischgeweben mit Wolle möglich. Sie ist ausserdem mottenecht, mattierbar und hat ein gutes Wärmehaltevermögen. Die Vorbehandlung von Rayolanda ist bei niedriger Temperatur vorzunehmen. Zum Bleichen verwendet man nur Wasserstoffsuperoxyd und nicht Chlor, welches die Affinität dieser Faser für Wollfarbstoffe vernichten würde. Am vorteilhaftesten werden 2 g sulfonierter Fettalkohol (Lissapol LS-Paste) und 2 cm^3 Ammoniak pro Liter Flotte bei 40—45° C verwendet. Das Trocknen auf der Trommel soll, wie bei Fibro, vermieden werden.

Rayolanda quillt weniger als Fibro; erstere Faser nimmt nur 65%, letztere aber 100% Wasser auf. Zur Herstellung von Weiss- und Buntätzdrucken eignen sich sowohl Säure- als auch Direktfarbstoffe. Da Lauge die Affinität zu Säurefarbstoffen aufhebt, ist es auch möglich, Reservedruckeffekte herzustellen. Für den Direktdruck auf Rayolanda können die gleichen Farbstoffklassen wie für Fibro Verwendung finden.

Das Bedrucken von Geweben aus Fibro und aus Rayolanda bildet den Gegenstand einer Arbeit, welche in der Zeitschrift Industrie Textile 1945, 63, S. 106[2]) erschienen ist.

Fibro, von der Firma Courtaulds hergestellt, ist eine Faser, bestehend aus Viskosekunstseide, kardierter Wolle, Seide, Jute oder Leinen.

In The Dyer 1946, 95, S. 37 erschien eine Abhandlung von W. Penn über das Färben von Rayolanda[3]). Der Artikel beschreibt

[1]) Von der Firma Courtaulds.
[2]) Mac Farlane, The Dyer, 1946, 95, S. 235 und 263.
[3]) Farbstoffe und ihre Anwendung für Mischgewebe und reines Material.

die mit Rayolanda-Mischgeweben erreichbaren färberischen Effekte. Beim Färben mit Direktfarbstoffen ist die Temperatur und die Salzzugabe von ausschlaggebender Bedeutung. Bei niederen Temperaturen werden mit Schwefelfarbstoffen Ton-in-Tonfärbungen erzielt; bei höheren Temperaturen wird Rayolanda dunkler angefärbt als Fibro, was auch mit Küpenfarbstoffen der Fall ist. Während Indigosolfarbstoffe in Mischgeweben nur auf Rayolanda aufziehen, wird Fibro reserviert oder nur leicht angefärbt. Zum Drucken von Rayolanda können die meisten Farbstoffklassen verwendet werden.

In einem weiteren Artikel[1]) stellt derselbe Verfasser fest, dass Rayolanda, welche einer chemisch veränderten Zellulosestapelfaser entspricht, sowohl mit Baumwoll- als auch mit Wollfarbstoffen gefärbt werden kann und sich durch grosse Elastizität und kleinen Feuchtigkeitsgehalt auszeichnet. Während bei niederer Temperatur die sauren Wollfarbstoffe stärker auf Rayolanda ziehen, wandert bei höherer Temperatur der Farbstoff von der Rayolanda auf die Wolle.

Durch richtiges Regeln der Temperatur ist es infolgedessen möglich, Ton-in-Ton-Färbungen zu erhalten.

Neolanfarbstoffe färben Rayolanda unter Tanninzusatz tief, ohne Zusatz nur schwach an. Beim Färben mit Chromfarbstoffen nach dem Vorbeizen- oder Metachromverfahren spielen Säure und Temperatur eine wichtige Rolle.

Zur Vorbehandlung wird Fibro zuerst mit einem Enzym entschlichtet und darauf bei 80—90° C mit 0,2% Seife und 0,1% Natronlauge 30%ig geseift. Der Trockenprozess soll im allgemeinen nicht auf der Trockentrommel, sondern in der Hänge oder auf dem Spannrahmen erfolgen. Fibro eignet sich für den Direktdruck, wobei darauf zu achten ist, dass der Raum trocken ist und ein Übertrocknen der Ware vermieden wird. Besonders gut eignet sich Fibro für den Weiss- und Buntätzdruck, da die Direktfarbstoffe auf dieser Faser bessere Echtheitseigenschaften besitzen als auf Baumwolle. Naphtolfarbstoffe ergeben höhere Ausbeute und Reibechtheit. Im Aufdruckverfahren sind saure und basische Farbstoffe, sowie Chrom-, Naphtol- und Küpenfarbstoffe nach den üblichen Verfahren geeignet. Bei nachfolgender Anticreaseausrüstung, ist bei der Auswahl der Farbstoffe und dem Auswaschen des Verdickungsmittels die grösste Sorgfalt am Platze. Auch dem endgültigen Trocknen ist besondere Aufmerksamkeit zu schenken, um die Fertigware richtig zu konditionieren.

[1]) Unterschiede im färberischen Verhalten der vorbehandelten Zellulosefaser und Wolle; The Dyer, 1945, 94, S. 501.

Reine Proteinfasern. Das Lanital[1]).

Schon seit geraumer Zeit hat der Gedanke, aus natürlichen Produkten eine der Wolle ähnliche Faser herzustellen, den Erfindungsgeist einer grossen Anzahl Forscher angespornt. Um dieses Problem einer praktischen Lösung entgegenzuführen, ist es notwendig, von Proteinen auszugehen, die schon keratinähnliche Polypeptidketten enthalten. Die hierfür in Betracht kommenden faserartigen Proteine stehen jedoch sowohl in Bezug auf ihre Verschiedenheit als auch auf ihre Herkunft, nur in beschränktem Masse zur Verfügung. Hingegen sind die globularen Proteine, von welchen einige in kristallisiertem Zustande bekannt sind (z. B. Hemoglobuline oder Ovalbumin), mengen- und zahlenmässig in der Natur stark verbreitet. Von diesen Proteinen ausgehend, hat der italienische Forscher Ferreti die erste Proteinfaser, das Lanital, hergestellt.

Diese italienische neue Faser hat sich rasch auf die verschiedenen Gebiete der Textilindustrie ausgebreitet, und man verwendet sie heute in Mischgeweben und besonders in Gespinsten, welche für Wirkwaren bestimmt sind, in allen Ländern an.

Todtenhaupt[2]) war der erste Forscher, welcher sich mit der Herstellung dieser Kunstfaser befasste. Später, unter dem Einflusse der gegen Italien, während der Eroberung Abessiniens, angewendeten Sanktionen, veranlasste die italienische Regierung die inländischen Chemiker, eine Kunstfaser herzustellen, welche Italien unabhängig vom Ausland machen könnte und die, aus einheimischen Produkten aufgebaut, gewissermassen zur Nationalfaser würde.

Die unternommenen Forschungen, welche die Arbeiten Todtenhaupts wieder aufnahmen, wurden mit Erfolg gekrönt; es entstand das Lanital, welches bedeutenden Anklang fand. Das Lanital wird, wie die Todtenhaupt'sche Faser, ebenfalls aus dem Kasein der Milch

[1]) Erzeugerfirma Snia Viscosa. *Brit. P. 483.731, 483.807, 483.808, 483.809, 483.810, 500.013* von Ferretti; *franz. P. 813.427, 834.443, 835.280, 837.419*; siehe Söhngen, die Kunstseide, Berlin 1938, S. 78; Teintex 1938, Septemberheft.

Handelsnamen: Aralac (USA), Lactofil (Holland), Casein fibre (England), Tiolan (Spinnstoff Gesellschaft in Cottbus, Deutschland); Cargan (Belgien); Silkool (Japan), Thiozell (Deutschland); Enkasa (Holland); Casolana (Holland); Courlana (England).

[2]) *D.R.P. 170.051, 178.985, 182.574, 183.317, 203.820; brit. P. 25.296; franz. P. 356.404; amer. P. 836.788; öst. P. 28.290.*

Literatur: Koch, Z. f. ges. Text. Ind. 1936, S. 306; Plail, Mell. 1936, S. 469; Borghetty, Amer. Dyest. Rep. 1936, S. 538; Söhngen, Kunstseide 1938, S. 78; Braida, Z. f. ang. Chem. 1939, S. 341. Lanczer, Z. f. ges. Text. Ind. 1940, Heft. 26. Justin Müller, R. G. M. C. 1940, Märzheft; W. Schramek, Monatshefte für Textilindustrie 1940, Märzheft. Kunstseide, 1938, S. 347; Z. f. ges. Text. Ind. 1938, S. 663. E. Haller, Kunststoffe auf Grundlage von Kasein in R. Houwink, Chemie und Technologie der Kunststoffe, Bd. II., Leipzig, 1942. Dr. F. Ehrhart, Die Entwicklung synthetischer Eiweissfasern und deren Gebrauch unter besonderer Berücksichtigung der Thiozell, Mell. 1941, 22, S. 321; Dr. Traill, Protein synthetic fibres, Textile Manuf. 1946, 72, S. 344.

hergestellt; man geht von der Magermilch aus, die bei 20° C mit Schwefelsäure zum Gerinnen gebracht wird.

Durch Erwärmen der Milch auf 30° C wird die Bildung der Milchsäure und die Vermehrung der Bakterien so begünstigt, dass die Abscheidung des Kaseins in 12—24 Stunden stattfindet; ein Säureüberschuss, p_H 2,9—3,0, scheint von günstigem Einfluss auf die Qualität des zum Spinnen bestimmten Produktes zu sein. Es ist von grösster Wichtigkeit, zunächst alle organischen Salze aus dem Kasein auszuscheiden. Der Quark wird bis auf einen Wassergehalt von etwa 65 % ausgepresst. In diesem gequollenen Zustand wird Kasein in Natronlauge oder bei 24° C in einer Lösung von Soda und Potasche aufgelöst, die Lösung filtriert, entlüftet und einem Reifungsprozess unterworfen; man erhält so die Spinnlösung, die Kasinose genannt wird. Diese Kasinose wird dann durch Düsen in ein auf 50° C erwärmtes Fällbad, welches aus einer wässerigen Lösung von Schwefelsäure und Natriumsulfat besteht, gepresst. Die erhaltene Faser wird mittels Formaldehyd und Soda gehärtet.

Das *franz. P. 813.427* (Ferretti) ist das Stammpatent, das die Lanitalerzeugung schützt. Im späteren *franz. P. 834.443* desselben Verfassers findet man noch einige Verbesserungen, welche sich auf diese Erzeugung beziehen. Die Herstellung des Kaseins bleibt unverändert; dagegen war man bemüht, die Beständigkeit der Spinnlösung zu verbessern. Die meisten Konservierungsmittel, wie Phenol oder dessen Derivate, sind nur im sauren Medium und nicht in alkalischen Lösungen wirksam, und hier bewirkt das Formaldehyd eine vorgängige Ausflockung der Lösung. Dennoch zeigte sich die Möglichkeit, kleine Mengen Formaldehyd der Masse zuzusetzen, der man vorher Hydrosulfit in alkalischer Lösung beigesetzt hatte. Die Ausfällung des Fadens findet unter Spannung in einem sauren Salzbade bei 35—40° C statt.

Brit. P. 483.731, *483.807*, *483.808*, *483.809* und *483.810* entsprechen dem *franz. P. 813.427*. Sie bilden die Grundlage der neuen italienischen Erzeugungsmethoden für stickstoffhaltige Fasern, die unter dem Namen Lanital bekannt sind. Die charakteristischen Merkmale wurden hier bereits mitgeteilt[1]).

Franz. P. 835.280: Es ist eine bekannte Tatsache, dass die Kaseinfasern zur Schimmelbildung neigen, insbesondere wenn sie mit sauren Chromfarben kochend gefärbt werden. Dieser Übelstand kann vermieden werden, wenn man das Material mit einer Lösung

[1]) Siehe auch das *brit. P. 487.115* (Onderzoekingsinst. Research) gemäss welchem ein für Kunstfäden geeignetes Kasein aus abgerahmter Milch mit Salzsäure bei einem p_H Wert von 4,6 und einer Temperatur von etwa 36° C gewonnen wird, wobei man das ausgeschiedene Material noch nachträglich einer weiteren Erhitzung auf 85° C unterwerfen muß.

von p-Toluolchlorsulfamid (Aktivin, Chloramin) nachbehandelt. Die gefärbte Faser wird in eine Lösung des Natriumsalzes dieses Körpers (1—2 g im Liter) eingetaucht und 15 Minuten bei Zimmertemperatur in dieser Lösung belassen.

Franz. P. 835.313 (Onderzoekingsinstitut Research): Zum selben Zweck wird empfohlen, die Fasern vor dem Färben mit einer Salpetrigsäurelösung, die aus einer Nitritlösung und Essigsäure entwickelt wird, zu behandeln. Die gelbe Tönung, die im Verlauf dieser Behandlung erscheint (falls dieselbe zu drastisch ist), kann mit Hilfe eines Reduktionsmittels wie Hydrosulfit verbessert und zum Verschwinden gebracht werden.

Gemäss dem *brit. P. 500.013* (Onderzoekingsinstitut Research, Arnhem), welches dem *franz. P. 835.313* parallel ist, wird die Widerstandsfähigkeit der Kaseinfasern gegen saure und saure Chromfarbstoffe, welche bekanntlich gering ist, durch eine Nachbehandlung in einer Nitritlösung verbessert. Man behandelt die Faser bei Raumtemperatur durch zwei Stunden in einer Lösung, welche 8 g Nitrit und 11 g Eisessig im Liter enthält.

Aus dem *franz. P. 823.962* (Onderzoekingsinstitut Research) geht hervor, dass die Kunstfasern, die durch Verspinnen alkalischer Kaseinlösungen in ein saures Bad erhalten wurden, den Fehler einer ungenügenden Widerstandsfähigkeit im Streckspinnprozess haben. Man hat gefunden, dass eine Verbesserung erzielt werden kann, wenn man mit Hilfe von Formaldehyd härtet. In diesem Fall jedoch sind die Fasern nicht genügend elastisch. Das neue Verfahren beruht auf einer Behandlung der frisch gesponnenen Fasern in einem Bad, dem lösliche Kondensate aromatischer oder hydromatischer Körper mit Formaldehyd zugesetzt wurden. Es wird hier zum Beispiel die Dioxydiphenylmethandisulfosäure genannt, die durch Einwirkung von Formaldehyd auf Phenolsulfosäure entsteht. Das erste Spinnbad enthält dieses Kondensat, Säure und Zinksulfat, das zweite den für die Härtung notwendigen Formaldehyd.

In dem *franz. P. 837.419* (Snia Viscosa) sind weitere Verbesserungen der Kaseinfasererzeugung enthalten. Zur Erhöhung der Widerstandsfähigkeit der Faser gegen Feuchtigkeit ersetzt man die Formaldehydnachbehandlung durch einen Zusatz zur Spinnmasse, eines Fixationsmittels, das nachträglich wirkt. Diese Mittel können entweder die Spinnlösung chemisch verändern, wie z. B. Phenole, oder aber sie können an sich indifferente Substanzen sein, wie z. B. Borate.

Um Kaseinfasern gegenüber Alkalieinwirkung widerstandsfähiger zu machen, wird im *brit. P. 570.572* vorgeschlagen, die frischgesponnene Faser mit Formaldehyddämpfen zu behandeln, dann zu strecken und schliesslich auf saurem Bade mit Chromsalzen nachzubehandeln. Zum gleichen Zwecke beschreibt das *brit. P. 573.015*[1]) ein Verfahren unter Anwendung von Formaldehyd mit schwach alkalischen Behandlungen mit Zink- und Cadmiumsalzen.

Amer. P. 2.167.202 : S. P. Gould und E. O. Whittier (25. 7. 1939) geben folgenden Weg für die Herstellung einer spinnfähigen Kaseinlösung an: Man bereitet eine Magermilchlösung, der man so viel Kasein zusetzt, dass der Gehalt an Proteinsubstanz zwischen 6 und 28% liegt, und setzt ein Plastifizierungsmittel (Äthylglykolmonobutyläther) sowie ein Hydroxyd eines Erdalkalis, wie $Ba(OH)_2$, zu. Diese Dispersion wird in einem sauren Bad koaguliert, welches aus Schwefelsäure + Formaldehyd + Dextrin + Wasser besteht. Es soll bemerkt werden, dass dieses Patent von jedermann innerhalb der Vereinigten Staaten von Amerika frei benützt werden darf.

Laut dem *D.R.P. 659.655* (A.G. für Vermögensverwertung) arbeitet man mit einem Säurekasein, das in verdünnter Lauge unter Zusatz geringer Schwefelkohlenstoffmengen in Lösung gebracht wird.

Ciba arbeitet gemäss *D.R.P. 654.393* mit Benzoylkasein, das durch Einwirkung von Benzoylchlorid auf alkalisch eingestellte, kochsalzhaltige Kaseinlösungen entsteht.

Im Sinne des *brit. P. 507.114* (Snia Viscosa-Donagemma) mischt man das handelsübliche Kasein mit Borax und Phenol, worauf es mit einer wässerigen Natronlauge bei 50° C behandelt wird. Die Lösung wild filtriert und in ein saures Fällbad gesponnen, das auf 50° C erwärmt ist und das anorganische Salze wie Zinksulfat enthält. Es wurde festgestellt, dass man der Spinnmasse auch Zellulosederivate, wie Viskose, Azetatzellulose usw., zusetzen kann[2]).

Im *brit. P. 573.888* schützt R. Singer verschiedene Verbesserungen bezüglich der Methoden des Trockenspinnens von albuminösen Massen. Der Verfasser beschreibt ein Verfahren zur Herstellung von Kaseinmassen für den Trockenspinnprozess. Es wird in dem Patent hervorgehoben, dass die Schwierigkeiten bei diesem Prozess auf ungenügend homogene Spinnmassen zurückzuführen sind. Die Patentneuerung besteht darin, dass man die 25% Kasein enthaltende Spinnmasse bei gleichbleibender Temperatur von 40—60° C in einer Trommel homogenisiert, dann filtriert, entlüftet und schliesslich spinnt.

Eine wichtige Arbeit von Söhngen (Kunstseide, Berlin 1938, Märzheft S. 78) befasst sich mit der Herstellung des Kaseins und der Kaseinfaser. Der Verfasser geht von den alten Todtenhaupt-

[1]) Silk and Rayon, 1947, 21, S. 952.

[2]) Siehe ebenfalls das *brit. P. 470.707* (Sommer), Herstellung von Proteinfäden. *Brit. P. 462.114* (Albright und Wilson), Emulgierung von Kasein mit Metaphosphat.

Patenten aus und sucht nach Gründen, weshalb ein technischer Erfolg hier nicht erzielt werden konnte. Die erhaltenen Fasern waren brüchig und hart. Das Verdienst der Lösung des Problems kommt somit Ferretti zu, der die Bedingungen feststellte, die notwendig waren, um zu einem verspinnbaren Kasein zu gelangen. Man erkannte, dass hier nur die Kaseinsorten in Betracht kommen, die mit einem Säureüberschuss gefällt wurden. Hierbei muss die Säuremenge erheblich höher sein, als es der blossen, für die Fällung nötigen, Quantität entspricht; der Überschuss geht bis zu 56%. Schwefelsäure wird in zwei Portionen zugegeben (der p_H ist 2,9—3,0); die Temperatur wird auf 20° C gehalten. Das Kasein wird ausgepresst, bis es einen Wassergehalt von 10—12% aufweist, worauf man bakterienwachstumhindernde Körper zugibt.

Dieses Kasein wird in Lauge (Natronlauge) bei 24° C aufgelöst; diese Temperatur spielt eine wichtige Rolle. In der Tat übt schon eine Erwärmung auf 35° C einen sichtbaren Einfluss auf die Viskosität der Spinnlösung aus, während andererseits bei einem Einhalten der Temperatur auf 14° C das Reifen sich nicht unter günstigen Bedingungen vollzieht. Die Konzentration der Lösung wird durch die folgenden Daten bestimmt: 100 kg Kasein werden auf 550—600 Liter Flüssigkeit verwendet. Man lässt die Lösung durch 48—96 Stunden ruhen, um die Reifung herbeizuführen.

Die Fällung der Faser wird wie bei der Viskose in einem aus Säure und Salz zusammengesetzten Spinnbade durchgeführt. Schliesslich wird der Faden in einem Bad gehärtet, das Formaldehyd und 10% Natriumchlorid enthält. Die Kaseinfäden springen auf diese Weise stark ein, wodurch eine Kreponierung nach dem Spinnen erfolgt.

Die Härtung der Lanitalfaser mittels Formaldehyd bildet eine der wichtigsten Voraussetzungen für die Erzielung eines praktischen Ergebnisses. Dennoch kann — gemäss Rath und Essig in Zeitschrift f. ges. Textilind. 1938, S. 463 — der Reaktionsvorgang zwischen Kasein und Formaldehyd noch nicht als geklärt betrachtet werden. Stellt man die Proteine schematisch als Aminokarbonsäuren dar, so ist es wahrscheinlich, dass die folgenden Kondensationen:

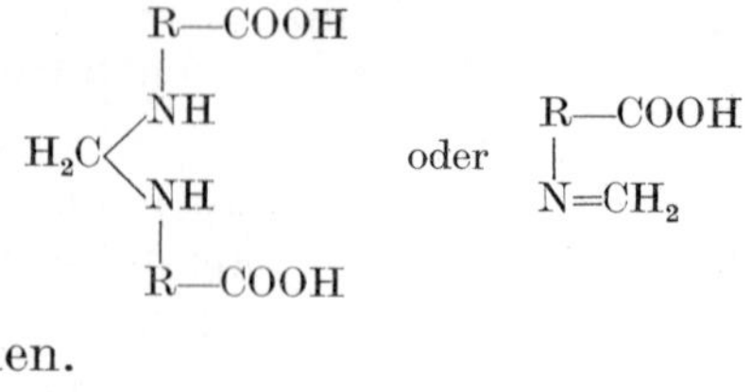

Platz greifen können.

Die Verfasser suchten Formaldehyd in der Lanitalfaser auf kolorimetrischem Wege zu bestimmen, um den Einfluss dieses Körpers auf die Festigkeit der Faser feststellen zu können. Sie wendeten Fuchsin in schwefliger Säure gelöst als Reagens an, welcher Farbstoff je nach dem Formaldehydgehalt mehr oder weniger dunkle Färbungen gibt. Der Gehalt an Formaldehyd nimmt beim Erwärmen der Faser ab, und diese Verringerung des Formaldehydgehaltes ist besonders bemerkbar in saurem oder alkalischem Mittel, wogegen sie ein Minimum in neutraler Lösung beim p_H von 7—8 erreicht. Unter diesen Bedingungen ist auch die Verringerung der Widerstandsfähigkeit der Faser am geringsten. Ein Zusatz von Formaldehyd zum Kochbad übt nur eine Schutzwirkung aus, macht aber die Faser keineswegs widerstandsfähiger.

Dr. Braida hat einige interessante Einzelheiten über die Fortschritte in der Erzeugung künstlicher Fasern, vornehmlich der Kaseinfasern (Tiolan S) gegeben[1]).

Sandoz in Basel hat eine Reihe Farbstoffe von ausreichender Echtheit für Wirkwaren ausgearbeitet, welche unter dem Namen Kasealfarbstoffe auf den Markt kommen.

Eine andere Gruppe Farbstoffe, welche wasch-, walk- und lichtechte Färbungen geben, wurde von Sandoz unter der Bezeichnung Tetrakasealfarbstoffe herausgebracht.

Ciba seinerseits empfahl die Anwendung einer Reihe neuer Spezialfarbstoffe, die Neosole, welche für das Färben der Kaseinwolle (Lanital) und der animalisierten Vistrafaser (Cisalfa) geeignet sind.

Solche Färbungen sind licht-, wasch-, walk- und schweissecht; die charakteristischen Eigenschaften der Kunstfaser werden beim Färbeprozess nicht verändert.

Lanital hat die Form einer zylindrischen Faser, deren äussere glatte Schicht längsgestreift ist. Ihr Aussehen ist dem der Wolle sehr ähnlich. Das Lanital quillt viel schneller, daher seine grosse Absorptionsfähigkeit und seine Affinität zu den Farbstoffen, die derjenigen der Wolle überlegen ist. Die Färbungen auf Lanital sind im allgemeinen waschecht; sie sind aber ausnahmslos weniger wasserecht als auf Wolle.

Das Färben von regenerierten Proteinen, wie Lanital, bietet einige Schwierigkeiten infolge ihrer Empfindlichkeit gegenüber den heissen Färbeflotten und wegen den nur ungenügenden Echtheitseigenschaften der erhaltenen Färbungen. Durch eine Behandlung in heissen und sauren Färbeflotten verliert die Lanitalfaser teilweise Formaldehyd, wodurch die Reissfestigkeit der Faser erheblich herabgesetzt wird. In färberischer Hinsicht besitzt Lanital selbstverständlich ähnliche Eigenschaften wie die Wolle.

---

[1]) Siehe diesbezüglich D.F.Z. 1938, S. 335.

Das Lanital ist sehr wärmeempfindlich; man muss unbedingt vermeiden, bei höheren Temperaturen als 95° C zu färben. Diese Faser wird selten allein gebraucht, meistens im Mischung mit Wolle.

Eine der hauptsächlichsten Schwierigkeiten in Bezug auf die Verwendung des Lanitals ist seine verringerte Reissfestigkeit in heisser Flotte. Die amerikanische Faser Aralac, die ebenfalls eine Faser auf Basis von Kasein ist, hat bekanntlich eine grössere Festigkeit. Die färberischen Eigenschaften der Aralacfaser sind denen der Wolle sehr ähnlich. (Lanczer, Chem. Abstr. 1940, Bd. 34, S. 4575.)[1])

Obwohl die Kaseinwolle der Naturwolle chemisch ähnlich ist, verhalten sich diese beiden Fasern gegenüber der Farbflotte und Reagenzien sehr verschieden. Das Lanital besitzt für saure Farbstoffe so grosse Affinität, dass sie dieselben aus ihren Lösungen schon bei 20—30° C ausziehen kann, während dies bei Naturseide erst bei Kochtemperatur stattfindet. Andererseits ist die Kunstwolle empfindlich gegen Kochhitze und darf deswegen nicht bei Temperaturen über 80° C gefärbt werden.

Gemäss *franz. P. 852.030* der I. G. Farbenindustrie vom 22. Januar 1940 ist die Echtheit von gewissen sauren Wollfarbstoffen in deren Anwendung auf künstlichen oder natürlichen animalisierten Textilfasern erheblich geringer als die gleicher Farbstoffe, wenn diese auf Wolle gefärbt sind.

Man kann diesem Mangel jedoch abhelfen und die Lichtechtheit der animalisierten Fasern wesentlich erhöhen, wenn man diesen Fasern organische, nichtbasische Verbindungen mit Kohlenstoffketten von 10—30° C zusetzt, welche Verbindungen Schwefelsäurereste enthalten müssen.

Es wird im allgemeinen empfohlen, Mischfasern aus Lanital und Naturwolle auf zwei Bädern zu färben, und dies ist auch zweifellos die einzige Möglichkeit, um egale Färbungen auf beiden Fasern zu erhalten.

Riedel behandelt in Z. f. ges. Textilindustrie 1939, S. 257 das Problem der Färbung der Kaseinfasern. Die Wahl der Farbstoffe muss sich nach zwei Faktoren richten: nach der Quellbarkeit und der Hitzeempfindlichkeit der Fasern. Die Schwefelfarbstoffe, die man bei 60° C färben kann, eignen sich gut, wenn man sie nicht mittels Schwefelnatrium, sondern mittels Ammoniak auflöst und der Flotte etwas Hydrosulfit zusetzt. Zur Oxydation verwendet man eine Mischung von Bichromat und Perborat. Für lichte Töne ist das letztere allein ausreichend. Besonders interessant sind Immedialleukofarbstoffe, die man in Gegenwart von Ammoniak und Hydrosulfit schon bei 40° C färben kann. Helindonfarbstoffe sind — wie das auch

[1]) Kunstseide 1938, S. 347; Z. f. ges. Text. Ind. 1938, S. 663. Siehe weiter unten, S. 528 und 530.

bei Wolle der Fall ist — nur für helle und mittlere Nuancen geeignet. Endlich kann man auch Azofarbstoffe mit Chromkomplexfarbstoffe (Palatinechtfarbstoffe, Neolanfarben der Ciba, Inochromfarbstoffe von Kuhlmann) mit gutem Ergebnis verwenden, da diese die Kaseinfaser schon bei niedriger Temperatur anfärben.

J. G. Grundy[1]) hat die Zusammensetzung von Gemischen aus Wolle und Lanitalfaser und deren färberische Eigenschaften in einer Reihe von Färbungen eingehend untersucht; die dabei entstehenden Resultate wurden in Kurven und Tabellen zusammengestellt. An weiteren Untersuchungen wurden bei Lanitalfaser 1,4 % Aluminium und 0,9 % Titan, ferner bis zu einem Gehalt von 0,9—0,8 % Formaldehyd beim Kochen mit Wasser festgestellt. Lanitalfaser besitzt grössere Affinität den Farbstoffen gegenüber als Wolle bei niederen Temperaturen. Vergleichsfärbungen wurden mit Kitonechtorange, Kitonblau A, Wollrot II B und Tuchechtbraun RN ausgeführt. Die grössere Affinität der Lanitalfaser ist nach Ansicht des Verfassers keine Charaktereigenschaft der genannten Farbstofftypen. Für reine, lebhafte Färbung ist es immerhin notwendig, bei Temperaturen bis 80° C zu färben. Neolanfarbstoffe erfordern besondere Verhältnisse, die in Färbebeispielen erläutert werden. Eine beträchtliche Anzahl Chromechtfarbstoffe ergeben beim Färben auf Lanitalfasermaterial beim Nachchromierungsverfahren infolge Abspaltung von Formaldehyd ungünstige Ergebnisse. Durch eine halbstündige kochende Behandlung mit 1 % Natriumbichromat und 3 % Essigsäure wird der Formaldehyd zerstört, wodurch sich diese Schwierigkeit beheben lässt. Die Naphtochromfarbstoffe ergeben auf Lanitalfasern andere Töne wie auf Wolle. Dies ist auf die beizende Wirkung des in der Lanitalfaser enthaltenen Aluminiums zurückzuführen und kann durch eine Beizung mit 3 % Natriumbichromat mit 2 % Weinstein durch halbstündiges Kochen verhindert werden; auch hierfür werden in der Originalarbeit Färbebeispiele angegeben. Lanitalfaser zeigt substantiven Direktfarbstoffen gegenüber beträchtliche Affinität. Chlorantinlichtorange TR, zum Beispiel, gibt auf Lanital echte, gleichmässige Farbtöne, ohne die Wolle anzufärben. Lanitalfärbungen weisen im allgemeinen dieselben Lichtechtheiten auf, wie sie bei Wollfärbungen erreicht werden, dagegen aber weniger wasch- und schweissecht. Hydrosulfitätzen ergeben auf Lanitalfasergeweben keine so rein weisse Ätzeffekte wie auf Wolle. Im weiteren Verlauf der Abhandlung werden Arbeitsvorschriften für das Färben von Mischgeweben aus Wolle und Lanitalfasern empfohlen.

Im *franz. P. 822.668* sowie im *brit. P. 496.277* von Montecatini, welche sich auf das Färben von Mischfaser aus Lanital und Wolle in

[1]) J. Soc. D. and Col. 1939, 55, S. 345—350.

einem Bade beziehen, wird besonders hervorgehoben, dass solche Gemische einheitlicher mit sauren Chromierungsfarbstoffen anfärben lassen, wenn man das Lanital mit verdünnter Phosphorsäure vorbehandelt, wodurch es gegen das heisse Chromierungsbad widerstandfähiger wird. Man behandelt zunächst bei 40—50° C in einem Bade, welches 1—2 cm^3 Phosphorsäure pro Liter enthält, wäscht und neutralisiert mit Ammoniak, hierauf färbt man mit dem sauren Chromierungsfarbstoff, indem man langsam auf Kochtemperatur geht; nach Abkühlen des Bades wird Bichromat zugegeben[1]).

In einer interessanten Arbeit, welche in der Amer. Dyest. Rep. 1937, S. 30 erschienen ist, bemerkt Borghetti, dass Lanital sich noch nicht für einheitliche Faser, sehr wohl aber für Mischgewebe mit Naturwolle eignet, und zwar bis zu einem Gehalt von 50%.

Wagner und Koch[2]) heben hervor, dass Lanital nicht widerstandsfähiger als die von Todtenhaupt ausgearbeitete Faser, dagegen entschieden fester, sowohl im trockenen als auch im nassen Zustande, als künstliche Zellulosefaser ist.

Eine Abhandlung von H. Harris und A. E. Brown über natürliche und synthetische Eiweissfasern erschien in Tex. Res. Journ. 1947, 17, S. 327. Hier wird daran erinnert, dass die Eigenschaften einer Textilfaser durch die Struktur der Fasermoleküle bedingt sind. Wenn das Molekül in keinem geordneten Gitter und die intermolekularen Kräfte schwach sind, so hat beispielsweise das Material gummiähnliche Eigenschaften, während im umgekehrten Falle, das heisst wenn die Struktur des Gitterbereiches fest und die intermolekularen Kräfte stark sind, so ist das Material eine Faser oder kann zu einer Faser verarbeitet werden. Im Zwischenfalle liegen die plastischen Massen.

Die synthetischen Eiweissfasern können in wollähnliche und seidenähnliche Typen eingeteilt werden. Während die Wolle durch grosse Elastizität und niedere Reissfestigkeit gekennzeichnet ist, zeichnet sich Seide durch grössere Reissfestigkeit und niederere Elastizität aus. Diese verschiedenen Eigenschaften sind ebenfalls auf den unterschiedlichen Aufbau der Struktur der beiden Proteïne zurückzuführen.

Das Färben von Milchwolle mit Farbstoffen, die Wolle nicht färben, wurde von Ing. J. Lanczer, Hogere Textielschool, Enschede, Holland, untersucht. Der Zweck dieser Untersuchung ist, nachzuweisen, dass die Milchwolle in ihren färberischen Eigenschaften — trotz ihrer Herkunft — mit Naturseide und als Kunstfaser, mit Kunstseide bzw. Zellwolle mehr Verwandtschaft zeigt als mit Wolle.

---

[1]) Bull. Föd. Bd. III, S. 439; Teintex 1938, Septemberheft.

[2]) Z. f. ges. Text. Ind. 1936, S. 618.

Unter anderem beweist dies die ausgesprochene Affinität von Farbstoffen zu Milchwolle, die Wolle nicht anfärben, wohl aber Naturseide und Kunstseide. Es sind dies 1. bestimmte lichtechte, direkte Farbstoffe, die Wolle fast nicht anfärben; 2. Diazo- und Parafarbstoffe; 3. Benzoechtkupferfarbstoffe. Dazu kommen noch Farbstoffe, welche auf Naturseide und Kunstseide gefärbt werden, aber nicht auf Wolle, da ihre stark alkalischen Bäder schädigend auf Wolle wirken. Es sind dies 4. Schwefel- und 5. Naphtolfarbstoffe. Schliesslich zeigen noch 6. Azetatseidenfarbstoffe eine besondere Affinität zu Milchwolle.

Vergleicht man die chemische Zusammensetzung der Wolle, Naturseide und Milchwolle, dann bemerkt man als grundlegenden Unterschied das Fehlen von Schwefel in Naturseide, das Vorhandensein von 2—3 % Schwefel in Wolle und — nach den bisherigen Literaturangaben — von ungefähr 0,7 % Schwefel in Milchwolle. Beim sauren Chloren, wie dies für den Wollmousselineartikel in der Druckerei üblich ist, verliert die Wolle ungefähr die Hälfte ihres Schwefelgehaltes; auch geht dabei ein Teil der Schuppen verloren. Durch diesen Prozess wird die Affinität der Wollfaser zu den Wollfarbstoffen bedeutend erhöht. Aber der Verlust an Schwefel und Schuppen erhöht die Quellfähigkeit der Wollfaser so stark, dass — wie es nachgewiesen werden konnte — gechlorte Wolle von Diazo- und Parafarbstoffen tief angefärbt wird — Farbstoffen, die ungechlorte Wolle nicht anfärben. Diese Farbstoffe färben auch Naturseide, die schwefel- und schuppenfrei ist.

Zusammenfassend zeigen die Versuche von Lanczer, dass

1. Sirius-, Benzoechtkupfer-, Schwefel-, basische und Naphtolfarbstoffe dieselben Lichtechtheiten auf Milchwolle wie auf Baumwolle geben.

Die Diazo- und Parafarbstoffe auf Milchwolle bessere Lichtechtheitseigenschaften zeigen, während die Azetatseidenfarbstoffe in der Lichtechtheit zurückgegangen sind.

2. Die Wasserechtheit bei allen Farbstoffen dieselbe geblieben ist.

3. Die Waschechtheit bei Diazo-, Para- und Azetatseidenfarbstoffen vermindert ist.

Über die Struktur der Proteinfasern erschien eine Arbeit von F. R. Senti in Amer. Dyest. Rep. 1947, 36, S. 230.

Zellulosefasern besitzen hohe Reissfestigkeit, geringe Dehnbarkeit und gute Wasserbeständigkeit, während sich Wolle durch eine gute Wärmehaltung, ausgesprochene Elastizität und Knitterfestigkeit auszeichnet.

Seide vereinigt in sich die meisten der genannten Eigenschaften der Wolle und Zellulose.

Die monomere Grundsubstanz, auf welcher die hochmolekularen Fadenmoleküle der Proteinfasern aufgebaut sind, enthält den einfachsten Amino-Säurerest, welcher folgendem Schema entspricht:

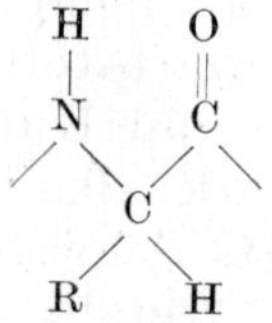

wobei R durch H—, CH_3-, —CH_2—C_6H_5, —CH_2—COOH usw. ersetzt werden kann. Aus den Röntgenspektren kann geschlossen werden, dass Seide kristalline und amorphe Bereiche enthält, die durch die parallel gelagerten Makromoleküle gebildet werden. Unter der Orientierung versteht man lediglich die Richtung der Molekülketten, unter kristallinen Bereichen die Vollständigkeit der Packung in allen Richtungen. Die hohe Nassfestigkeit der Seide wird durch die grosse Anzahl kristalliner Bereiche erklärt. Wolle besteht im Normalzustand aus Keratin, in gestrecktem Zustand aus β-Keratin. Die grosse Dehnbarkeit im nassen Zustande wird durch die gefaltete Struktur erklärt.

Collagen gehört zu einer anderen Gruppe von Proteinfasern als Wolle und Seide, da es sich durch den hohen Gehalt an Prolin unterscheidet. Proteinkunstfasern aus Eialbumin konnte nach dem Strecken zur β-Keratinstruktur umgeformt werden. Diese Verhältnisse sind durch Kraft-Dehnungsdiagramme dargestellt.

Die Aralacfaser.

Neuerdings hat die amerikanische Industrie eine Faser, das Aralac[1]), in den Handel gebracht, welche ebenfalls aus Kasein hergestellt wird. Dieses Textilmaterial besitzt jedoch bedeutend grössere mechanische Eigenschaften als Lanital, so dass man es ohne weiteres als eine neue synthetische Faser ansehen darf. Lanital und Aralac können mit den verschiedensten Farbstoffklassen gefärbt werden.

Das Färben der Aralacfaser wurde von Hager in einem Artikel, erschienen in Rayon Textile 1943, S. 30 und 87, erörtert. Die Mehrzahl der Farbstoffklassen sollen eine ungenügende Waschechtheit ergeben, auch eine geringe Schweissechtheit und Bügelechtheit. Dagegen ist die Lichtechtheit hinreichend und entspricht derjenigen der Wollfärbungen mit gleichen Produkten. Wenn man Aralac mit sauren Wollfarbstoffen färbt, so ist es wichtig, die Färbetemperatur verhältnismässig niedrig zu halten. Das Bad wird besser mittels Ameisensäure als mit Schwefelsäure erschöpft.

[1]) Lanczer, Chem. Abstr. 1940, 34, S. 4575.

Während des Krieges verwendete man Aralac in der Hutfabrikation. Je nach der Filzqualität, wurden der Wolle 15—75% einer synthetischen Faser beigefügt[1]). Hierbei sind Stapellänge und Dicke der Faser von ausschlaggebender Bedeutung und die Koagulierung darf nicht mit Aluminiumsalzen vorgenommen werden.

In Chem. Abstr. 1944, 38, S. 6565 (Rayon Text. Monthly 1943, 24, S. 30, 87) wird kurz über das Waschen und Färben von Aralacmischgespinsten berichtet. Aralacfaser soll in neutralen Flotten bei 50—70° C gewaschen werden. Zum Färben eignen sich Chrom- und Metallkomplexfarbstoffe besonders gut.

Fibrolane. Fibrolane ist eine Kaseinfaser mit grosser Affinität zu den Farbstoffen (siehe C. P. Tattersfield, The Dyer, 1946, 95, S. 239 und 267).

Zufolge einer Übersicht in Kunstseide 1938 (S. 347) hat die Erzeugung der Kunstfasern auf Basis von Kasein oder Albumin, das aus dem Muskelfleisch der Fische[2]) stammt, in Deutschland grosse Fortschritte gemacht. Die neuerrichtete Fabrik in Schwarza soll imstande gewesen sein, täglich 6000 kg zu produzieren. Tiolan ist der Name dieser Faser, die nach Art der Zellwolle geschnitten verarbeitet wird und einen Gehalt an C, H, O, N und S hat, der demjenigen der Wolle nahe kommt. Die aus Tiolan hergestellten Gewebe haben einen angenehmen Griff; sie werden von Motten nicht angegriffen, und durch eine grosse Zahl von Verbesserungen ist man dahin gelangt, dieser Faser eine der Wolle ähnliche Widerstandsfähigkeit zu verleihen. Auch in einer anderen Publikation (Z. f. ges. Text. Ind. Klepzig, 1938, S. 663) finden sich wertvolle Daten bezüglich der physikalischen Eigenschaften der Lanital- und Tiolanfaser.

Neuere Proteinfasern[3]).

Die industrielle Herstellung des Lanitals und das grosse Interesse, welches die Erzeugung von Proteinfasern hervorrief, haben den Anlass zu zahlreichen Forschungsarbeiten gegeben. Diese Arbeiten führten zu den wichtigsten Ergebnissen und zu neuen Fabrikationsverfahren für Proteinfasern, Verfahren, die darauf hinzielen, andere Ausgangspunkte als Milch für die Herstellung von Proteinfasern zu verwenden, z. B. Fischalbumin, Sojabohnen, Nussprotein usw.

[1]) A. G. Arend, Fibres VIII (7. 6) S. 194.

[2]) Fibres from fish protein, The Dyer, 1946, 95, S. 319.

[3]) Silk and Rayon World, 1944, Januar, S. 34.

G. Chaix, Les fibres artificielles et les fibres synthetiques, Teintex 1946, Juni, S. 149—161.

Harris u. Brown, Natural and synthetic protein fibres, The Dyer 1946, 95, S. 599.

Woodward, Journ. Amer. Chem. Soc. 1947, 69, S. 1551; Silk and Rayon, 1947, 21, S. 1244.

Die bis jetzt auf diesem Gebiete verwirklichten Resultate lassen jedoch noch keine endgültige Beurteilung zu und es ist schwierig, eine logische Einteilung dieser Arbeiten vorzunehmen.

Folgende Aufzählung der neuen Proteinfasern gibt einen kurzen Überblick der erzielten Ergebnisse:

1. Fasern auf Basis von Albumin Wicking aus dem Fischfleisch.

2. Fasern, hergestellt aus den Proteinen des Sojaöls (Sojafaser der Ford Motor Co.).

3. Fasern, hergestellt aus Arachin, welches ein Globulin der Erdnuss ist (Ardil der Imp. Chem. Ind., Arbeiten von Astbury).

4. Fasern auf Basis von Nussproteinen (Sarelon).

Es soll hier erwähnt werden, dass die Amerikaner vorgeschlagen haben, sämtliche aus Proteinen hergestellte Fasern unter dem Stammnamen Azlon zusammenzufassen (Ambassador 1946, S. 117).

Das *brit. P. 467.704* (Astbury, Chibnall und Bailey) betrifft die Herstellung von neuen stickstoffhaltigen Fasern unter Benützung von in der Natur vorkommendem Rohmaterial, z. B. Proteine, die mittels Lösungsmittel wie Harnstoff abgebaut werden. Die Verfasser bemerken, dass man eine Faser herstellen kann, die die Eigenschaften einer tierischen Faser besitzt, wenn man Baumwollfäden mit einer solchen Proteinlösung in Harnstoff umhüllt und sodann in einer Metallsalzlösung ausfällt.

Einzelheiten, die sich auf dieses Verfahren beziehen, findet man weiter im *öst. P. 153.488* von denselben Forschern[1]). Die Erfinder erklären, was man unter Denaturierung des Albumins versteht. Danach handelt es sich bei diesem Vorgang um eine Modifikation der Konstitution der Substanz, doch ist der Vorgang noch keineswegs gänzlich geklärt. Im Sinne der allerletzten Forschungsarbeiten Astbury's soll die Endphase dieser Denaturierung durch die Umwandlung in Faserform gekennzeichnet sein, die zufolge Untersuchungen mit Röntgenstrahlen als identisch mit derjenigen des β-Keratins erkannt wurde. Die Zwischenstadien dieser Umwandlung sollen Abbau-(Degenerierungs-)Produkte sein.

Zahlreiche chemische Substanzen können diese Degenerierung oder Denaturierung bewirken und hier steht Harnstoff an erster Stelle. Die Verfasser verwenden lösliche albuminoide Substanzen, wie Globuline von Erdnüssen, aus dem Sojabohnenmehl, aber auch Kasein[2]).

---

[1]) R.G.M.C. 1938, S. 56; Teintex 1938, Septemberheft.

[2]) Siehe auch *brit. P. 467.812* sowie *471.591* (Astbury-Chibnall).

Die Denaturierung wird in der Globulinlösung vorgenommen, welche in fortschreitendem Maße viskos wird. Die Ausflockung wird durch Verdünnung der Lösung oder einfach durch Benetzung mit Wasser vorgenommen, da das denaturierte Albumin tatsächlich nicht mehr in sehr verdünnten Medien löslich ist. Man verwendet also als Verdünnungs-(Ausflockungs-)mittel Wasser oder verdünnte Salzlösungen. Zur Verbesserung der Fadenbeschaffenheit wird die Faser einer Härtung mit Formaldehyd unterworfen.

Das Patent nennt noch verschiedene Zusätze und Hilfsmittel, womit man eine Ausbeuteverbesserung erzielen kann. Auch enthält der Text ein reiches bibliographisches Material.

Fasern auf Basis von Albumin Wicking

Ein wichtiges Ausgangsprodukt zur Herstellung tierischer Kunstfasern ist das Albumin Wiking, welches nach dem Verfahren der Deutschen Hiltner-Metzner-Gesellschaft aus dem Fischfleisch gewonnen wird. Das hieraus gewonnene Proteinpräparat ist geruchlos und beständig, doch lässt es sich nicht wie Kaseinderivate verspinnen. Zur technischen Verarbeitung ist der Abbau seines grossen Moleküls unerlässlich. Kunstfasern sind aus dem Gemisch dieses Albumins mit Zellulosexanthogenat hergestellt worden.

Fasern hergestellt aus den Proteinen der Sojabohnen.

Die von der Ford Motor Co. entwickelte Sojafaser gewinnt man aus dem Protein, das im Sojabohnenöl enthalten ist. Sie hat die gleichen Merkmale wie die Aralac- und Lanitalfaser. Die Hauptverwendung scheint in der Möbelstofferzeugung für Autositzebekleidung der Fordwagen zu liegen. Untersuchungen, die mit dieser Faser angestellt wurden, ergaben eine Reissfestigkeit, welche 80% der gewöhnlichen Wolle erreicht.

In Chem. Abstr. 1944, 38, S. 6551 schreibt von Bergen über die Herstellung und die chemischen sowie physikalischen Eigenschaften der Sojafaser. Der Verfasser betont, dass in der Praxis der Gehalt an Proteinsubstanzen der Spinnlösung, wegen der Gefahr des Gelatinierens, nicht über 12% hinausgehen darf.

Ardil.

Die Herstellung und Eigenschaften von Kunstfasern aus Pflanzeneiweiss werden von Traill in Chem. Abstr. 1945, 39, S. 3435 (Chem. and Ind., 1945, S. 58; Ind. Chim. 1945, 21, S. 71 und 95) beschrieben.

Nach der Ölgewinnung werden die Rückstände von Erdnüssen in Natronlauge gelöst, das Kasein durch Säure gefällt und umgelöst, und dann in 1% Schwefelsäure und 15% Glaubersalz bei gleichzeitiger Streckung gesponnen. Die Orientierung des Moleküls ist nur gering. Zum Härten verwendet man Formaldehyd, Schwefeldioxyd, Ketone usw. Die Faserfestigkeit entspricht 10 kg/mm^2, die Bruchdehnung 50—100%. Ardil weist dasselbe Isolationsvermögen wie die Wolle auf. Die Scheuerfestigkeit ist nur gering, in Mischung mit anderen Fasern jedoch bedeutend besser. Ardil ist mottenecht und die Walkfähigkeit dieser Faser beruht auf der Quellung durch Wärme.

Sarelon[1]).

Sarelon ist eine Faser amerikanischer Provenienz, die aus Erdnussproteinen hergestellt wird. Diese neue Faser ist crèmefarbig, hat einen weichen Griff, wollähnliche Wärmeigenschaften und besitzt Affinität für Säure-, Küpen- und Direktfarbstoffe.

Die Herstellung der Sarelonfaser erfolgt in der Weise, dass man nach dem Auspressen des Erdnussöls den Rückstand mit Natronlauge bei 25^0 C behandelt, wobei die Proteinsubstanzen in Lösung gehen, welche dann nachträglich gereinigt und durch Einleiten von Schwefeldioxyd (p_H 4,5—5) ausgefällt werden. Das so erhaltene Rohmaterial wird aus einer Natronlaugelösung, auf speziellen Spinnmaschinen, in verdünnte Schwefelsäure gesponnen, nach üblichen Verfahren gehärtet und stufenweise auf 470% gestreckt, dann auf der Spule mit Formaldehyd, eventuell unter Zusatz von Aluminiumsalzen, nachbehandelt, wobei die Festigkeit bedeutend erhöht wird. Ähnlich wie andere Proteinfasern besitzt Sarelon gute Festigkeits- und Elastizitätseigenschaften, aber nur eine geringe Nassfestigkeit.

Nach Angaben von A. L. Merrifield und A. F. Pomes[2]) werden die besten Sarelonfasern mit einer auf p_H 12,0 eingestellten Spinnlösung erhalten, welche ausser Erdnussöl noch Dibutyltartrat und Diglykollaurat enthalten. Durch Nachbehandlung des gehärteten Fadens mit Anhydriden und Ketonen, oder mit Formaldehyd und gasförmigem Schwefeldioxyd, besser noch mit sauren wässerigen Lösungen, die Halogenionen, Metallionen und Formaldehyd enthalten, kann man die Kochechtheit von Sarelon wesentlich verbessern. Die Fasereigenschaften werden durch trockene Hitze und Karbonisieren nur unwesentlich beeinträchtigt.

Über die Verbesserung der Widerstandsfähigkeit von Proteinfasern gegenüber Wasser, wird in The Dyer, 1946, 96, S. 177 Näheres bekanntgegeben. Als erstem gelang es Ferretti, der Proteinfaser

[1]) A. L. Merrifield und A. F. Pomes, Text. Res. Journ. 1946, 16, S. 369 und Textiles 1947, März, S. 11 Nr. 1. Chem. Abstr. 1946, 40, S. 6262.
A. L. Merrifield und A. F. Pomes, The Dyer, 1946, 96, S. 369.
[2]) The Dyer, 1946, 96, S. 469.

durch eine saure Formaldehydnachbehandlung die für die dem Spinnprozess folgenden Operationen nötige Festigkeit zu geben. Bei der Herstellung von Aralac, Courlane (Courtaulds Ltd.), Ardil (I. C. I.) und Sojafaser (Ford Co.) kann die Behandlung mit Formaldehyd durch eine solche mit Aluminiumsalzen ersetzt werden.

Um die Nassfestigkeit zu verbessern und die Quellung im Wasser zu vermindern, müssen in den künstlichen Proteinfasern Bindungen, wie die Cystone- oder Salzbindungen in der Wolle, geschaffen werden. Einen Fortschritt in dieser Richtung wurde durch Azetylierung oder durch die Behandlung der Proteinfasern mit Propion-, Buttersäureanhydrid oder Phenylisocyanat erreicht. Auch das Trockenspinnen, wie es bei Nylon üblich ist, wirkt in demselben Sinne.

Die *brit. P. 492.652* bis *492.658* der Intern. Patent Developm. beschreiben die Herstellung von plastischen Massen aus Proteinsubstanzen. Einzelne hier vorfindliche Angaben könnten auch für die Kaseinfasererzeugung von Interesse sein: Man hat erkannt, dass die Zeine — im Gegensatz zu den in Alkohol unlöslichen Proteinen — sehr langsam mit Formaldehyd reagieren, so dass man Mischungen dieser Körper mit Formaldehyd bereiten kann, die sodann durch Einwirkung von Wärme und Druck in plastische Massen umgewandelt werden. Hinsichtlich der Zeine findet man im *brit. P. 492.599* die Darstellung einer Erzeugungsmethode aus der Maisstärke durch Extraktion mit Alkohol. Die Zeine sind albuminoide Körper, welche den Hauptbestandteil des Maismehls bilden; sie enthalten kein Lysin, womit erklärt wird, dass ausschliessliche Ernährung mit Maismehl Krankheiten hervorrufen kann. Gemäss dem *brit. P. 506.753* (W. Harrison) erhält man Kunstfasern von konstanter Zusammensetzung durch Auflösung von Proteinen in wässerigen alkalischen Lösungen von Phenolen, worauf man die geformten Fäden in einem auf 60° C erwärmten Fällbad unlöslich macht. Dieses Bad enthält ein Salz desselben Metalls, welches dem Phenolat zugrunde liegt und ein Neutralisierungsmittel, z. B. Schwefelsäure. Der Vorgang ist folgender: Der Proteinkörper, so z. B. Sojabohnenprotein, wird in wässerigem Alkali aufgelöst; man fügt die stöchiometrische Menge von Phenol hinzu. Das Fällbad enthält Schwefelsäure und ein Hilfsprodukt z. B. naphtalinsulfosaures Natrium.

Das *franz. P. 842.584* von Piacenza gibt an, dass man Kunstfasern durch Auflösung von Fibroin, Sericin, Wollabfällen usw. in einer Phosphorsäure von über 80% Konzentration erhält. Nach dem Spinnen und der Fällung werden die Fasern mit Formaldehyd gehärtet.

Laut *brit. P. 492.677* der Imp. Chem. Ind. sind die Fasern aus Proteinen nicht genügend beständig gegen heisse Säuren. Formaldehydbehandelte Fasern werden aber sehr widerstandsfähig, wenn man sie der Wirkung von Schwefligsäureanhydrid, sei es in Gasform, sei es in neutraler Lösung (Benzol oder Ligroin), aussetzt. Man geht folgendermassen vor: Das Protein wird in harnstoffhaltigem Wasser aufgelöst, mittels Säure ausgefällt, mit Formaldehyd gehärtet und sodann mit Schwefligsäureanhydrid nachbehandelt.

Im *brit. P. 492.895* wird ein dem obigen ähnlicher Prozess beschrieben:

Die Nachbehandlung mit schwefliger Säure wird durch eine solche mit gasförmiger Salzsäure ersetzt, allenfalls tritt an deren Stelle ein Salzsäure abgebender Körper wie ein Säurechlorid (Thionylchlorid, Oxalylchlorid usw.).

Im *brit. P. 476.431* beschreibt I. G. Farbenindustrie ein Verfahren zur Gewinnung einer stickstoff- und schwefelhaltigen Faser, dadurch gekennzeichnet, dass man durch die Art und Weise der Fällung Xanthogenatfasern und nicht regenerierte Zellulosefasern herstellt. Diese Fasern werden mit zyklischen organischen Basen, wie z. B. Äthylenimin, in Gasform oder in Form einer essigsauren Lösung, behandelt. Man erhält Fäden mit einem Gehalt von 3 % Stickstoff und 9 % Schwefel. Diese Fasern kann man leicht mit sauren Farbstoffen färben.

Das *brit. P. 482.628* der Naturin G. m. b. H. bespricht die Erzeugung von Kunstfasern aus Leder- und Hautabfällen.

Das *D. R. P. 659.655* (A. G. für Vermögungsverwertung) führt aus, dass man bisher als Rohstoff für stickstoffhaltige Fasern nur Kasein verwendete, das im Überschuss von Säure gefällt wurde und dass man nur dieses Produkt bisher industriell verwerten konnte. Auch wurde schon vorgeschlagen, Albumine in Xanthogenate umzuwandeln. Aus den Angaben des Patentes geht hervor, dass derartige Fasern stark quellen und kaum einem Waschvorgang oder Trocknungsvorgang standhalten.

Man soll hingegen interessante Ergebnisse durch Auflösung des säuregefüllten Kaseins in verdünnter Lauge erzielt haben, sofern man der letzteren kleine Mengen Schwefelkohlenstoff (2—3 % von Kasein) zusetzt. Es wird in ein saures Bad gesponnen und die Faser wird mit Formaldehyd gehärtet. Es ist dabei bemerkenswert, dass dieses Patent in einem früheren Zeitpunkt (1931) angemeldet wurde als das Ferretti'sche Patent.

Patentverzeichnis.

Amerikanische Patente

Australische Patente

Belgische Patente

Britische Patente

Canadische Patente

Deutsche Patente

Französische Patente

Holländische Patente

Österreichische Patente

Russische Patente

Schweizerische Patente

Alphabetisches Sachverzeichnis

der im Text und in den Tabellen erwähnten Produkte

A

D

O

P

R

Seite

V

W

X

Berichtigungen und Ergänzungen

S. 20, Z. 8 v. o.	Nach Privatmitteilungen soll *Cuprosol* dem Zinkcyanid entsprechen.
S. 20, Fussnote	Lies *franz. P. 877.596* statt *877.586.*
S. 21, Fussnote 1, Z. 3	Lies S. 159 statt 154.
S. 38, Fussnote	*Franz. P. 713.427* nicht ganz sicher, könnte auch *717.427* sein.
S. 45, Abs. 2, Z. 5 v. o.	Lies *franz. P. 870.239* statt *870.329.*
S. 52, Z. 3 v. o.	Lies β-Naphtol statt β-naphtol.
S. 71, Formel	Lies $\underset{\vert\vert\vert}{\text{Cl—N}}\text{—CH}_2\text{—}\underset{\text{OH}}{\underset{\vert}{\text{CH}}}\text{—CH}_2\text{—}\underset{\vert\vert\vert}{\text{N}}\text{—Cl}$ (wie S. 100, Kol. III, Abt. 2) statt $\underset{\vert\vert\vert}{\text{Cl—N}}\text{—CH}_2\text{—CH}_2\text{—}\underset{\vert\vert\vert}{\text{N}}\text{—Cl}$.
S. 79, Z. 7 v. o.	*Brit. P. 419.010* nicht sicher, könnte auch *brit. P. 419.016* sein — siehe diesbezüglich Chwala, Textilhilfsmittel S. 451, Z. 8 v. u.
S. 82, Z. 12 v. o.	*Brit. P. 429.209* nicht sicher, könnte auch *429.206* sein, siehe diesbezüglich Bull. Féd. II. S. 226 (429.209) und Chwala, Textilhilfsmittel, S. 451, Z. 19 v. o. (429.206).
S. 102, Kol. I, Abt. 3	Lies Coprantinentwickler K statt G.
S. 102, Kol. I., Abt. 5	Cuprosol entspricht dem Zinkcyanid, $Zn(CN)_2$ und nicht dem Kalziumsalz der Cyanwasserstoffsäure.
S. 104, Kol. II, Abt. 3	Fournier, Mulhouse, streiche Mulhouse.
S. 106, Kol. I, Abt. 3	Lies Lissapol LS statt IS.
S. 108, Kol. I, Abt. 2	*Ergänzung: Ekalin F* von Sandoz, ein dem Peregal PO entsprechendes Produkt.
S. 108, Kol. I, Abt. 3	*Ergänzung:* Albatex PO und PON.
S. 109, Kol. I, Abt. 2	*Franz. P. 713.427* nicht sicher, könnte auch *717.427* sein. Lies *franz. P. 752.831* statt *752.813.* Lies *franz. P. 762.839* statt *762.831.*
S. 110, Kol. I, Abt. 5	*Ergänzung* zu Tinopal BV u. BVA: *Leucophor R* von Sandoz. *Uvitex RS und WS* von der Ciba.
S. 111, Kol. I, Abt. 4	Lies *brit. P. 491.539* statt *491.339.*
S. 115, Formel	Lies $4\ C_6H_5O_3 \cdot COOH + Sb_2O_3 \longrightarrow 2(C_7H_5O_5)_2\ \ Sb(OH) + H_2O$ $2\ C_6H_5O_3 \cdot COOH + Sb_2O_3 \longrightarrow 2(C_7H_5O_5 \cdot SbO) + H_2O$.
S. 127. Abt. 3 v. o. Z. 3	Lies *brit. P. 433.210* statt *4332.10.*
S. 129, Fussnote	*Brit. P. 298.362, 298.501* sind nicht sicher, es könnte auch *brit. P. 362.501* sein.
S. 131, Abs. 3, Z. 15	Lies *öst. P. 134.281* statt *136.281.*
S. 142, Kol. I, Abt. 1	Tinogenallöser (Geigy) soll in Abt. 2, Tinosollöser A aus Abt. 2 in Abt. 1 übergeführt werden.
S. 142, Kol. III, Abt. 5	Lies Triglykoläthyläther *und* 20% Glykol.
S. 143, Kol. I, Abt. 2	Lies *schweiz. P. 157.913* statt *157.193.*

S. 145, Kol. I, Abt. 6	Lies Rabe statt Rohe.
S. 148, Kol. I, Abt. 3	Lies Nicolene statt Nicolène.
S. 168, Abs. 2 v. u.	Lies *von* Labor. Zundel... statt *vom*.
S. 197, Z. 5, v. o.	Lies *Der* beim Dämpfen statt *Das*.
S. 211, Abs. 3 v. o. Z. 10	Lies getrocknet, das Schwarz statt getrocknet, *und* das Schwarz.
S. 213, Formel 2	Lies in Gennevilliers statt à Gennevilliers.
S. 264, Abs. 2 v. o.	Statt Silk & Rayon lies Silk *and* Rayon.
S. 264, Abs. 2 v. u.	Lies Silk and Rayon statt Silk Rayon.
S. 271, Formel 4	Lies Cellitonätzrubin statt Cellitonrubin ätzbar.
S. 285, Abs. 3, v. o.	Lies Celanese statt Célanèse.
S. 309, Abs. 3 v. u.	Lies Lyogen TG statt TB.
S. 321, Abs. 3 v. o.	Lies mittels Astrazonfarbstoffe statt farbstoff*en*.
S. 355, Abs. 3 v. o.	Lies wird). statt wird.)
S. 364, Abs. 3 v. u.	Lies Diastersol NDS statt NS.
S. 377, Abs. 1 Z. 8 v. o.	Lies Dispergine CB statt NDS.
S. 413, Fussnote 2	Ergänzung: Cady, Terylene, The New British Fiber, Amer. Dyest. Rep. 1948, 37, S. 699. Whinfield, Nature, 1946, 158, No. 4026, S. 930. Writers, Silk and Rayon 1947, 21, S. 531; 1947, 2 L, S. 1396. *Brit. P. 588.497, 596.688.*
S. 414, Z. 1 v. o.	Lies J. R. Whinfield statt Winfried.
S. 484	Lies *franz. P. 882.668* statt *882.688*.
S. 496, Kol. I, Abt. 4	Lies Lan*a*san statt Lan*o*san.
S. 499, Kol. I, Abt. 1	Lies *franz. P. 755.351* statt *755.531*.
S. 502, Kol. I, Abt. 4	Lies Dispergine CB statt NDS.